Word/Excel/Powerpoint

2013三合一办公应用

从新手到高手

（图解视频版）

博智书苑 编著

北京日报出版社

图书在版编目（CIP）数据

Word/Excel/PowerPoint 2013 三合一办公应用从新手到高手 ：图解视频版 / 博智书苑编著. -- 北京 ：北京日报出版社, 2016.3
ISBN 978-7-5477-2008-0

Ⅰ. ①W… Ⅱ. ①博… Ⅲ. ①文字处理系统－图解②表处理软件－图解③图形软件－图解 Ⅳ. ①TP391-64

中国版本图书馆 CIP 数据核字(2016)第 002868 号

Word/Excel/PowerPoint 2013 三合一办公应用从新手到高手:图解视频版

出版发行： 北京日报出版社
地　　址： 北京市东城区东单三条 8-16 号 东方广场东配楼四层
邮　　编： 100005
电　　话： 发行部：（010）65255876
总编室：（010）65252135-8043
网　　址： www.beijingtongxin.com
印　　刷： 北京凯达印务有限公司
经　　销： 各地新华书店
版　　次： 2016 年 3 月第 1 版
2016 年 3 月第 1 次印刷
开　　本： 787 毫米×1092 毫米　1/16
印　　张： 22
字　　数： 456 千字
定　　价： 58.00 元(随书赠送 DVD 一张)

前　言 FOREWORD

内容导读

Office 2013 是微软公司推出的办公自动化套装软件，也是 Office 产品史上极具创新与革命性的一个版本，其功能强大、界面友好、操作简便，无论是编辑各种文档、制作数据报表，还是制作 PPT 演示文稿，都能轻松、快速地完成任务。

为了使初学者快速掌握 Office 2013，并且能够高效、灵活地应用到实际工作中，我们特别组织多位 Office 办公应用专家精心编写了本书。由于 Office 2013 中的 Word 2013、Excel 2013 和 PowerPoint 2013 是目前使用率最很的三个 Office 组件，因此本书将详细讲解这三款软件的使用方法和操作技巧，并且每个知识点均配有典型的办公实例，让读者真正做到融会贯通，并能学以致用。

本书共分为 16 章，主要内容包括：

- ☑ Office 2013 全新体验
- ☑ Word 2013 基本操作
- ☑ 制作图文并茂的 Word 文档
- ☑ 创建与编辑办公表格
- ☑ 文档的特殊排版与引用
- ☑ 文档页面美化与打印
- ☑ Excel 电子表格制作快速入门
- ☑ 工作表格式化设置
- ☑ 使用公式和函数
- ☑ 创建与编辑 Excel 图表
- ☑ Excel 数据管理与分析
- ☑ 使用数据透视表与数据透视图
- ☑ PPT 演示文稿制作快速入门
- ☑ 巧妙设置幻灯片格式
- ☑ 在幻灯片中添加图表与多媒体元素
- ☑ 为幻灯片添加动画与交互

主要特色

本书是帮助 Office 2013 初学者实现入门、提高到精通的得力助手和学习宝典。主要具有以下特色：

从零起步，循序渐进

本书非常注重基础知识的讲解和对软件操作的练习。在讲解软件功能的同时，遵循初学者阅读与学习的阶段性特点，循序渐进地传授，注重读者的理解与掌握。

注重操作，讲解系统

为了便于读者理解，本书结合大量的应用实例进行深入讲解，读者可以在实际操作中深入理解与掌握使用 Word/Excel/PowerPoint 2013 进行办公应用的各种知识。

图解教学，以图析文

本书在介绍软件操作和办公应用的过程中均附有对应的图片和注解，便于读者在学习过程中直观、清晰地看到操作过程，更易于理解和掌握，从而提升学习效果。

- **边学边练，快速上手**

本书结合大量典型实例，详细讲解了三款软件在办公应用中的各种方法与技巧，循序渐进、讲解透彻，能使读者边学边练，快速上手。

光盘说明

本书随书赠送一张超长播放的多媒体 DVD 视听教学光盘，由专业人员精心录制了本书所有操作实例的实际操作视频，并伴有清晰的语音讲解，读者可以边学边练，即学即会。光盘中包含本书所有实例文件，易于读者使用，是培训和教学的宝贵资源，且大大降低了学习本书的难度，增强了学习的趣味性。

光盘中还超值赠送了由本社出版的《网页设计与制作从新手到高手（图解视频版）》和《电脑软硬件维修从新手到高手（图解视频版）》的多媒体光盘视频，一盘多用，超大容量，物超所值。

适用读者

本书适合希望能够快速掌握 Word/Excel/PowerPoint 2013 应用技能的初学者，尤其适合不同年龄段的办公人员、文秘、财务人员、公务员和家庭用户使用，同时也可作为大中专院校相关专业及各类社会电脑培训机构的 Office 学习教材。

售后服务

如果读者在使用本书的过程中遇到问题或者有好的意见或建议，可以通过发送电子邮件（E-mail：bzsybook@163.com）联系我们，我们将及时予以回复，并尽最大努力提供学习上的指导与帮助。

希望本书能对广大读者朋友提高学习和工作效率有所帮助，由于编者水平有限，书中可能存在不足之处，欢迎读者朋友提出宝贵意见，在此深表谢意！

编　者

目 录 CONTENTS

第 1 章 Office 2013 全新体验

第 2 章 Word 2013 基本操作

第 3 章 制作图文并茂的 Word 文档

第 4 章　创建与编辑办公表格

第 5 章　文档的特殊排版与引用

第 6 章 文档页面美化与打印

第 7 章 Excel 电子表格制作快速入门

第 8 章 工作表格式化设置

第 9 章 使用公式和函数

第 10 章　创建与编辑 Excel 图表

第 11 章　Excel 数据管理与分析

第 12 章　使用数据透视表与数据透视图

第 13 章 PPT 演示文稿制作快速入门

第 14 章 巧妙设置幻灯片格式

第 15 章 在幻灯片中添加图表与多媒体元素

第 16 章 为幻灯片添加动画与交互

Chapter 01 Office 2013 全新体验

Office 是目前使用最为普及的优秀办公软件，被广泛应用于文字处理、电子表格制作、演示文稿制作、数据库管理等应用领域。本章将学习 Office 2013 的基本操作，引领读者了解三大组件的新功能，熟悉其工作界面等。

本章要点

- 初识 Office 2013
- 安装 Office 2013
- 认识 Word 2013 工作界面
- Office 2013 的基本操作

知识等级

Word 2013 初级读者

建议学时

建议学习时间为 35 分钟

1.1 初识 Office 2013

Office 2013 是微软推出的新一代办公套装软件，重点加强了云服务项目，采用了全新的 Metro 界面，使用户更加专注于内容。配合 Windows 8 的触控使用，增强了触屏功能，实现了云服务端、计算机、平板电脑、手机等智能设备的同步更新。下面将简要介绍 Office 2013 办公软件的特点、主要组件及其用途。

1.1.1 Office 2013 办公软件的特点

随着 Windows 8 操作系统的发布，很多软件开始为贴合 Windows 8 的界面，向着“扁平化”的方向发展。Office 2013 套装办公软件也是如此，程序界面上的改善并非仅做了一些表面上的工作，其中的“文件”选项卡已呈现出一种新的面貌，用户们操作起来会更加高效。

一直以来，PDF 文档实在令人头疼，即使用户想从 PDF 文档中截取一些格式化或非格式化的文本都十分困难。不过有了新版的 Office 套件后，这种问题已经不再是问题了。Office 2013 套件中的 Word 在打开 PDF 文件时会将其转换为 Word 格式，并且用户能够随心所欲地对其进行编辑，而且可以按 PDF 文件保存修改之后的结果或者以 Word 支持的任何文件类型进行保存。

（1）直观地表达想法

Office 2013 开创了一些设计的方法，让用户可以将想法生动地表达出来。使用新增加的图片格式工具（如颜色饱和度和艺术效果）可以将文档画面转换为艺术画面。在 Office 2013 中将这些工具与大量预置的新 Office 主题和 SmartArt 图形布局配合使用，可以更淋漓尽致地表达出自己的设计想法。

（2）提高工作效率

当使用 Office 2013 与其他人合作时，可以实现与同事一起处理一个文件。在团队工作中，大家集思广益可以获得更好的解决方案，并能更快地在期限内完成工作。

（3）更快速、更轻松地完成任务

Office Backstage 视图代替了传统的“文件”菜单，将所有的文件管理任务（如保存、共享、打印）都存放到一个位置。所有 Office 2013 应用程序都增强了功能区界面，使用户可以快速地查找所需的命令，以及自定义选项卡实现个性化设置。

（4）创建出特色的演示文稿

在演示文稿中可以添加个性化的视频来增加演示文稿的可读性。在 PowerPoint 2013 中可以直接插入和自定义视频，然后进行修剪，或者在视频中标记出关键位置引起观众的注意，现在插入的视频默认嵌入在文件中，这为用户省去了管理和发送额外视频文件的麻烦。

Word 获得如下改进：双击放大、平滑滚动、视频嵌入，还可以通过浏览器在线分享文档。Excel 在此基础上还可获得新的格式控制及图表动画；与此同时，在 PowerPoint

嵌入 Excel 图表更加容易，不会再受到格式困扰。

1.1.2 Office 2013 主要组件及其用途

Office 2013 有很多组件，在办公中经常用到的组件有 Word、Excel 和 PowerPoint，另外还包括 Outlook、Access、Publisher 等组件。

Word 在 Office 组件中是一个很重要的角色，也是被用户使用最广泛的应用软件，使用 Word 可以创建和编辑专业的文档，如会议记录、邀请函、论文和报告等，如下图所示。

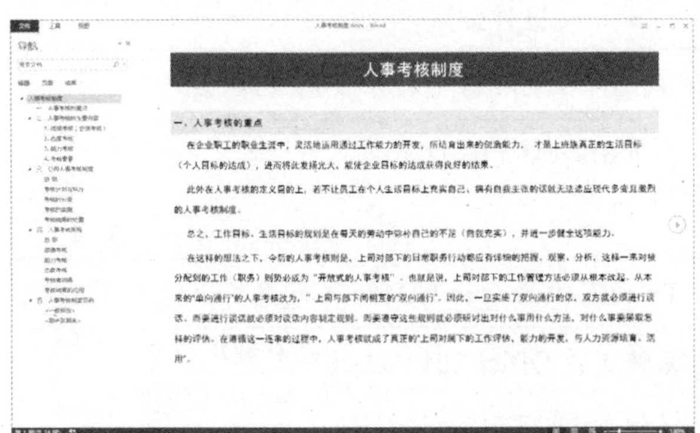

Excel 同样也是 Office 中的重要组件之一，其功能非常强大，可以进行各种数据的处理和统计分析等操作，广泛应用于管理、财经、金融等众多领域，如下图所示。

信息表

工号	姓名	职级	学历	入职时间	工龄	身份证号	性别	生日	年龄	籍贯
A-001	崔立尧	A	本科	2007/6/4	7	110115197903283838	男	1979/3/28	36	北京市大兴区
A-002	陈军臣	B	硕士	2008/5/18	6	130100198401106931	男	1984/1/10	31	河北省石家庄市
A-003	许立夏	B	本科	2009/5/16	5	141100197908173448	女	1979/8/17	35	山西省吕梁市
A-004	乔梓彬	B	博士	2009/3/8	6	211421198602116641	女	1986/2/11	29	辽宁省绥中县
A-005	张贵林	C	本科	2010/8/13	4	210400198909165476	男	1989/9/16	25	辽宁省抚顺市
A-006	彭珊珊	C	本科	2014/3/3	1	320705198811202129	女	1988/11/20	26	江苏省连云港市新浦区
A-007	肖韵幼	C	本科	2013/5/20	1	340822198504205674	男	1985/4/20	30	安徽省怀宁县
A-008	李雪峰	D	专科	2011/7/18	3	320411198710270876	男	1987/10/27	27	江苏省常州市新北区
A-009	周娟娟	D	本科	2009/4/10	6	330200198107115722	女	1981/7/11	33	浙江省宁波市
A-010	陈晓蓉	D	专科	2009/4/15	6	410181198006241549	女	1980/6/24	34	河南省巩义市
A-011	王晨希	D	本科	2012/6/8	2	411721198007114842	女	1980/7/11	34	河南省西平县
A-012	谢立飞	D	专科	2014/3/30	1	110108197807241253	男	1978/7/24	36	北京市海淀区
A-013	许红叶	D	专科	2013/10/24	1	500383197601174964	女	1976/1/17	39	重庆市永川市
A-014	张梦娇	D	本科	2012/5/8	2	431300198302262746	女	1983/2/26	32	湖南省娄底市
A-015	毕晓英	D	本科	2010/8/13	4	420600198408014862	女	1984/8/1	30	湖北省襄樊市
A-016	乔娜	E	本科	2013/2/24	2	371722198703160281	女	1987/3/16	28	山东省单县
A-017	王方芳	E	本科	2009/10/18	5	361100198304112765	女	1983/4/11	32	江西省上饶市
A-018	冯少峰	F	硕士	2009/6/28	5	431024198210131934	男	1982/10/13	32	湖南省嘉禾县

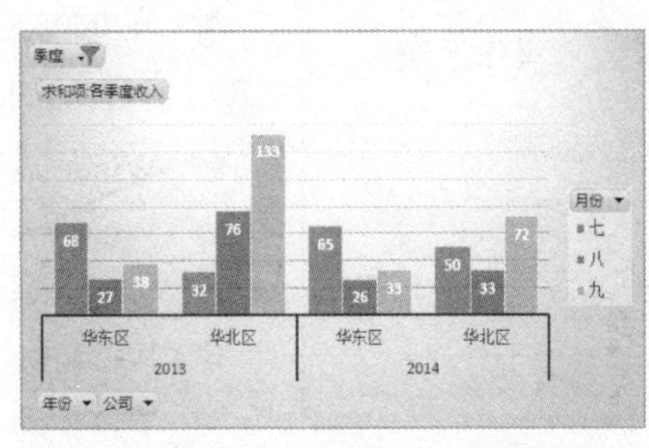

PowerPoint 用于创建和编辑用于幻灯片播放、会议和网页的演示文稿，可以制作动态演示文稿用于会议汇报、产品演示等，形象生动、节省时间、引人注目，可以有效地帮助用户演讲、教学和产品演示等，如下图所示。

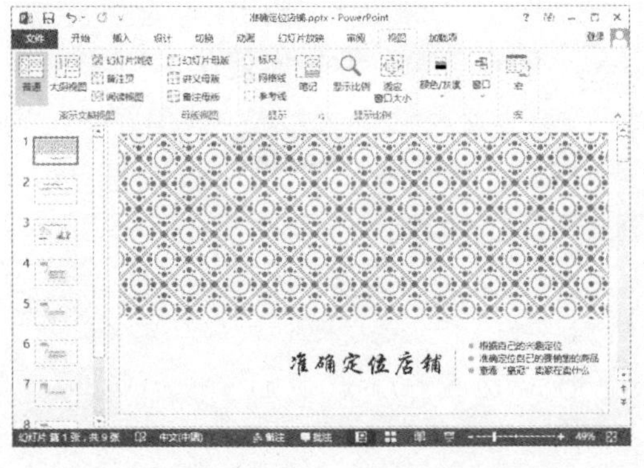

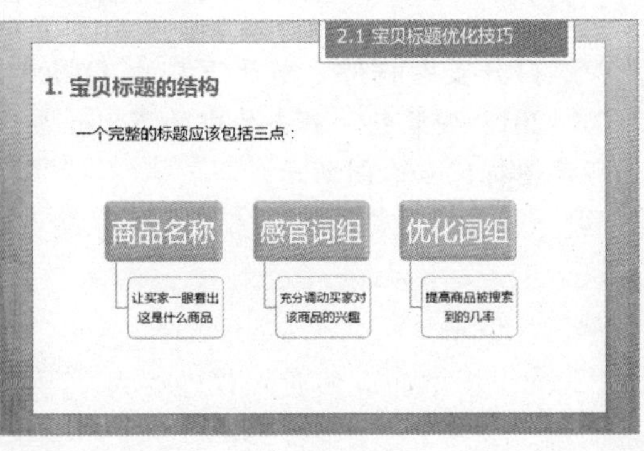

1.2 安装 Office 2013

为了能使电脑顺畅地运行 Office 2013，用户所使用的电脑应满足下表中的硬件配置要求。

Office 2013 对硬件的基本配置要求

组　件	硬件配置
计算机和处理器	1GHz 或更快的 x86 或 x64 位处理器（采用 SSE2 指令集）
内存（RAM）	1GBRAM（32 位）；2GBRAM（64 位）
硬　盘	3GB 可用空间
显示器	图形硬件加速需要 DirectX10 显卡和 1024×576 或更高分辨率的监视器
操作系统	下列 Windows 操作系统支持 Office 2013 32 位产品: Windows 7（32 位或 64 位） Windows 8（32 位或 64 位） Windows 10（32 位或 64 位） Windows Server 2008 R2（64 位） Windows Server 2012（64 位） 只有下列 Windows 操作系统支持 Office 2013 64 位产品: Windows 7（64 位） Windows 8（64 位） Windows 10（64 位） Windows Server 2008 R2（64 位） Windows Server 2012（64 位）

Office 2013 软件不是 Windows 操作系统自带的软件，因此需要先进行安装。用户可以从网上下载安装程序或直接使用安装光盘进行安装。

安装 Office 2013 的具体操作方法如下：

01 打开安装程序　解压下载的 Office 2013 安装包，双击其中的 Setup 安装程序图标，如右图所示。

02 开始准备安装 弹出安装对话框，提示正在准备必要的文件，如下图所示。

03 接受协议条款 选中“我接受此协议的条款”复选框，然后单击“继续”按钮，如下图所示。

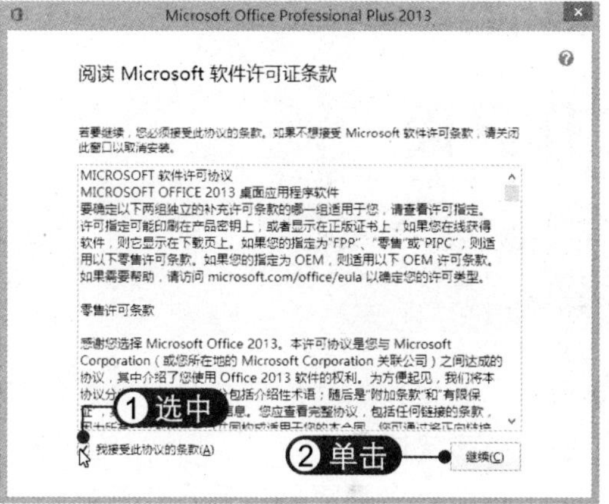

04 选择安装方式 单击“自定义”按钮，如下图所示。

05 选择安装的组件 单击不需要安装组件左侧的下拉按钮，选择“不可用”选项，如下图所示。

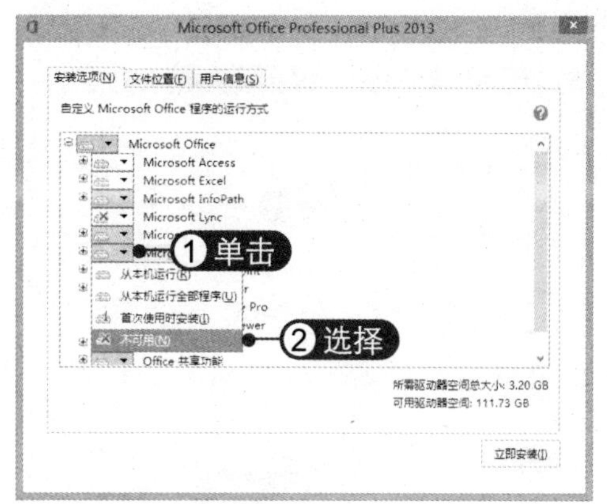

06 单击“浏览”按钮 选择“文件位置”选项卡，单击“浏览”按钮，如下图所示。

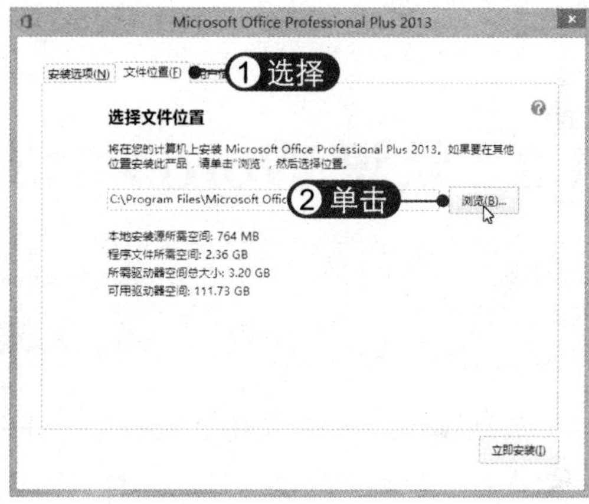

07 选择安装位置 弹出“浏览文件夹”对话框，选择 Office 2013 的安装位置，单击“确定”按钮，如下图所示。

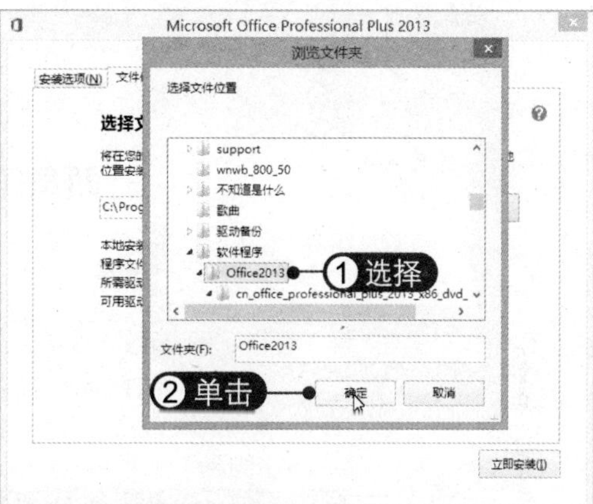

08 **确认安装** 设置安装路径后，单击“立即安装”按钮。默认安装到C盘，若C盘空间足够，建议保持默认不变，如下图所示。

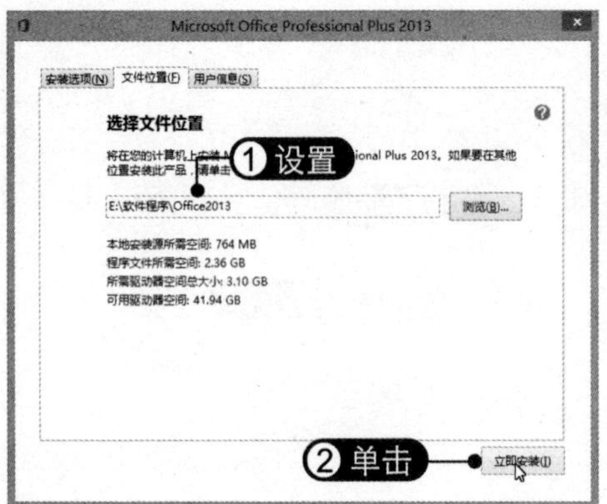

09 **开始安装 Office** 此时开始安装Office 2013程序，并显示安装的进度，如下图所示。

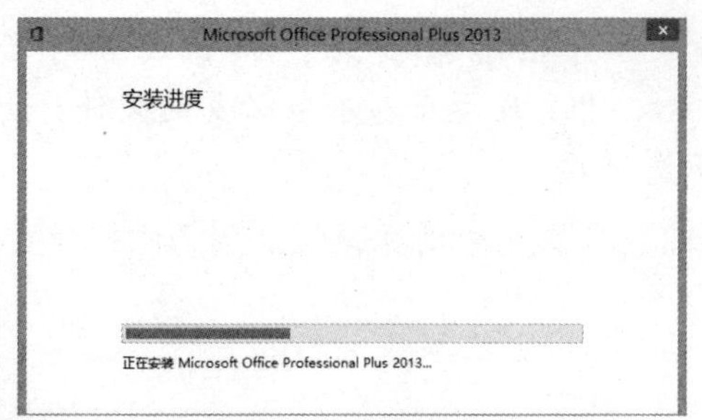

10 **安装完成** 程序安装完成，单击“关闭”按钮，如下图所示。

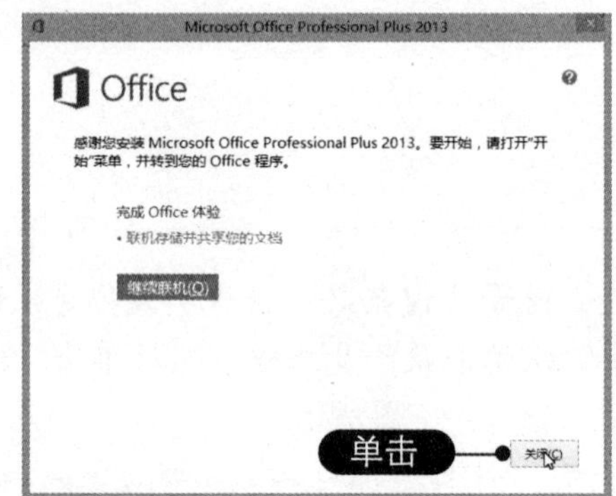

1.3 认识 Word 2013 工作界面

Office 2013中各个组件的工作界面基本相似，只要熟悉其中一个组件的工作界面，再使用其他组件就变得非常容易了。下面以Word 2013的工作界面为例进行介绍。

启动Word 2013程序之后即可打开Word窗口，在使用软件之前首先应熟悉其工作界面，了解各部分的功能，这样以后的操作才能更加快捷。

Office 2013的工作窗口包含了更多的工具，它拥有一个汇集基本要素并直观呈现这些要素的控制中心，如下图所示。

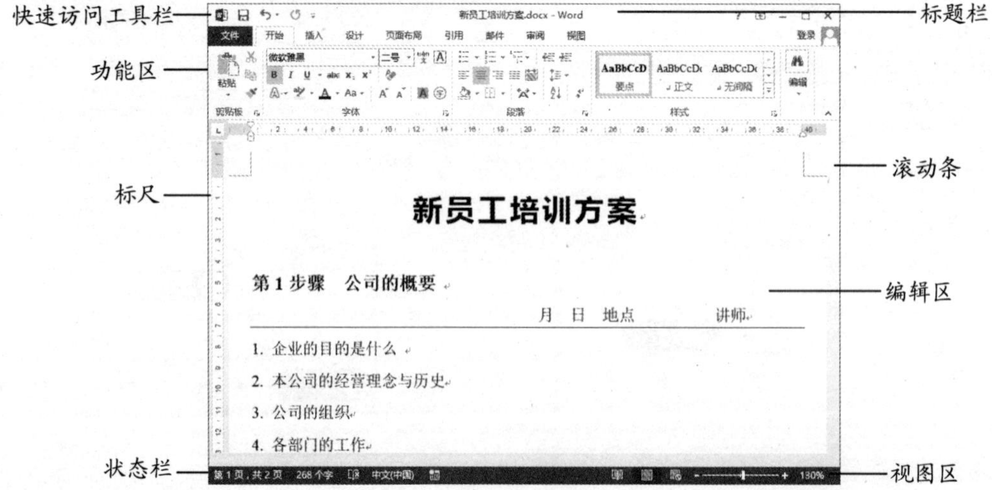

1. 标题栏

标题栏位于 Word 2013 工作界面的最上方，由 4 部分组成：文档名称、“最小化”按钮、“最大化/向下还原”按钮和“关闭”按钮。单击不同的按钮，可以对文档窗口的大小进行相应的调整操作。

2. 快速访问工具栏

在 Word 2013 中，快速访问工具栏位于工作界面的左上角，其中包括“新建”、“保存”和“撤销”等常用命令对应的按钮。单击其中的按钮，可以便捷地执行相应的操作。

3. 功能区

功能区有 3 个基本组成部分：

✧ **选项卡**：位于功能区的顶部，每个选项卡都代表着在特定程序中执行的一组核心任务。

✧ **组**：显示在选项卡上，是相关命令的集合。组将用户所需要执行某种类型任务的一组命令直观地汇集在一起，更便于用户使用。

✧ **命令**：按组来排列，命令可以是按钮、菜单或可供输入信息的文本框。

4. 编辑区

编辑区也称为工作区，其位于窗口中央，是用于进行文字输入、文本及图片编辑的工作区域。通过选择不同的视图方式，可以改变基本工作区对各项编辑显示的方式，系统默认的是页面视图。

5. 标尺

标尺分为水平标尺和垂直标尺两种，分别位于文档编辑区的上方和左侧。标尺上有数字、刻度和各种标记，无论是排版，还是制表和定位，标尺都起着非常重要的作用。

6. 滚动条

滚动条是窗口右侧和下方用于移动窗口显示区的长条。当页面内容较多或太宽时，就会自动显示滚动条。拖动滚动条中的滑块或单击滚动条中的上下按钮，可以滚动显示文档中的内容。

7. 状态栏和视图区

状态栏位于工作界面底端的左半部分，用于显示当前 Word 文档的相关信息，如当前文档的页码、总页数、字数、当前光标在文档中的位置等内容。状态栏的右侧是视图栏，其中包括视图按钮组、调整页面显示比例滑块和当前显示比例等。

1.4 Office 2013 的基本操作

在学习 Office 2013 的使用方法之前，首先要掌握 Office 2013 的基本操作，如新建文件、打开文件、保存和打印文件等，下面将以 Word 2013 为例进行介绍。

1.4.1 新建文件

启动 Word 2013 后，系统会自动创建一个名为“文档 1”的空白文档，可以直接在该文档中进行编辑，也可以另外新建其他空白文档或根据 Word 提供的模板新建带有格式和内容的文档，以提高工作效率。

1. 创建空白文档

创建空白文档的具体操作方法如下：

01 选择“文件”选项卡 在功能区上方选择“文件”选项卡，如下图所示。

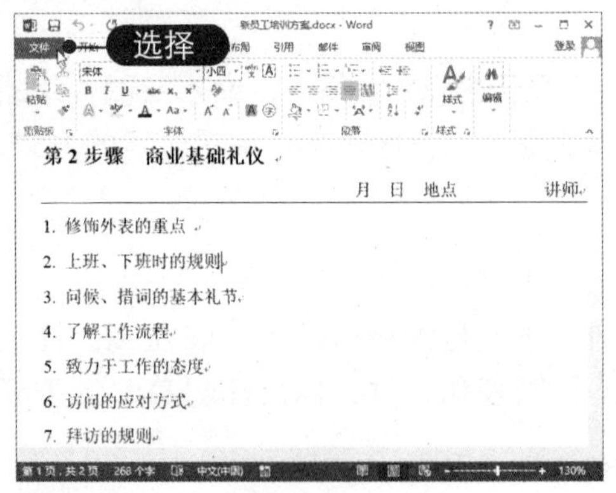

02 选择“新建”选项 进入“文件”选项卡，默认显示为“信息”界面，从中可以看到当前文档的大小、页数、字数等属性。要新建文档，需在左侧选择“新建”选项，如下图所示。

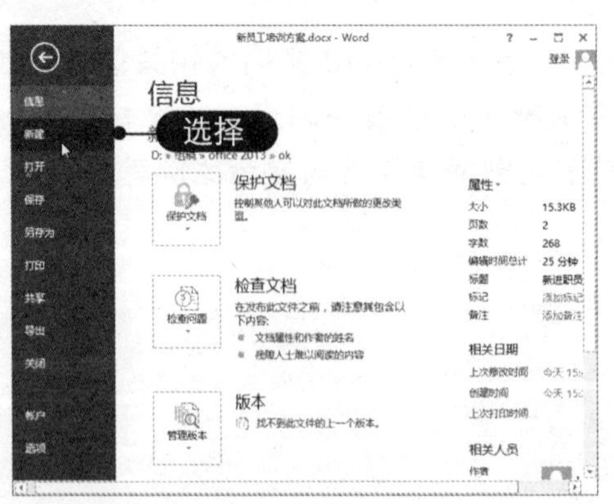

03 选择“空白文档”选项 在右侧选择“空白文档”选项，如下图所示。

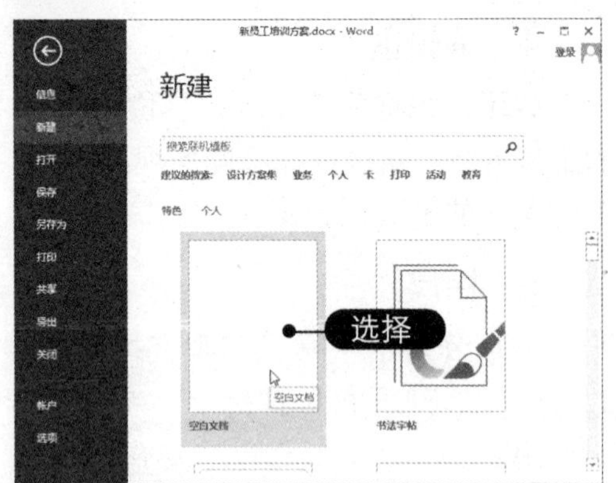

04 创建空白文档 此时即可创建一个空白文档，如下图所示。

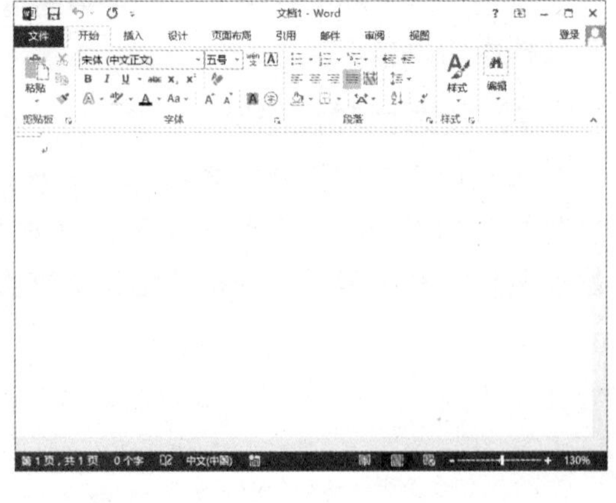

2. 根据已有模板创建文档

在 Word 2013 中还可以根据已有模板来创建新文档。Word 2013 提供了很多美观、实用的模板以供用户选择，还可以通过访问 Internet，从网络上查找更多适合自己需要的模板，直接下载下来进行调用，从而更加高效地完成工作。

根据已有模板创建文档的具体操作方法如下：

01 **选择模板类型** 在“文件”选项卡下选择“新建”选项，选择搜索模板的类型，如“设计方案集”，如下图所示。还可以直接在“搜索”文本框中输入关键字，直接搜索模板。

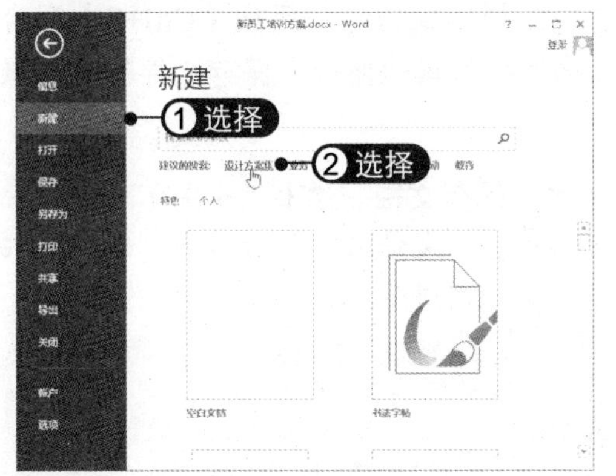

02 **选择模板类别** 在右侧弹出“分类”窗格，从中选择搜索模板的类别，如选择“业务”，如下图所示。

03 **选择模板** 在模板列表中选择所需的模板，如选择“年度报告（带封面）模板，如下图所示。

04 **单击“创建“按钮** 弹出该模板的说明和预览界面，若确认要使用该模板，则单击“创建“按钮，如下图所示。

05 **下载模板文件** 开始从网络上下载所选模板文件，等待下载完成即可，如下图所示。

06 **创建基于模板的文档** 模板文件下载完成后，将自动创建一个基于“年度报告”模板的Word文档，如右图所示。

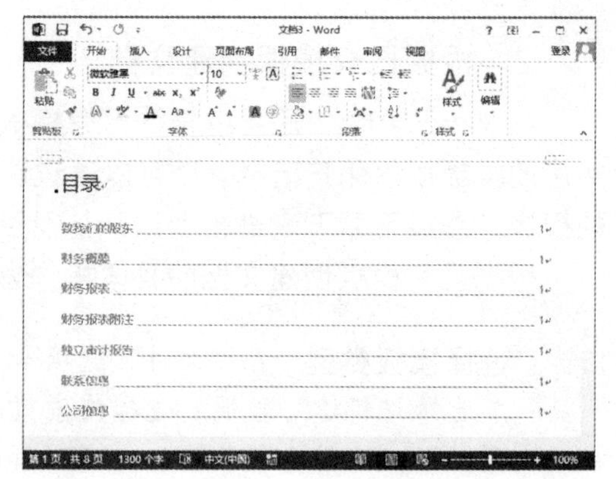

1.4.2 保存文件

对于新创建的文档，建议先将其保存再进行编辑，编辑完成后按【Ctrl+S】组合键即可进行保存，还可以根据需要将 Word 文档另存为其他格式。保存文件的具体操作方法如下：

01 **单击“保存”按钮** 新建文档后，在快速访问工具栏中单击“保存”按钮，如下图所示。

02 **选择保存位置** 打开“另存为”窗口，可选择最近访问的文件夹作为保存位置。若要保存到其他位置，可单击“浏览“按钮，如下图所示。

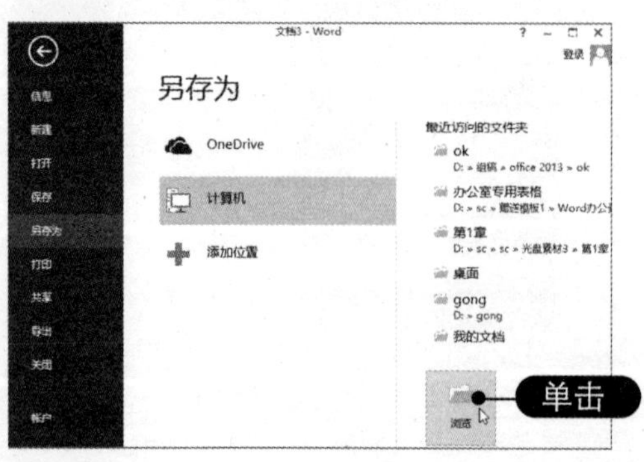

03 **保存文档** 弹出“另存为”对话框，输入文件名，然后单击“保存”按钮，如下图所示。

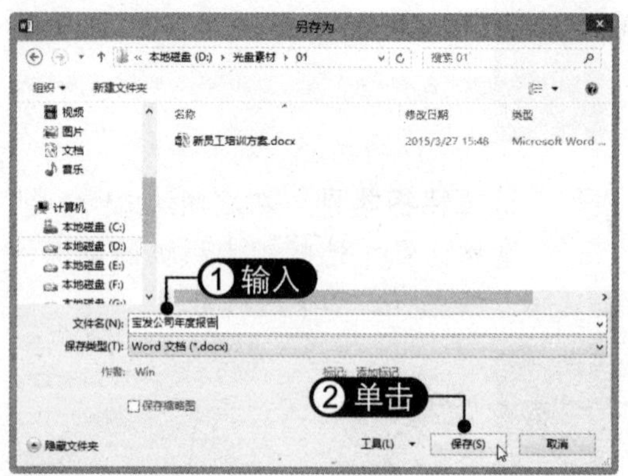

04 **保存编辑后的文档** 对文档进行编辑后，按【Ctrl+S】组合键或单击“保存”按钮即可保存文档，如下图所示。

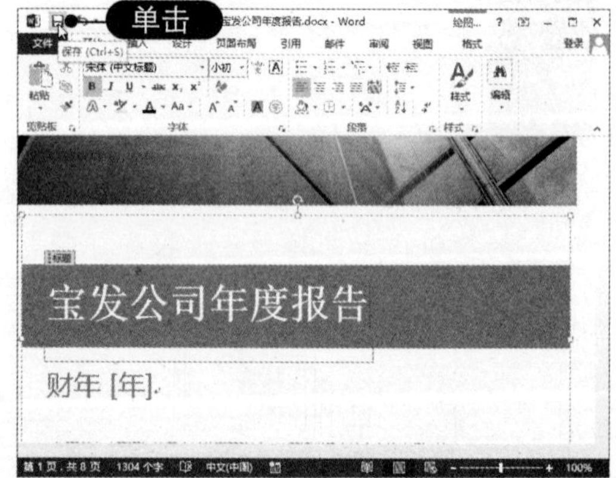

05 另存文档 可以将现有的 Word 文档另存一份并保存为其他格式，方法为：选择“文件”选项卡，在左侧选择“另存为”选项，在右侧选择保存位置，如下图所示。

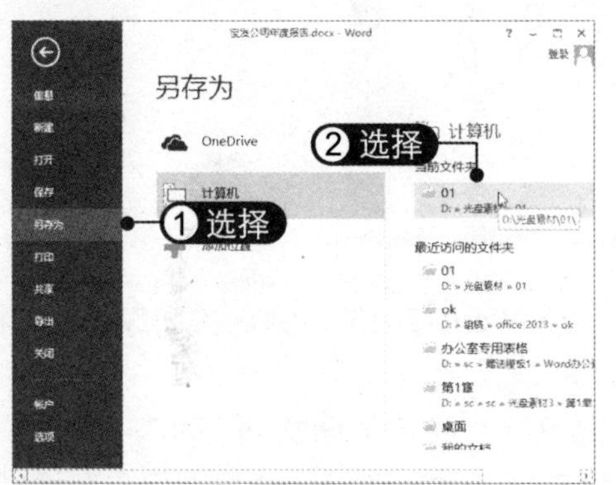

06 选择保存类型 弹出“另存为”对话框，单击“保存类型”下拉按钮，在弹出的下拉列表中选择格式，单击“保存”按钮即可另存文档，如下图所示。

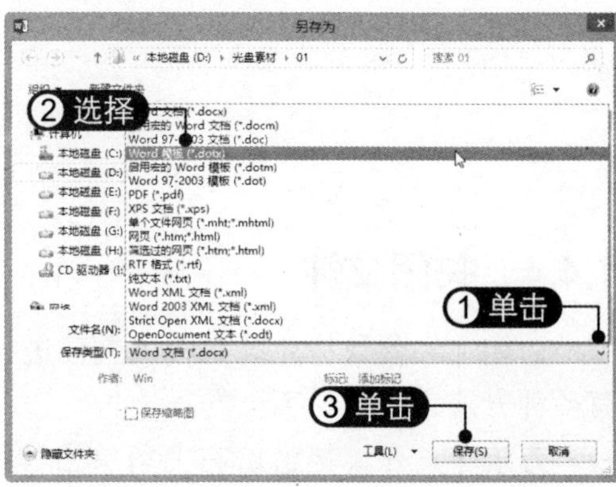

1.4.3 打开文件

对于电脑中已经存在的 Word 文档，直接双击该文档即可使用 Word 2013 程序将其打开，也可在“文件”选项卡下打开文档，具体操作方法如下：

01 打开最近使用的文档 选择“文件”选项卡，在左侧选择“打开”命令，在右侧“最近使用的文档”列表中选择文档即可将其打开，如下图所示。

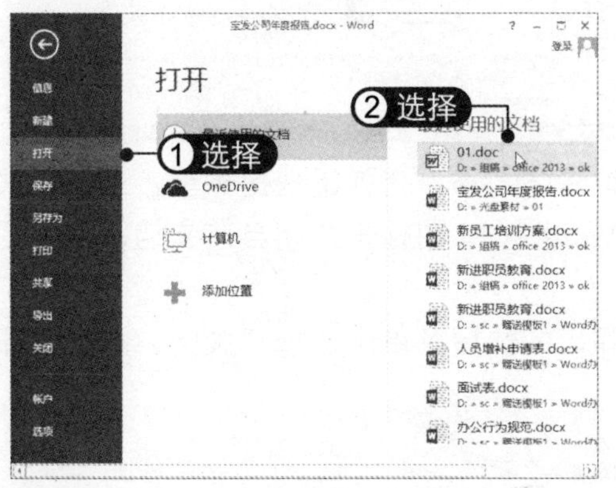

02 选择最近使用位置 选择“计算机”位置，然后在右侧选择一个最近使用的位置，如下图所示。

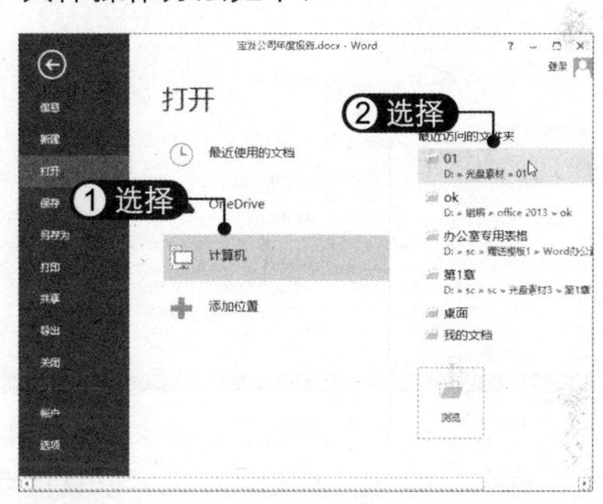

03 选择文件 弹出“打开”对话框，选择要打开的文件，然后单击“打开”按钮即可将其打开，如下图所示。

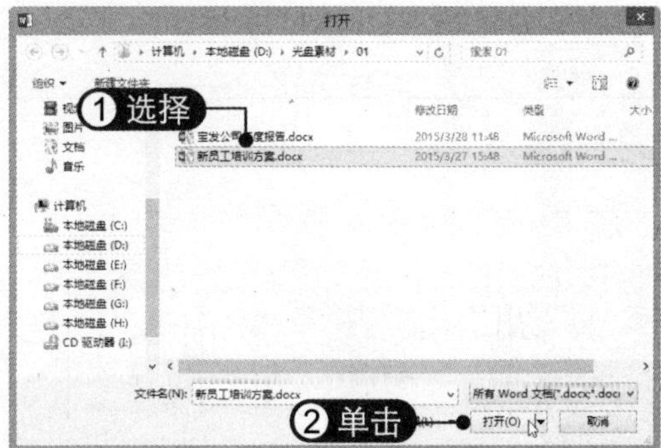

04 **以其他方式打开文档** 单击“打开”右侧的下拉按钮，还可以设置以“只读”或“副本”方式打开文档，如右图所示。

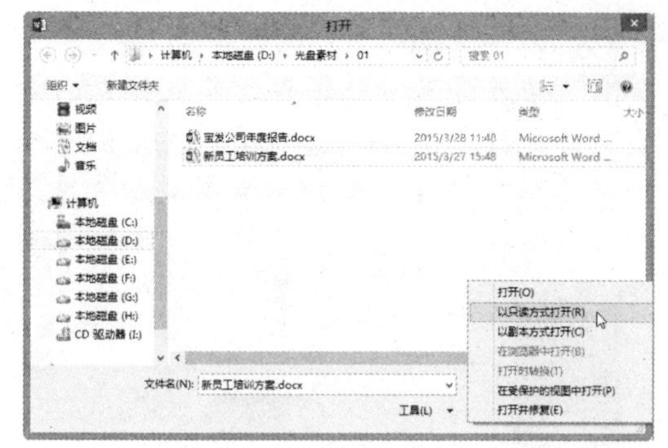

1.4.4 关闭文件

关闭文件就是将处理完成的文档进行关闭。以 Word 2013 为例，关闭 Word 文档有多种方法，具体如下：

方法一：在文档窗口右上角单击“关闭”按钮×，即可关闭文档，如下图（左）所示。若文档尚未保存，将弹出提示信息框，如下图（右）所示。单击“保存”按钮，即可保存文档后进行关闭；单击“不保存”按钮，则直接进行关闭而不进行保存；单击“取消”按钮，则会返回文档而取消关闭操作。

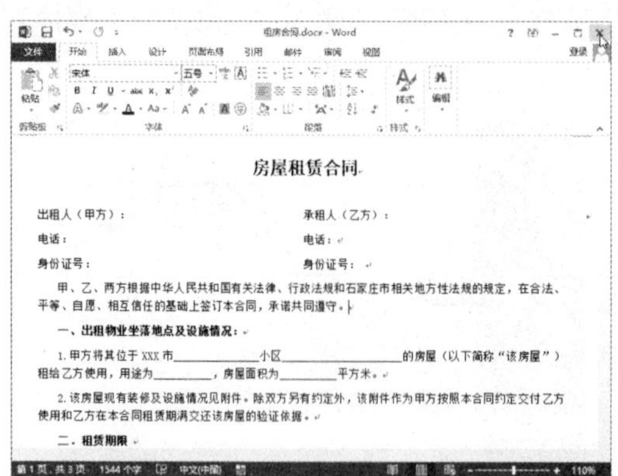

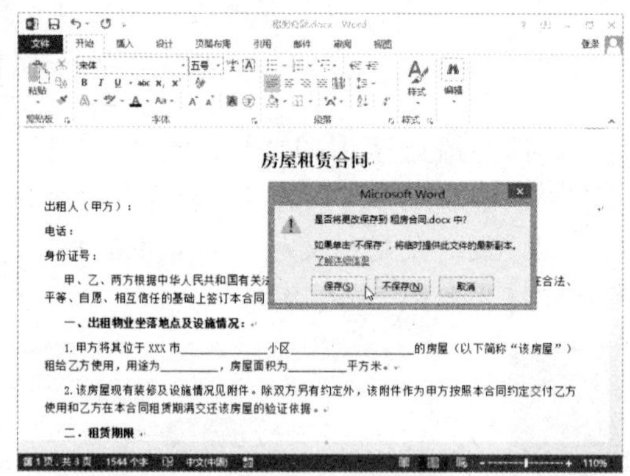

方法二：单击文档窗口左上角的 Word 2013 图标，将弹出快捷菜单，选择“关闭”命令，即可关闭文档。也可以直接双击 Word 2013 图标来关闭当前文档，如下图（左）所示。

方法三：右击 Word 窗口的标题栏，在弹出的快捷菜单中选择“关闭”命令，即可关闭文档，如下图（右）所示。

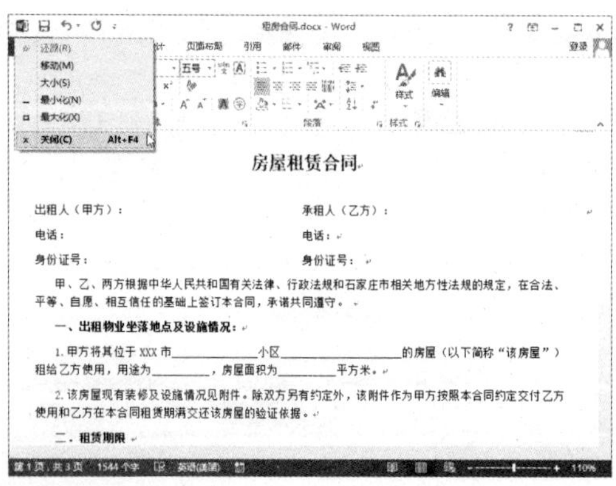

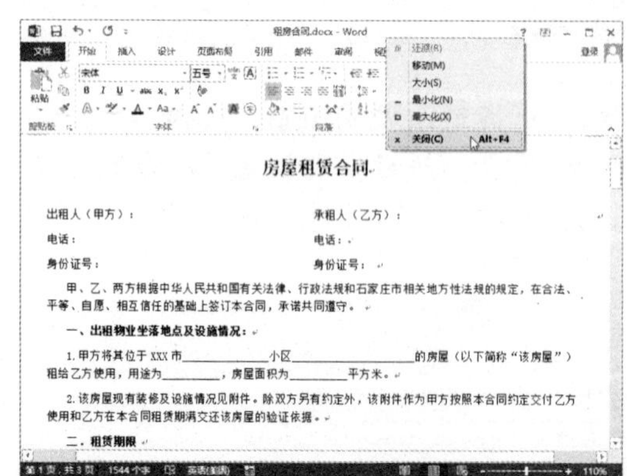

方法四：若要一次性关闭当前打开的所有 Word 文档，可在桌面下方的任务栏上右击 Word 程序图标，然后在弹出的快捷菜单中选择“关闭所有窗口”命令。

1.4.5 认识 Word 2013 视图模式

在 Word 2013 中，使用不同的视图模式可以方便地进行不同类型的编辑操作。Word 2013 提供了页面视图、大纲视图、阅读版式视图、草稿视图与 Web 版式视图五种视图模式，下面将分别对其进行简要介绍。

1. 页面视图

页面视图是默认和最常用的视图模式，其最大的特点是“所见即所得”，文档排版的效果即为打印的效果，因此可显示元素都会显示在实际位置，如下图所示。

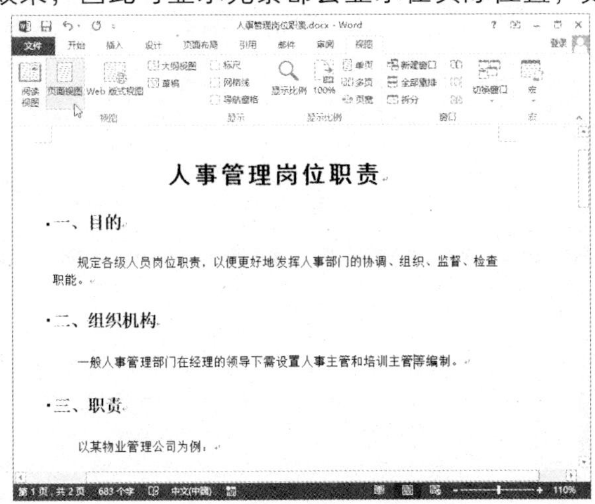

2. 大纲视图

顾名思义，大纲视图是专门用于编辑文档结构的。在大纲视图下可以方便地查看与修改文档结构，如下图（左）所示。

3. 阅读版式视图

阅读版式视图是为了方便阅读文档而设立的视图模式，用户可以像阅读电子书籍一样阅读文档，并且可以使用标记，如下图（右）所示。

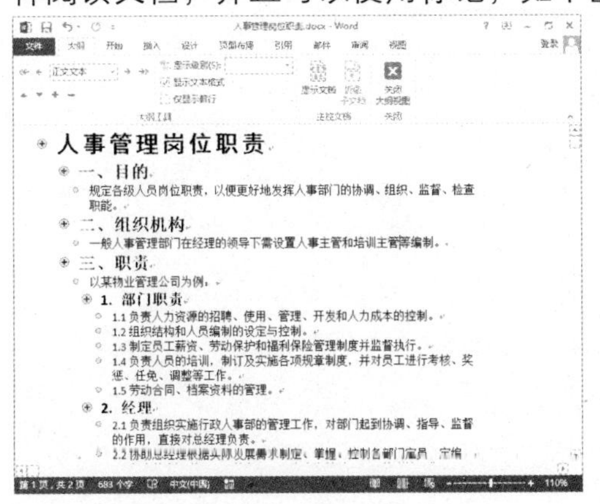

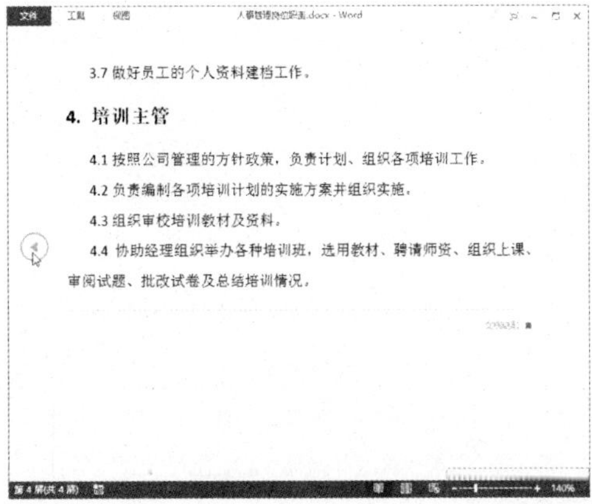

4．草稿视图

草稿视图主要用于编辑正文，即录入与编辑工作，如下图（左）所示。而一些美化和排版的操作则不方便操作，如页眉/页脚、页边距等。

5．Web 版式视图

Web 版式视图是保存文档为网页格式时建议使用的视图模式，如下图（右）所示。当将文档保存为网页时，此视图下的效果与发布到网上的效果是一致的。

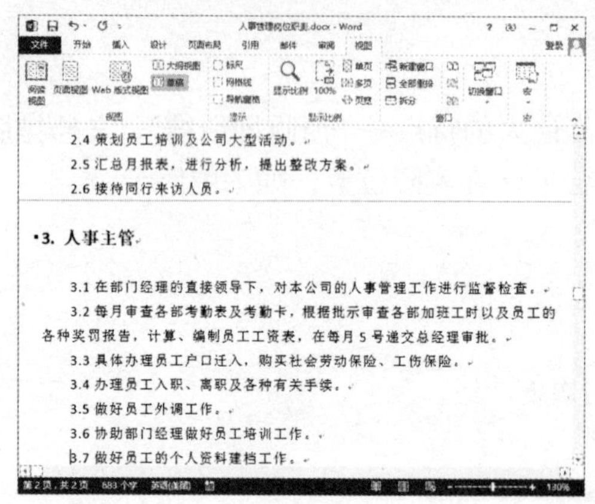

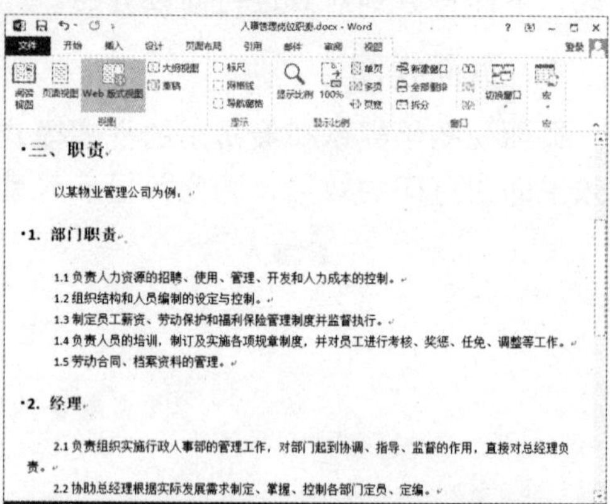

Chapter 02

Word 2013 基本操作

Word 是目前最流行、最实用的文字处理软件，可以帮助用户轻松、快捷地创建各种精美的文档。本章将引领读者学习 Word 文档的基本操作，编辑文档中的文本，输入特殊字符，编排文本格式，使用项目符号与编号，以及设置边框和底纹等知识。

本章要点

- 编辑办公文本
- 输入特殊字符
- 设置文本与段落格式
- 使用项目符号与编号
- 设置文本边框和底纹

知识等级

Word 2013 初级读者

建议学时

建议学习时间为 50 分钟

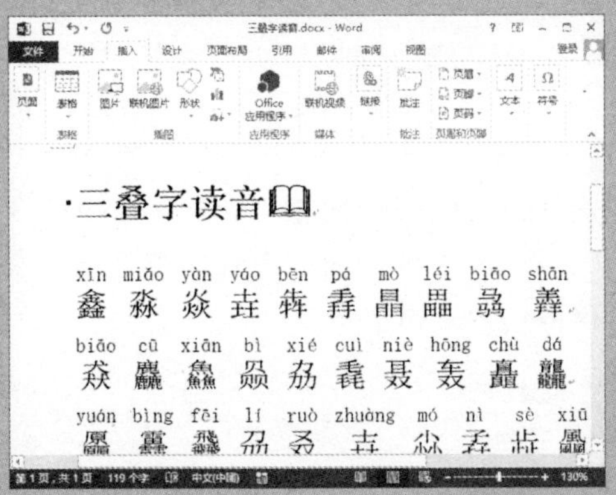

2.1 编辑办公文本

学会了创建与保存文档等基本操作之后，下面开始学习如何在 Word 2013 中编辑文本，其中包括录入文本、选择文本、复制文本、删除文本和剪切文本等。

2.1.1 选择文本

在对文本进行操作时，应先将其选中。在 Word 2013 中有多种选择文本的方法，具体操作方法如下：

01 选择连续文本 将光标定位在文本起始位置，按住【Shift】键，单击要选择文本的末尾位置，或直接拖动鼠标，即可选中连续的文本，如下图所示。

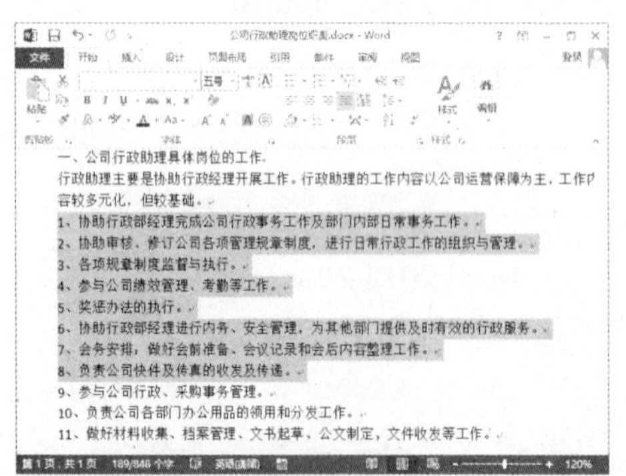

02 选择不连续文本 选择文本，然后按住【Ctrl】键，继续拖动鼠标选择其他文本，即可选中不连续的文本，如下图所示。

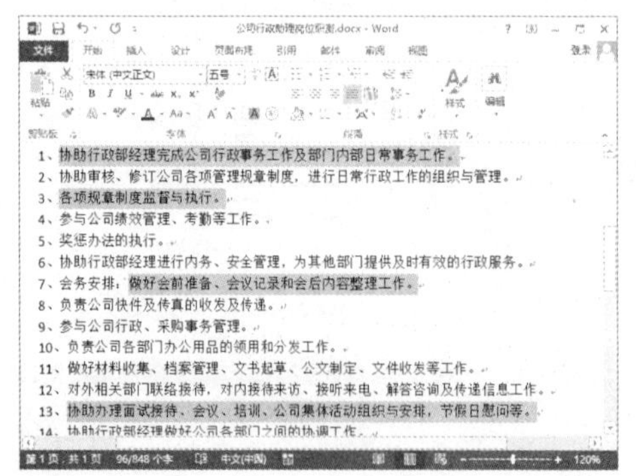

03 选择整行文本 将鼠标指针移至某行的左端，当指针变为↗形状后单击鼠标左键，即可选中对应的整行文本，如下图所示。

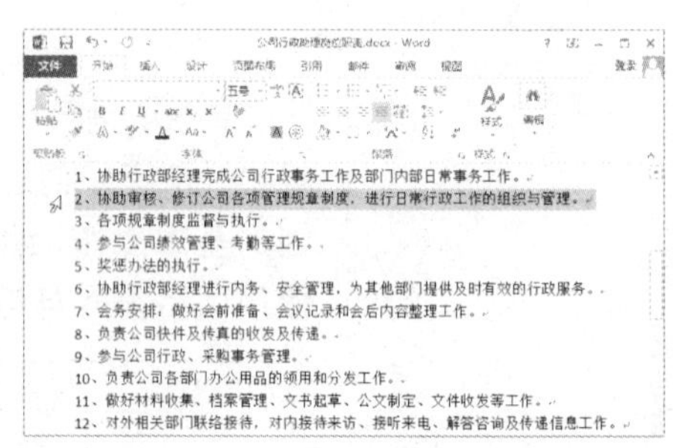

04 选择整句 若要选择以句号结尾的完整句子，则按住【Ctrl】键，单击句子内的任意字符，即可选中整句，如下图所示。

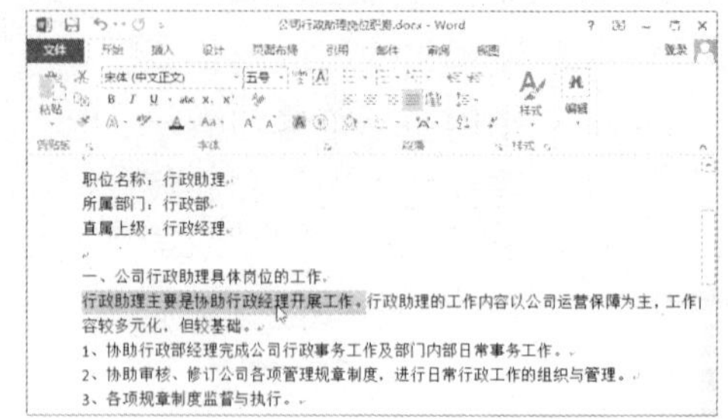

05 选择整个段落 在段落中连续 3 次快速单击鼠标左键，即可选中整个段落，如下图所示。

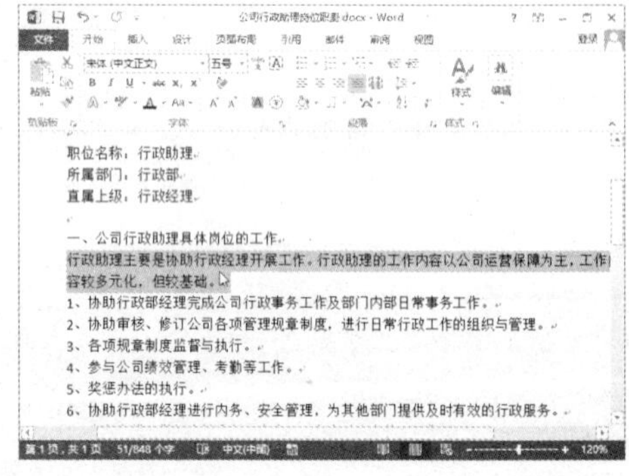

06 **选择全部文档内容** 若要全部选中文档内容，则直接按【Ctrl+A】组合键；或单击“编辑”组中的“选择”下拉按钮，选择“全选”选项，如右图所示。

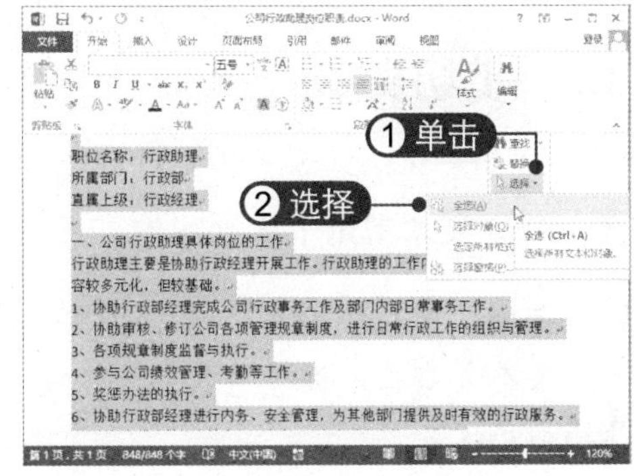

2.1.2 复制文本

复制文本的目的是对文本进行移动和重复使用，当需要输入重复的文本内容时，可以采用复制文本的方法，从而提高工作效率，具体操作方法如下：

01 **复制文本** 选中要复制的内容并右击，选择“复制”命令，如下图所示。

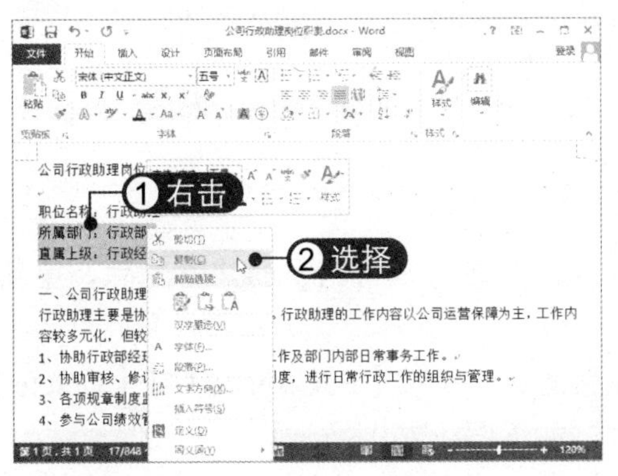

02 **粘贴文本** 将光标定位到目标位置，单击“粘贴”下拉按钮，选择合适的粘贴选项，如下图所示。

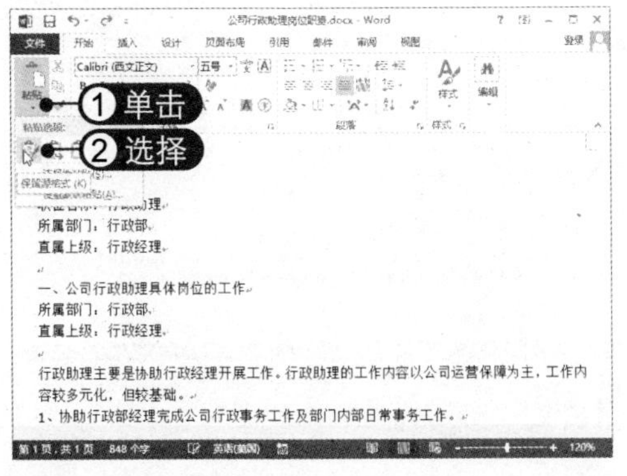

03 **选择粘贴选项** 粘贴文本后将自动显示“粘贴选项”按钮，单击该按钮，在弹出的面板中选择所需选项，如下图所示。

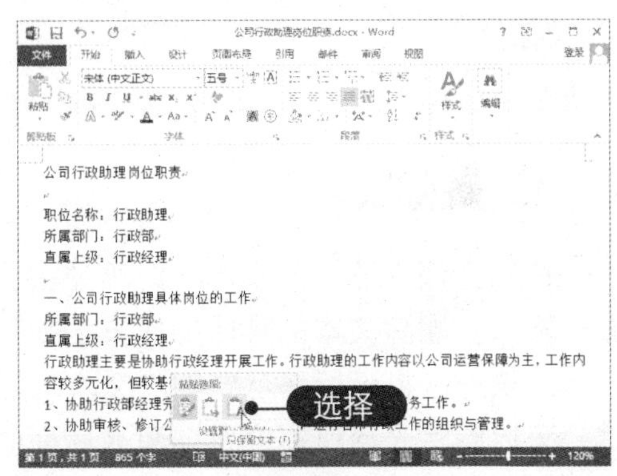

04 **通过拖动复制文本** 在按住【Ctrl】键的同时拖动选中的文本到目标位置，也可复制文本，如下图所示。

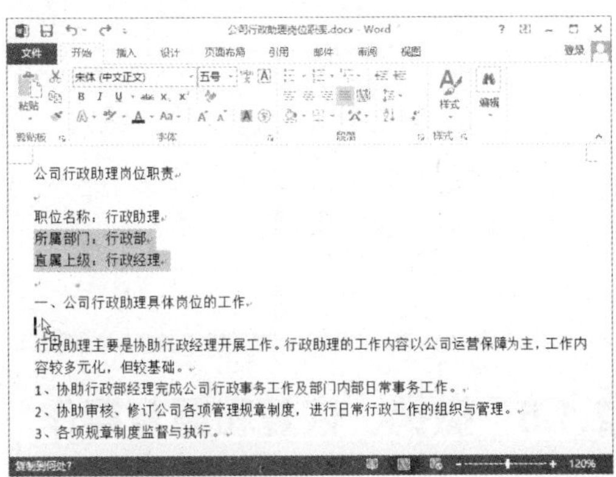

2.1.3 剪切文本

剪切文本就是把文本复制到剪贴板中，同时删除原文本，然后将文本粘贴到目标位置。剪切文本常用于移动操作，具体操作方法如下：

01 选择“剪贴”命令 选中要剪切的文本并右击，选择“剪切”命令，如下图所示。

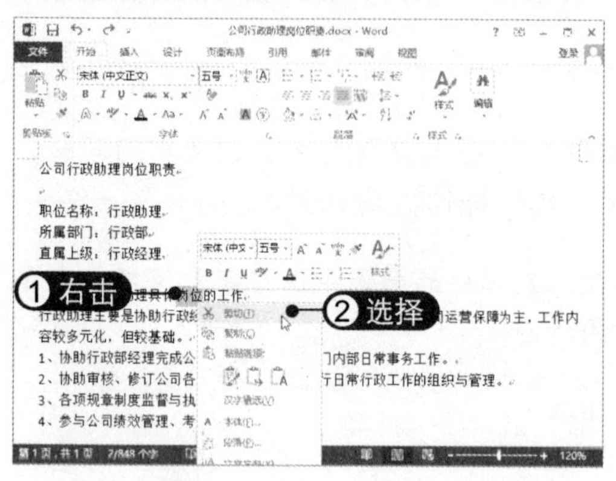

02 选择粘贴选项 将光标定位到目标位置，单击“粘贴”下拉按钮，选择合适的粘贴选项，如下图所示。将文本选中后直接拖至指定位置，也可移动文本。

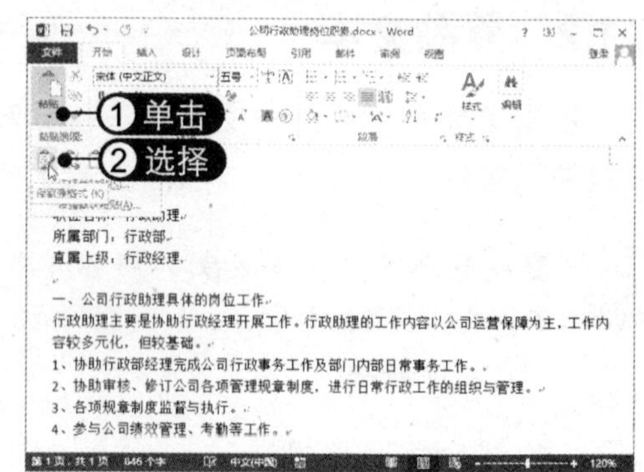

2.1.4 删除文本

在向文档中输入文本内容时难免会出现错误，此时可以将错误的文本删除，重新进行输入。删除文本的具体操作方法如下：

方法一：将光标移至要删除文本的前面或后面，分别按【Backspace】或【Delete】键，可以删除光标所在位置前面或后面的文本，如下图（左）所示。

方法二：首先选中要删除的文本，然后按【Delete】键即可将其直接删除，如下图（右）所示。

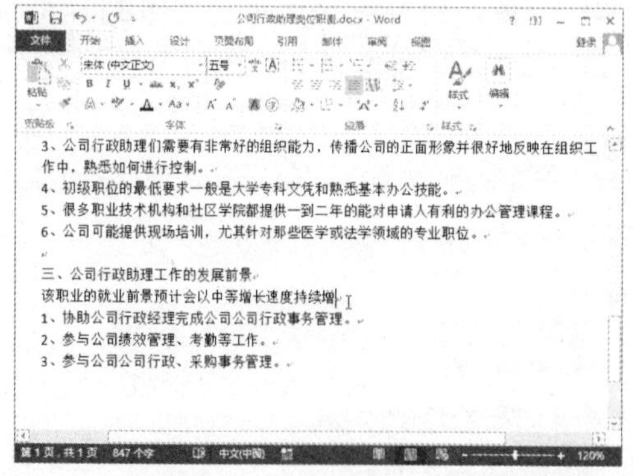

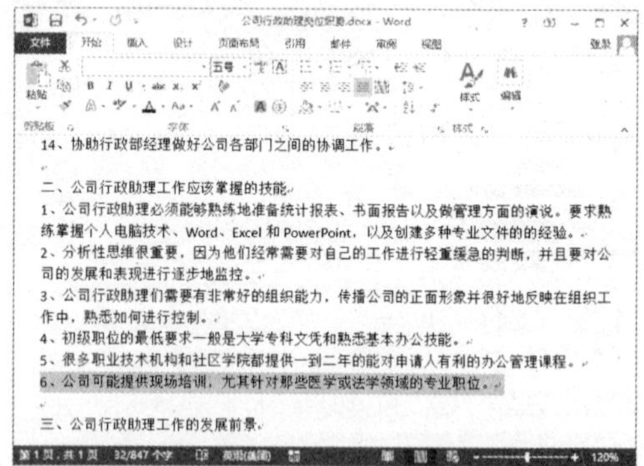

2.1.5 撤销、恢复和重复操作

在编辑文档时，Word 2013 会自动记录最近所执行的操作。如果用户执行了错误操作，可以利用这种存储动作的功能重复或撤销刚执行的操作，还可以将撤销的操作进行恢复，具体操作方法如下：

01 输入文字 在合适的位置输入文字"报告"，如下图所示。

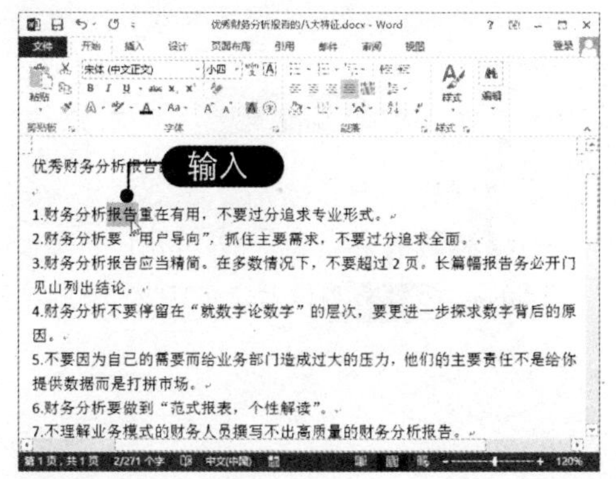

02 单击"重复"按钮 将光标定位到另一个位置，在快速访问工具栏中单击"重复"按钮，即可重复上一步的输入操作，如下图所示。

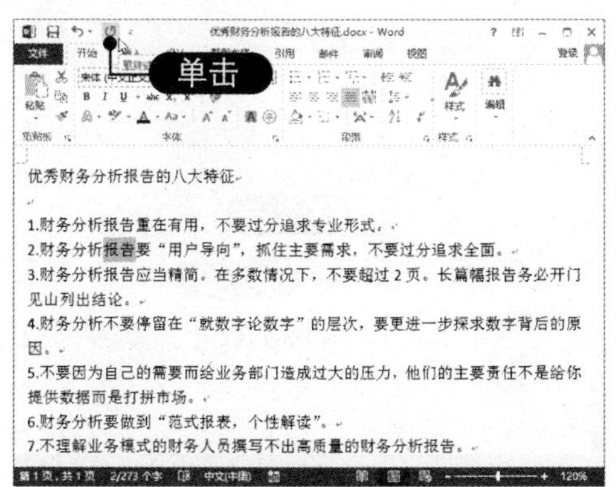

03 单击"撤销"按钮 在快速访问工具栏中单击"撤销"按钮，即可撤销上一步操作，如下图所示。

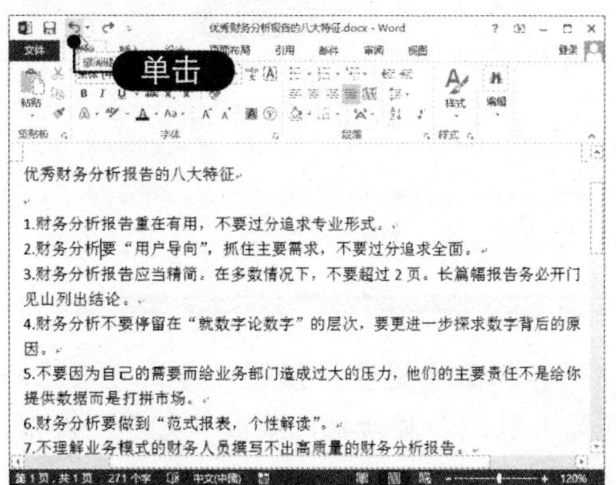

04 单击"恢复"按钮 在快速访问工具栏中单击"恢复"按钮，即可恢复上一步操作，如下图所示。

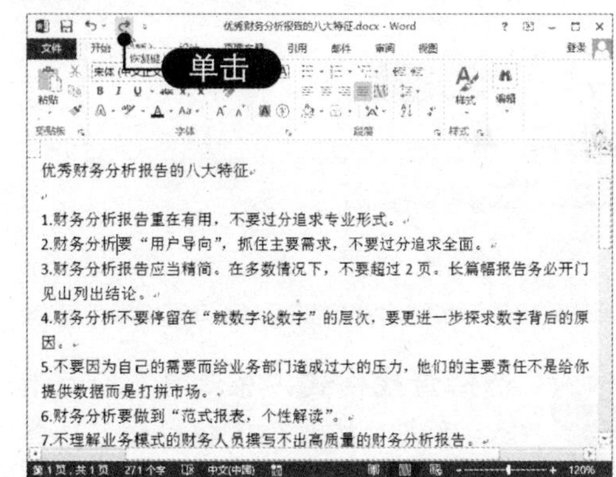

2.1.6 查找与替换文本

在文档编辑过程中，如果某个词语或句子多次输入错误，就需要在整个文档中修改这些内容。如果手动查找工作量会很大，且容易遗漏，而使用查找和替换功能则会大大提高工作效率。

1. 查找内容

使用查找功能可以在文档中快速地搜索自己需要的文本，除了查找文本外，还可以查找格式。下面以在文档中查找颜色为红色的文本为例进行介绍，具体操作方法如下：

01 选择"高级查找"选项 在"开始"选项卡下"编辑"组中单击"查找"下拉按钮，选择"高级查找"选项，如下图所示。

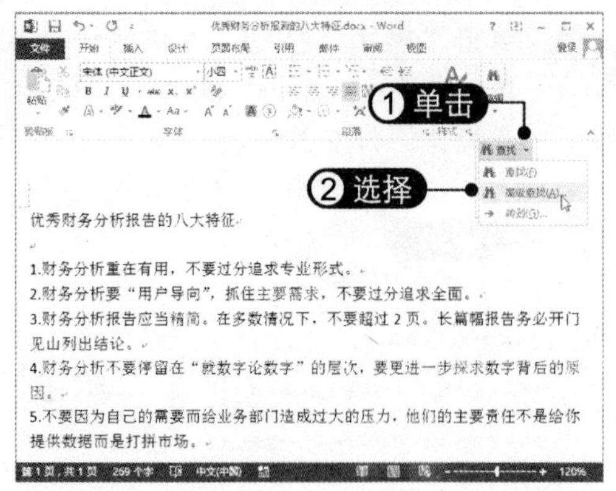

02 **单击"更多"按钮** 弹出"查找和替换"对话框，单击"更多"按钮，如下图所示。

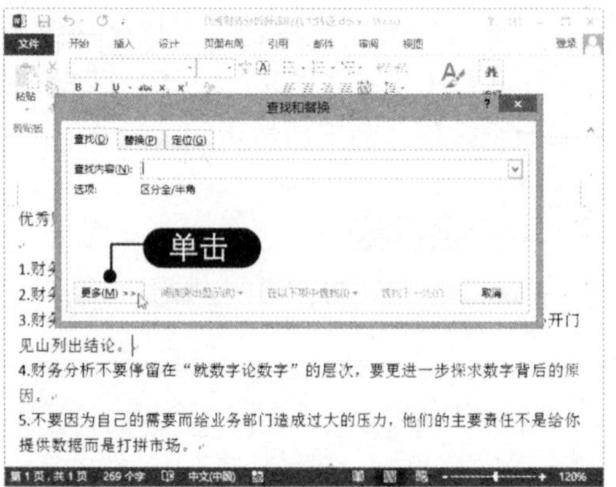

03 **选择查找格式** 展开更多查找选项，单击"格式"下拉按钮，选择"字体"选项，如下图所示。

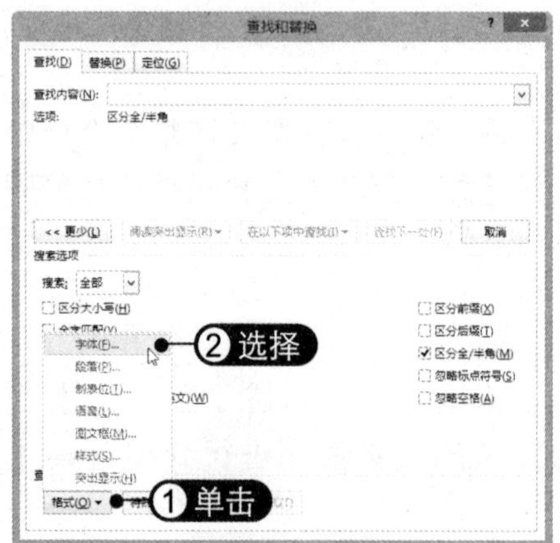

04 **选择字体格式** 弹出"查找字体"对话框，单击"字体颜色"下拉按钮，选择红色，如下图所示。

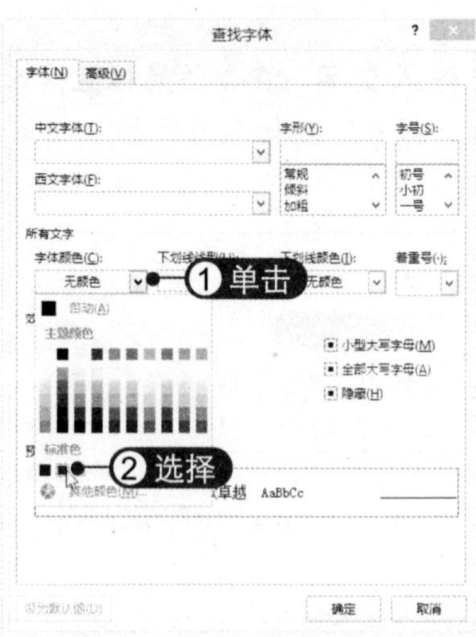

05 **设置全部突出显示** 此时即可查看"查找内容"的格式。单击"阅读突出显示"下拉按钮，选择"全部突出显示"选项，如下图所示。

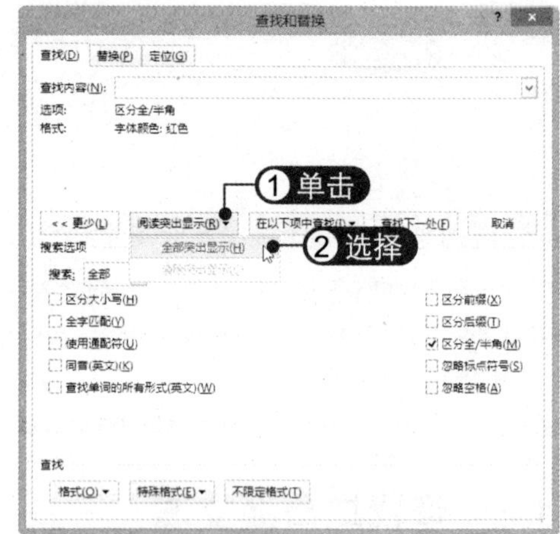

06 **查看查找结果** 此时即可将文档中文本颜色为红色的文字突出显示出来，结果如下图所示。

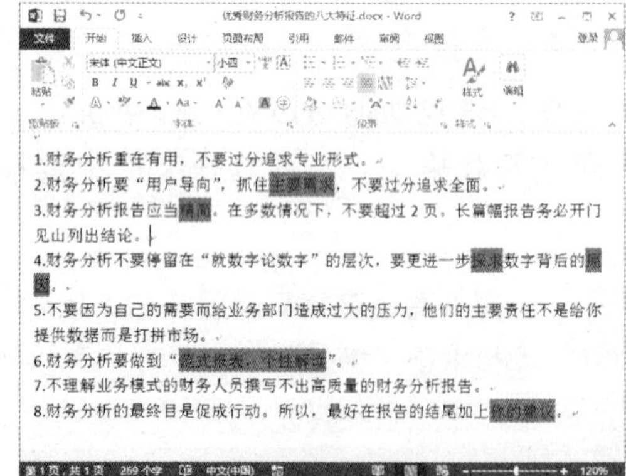

2. 替换内容

使用替换功能可以快速、批量地对文档中需要替换的内容进行更改。下面以替换标点为例进行介绍，具体操作方法如下：

01 清除查找格式 选择“替换”选项卡，将光标定位到“查找内容”文本框中，单击“不限定格式”按钮，清除查找格式，如下图所示。

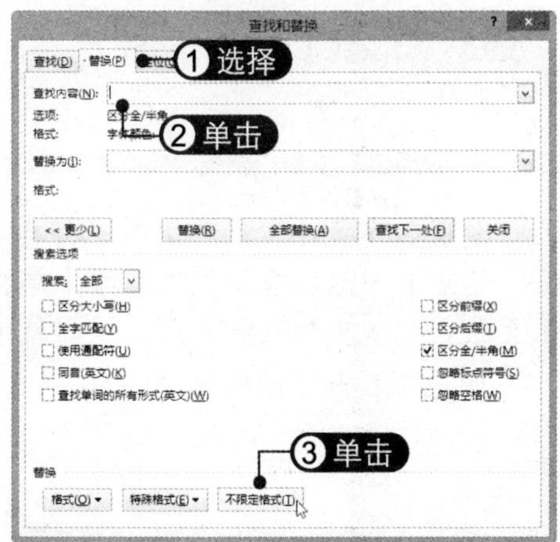

02 指定替换范围 在文档中选中要替换的文本，以指定替换范围，如下图所示。

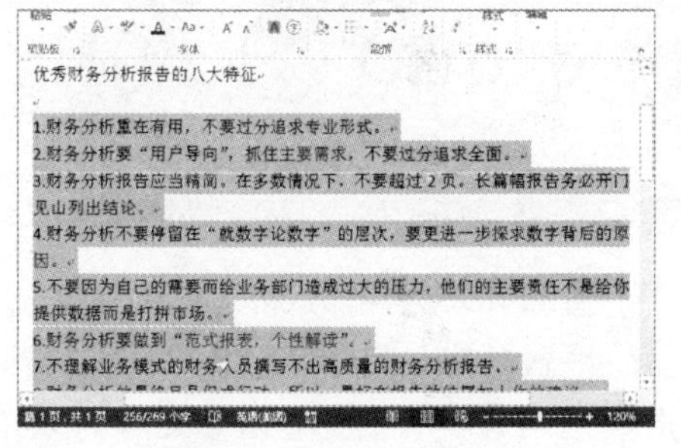

03 设置查找替换 在“查找内容”文本框中输入点“.”，在“替换为”文本框中输入顿号“、”，然后单击“全部替换”按钮，如下图所示。

04 完成替换 此时即可将所选内容中的点全部替换为顿号，弹出提示信息框，单击“否”按钮，替换完成，如下图所示。

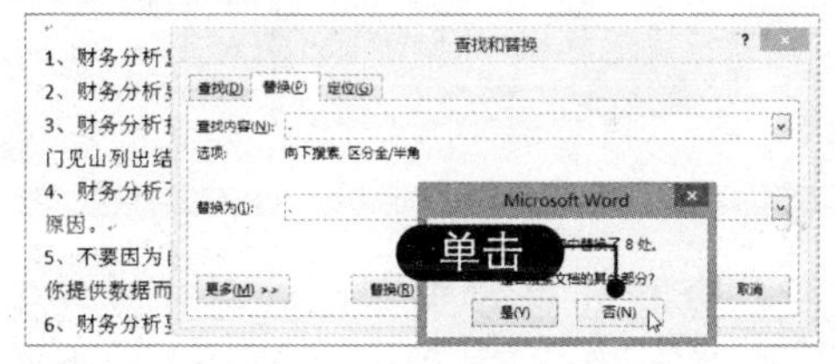

2.2 输入特殊字符

在文档中除了输入常用的汉字外，有时还需要输入一些特殊的字符，比如带圈字符、汉语拼音、特殊符号和数学公式等，下面将分别对其进行介绍。

2.2.1 输入带圈字符

带圈字符是一种特殊格式的文本效果，它可以在字符周围放置圆圈或方框加以强调。输入带圈字符的具体操作方法如下：

01 **单击“带圈字符”按钮** 在文档中输入数字 14，然后选中该数字，在“开始”选项卡下“字体”组中单击“带圈字符”按钮㊫，如下图所示。

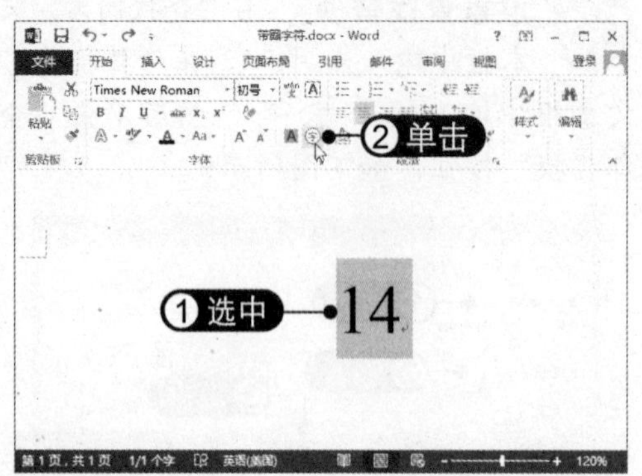

02 **选择样式** 弹出“带圈字符”对话框，选择圆形圈号，单击“增大圈号”按钮，然后单击“确定”按钮，如下图所示。

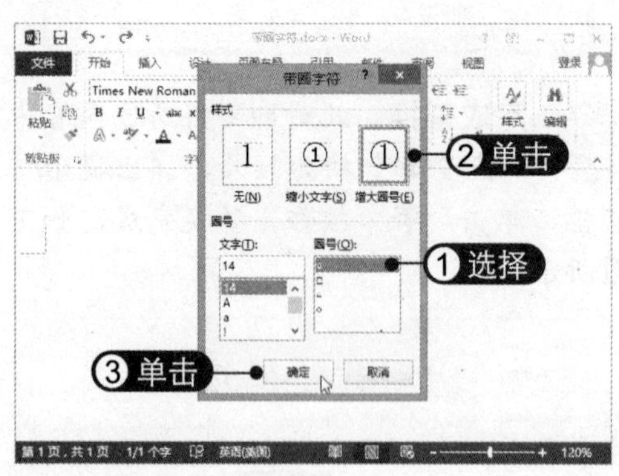

03 **查看圈号效果** 此时即可为数字添加圈号，可以看到数字在圈内显得过大，以至于与外圈出现相交，如下图所示。

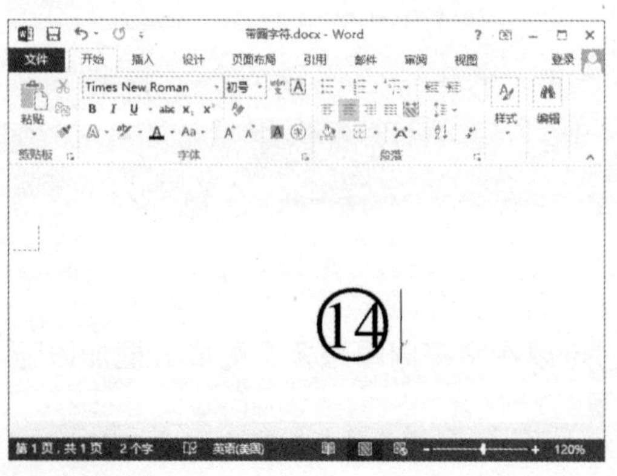

04 **切换到域代码编辑状态** 选中带圈字符，按【Alt+F9】组合键进入域代码编辑状态，如下图所示。

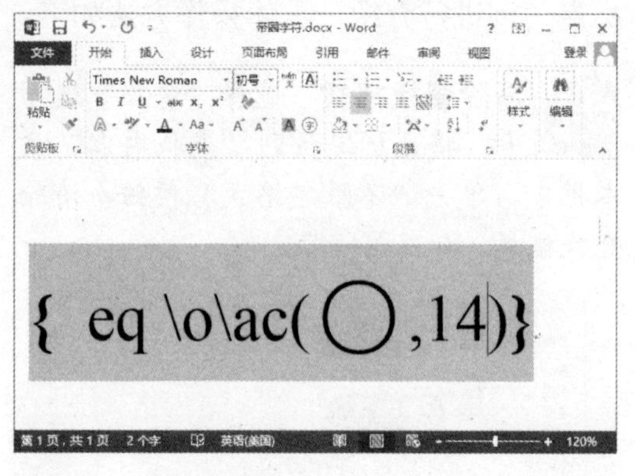

05 **设置数字大小** 选中数字，将其字号变小，然后在“段落”组中单击“中文版式”下拉按钮，选择“字符缩放”|90%选项，如下图所示。

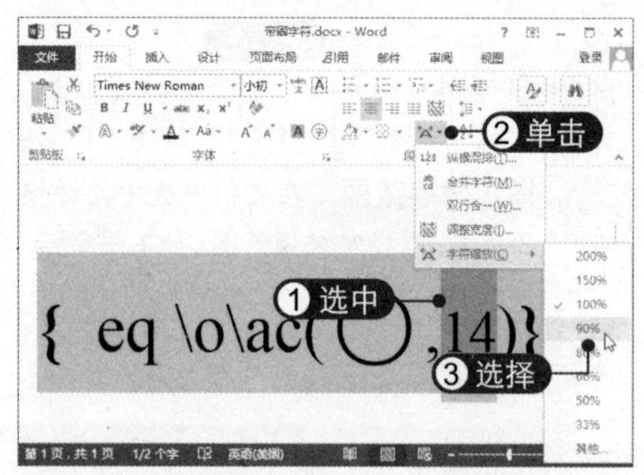

06 **查看带圈字符效果** 将光标定位到域代码中，再次按【Alt+F9】组合键，退出域代码编辑状态，查看带圈字符效果，如下图所示。

2.2.2 添加汉语拼音

在 Word 2013 中能够非常方便地为汉字添加拼音，还可以设置拼音的字体格式，具体操作方法如下：

01 **单击“拼音指南”按钮** 选中要添加拼音的文本，单击“字体”组中的“拼音指南”按钮，如下图所示。

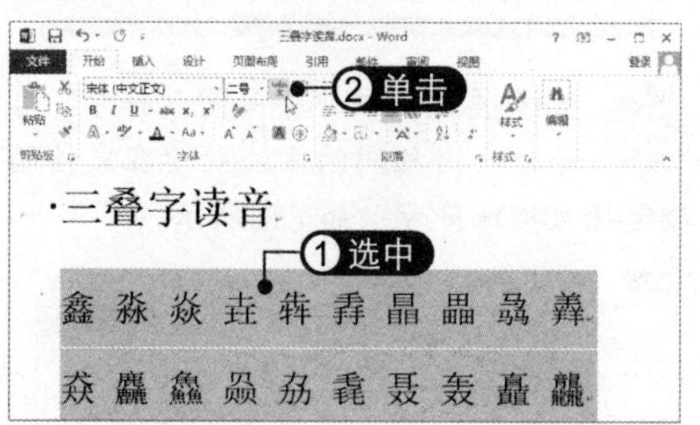

02 **选择对齐方式** 弹出“拼音指南”对话框，选择拼音的对齐方式，如“居中”，如下图所示。若文字拼音拼写错误，可以在“拼音文字”文本框中进行修改。

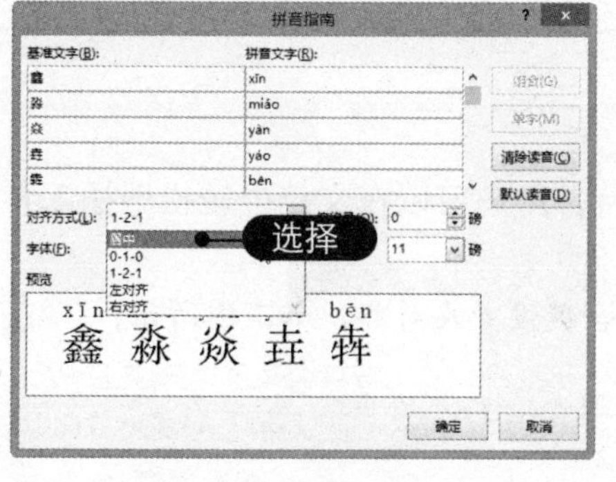

03 **设置拼音选项** 设置拼音的“字体”、“偏移量”、“字号”等选项，然后单击“确定”按钮，如下图所示。

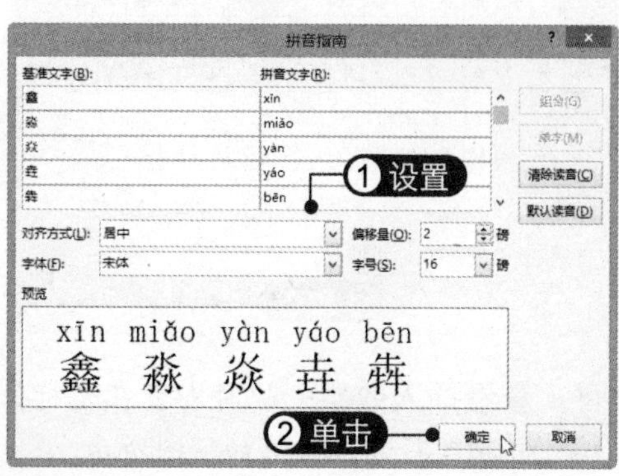

04 **查看拼音效果** 此时即可在文本上方添加拼音，效果如下图所示。

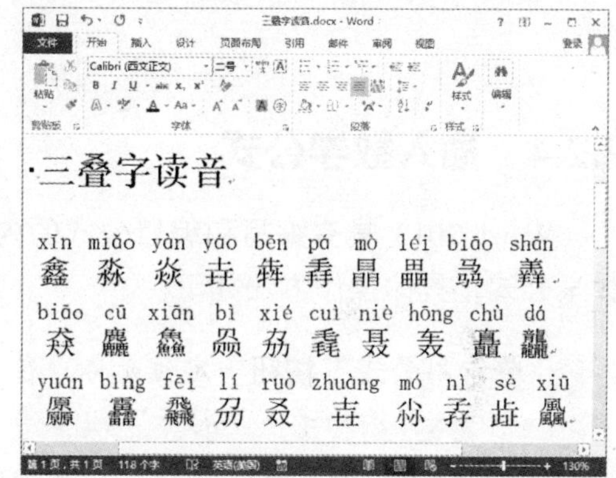

2.2.3 插入特殊符号

通常使用输入法可以直接输入汉字和英文，而一些特殊字符（如广义字符、数学符号、冷僻汉字和拉丁文等）则需要通过插入符号的方法进行输入，具体操作方法如下：

01 **选择“其他符号”选项** 将光标定位到要插入符号的位置，选择“插入”选项卡，单击“符号”下拉按钮，选择“其他符号”选项，如右图所示。

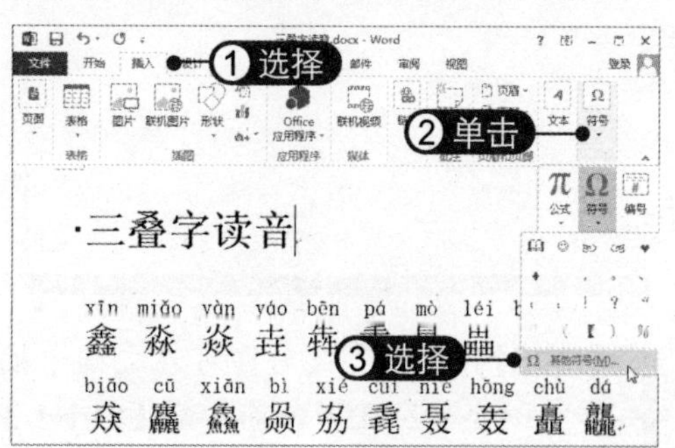

02 **选择插入符号** 弹出“符号”对话框，在“字体”下拉列表框中选择Wingdings，在下方列表中选择要插入的符号，然后单击“插入”按钮，如下图所示。

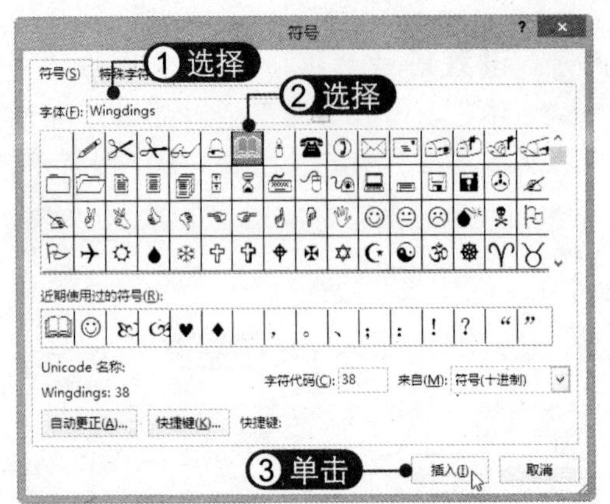

03 **查看插入效果** 此时即可在光标位置插入符号，效果如下图所示。

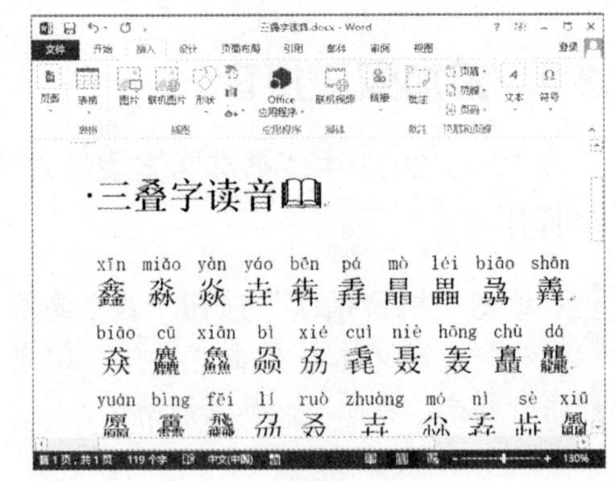

04 **继续插入符号** 不关闭“符号”对话框，用相同的方法继续在文档的指定插入特殊符号，如下图所示。

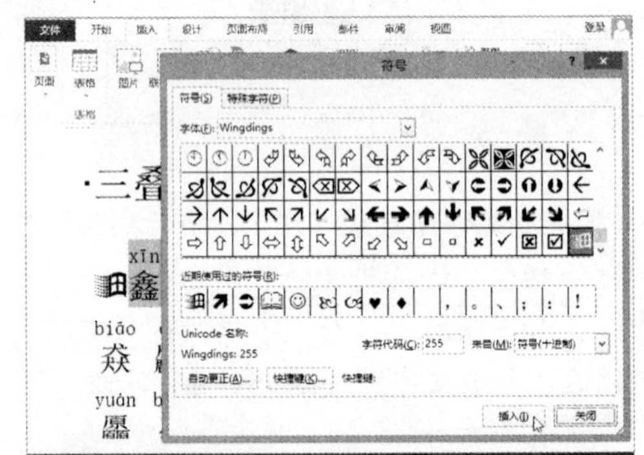

2.2.4 插入数学公式

Word 2013 具有编写和编辑公式的内置支持，用户可以在文档中轻松地插入各种数学公式，具体操作方法如下：

01 **单击“公式”按钮** 定位光标，在“插入”选项卡下“符号”组中单击“公式”按钮，如下图所示。

02 **左对齐公式** 此时即可在文档中插入一个新公式占位符，按【Ctrl+L】组合键设置左对齐，如下图所示。

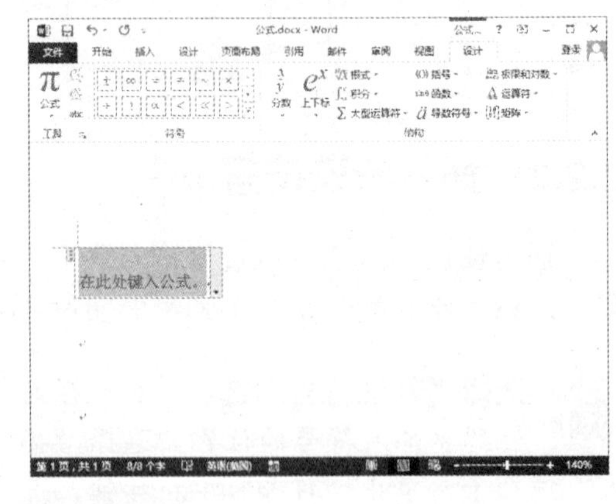

03 **插入括号** 输入公式变量 S，选择“设计”选项卡，在“结构”组中单击“括号”下拉按钮，选择括号类型，如下图所示。

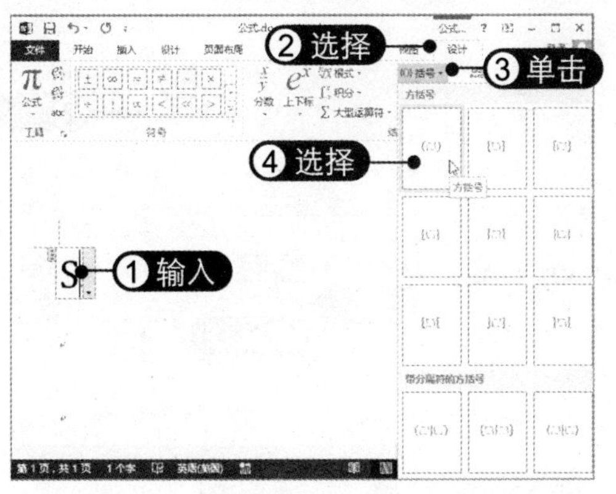

04 插入下标占位符 选中括号内的占位符，单击“上下标”下拉按钮，在弹出的列表中选择“下标”样式，如下图所示。

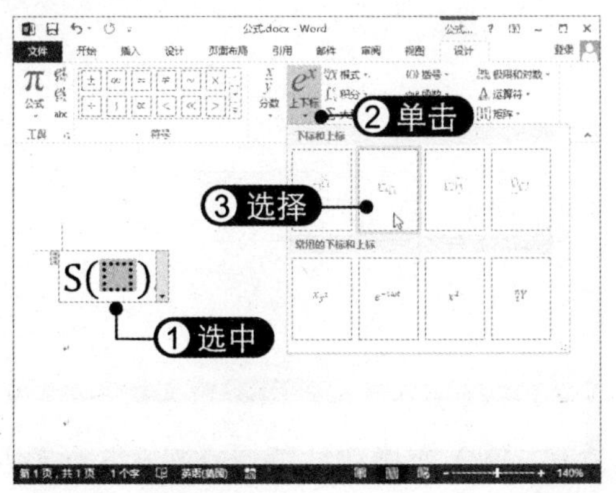

05 插入等号 将光标定位到括号右侧，在“符号”组中单击“等号”按钮，如下图所示。

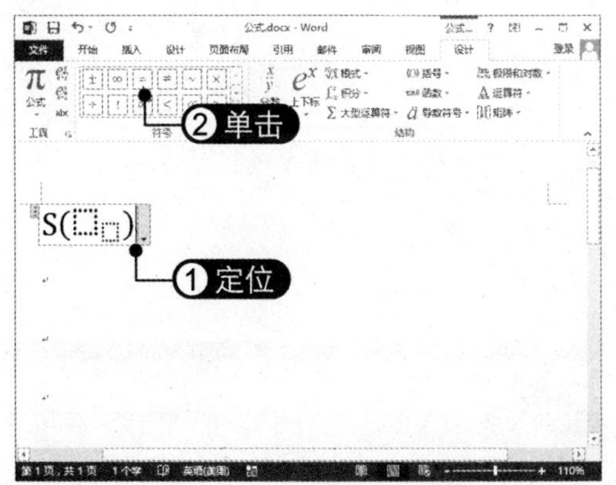

06 插入根式占位符 将光标定位到公式右侧，在“结构”组中单击“根式”下拉按钮，选择“平方根”样式，如下图所示。

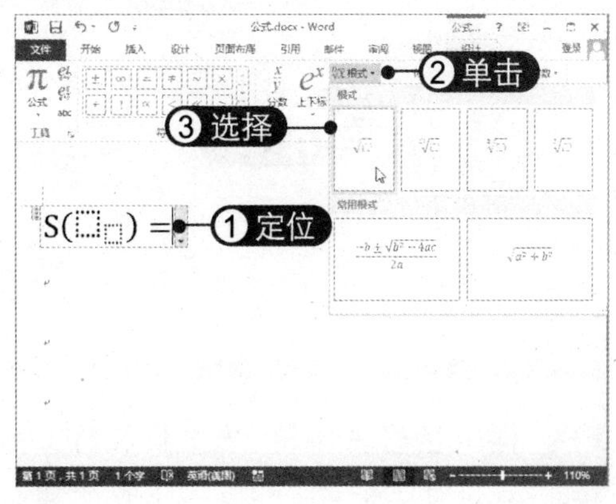

07 插入分数占位符 选中平方根中的占位符，单击“分数”下拉按钮，选择“分数（竖式）”样式，如下图所示。

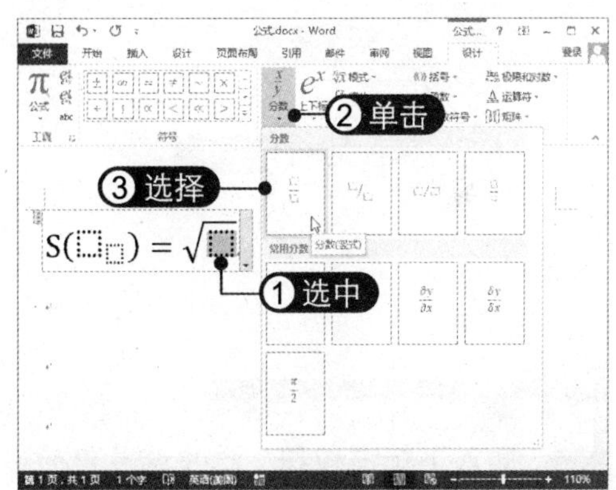

08 插入求和占位符 选择分子占位符，单击“大型运算符”下拉按钮，选择“求和”样式，如下图所示。

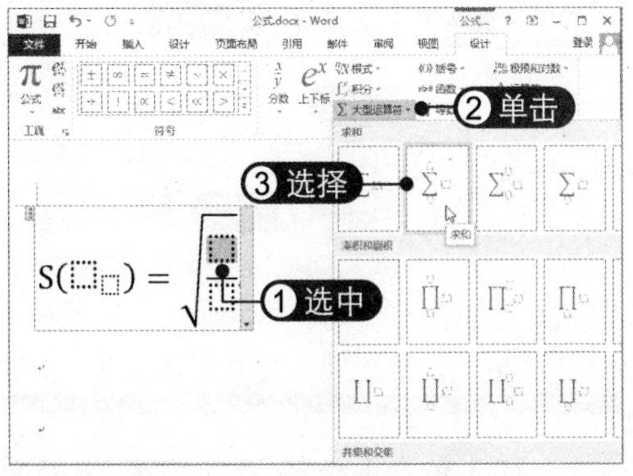

09 插入上标占位符 选中求和公式右侧的占位符，单击“上下标”下拉按钮，选择“上标”样式，如下图所示。

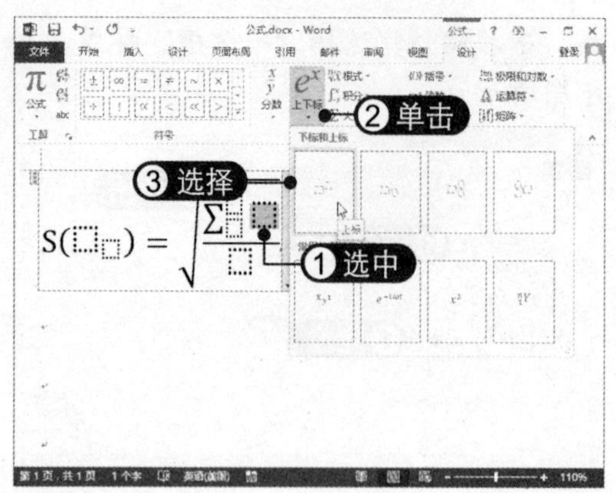

10 插入括号占位符 选中插入的上标占位符，单击“括号”下拉按钮，选择圆括号样式，如下图所示。

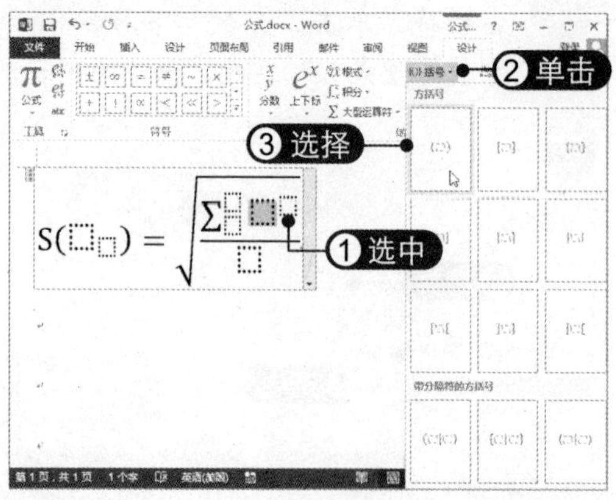

11 插入下标占位符 选中括号内的占位符，单击“上下标”下拉按钮，选择“下标”样式，如下图所示。

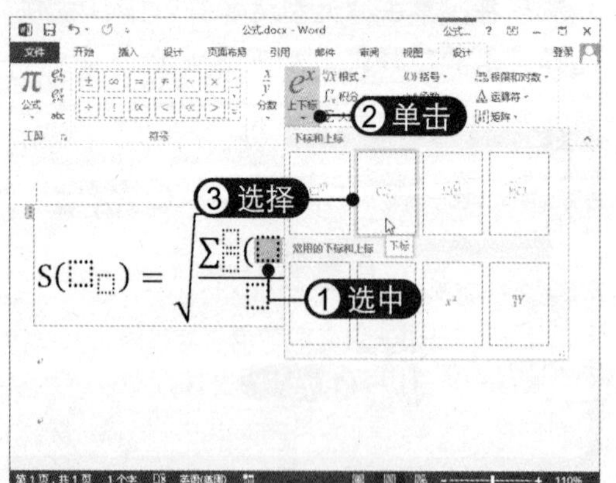

12 插入导数占位符 输入减号，然后单击“导数符号”下拉按钮，选择“横杠”样式，如下图所示。

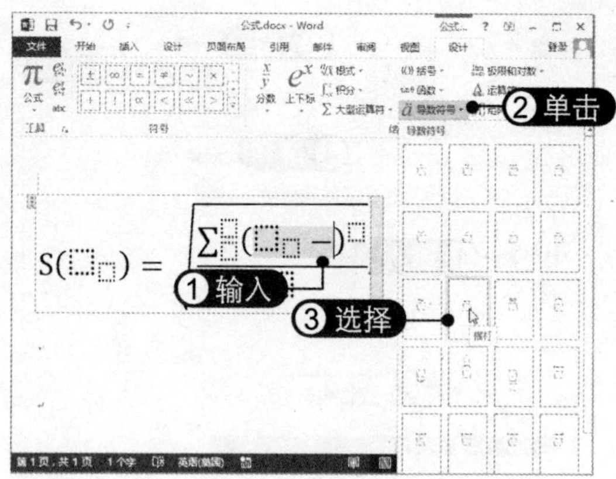

13 查看公式运算符 至此，公式中所有的运算符已插入完毕，如下图所示。

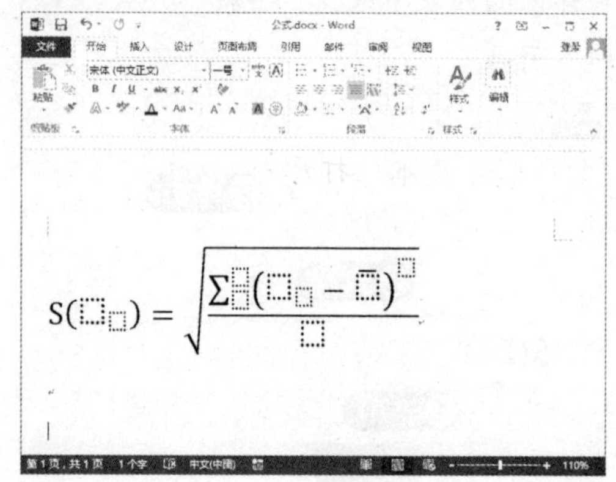

14 输入变量和数值 分别在各公式占位符中输入变量和数值，如下图所示。

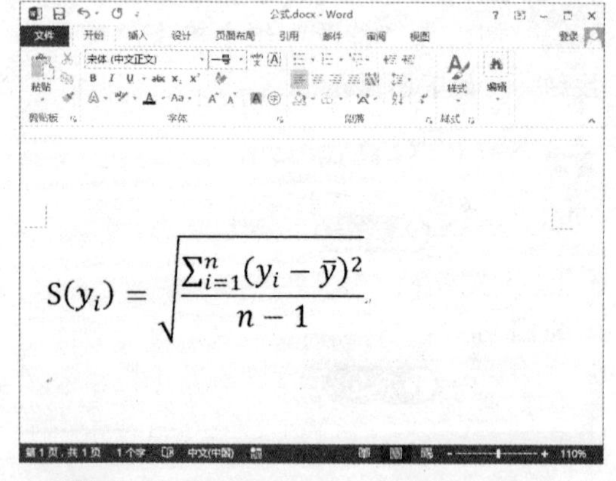

知识加油站

要保存公式，可选中公式，然后单击其右侧的下拉按钮，在弹出的列表中选择“另存为新公式”选项。

2.3 设置文本与段落格式

在 Word 文档中有针对性地设置文本和段落的格式，可以使文档条理清晰，版面更加美观，从而增强文章的可读性。

2.3.1 设置文本格式

设置文本格式是格式化文档最基本的操作，主要包括设置文本字体格式、字形、字号和颜色等。在 Word 2013 中，文本格式可以通过“字体”组、浮动工具栏和“字体”对话框 3 种方式进行设置。

1. 在“字体”组中设置文本格式

在“字体”组中设置文本格式的具体操作方法如下：

01 选择文本 打开素材文件，选中要设置格式的文本，如下图所示。

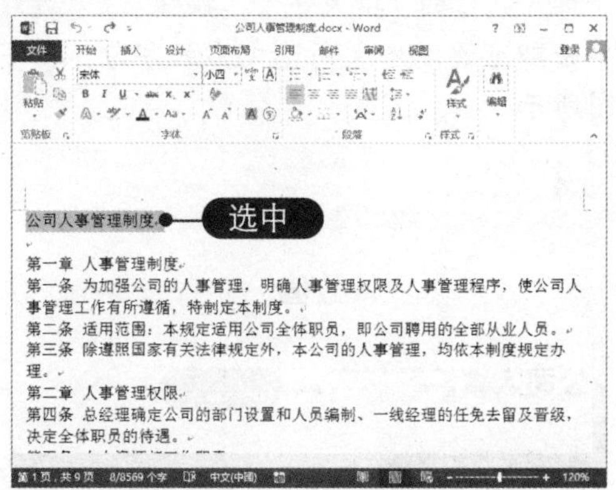

02 设置字体样式 在“字体”组中单击“字体”下拉按钮，选择所需的字体样式，如下图所示。

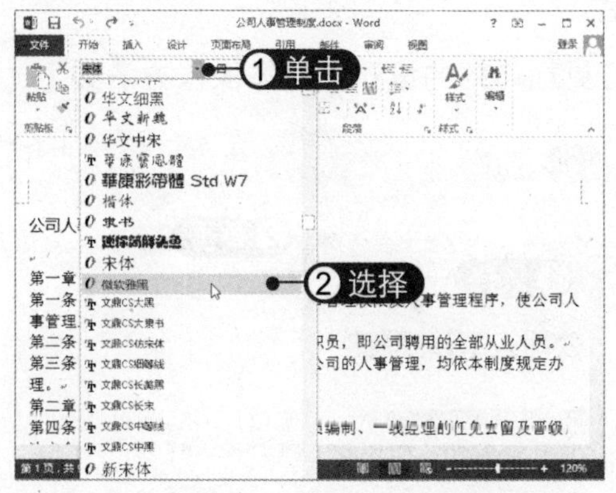

03 设置字号 在“字体”组中单击“字号”下拉按钮，选择“小一”字号，如下图所示。

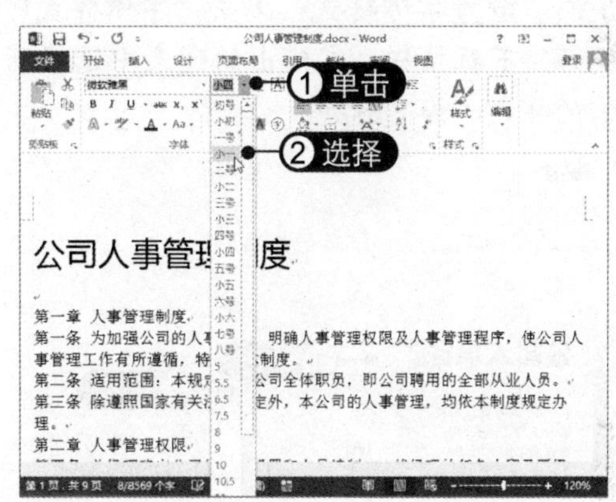

04 设置文本效果 在“字体”组中单击“文本效果”下拉按钮，在弹出的列表中选择所需的文本效果，如下图所示。

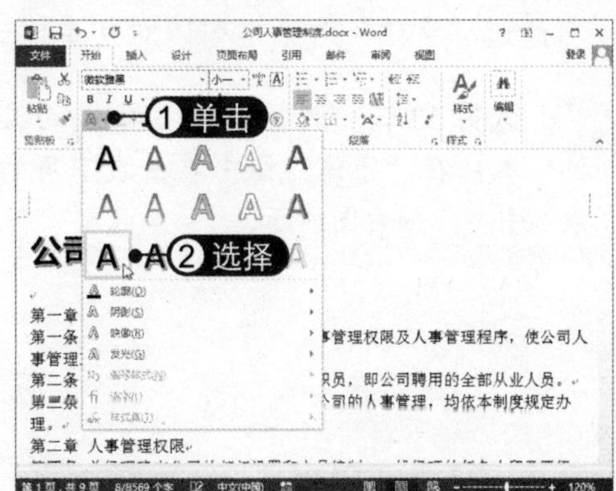

2. 在浮动工具栏中设置文本格式

当在 Word 2013 中选中文本后会自动出现一个半透明的浮动工具栏，也可以在这个工具栏中设置文本格式，具体操作方法如下：

01 显示浮动工具栏 选中要设置格式的文本，松开鼠标后将显示出浮动工具栏，如下图所示。若没有显示，可右击选中的文本。

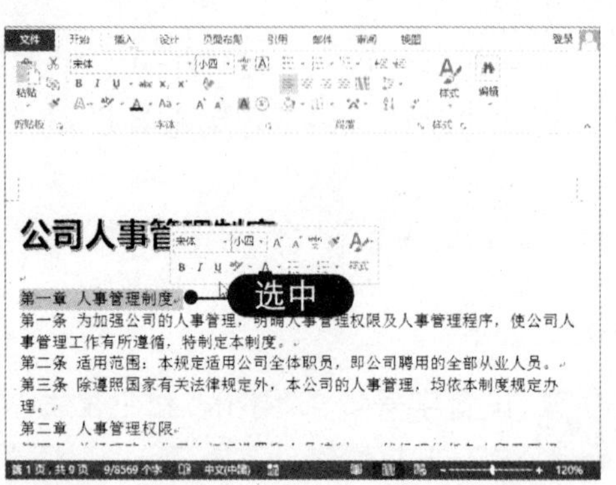

02 设置字体样式 单击"字体样式"下拉按钮，在弹出的列表中选择所需的样式，如下图所示。

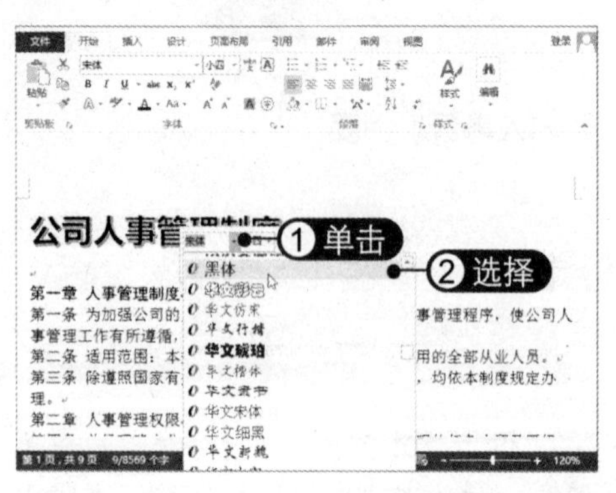

03 加粗字体 在浮动工具栏中单击"加粗"按钮，即可将所选文本加粗，如下图所示。

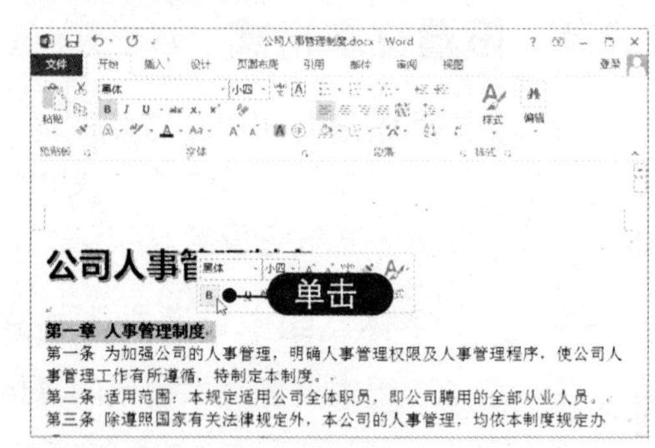

04 增大字号 将鼠标指针移到浮动工具栏的"增大字号"按钮上，连续单击即可逐渐增大所选文本的字号，如下图所示。

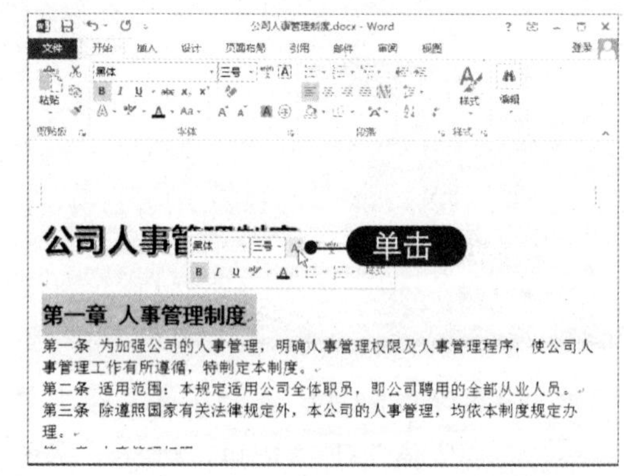

3. 在"字体"对话框中设置文本格式

通过"字体"对话框可以对文本格式进行更加详细的设置，具体操作方法如下：

01 选择文本 选择要设置格式的文本，在"字体"组中单击右下角的扩展按钮，如右图所示。

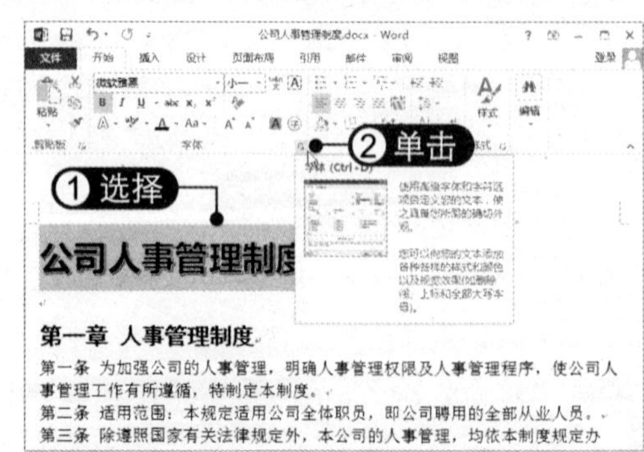

02 设置字体格式 弹出“字体”对话框，在“字体”选项卡中设置基本的字体格式，如下图所示。

03 加宽字符间距 选择“高级”选项卡，在“字符间距”选项区中设置加宽字符间距并输入磅值，然后单击“确定”按钮，如下图所示。

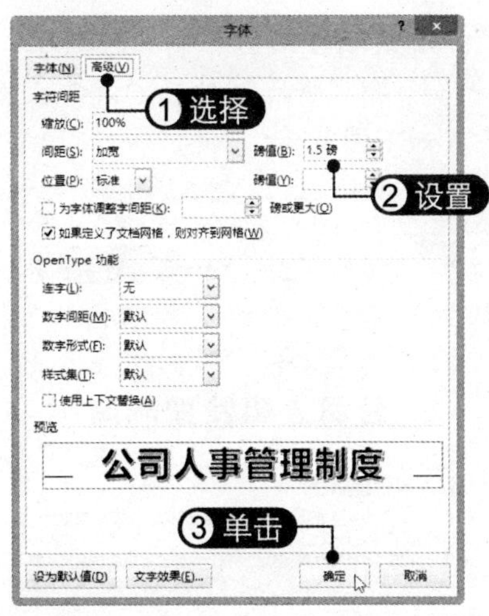

04 查看设置效果 此时即可应用字体格式设置，效果如下图所示。

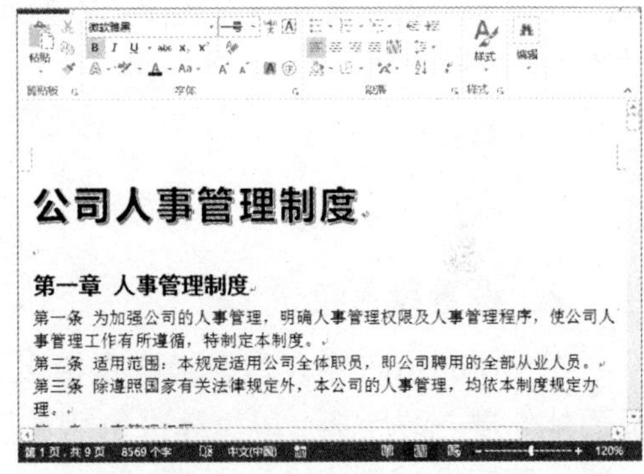

2.3.2 设置段落格式

设置段落格式指的是在一个段落的页面范围内对内容进行排版，使整个段落显得美观大方，更符合规范。设置段落格式主要包括段落对齐方式、段落缩进、段落间距等。

1. 设置段落对齐方式

段落对齐方式是指段落中的文本在水平方向上以何种方式对齐。段落文本的对齐方式包括“居中”、“左对齐”、“右对齐”、“两端对齐”和“分散对齐”等。设置段落对齐方式的具体操作方法如下：

01 定位光标 将光标定位到标题段落中，可以在“段落”组中看到当前为“左对齐”方式，如右图所示。

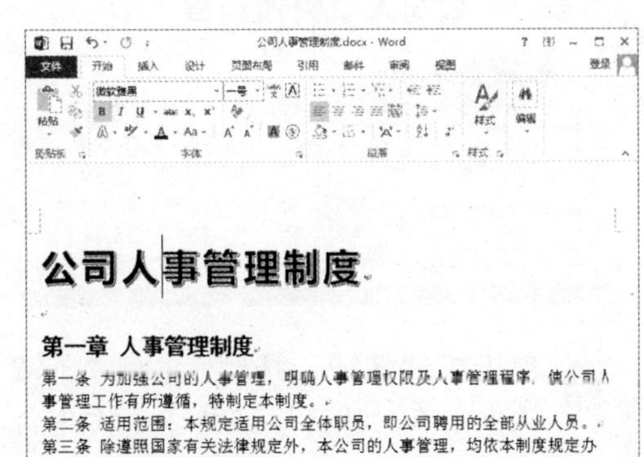

02 **设置居中对齐** 单击“居中”按钮，即可将段落对齐方式设置为居中对齐，如下图所示。

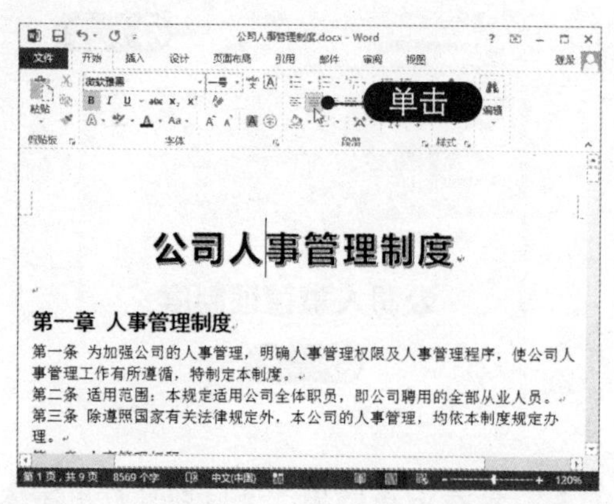

03 **设置右对齐** 单击“右对齐”按钮，即可将段落对齐方式设置为靠右对齐，如下图所示。

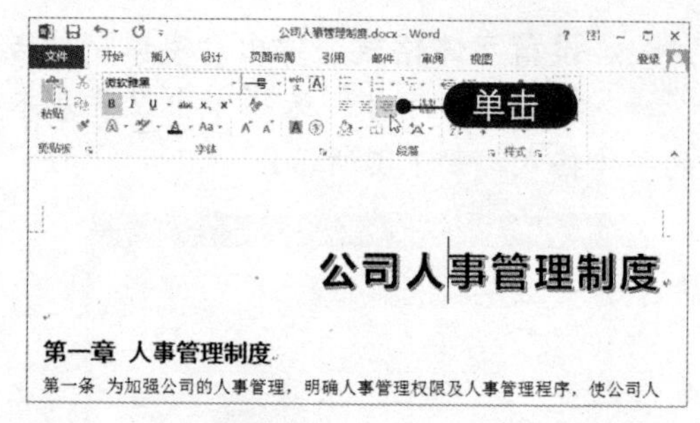

04 **设置分散对齐** 单击“分散对齐”按钮，即可将段落对齐方式设置为分散对齐，使文本在左右边距之间分布均匀，如下图所示。

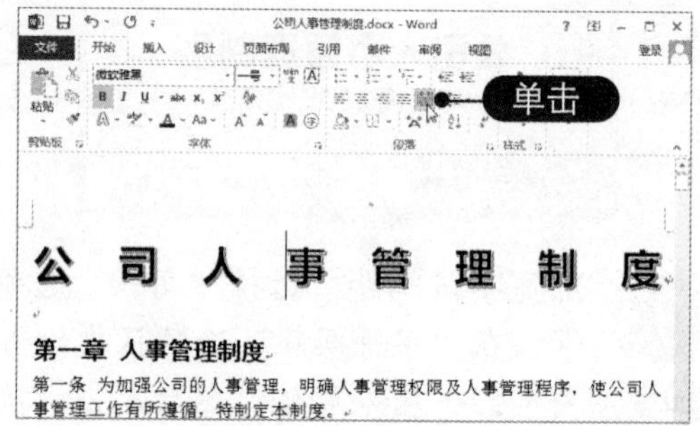

2. 设置段落缩进

在 Word 2013 中，段落缩进是指文本相对于页边距向页面内缩进一段距离，或向页面外伸展一段距离。段落缩进包括首行缩进、悬挂缩进、左缩进和右缩进几种方式。设置段落缩进的具体操作方法如下：

01 **增加缩进量** 将光标定位到第一段中，在“段落”组中连续单击“增加缩进量”按钮，即可增加该段落的缩进量，如下图所示。

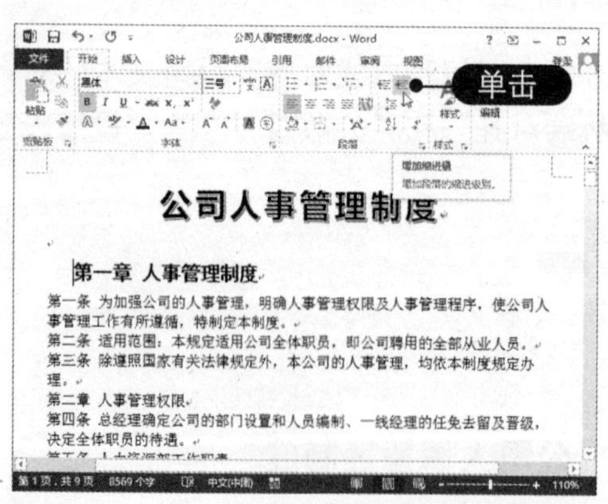

02 **单击扩展按钮** 将光标定位在第 2 段中，在“段落”组中单击右下角的扩展按钮，如下图所示。

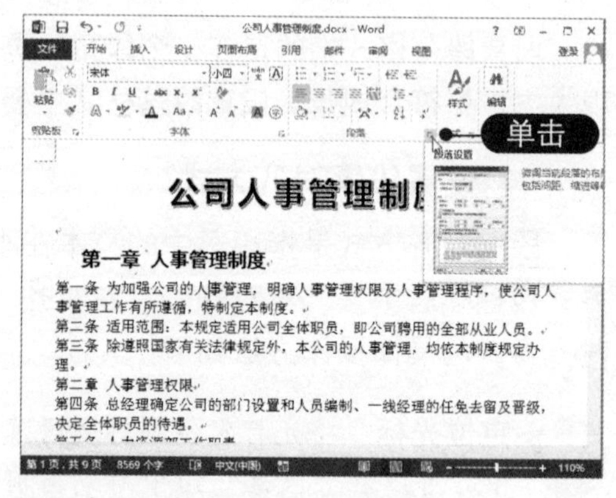

03 **设置悬挂缩进** 弹出“段落”对话框，在“特殊格式”列表中选择“悬挂缩进”选项并设置缩进量，然后单击“确定”按钮，如下图所示。

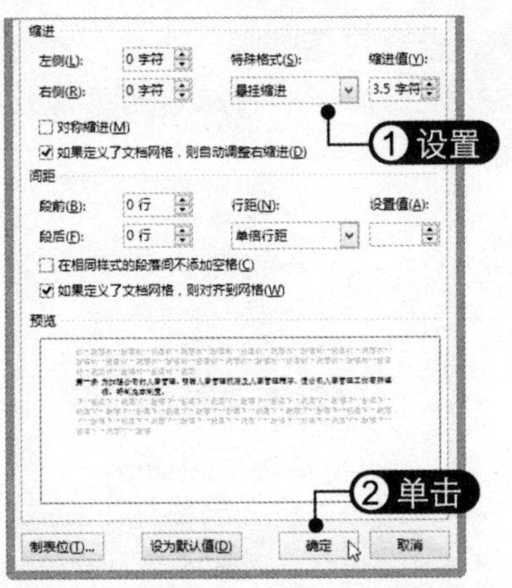

04 选择"段落"命令 此时即可查看第 2 段的悬挂缩进效果。在第 1 段中右击，在弹出的快捷菜单中选择"段落"命令，如下图所示。

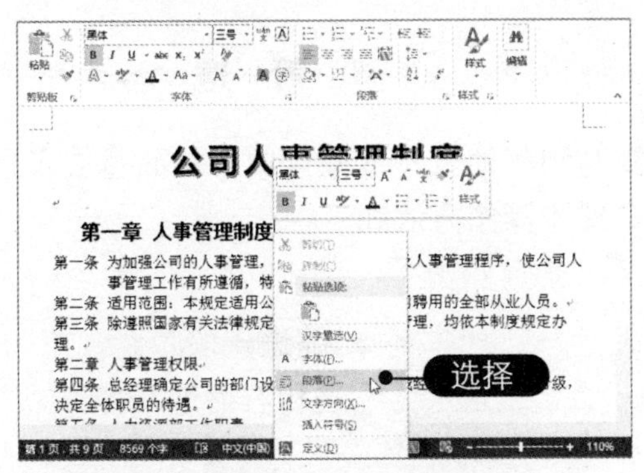

05 设置左缩进 弹出"段落"对话框，在"缩进"选项区中设置"左侧"缩进量，然后单击"确定"按钮，如下图所示。

06 查看段落缩进效果 此时即可查看第 1 段左缩进效果，如下图所示。

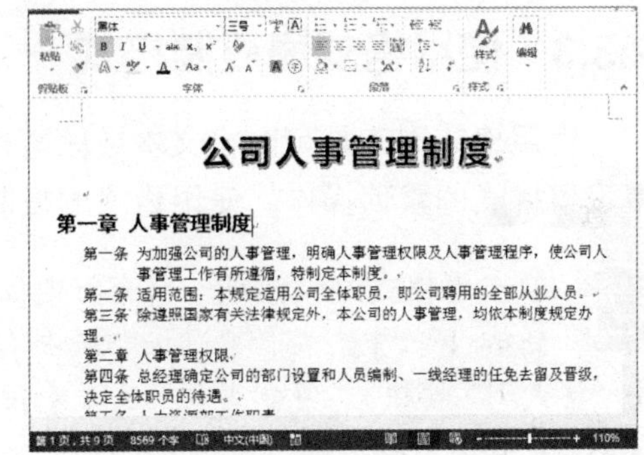

3. 设置段落间距和行距

段落间距是指相邻两个段落之间的间距，行距指行与行之间的间距。下面将介绍如何设置段落间距和行距，具体操作方法如下：

01 单击扩展按钮 将光标定位到第 1 段中，单击"段落"组右下角的扩展按钮，如下图所示。

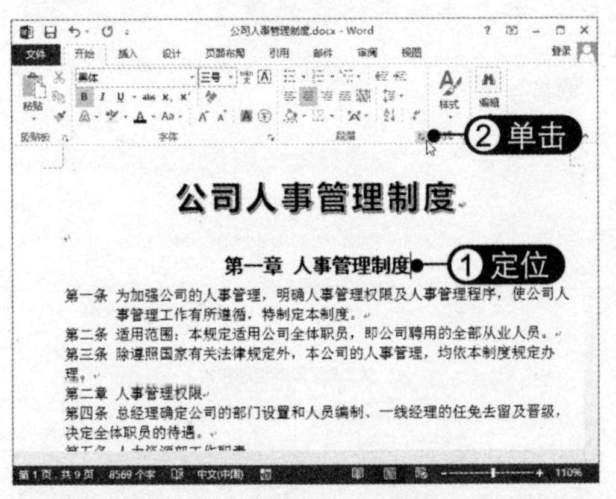

02 设置段落间距 弹出"段落"对话框，设置"段前"、"段后"间距为 0.5 行，然后单击"确定"按钮，如下图所示。

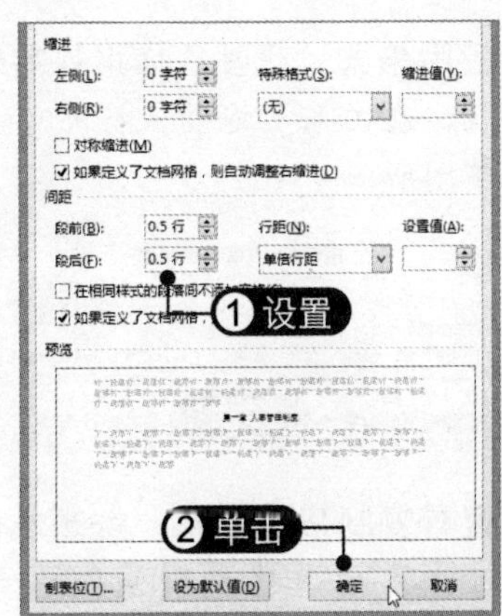

03 设置行距 将光标定位到第2段中，再次打开“段落”对话框，在行距的“设置值”文本框中输入数值，如1.25，单击“确定”按钮，如下图所示。

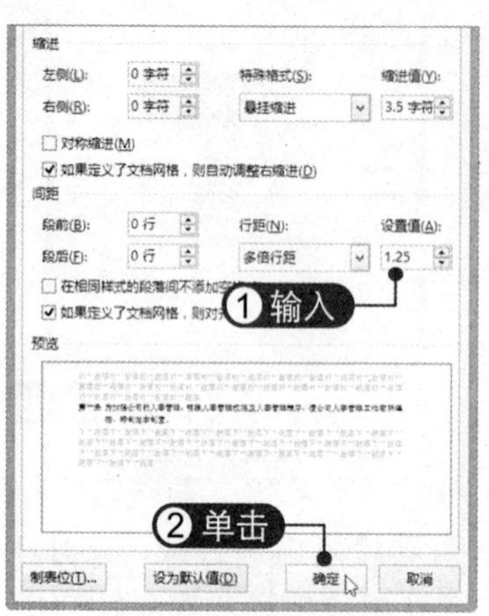

04 查看段落效果 此时即可查看设置段落间距和行距后的段落效果，如下图所示。

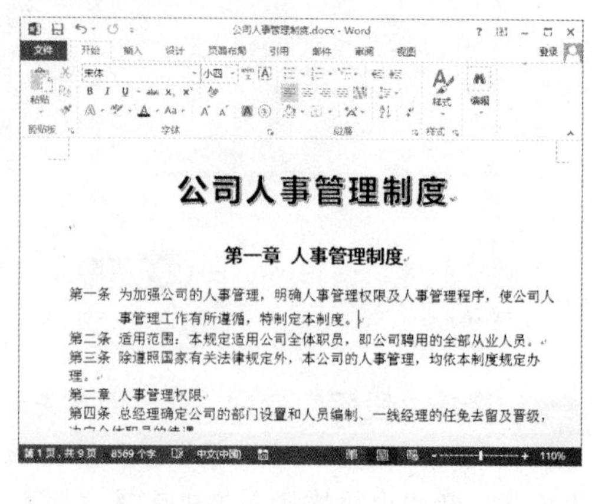

2.3.3 使用格式刷复制格式

使用格式刷工具可以将文本或段落格式复制到其他文本或段落中，从而省去了重复设置格式的繁琐操作。使用格式刷复制格式具体操作方法如下：

01 单击“格式刷”按钮 将光标定位到第1段中，在“剪贴板”组中单击“格式刷”按钮，复制当前的文本和段落格式，如下图所示。

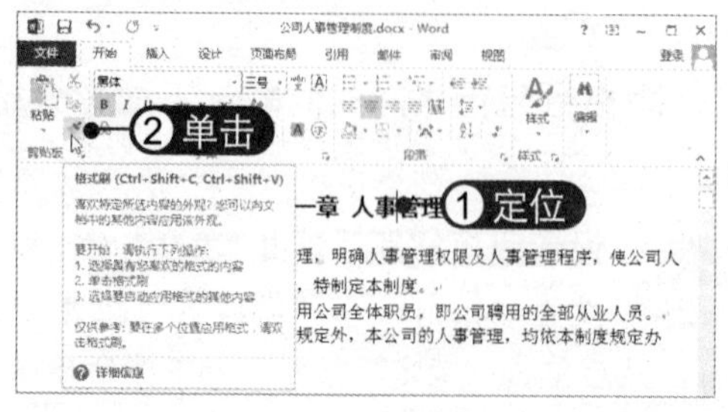

02 应用格式 此时鼠标指针变为形状，在文本上拖动鼠标即可应用格式，如下图所示。

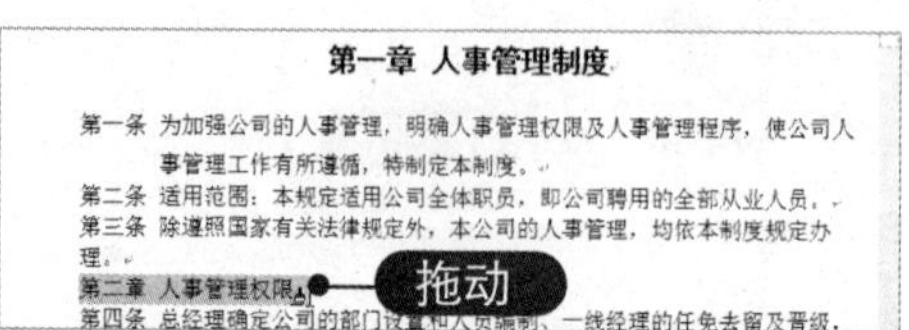

03 查看复制格式效果 松开鼠标后即可查看使用格式刷复制格式的效果，如下图所示。

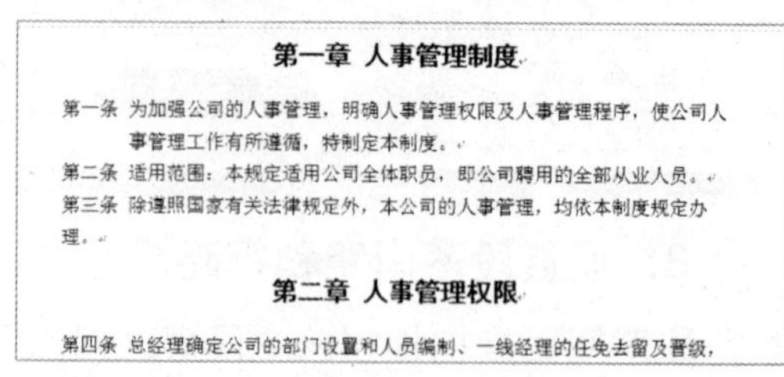

04 继续使用格式刷 同样使用格式刷将第3段中的格式复制到其他“条目”段中，如下图所示。在操作时可双击“格式刷”按钮，进入格式刷状态，然后依次单击要应用格式的段落。

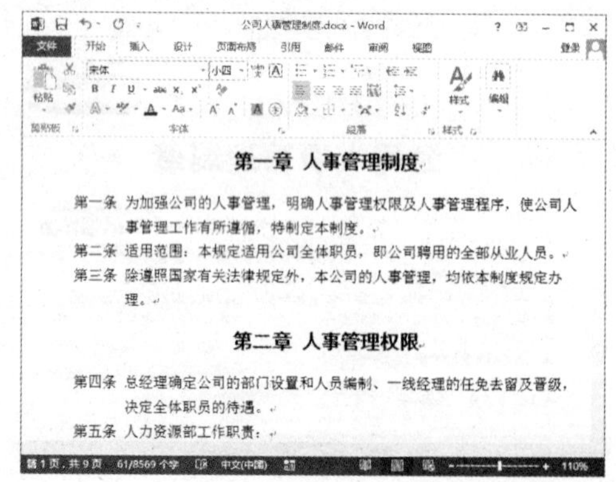

2.4 使用项目符号与编号

在 Word 文档中有时需要用到项目符号和编号，它们可以更加明确地表达内容之间的并列或顺序关系，使这些项目的层次结构更加清晰，更有条理。Word 2013 提供了多种样式的项目符号和编号供用户选择，还可以根据需要自定义项目符号和编号。

2.4.1 添加项目符号

在一些表示并列关系的内容中添加项目符号，可以使文档结构更加清晰，并起到着重提醒的功能。添加项目符号的具体操作方法如下：

01 选择段落 选中要添加项目符号的段落，如下图所示。

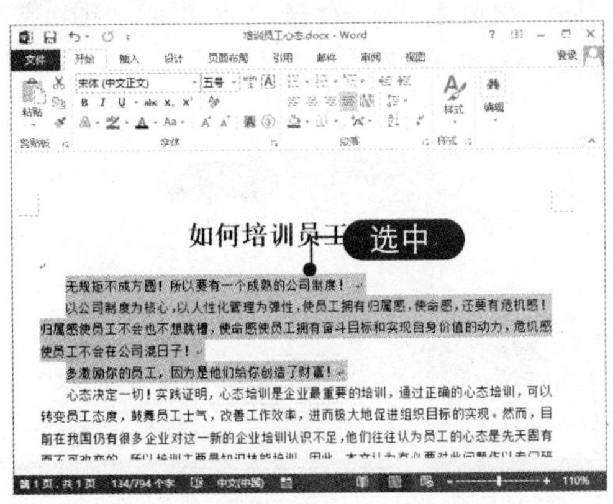

02 选择符号类型 在“段落”组中单击“项目符号”下拉按钮，选择所需的符号类型，如下图所示。

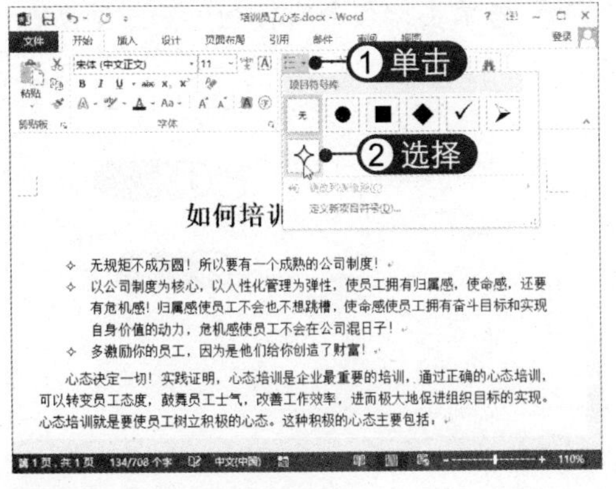

03 定义新项目符号 若项目符号列表中没有满意的项目符号，可选择“定义新项目符号”选项，在弹出的对话框中单击“符号”按钮，如下图所示。

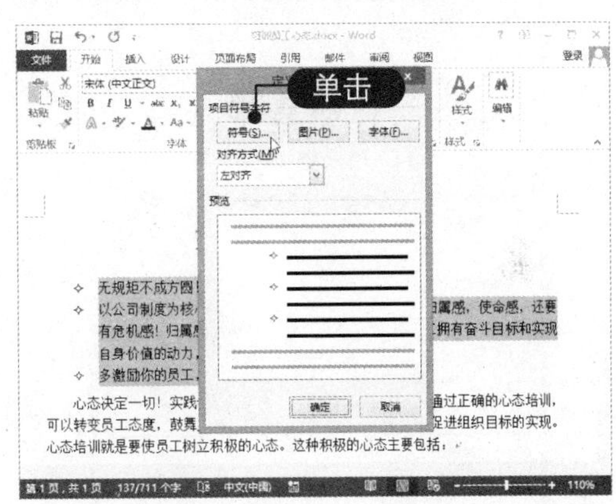

04 选择符号样式 弹出“符号”对话框，选择所需的项目符号样式，然后单击“确定”按钮，如下图所示。

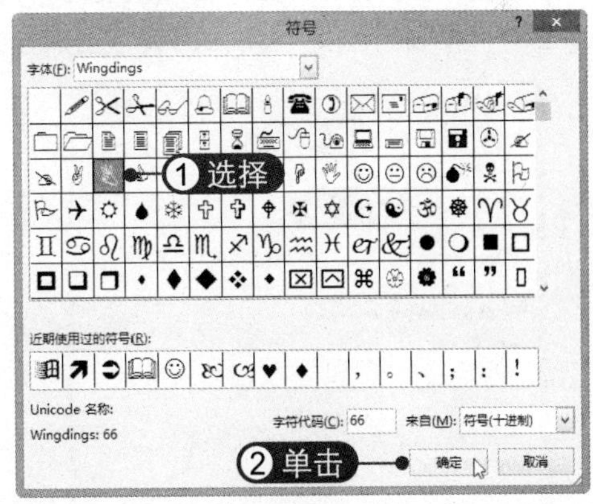

05 单击“字体”按钮 返回“定义新项目符号”对话框，单击“字体”按钮，如下图所示。

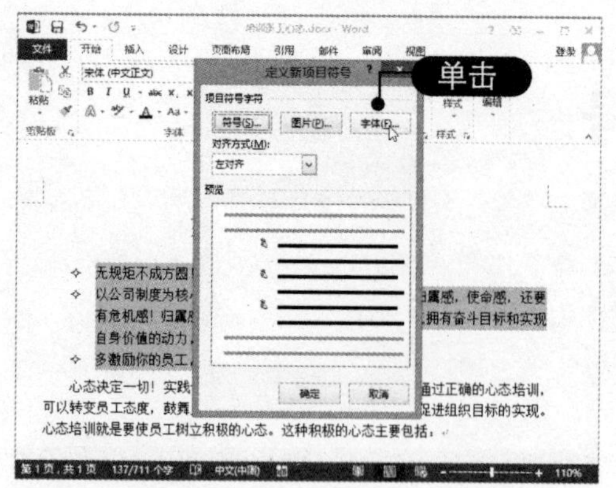

06 设置字体格式 弹出“字体”对话框，设置项目符号的字体样式、字形、大小、颜色等参数，如下图所示。

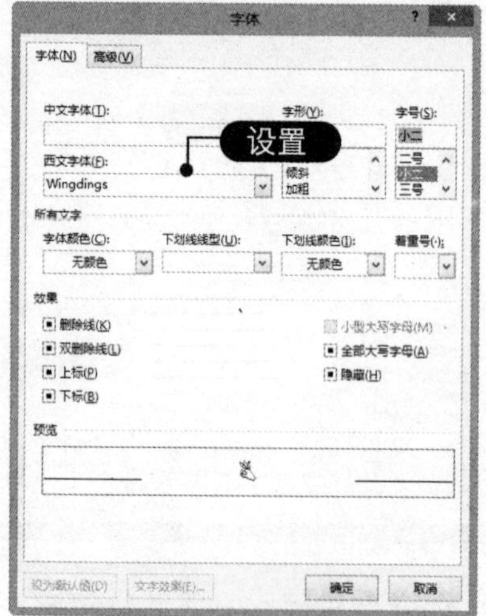

07 设置位置 选择“高级”选项卡，设置项目符号的位置，在此设置为“降低”2 磅，单击“确定”按钮，如下图所示。

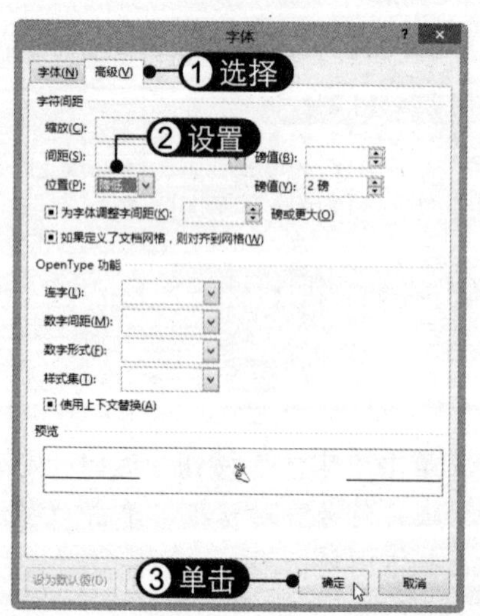

08 查看项目符号效果 此时即可将自定义项目符号应用到所选段落中，效果如下图所示。

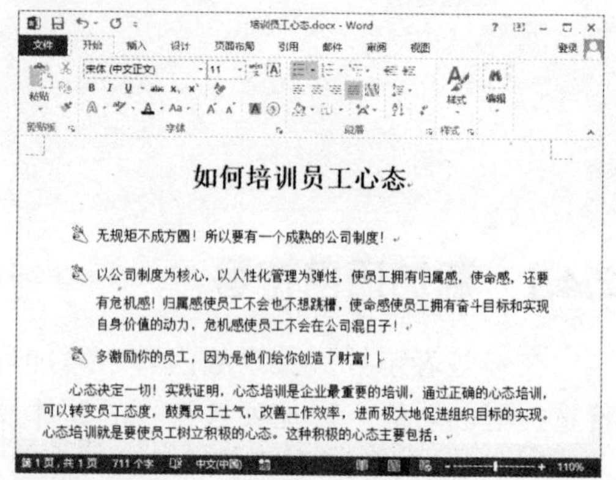

09 将图片作为项目符号 在“定义新项目符号”对话框中单击“图片”按钮，如下图所示。

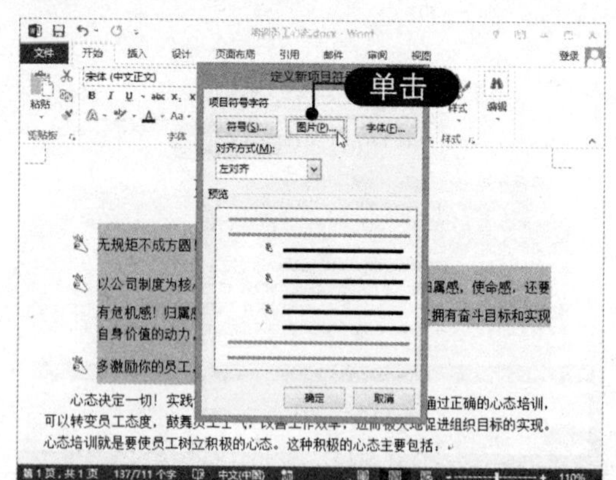

10 搜索图片 输入图片搜索文字，然后单击“搜索”按钮，如下图所示。

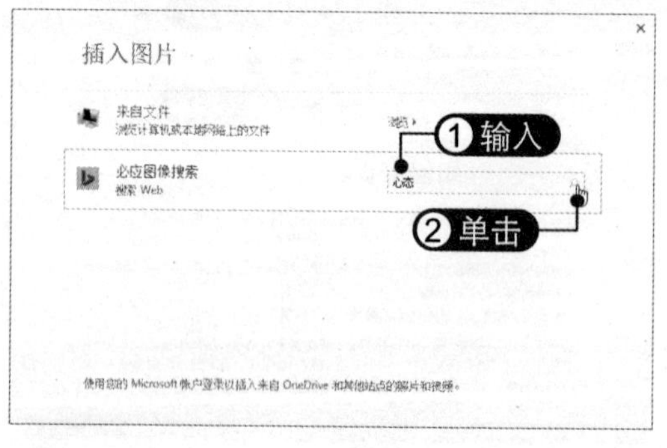

11 选择图片 选择要用作项目符号的图片，然后单击“插入”按钮，如下图所示。

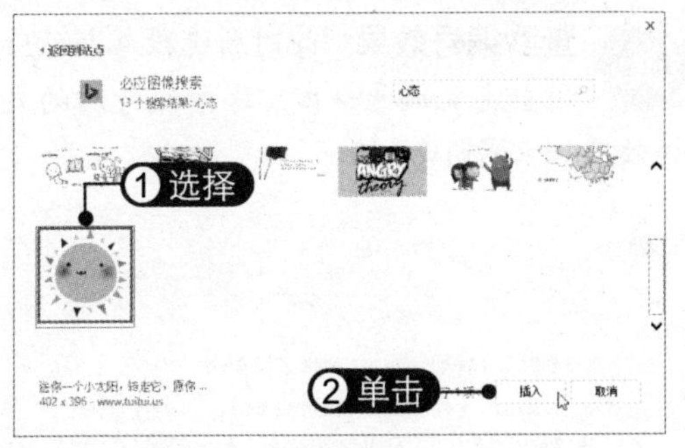

12 查看项目符号效果 此时即可查看将图片设置为项目符号后的效果，如右图所示。

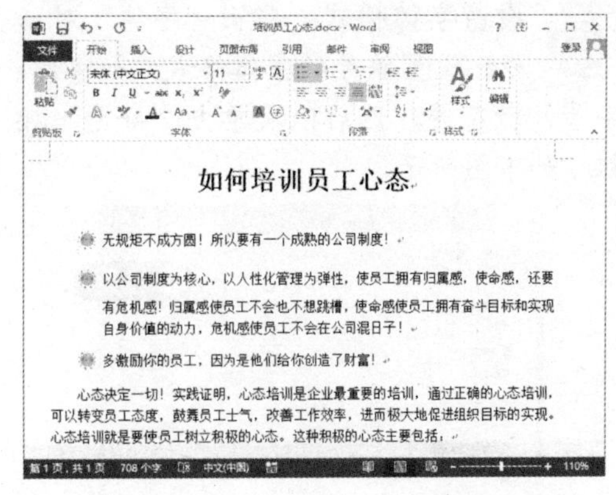

2.4.2 添加编号

编号经常用于创建由低到高有一定顺序的项目。在文档中添加编号可以使文档结构清晰，条理分明。在文档中添加编号的具体操作方法如下：

01 选中段落 选中要添加编号的段落，如下图所示。

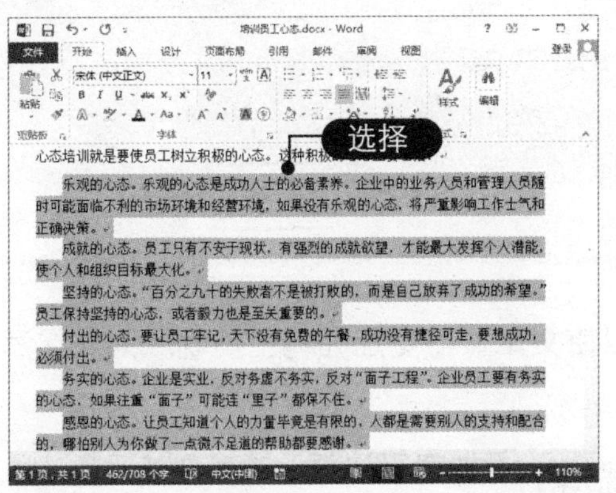

02 选择编号样式 单击“段落”组中的“编号”下拉按钮，在弹出的列表中选择所需的编号样式，如下图所示。

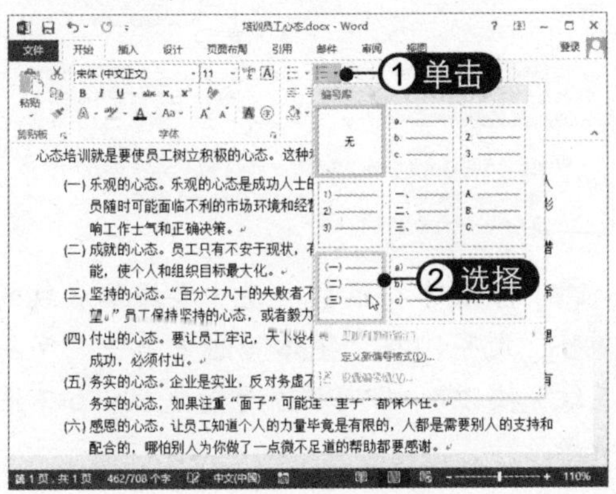

03 定义新编号格式 若编号列表中没有合适的编号，可以选择“定义新编号格式”选项，如下图所示。

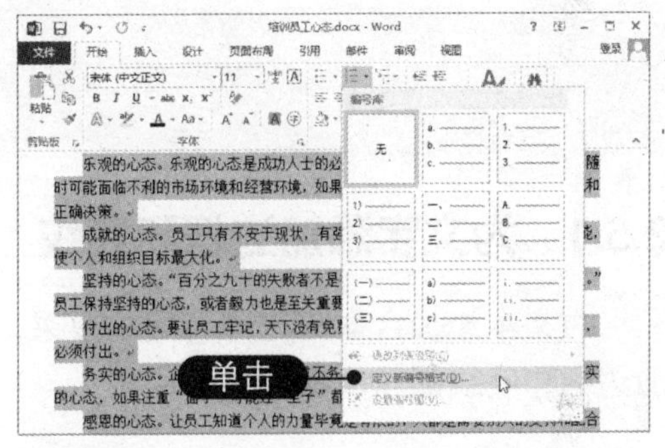

04 选择编号样式 弹出“定义新编号格式”对话框，在“编号样式”下拉列表框中选择一种编号样式，然后单击“字体”按钮，如下图所示。

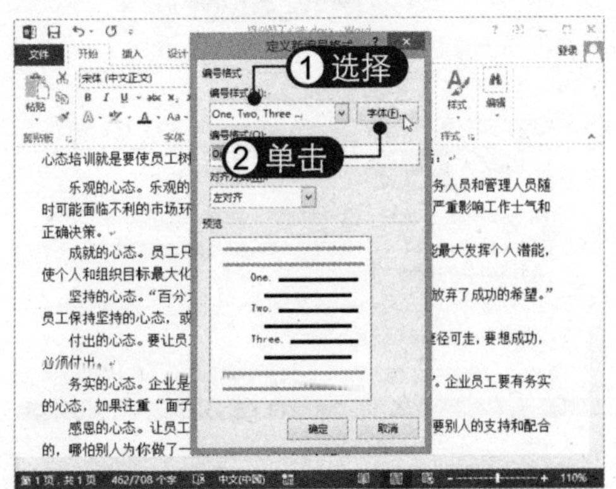

05 **设置字体格式** 弹出“字体”对话框，设置编号的字体格式，如字形、字号、颜色等，然后依次单击“确定”按钮，如下图所示。

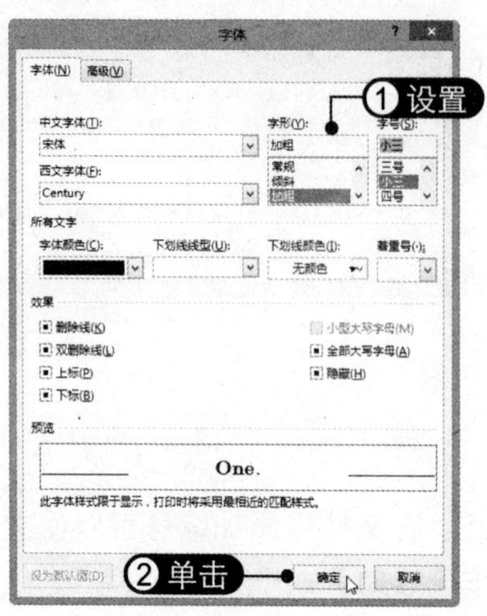

06 **查看编号效果** 此时所选段落即可应用自定义编号样式，添加编号后的文档效果如下图所示。

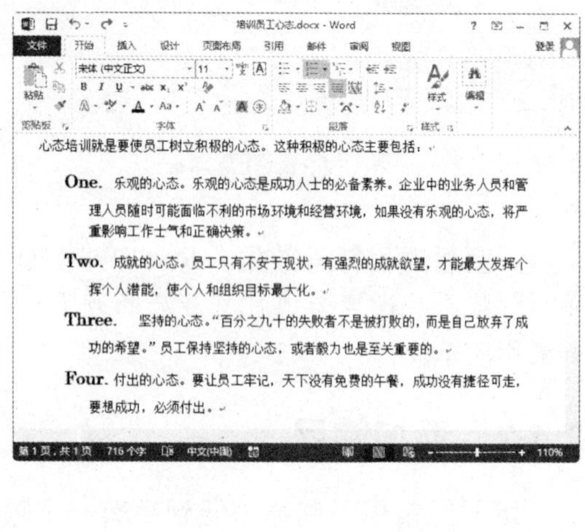

2.5 设置文本边框和底纹

用户可以根据需要为文档中的文字或段落添加边框和底纹效果，从而让文档的重点部分更为突出、醒目，使文档看起来更加美观。

2.5.1 为文字添加边框和底纹

为文本添加合适的边框和底纹效果，可以使文本显得更加独特、美观。为文字添加边框和底纹的具体操作方法如下：

01 **单击“字符边框”按钮** 选中要添加边框的文字，在“字体”组中单击“字符边框”按钮A，如下图所示。

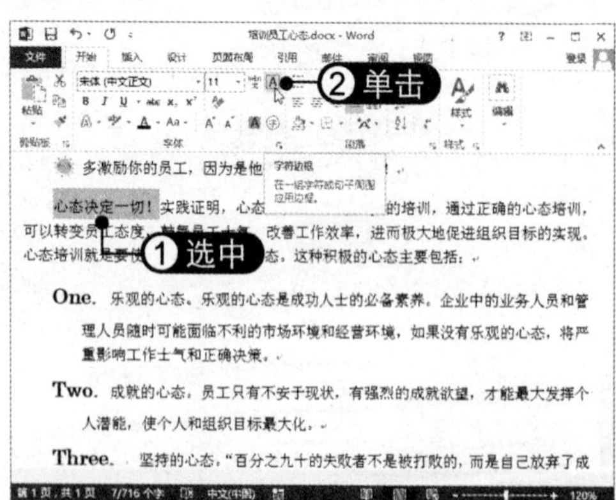

02 **添加字符边框** 此时即可为所选文字添加一个边框，效果如下图所示。

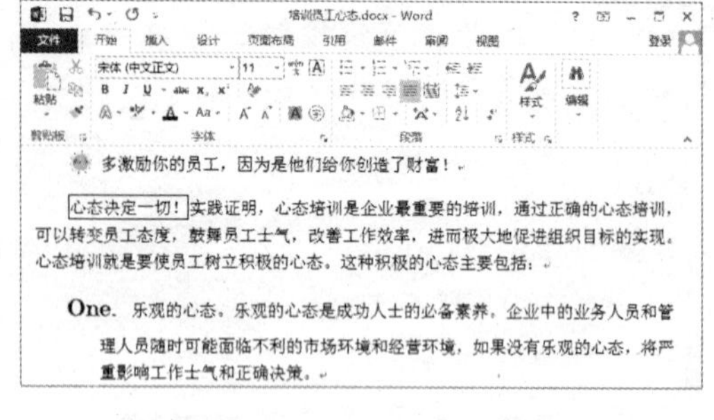

03 **添加字符底纹** 选中要添加底纹的文字，在“字体”组中单击“字符底纹”按钮A，即可添加字符底纹，如下图所示。

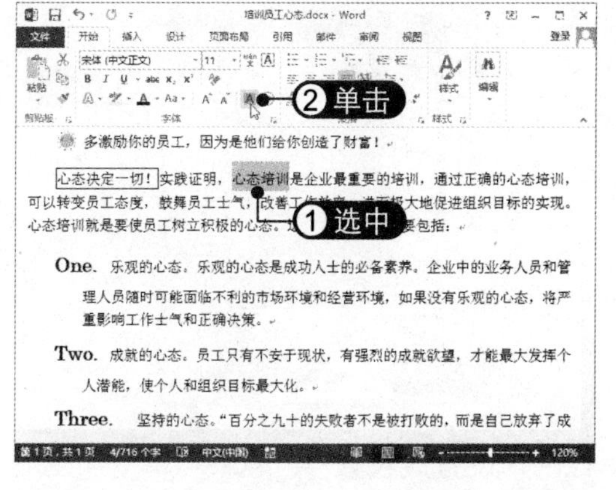

04 **以不同颜色突出显示文本** 在“字体”组中单击“以不同颜色突出显示文本”下拉按钮，在弹出的面板中选择所需的颜色，如下图所示。

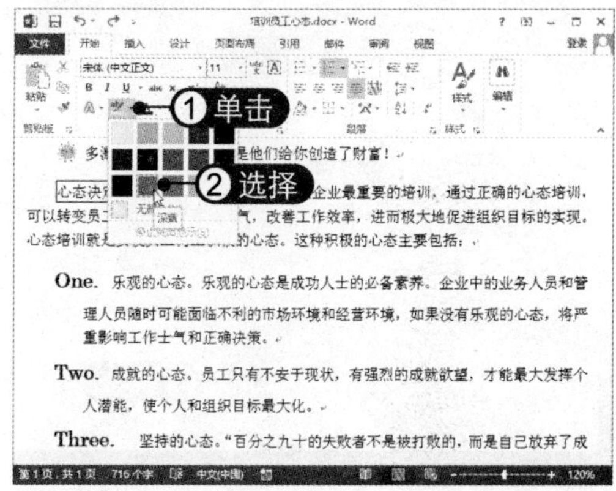

05 **突出显示文本** 此时鼠标指针变为样式，拖动鼠标选中文本即可以指定颜色突出显示文本，如下图所示。

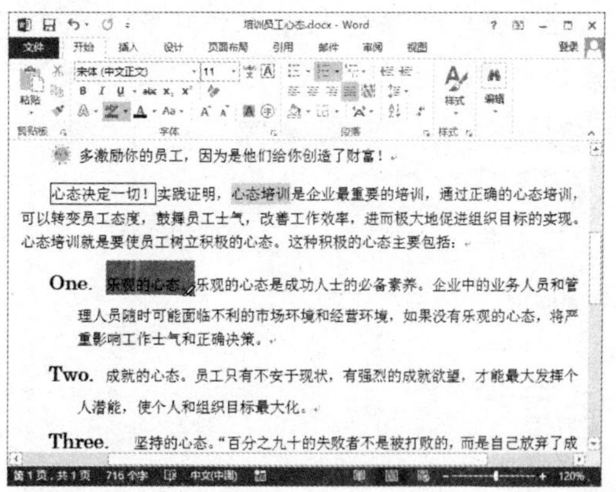

06 **添加底纹** 要为文本应用不同颜色的底纹，可选中文本后在“段落”组中单击“底纹”下拉按钮，选择所需的颜色，如下图所示。

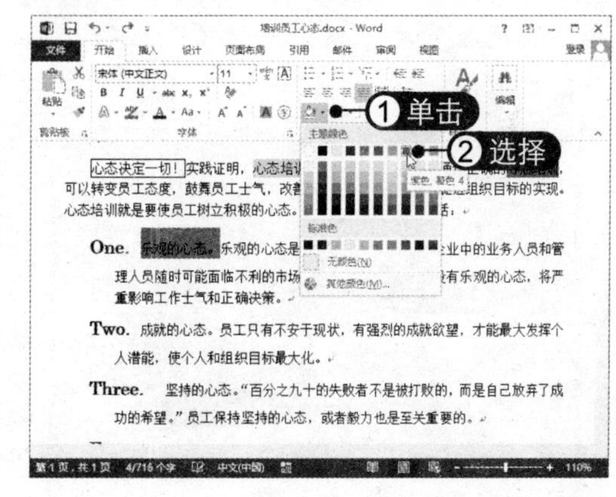

2.5.2 为段落添加边框和底纹

在 Word 2013 中可以根据需要为段落添加边框和底纹，还可以设置多种边框和底纹样式，具体操作方法如下：

01 **选择“边框和底纹”选项** 将光标定位到标题段落中，在“段落”组中单击“边框”下拉按钮，选择“边框和底纹”选项，如右图所示。

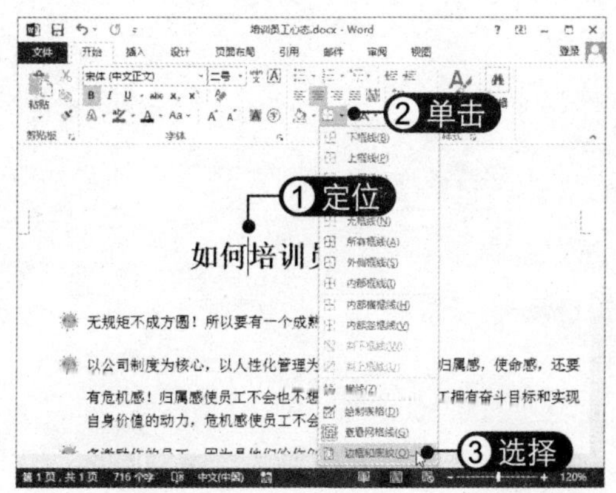

02 设置应用于段落 弹出“边框和底纹”对话框，在“应用于”下拉列表框中选择“段落”选项，如下图所示。

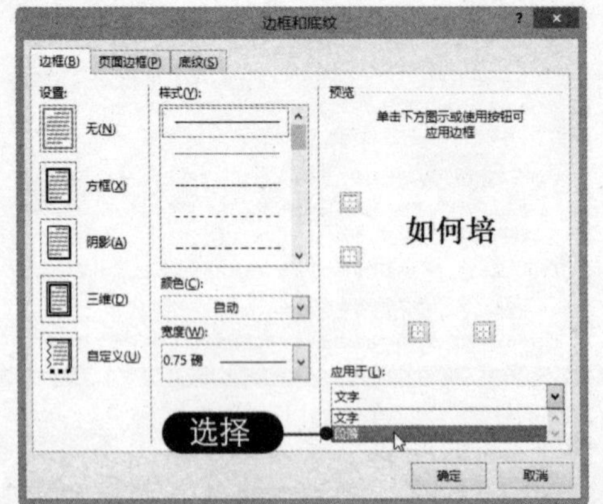

03 设置边框样式 在“设置”选项区中单击“方框”按钮，选择边框样式、颜色及宽度，单击“选项”按钮，如下图所示。

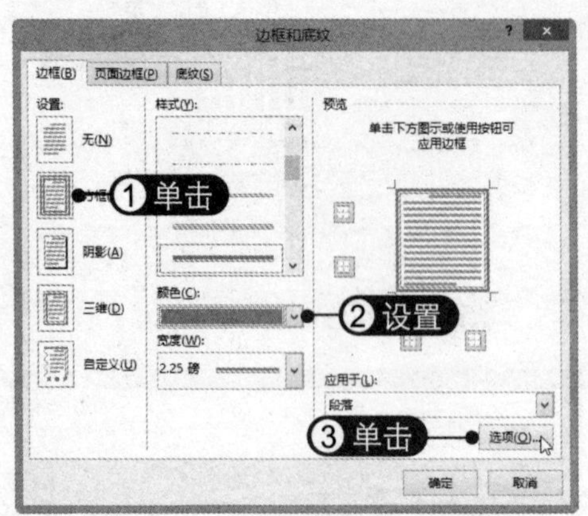

04 设置边框和底纹选项 弹出“边框和底纹选项”对话框，设置边框与正文的边距，单击“确定”按钮，如下图所示。

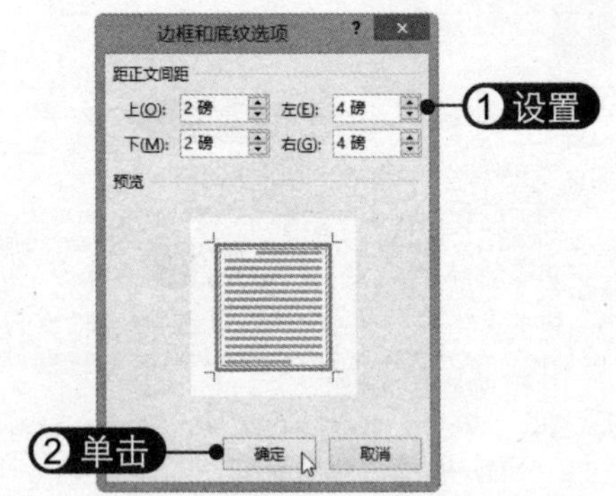

05 设置底纹效果 选择“底纹”选项卡，在“应用于”下拉列表框中选择“段落”选项，在“填充”下拉列表中选择底纹颜色，单击“确定”按钮，如下图所示。

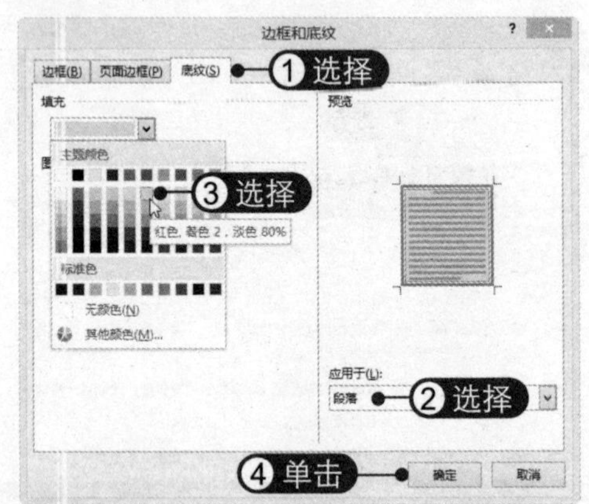

06 查看边框和底纹效果 此时即可查看设置边框和底纹后的段落效果，如下图所示。

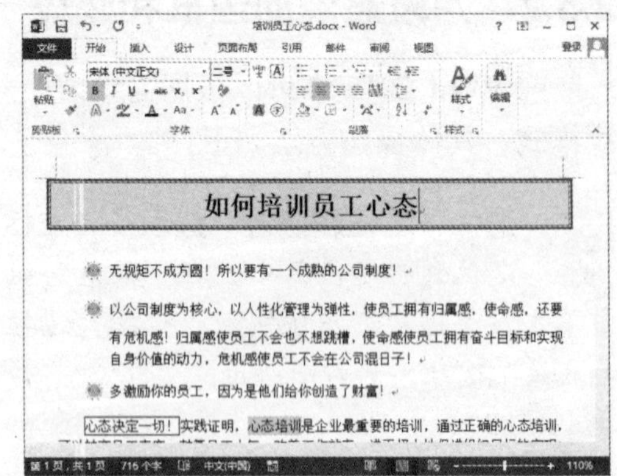

Chapter 03

制作图文并茂的 Word 文档

在文档中插入图片或图形可以更加直观地表达出需要表达的内容，让读者在阅读过程中能够更清楚地了解文档意图。本章将详细介绍如何在 Word 2013 中插入并编辑图片、图形、SmartArt 图形及艺术字等知识。

本章要点 

- 在文档中插入图片
- 编辑图片
- 插入形状和文本框
- 使用 SmartArt 图形
- 插入艺术字

知识等级 

Word 2013 中级读者

建议学时 

建议学习时间为 90 分钟

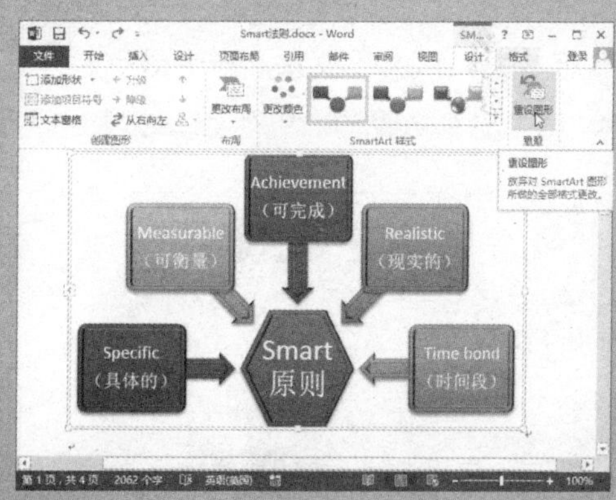

3.1 在文档中插入图片

在 Word 2013 中插入图片主要可以通过三种方法来完成：插入电脑中的图片、插入联机图片，以及获取屏幕截图。

3.1.1 插入电脑中的图片

电脑中的图片是指用户通过从网上下载、使用数码相机自己拍摄等途径获得，然后保存到电脑中的图片。Word 2013 支持 JPEG、GIF、PNG、BMP 等十多种格式图片的插入。在文档中插入电脑中图片的具体操作方法如下：

01 **单击“图片”按钮** 将光标定位到要插入图片的位置，选择“插入”选项卡，在“插图”组中单击“图片”按钮，如下图所示。

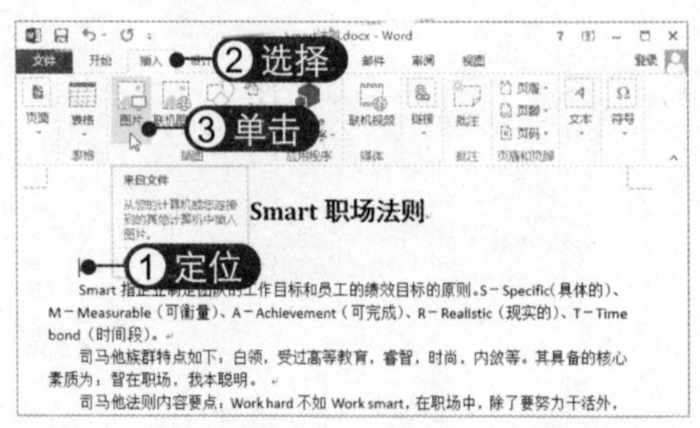

02 **选择插入图片** 弹出“插入图片”对话框，找到并选择要插入的图片，然后单击“插入”按钮，如下图所示。

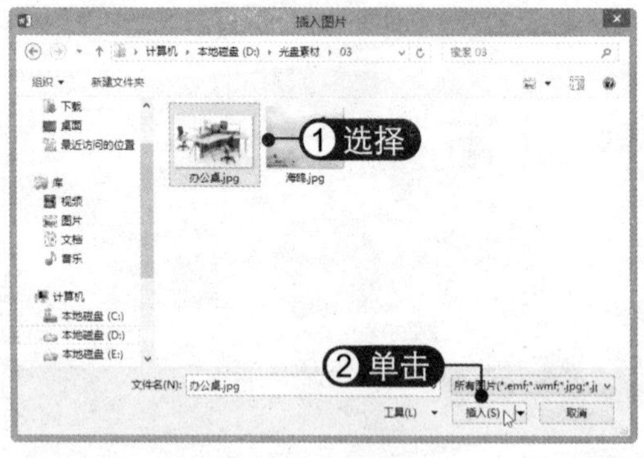

03 **插入图片** 此时，即可将所选图片插入到 Word 文档中，效果如下图所示。

04 **调整图片大小** 选中图片后拖动其四周的控制柄，调整图片大小，如下图所示。

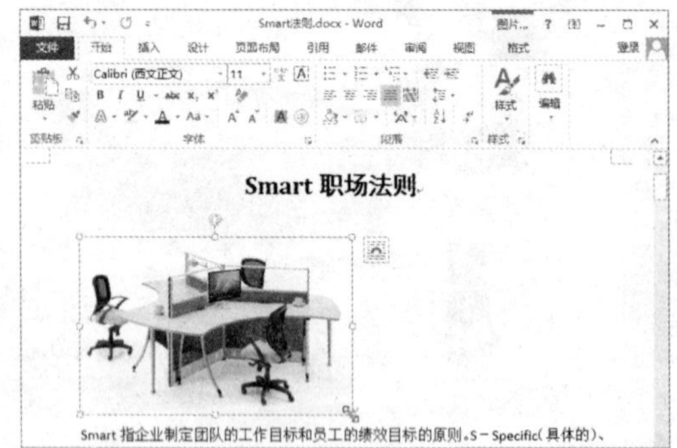

3.1.2 插入联机图片

在 Office 2013 中，插入联机图片是指利用 Internet 来查找并插入图片。Word 2013 的图片搜索内置 Bing 图像搜索引擎，可以使用 Bing 来实现联机图片的插入，具体操作方法如下：

01 单击“联机图片”按钮 将光标定位到要插入图片的位置，选择“插入”选项卡，在“插图”组中单击“联机图片”按钮，如下图所示。

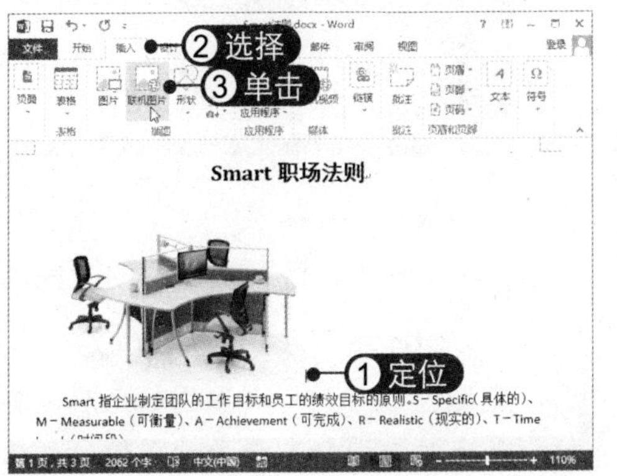

02 输入关键字 弹出“插入图片”对话框，在“必应图像搜索”文本框中输入关键字，然后单击“搜索”按钮，如下图所示。

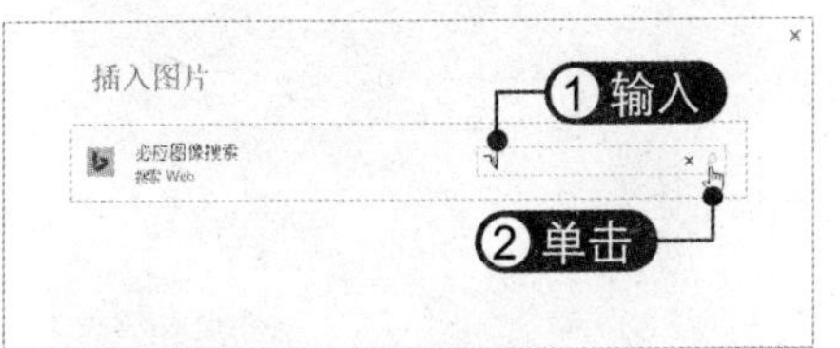

03 选择插入图片 显示搜索结果后，选择要插入的图片，然后单击“插入”按钮，如下图所示。

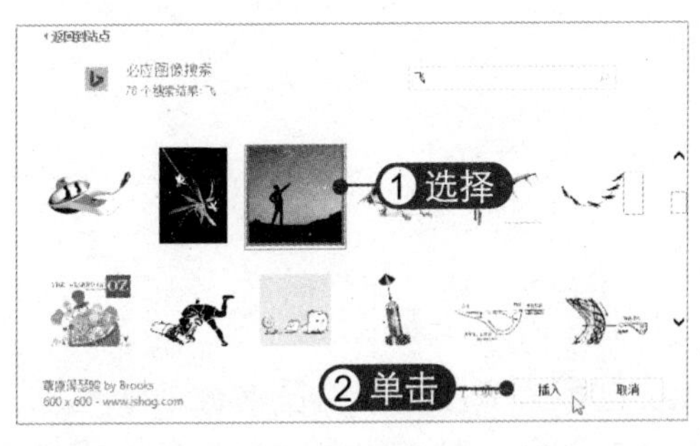

04 完成图片插入 返回文档窗口，此时即可查看插入的图片，如下图所示。

3.1.3 获取屏幕截图

截取电脑屏幕是 Word 2013 非常实用的一个功能，它可以将当前打开窗口（窗口需未最小化）以图片的形式进行截取并插入到文档中。获取屏幕截图包括截取窗口图像和自定义截取图像两种方式。

1. 截取窗口图像

当截取窗口图像时，只要选择了截取的程序窗口之后，程序会自动执行截取整个窗口的操作，截取的图像会自动插入到文档中光标所在的位置。

截取窗口图像的具体操作方法如下：

01 选择截取窗口 将光标定位在要插入截图的位置，选择“插入”选项卡，单击“屏幕截图”下拉按钮，选择要插入的窗口截图，如右图所示。

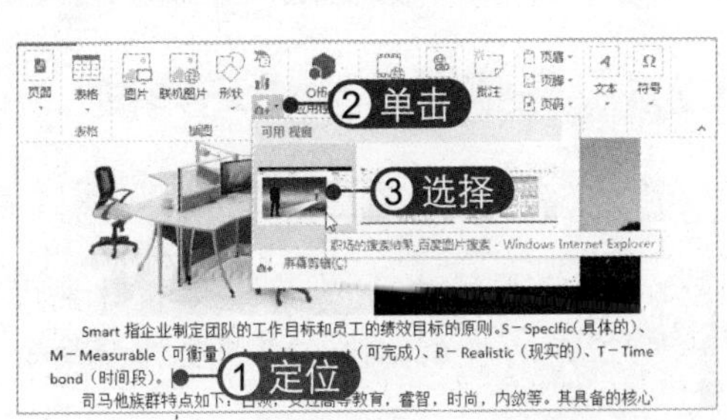

02 显示截取图片 此时即可在文档窗口中插入屏幕截图。若插入的是网页窗口，按住【Ctrl】键的同时单击图片还可以打开网页，如右图所示。

2. 自定义截图

自定义截图可以对图像截取的范围、比例进行自定义设置，自定义截取的图像内容会自动插入到当前文档中，具体操作方法如下：

01 选择“屏幕剪辑”选项 选择“插入”选项卡，单击“屏幕截图”下拉按钮，选择“屏幕剪辑”选项，如下图所示。

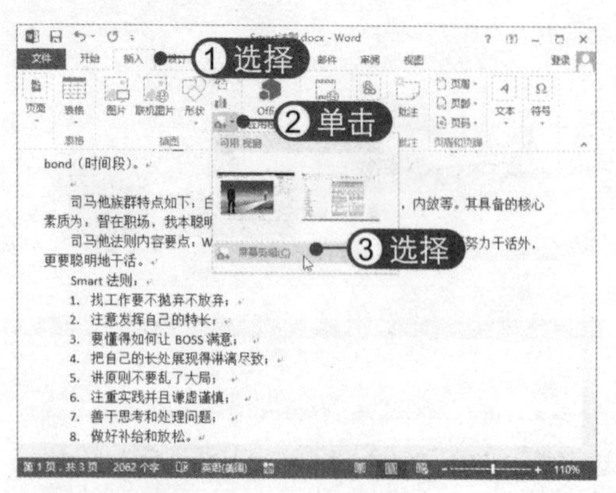

02 截取图像 打开截取图像之后，屏幕中的画面会呈现半透明的白色效果。拖动鼠标，即可获得要截取的图像，如下图所示。

3.2 编辑图片

将图片插入文档中后，Word 会为图片的大小、边框等应用默认的效果。为了让图片与文档的内容完美地结合在一起，还需要对图片进行编辑。Word 2013 提供了很多图片处理的功能，这使得图片的处理效果更加人性化，也更加方便。

3.2.1 调整图片大小与角度

在文档中插入图片后可以轻松地调整其大小和角度，具体操作方法如下：

01 调整图片大小 将鼠标指针置于边角的控制柄上，当其变为双向箭头时拖动鼠标即可调整图片大小，如下图所示。

02 调整图片宽度和高度 将鼠标指针置于图片边线的控制柄上，当其变为双向箭头时拖动鼠标，即可调整图片的宽度和高度，如下图所示。

03 水平翻转图片 在调整图片宽度时向右拖动控制柄，当其超过左侧的控制柄时即可对图片进行水平翻转，如下图所示。

04 旋转图片 将鼠标指针置于图片的旋转柄上，按住鼠标左键并拖动即可旋转图片，如下图所示。

05 选择“大小和位置”命令 右击图片，在弹出的快捷菜单中选择“大小和位置”命令，如下图所示。

06 设置旋转角度 弹出“布局”对话框，选择“大小”选项卡，输入准确的旋转角度，单击“确定”按钮，如下图所示。

3.2.2 更改图片位置

将图片直接插入文档后，可能图片的位置会不太合适，从而造成图片与文档的编排不合理，使文档整体上不够美观。此时，可以通过更改图片的文字环绕方式和更改图片位置来解决这个问题。

更改图片位置的具体操作方法如下：

01 **选择文字环绕方式** 选中图片，在其右上方将自动显现“布局选项”按钮，单击该按钮，选择“四周型环绕”选项，如下图所示。

02 **查看四周型环绕效果** 此时即可将图片设置为四周型的文字环绕方式，效果如下图所示。

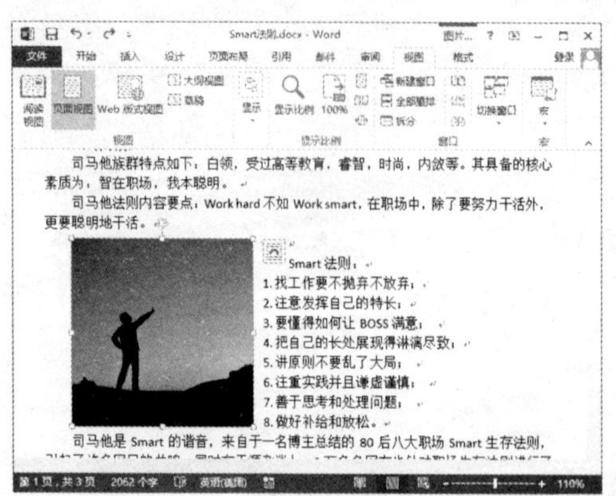

03 **调整图片位置** 拖动图片，将其调至合适的位置，并适当调整图片的大小，如下图所示。

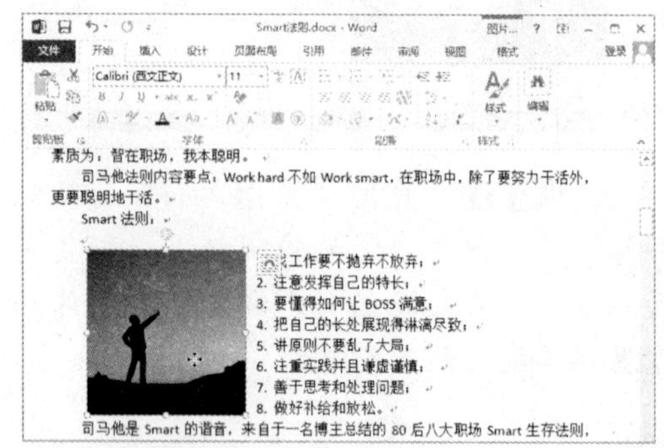

04 **选择“编辑环绕顶点”选项** 选择“格式”选项卡，单击“自动换行”下拉按钮，选择“编辑环绕顶点”选项，如下图所示。

05 **调整与文字的间距** 此时在图片上显示出黑色可调整的顶点，将右侧的两个顶点向右拖动，以增大与右侧文本的间距，如下图所示。

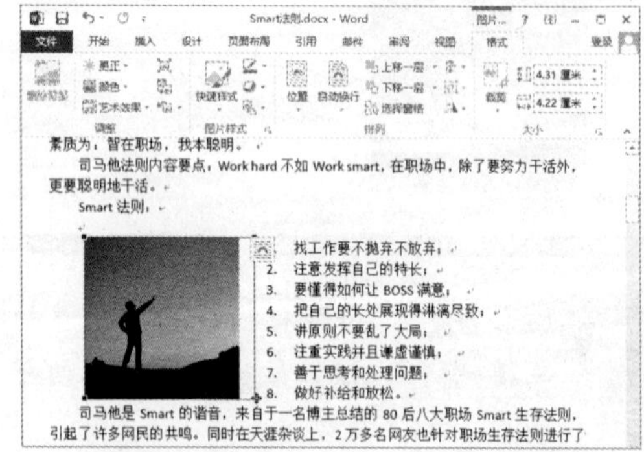

06 查看调整顶点效果 单击文档其他位置，即可查看调整顶点后的图片环绕效果，如下图所示。

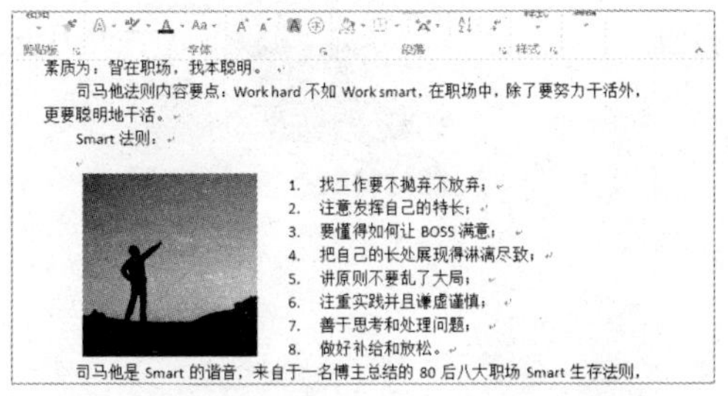

07 选择位置选项 在“排列”组中单击“位置”下拉按钮，在弹出的列表中选择所需的位置选项，即可移动图片的位置，如下图所示。

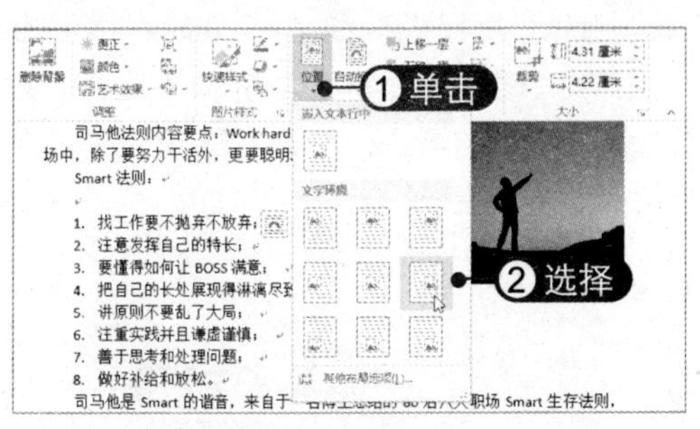

08 设置图片绝对位置 在“位置”下拉列表中选择“其他布局选项”命令，弹出“布局”对话框，选择“位置”选项卡，选中“绝对位置”单选按钮并输入数值，单击“确定”按钮，即可精确设置图片的位置，如下图所示。

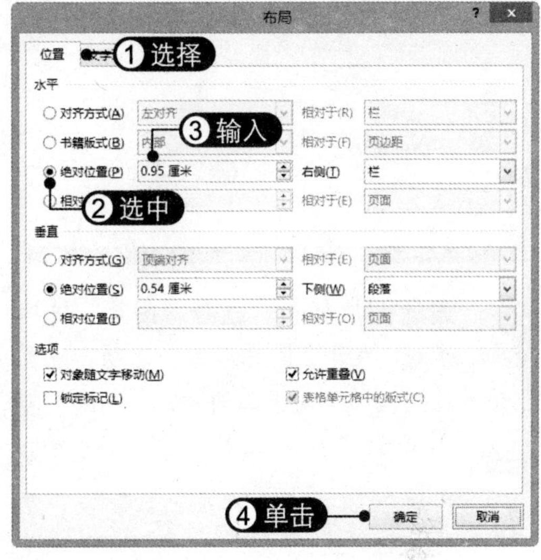

3.2.3 设置图片样式

在 Word 2013 中提供了多种工具用于改变图片的外观样式，如更改颜色、应用艺术效果、添加图片样式等，具体操作方法如下：

01 选择艺术效果 选中图片，选择“格式”选项卡，在“调整”组中单击“艺术效果”下拉按钮，选择“艺术效果选项”，如下图所示。

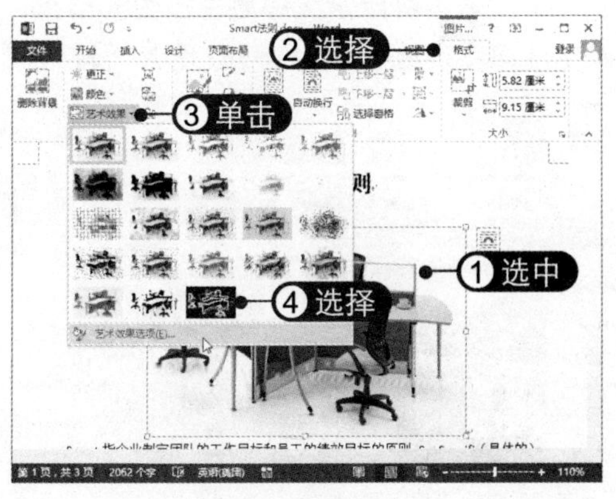

02 选择艺术效果样式 在右侧弹出“设置图片格式”窗格，单击“艺术效果”下拉按钮，选择“铅笔灰度”效果，如下图所示。

03 **设置艺术效果参数** 根据需要设置"透明度"和"铅笔大小"参数，效果如下图所示。

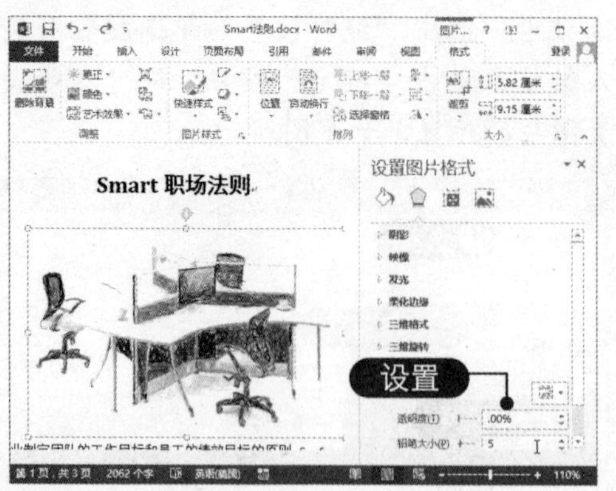

04 **设置图片颜色** 选择"图片"选项卡，展开"图片颜色"选项，设置"饱和度"为0，如下图所示。

05 **选择预设样式** 选中图片，在"图片样式"组中单击"快速样式"下拉按钮，选择所需的图片样式，如下图所示。

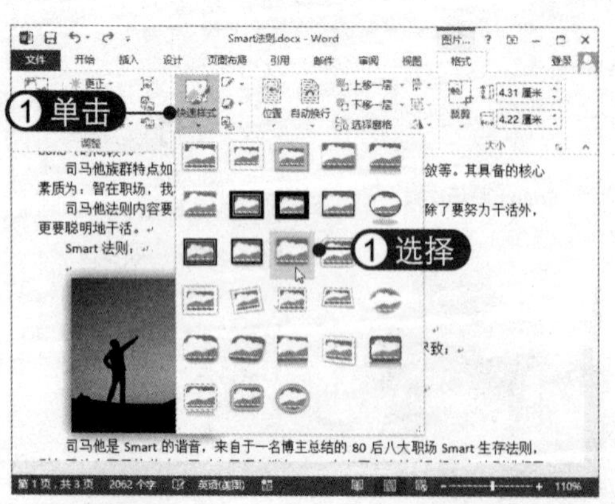

06 **设置图片边框** 在"图片样式"组中单击"图片边框"下拉按钮，在弹出的列表中选择边框颜色，如下图所示。

07 **打开"设置图片格式"窗格** 单击"图片样式"组右下角的扩展按钮，打开"设置图片格式"窗格。选择"效果"选项卡，单击"阴影"选项左侧的展开按钮，如下图所示。

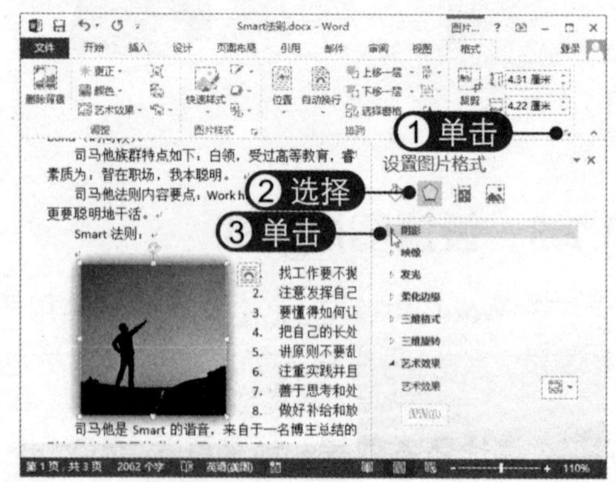

08 **设置阴影效果** 展开"阴影"选项，从中设置"颜色"、"透明度"、"大小"等，如下图所示。若要还原图片格式，可在"调整"组中单击"重设图片"按钮。

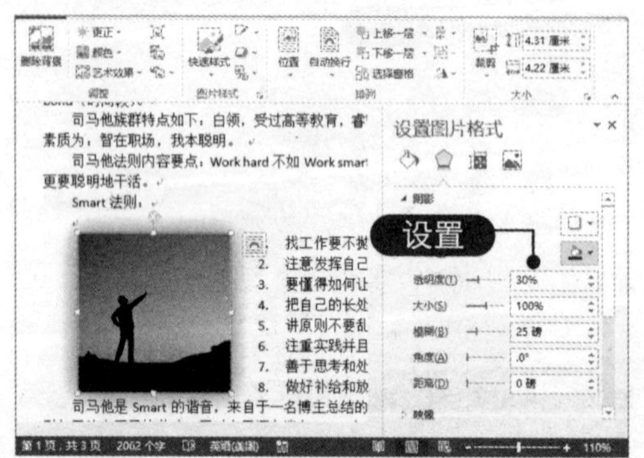

3.2.4 裁剪图片

使用裁剪工具可以有效地删除图片中不需要的部分，还可以将图片裁剪成特定的形状，具体操作方法如下：

01 单击“裁剪”按钮 在文档中插入图片并将其选中，选择“格式”选项卡，单击“裁剪”按钮，如下图所示。

02 调整裁剪区域 进入图片裁剪状态，拖动裁剪框调整图片中要保留的区域，如下图所示。

03 应用快速样式 在文档中的其他位置单击鼠标左键，即可完成裁剪操作。单击“快速样式”下拉按钮，选择所需的样式，如下图所示。

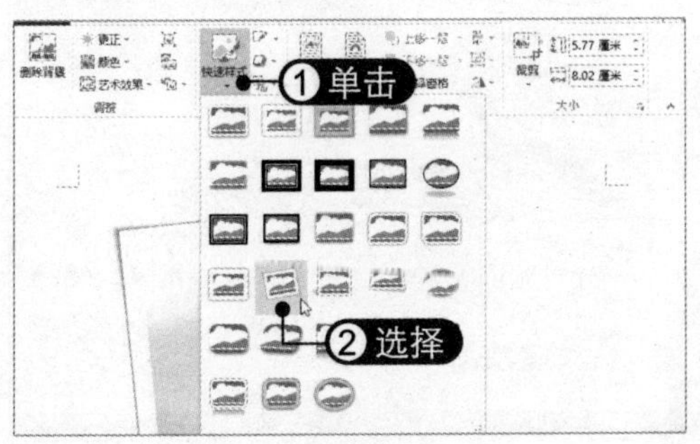

04 设置裁剪为形状 选中图片，单击“裁剪”下拉按钮，选择“裁剪为形状”选项，在其子菜单中选择所需的形状样式，如下图所示。

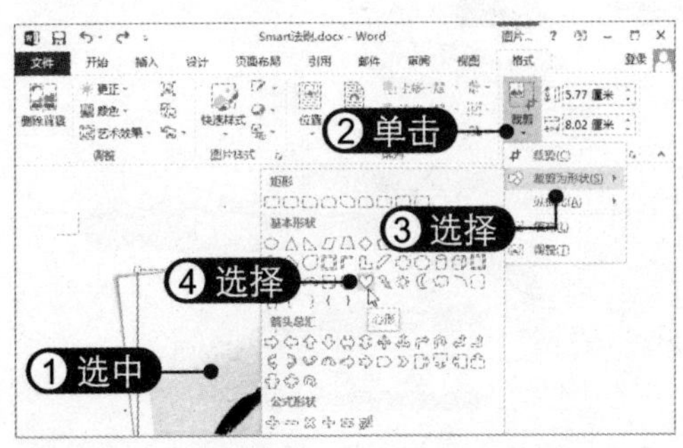

05 查看裁剪效果 此时即可将图片裁剪成指定的形状样式，如下图所示。可以看到海鸥的部分图形被形状裁掉了，这并不是我们所需要的，还需要进行调整。

06 调整裁剪 再次单击“裁剪”按钮，进入裁剪状态。拖动图像，调整其在裁剪形状的位置，如下图所示。也可以再次调整裁剪形状的样式。

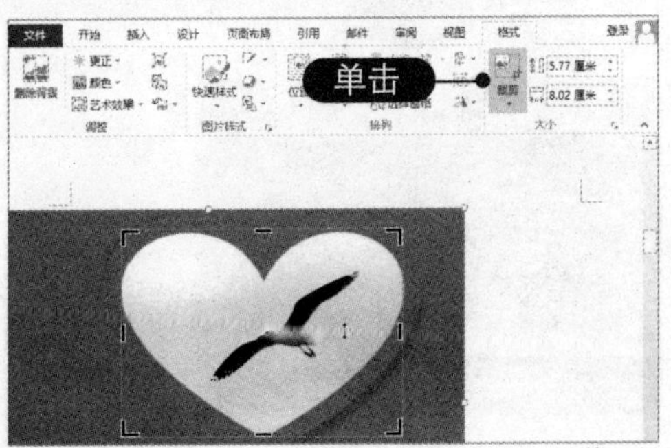

3.2.5 删除图片背景

在 Word 2013 中可以轻松地将图片主体周围的背景图像删除，具体操作方法如下：

01 单击"删除背景"按钮 选中图片，选择"格式"选项卡，在"调整"组中单击"删除背景"按钮，如下图所示。

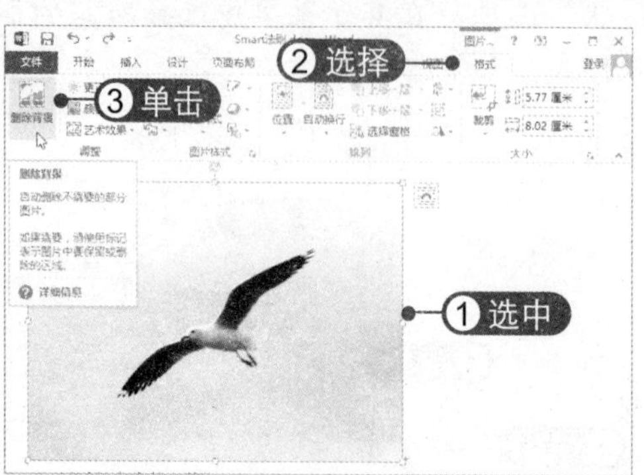

02 调整保留图片大小 进入删除背景状态，蓝色区域为要删除的区域。拖动线框，设置要保留的图片大小，如下图所示。

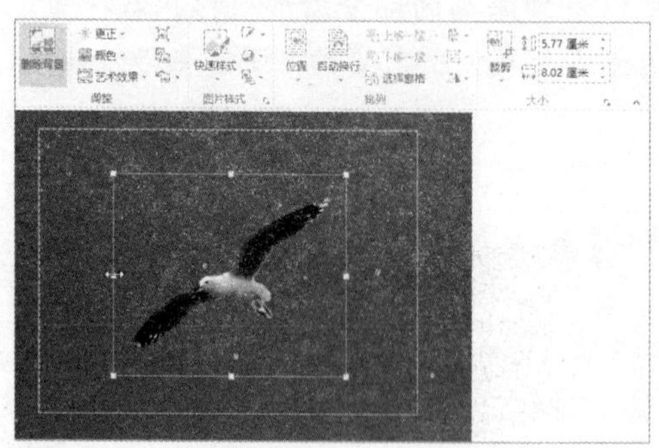

03 标记保留和删除区域 在功能区中单击"标记要删除的区域"按钮，在图像中通过拖动或单击标记要删除的图片部分，然后单击"保留更改"按钮，如下图所示。

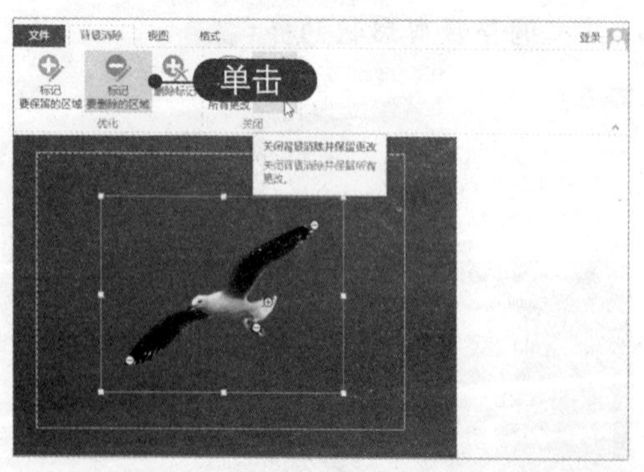

04 查看图片效果 此时，即可查看删除图片背景后的图片效果，如下图所示。

05 裁剪图片 选中图片，单击"裁剪"按钮，调整裁剪框大小，然后单击文档的其他位置确定裁剪操作，如下图所示。

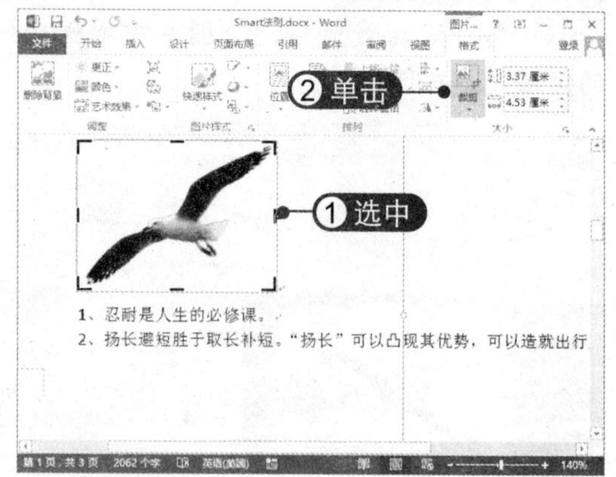

06 选择布局选项 单击其右上方的"布局选项"按钮，选择"紧密型环绕"选项，如下图所示。

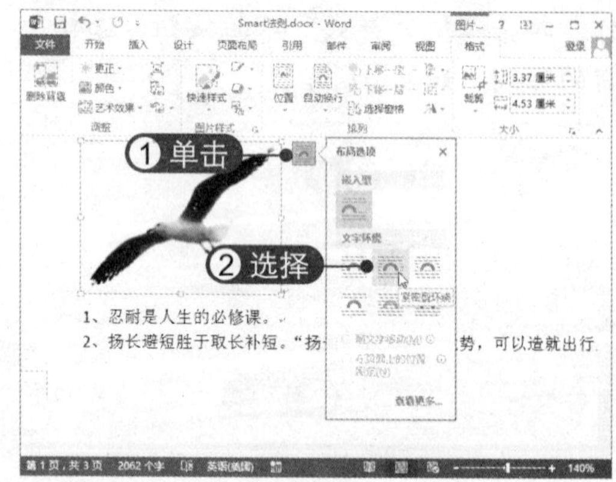

07 调整图片位置 拖动图片至合适的位置，效果如下图所示。

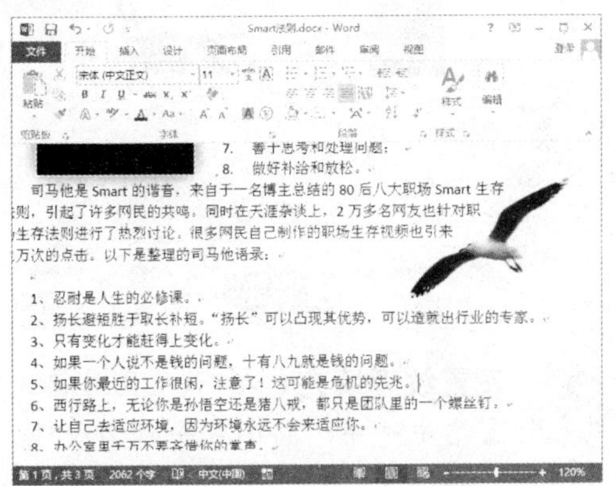

08 编辑图片顶点位置 若图片与文本的间距较大，可根据需要编辑图片的顶点位置，如下图所示。

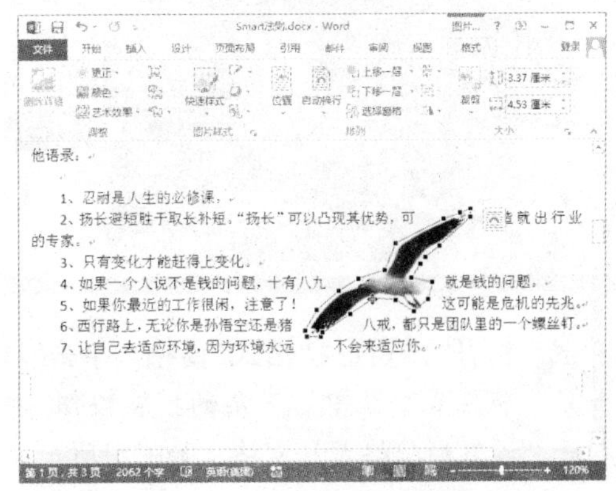

3.3 插入形状和文本框

在 Word 2013 中提供了一套强大的图形绘制工具，利用软件提供的各种自选图形可以轻松地绘制出美观、大方的图形或标志。利用文本框输入文字后，可以在文档中随意更改文字的位置和角度。下面以制作一个“招聘广告”为例，介绍形状和文本框中的应用方法。

3.3.1 绘制形状并设置纹理填充

在 Word 2013 中可用的形状包括：线条、基本几何形状、箭头、公式形状、流程图形状、星、旗帜和标注等。下面将介绍如何在文档中插入形状并设置其填充格式，具体操作方法如下：

01 选择“矩形”形状 新建空白文档并保存为“招聘广告”，选择“插入”选项卡，在“插图”组中单击“形状”下拉按钮，选择“矩形”形状，如下图所示。

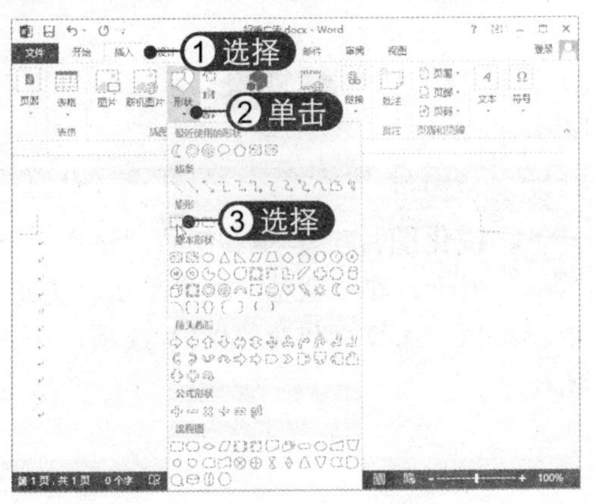

02 绘制形状 此时鼠标指针变为十字形状，在文档中拖动鼠标即可绘制矩形形状，如下图所示。

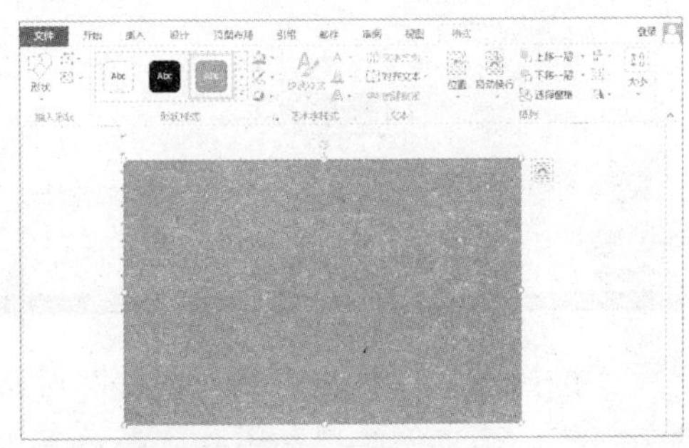

03 设置形状大小 选中形状，选择“格式”选项卡，在“大小”组中设置形状的高度和宽度，如下图所示。

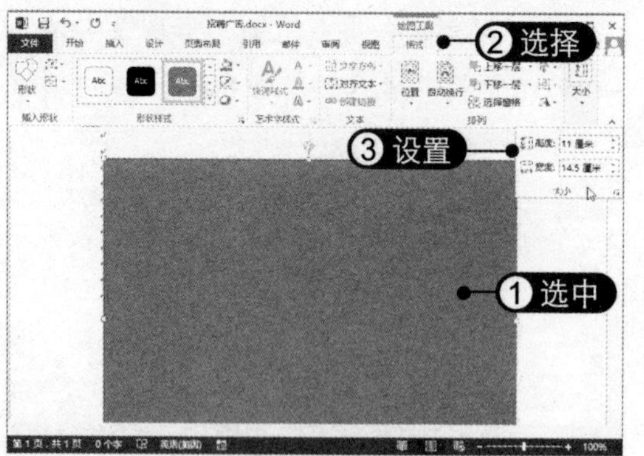

04 打开“设置形状格式”窗格 单击“形状样式”组中右下角的扩展按钮，打开“设置形状格式”窗格，如下图所示。

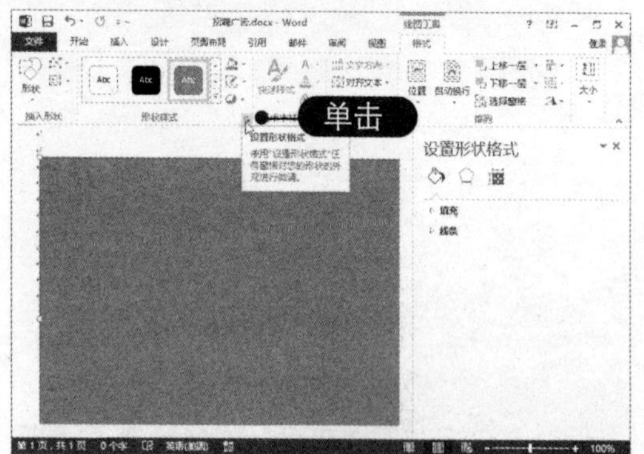

05 单击“文件”按钮 在“填充线条”选项卡下展开“填充”选项，选中“图片或纹理填充”单选按钮，然后单击“文件”按钮，如下图所示。

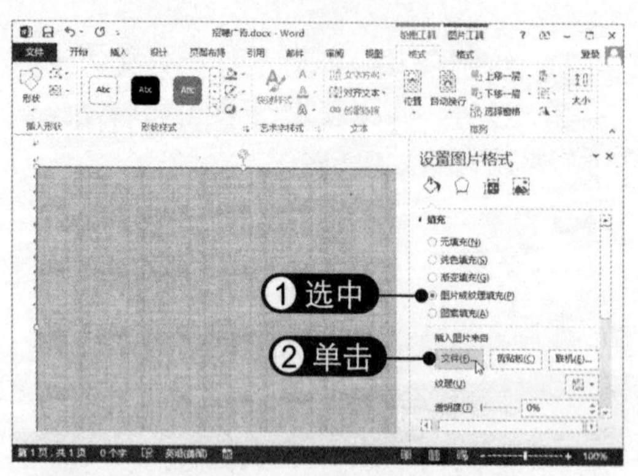

06 选择图片 弹出“插入图片”对话框，选中“纹理”图片，然后单击“插入”按钮，如下图所示。

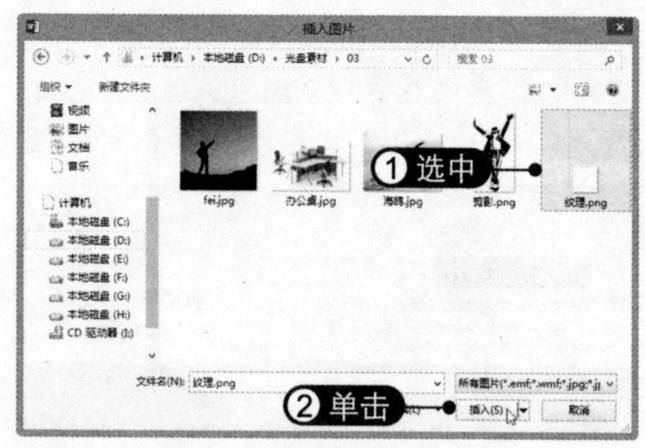

07 设置纹理填充 在“设置图片格式”窗格中选中“将图片平铺为纹理”复选框，并设置缩放比例为 50%，如下图所示。

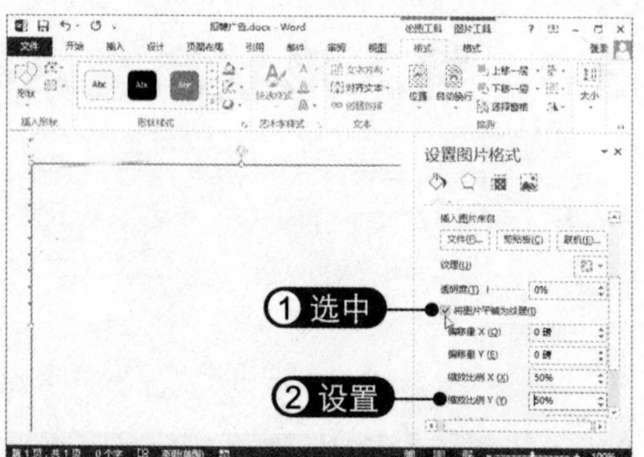

08 设置形状无线条 在下方展开“线条”选项，选中“无线条”单选按钮，设置形状无线条，如下图所示。

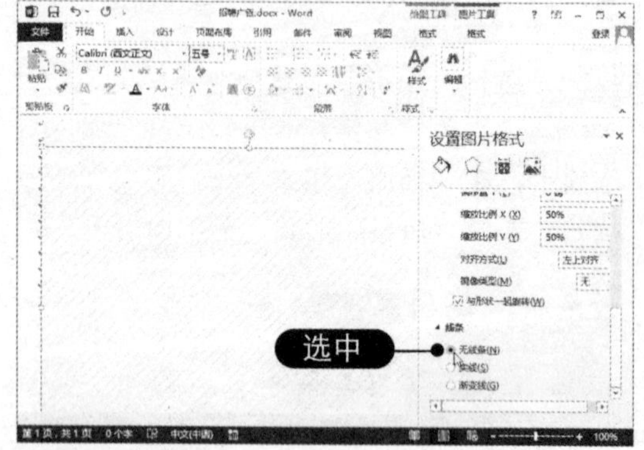

09 锐化图片 选择右侧的“格式”选项卡，在“调整”组中单击“更正”下拉按钮，选择“锐化 50%”选项，如下图所示。

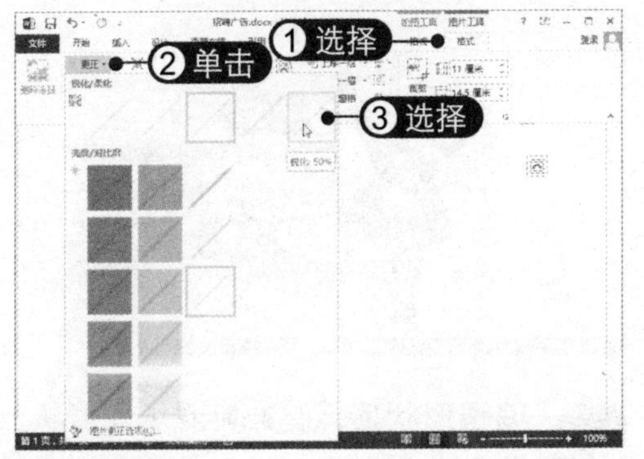

10 **插入图片** 在文档中插入素材图片“剪影.png”，调整图片大小，并设置为四周型环绕方式，然后将图片拖放到合适的位置，效果如下图所示。

3.3.2 编辑和组合形状

通过编辑形状可以调整形状样式，或将其更改为另一种形状；通过组合形状可将多个形状组合为一个整体，以方便编辑。编辑和组合形状的具体操作方法如下：

01 **设置填充颜色** 在文档中绘制一个矩形，选择“格式”选项卡，在“形状样式”组中单击“形状填充”下拉按钮，选择所需的填充颜色，如下图所示。

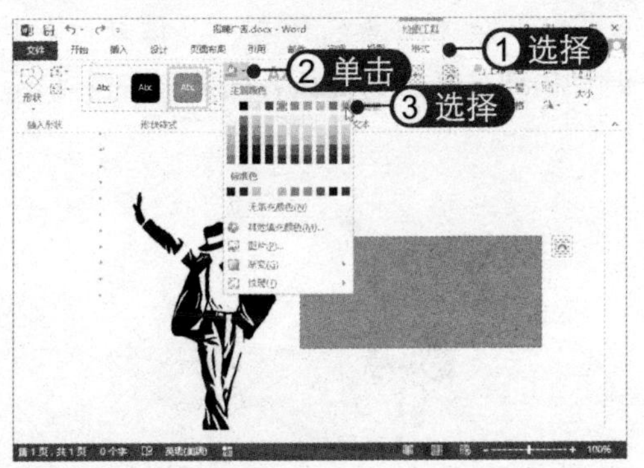

02 **设置无轮廓** 选择“形状轮廓”下拉按钮，在弹出的列表中选择“无轮廓”选项，如下图所示。

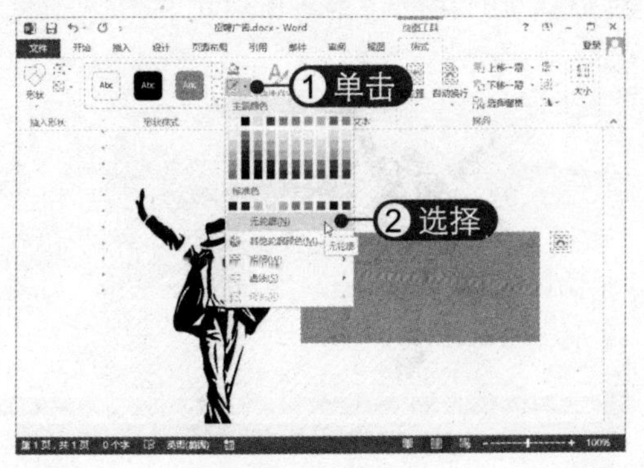

03 **选择“编辑顶点”选项** 在“插入形状”组中单击“编辑形状”下拉按钮，选择“编辑顶点”选项，如下图所示。若选择“更改形状”选项，可更改形状样式。

04 **编辑形状样式** 此时在矩形形状的四角显示出四个黑色矩形顶点，拖动这些顶点的位置可以编辑形状样式，如下图所示。

05 **旋转形状** 将鼠标指针置于形状的旋转柄上，按住鼠标左键并拖动，即可旋转形状，如下图所示。

06 **单击“格式刷”按钮** 在文档中再绘制一个爆炸形状。选中矩形形状，在“开始”选项卡的“剪贴板”组中单击“格式刷”按钮，如下图所示。

07 **应用格式** 此时鼠标指针变为刷子样式，在爆炸形状上单击即可应用格式，如下图所示。

08 **选择“编辑顶点”命令** 右击爆炸形状，在弹出的快捷菜单中选择“编辑顶点”命令，如下图所示。

09 **编辑形状顶点** 此时在爆炸形状上显示出多个顶点。右击顶点，在弹出的快捷菜单中选择“删除顶点”命令，如下图所示。

10 **调整顶点曲率** 用同样的方法删除其他不需要的顶点，并拖动白色的调整柄调整顶点的曲率，效果如下图所示。

11 **绘制并编辑三角形** 参照前面的方法，在文档中插入三角形形状，并对形状进行编辑，如下图所示。

12 **选择“选择对象”选项** 选择“开始”选项卡，在“编辑”组中单击“选择”下拉按钮，选择“选择对象”选项，如下图所示。

13 **框选形状** 此时鼠标指针变为箭头形状，拖动鼠标即可框选形状，如下图所示。

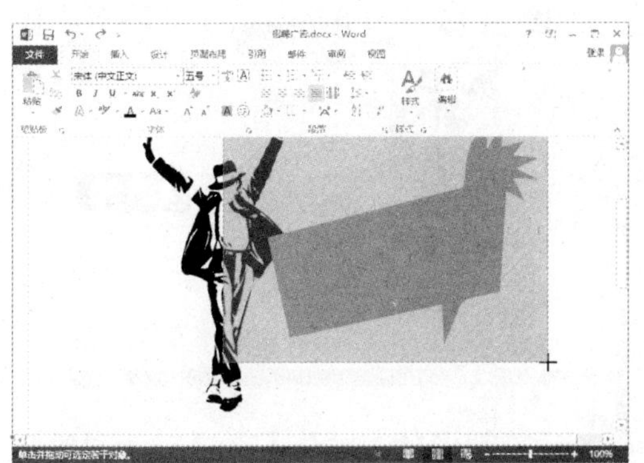

14 **选中多个形状** 松开鼠标后，在选框范围内的形状将全部选中。若要选的形状不是很多或比较容易选中，可在按住【Shift】键的同时单击形状来选中多个形状，如下图所示。

15 **组合形状** 选择“格式”选项卡，在“排列”组中单击“组合”下拉按钮，选择“组合”选项，如下图所示。

16 **查看组合效果** 此时即可将选中的多个形状组合在一起，可以同时调整其位置、大小或角度，如下图所示。

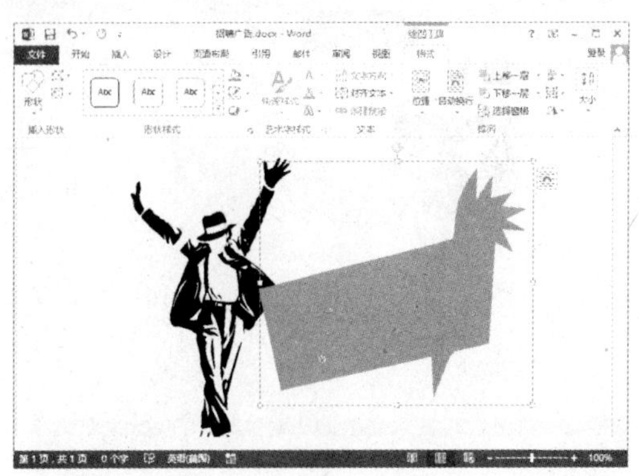

17 **单击“选择窗格”按钮** 在选中多个形状时，若某个图形影响操作（如最底层填充纹理的矩形），可先将其隐藏起来。在“格式”选项卡下的“排列”组中单击“选择窗格”按钮，如下图所示。

18 **隐藏形状** 打开“选择”窗格，选中要隐藏的形状，此时在“选择”窗格中将自动选择该对象，单击该对象右侧的“隐藏”按钮即可将其隐藏，如右图所示。

3.3.3 应用形状样式

在 Word 2013 中预设了多种形状样式供用户使用，应用形状样式可以使形状更加美观，具体操作方法如下：

01 **绘制形状** 在文档中绘制一个“新月”形状，选择“格式”选项卡，如下图所示。

02 **应用形状样式** 在“形状样式”组中单击“更多”按钮，在弹出的列表中选择所需的样式，如下图所示。

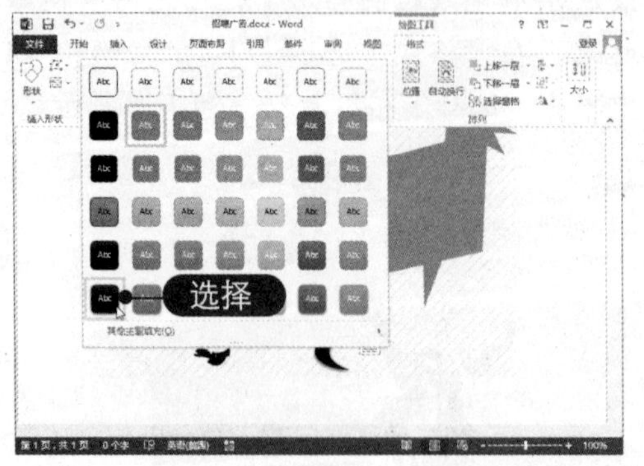

03 **应用预设效果** 在“形状样式”组中单击“形状效果”按钮，在弹出的列表中选择一种预设效果，如下图所示。

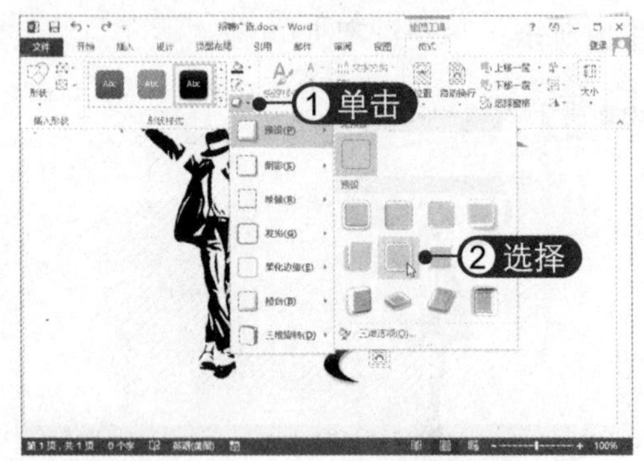

04 **复制形状** 按住【Ctrl】键的同时拖动“新月”形状进行复制，然后调整该形状的大小和位置，如下图所示。

3.3.4 创建文本框

在文本框中输入文字后，可以在文档中随意更改文字的位置和角度，还可以根据需要为文本框添加精美的形状效果。在文档中创建并编辑文本框的具体操作方法如下：

01 单击扩展按钮 在文档中输入文本并将其选中，单击“段落”组中的扩展按钮，如下图所示。

02 设置行距 弹出“段落”对话框，在“行距”下拉列表框中选择“固定值”选项，“设置值”为24磅，然后单击“确定”按钮，如下图所示。

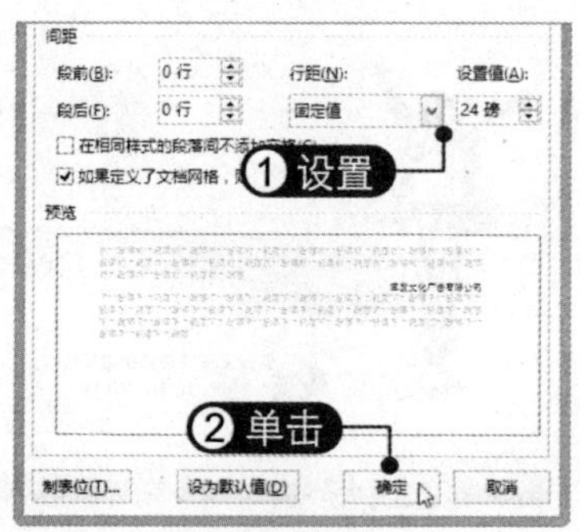

03 选择“绘制文本框”选项 选中文本，选择“插入”选项卡，在“文本”组中单击“文本框”下拉按钮，选择“绘制文本框”选项，如下图所示。

04 设置文本框无轮廓 此时所选文本即可转化为文本框。选中文本框，选择“格式”选项卡，在“形状样式”组中单击“形状轮廓”下拉按钮，选择“无轮廓”选项，如下图所示。

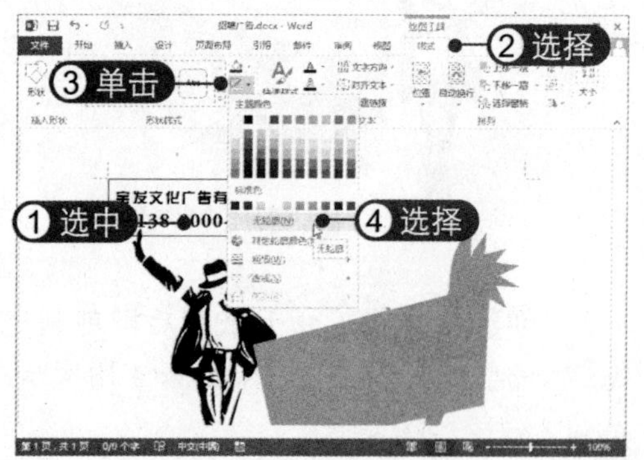

05 调整文本框位置 拖动文本框的边框，调整其到合适的位置，如下图所示。

06 选择“绘制文本框”选项 选择“插入”选项卡，在“文本”组中单击“文本框”下拉按钮，选择“绘制文本框”选项，如下图所示。

07 绘制文本框 此时鼠标指针变为十字形状，在文档中拖动鼠标即可绘制文本框，如下图所示。

08 创建文本框 松开鼠标后即可创建一个白底黑框的文本框，如下图所示。

09 设置文本框样式 选中文本框，选择“格式”选项卡，在“形状样式”组中单击“形状填充”下拉按钮，选择“无填充颜色”选项，然后用同样的方法设置形状无轮廓，如下图所示。

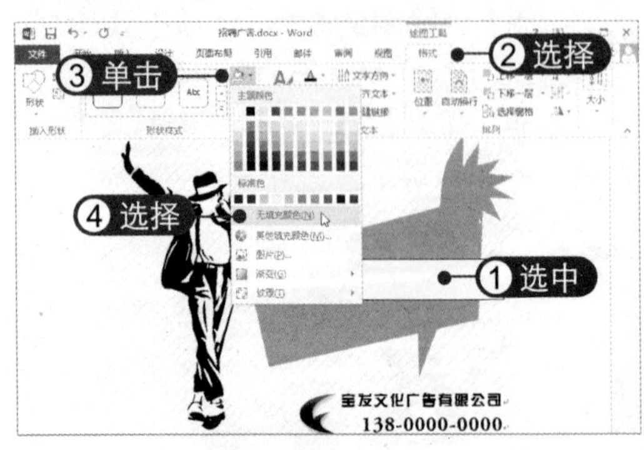

10 输入文本并设置格式 在文本框中输入所需的文本并设置字体格式，然后移动文本框的位置并旋转角度，如下图所示。

11 继续插入文本框 用同样的方法继续在文档中插入文本框并输入所需的文本，移动文本框的位置并旋转其角度，如下图所示。

12 插入直线形状 在文档中插入一条直线形状，并设置其线条为虚线，如下图所示。

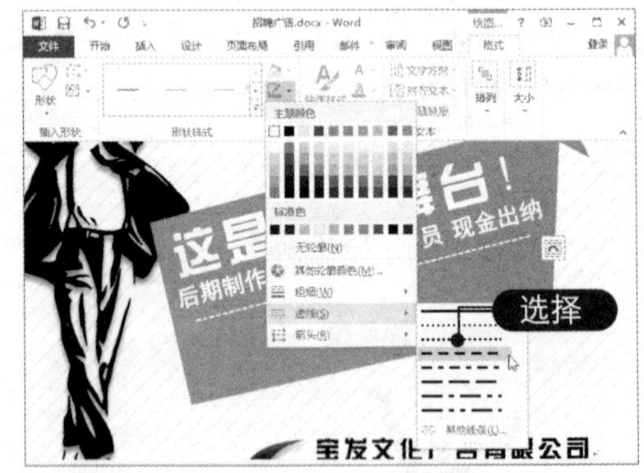

3.3.5 设置文本框布局

除了可以在文本框中输入文字外，还可以在形状中直接输入文字。输入文字后可以根据需要调整文本在文本框中的对齐方式、方向及边距，具体操作方法如下：

01 插入形状并输入文本 在文档中插入形状并输入所需的文本，设置字体和段落格式。选中形状，选择“格式”选项卡，单击在“形状样式”组右下角的扩展按钮，如下图所示。

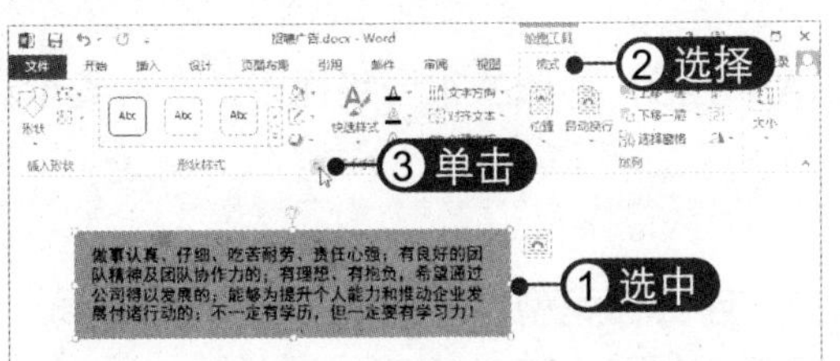

02 单击“布局属性”按钮 打开“设置形状格式”窗格，单击“布局属性”按钮，如下图所示。

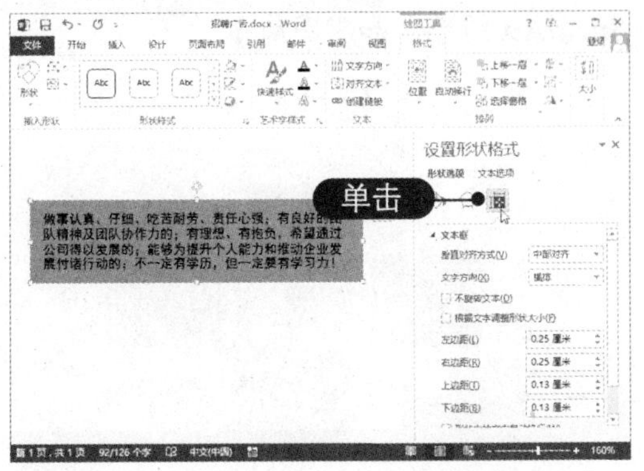

03 设置文本框属性 设置文本框的“垂直对齐方式”为“顶端对齐”，“左边距”和“上边距”分别为0，如下图所示。

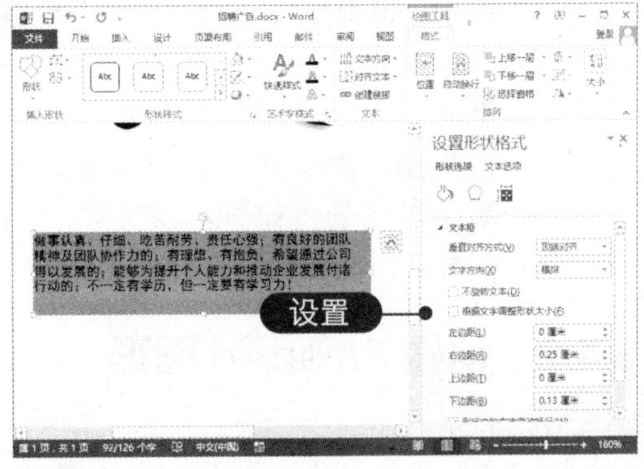

04 移动和旋转形状 将形状移至合适的位置并旋转形状角度，效果如下图所示。

3.4 使用 SmartArt 图形

Word 2013 提供了 SmartArt 图形功能，可以帮助用户在文档中轻松地绘制出列表、流程、循环及层次结构等相关联的图形对象，使文档更加形象、生动，并容易理解。

3.4.1 认识 SmartArt 图形

Word 2013 中预设的 SmartArt 图形有列表、流程、循环、层次结构、关系、矩阵、棱锥图和图片 8 种类别，每种类型的图形有其各自的作用。

- ✧ **列表**：用于显示非有序信息块，或分组的多个信息块或列表的内容。
- ✧ **流程**：用于显示组成一个总工作流程的路径，或一个步骤中的几个阶段。
- ✧ **循环**：用于以循环流程表示阶段、任务或事件的过程，也可以用于显示循环行径与中心点的关系。

- ✧ **层次结构**：用于显示组织中各层的关系或上下级关系。
- ✧ **关系**：用于比较或显示若干个观点之间的关系，有对立关系、延伸关系或促进关系等。
- ✧ **矩阵**：用于显示部分与整体的关系。
- ✧ **棱锥图**：用于显示比例关系、互联关系或层次关系，按照从高到低或从低到高的顺序进行排列。
- ✧ **图片**：包括一些可以插入图片的 SmartArt 图形，图形的布局包括以上 7 种类型。

3.4.2 创建 SmartArt 图形

Word 2013 提供了多种 SmartArt 图形类型，且每种类型都包含许多不同的布局。因此，在创建 SmartArt 图形时应根据自己的需要来创建合适的图形。

创建 SmartArt 图形的具体操作方法如下：

01 单击 SmartArt 按钮 选择“插入”选项卡，单击“插图”组中的 SmartArt 按钮，如下图所示。

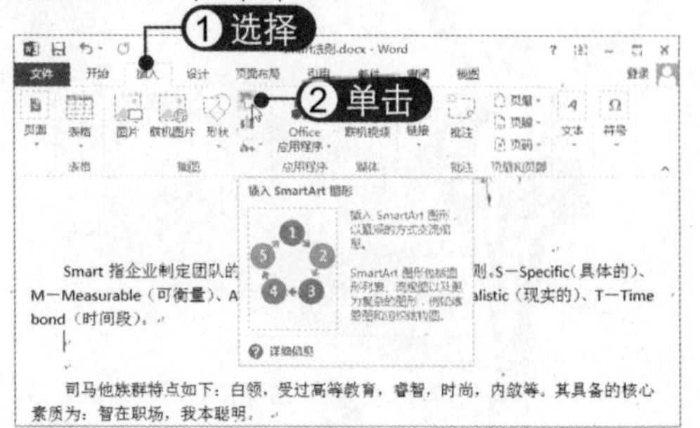

02 选择图形类型 弹出“选择 SmartArt 图形”对话框，在左侧选择“关系”类别，在右侧图形列表中选择“聚合射线”图形类型，单击“确定”按钮，如下图所示。

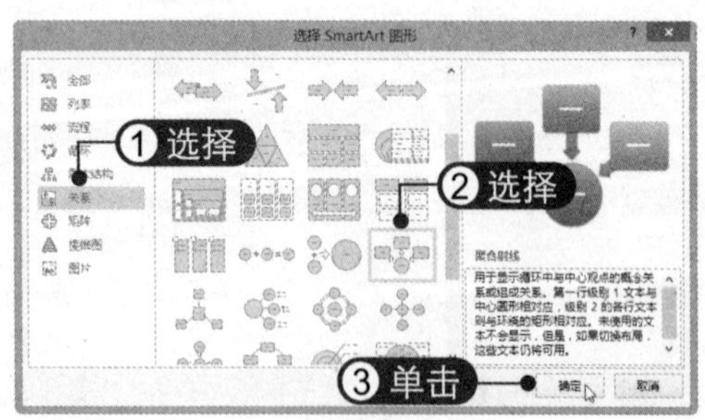

03 插入 SmartArt 图形 此时，即可在文档窗口中插入聚合射线结构的 SmartArt 图形，如下图所示。

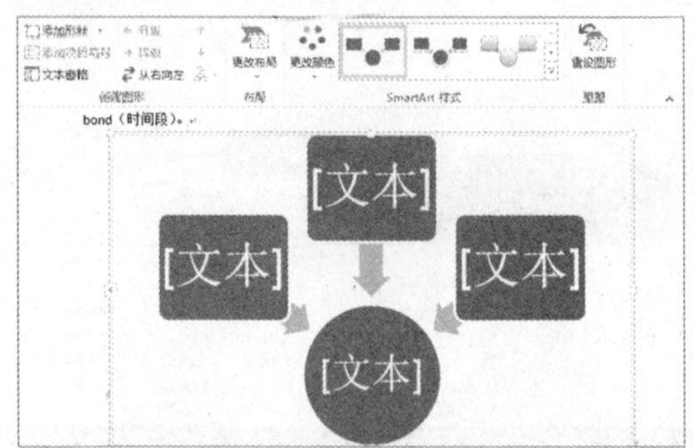

04 输入文本 在 SmartArt 图形的文本占位符中输入所需的文本，如下图所示。

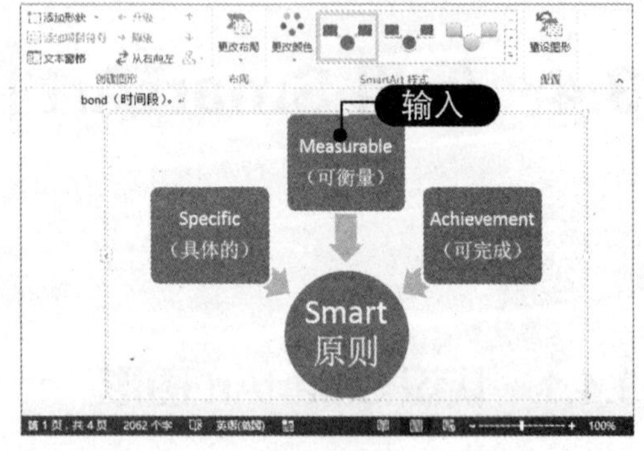

3.4.3 更改图形布局

创建的 SmartArt 图形都采用默认的布局结构，可根据需要对其布局结构进行修改和调整，如添加形状、升降级项目、调整项目顺序等，具体操作方法如下：

01 选择“在后面添加形状”选项 选中 Achievement 项目，选择“设计”选项卡，在“创建图形”组中单击“添加形状”下拉按钮，选择“在后面添加形状”选项，如下图所示。

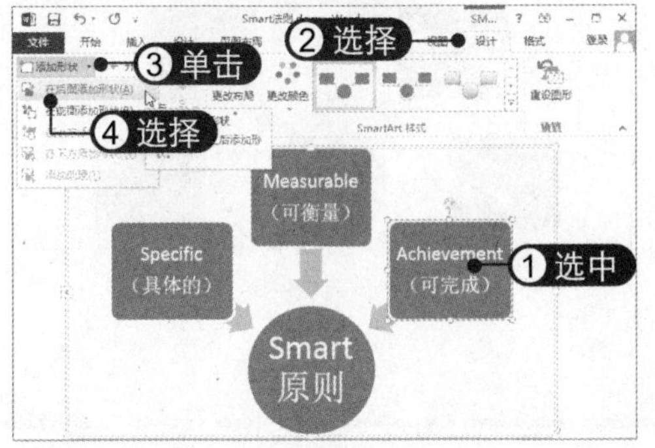

02 添加形状 此时，即可看到在右侧添加了一个同级别空白项，如下图所示。

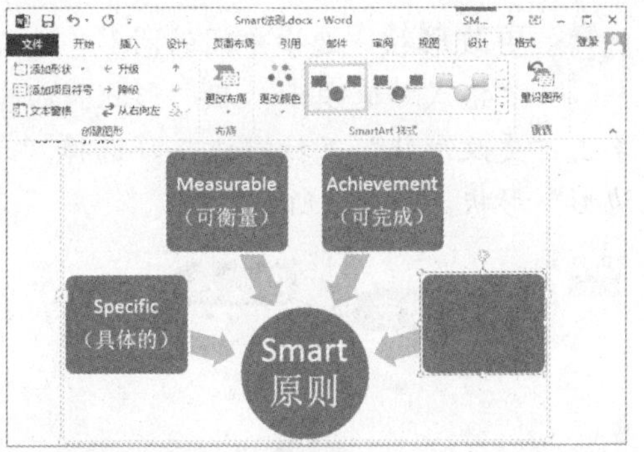

03 输入文本 在新添加的项目中输入所需的文本，如下图所示。

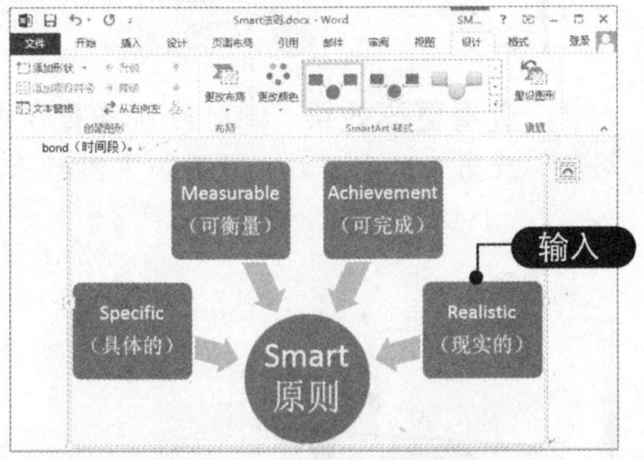

04 定位光标 在“创建图形”组中单击“文本窗格”按钮，在打开的文本窗格中将光标定位到最后一项的末尾，如下图所示。

05 添加形状 按【Enter】键确认，即可在图形的最后再添加一个形状，如下图所示。

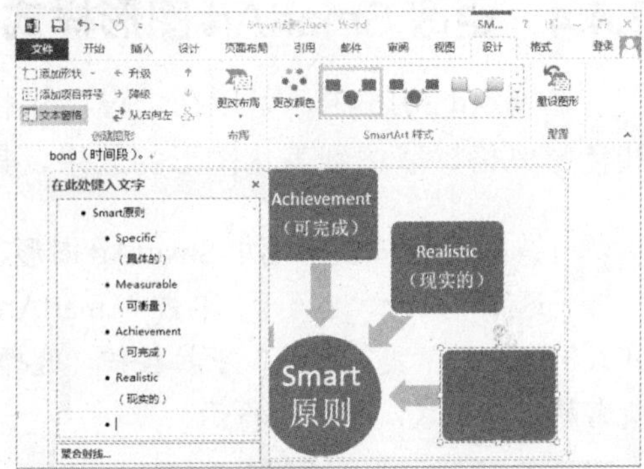

06 输入文本 在文本窗格中输入所需的文本，在形状中即可显示相应的文本内容，如下图所示。

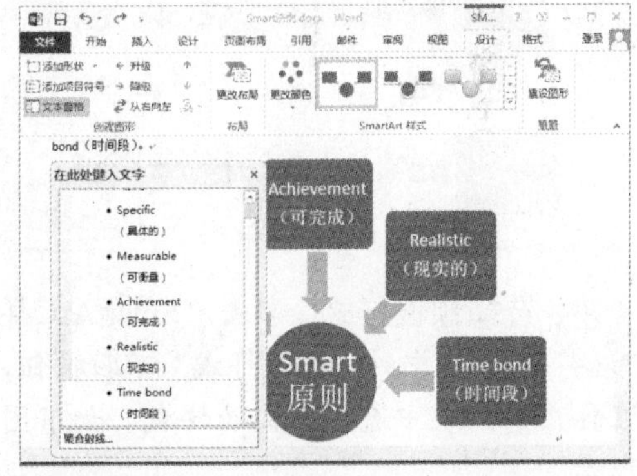

07 降级与升级项目 在文本窗格中将光标定位到项目中，按【Tab】键即可进行降级操作，按【Shift+Tab】键即可进行升级操作。在“创建图形”组中单击“升级”或“降级”按钮，也可更改项目的级别，如下图所示。

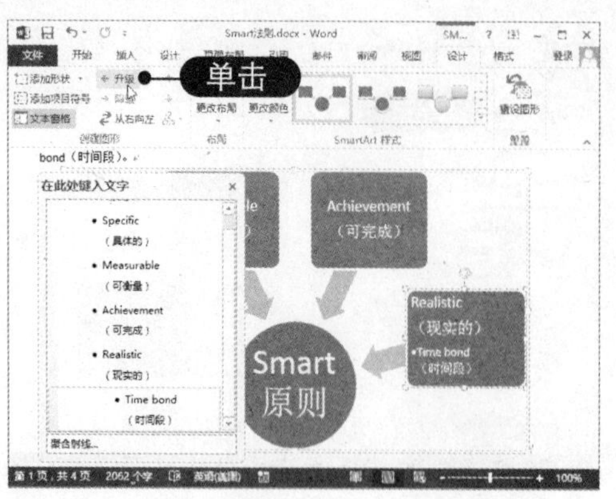

08 **移动项目顺序**　在“创建图形”组中单击“上移”或“下移”按钮，也可更改项目的先后顺序，如下图所示。

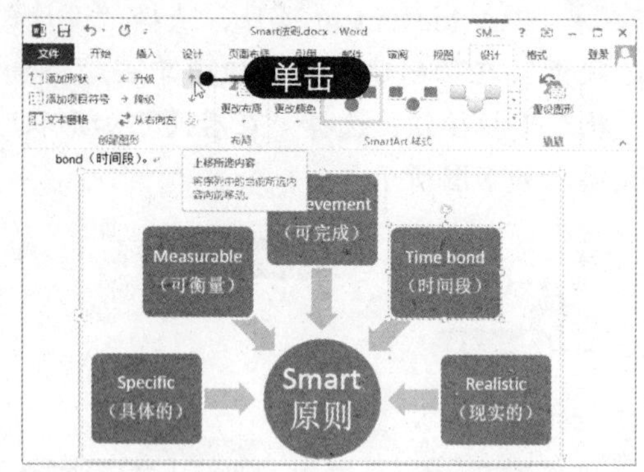

3.4.4　更改 SmartArt 图形样式

在 Word 2013 中，可以在“设计”和“格式”选项卡下为 SmartArt 图形设置样式和色彩风格，以达到美化图形的效果，具体操作方法如下：

01 **选择颜色样式**　选中 SmartArt 图形，选择“设计”选项卡，单击“SmartArt 样式”组中的“更改颜色”下拉按钮，选择所需的颜色样式，如下图所示。

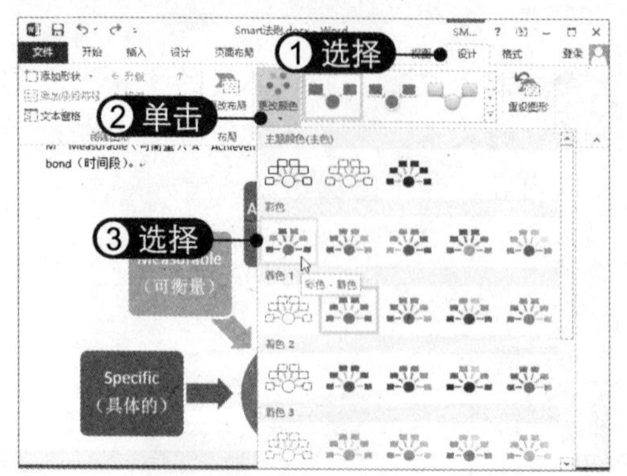

02 **选择预设样式**　单击“SmartArt 样式”组中的“快速样式”下拉按钮，在弹出的列表中选择所需的样式，如下图所示。

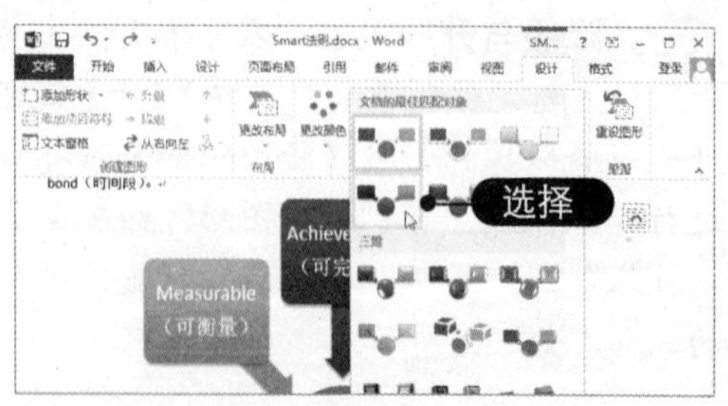

03 **更改形状**　选中中间的圆形，选择“格式”选项卡，在“形状”组中单击“更改形状”下拉按钮，选择“六边形”形状，如下图所示。

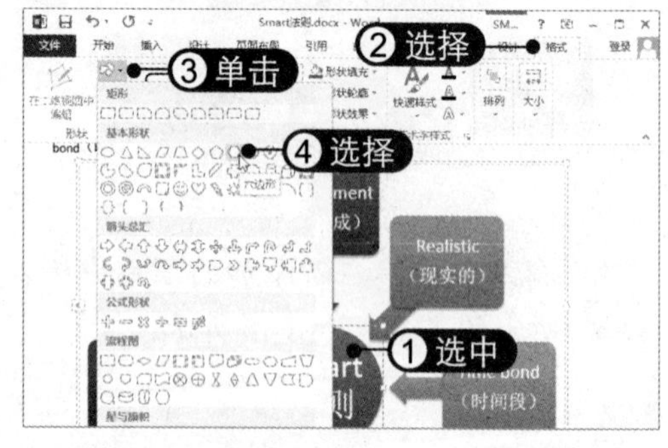

04 **查看更改效果**　此时即可将圆形更改为六边形形状，效果如下图所示。

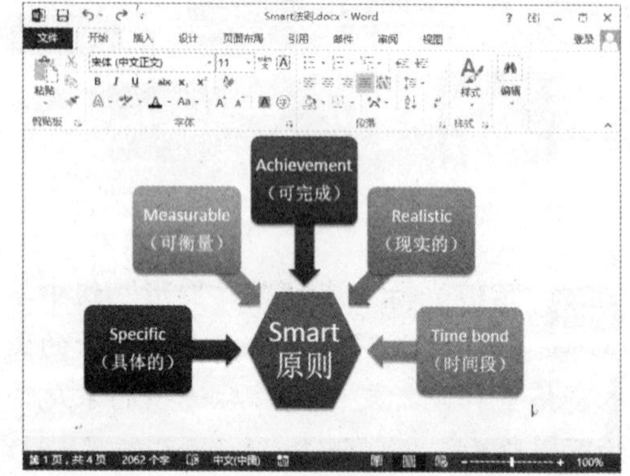

05 添加图形效果 选中 SmartArt 图形，在“格式”选项卡下的“形状样式”组中单击“形状效果”下拉按钮，选择一种棱台效果，如下图所示。

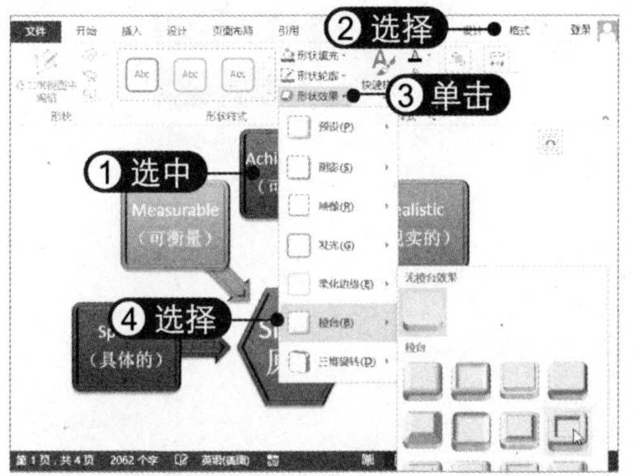

06 还原图形样式 要将 SmartArt 图形还原为最初的样式，可在“设计”选项卡下单击“重设图形”按钮，如下图所示。

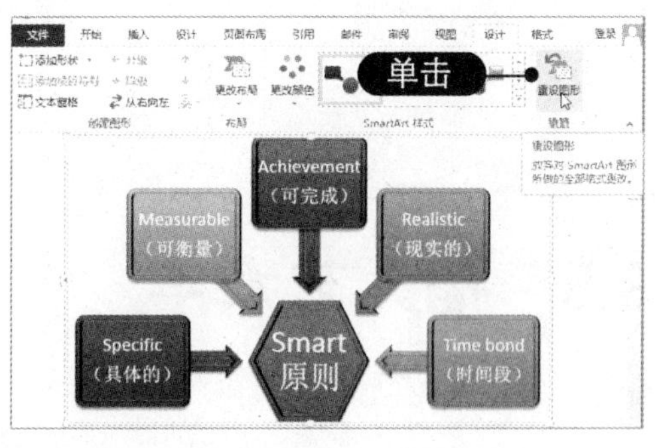

3.4.5 更改 SmartArt 图形类型

用户可以根据需要将当前类型的 SmartArt 图形更改为其他布局类型，而无需重新创建图形，具体操作方法如下：

01 选择布局类型 选中 SmartArt 图形，选择“设计”选项卡，单击“更改布局”下拉按钮，在弹出的列表中选择“射线维恩图”类型，如下图所示。

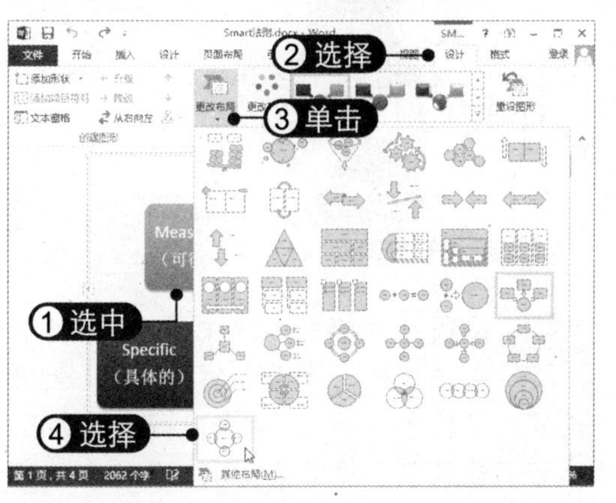

02 更改图形布局 此时即可将 SmartArt 图形更改为“射线维恩图”布局类型，如下图所示。

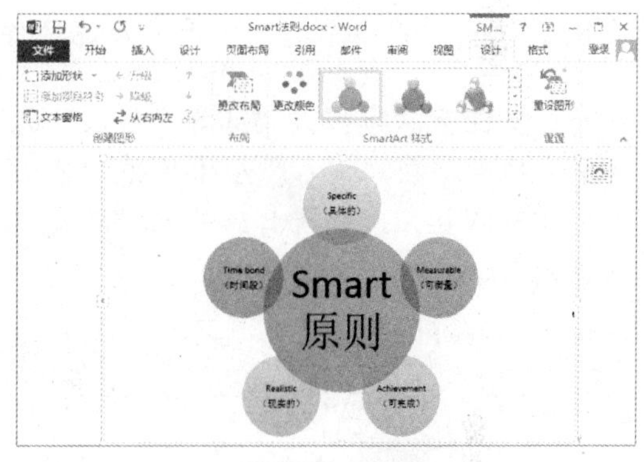

03 选择 SmartArt 图形类型 若在“更改布局”下拉列表中选择“其他布局”选项，将弹出“选择 SmartArt 图形”对话框。在左侧选择“层次结构”类别，在右侧选择“水平组织结构图”图形类型，单击“确定”按钮，如下图所示。

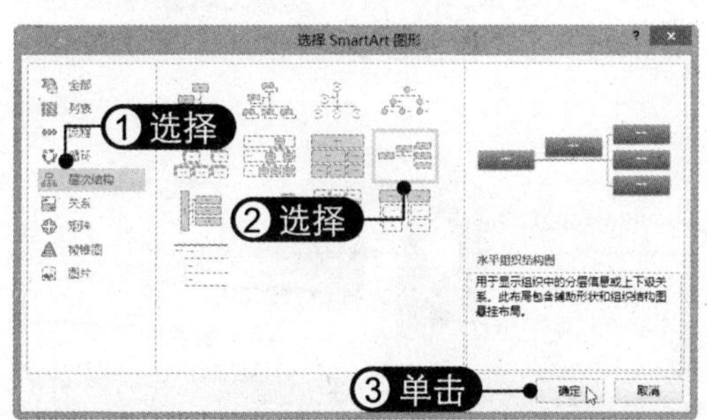

04 更改图形类型 此时即可将SmartArt图形类型更改为“水平组织结构图”类型，效果如右图所示。

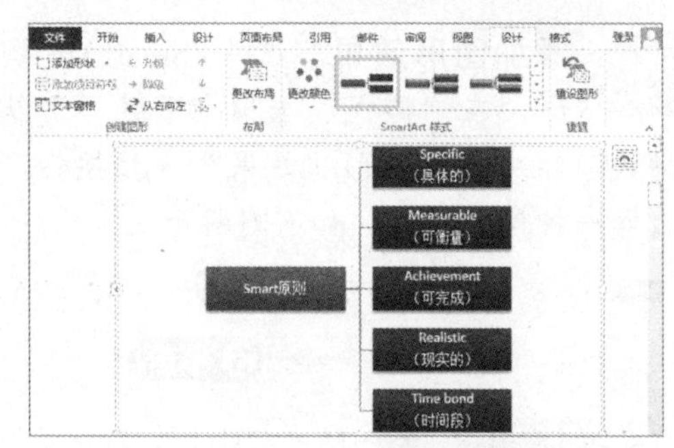

3.5 插入艺术字

在报刊杂志上常常会看到各种各样的艺术字，这些艺术字给文章增添了强烈的视觉效果。与普通文字不同，艺术字其实是一种图形对象。在Word文档中可以创建带有阴影、扭曲、旋转和拉伸效果的艺术字。

3.5.1 添加艺术字

在文档中插入艺术字不仅可以美化文档，使文档内容更加丰富、生动，还能达到突出标题的目的。添加艺术字的具体操作方法如下：

01 选择艺术字样式 选择“插入”选项卡，在“文本”组中单击“艺术字”下拉按钮，选择所需的艺术字样式，如下图所示。

02 显示文本框 此时在文档编辑窗口中将显示“请在此放置您的文字”文本框，如下图所示。

03 输入文本 在文本框中输入所需的文本，如下图所示。

04 设置字体格式 选中输入的文本，在“开始”选项卡的“字体”组中设置文字的字体样式、字号、颜色等格式，然后调整艺术字的位置，如下图所示。

3.5.2 设置艺术字效果

在文档中添加艺术字后，如果对效果样式不满意，还可以对艺术字的样式、填充色、轮廓或文本效果等进行修改。

设置艺术字效果的具体操作方法如下：

01 选择样式 选中艺术字，选择"格式"选项卡，在"艺术字样式"组中单击"快速样式"下拉按钮，在弹出的列表中可以重新选择艺术字样式，如下图所示。

02 添加转换效果 单击"文字效果"下拉按钮，选择"转换"选项，在其子菜单中选择"双波形 1"效果，如下图所示。

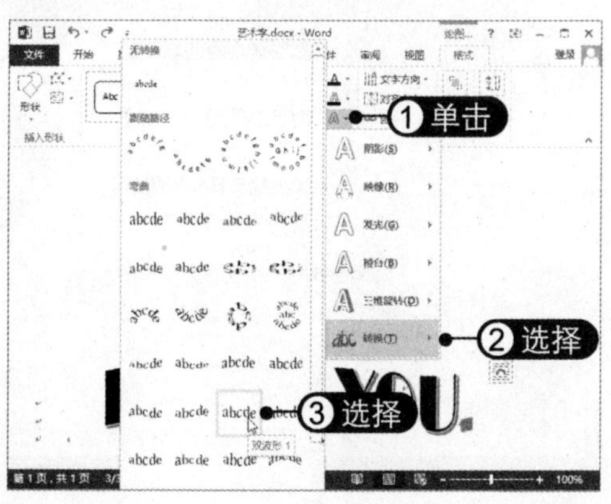

03 添加阴影效果 单击"文字效果"下拉按钮，选择"阴影"选项，在其子菜单中选择"右上对角透视"效果，如下图所示。

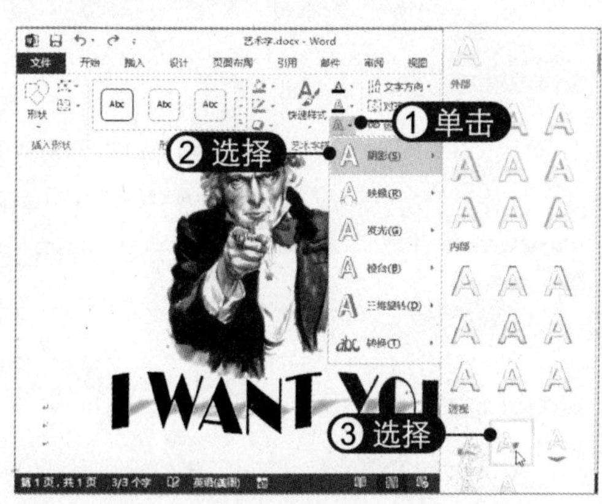

04 添加发光效果 单击"文字效果"下拉按钮，选择"发光"选项，在其子菜单中选择所需的发光效果，如下图所示。

Chapter 04 创建与编辑办公表格

利用表格可以将各种复杂的信息简明扼要地表达出来。在Word 2013 中不仅可以快速创建各种各样的表格，还可以很方便地编辑单元格、表格布局及美化表格，此外，还可以对表格中的内容进行计算、排序等操作。

本章要点

- 创建表格
- 编辑单元格
- 编辑表格布局
- 美化表格
- 表格的其他操作

知识等级

Word 2013 中级读者

建议学时

建议学习时间为 60 分钟

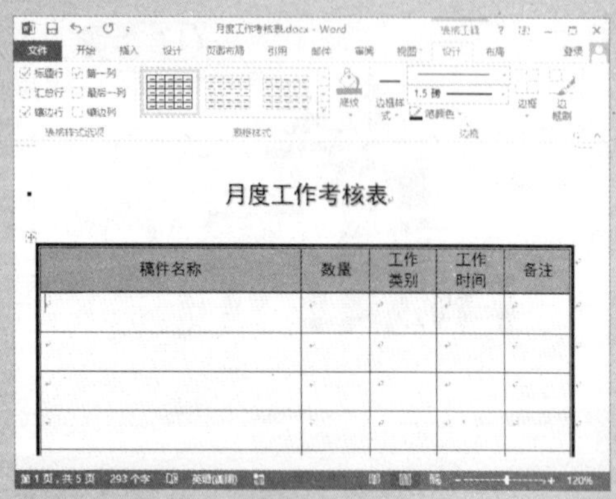

4.1 创建表格

表格由水平的行和垂直的列组成，行与列交叉形成的方框称为单元格。Word 2013 提供了多种创建表格的方法，可以从一组预先设置好格式的表格中进行选择，或通过设置需要的行数和列数来插入表格，还可以拖动鼠标绘制表格，下面将分别进行介绍。

4.1.1 使用网格创建表格

使用网格创建表格的具体操作方法如下：

01 **选择网格** 新建“月度工作考核表”文档，选择“插入”选项卡，单击“表格”下拉按钮，在弹出下拉列表的网格中移动鼠标选择 4×8 的网格，如下图所示。

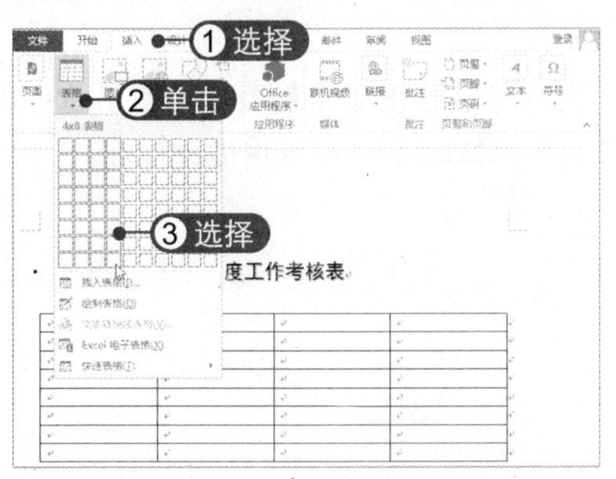

02 **插入表格** 选择网格后单击鼠标左键，确定网格的选择操作，即可将 4×8 的表格插入文档中，如下图所示。

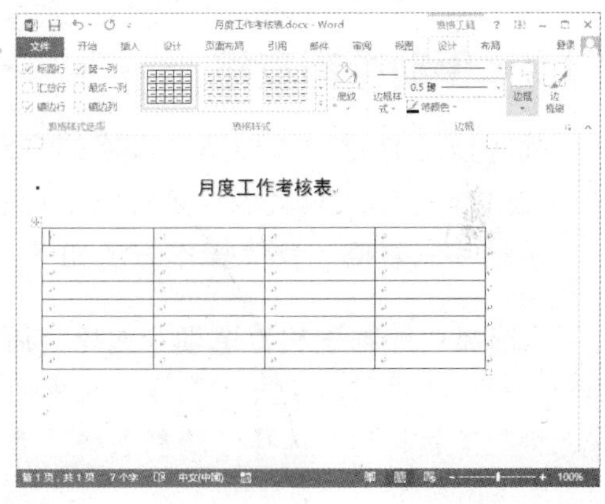

4.1.2 使用“插入表格”对话框创建表格

使用“插入表格”对话框创建表格的具体操作方法如下：

01 **选择“插入表格”选项** 将光标定位到要插入表格的位置，选择“插入”选项卡，单击“表格”组中的“表格”下拉按钮，选择“插入表格”选项，如下图所示。

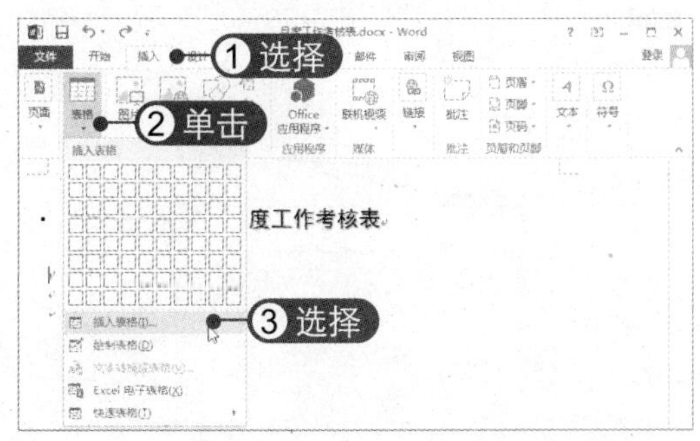

02 **设置表格选项** 弹出“插入表格”对话框，在“列数”和“行数”数值框中分别输入 4 和 10，选中“根据窗口调整表格”单选按钮，然后单击“确定”按钮，如下图所示。

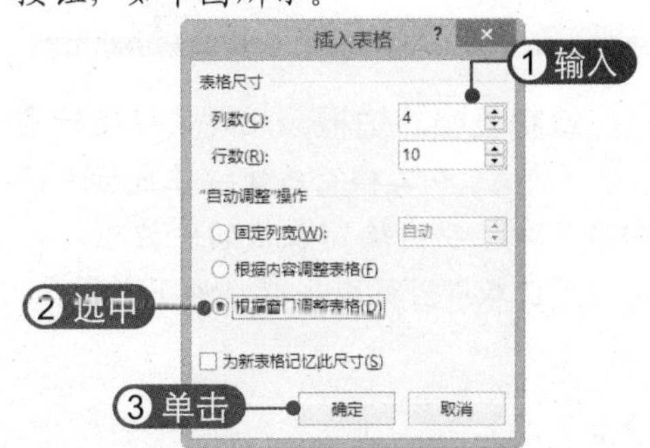

03 完成表格插入 此时即可将表格插入到文档中，效果如下图所示。

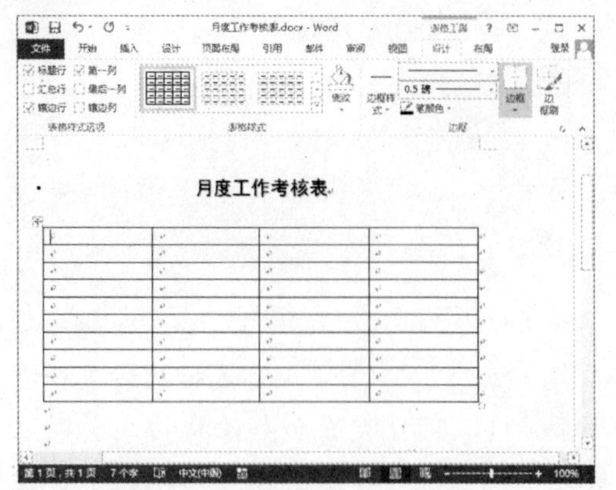

04 根据内容自动调整表格 将光标定位在表格中，选择“布局”选项卡，在“单元格大小”组中单击“自动调整”下拉按钮，选择“根据内容自动调整表格”选项，如下图所示。

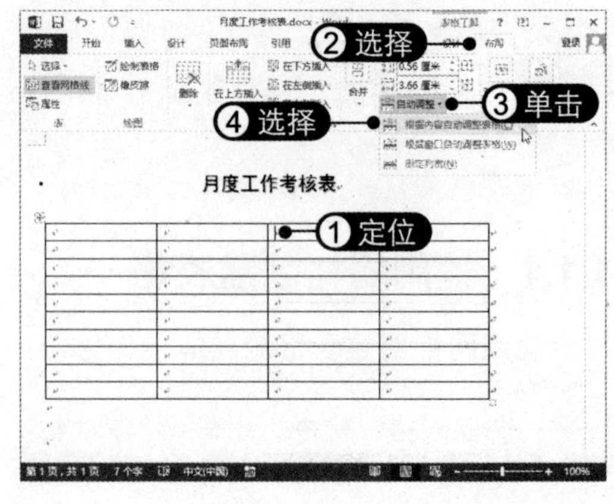

4.1.3 手动绘制表格

除了以上介绍的两种插入表格的方法外，还可以自己手动绘制表格。使用 Word 2013 提供的绘制工具就像用笔在纸上绘图一样，如果绘错了还可以用橡皮擦除。

手动绘制表格的具体操作方法如下：

01 选择“绘制表格”选项 选择“插入”选项卡，单击“表格”组中的“表格”下拉按钮，选择“绘制表格”选项，如下图所示。

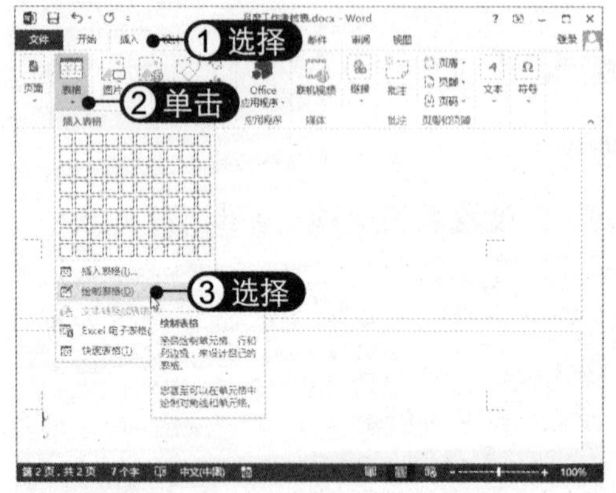

02 绘制表格外边框 此时鼠标指针呈✏样式，在文档空白处按住鼠标左键并向右下方拖动，绘制表格的外边框。松开鼠标，虚线即可变成实线，如下图所示。

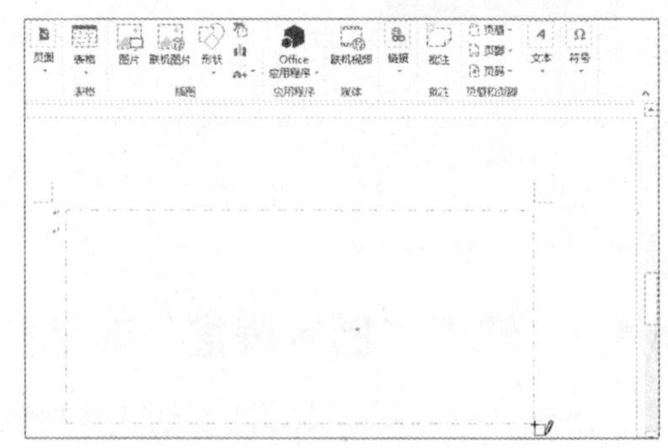

03 绘制内部框线 移动鼠标指针到表格的左边框，按住鼠标左键并向右拖动，当屏幕上出现水平虚线时松开鼠标，即可绘制表格的内部框线，如下图所示。

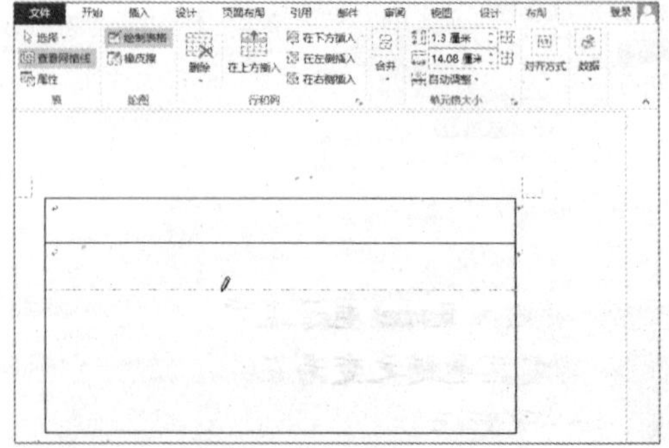

04 完成表格绘制 用同样的方法将表格绘制完成，在此绘制了一个5行4列的表格，如下图所示。

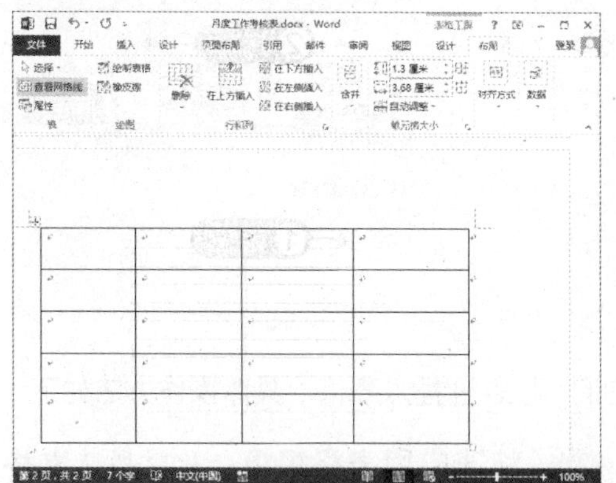

05 单击"橡皮擦"按钮 若要擦除某条边框线，可单击"布局"选项卡下"绘图"组中的"橡皮擦"按钮，如下图所示。

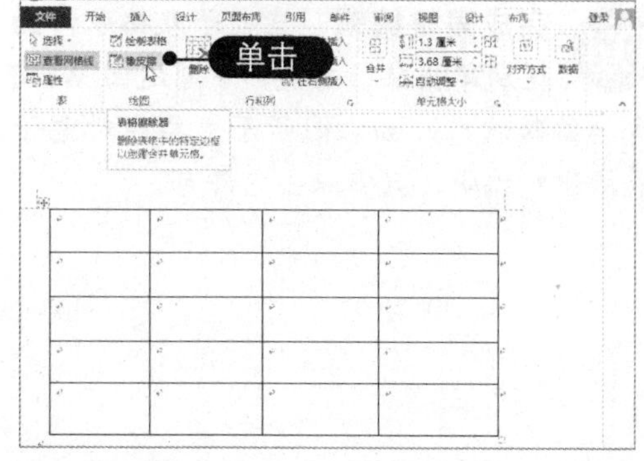

06 擦除表格线 此时鼠标指针呈形状，将指针置于要擦除的边框线上单击鼠标左键，即可将该边框线擦除，如下图所示。

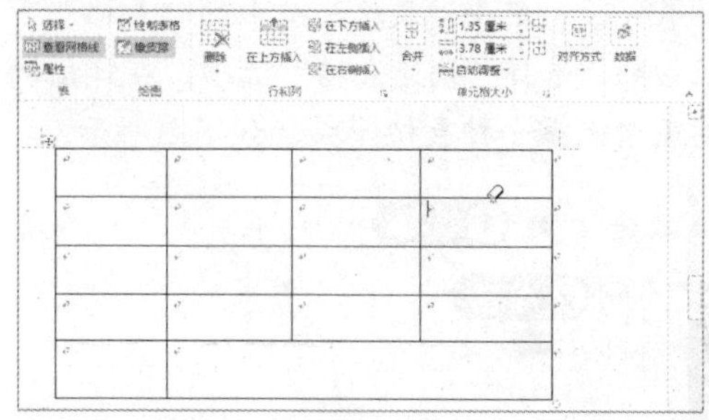

4.1.4 插入Excel表格

在Word 2013中还可以插入Excel表格，且可以像在Excel中一样进行比较复杂的数据运算和处理。插入Excel表格的具体操作方法如下：

01 选择"Excel电子表格"选项 选择"插入"选项卡，单击"表格"组中的"表格"下拉按钮，选择"Excel电子表格"选项，如下图所示。

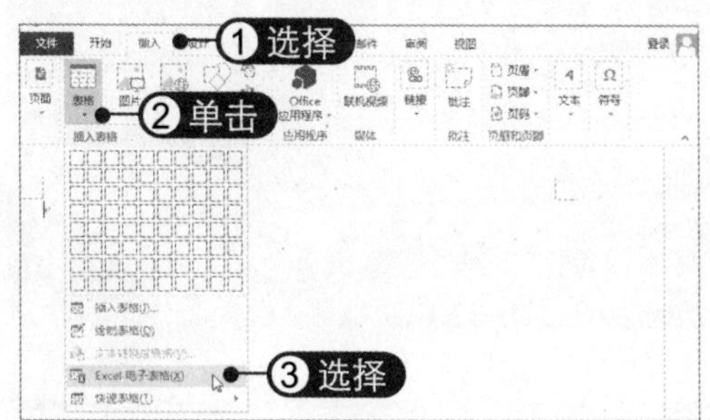

02 插入电子表格 此时即可在光标位置插入Excel电子表格，并处于编辑状态，功能区也随之变为Excel程序的功能区，如下图所示。

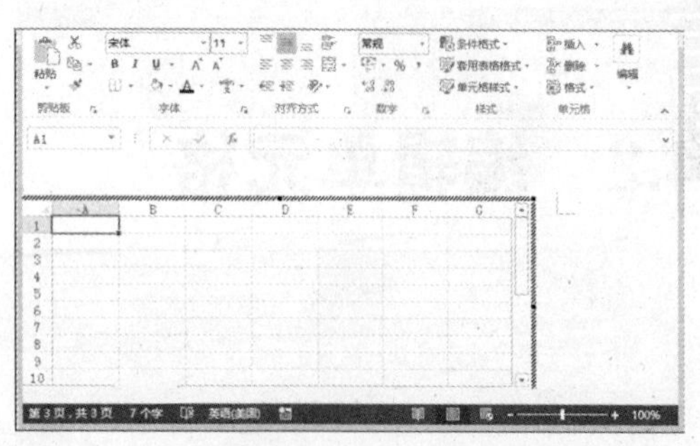

03 输入表格数据 在Excel单元格中输入所需的表格数据，如下图所示。

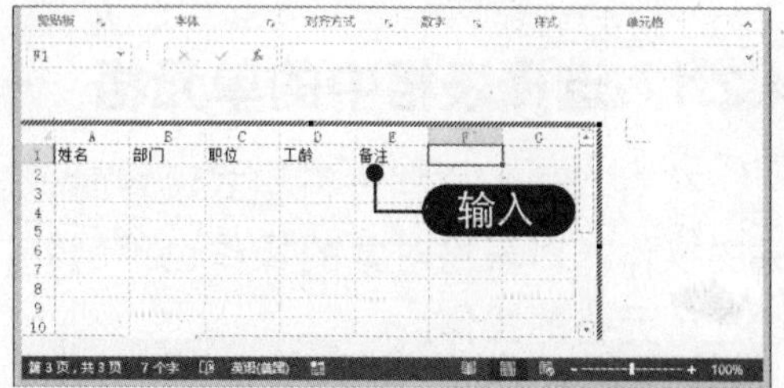

04 完成表格编辑 在电子表格以外的区域单击鼠标左键，即可返回 Word 文档编辑状态，如右图所示。要想对电子表格进行编辑，只需双击它即可。

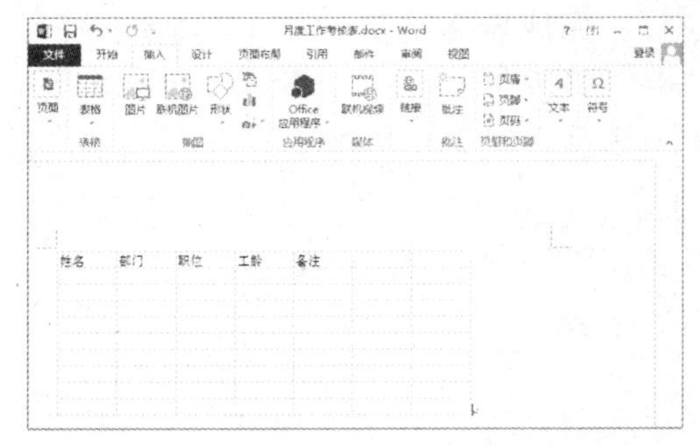

4.1.5 快速插入表格

在 Word 2013 中预设了一些表格模板，使用它们可以快速插入表格，具体操作方法如下：

01 选择表格模板 选择“插入”选项卡，单击“表格”组中的“表格”下拉按钮，选择“快速表格”选项，在弹出的列表中选择一种表格模板，如下图所示。

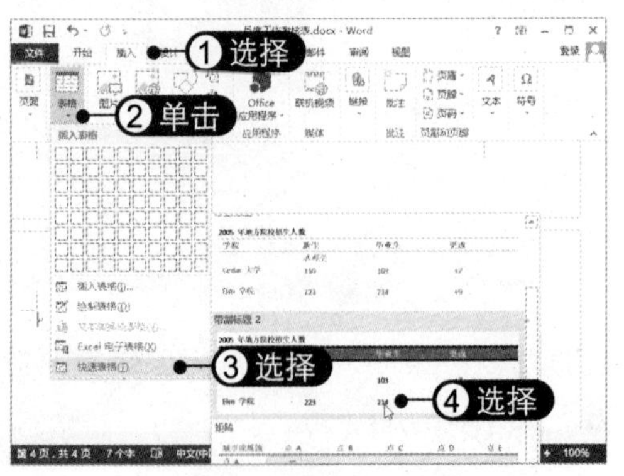

02 快速应用表格模板 此时所选表格模板已经添加到文档中，可以根据需要对表格进行编辑和进一步调整，如下图所示。

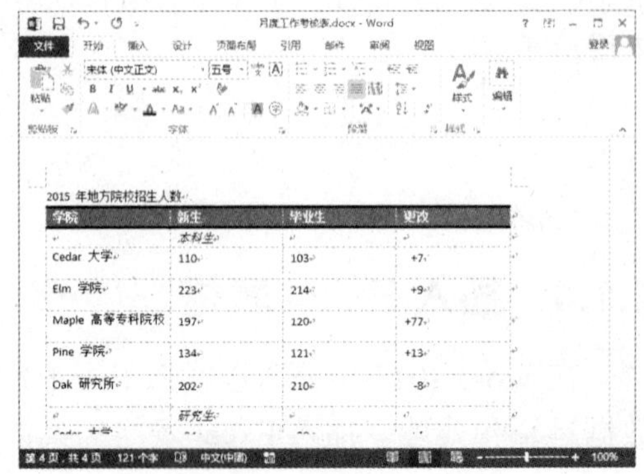

4.2 编辑单元格

要真正完成一个表格，还需要在表格中输入内容。在表格中处理文本的方法与在普通文档中处理文本略有不同，这是因为在表格中每一个单元格都是一个独立的单位，在输入过程中 Word 2013 会根据内容的多少自动调整单元格的大小。为了让表格与文本相互匹配，可以对表格中的单元格进行合并、拆分及美化表格等操作，遇到一些数据内容时还可以在表格中进行运算。

4.2.1 选择表格中的单元格

在对 Word 文档进行格式设置时，应先将需要设置格式的对象选中，然后进行相关的操作。对表格对象的操作也不例外，也要先将需要改动的内容选中，这就涉及到选择单元格的操作。

选择单元格的方法很多，如单独选择一个单元格、一行单元格或一列单元格，而选择操作可以由鼠标来完成，也可以由键盘来完成，见下表。

目　的	操　作
选择一个单元格	单击该单元格的左边界
选择一行的单元格	单击该行的左侧
选择一列的单元格	单击该列的顶端边界处
选择多个连续的单元格、行或列	在要选择的单元格、行或列上拖动鼠标，选择某一单元格、行或列，然后按住【Shift】键的同时单击其他单元格、行或列，则其间的所有单元格都被选中
选择下一个单元格	按【Tab】键
选择前一个单元格	按【Shift+Tab】组合键
选择整个表格	单击表格左上角的表格整体标志⊞

下面将详细介绍如何选择表格中的单元格，具体操作方法如下：

01 选择单元格 将鼠标指针指向要选择的单元格边框，当其呈↗形状时单击鼠标左键，即可选择该单元格，如下图所示。

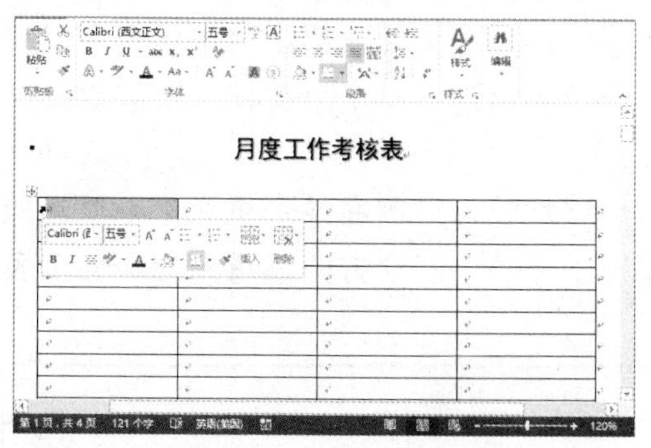

02 选择整行 将鼠标指针指向需要选择行的边框，当指针呈↗形状时单击鼠标左键，即可选中整行，如下图所示。

03 选择整列 将鼠标指针指向需要选择列的边框，当指针呈⬇形状时单击鼠标左键，即可选择整列，如下图所示。

04 选择整个表格 单击表格左上方的⊞图标，即可选择整个表格，如下图所示。

05 选择连续单元格 将鼠标指针定位到要选择单元格区域的起始单元格中，然后按住鼠标左键向右下方拖动，即可选择鼠标经过的单元格区域，如下图所示。

06 **选择不连续的单元格** 选中要选择的第一个单元格，在按住【Ctrl】键的同时单击选择其他单元格，如下图所示。

07 **使用选择命令** 将光标定位到单元格中，选择“布局”选项卡，在“表”组中单击“选择”下拉按钮，在弹出的下拉列表中选择所需的选项，如下图所示。

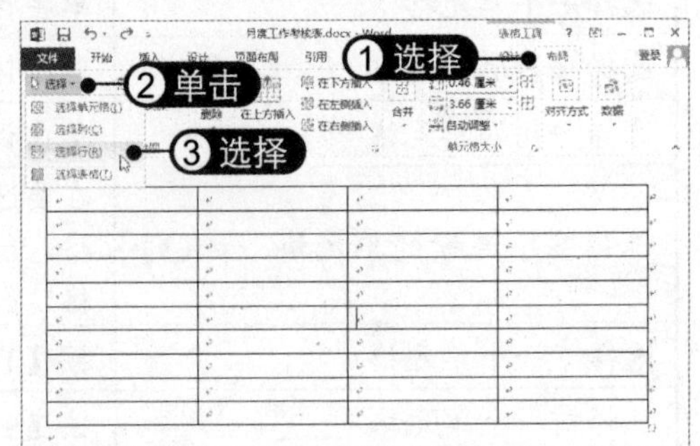

4.2.2 输入文本并设置格式

在表格中输入文本的方法与在文档中输入文本的方法相似，应该先将光标定位到要输入文本的单元格中，然后输入文本内容。

通常情况下，Word 2013 能自动按照单元格中最高的字符串高度设置每行的高度。当输入的文本到达单元格的右边线时，Word 2013 能自动换行并增加行高，以容纳更多的内容。按【Enter】键，可以在单元格中另起一段。因为单元格中可以包含多个段落，所以它也能包含多个段落样式。可以将每个单元格视为一个小文档，可以对其进行文档的各种编辑和排版。

定位光标可以用鼠标，也可以用键盘。当用鼠标时，只需在某个单元格中单击即可；当用键盘时，则可以使用【↑】、【↓】、【←】、【→】四个方向键将光标在各个表格单元之间移动。键盘具体操作见下表。

目　的	操　作
移至下一个单元格	按【Tab】键（插入点位于一行的最后一个单元格时，按【Tab】键插入点将移至下一行的第一个单元格）
移到前一个单元格	按【Shift+Tab】组合键
移至上一行	按向上箭头键
移至下一行	按向下箭头键
移至本行的第一个单元格	按【Alt+Home】组合键
移至本行的最后一个单元格	按【Alt+End】组合键
移至本列的第一个单元格	按【Alt+PageUp】组合键
移至本列的最后单元格	按【Alt+PageDown】组合键
在本单元格开始一个新段落	按【Enter】键
在表格末添加一行	在末行的最后一个单元格后按【Tab】键
在位于文档开头的表格前添加文本	光标移到第一行的第一个单元格前按【Enter】键

在单元格中输入文本时，如果文本填满了整个单元格，Word 会自动扩大单元格的

列宽，以适应当前输入的文本。若不想在输入文本过多时改变列宽，则可以先按【Enter】键换行，再进行文本输入。

表格中的文本与文档中的文本一样，可以设置其字体、字号，也可以为文本添加底纹，或修改其在单元格中的对齐方式等。编辑表格文本的具体操作方法如下：

01 输入文本 将光标定位到要输入文本的单元格中，直接输入所需的文本即可，如下图所示。

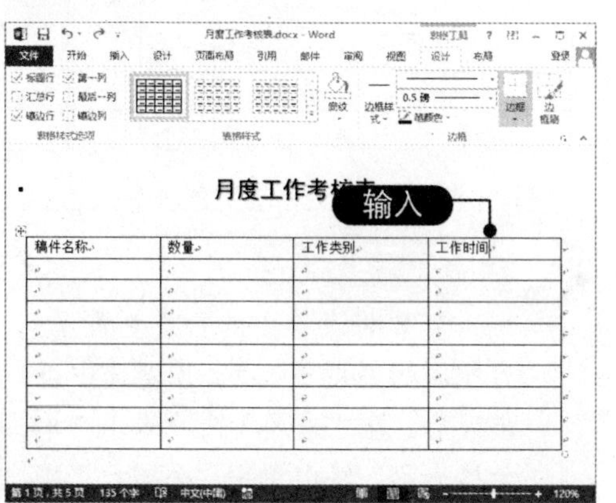

02 设置字体格式 选中要设置格式的文本，在"开始"选项卡下"字体"组中设置字体格式和字号，如下图所示。

4.2.3 调整单元格行高和列宽

用户可以根据需要调整表格的行高和列宽，既可以通过拖动鼠标进行调整，也可以精确设置单元格的行高和列宽，具体操作方法如下：

01 调整行高 将鼠标指针置于要调整的行边线上，当其呈÷形状时拖动鼠标即可调整行高，如下图所示。

02 调整列宽 将鼠标指针置于要调整的列边线上，当其呈╫形状时拖动鼠标即可调整列宽，如下图所示。

03 设置行高 全选表格，选择"布局"选项卡，在"单元格大小"组中设置行高为1，按【Enter】键确认，即可将表格的所有行高设置为1厘米，如下图所示。

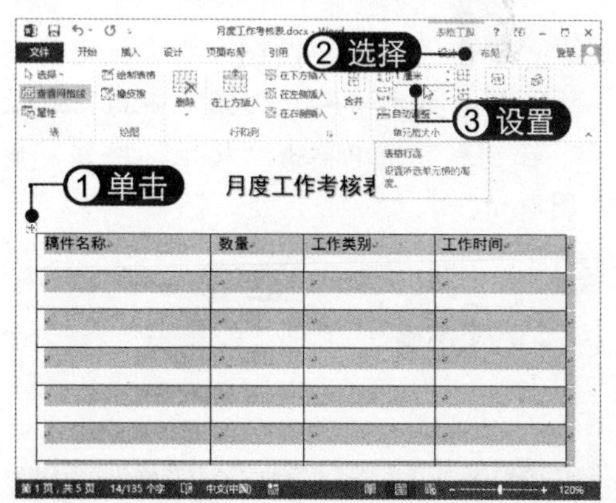

04 设置列宽 将光标定位到第1列中，在"单元格大小"组中设置列宽为7.8，按【Enter】键确认，即可将光标所在列的列宽设置为7.8厘米，如下图所示。

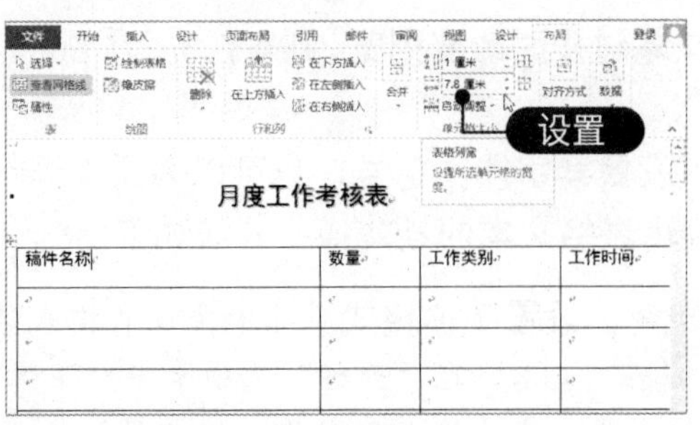

05 设置列宽 选中第 2、3、4 列，在“单元格大小”组中设置列宽为 2，按【Enter】键确认，即可将光标所在列的列宽设置为 2 厘米，如下图所示。

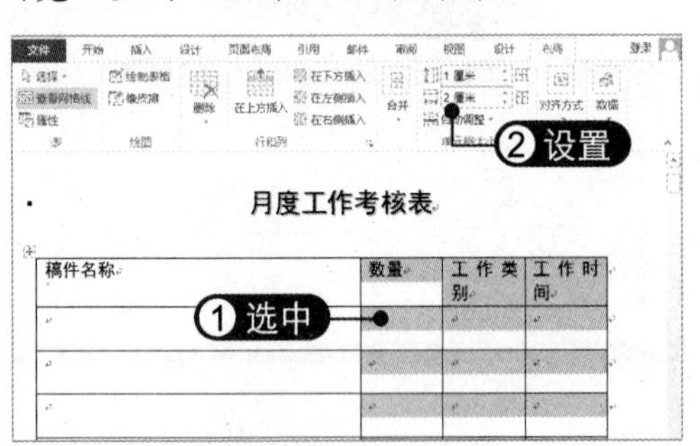

06 文字换行 根据需要对文字进行换行处理，如下图所示。

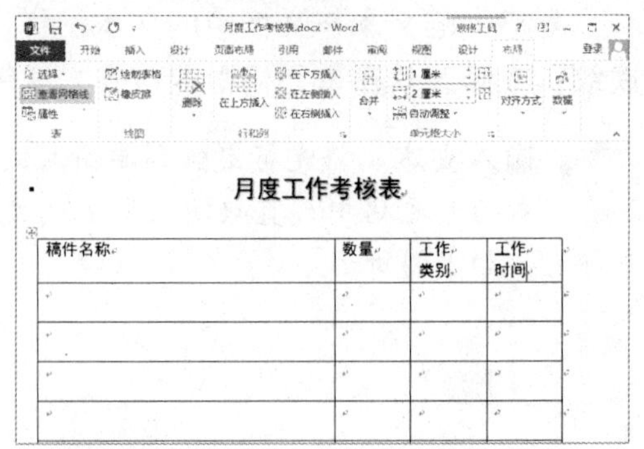

知识加油站

若要将表格中的行或列设置为相同的宽度或高度，只需选中行或列后，在“布局”选项卡下“单元格大小”组中单击“分布行”或“分布列”按钮即可。

4.2.4 设置对齐方式

在 Word 2013 中既可以设置表格的对齐方式，也可以设置表格中文本的对齐方式，下面将分别进行详细介绍。

1. 设置表格在文档中的对齐方式

设置表格在文档中对齐方式的具体操作方法如下：

01 单击“属性”按钮 将光标定位到任意单元格中，选择“布局”选项卡，在“表”组中单击“属性”按钮，如下图所示。

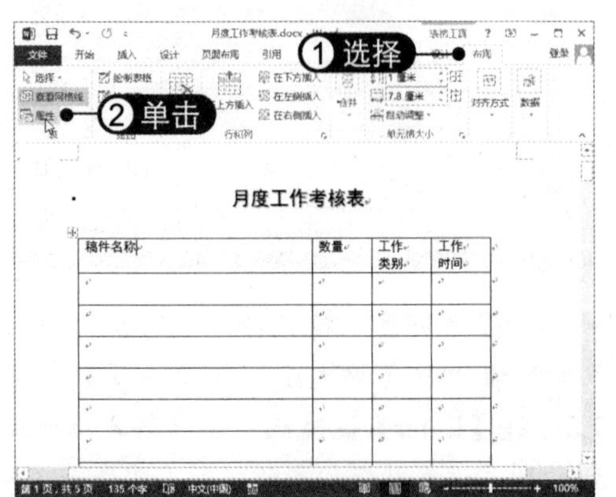

02 选择对齐方式 弹出“表格属性”对话框，在“表格”选项卡下选择“居中”对齐方式，然后单击“确定”按钮，如下图所示。

03 查看对齐效果 此时即可设置表格在文档中居中对齐，如下图所示。

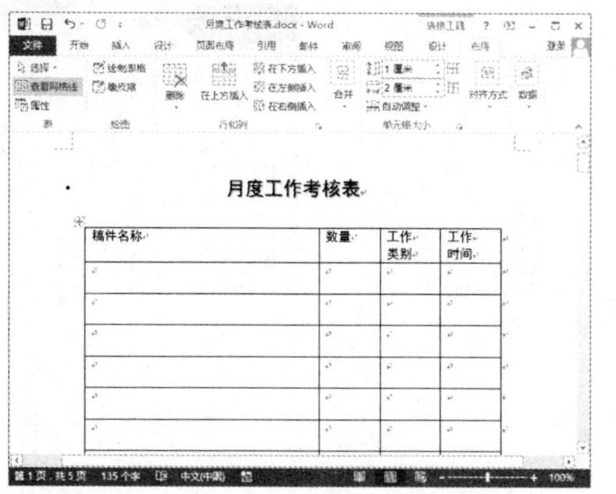

04 单击对齐按钮 全选表格，在“段落”组中单击相应的对齐按钮，也可设置表格在文档中的对齐方式，如下图所示。

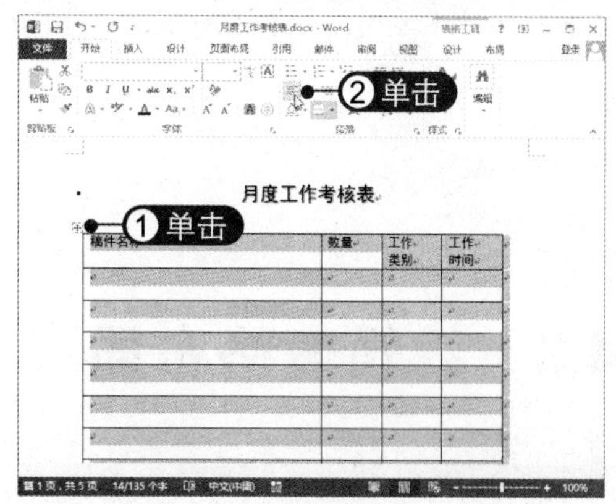

2. 设置单元格对齐方式

在表格中设置单元格对齐方式即可确定单元格内容的对齐方式，具体操作方法如下：

01 单击“水平居中对齐”按钮 选中表格中要设置对齐方式的单元格，选择“布局”选项卡，在“对齐方式”组中单击“水平居中对齐”按钮，如下图所示。

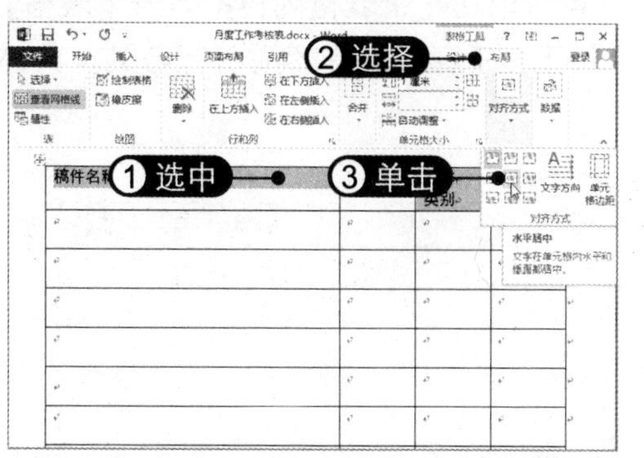

02 查看水平居中对齐效果 此时即可查看表格中的数据水平居中对齐后的效果，如下图所示。

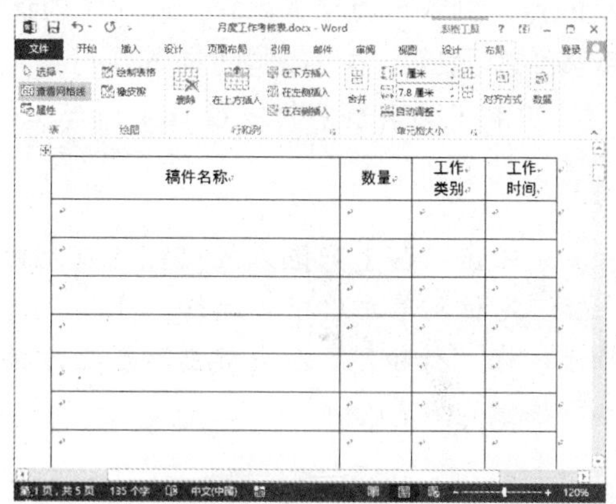

4.2.5 更改单元格文字方向

单元格中的文字方向默认为水平方向，可以根据需要将文字更改为垂直方向，具体操作方法如下：

01 单击“文字方向”按钮 在单元格中输入文本，选择“布局”选项卡，在“对齐方式”组中单击“文字方向”按钮，如右图所示。

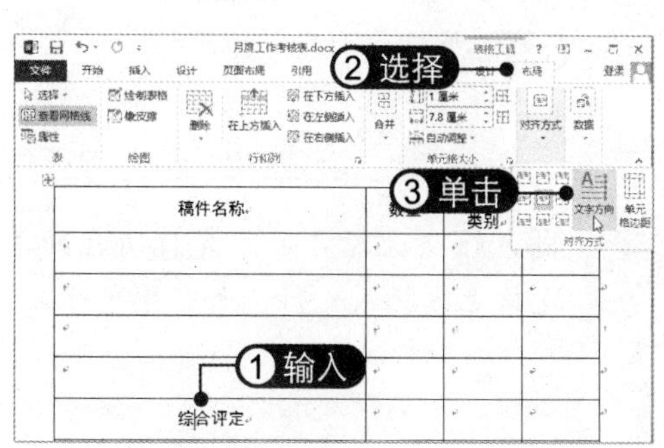

02 **更改文字方向** 此时单元格中的文字即可呈垂直方向排列。在“对齐方式”组中单击“中部左对齐”按钮，设置单元格对齐方式，如右图所示。

4.3 编辑表格布局

在实际工作中有时需要设计一些比较复杂的表格，这时可以通过对文档中的表格进行进一步的编辑，如插入行、列或单元格，合并与拆分单元格，删除行、列或单元格，调整行高和列宽等，从而制作出符合要求的表格。

4.3.1 插入行、列与单元格

在编辑表格的过程中，有时会发现已创建的表格中缺少了某些数据内容，需要插入新的行、列或单元格等。Word 2013 为这一操作提供了相应的命令，可以一次插入一个或多个单元格，也可以同时插入几行或几列，甚至可以在一个表格内再插入一个表格。

如果在编辑表格时发现其中行与列不够用，可以在表格中继续插入行与列，具体操作方法如下：

01 **单击“在上方插入”按钮** 将光标定位到单元格中，选择“布局”选项卡，在“行和列”组中单击“在上方插入”按钮，如下图所示。

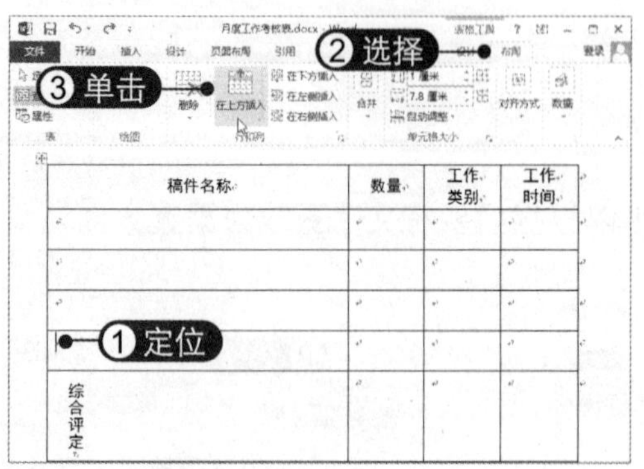

02 **插入行** 此时即可在光标所在的单元格上方插入一行，如下图所示。

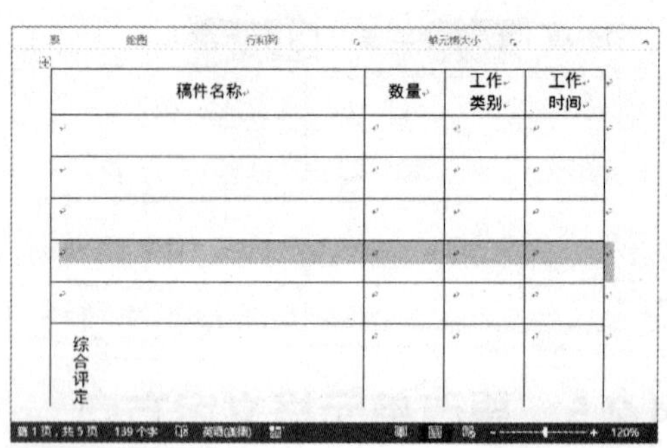

03 **定位光标** 将光标定位到某行的右侧，如下图所示。

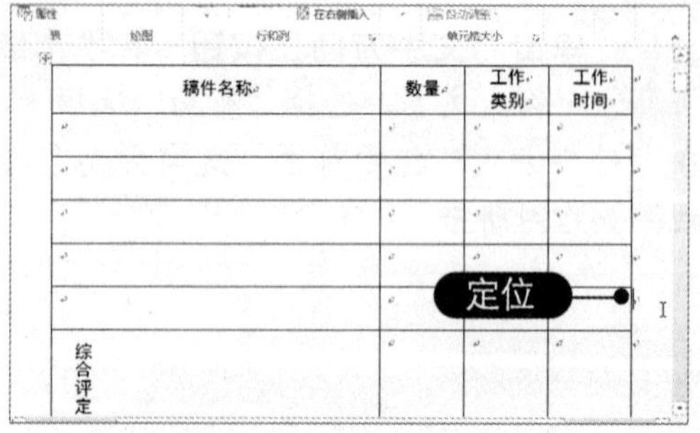

04 插入一行 按【Enter】键确认，即可在该行的下方插入一行单元格，且光标自动转到下一行，如下图所示。

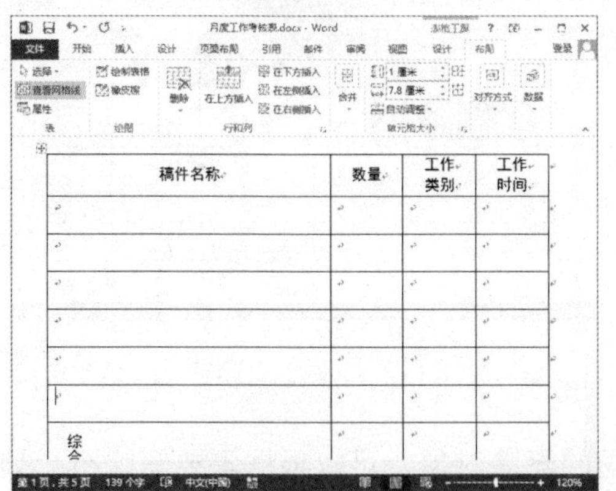

05 快速插入行 将鼠标指针置于行线左侧，此时将出现⊕按钮，单击即可快速插入一行，如下图所示。

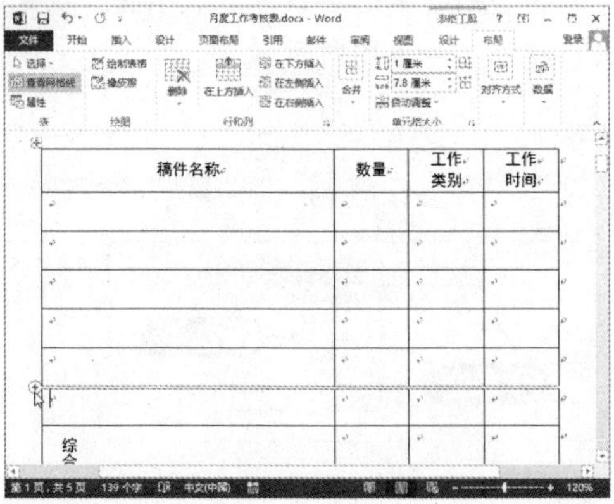

06 单击“在右侧插入”按钮 将光标定位到最后一列，在“布局”选项卡下“行和列”组中单击“在右侧插入”按钮，如下图所示。

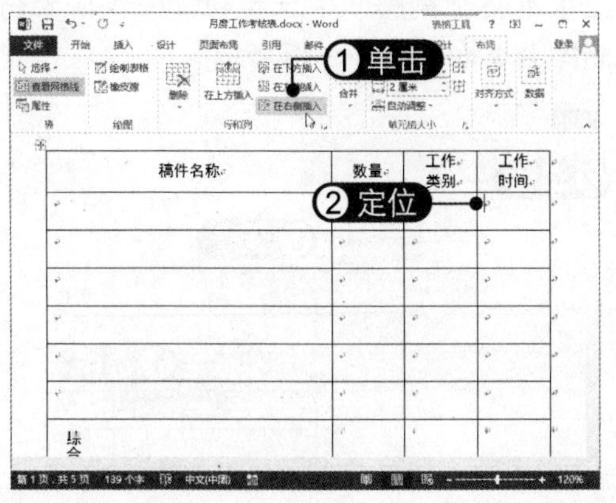

07 插入列 此时即可在光标所在列的右侧插入一列，如下图所示。

08 快速插入列 在新插入列的上方输入所需的文字，将鼠标指针移至该列上端，单击⊕按钮即可在其右侧快速插入列，如下图所示。

09 使用快捷菜单插入 右击要插入行或列的单元格，在弹出的快捷菜单中选择“插入”命令，在其子菜单中选择所需的插入行列命令即可，如下图所示。

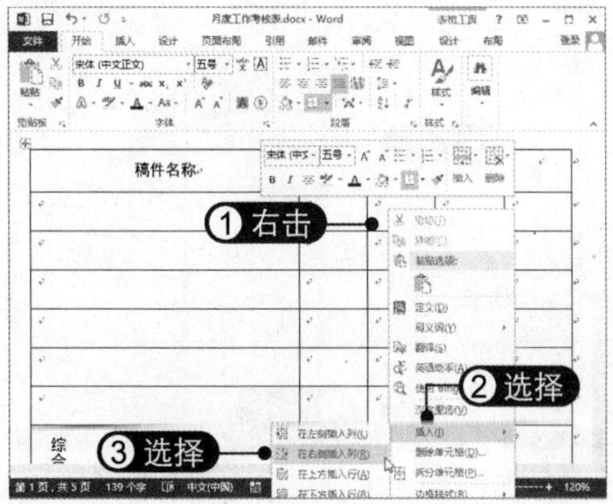

10 插入单元格 若在右键快捷菜单中选择"插入单元格"命令，会弹出"插入单元格"对话框，根据需要设置参数，单击"确定"按钮，即可插入单元格，如右图所示。

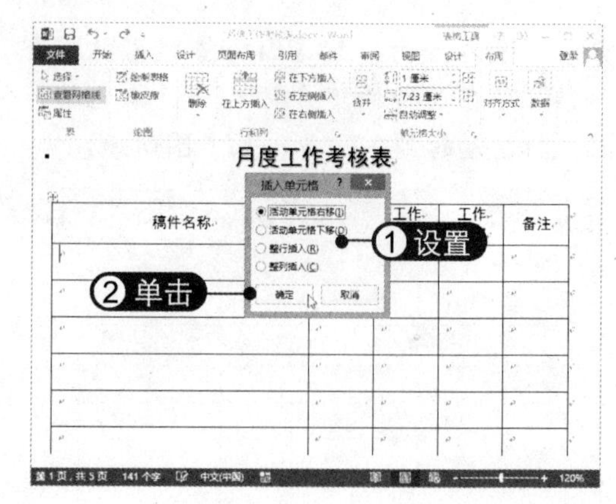

4.3.2 删除行、列与单元格

在对表格执行删除操作时，可以选择不同的删除对象。可以根据需要删除行、列或整个表格，具体操作方法如下：

01 选择删除行或列命令 将光标定位到要删除行或列的单元格中，选择"布局"选项卡，在"行和列"组中单击"删除"下拉按钮，选择"删除行"或"删除列"选项即可，如下图所示。

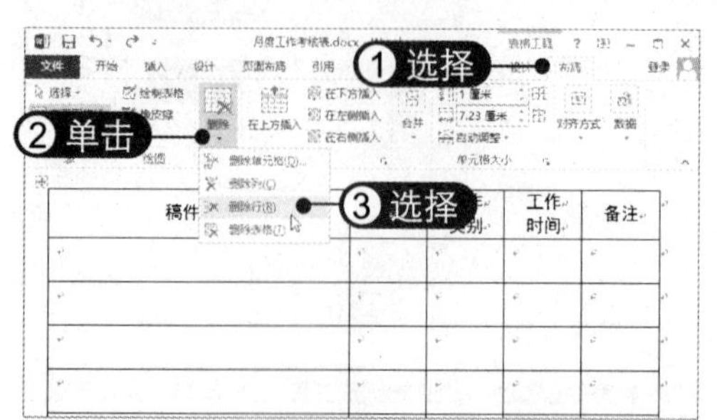

02 使用快捷菜单删除行或列 右击单元格，在弹出的快捷菜单中选择"删除单元格"命令，如下图所示。

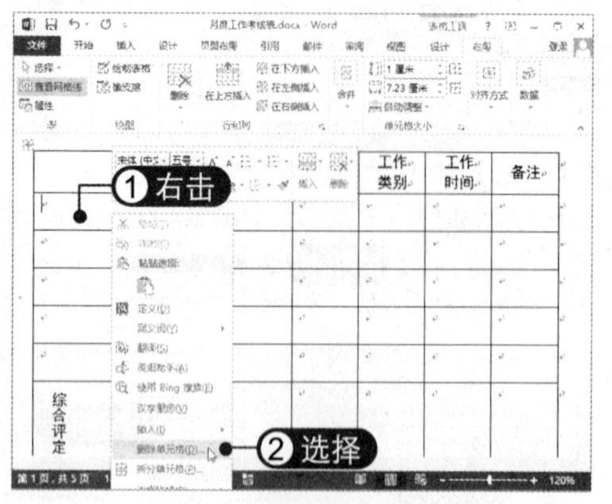

03 设置删除行或列 弹出"删除单元格"对话框，选中"删除整行"或"删除整列"单选按钮，然后单击"确定"按钮即可，如下图所示。

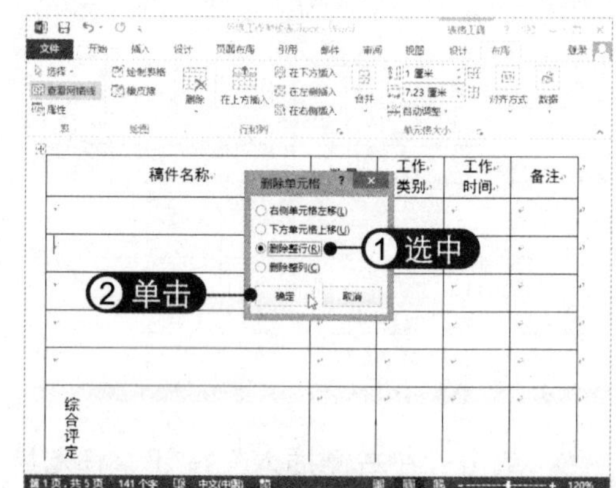

04 删除多行或多列 选中多行或多列，在"布局"选项卡下"行和列"组中单击"删除"下拉按钮，选择所需的删除命令即可，如下图所示。

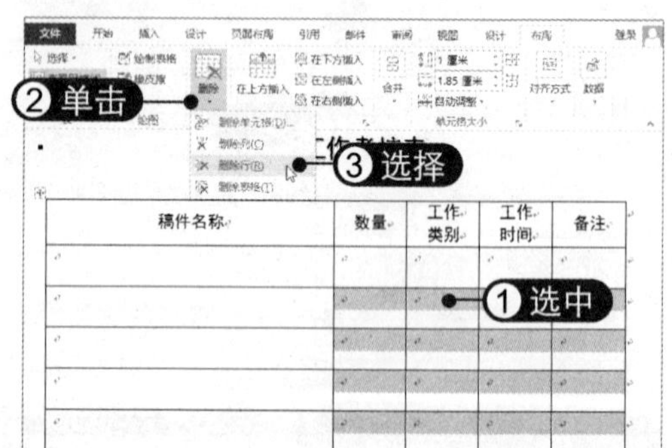

4.3.3 拆分单元格

在编辑表格时，经常需要对表格进行一些特别的编辑操作，如拆分单元格、合并单元格等。拆分单元格是指将一个单元格拆分成多个单元格，可以通过“拆分单元格”命令或绘制边框线来拆分单元格。

1．使用“拆分单元格”命令拆分单元格

使用“拆分单元格”命令拆分单元格的具体操作方法如下：

01 选中单元格 选中一个单元格，然后将鼠标指针移至其右侧的边框线上，此时指针呈双向箭头形状⇹，如下图所示。

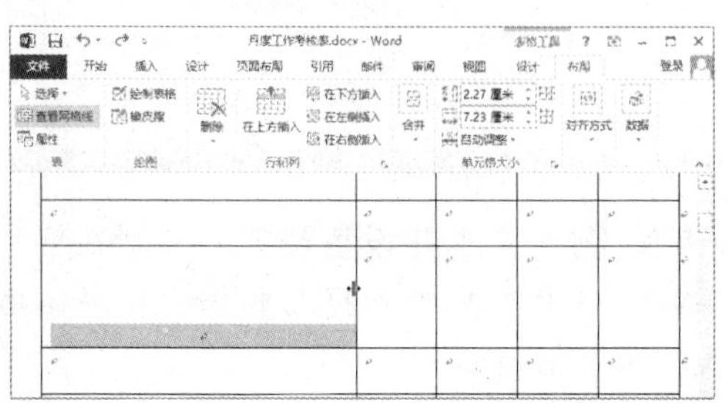

02 调整单元格宽度 按住鼠标左键并拖动，即可调整该单元格的宽度，如下图所示。

03 单击“拆分单元格”按钮 选中右侧的四个单元格，选择“布局”选项卡，在“合并”组中单击“拆分单元格”按钮，如下图所示。

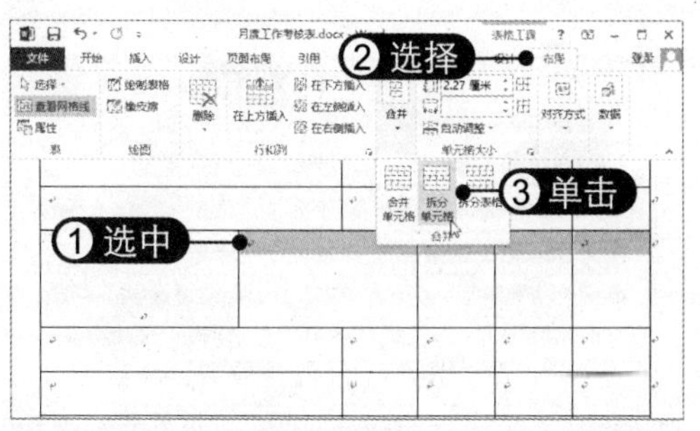

04 设置拆分单元格选项 弹出“拆分单元格”对话框，设置列数为1，行数为6，单击“确定”按钮，如下图所示。

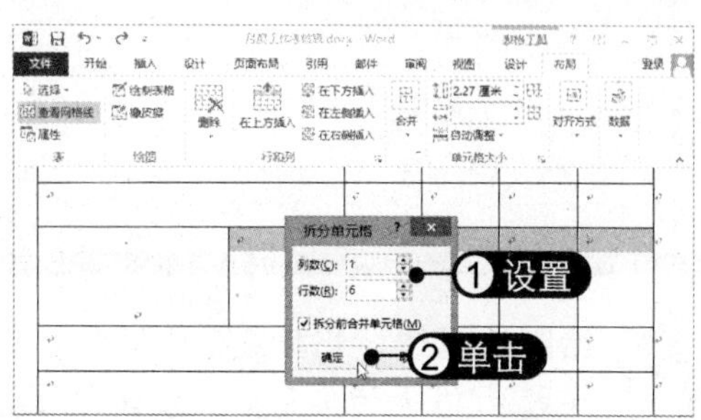

05 查看拆分效果 此时即可将所选的4个单元格拆分为6行1列，如下图所示。

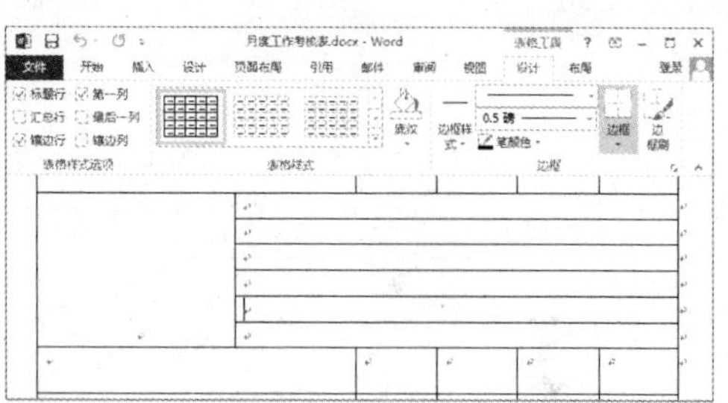

06 设置单元格高度 选中拆分后的单元格，选择“布局”选项卡，在“单元格大小”组中设置高度为1厘米，如下图所示。

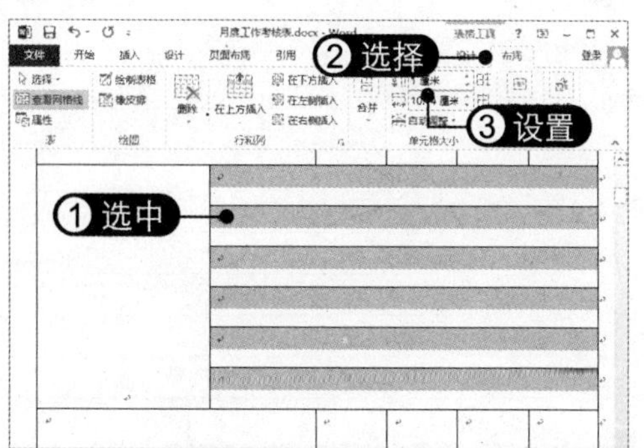

2. 通过绘制表格拆分单元格

通过绘制表格的方法也可以拆分单元格，具体操作方法如下：

01 单击“绘制表格”按钮 选择“布局”选项卡，在“绘图”组中单击“绘制表格”按钮，如下图所示。

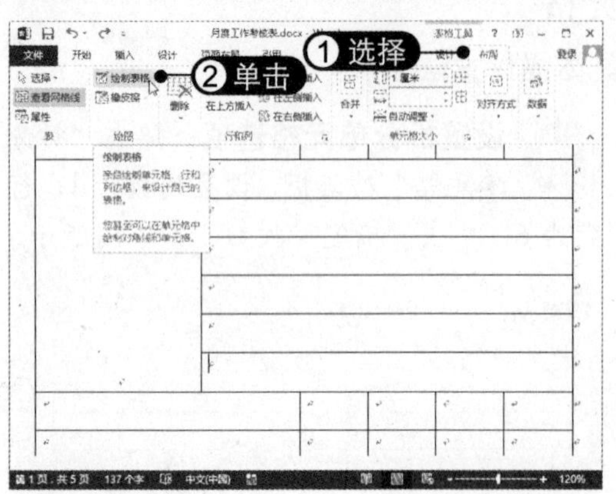

02 绘制边框线 此时鼠标指针变为笔样式，在大的单元格下方自右向左绘制边框线，如下图所示。

03 绘制边框线 在大的单元格左侧自上向下绘制边框线，如下图所示。

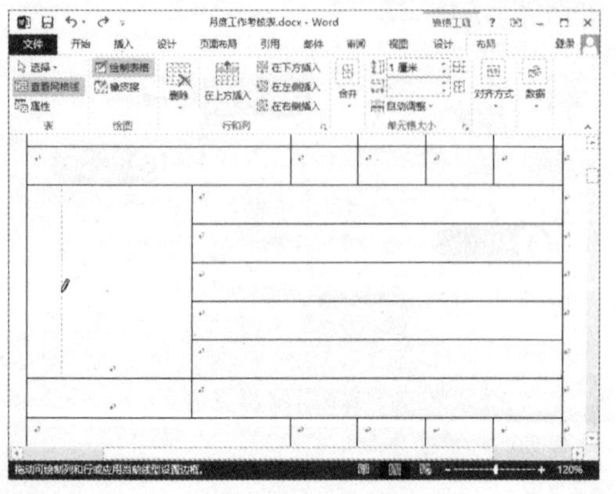

04 继续绘制边框线 用同样的方法继续绘制四条横向边框线，如下图所示。

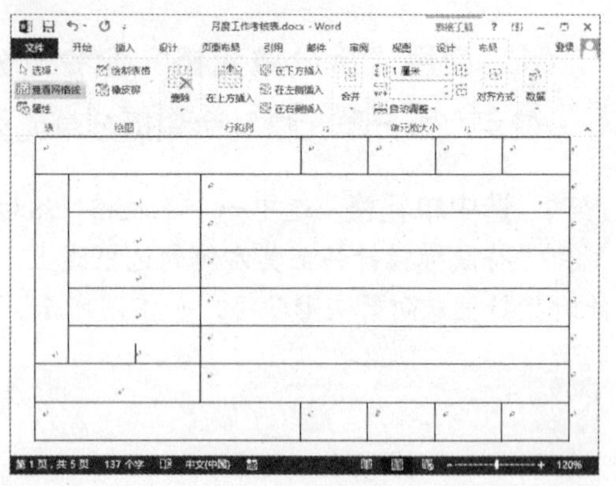

05 输入文本并设置格式 分别在单元格中输入所需的文本并设置字体格式，如下图所示。

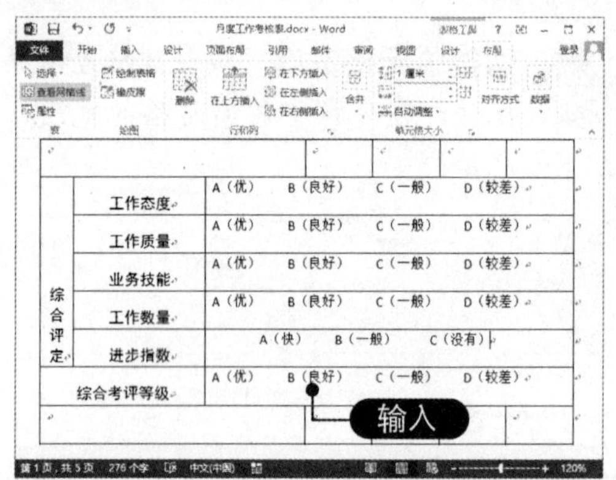

06 设置对齐方式 选中单元格，选择“布局”选项卡，在“对齐方式”组中单击“水平居中”按钮，如下图所示。

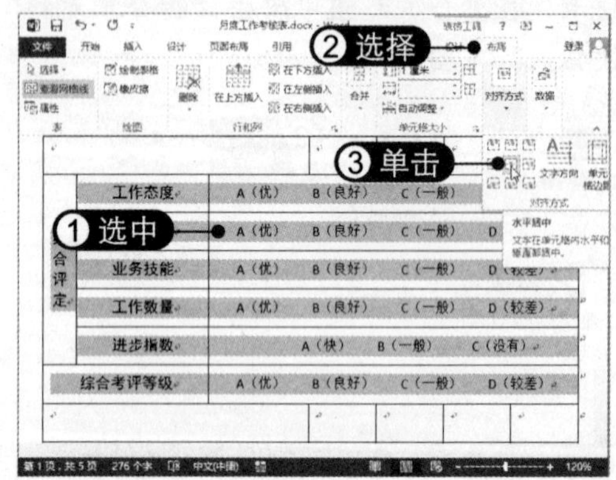

4.3.4 合并单元格

若要合并多个单元格，可以使用“擦除”工具来擦除线条，也可以使用“合并单元格”命令进行合并，具体操作方法如下：

01 单击“合并单元格”按钮 选中要合并的单元格，选择“布局”选项卡，在“合并”组中单击“合并单元格”按钮，如下图所示。

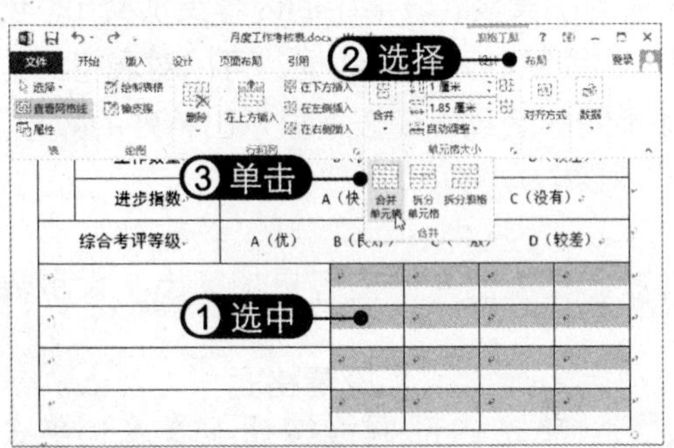

02 使用快捷菜单合并单元格 此时所选单元格即可合并为一个单元格。选中要合并的多个单元格并右击，选择“合并单元格”命令，也可合并单元格，如下图所示。

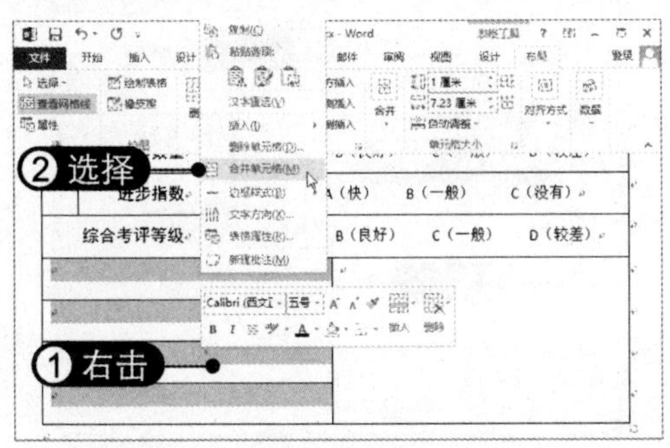

03 单击“橡皮擦”按钮 选择“布局”选项卡，在“绘图”组中单击“橡皮擦”按钮，如下图所示。

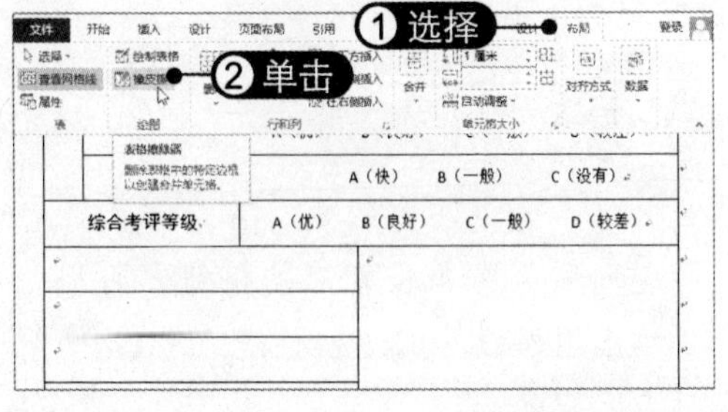

04 擦除边框线 此时鼠标指针变为橡皮擦样式，在边框线上单击或拖动鼠标即可擦除边框线，从而合并单元格，如下图所示。

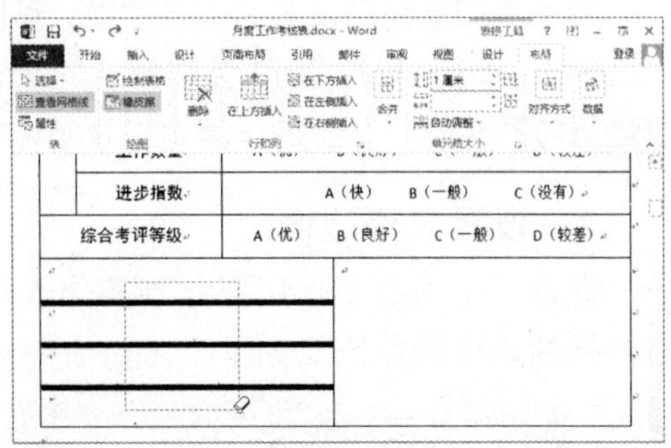

05 调整单元格宽度 向左拖动单元格的边框线，调整单元格的宽度，如下图所示。

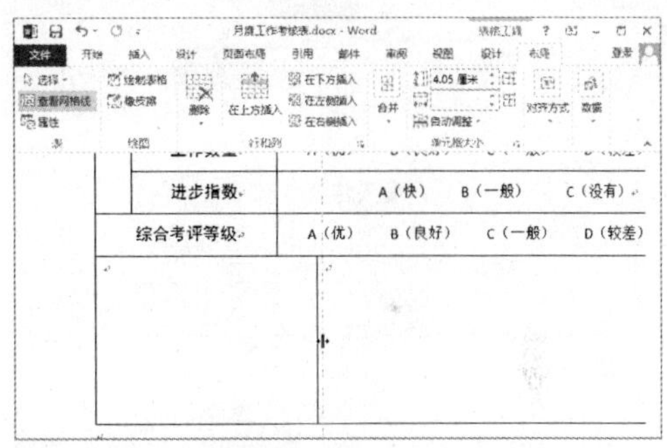

06 输入文本并设置格式 在表格中输入所需的文本并设置字体格式，如下图所示。

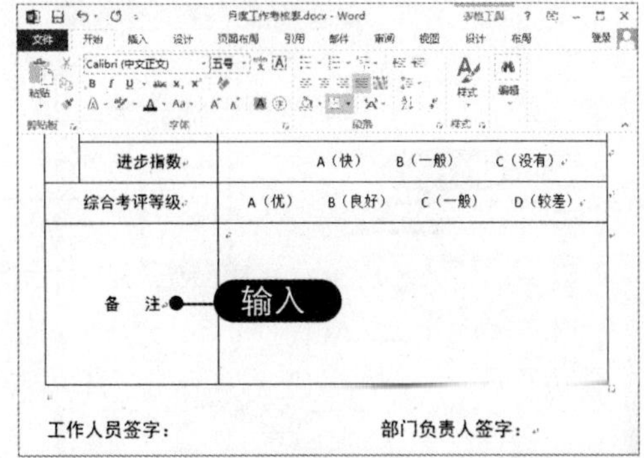

4.4 美化表格

为了使表格更加美观，还可以对表格的外观进行详细设置，如设置边框、底纹、表格样式等。

4.4.1 设置表格边框和底纹

为表格和单元格设置边框与底纹，可以使表格更加美观，表格中的内容更加突出。创建一个表格时，Word 2013 会以默认的 0.5 磅的单实线绘制表格的边框，可以对表格的边框进行任意粗细、线型的设置，以及给表格添加不同的底纹，使表格显示出特殊的效果。

1. 设置表格边框

设置表格边框不仅可以起到美化表格的效果，还能使某些内容更加突出。设置表格边框的具体操作方法如下：

01 选择“边框和底纹”选项 将光标定位到单元格中，选择“设计”选项卡，单击“边框”下拉按钮，选择“边框和底纹”选项，如下图所示。

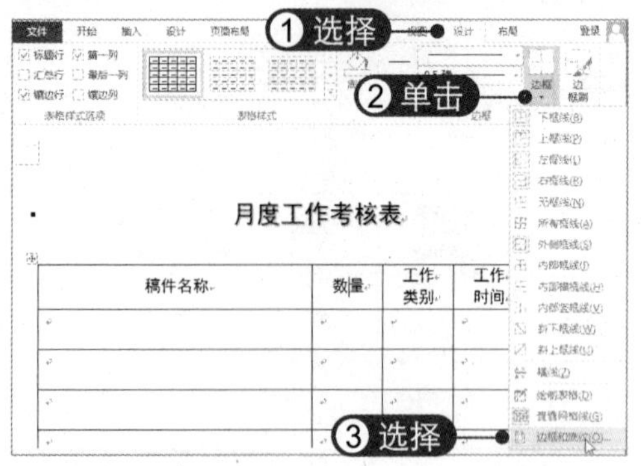

02 设置方框样式 弹出“边框和底纹”对话框，在左侧单击“方框”选项，在右侧设置边框的样式、颜色及宽度，如下图所示。

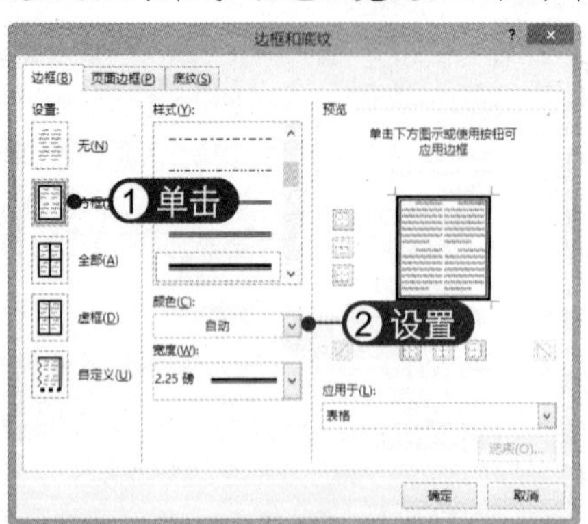

03 单击内部框线按钮 在左侧单击“自定义”选项，在右侧设置边框样式，然后在“预览”选项区中单击“内部横向边框线”按钮，即可为其应用所设置的边框样式，如下图所示。

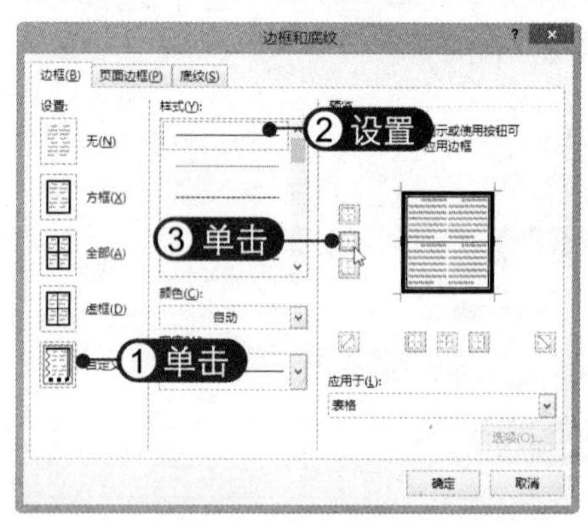

04 单击图示 在“预览”选项区图示的内部单击鼠标左键，使竖向边框线也应用边框样式，设置完毕后单击“确定”按钮，如下图所示。

知识加油站

需要注意的是，在“预览”选项区中单击相应的按钮才可以应用所设置的边框样式。

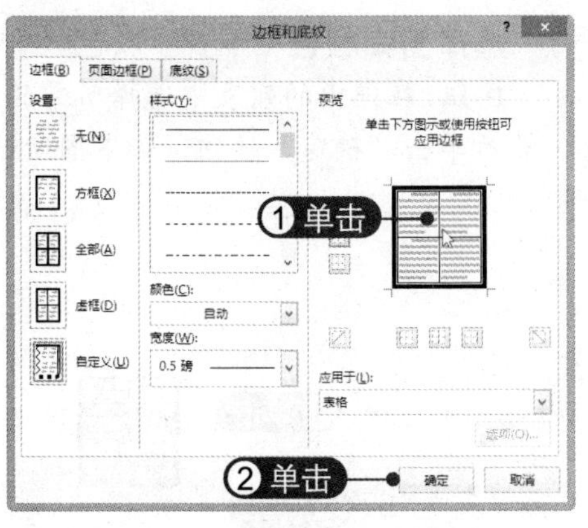

05 **查看表格效果** 此时即可查看应用边框样式后的表格效果，如下图所示。

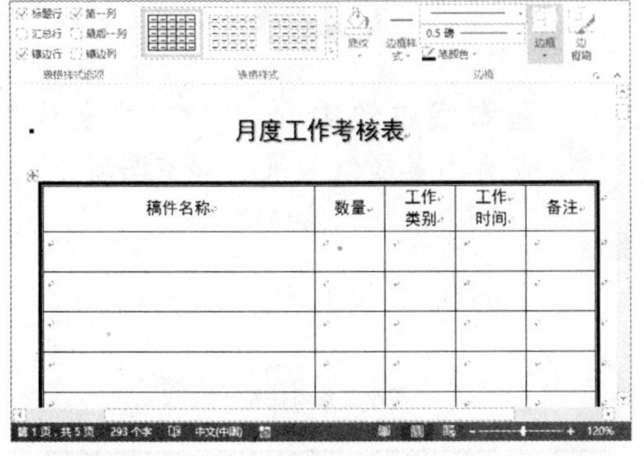

06 **选择笔划粗细** 在“边框”组中单击“笔划粗细”下拉按钮，在弹出的下拉列表中选择所需的粗细效果，如下图所示。

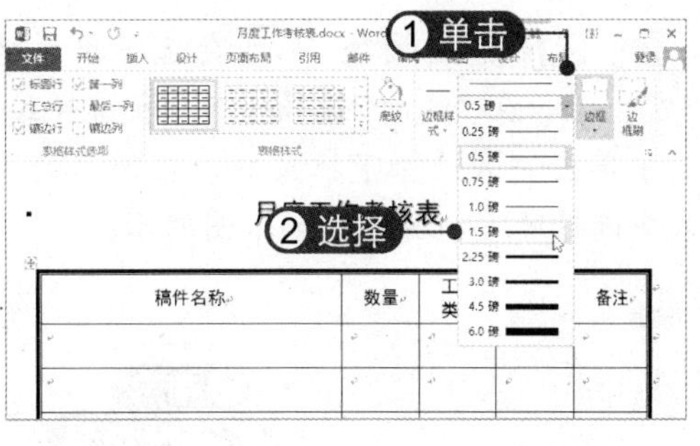

07 **绘制边框** 此时鼠标指针变为边框刷样式，在表格边框上拖动鼠标，如下图所示。

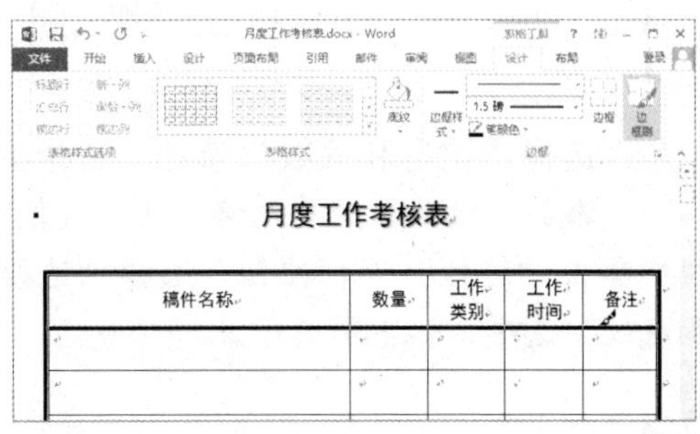

08 **应用边框格式** 松开鼠标后即可应用所设置的边框样式，效果如下图所示。

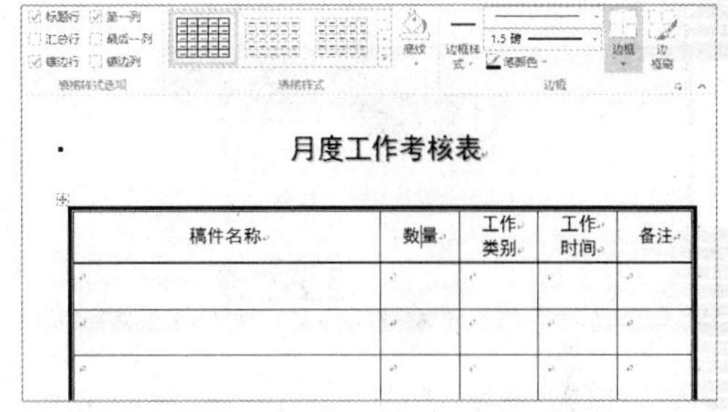

2. 添加底纹

在绘制表格时，可以为表格的不同单元格添加纯色底纹或图案底纹，具体操作方法如下：

01 **单击“底纹”下拉按钮** 选中第1行单元格，选择“开始”选项卡，在“段落”组中单击“底纹”下拉按钮，如下图所示。

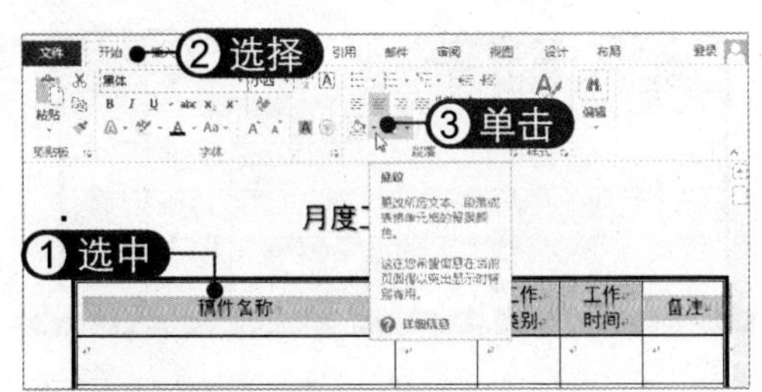

02 **选择颜色** 在弹出的列表中选择所需的颜色，即可为所选单元格添加底纹颜色，如下图所示。

03 选择底纹颜色 也可在选中单元格后，在“设计”选项卡下“表格样式”组中单击“底纹”下拉按钮，在弹出的列表中选择所需的颜色，如下图所示。

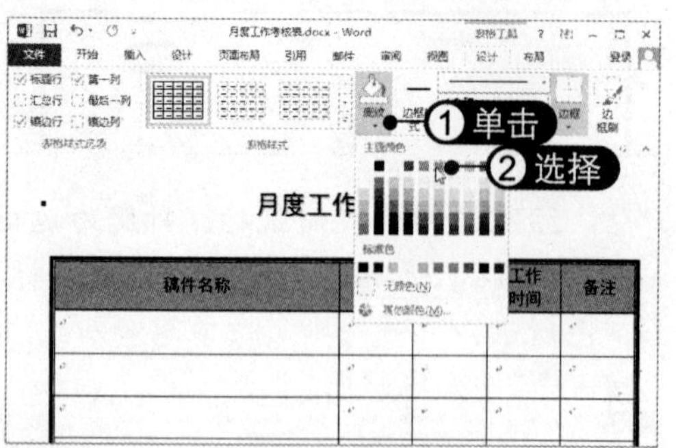

04 选择“边框和底纹”选项 选择要添加底纹效果的单元格，在“边框”组中单击“边框”下拉按钮，选择“边框和底纹”选项，如下图所示。

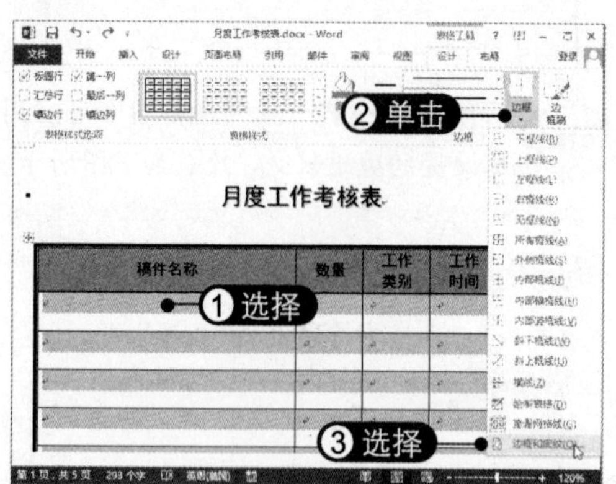

05 选择图案样式 弹出“边框和底纹”对话框，选择“底纹”选项卡，单击“样式”下拉按钮，选择所需的图案样式，如下图所示。

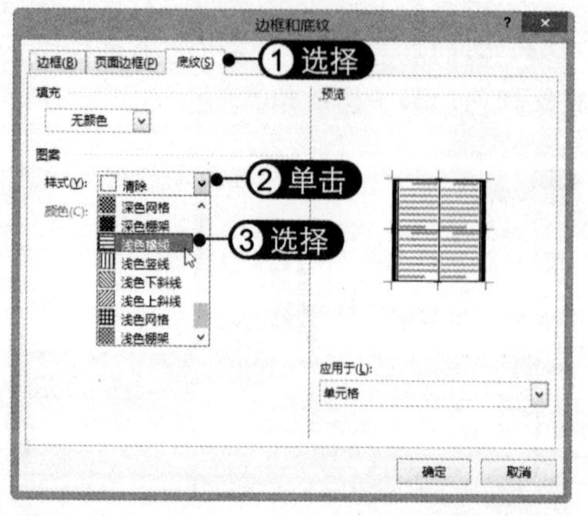

06 选择图案颜色 单击“颜色”下拉按钮，在弹出的列表中选择所需的颜色，然后单击“确定”按钮，如下图所示。

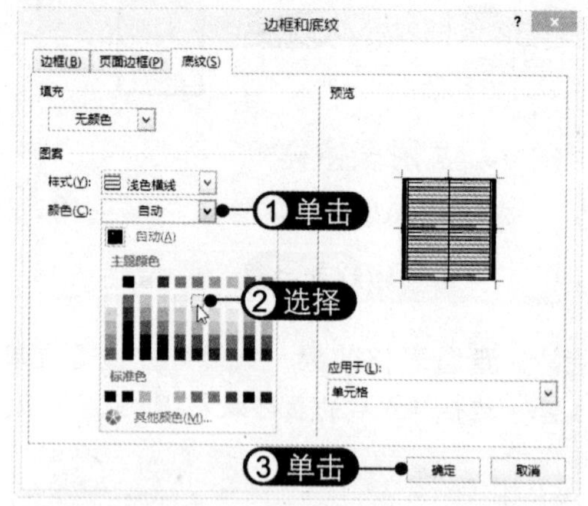

07 查看底纹效果 此时即可在表格中查看图案底纹效果，如下图所示。

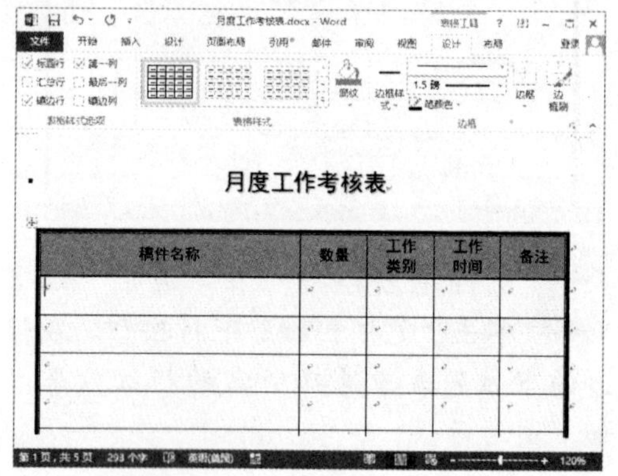

08 清除底纹 选择单元格后，在“表格样式”组中单击“底纹”下拉按钮，选择“无颜色”选项，即可清除单元格底纹，如下图所示。

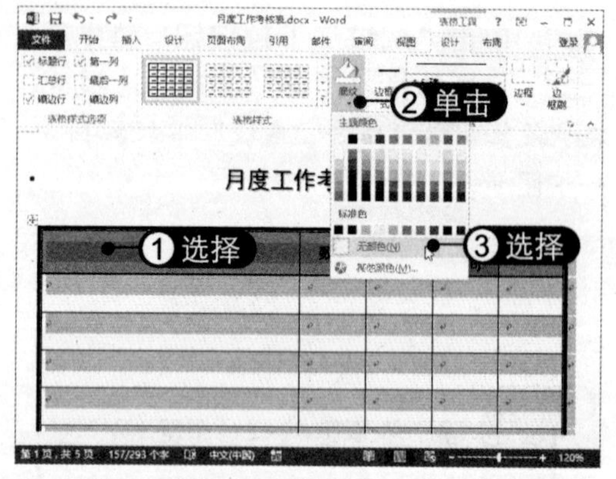

4.4.2 套用与修改表格样式

如果希望迅速改变表格外观，可以套用 Word 2013 提供的多种表格样式。通过对表格套用样式，可以快速地创建出精美的表格。若不满意内置的表格样式，还可以对其进行修改。

1. 套用表格样式

套用 Word 2013 内置表格样式的具体操作方法如下：

01 设置表格样式选项 打开素材文件，将光标定位到表格中，选择“设计”选项卡，在“表格样式选项”组中选中“标题行”和“第一列”复选框，如下图所示。

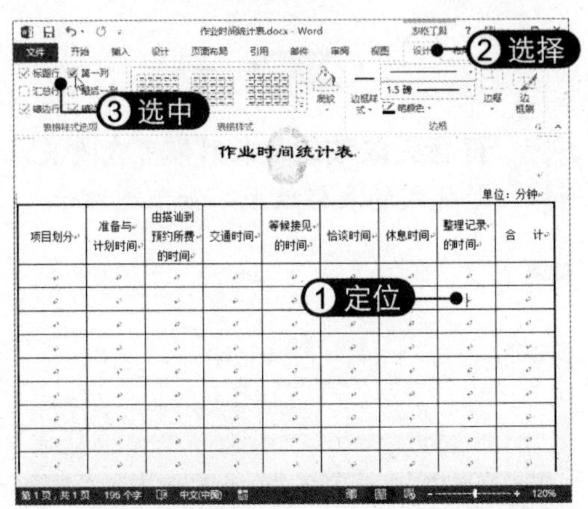

02 选择表格样式 在“表格样式”组中单击“更多”按钮，在弹出的列表中选择所需的样式，如下图所示。

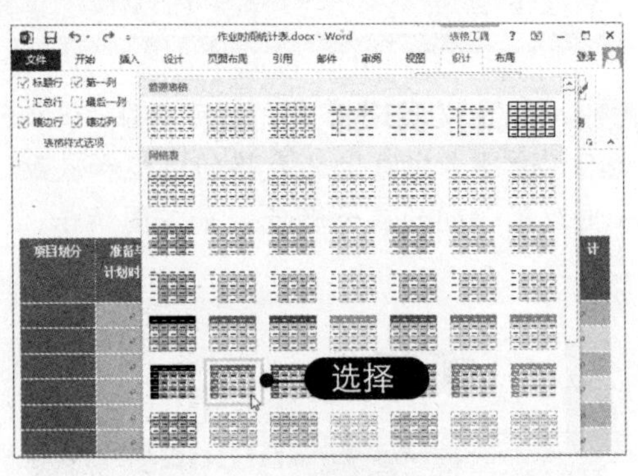

03 应用表格样式 此时即可套用所选的样式，表格效果如下图所示。

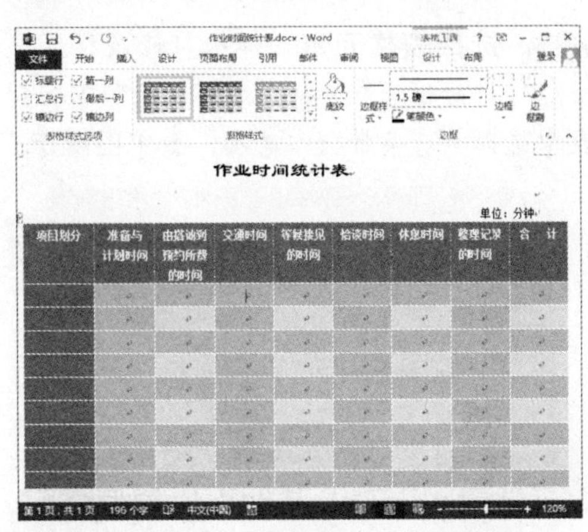

04 清除样式 若删除表格样式，可以在“表格样式列表”列表中选择“清除”选项，如下图所示。

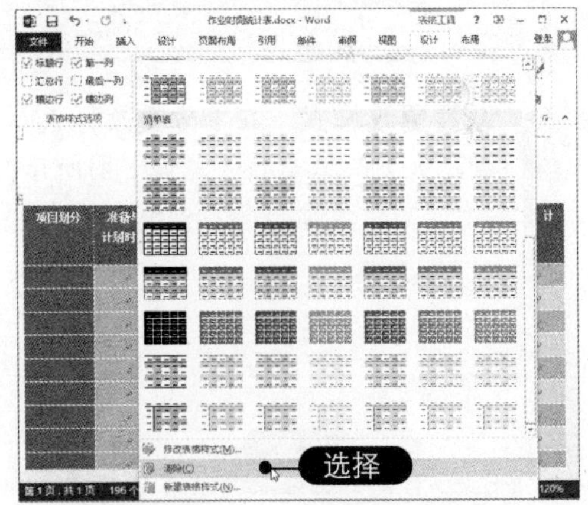

2. 修改表格样式

若对套用的表格样式不是很满意，还可以对其进行修改，具体操作方法如下：

01 选择“修改表格样式”选项 在“表格样式”组中单击“更多”按钮，选择“修改表格样式”选项，如下图所示。

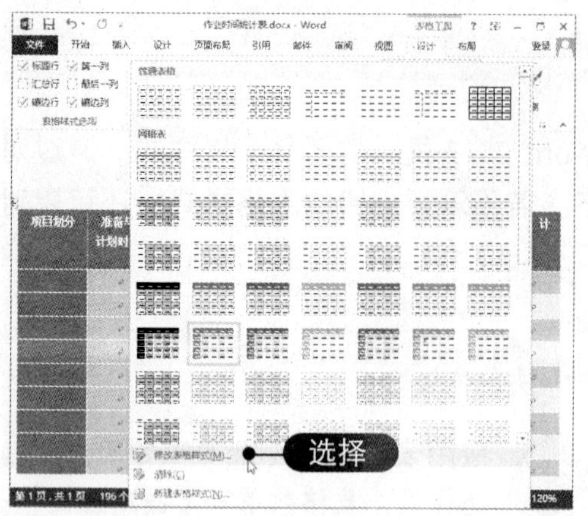

02 选择表格元素

弹出“修改样式”对话框，在“将格式应用于”下拉列表中选择“奇条带行”选项，如下图所示。

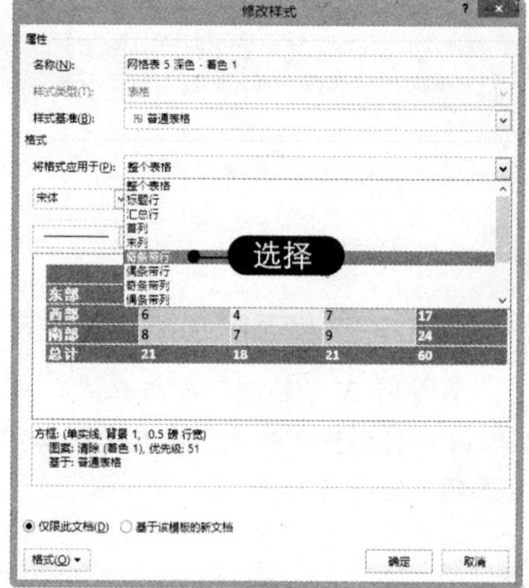

03 设置更改样式

在下方更改样式参数，如更改填充颜色，如下图所示。

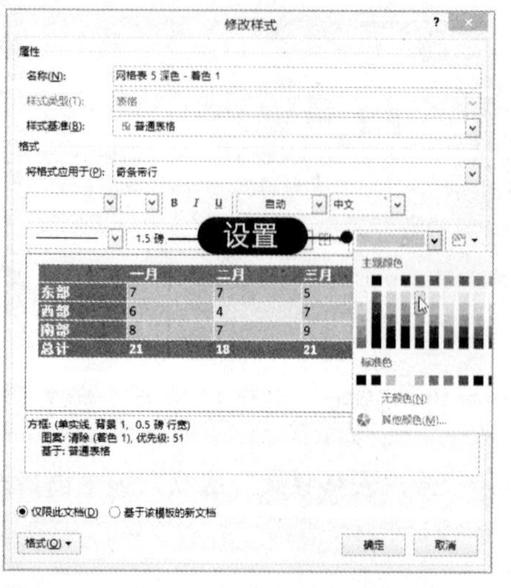

04 确认修改样式

用同样的方法继续修改表格样式，修改完成后单击“确定”按钮，如下图所示。

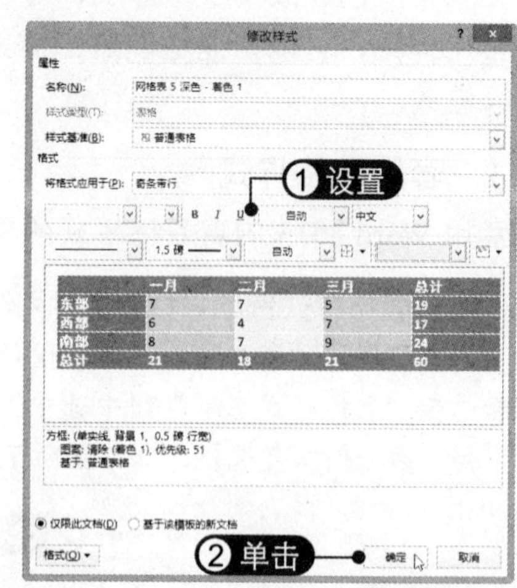

05 查看更改效果

此时即可查看更改了样式的表格效果，如下图所示。

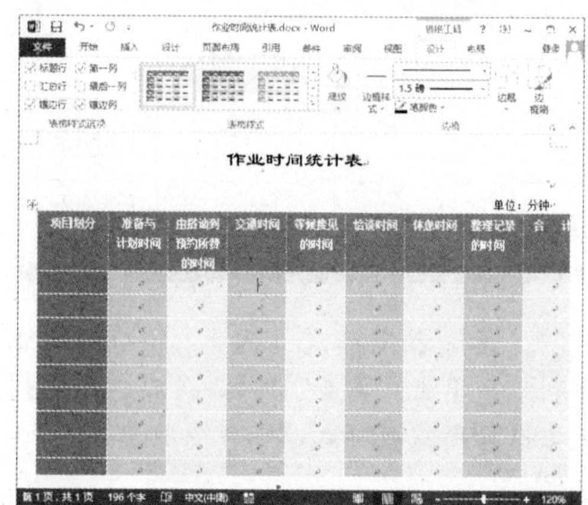

06 自定义表格样式

也可以在“设计”选项卡中自定义表格的边框和底纹，如更改第一列的底纹颜色，如下图所示。

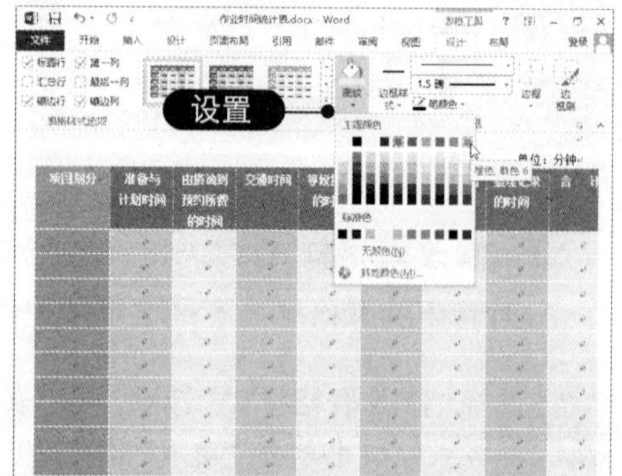

4.5 表格的其他操作

除了前面介绍的常用表格操作外，在 Word 表格中还可以绘制斜线表头、设置表格与文本相互转换、计算表格数据、排序表格数据及重复标题行等，下面将对这些内容进行详细介绍。

4.5.1 绘制斜线表头

在实际工作中，有时为了更清楚地指示出表格中的内容，经常需要在表格的第一个单元格中用斜线将表中的内容按类别分出多个项目标题，分别对应表格的行和列，即为斜线表头。在 Word 2013 中可以轻松地绘制出带斜线的表头，具体操作方法如下：

01 选择笔样式 将光标定位到表格中，选择"设计"选项卡，在"边框"组中单击"笔样式"下拉按钮，在选择所需的笔样式，如下图所示。

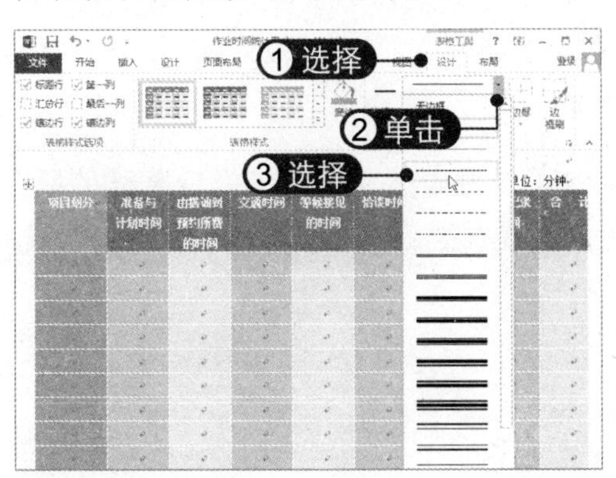

02 选择笔颜色 单击"笔颜色"下拉按钮，在弹出的列表中选择所需的笔颜色，如下图所示。

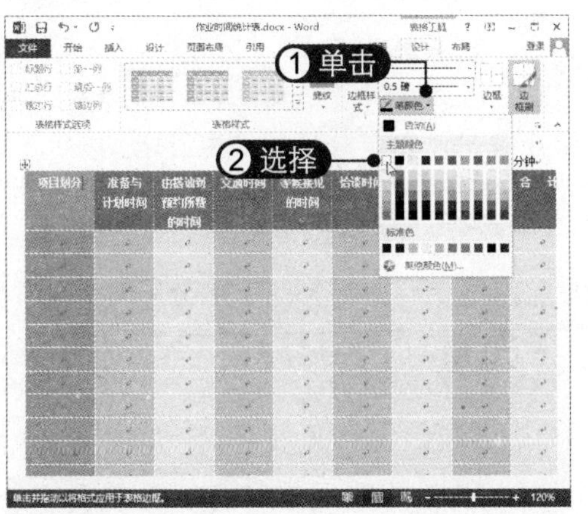

03 单击"绘制表格"按钮 选择"布局"选项卡，在"绘图"组中单击"绘制表格"按钮，如下图所示。

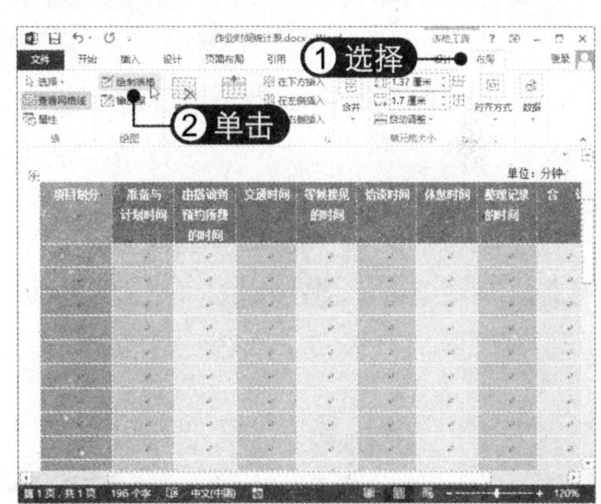

04 绘制斜线 此时鼠标指针变为✎形状，在第 1 个单元格中拖动鼠标绘制斜线，如下图所示。

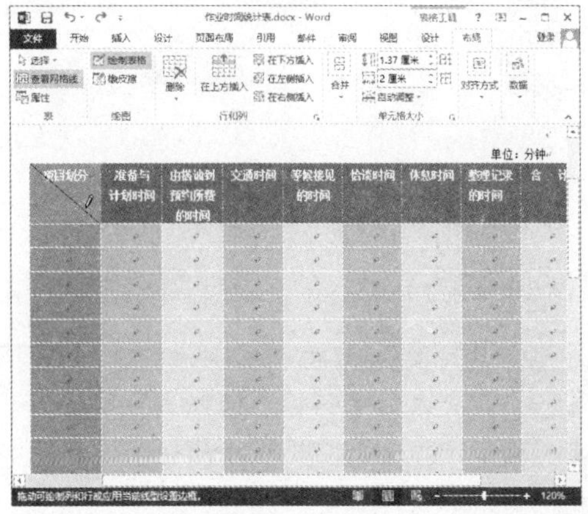

05 **完成斜线绘制** 松开鼠标后即可绘制出斜线，效果如下图所示。

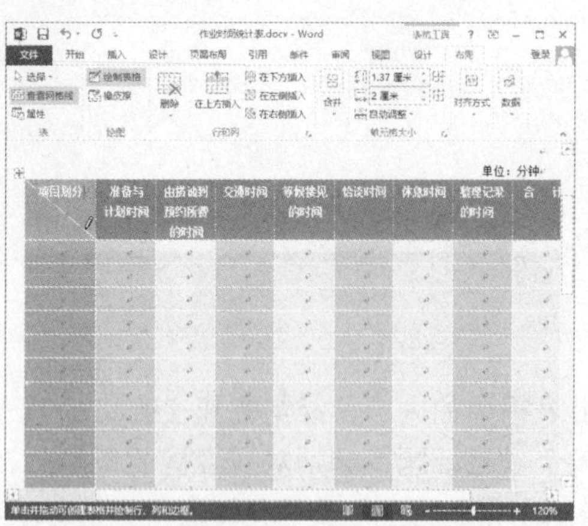

06 **输入文本** 在斜线表头中输入分类项目，然后设置第一行文本水平居中对齐，如下图所示。

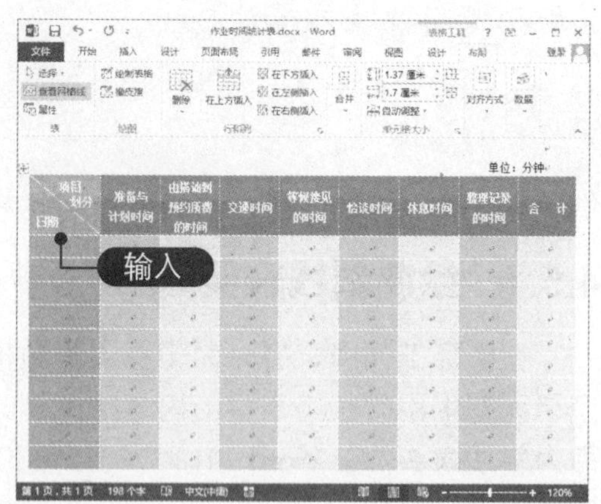

4.5.2 表格与文本相互转换

表格和文本各有所长，但也各有所短，其应用范围也有所不同。对于同一内容，有时需要用表格来表示，而有时需要用文本来表示。为了使数据的处理和编辑更加方便，Word 2013 提供了表格和文本之间互相转换的功能。

1. 将表格转换为文本

在 Word 2013 中，使用表格转换为文本命令可以将表格的内容转换成普通的段落文本，并将各单元格中的内容转换后用段落标记、逗号、制表符或指定的字符隔开。将表格转换为文本的具体操作方法如下：

01 **单击“转换为文本”按钮** 打开素材文件，选择“布局”选项卡，在“数据”组中单击“转换为文本”按钮，如下图所示。

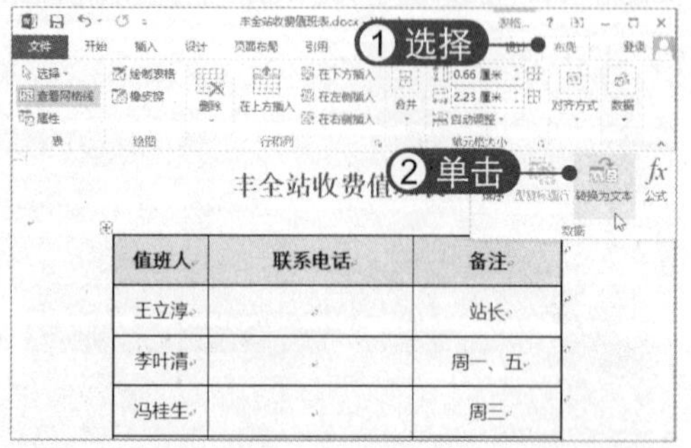

02 **选择文字分隔符** 弹出“表格转换成文本”对话框，选择文字分隔符，在此选中“其他字符”单选按钮，并设置分割符号，单击“确定”按钮，如下图所示。

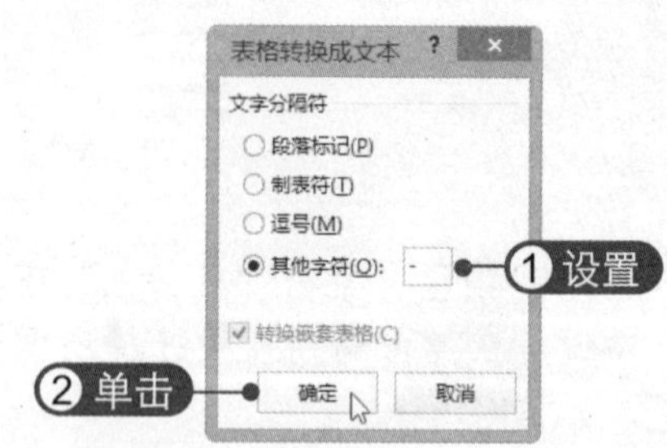

03 **查看转换效果** 此时即可将表格数据转换成普通文本，并以“-”符号隔开每列内容，效果如下图所示。

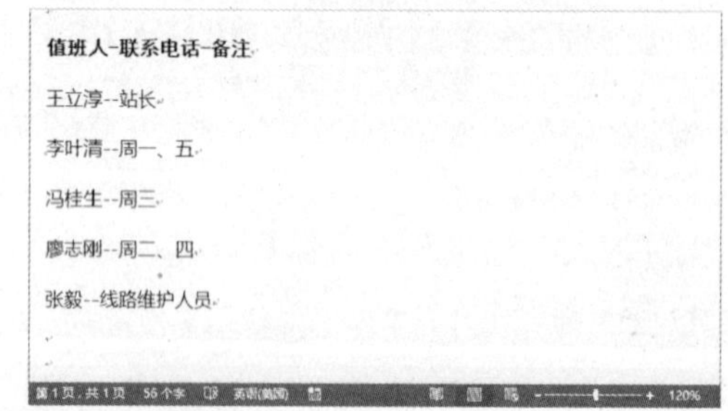

值班人-联系电话-备注

王立淳--站长

李叶清--周一、五

冯桂生--周三

廖志刚--周二、四

张毅--线路维护人员

04 粘贴为文本 也可全选表格并进行复制操作，然后单击“粘贴”下拉按钮，在弹出的下拉列表中单击“只保留文本”按钮，如右图所示。

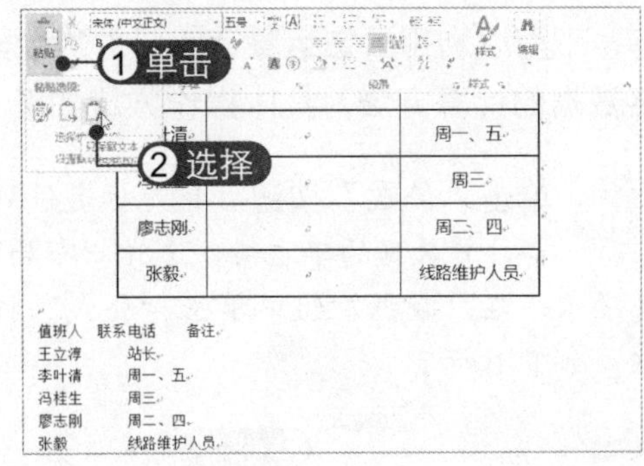

2. 将文本转换为表格

与将表格转换为文本不同，将文本转换为表格前必须对要转换的文本进行格式化，文本中的每一行之间都要用段落标记符隔开，每一列之间都要用分隔符隔开，列之间的分隔符可以是逗号、空格、制表符等。将文本转换为表格的具体操作方法如下：

01 输入文本并分隔 在文档中输入文本，然后以符号“-”进行分隔，如下图所示。

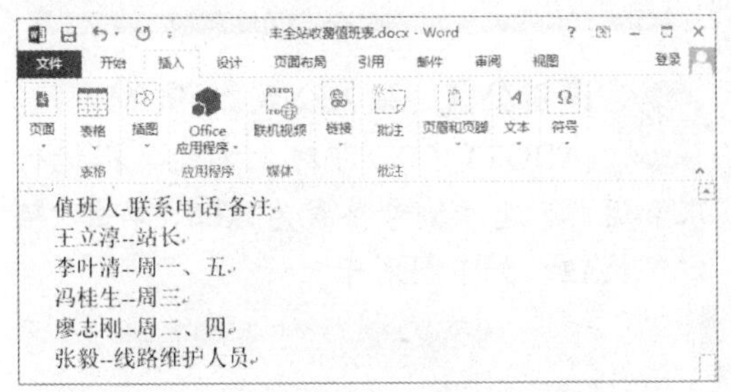

02 选择“文本转换成表格”命令 选中输入的文本，选择“插入”选项卡，单击“表格”下拉按钮，选择“文本转换成表格”命令，如下图所示。

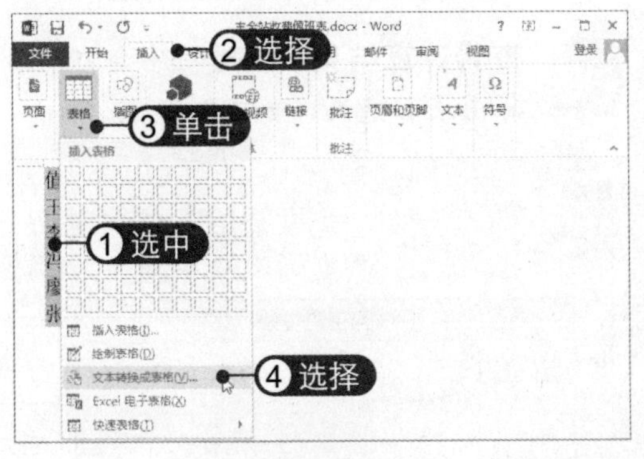

03 设置相关参数 弹出“将文字转换成表格”对话框，Word会根据选中的文本会自动选中分隔符，单击“确定”按钮，如下图所示。

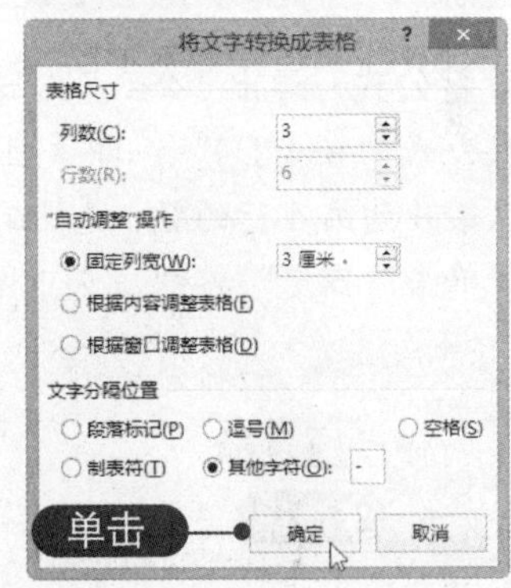

04 查看转换效果 此时即可将所选文本转换成表格，效果如下图所示。

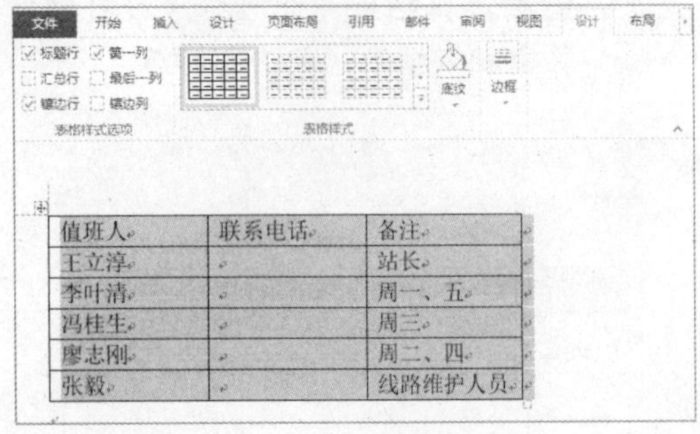

值班人	联系电话	备注
王立淳		站长
李叶清		周一、五
冯桂生		周三
廖志刚		周二、四
张毅		线路维护人员

4.5.3 计算表格数据

在Word 2013中，可以对表格中的数据进行一些简单的运算，如求和、求平均值等。下面以利用乘法运算计算“进货金额”、利用求和运算计算“合计”为例，介绍表格数据的计算方法，具体操作方法如下：

01 单击“公式”按钮 将光标定位到要计算数据的单元格，选择“布局”选项卡，在“数据”组中单击“公式”按钮，如下图所示。

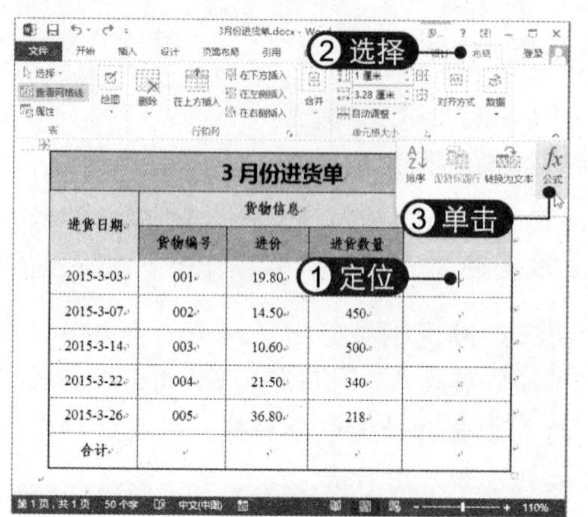

02 设置公式 弹出“公式”对话框，输入公式“=C4*D4”，即第 3 列第 4 行数乘以第 4 列第 4 行的数，选择编号格式为 0.00，单击“确定”按钮，如下图所示。

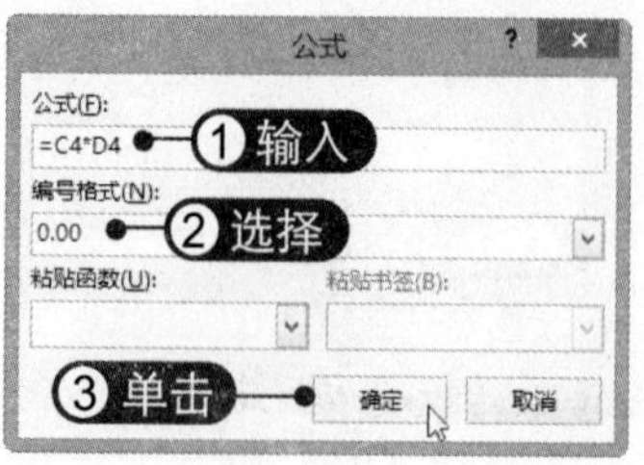

03 查看计算结果 此时程序会自动计算出相乘结果，如下图所示。

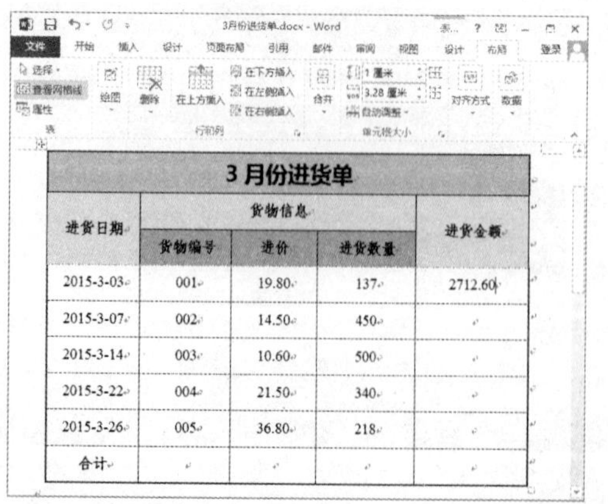

04 计算其他数据 用同样的方法继续计算其他单元格的数据。将光标定位在最后一个单元格，然后单击“公式”按钮，如下图所示。

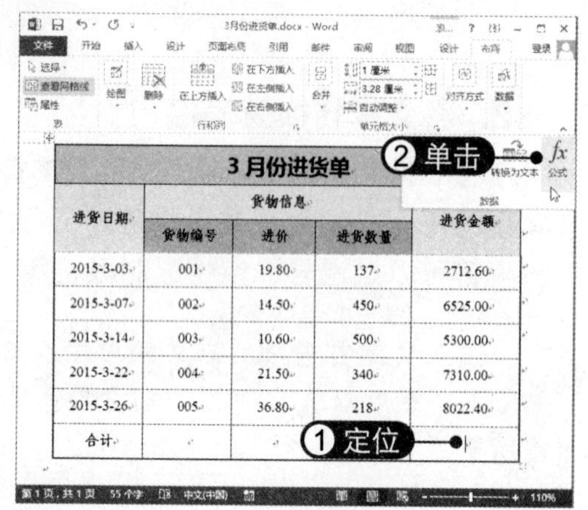

05 设置公式 输入公式“=SUM (ABOVE)”，即对上方的数据进行求和运算，选择编号格式为 0.00，单击“确定”按钮，如下图所示。

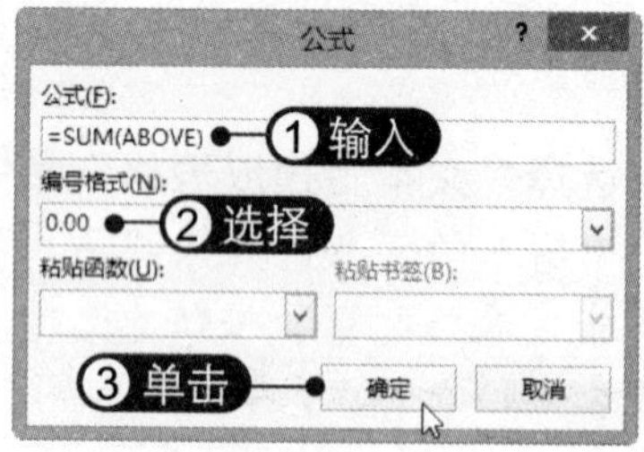

06 查看计算结果 此时程序会自动计算出求和结果，如下图所示。

4.5.4 排序表格数据

在 Word 2013 中可以按照递增或递减的顺序把表格内容按笔画、数字、拼音或日期进行排序。在进行复杂的排序时，Word 2013 会根据一定的排序规则进行排序，其中：

- ✧ **文字**：Word 首先排序以标点或符号开头的项目（如“!、#、$、%、&”等），随后是以数字开头的项目，最后是以字母开头的项目。
- ✧ **数字**：Word 忽略数字以外的其他所有字符，数字可以位于段落中的任何位置。
- ✧ **日期**：Word 将下列字符识别为有效的日期分隔符：连字符、斜线（/）、逗号和句号，同时 Word 将冒号（:）识别为有效的时间分隔符。如果 Word 无法识别一个日期或时间，会将该项目放置在列表的开头或结尾（依照升序或降序的排列方式）。
- ✧ **特定的语言**：Word 可根据语言的排序规则进行排序，某些特定的语言有不同的排序规则供用户选择。
- ✧ **以相同字符开头的两个或更多的项目**：Word 将比较各项目中的后续字符，以决定排列次序。
- ✧ **域结果**：Word 将按指定的排序选项对域的结果进行排序，如果两个项目中的某个域（如姓氏）完全相同，Word 将比较下一个域（如名字）。

下面将介绍如何对表格内容进行排序，具体操作方法如下：

01 单击“排序”按钮 选中要进行排序的单元格，选择“布局”选项卡，在“数据”组中单击“排序”按钮，如下图所示。

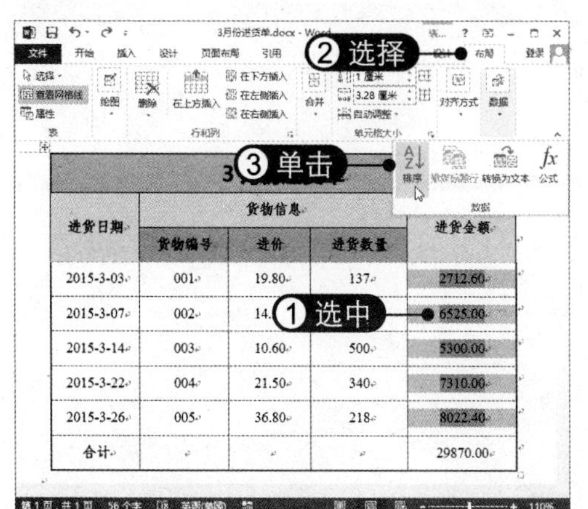

02 设置排序参数 弹出“排序”对话框，设置主要关键字按“降序”排序，然后单击“确定”按钮，如下图所示。

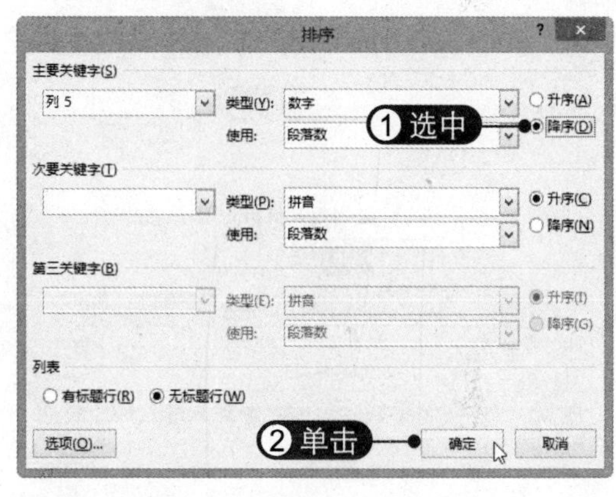

03 查看排序结果 此时所选单元格中的数字即可按从大到小进行降序排序，结果如下图所示。

3 月份进货单

进货日期	货物信息			进货金额
	货物编号	进价	进货数量	
2015-3-26	005	36.80	218	8022.40
2015-3-22	004	21.50	340	7310.00
2015-3-07	002	14.50	450	6525.00
2015-3-14	003	10.60	500	5300.00
2015-3-03	001	19.80	137	2712.60
合计				29870.00

04 **按日期进行排序** 若选择第1列的日期单元格并设置排序，在"排序"对话框中的主要关键字类型将自动选择为"日期"，可设置日期按"升序"或"降序"排序，如右图所示。

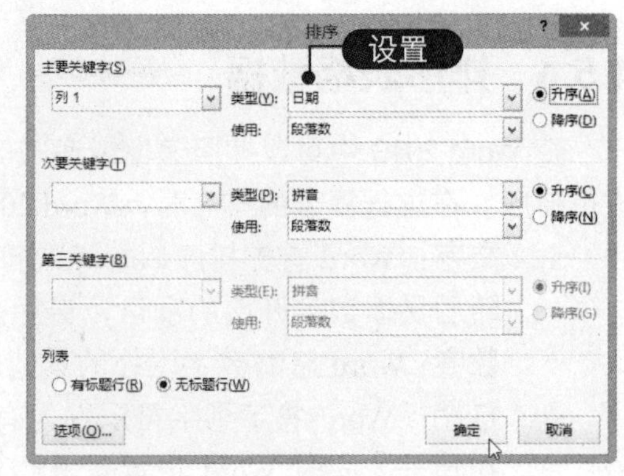

4.5.5 重复标题行

在 Word 2013 中处理多页的表格时，表格会在分页处自动分割，分割后的表格除第一页外均没有标题行，可以根据需要让后续页中也显示标题行，具体操作方法如下：

01 **单击"重复标题行"按钮** 打开素材文件，在表格中选中标题行，选择"布局"选项卡，在"数据"组中单击"重复标题行"按钮，如下图所示。

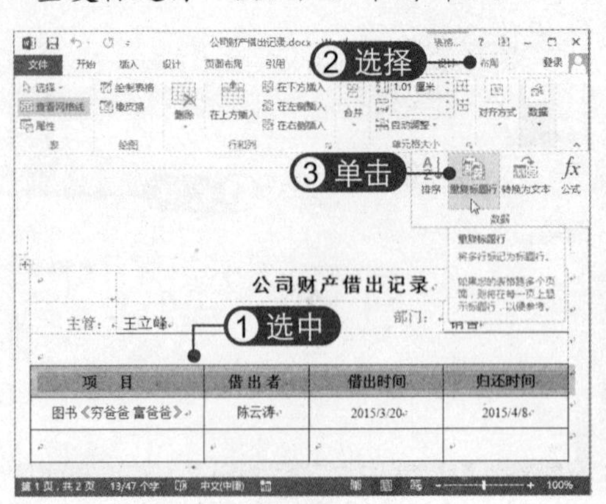

02 **查看重复标题行效果** 在表格中插入多行，到第2页时将自动出现标题行，所选行及其以上各行都将变为标题行自动插入到第2页中，如下图所示。

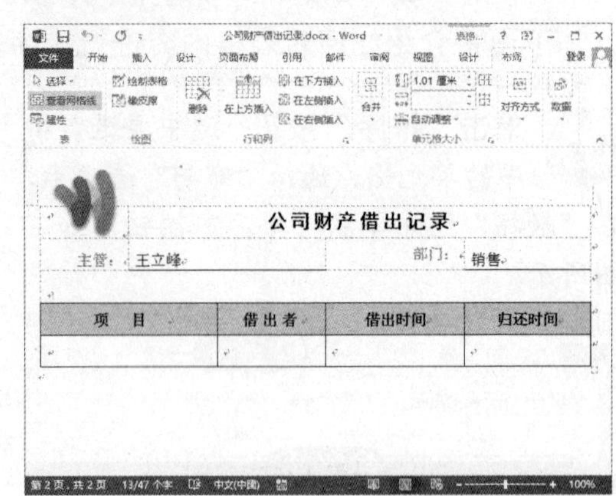

Chapter 05 文档的特殊排版与引用

在 Word 2013 中提供了中文版式的排版功能，可以根据样式及模板快速排版。在文档中添加注释可以对文档内容进行补充说明。为了阅读方便，还可以在文档中的不同位置添加书签，为文档添加目录等。本章将详细介绍文档的特殊排版方式，以及各种注释文本的添加方法等。

本章要点

- 设置中文版式
- 使用样式排版
- 添加题注、书签、目录与批注
- 添加脚注与尾注
- 创建与使用模板

知识等级

Word 2013 高级读者

建议学时

建议学习时间为 80 分钟

5.1 设置中文版式

使用 Word 2013 提供的中文版式功能可以为文档设置更多的特殊格式。中文版式主要包括“纵横混排”、“合并字符”、“双行合一”、“调整宽度”、“字符缩放”及“首行下沉”等，下面将分别对其进行详细介绍。

5.1.1 纵横混排

使用“纵横混排”功能可以为文本设置纵向和横向混合排列的特殊格式，使文本产生纵横交错的效果，具体操作方法如下：

01 输入文本 新建文件，在文档中输入文本并设置字体格式，如下图所示。

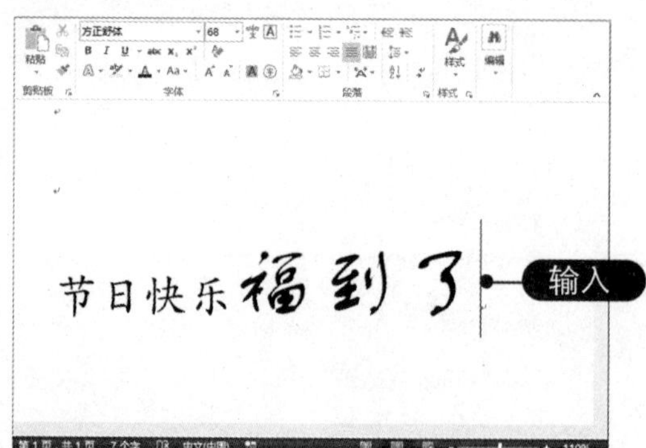

02 设置文字方向 选择“页面布局”选项卡，单击“文字方向”下拉按钮，选择“垂直”选项，如下图所示。

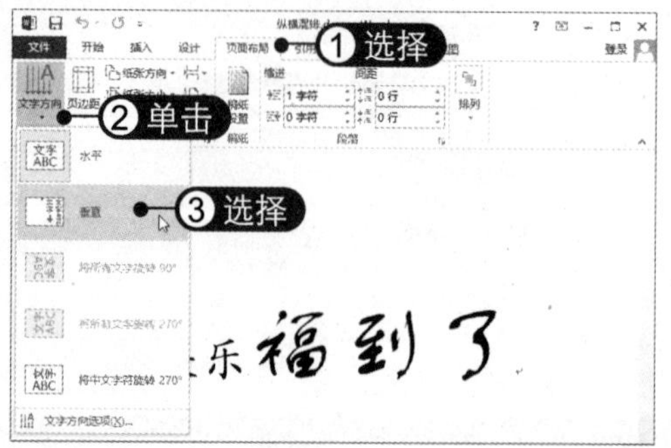

03 选择“纵横混排”选项 选中文本，在“开始”选项卡下“段落”组中单击“中文版式”下拉按钮，选择“纵横混排”选项，如下图所示。

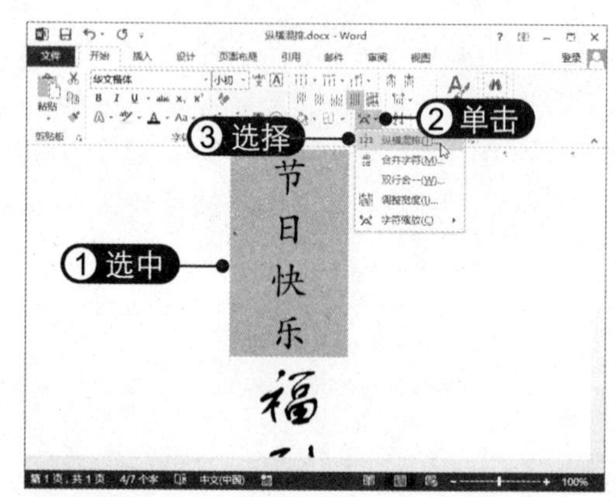

04 设置纵横混排 弹出“纵横混排”对话框，单击“确定”按钮，如下图所示。

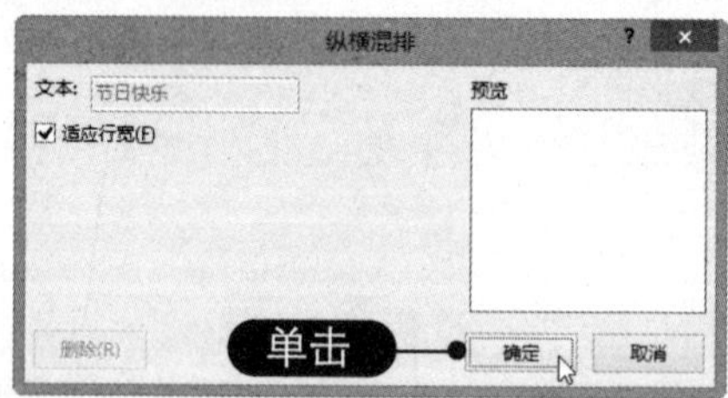

05 查看纵横混排效果 此时即可查看纵横混排效果，如下图所示。

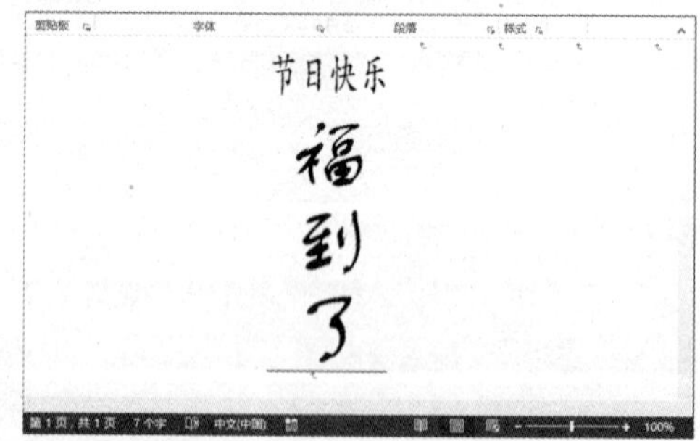

06 **取消适应列宽** 若在“纵横混排”对话框中取消选择“适应行宽”复选框，则最终的混排效果如右图所示。

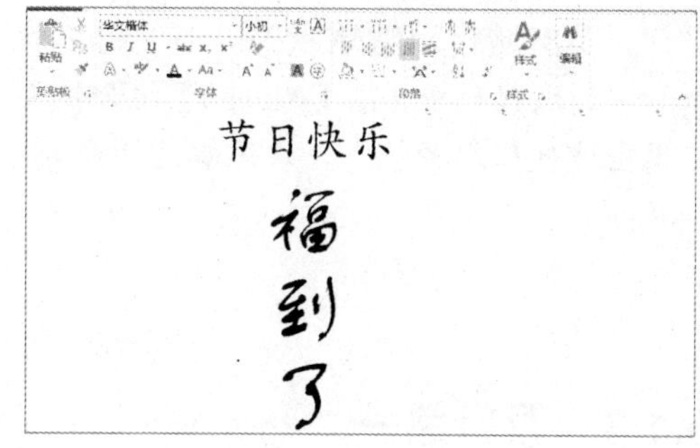

5.1.2 合并字符

合并字符就是将选定的多个字符进行合并，占据一个字符大小的位置，这些字符将被压缩并排列为两行。也可将已经合并的字符还原为普通字符。使用“合并字符”功能可以使文本产生上下并排的效果，具体操作方法如下：

01 **选择“合并字符”选项** 打开素材文件，选中文本，在“段落”组中单击“中文版式”下拉按钮，选择“合并字符”选项，如下图所示。

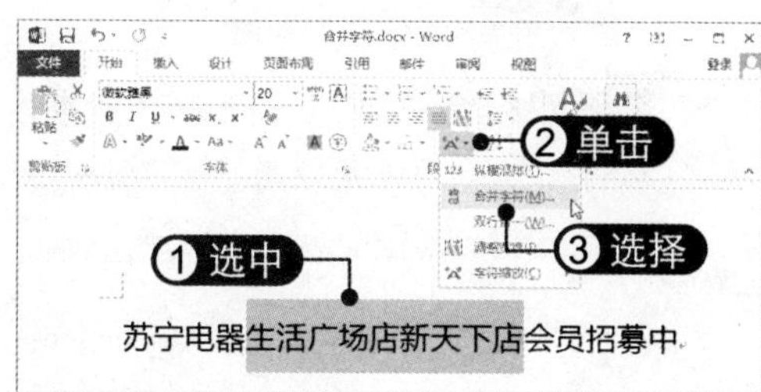

02 **设置合并字符** 弹出“合并字符”对话框，设置合并字符的字体样式和字号，默认最多只能合并六个文字，单击“确定”按钮，如下图所示。

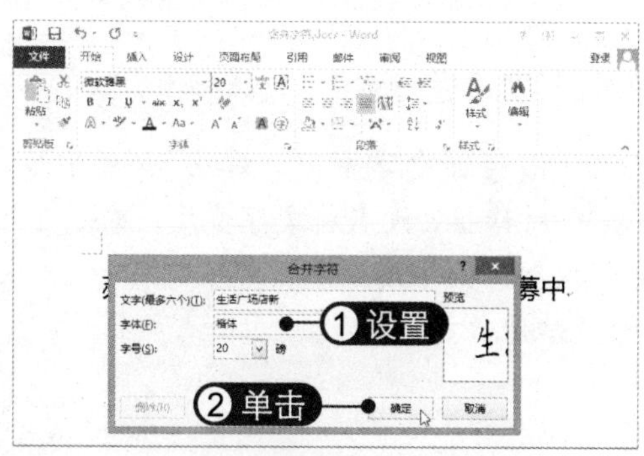

03 **查看合并字符效果** 此时即可查看合并字符效果，但并不是我们想要的效果，如下图所示。

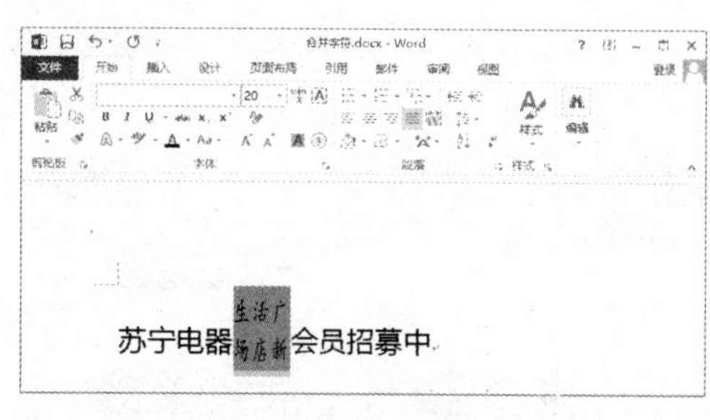

04 **进入域代码编辑状态** 将光标定位到合并字符文本中按【Alt+F9】组合键，进入域代码编辑状态，如下图所示。

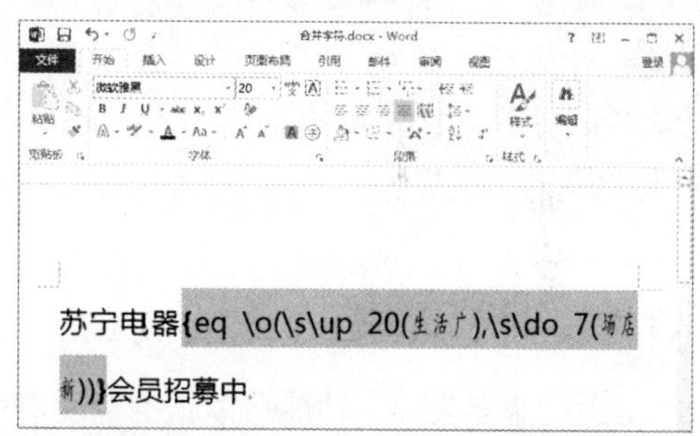

05 **编辑域代码** 在域代码编辑状态下输入完整的文本名称，并设置离普通文本的上下距离均为15，如下图所示。

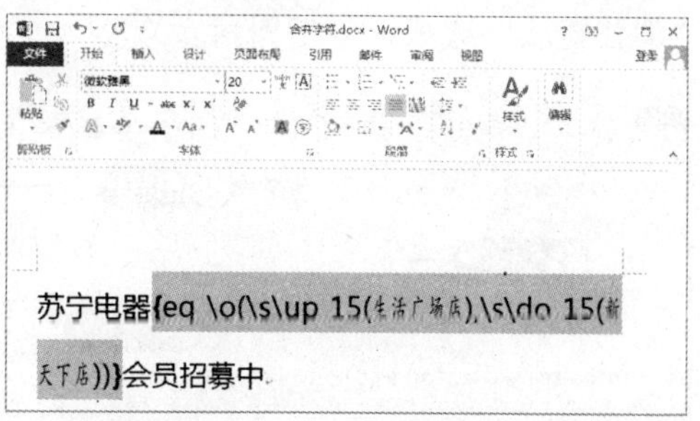

06 **退出域代码编辑状态** 将光标定位到域代码中，按【Alt+F9】组合键即可退出域代码编辑状态，效果如右图所示。

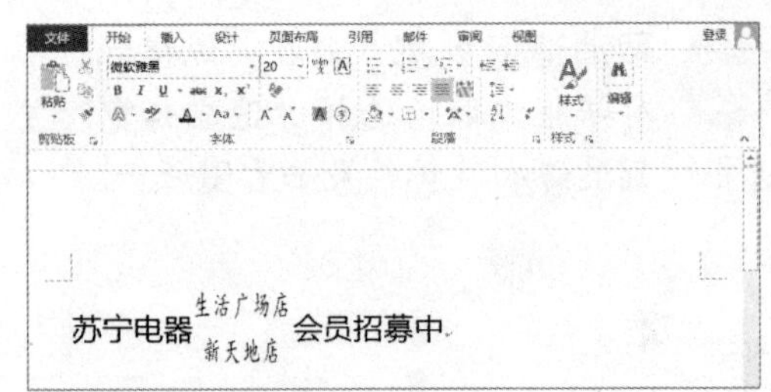

5.1.3 双行合一

“双行合一”功能与“合并字符”功能类似，两者的区别在于合并字符后的字符成为一个字符，而双行合一后的字符可以单独编辑。双行合一的具体操作方法如下：

01 **选择“双行合一”选项** 打开素材文件，选中文本，在“段落”组中单击“中文版式”下拉按钮，选择“双行合一”选项，如下图所示。

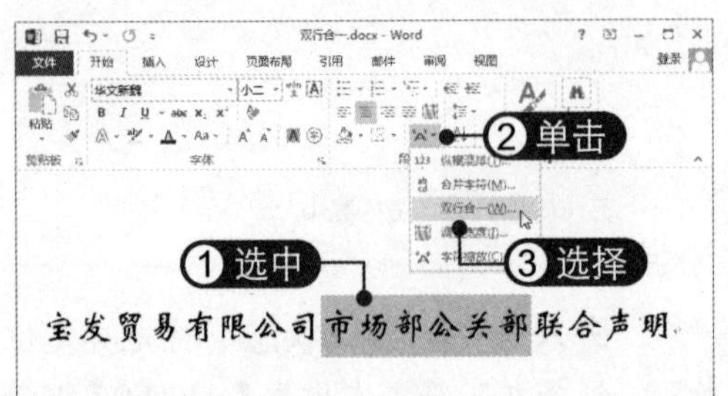

02 **设置双行合一** 弹出“双行合一”对话框，选中“带括号”复选框，并选择括号样式，然后单击“确定”按钮，如下图所示。

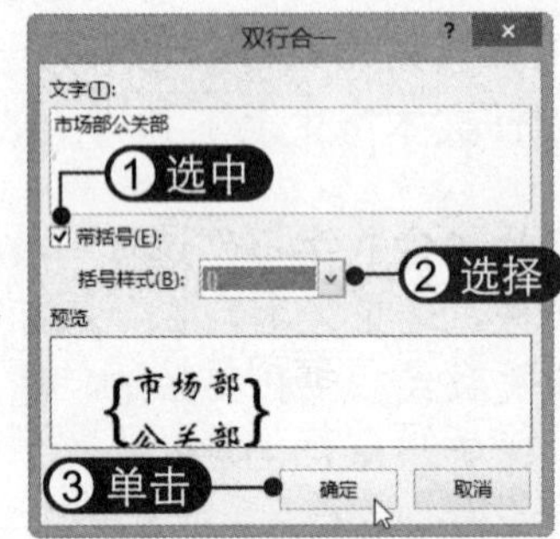

03 **查看双行合一效果** 此时即可查看双行合一后的版式效果，如下图所示。

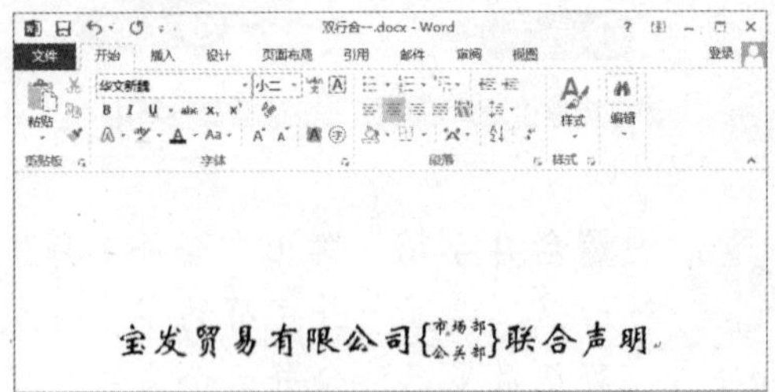

5.1.4 调整宽度

使用“调整宽度”功能可以根据需要对字符的间距和宽度进行调整，具体操作方法如下：

01 **选择“调整宽度”选项** 打开素材文件，选中标题文本，在“段落”组中单击“中文版式”下拉按钮，选择“调整宽度”选项，如下图所示。

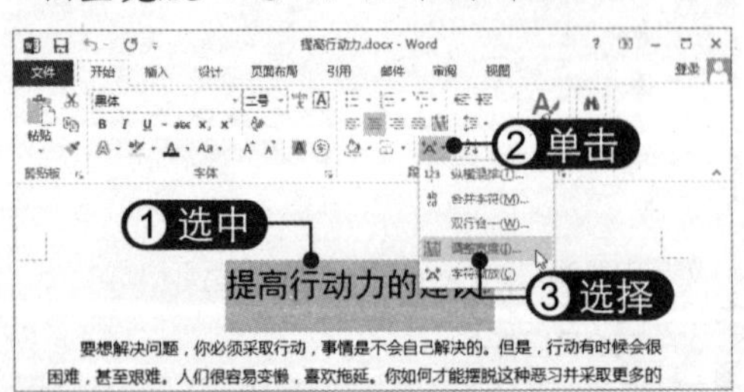

02 **设置新文字宽度** 弹出“调整宽度”对话框，设置新文字宽度，单击“确定”按钮，如下图所示。

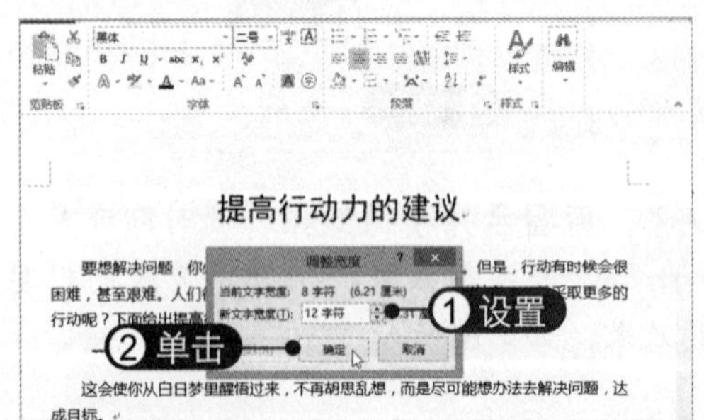

03 查看调整宽度效果 此时即可查看调整宽度后的文字效果，如下图所示。

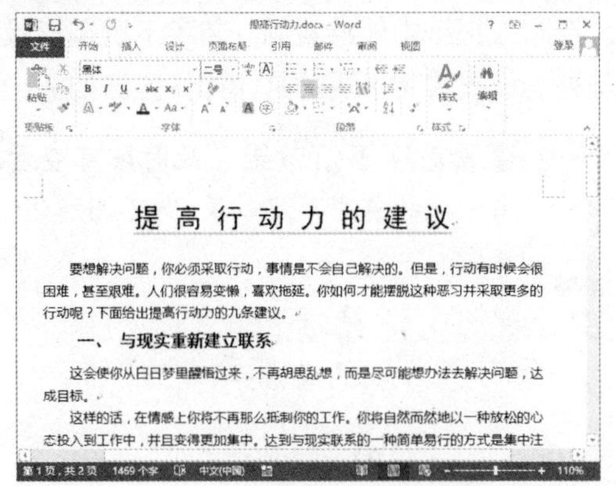

04 删除文字宽度 要想恢复文字的正常宽度，可在“调整宽度”对话框中单击“删除”按钮即可，如下图所示。

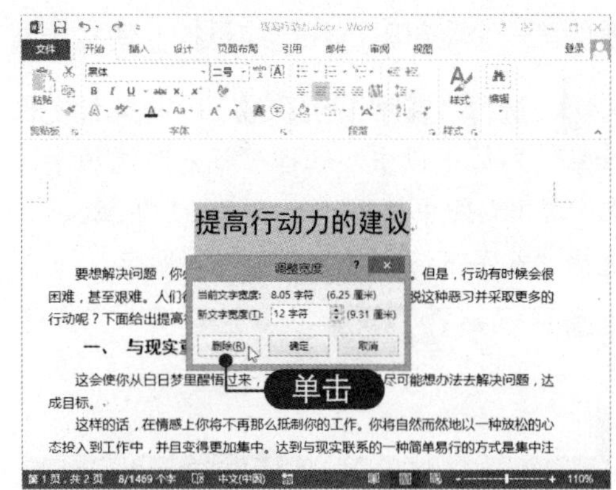

5.1.5 字符缩放

通过调整字符缩放比可以按字符的当前尺寸百分比横向扩展或压缩文字。使用“字符缩放”功能可以根据需要对字符进行缩放调整，具体操作方法如下：

01 选择“其他”选项 选中要设置字符缩放的文本，在“段落”组中单击“中文版式”下拉按钮，选择“字符缩放”|“其他”选项，如下图所示。

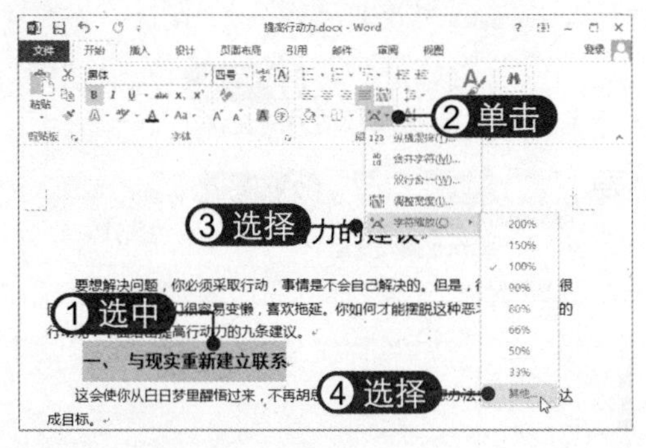

02 设置缩放比例 弹出“字体”对话框，设置缩放比例为120%，单击“确定”按钮，如下图所示。

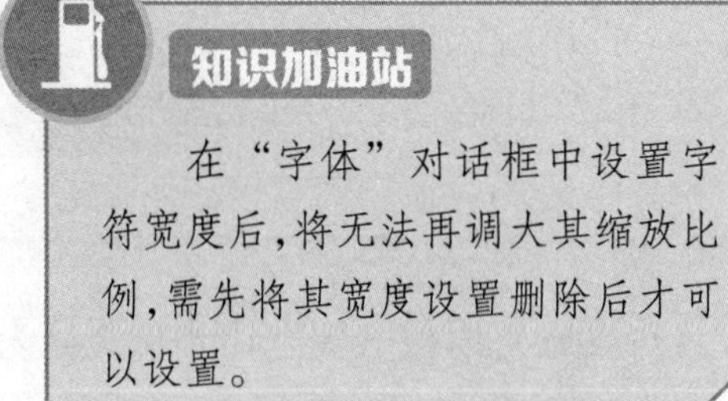

知识加油站

在“字体”对话框中设置字符宽度后，将无法再调大其缩放比例，需先将其宽度设置删除后才可以设置。

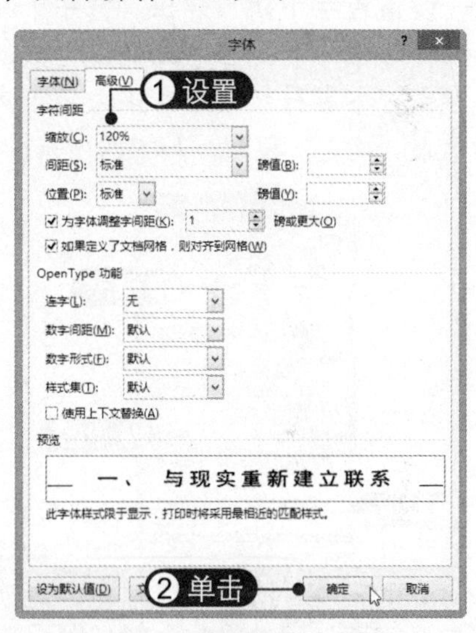

03 查看字符缩放效果 此时即可查看设置字符缩放后的文本效果，如下图所示。

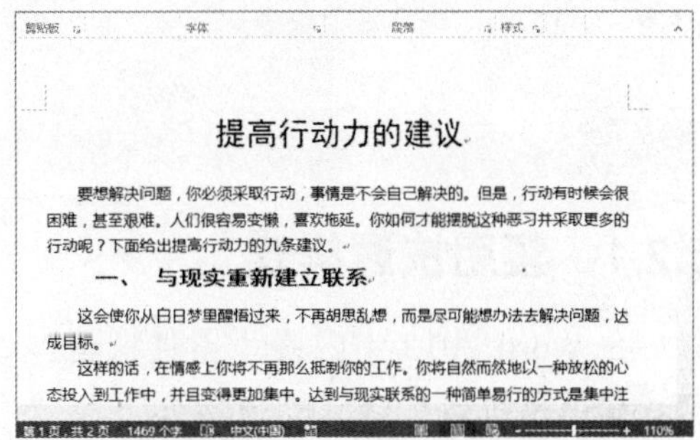

5.1.6 首字下沉

首字下沉是一种段落装饰效果，通常在图书、杂志或报纸中能够看到。首字下沉是指段落的第一个字符下沉几行或悬挂，使文档显得更漂亮。设置首字下沉的具体操作方法如下：

01 选择“首字下沉选项” 将光标定位到第 1 段中，选择“插入”选项卡，在“文本”组中单击“首字下沉”下拉按钮，选择“首字下沉选项”，如下图所示。

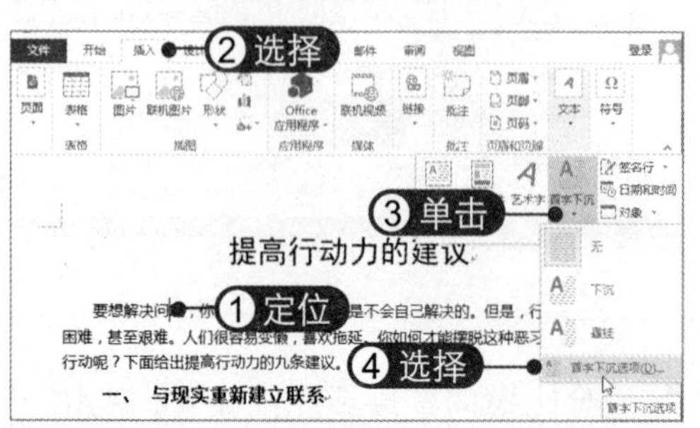

02 设置首字下沉 弹出“首字下沉”对话框，单击“下沉”图标，设置字体样式、下沉行数及距离正文的距离，然后单击“确定”按钮，如下图所示。

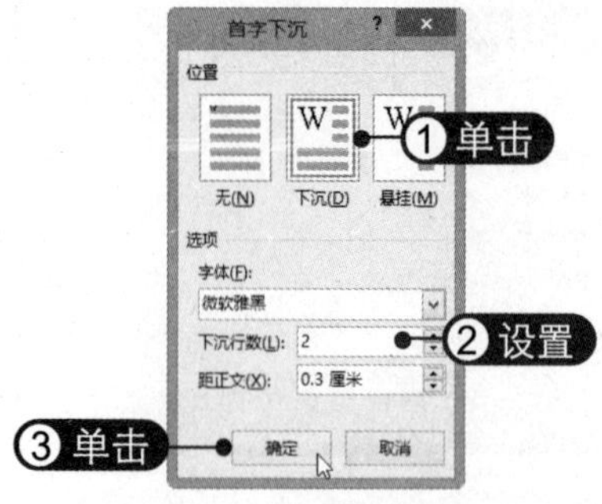

03 查看首字下沉效果 此时即可查看第 1 段的首字下沉效果，如下图所示。

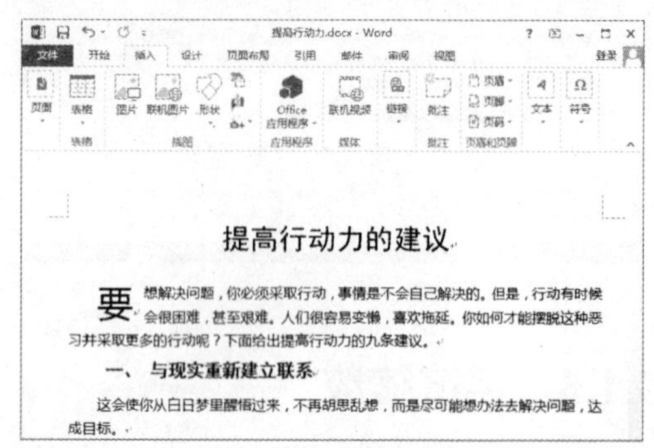

04 设置悬挂下沉 将光标定位到第 1 段中，单击“首字下沉”下拉按钮，选择“悬挂”选项，即可将当前设置更改为悬挂下沉，如下图所示。

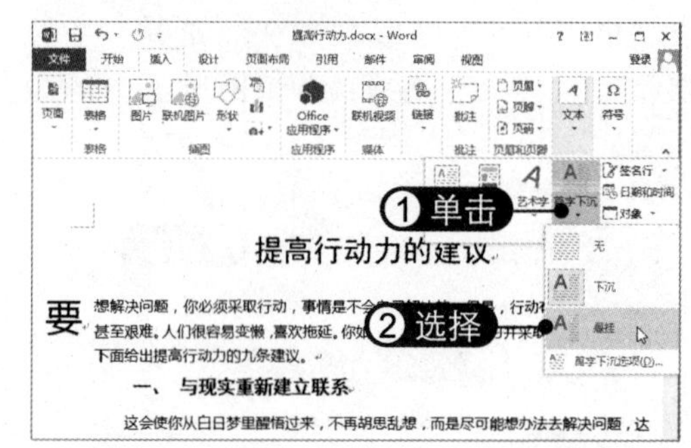

5.2 使用样式排版

Word 2013 中的样式可分为字符样式和段落样式两种。只包含字体、字形、字号、字符颜色等字符格式的样式称为字符样式；段落样式是对整个段落都起作用的样式，包括字体、段落格式、制表符、边框和编号等。使用样式可以帮助用户准确、迅速地统一文档格式。

5.2.1 套用快速样式

在 Word 2013 中内置了多种快速样式，通过这些样式可以很方便地格式化文档内容。套用系统自带样式的方法如下：

01 **单击“样式”下拉按钮** 打开素材文件，将光标定位到要应用快速样式的段落中，在“开始”选项卡下“样式”组中单击“样式”下拉按钮，如下图所示。

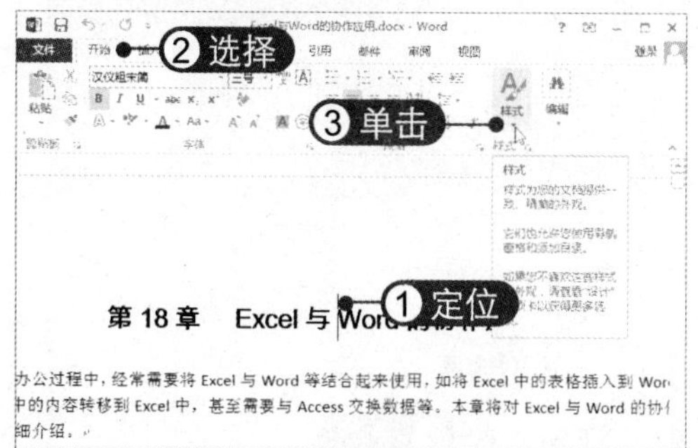

02 **选择应用样式** 在弹出的列表中选择一种样式，即可快速应用该样式，如下图所示。

03 **单击“样式”扩展按钮** 将光标定位到要应用快速样式的段落中，单击“样式”组右下角的扩展按钮，如下图所示。

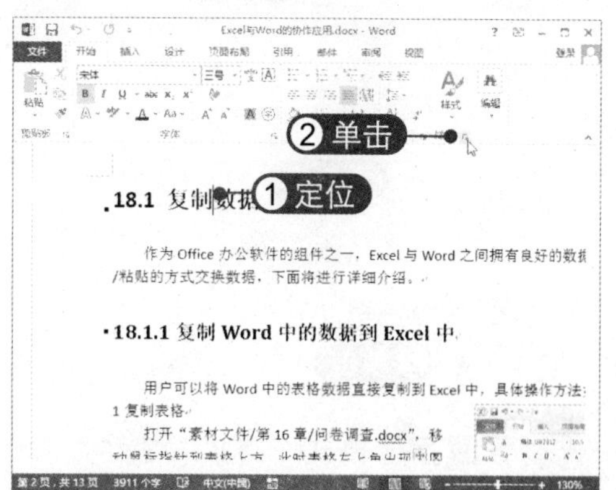

04 **选择应用样式** 此时即可打开样式窗格，从中选择样式即可将该样式应用到光标所在的段落中，如下图所示。

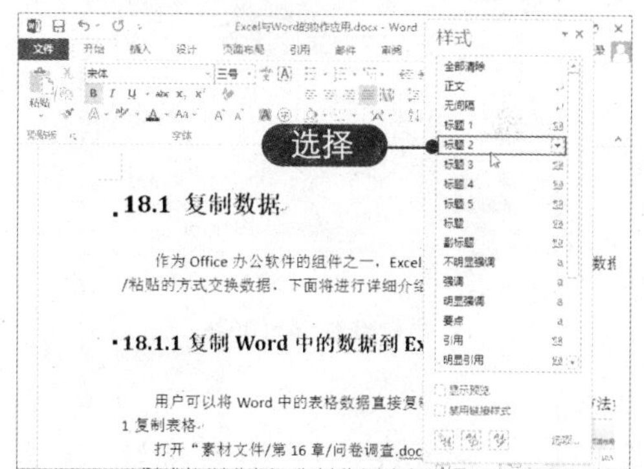

5.2.2 创建新样式

用户不仅可以使用系统内置样式，还可以根据需要创建新样式，具体操作方法如下：

01 **单击“新建样式”按钮** 在“样式”窗格下方单击“新建样式”按钮，如下图所示。

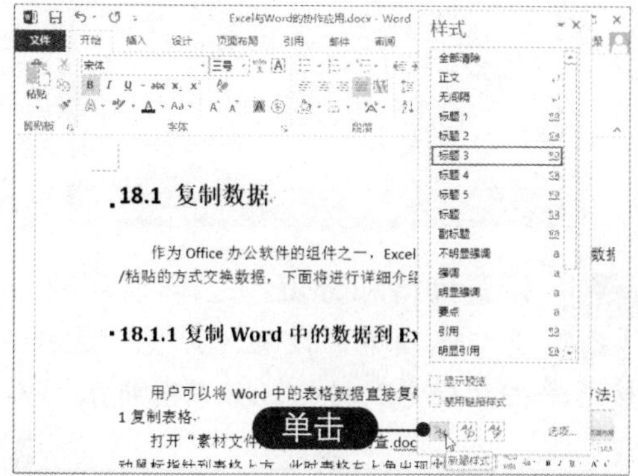

02 **设置样式属性** 弹出“根据格式设置创建新样式”对话框，输入样式名称，设置“样式类型”、“样式基准”及“后续段落样式”，单击“格式”按钮，在弹出的列表中选择“字体”选项，如下图所示。

知识加油站

在“样式”窗格中右击样式，在弹出的快捷菜单中选择“添加到样式库”命令，可以在功能区的“样式”列表中添加该样式。

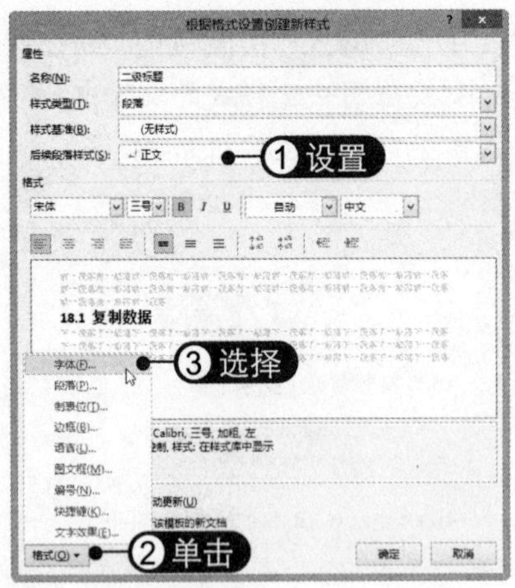

03 设置字体格式 弹出“字体”对话框，设置字体格式，如下图所示。

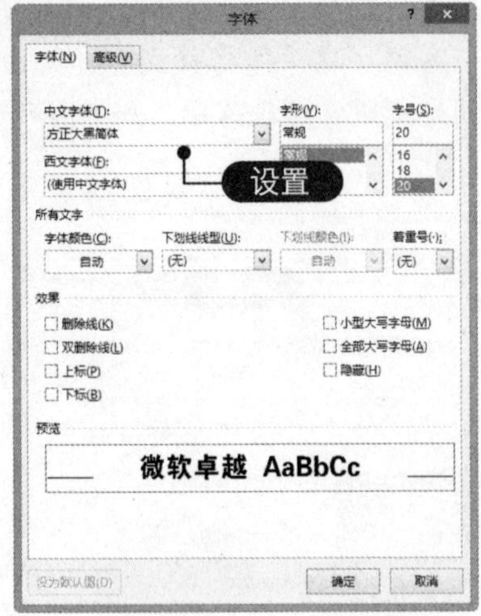

04 设置字符间距 选择“高级”选项卡，设置“为字体调整字间距”为“二号”，单击“确定”按钮，如下图所示。

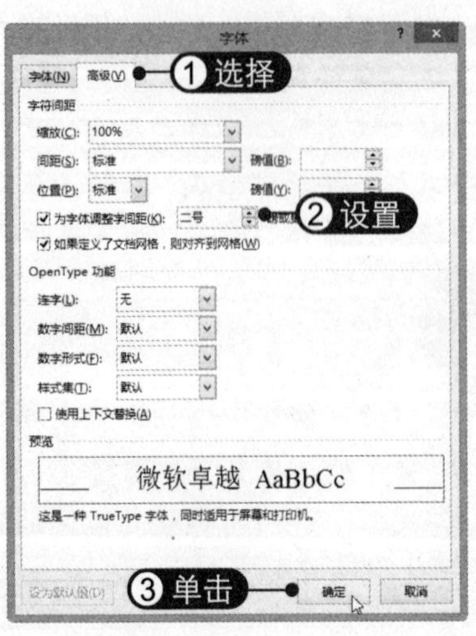

05 选择“段落”选项 返回“根据格式设置创建新样式”对话框，单击“格式”下拉按钮，在弹出的列表中选择“段落”选项，如下图所示。

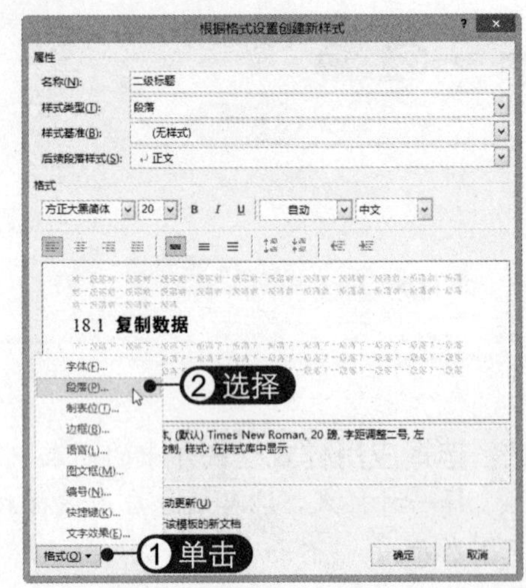

06 设置段落缩进和间距 弹出“段落”对话框，在“缩进和间距”选项卡下设置“对齐方式”、“大纲级别”及“段落间距”等，如下图所示。

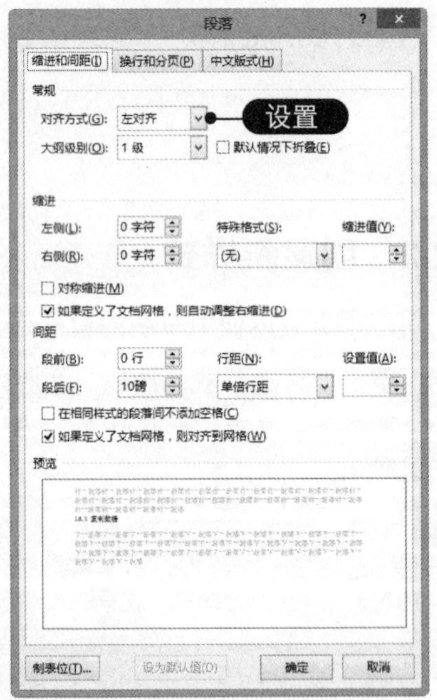

07 设置换行和分页 选择“换行和分页”选项卡，设置“分页”选项，然后单击“确定”按钮，如下图所示。

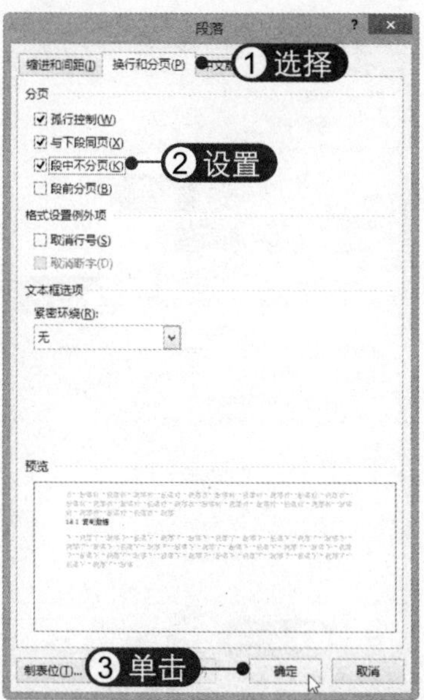

08 **查看样式格式** 返回“根据格式设置创建新样式”对话框，查看当前的样式格式，单击“确定”按钮，如下图所示。

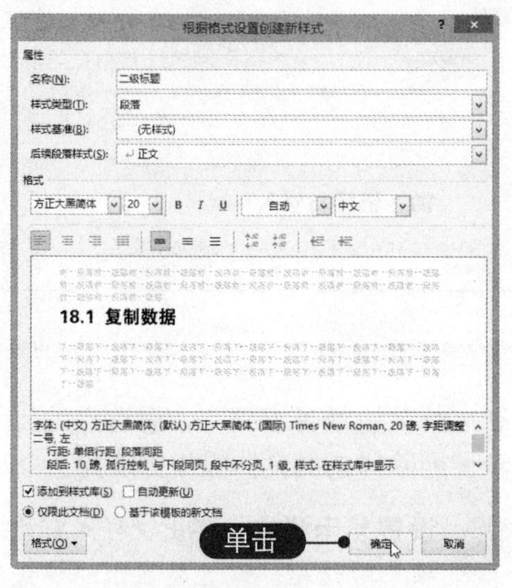

09 **创建新样式** 此时即可创建新样式，光标所在的段落也将自动应用新样式，如下图所示。

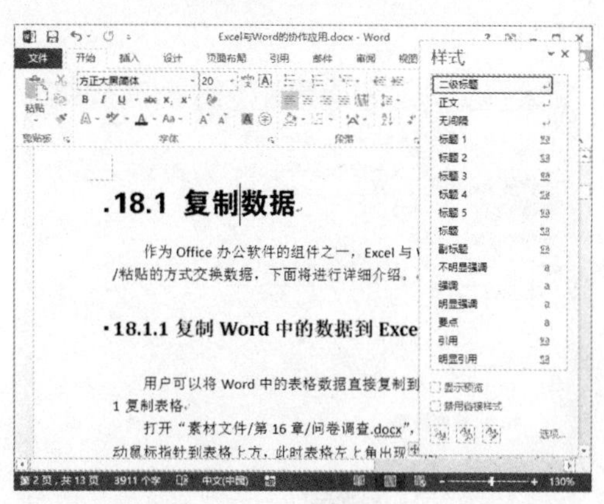

10 **应用新样式** 将光标定位到其他标题文本中，在“样式”窗格中单击新创建的样式即可应用该样式，如下图所示。

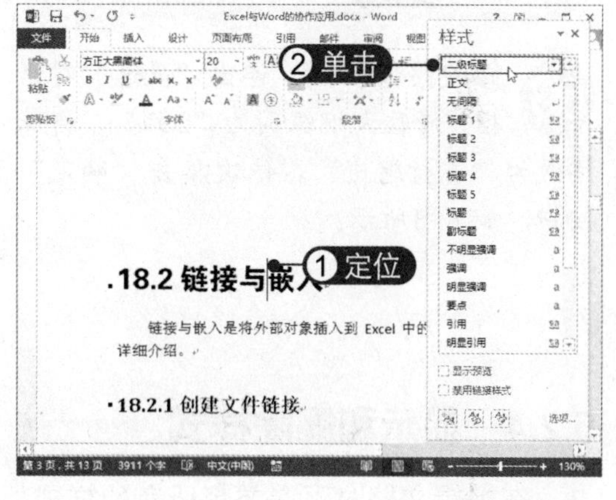

5.2.3 修改样式

若内置样式或新建样式不能满足需求，还可以对样式进行修改，具体操作方法如下：

01 **选择“修改”选项** 在“样式”窗格中单击样式右侧的下拉按钮，在弹出的下拉列表中选择“修改”选项，如右图所示。

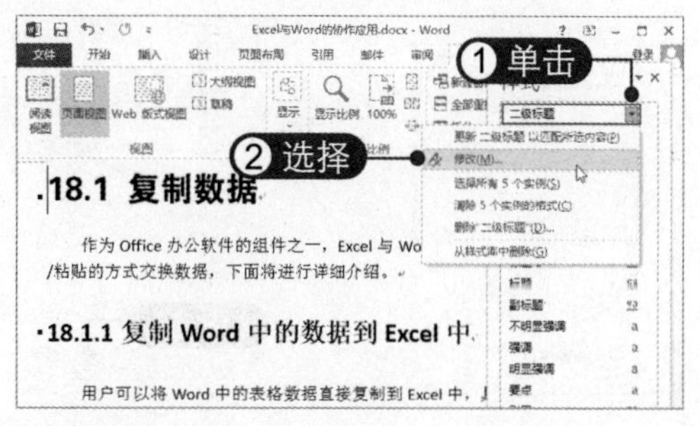

02 选择“段落”选项 弹出“修改样式”对话框，在左下角单击“格式”下拉按钮，选择“段落”选项，如下图所示。

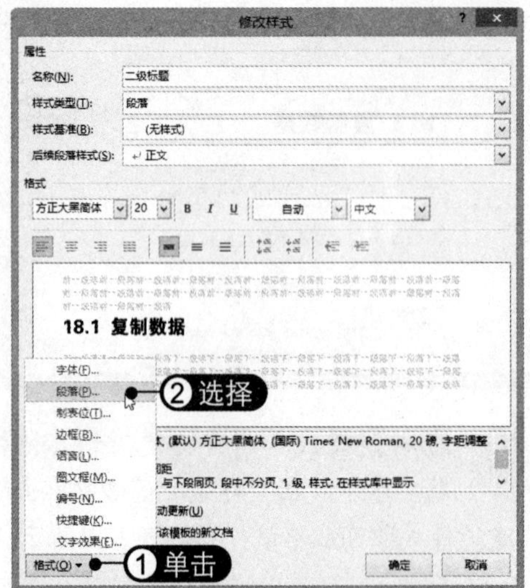

03 修改段落样式 弹出“段落”对话框，修改大纲级别为“2 级”，特殊格式为“首行缩进”，依次单击“确定”按钮，如下图所示。

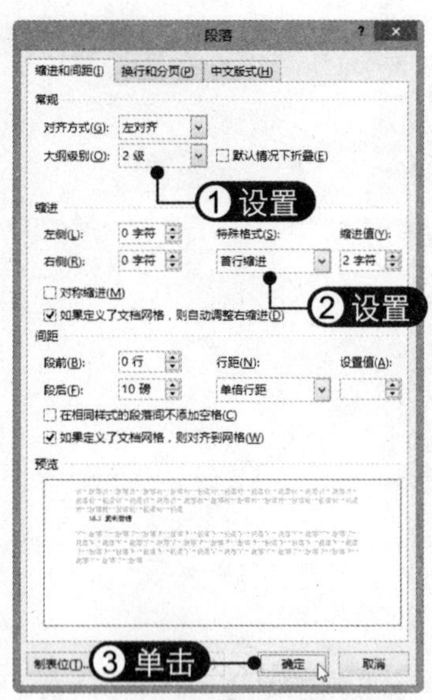

04 查看样式效果 返回文档，即可发现应用了“二级标题”样式的段落格式发生了改变，效果如下图所示。

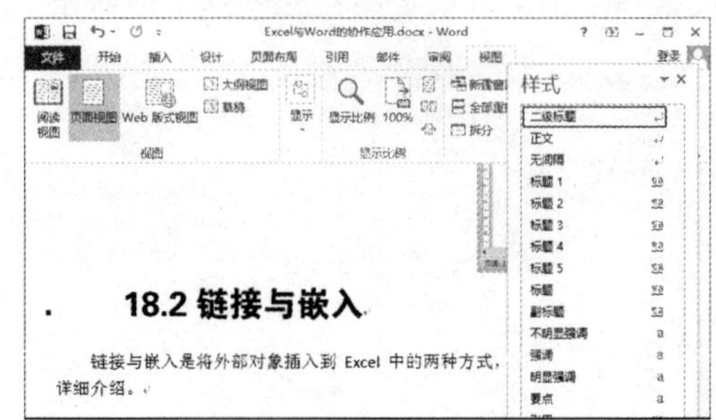

5.2.4 显示和删除样式

在编辑文档时不需要将所有的样式都显示在“样式”任务窗格中，有选择地显示或删除没用的样式可以使样式列表更整洁。显示和删除样式的具体操作方法如下：

01 单击“选项”超链接 在“样式”窗格右下角单击“选项”超链接，如下图所示。

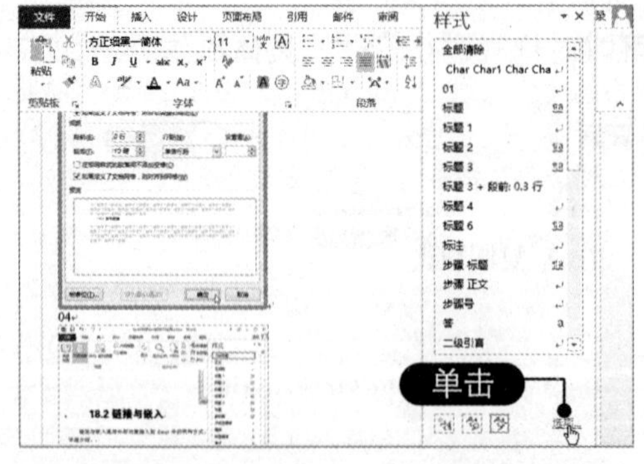

02 设置显示样式 弹出“样式窗格选项”对话框，设置要显示的样式及样式的格式，单击“确定”按钮，如下图所示。

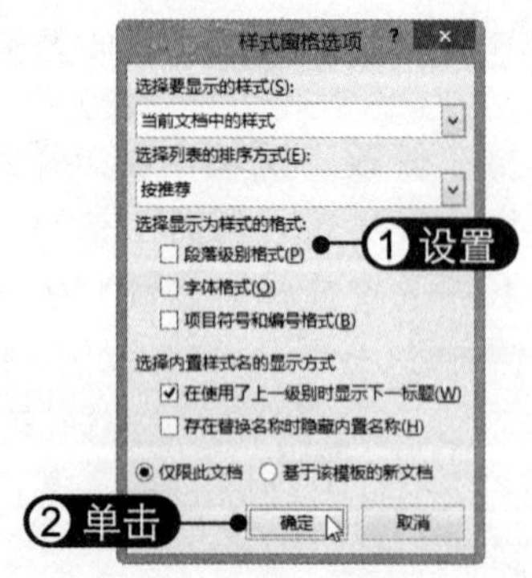

03 查看显示样式 此时即可在“样式”窗格中只显示此文档中应用的样式，如下图所示。

04 删除样式 要删除不需要的样式，可单击样式右侧的下拉按钮，选择相应的删除选项，如下图所示。删除样式后，应用该样式的段落将转变为该样式的基准样式。

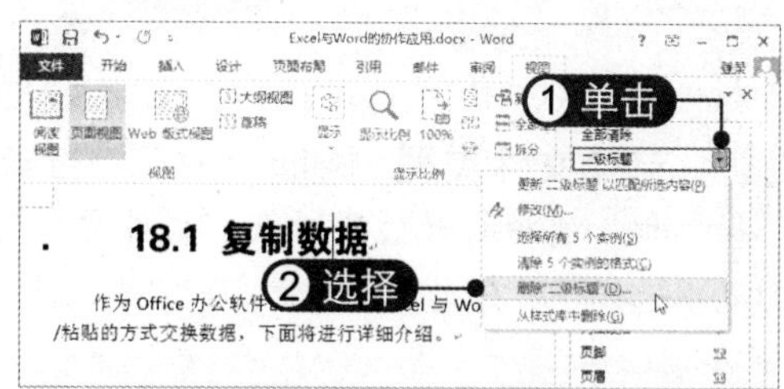

5.2.5 复制样式

在编辑文档时可以将创建的样式复制到某个 Word 模板文件中，也可以将样式复制到指定的 Word 文件中，具体操作方法如下：

01 单击“管理样式”按钮 打开“样式”窗格，单击下方的“管理样式”按钮，如下图所示。

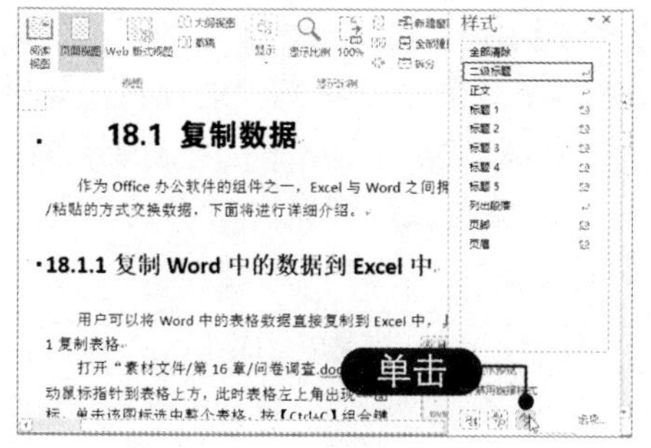

02 单击“导入/导出”按钮 弹出“管理样式”对话框，单击左下方的“导入/导出”按钮，如下图所示。

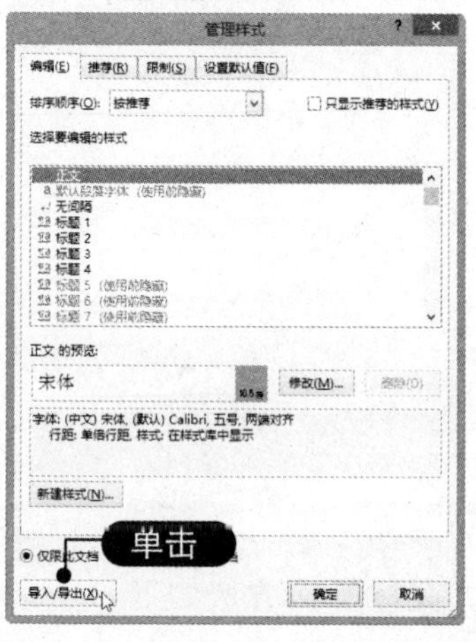

03 单击“复制”按钮 弹出“管理器”对话框，在左侧选择创建的样式，然后单击“复制”按钮，如下图所示。

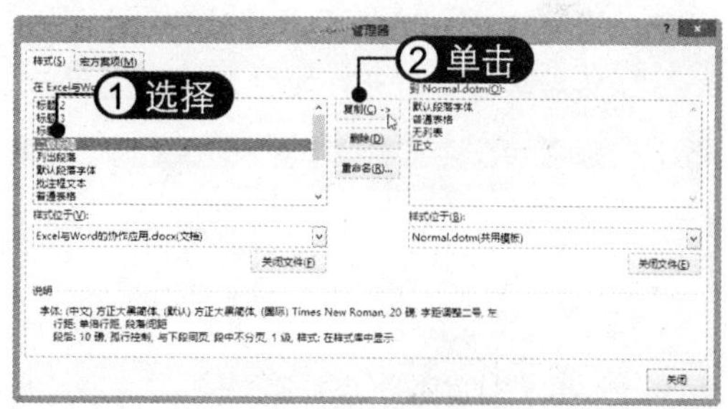

04 复制样式 此时即可将该样式复制到 Normal.dotm 模板中，即公用模板，这样新建的每一个 Word 文档都将包含“二级标题”样式，单击“关闭文件”按钮，如下图所示。

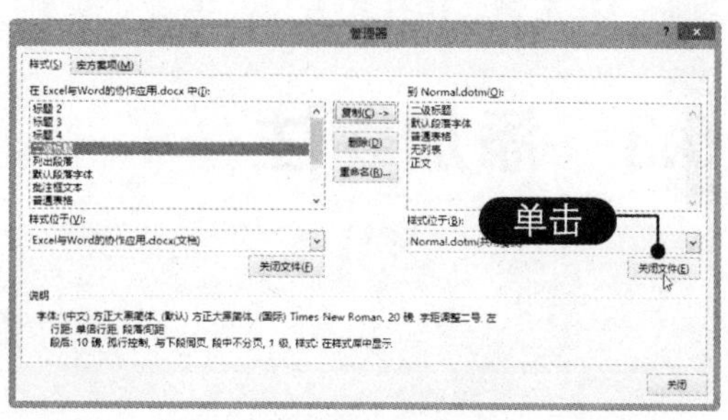

05 单击“打开文件”按钮 此时“关闭文件”按钮转变为“打开文件”

按钮，单击该按钮，如下图所示。

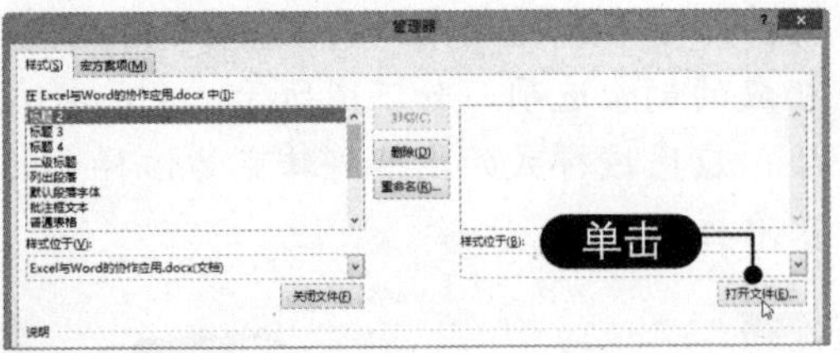

06 **选择文件类型** 弹出“打开”对话框，选择打开位置，在“文件类型”列表中选择“所有文件”选项，如下图所示。

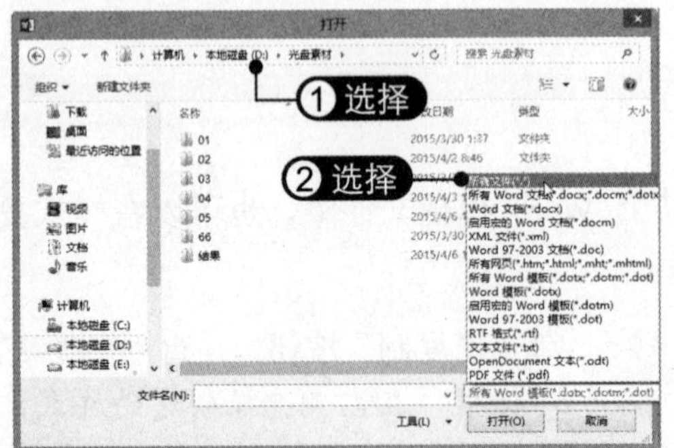

07 **打开文档** 选择要打开的Word文档，然后单击“打开”按钮，如下图所示。

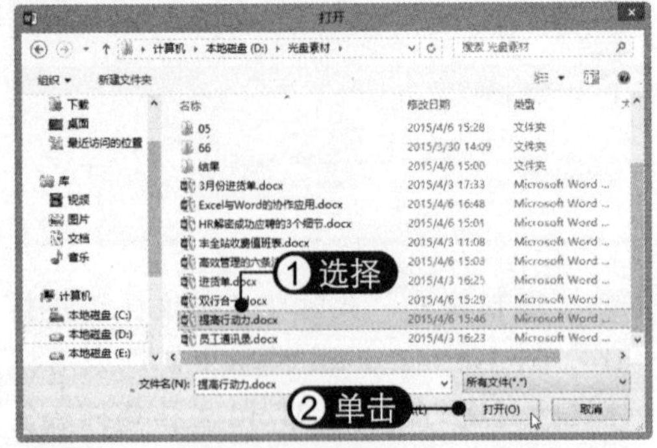

08 **复制样式** 返回“管理器”对话框，在左侧选择样式类型，单击“复制”按钮，即可将该样式复制到打开的Word文档中，如下图所示。

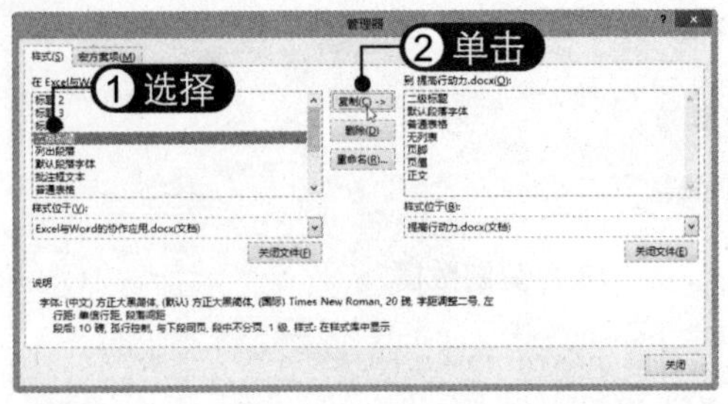

09 **保存更改** 复制样式后单击对话框右下方的“关闭”按钮，弹出提示信息框，单击“保存”按钮，如下图所示。

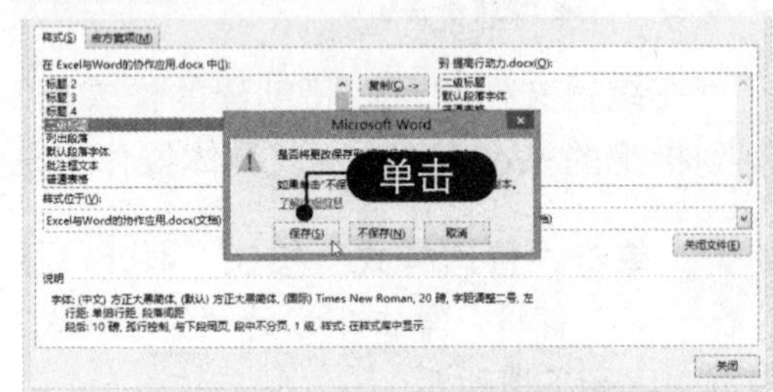

10 **应用样式** 打开复制了样式的Word文档，将光标定位到段落中，打开“样式”窗格，从中选择复制的样式，即可将该样式应用到光标所在的段落中，如下图所示。

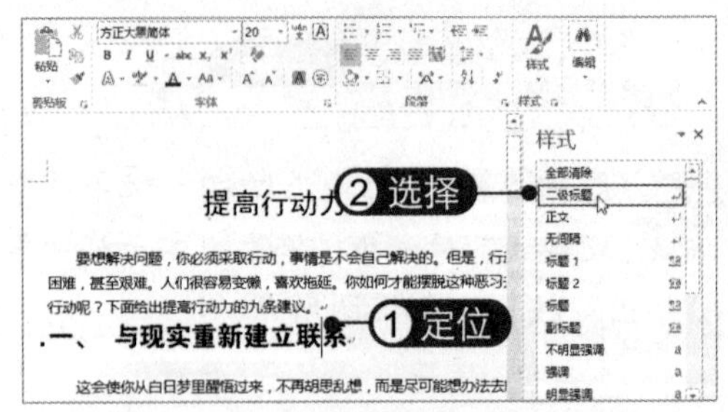

5.3 添加题注

使用Word 2013提供的题注功能可以为文档中的图形、公式或表格等进行统一编号，可以节省手动输入编号的时间。

5.3.1 插入题注

下面以设置图形题注为例，介绍如何插入题注，具体操作方法如下：

01 单击"插入题注"按钮 打开素材文件，选中要添加题注的图片，选择"引用"选项卡，在"题注"组中单击"插入题注"按钮，如下图所示。

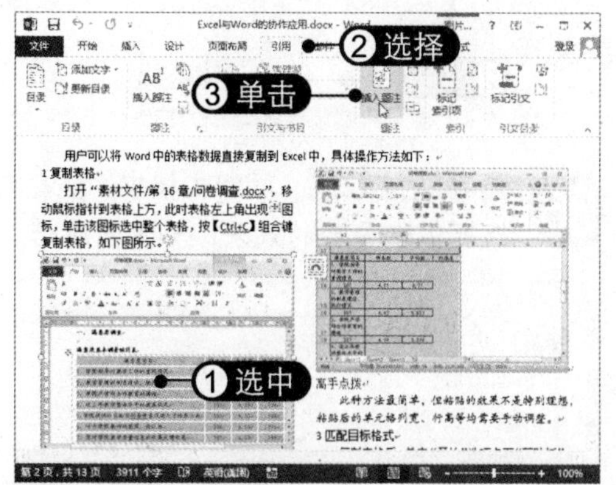

02 单击"新建标签"按钮 弹出"题注"对话框，单击"新建标签"按钮，如下图所示。

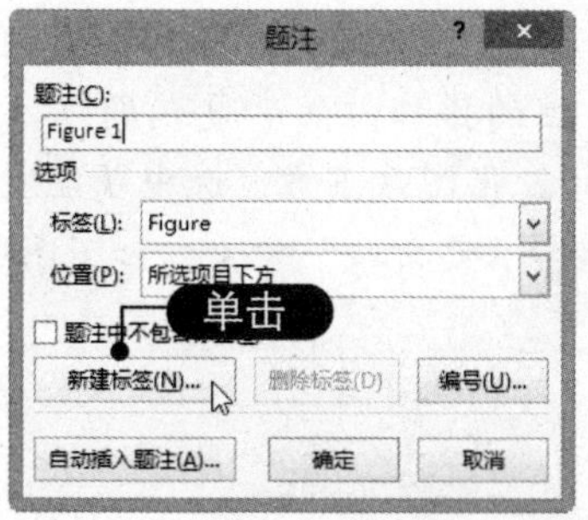

03 输入标签名称 弹出"新建标签"对话框，输入标签名称，然后单击"确定"按钮，如下图所示。

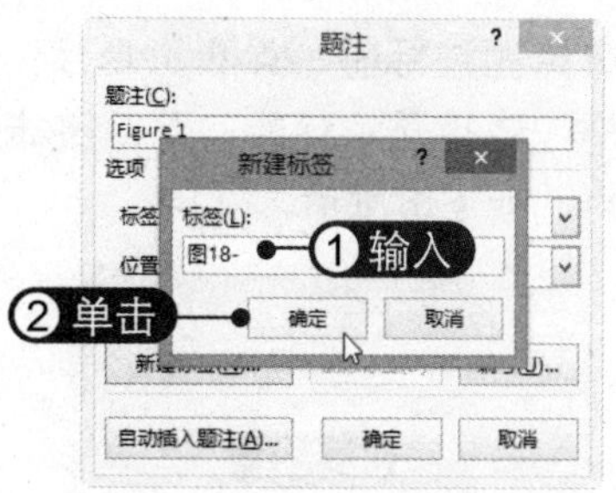

04 确认插入题注 返回"题注"对话框，设置标签位置，然后单击"确定"按钮，如下图所示。

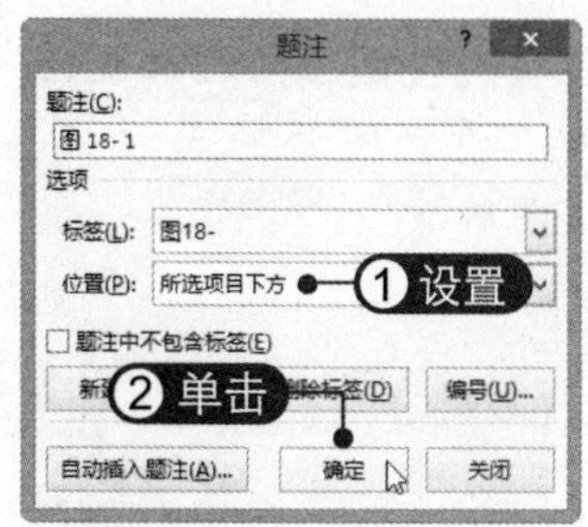

05 查看题注效果 此时即可为图片添加题注，效果如下图所示。

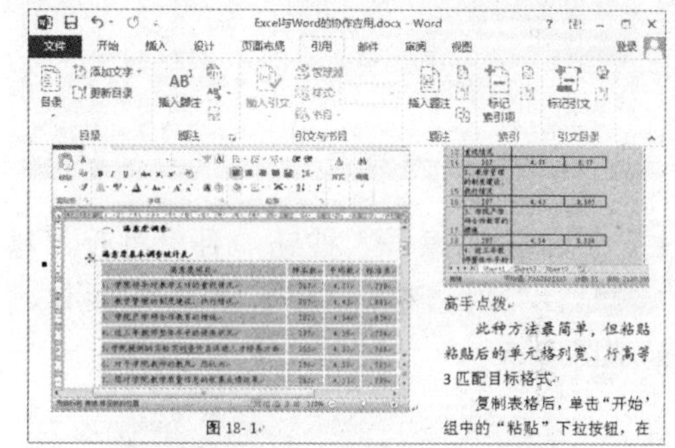

5.3.2 修改题注

添加题注后可以对其进行修改，如更改标签或编号等，具体操作方法如下：

01 单击"插入题注"按钮 选中图片题注，在"引用"选项卡下单击"插入题注"按钮，如右图所示。

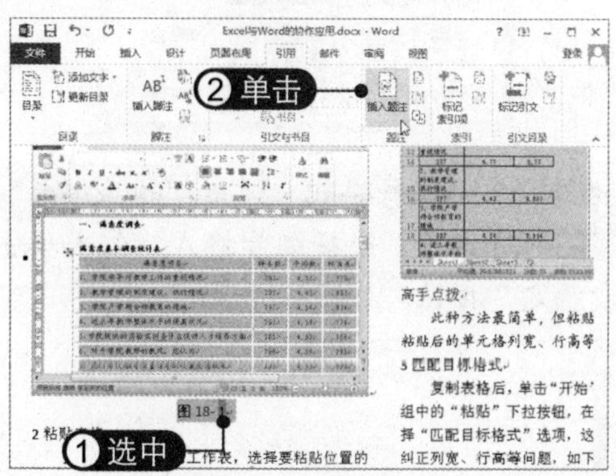

02 **选择题注标签** 弹出“题注”对话框，选择题注标签，然后单击“确定”按钮，如下图所示。

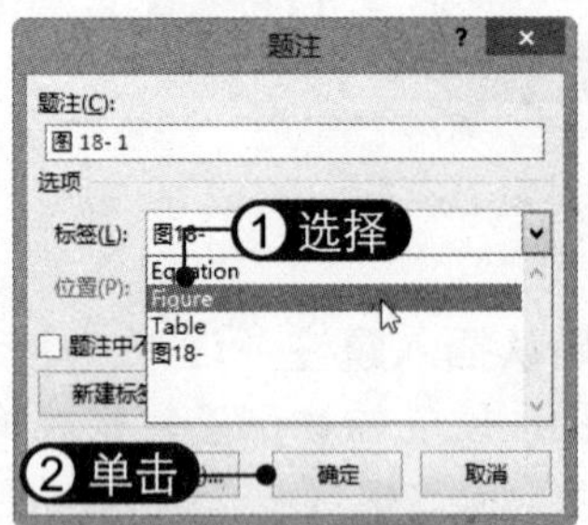

03 **查看题注效果** 返回文档中，此时可以看到图片的题注标签发生变化，如下图所示。

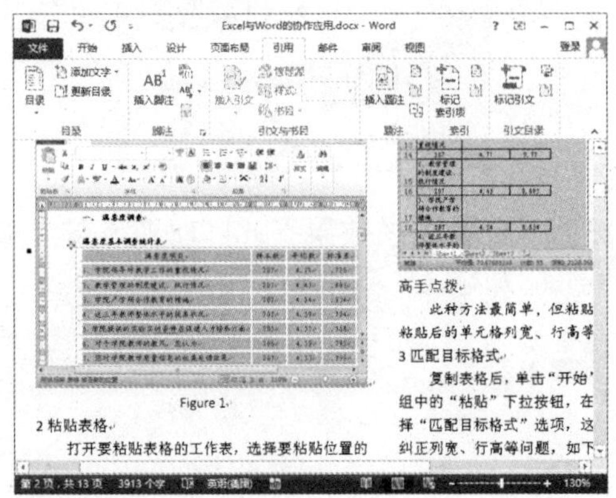

04 **单击“编号”按钮** 再次打开“题注”对话框，单击“编号”按钮，如下图所示。

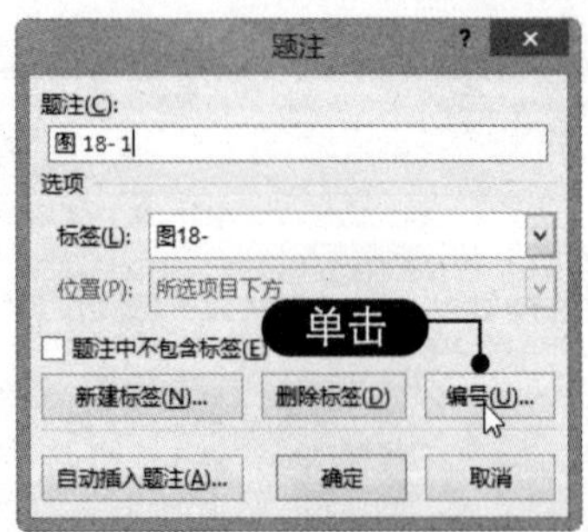

05 **选择编号格式** 弹出“题注编号”对话框，选择编号格式，依次单击“确定”按钮，如下图所示。

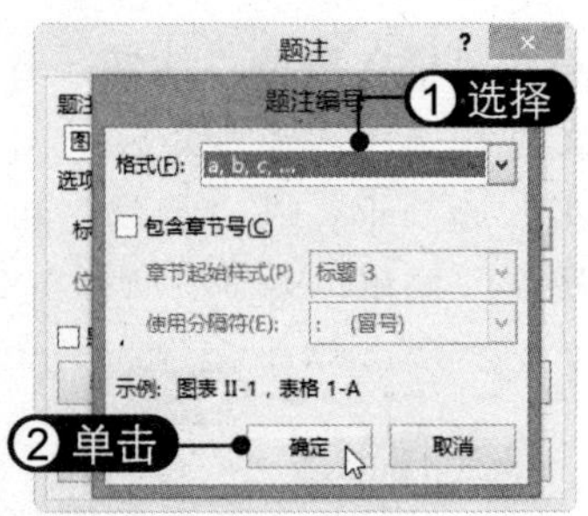

06 **查看题注效果** 返回文档中，查看更改题注编号后的效果，如下图所示。

07 **选择“更新域”命令** 撤销更改题注的操作，然后复制题注，将其粘贴到第 2 张图片下方。选中题注文本并右击，选择“更新域”命令，如下图所示。

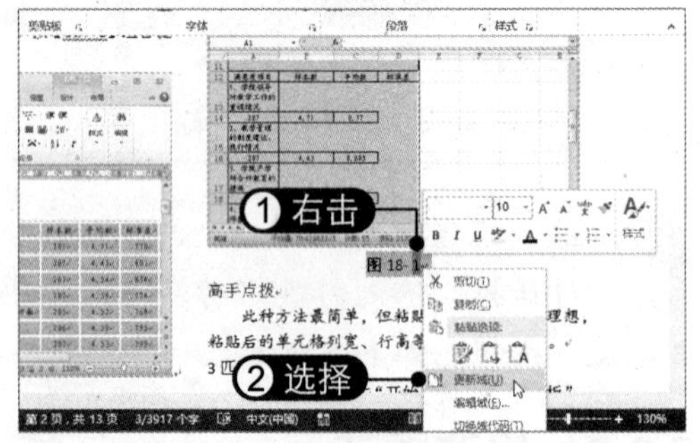

08 **查看题注效果** 此时即可查看更新题注后的效果，题注编号已经发生变化，如下图所示。

5.4 添加书签

在现实生活中，人们为了阅读方便，通常在书籍中已阅读和未阅读的部分之间插入一个书签。Word 2013 的书签功能也用于记录位置，还可以用于标记文档、选择区域。书签不会显示在屏幕上，也不会打印到文档中。

5.4.1 插入书签

插入书签，即为文档中指定位置或选中的文本、数据、图形等添加一个特定标记。在文档中插入书签的具体操作方法如下：

01 **单击"书签"按钮** 选中文本，选择"插入"选项卡，在"链接"组中单击"书签"按钮，如下图所示。

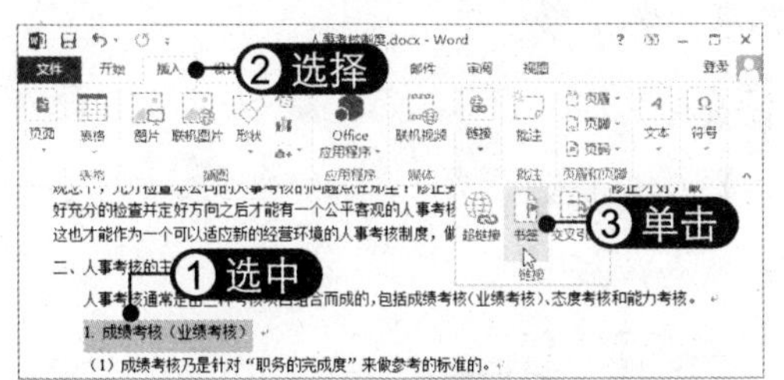

02 **设置添加书签** 弹出"书签"对话框，输入书签名，设置排序依据，单击"添加"按钮，即可添加书签，如下图所示。用同样的方法在文档中的不同地方继续添加书签。

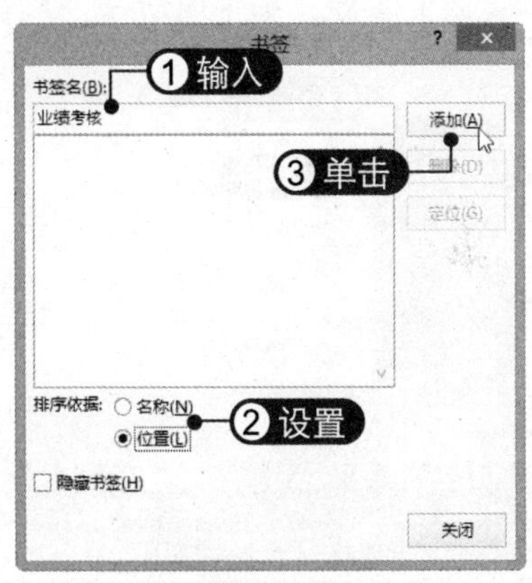

5.4.2 定位书签

在文档中插入书签后，即可使用书签定位文档位置，具体操作方法如下：

01 **单击"定位"按钮** 打开"书签"对话框，选择书签名，然后单击"定位"按钮，如下图所示。

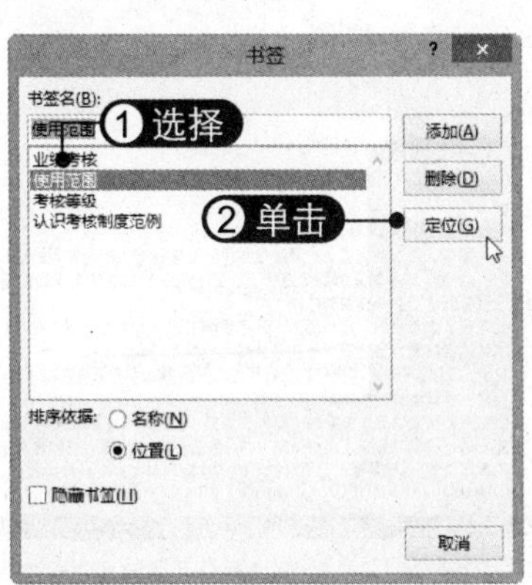

02 **转到指定位置** 此时即可定位到指定的书签位置，并自动选中相应的文本，如下图所示。

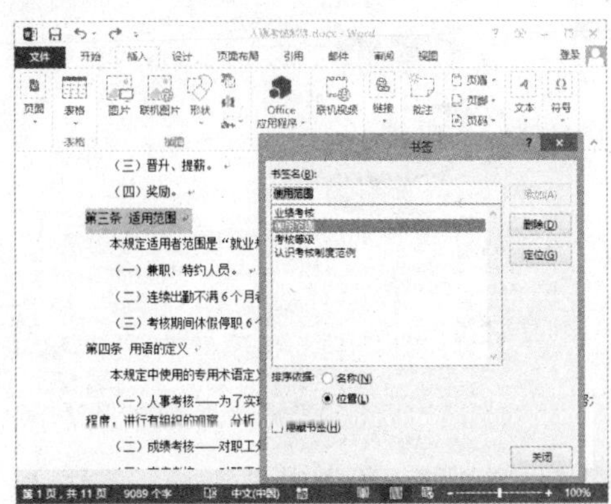

5.5 添加目录

目录是文档中标题的列表，它的作用有两个：一是单击目录可以快速定位到文档相应的具体位置；二是可以使读者掌握文档的整体结构。下面将详细介绍如何在文档中添加目录。

5.5.1 设置标题级别

要在文档中插入目录，要先对文档中的标题文本设置标题级别，即一级标题、二级标题、三级标题等。设置文档标题级别的方法有多种，具体操作方法如下：

01 **单击“大纲视图”按钮** 选择“视图”选项卡，在“视图”组中单击“大纲视图”按钮，如下图所示。

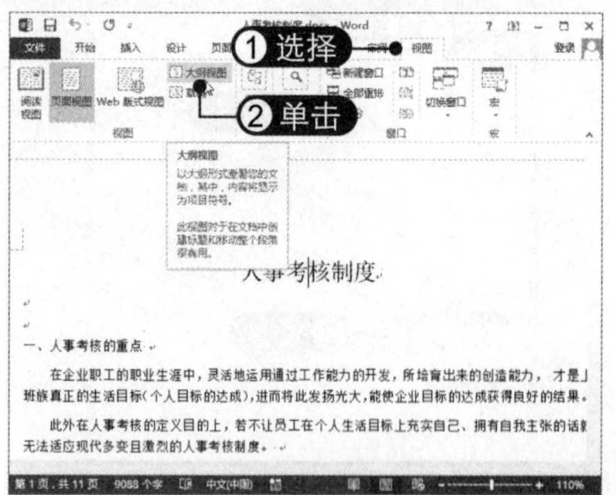

02 **选择标题级别** 切换到大纲视图，将光标定位到标题文本中，在“大纲工具”组中单击级别下拉按钮，选择所需的级别，即可更改该文本标题级别，如下图所示。

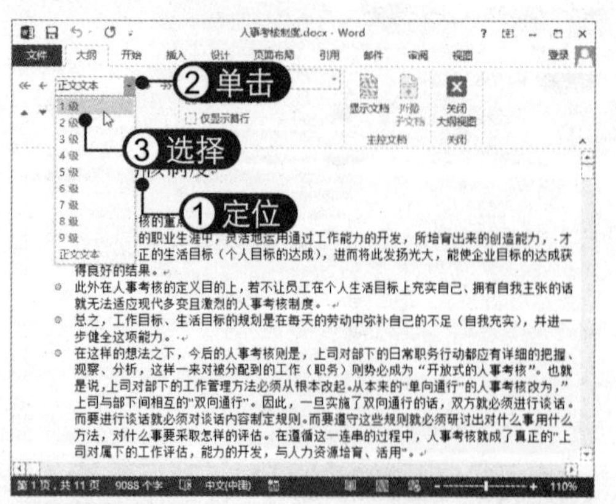

03 **更改标题级别** 将光标定位到标题文本中，在“大纲工具”组中单击“升级”或“降级”按钮，即可更改标题级别，如下图所示。

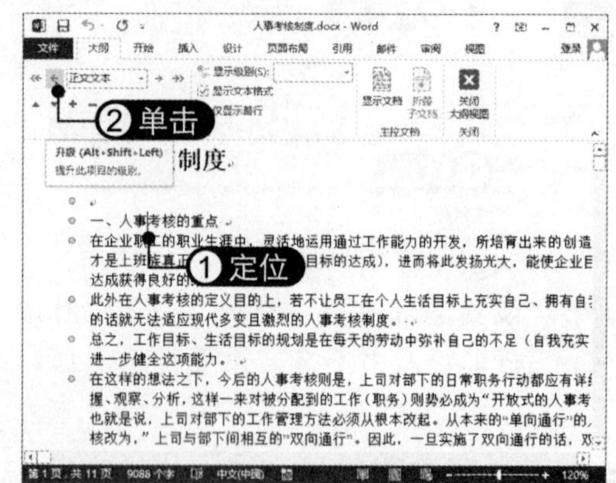

04 **查看当前标题级别** 设置好标题级别后，将光标定位到标题文本中，即可在“大纲工具”组中查看当前标题级别，如下图所示。

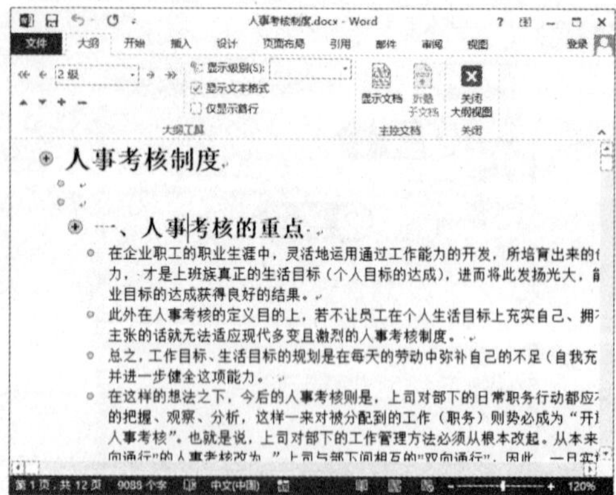

05 设置标题级别 选择“引用”选项卡，将光标定位到标题文本中，在“目录”组中单击“添加文字”下拉按钮，选择“3 级”，即可将光标所在段落的文本设置为三级标题，如下图所示。

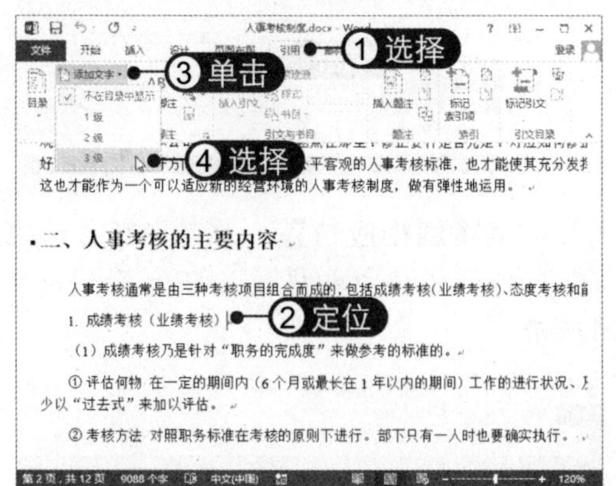

06 单击“格式刷”按钮 将光标定位到三级标题文本中，选择“开始”选项卡，在“剪贴板”组中单击“格式刷”按钮，如下图所示。

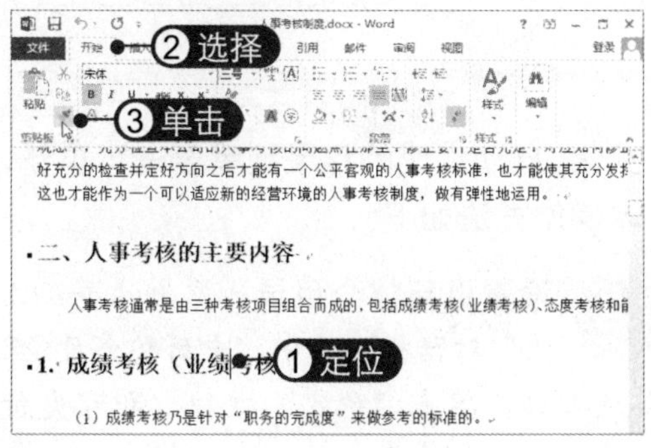

07 应用格式刷设置标题级别 选中要设置三级标题的文本，即可将其设置为三级标题，如下图所示。利用“格式刷”工具继续设置其他标题文本的级别。

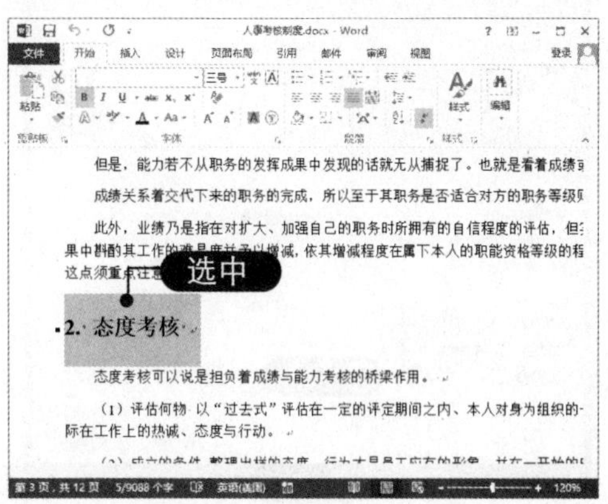

08 查看导航窗格 选择“视图”选项卡，在“显示”组中选中“导航窗格”复选框，打开“导航”窗格，在“标题”选项卡下可以查看文档的标题列表，如下图所示。

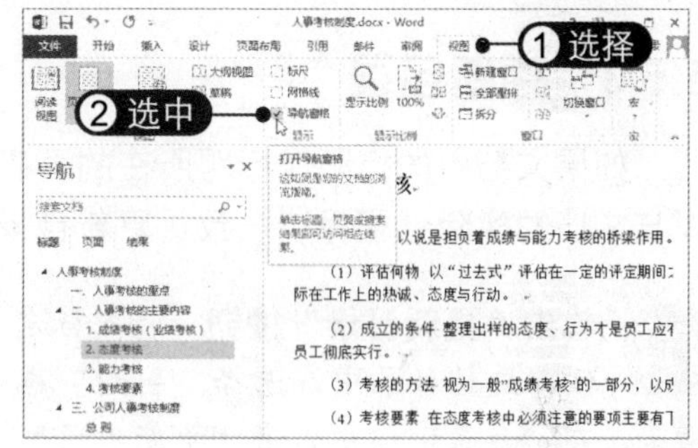

5.5.2 插入自动目录

在编辑文档时，可以依据文档标题级别在文档中插入自动目录，具体操作方法如下：

01 选择“自定义目录”选项 将光标定位到要插入目录的位置，选择“引用”选项卡，在“目录”组中单击“目录”下拉按钮，选择“自定义目录”选项，如右图所示。

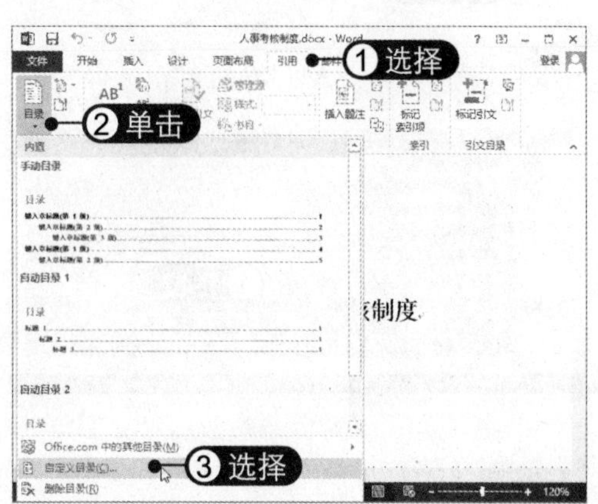

02 **设置目录格式** 弹出“目录”对话框，设置目录级别及格式，然后单击“确定”按钮，如下图所示。

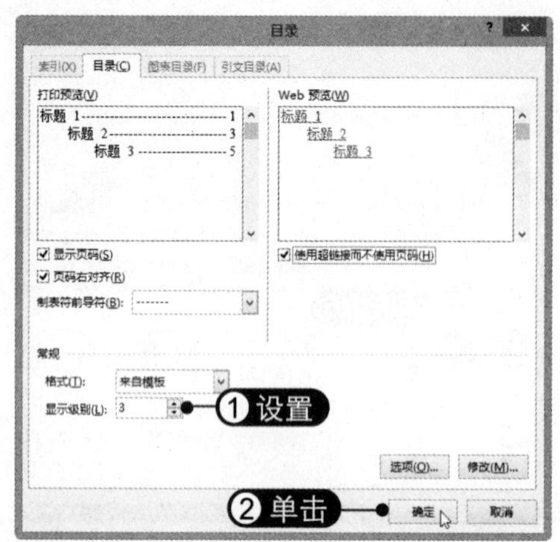

03 **插入自动目录** 此时即可在光标所在的位置插入自动目录。按住【Ctrl】键的同时单击目录标题，如下图所示。

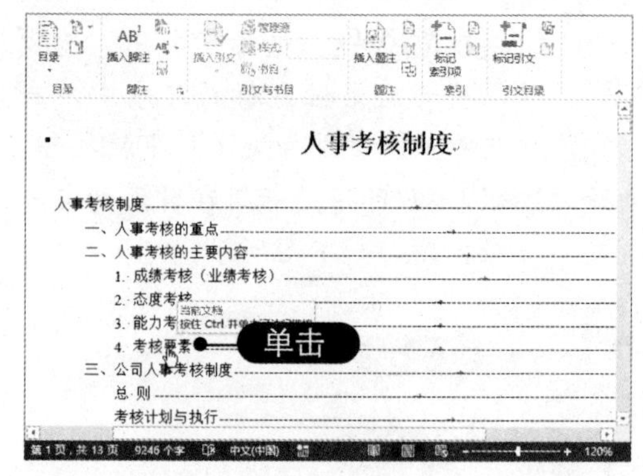

04 **跳转到相应位置** 此时即可自动跳转到文档中相应的标题位置，如下图所示。

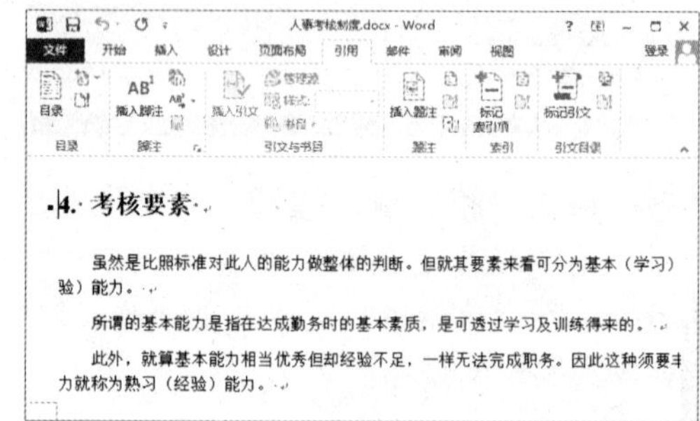

5.5.3 更新目录

如果文档中的标题或标题所在的页码发生变化，自动生成的目录则需要进行更新，以与文档的实际目录保持一致。更新目录的具体操作方法如下：

01 **单击“更新目录”按钮** 将光标定位在文档目录中，选择“引用”选项卡，在“目录”组中单击“更新目录”按钮，如下图所示。

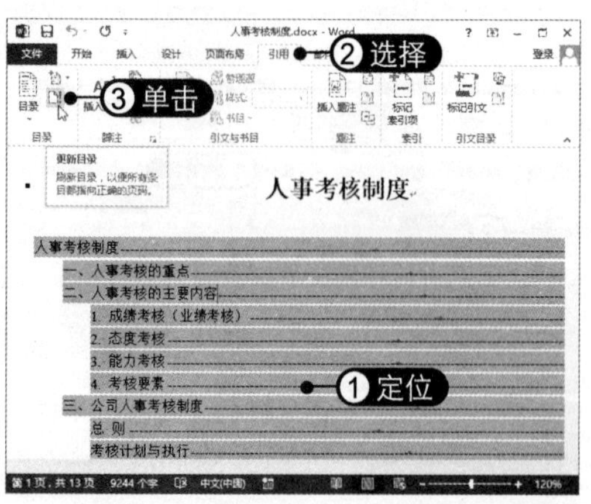

02 **设置更新整个目录** 弹出“更新目录”对话框，选中“更新整个目录”单选按钮，单击“确定”按钮，即可更新目录，如下图所示。

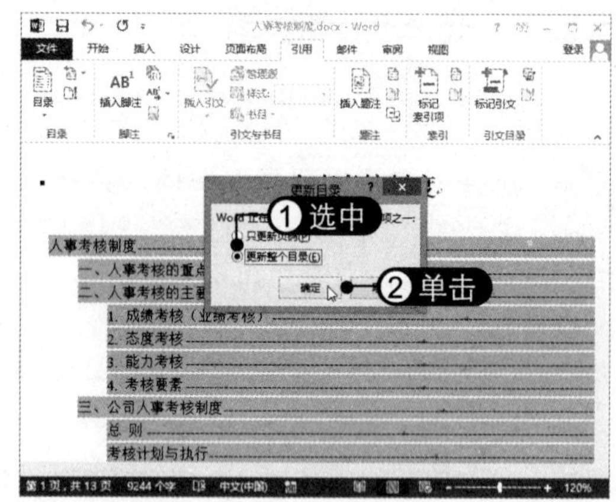

5.6　添加脚注与尾注

脚注和尾注都不是文档正文，但仍然是文档的组成部分。它们在文档中的作用相同，都是对文档中的文本进行补充说明，如单词解释、备注说明、或标注引用内容的来源等。下面将详细介绍如何在文档中添加脚注与尾注。

5.6.1　插入脚注

在文档中插入脚注可以为所述的某个事项提供解释、批注或参考。脚注显示在当页的底部，插入脚注的具体操作方法如下：

01 **单击“插入脚注”按钮**　将光标定位到要添加脚注的位置，在“引用”选项卡下单击“插入脚注”按钮，如下图所示。

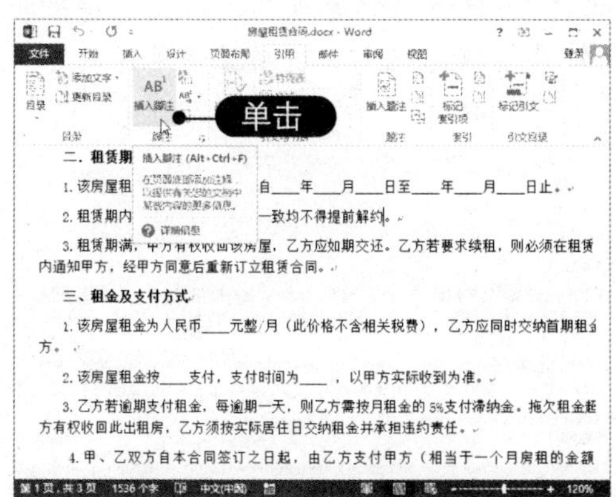

02 **输入脚注内容**　此时将自动跳转到当页下方并自动添加脚注序号，根据需要输入脚注内容即可，如下图所示。

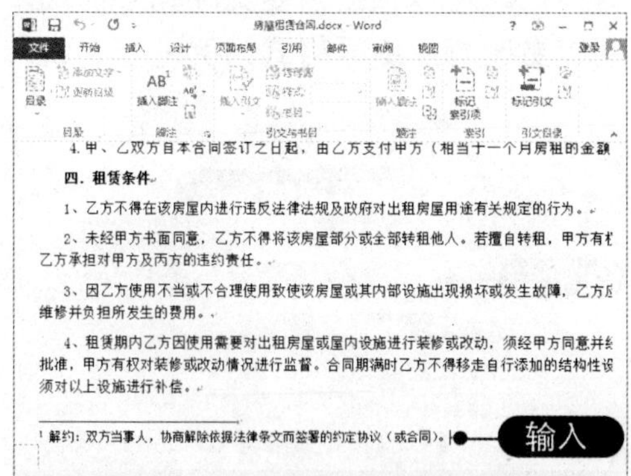

03 **继续添加脚注**　用相同的方法继续添加脚注，脚注序号自动变为2，如下图所示。

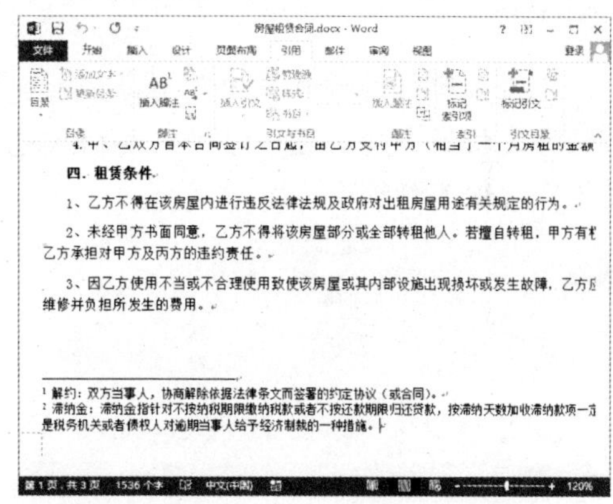

04 **查看脚注效果**　在插入脚注的位置将自动添加上引用标记，将鼠标指针置于该标记上会自动显示脚注内容，如下图所示。

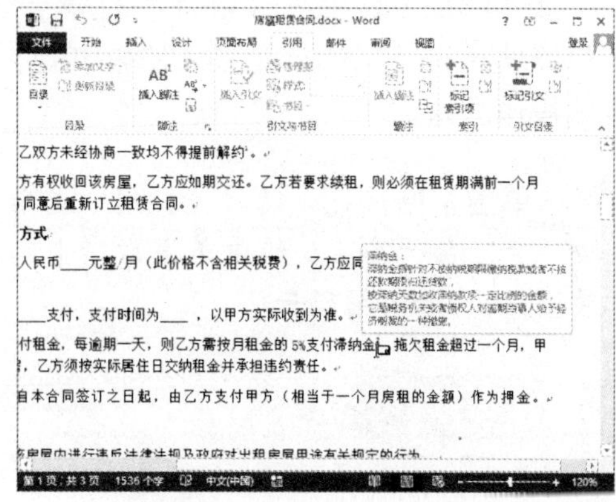

5.6.2 插入尾注

尾注显示在文档或小节的末尾，文档中的尾注都是依次排序放置在文档的最后部分。插入尾注的具体操作方法如下：

01 单击“插入尾注”按钮 将光标定位到要插入尾注的位置，在“脚注”组中单击“插入尾注”按钮，如下图所示。

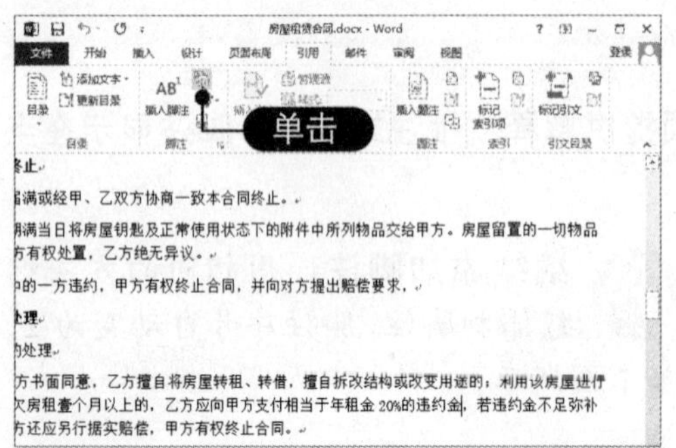

02 输入尾注内容 此时将自动跳转到文档的末尾位置，根据需要输入尾注内容，如下图所示。

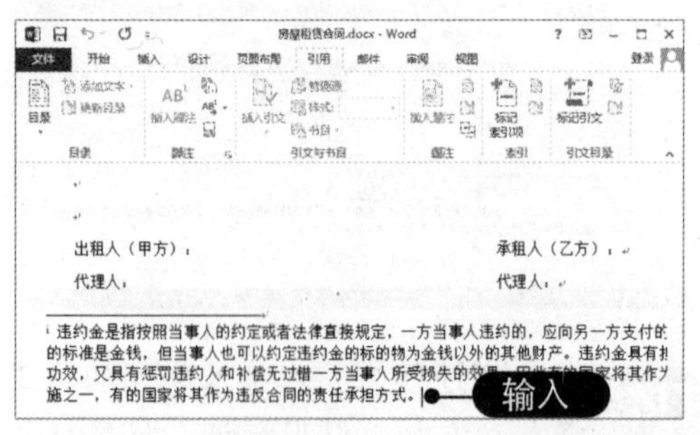

03 继续添加尾注 用同样的方法继续添加尾注。当新添加的尾注位置较为靠前时，其序号自动变为1或i，如下图所示。

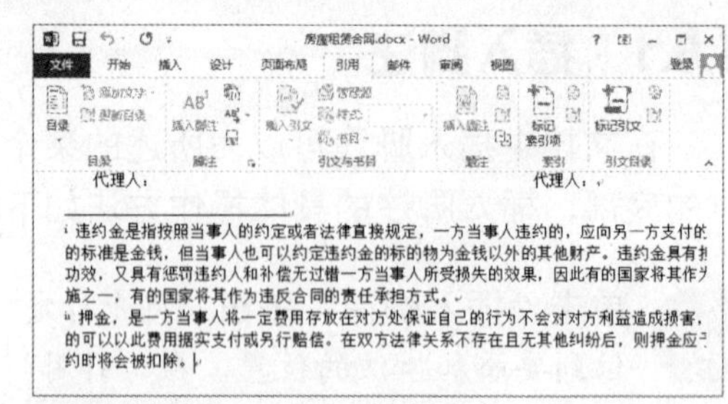

04 查看尾注效果 在插入尾注的位置同样将自动添加引用标记，将鼠标指针置于该标记上会自动显示尾注内容，如下图所示。

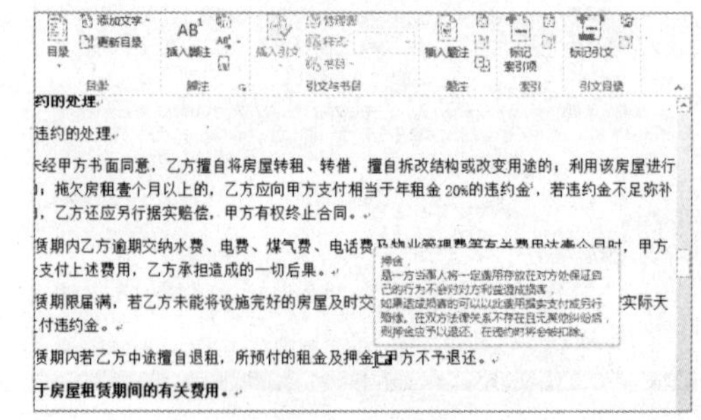

5.6.3 设置脚注与尾注编号格式

插入脚注或尾注后会以特定的编号格式进行标记，可以根据需要更改编号格式，还可以使用自定义的标记插入脚注和尾注。下面以更改脚注编号格式为例进行介绍，具体操作方法如下：

01 单击扩展按钮 选择“引用”选项卡，在“脚注”组中单击右下角的扩展按钮，如右图所示。

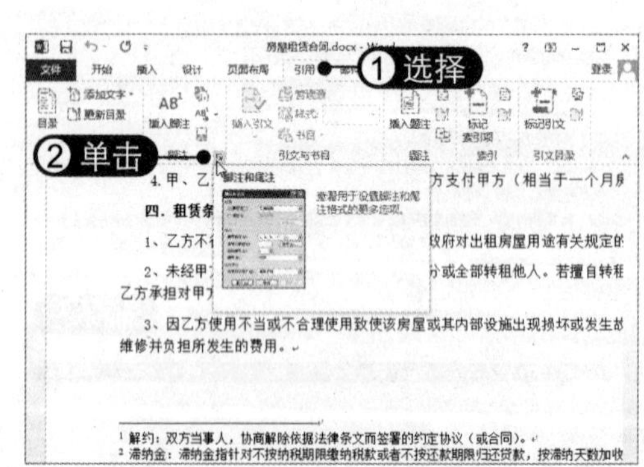

02 **选择格式** 弹出"脚注和尾注"对话框，选中"脚注"单选按钮，在"编号格式"下拉列表框中选择所需的样式，然后单击"应用"按钮，如下图所示。

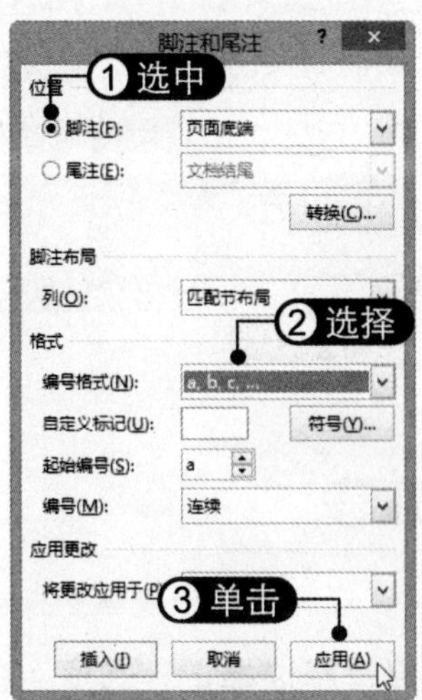

03 **应用新格式** 此时即可转换脚注格式，效果如下图所示。

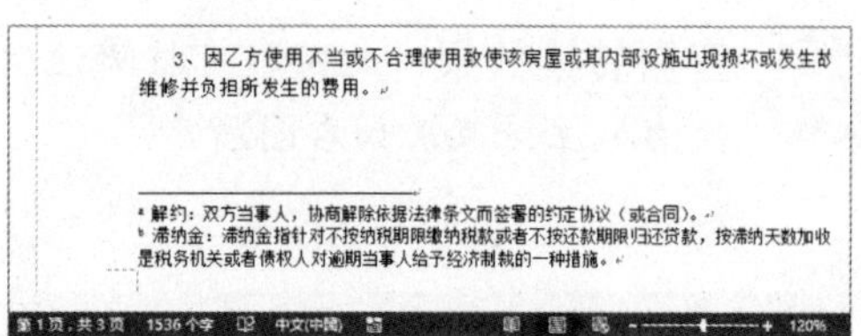

04 **自定义标记** 也可根据需要在插入脚注或尾注时使用自定义的符号。在"脚注和尾注"对话框的"自定义标记"文本框中输入符号，然后单击"插入"按钮即可，如下图所示。

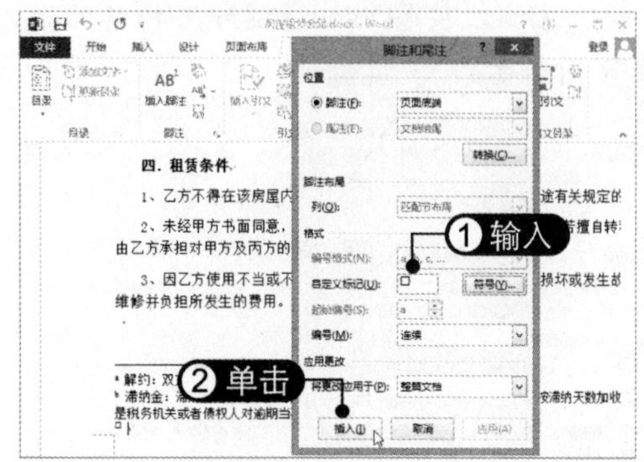

5.6.4 脚注与尾注相互转换

脚注和尾注之间可以相互转换，具体操作方法如下：

01 **单击扩展按钮** 选择"引用"选项卡，在"脚注"组中单击右下角的扩展按钮，如下图所示。

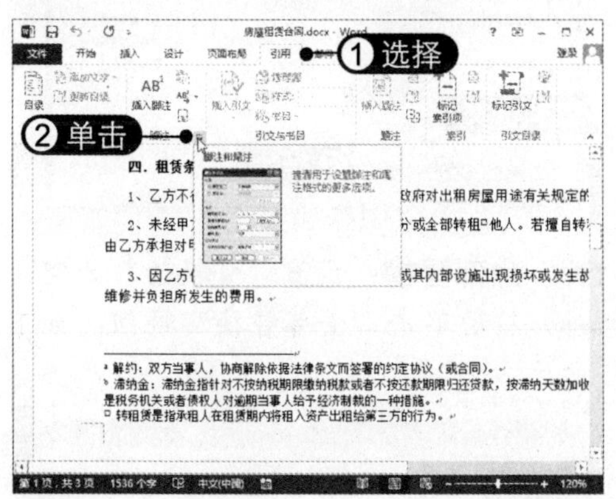

02 **单击"转换"按钮** 弹出"脚注和尾注"对话框，单击"转换"按钮，如下图所示。

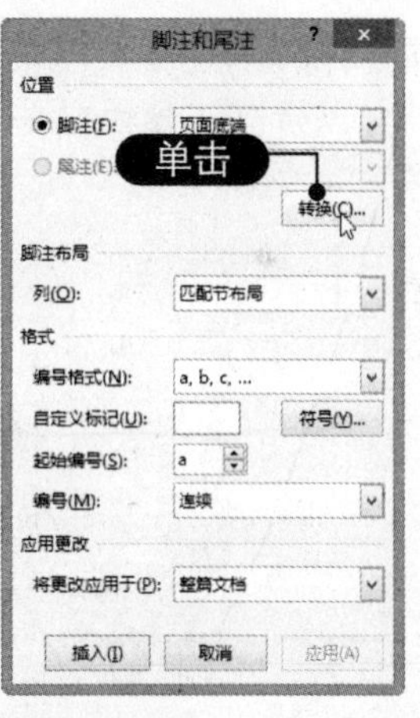

03 **设置转换脚注** 弹出"转换注释"对话框，选中"脚注全部转换成尾注"单选按钮，然后单击"确定"按钮，如下图所示。

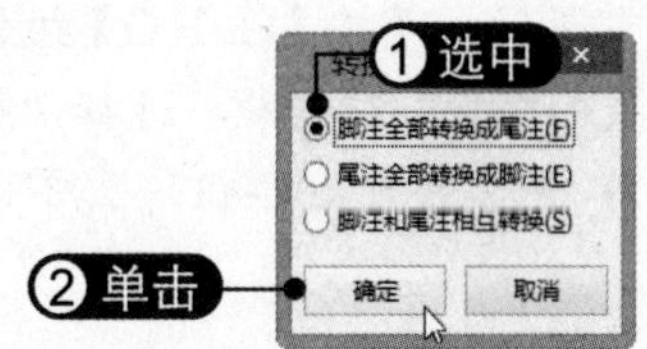

04 **查看转换效果** 此时即可将脚注转换为尾注，效果如右图所示。

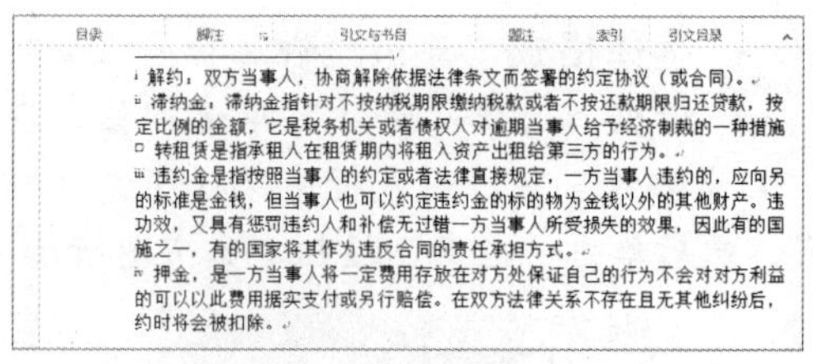

5.6.5 删除脚注或尾注

当不再需要脚注或尾注时可将其删除，具体操作方法如下：

01 **删除尾注标记** 在文档中选中尾注标记，按【Delete】键即可将其删除，如下图所示。

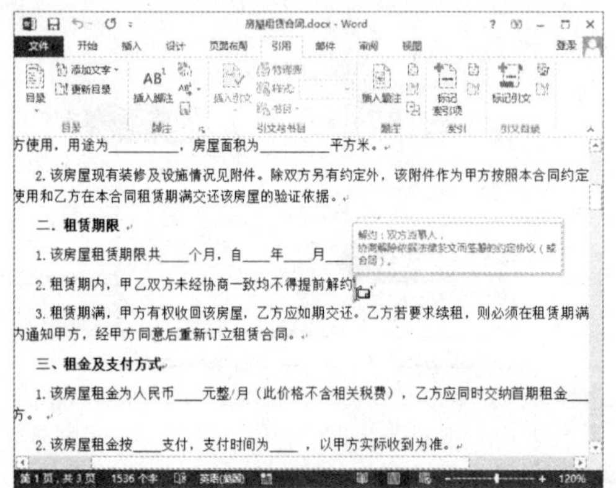

02 **查看删除尾注效果** 转到尾注位置，可以看到尾注内容一同被删除，如下图所示。

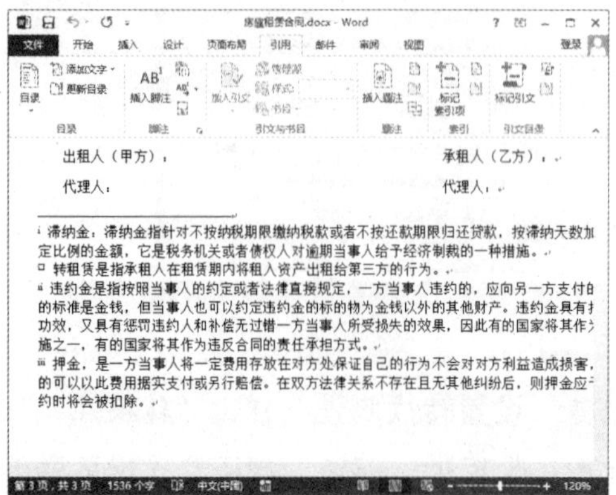

03 **单击“更多”按钮** 若要删除文档中的全部尾注，可按【Ctrl+G】组合键，打开“查找和替换”对话框，选择“替换”选项卡，单击“更多”按钮，如下图所示。

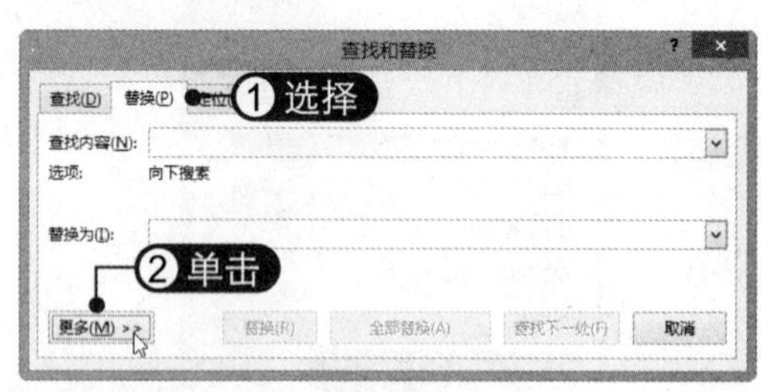

04 **选择“尾注标记”选项** 取消所有“搜索选项”前面的复选框，单击“特殊格式”下拉按钮，选择“尾注标记”选项，如下图所示。

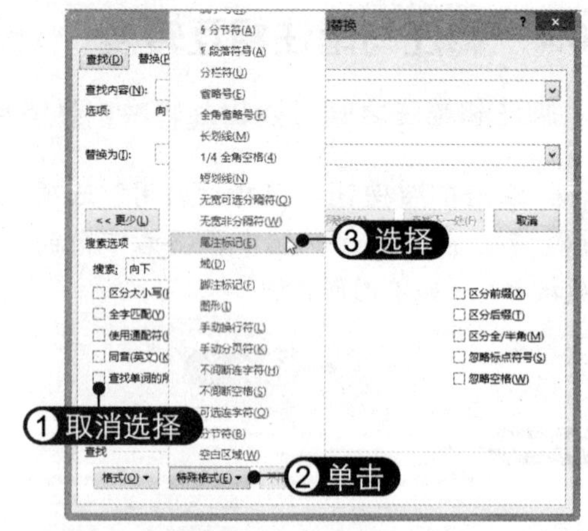

05 **全部替换** 设置“替换为”为空，然后单击“全部替换”按钮，如下图所示。

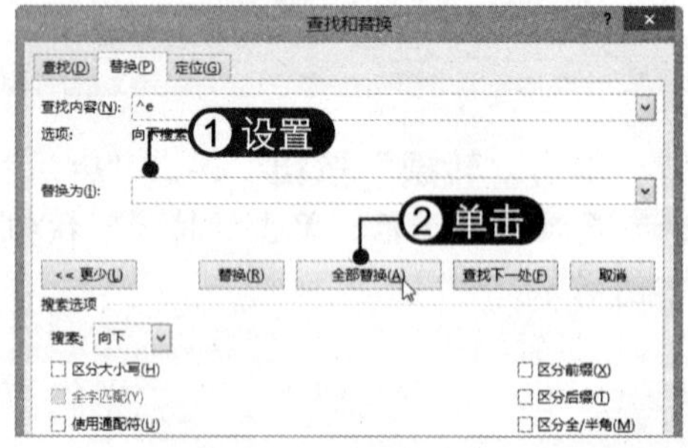

06 **删除全部尾注** 弹出提示信息框，单击“是”按钮，然后单击“确定”按钮，即可删除尾注，如右图所示。要注意，自定义编号的尾注无法进行替换删除，需要手动删除。

5.7 添加批注

批注是作者或审阅者为文档添加的一些注释或注解。下面将介绍如何在文档中添加批注，以及如何更改批注的显示方式。

5.7.1 插入批注

在文档中插入批注的具体操作方法如下：

01 **单击“新建批注”按钮** 选中要添加批注的文本，或将光标定位到要添加批注的位置，选择“插入”选项卡，单击“批注”按钮，如下图所示。

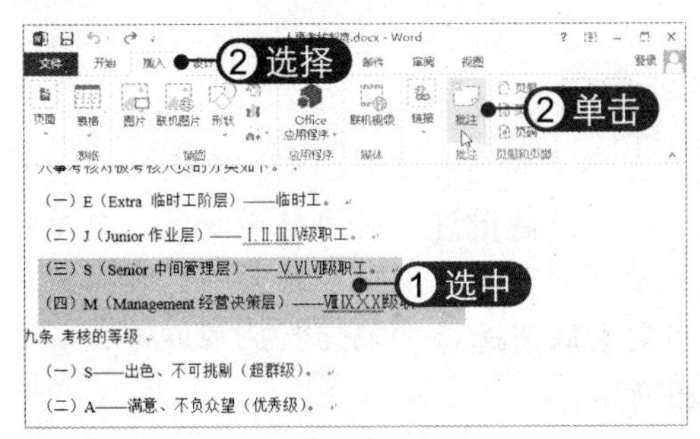

02 **输入批注内容** 此时即可在文档右侧打开批注框，根据需要输入批注内容，如下图所示。

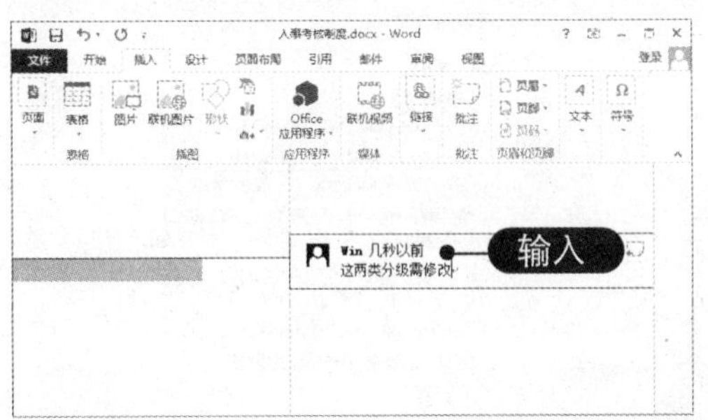

03 **答复批注** 若要对批注进行答复，可单击批注右上方的按钮，然后输入答复内容，如下图所示。

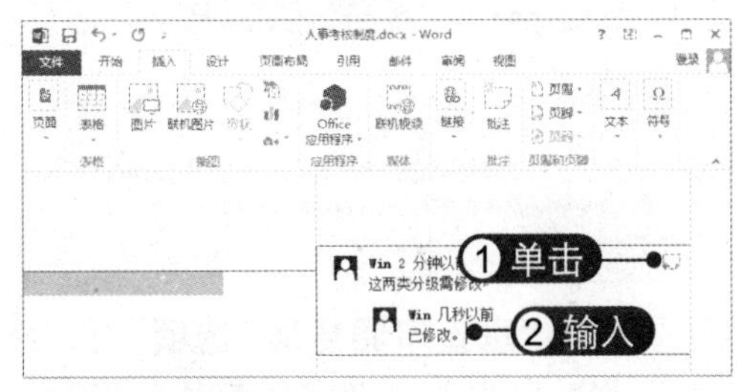

04 **删除批注** 若要删除批注，只需将光标定位到批注框中，然后选择“审阅”选项卡，在“批注”组中单击“删除”按钮即可，如下图所示。

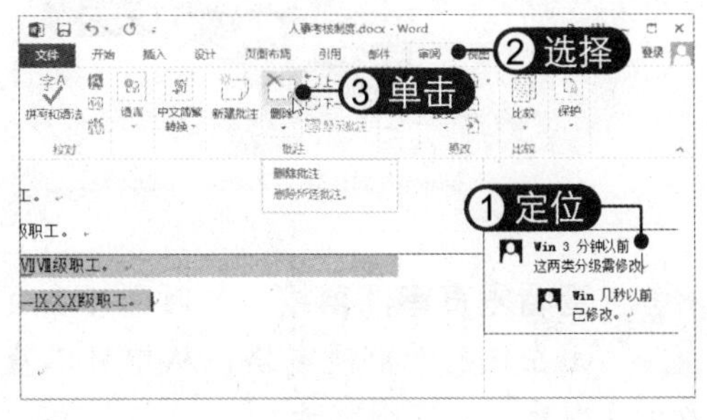

5.7.2 更改批注的显示方式

默认情况下批注显示在文档右侧，用户可以根据自己的操作习惯来更改批注的显示方式，具体操作方法如下：

01 选择显示方式 在“修订”组中单击“显示标记”下拉按钮，选择“批注框”|“以嵌入方式显示所有修订”选项，如下图所示。

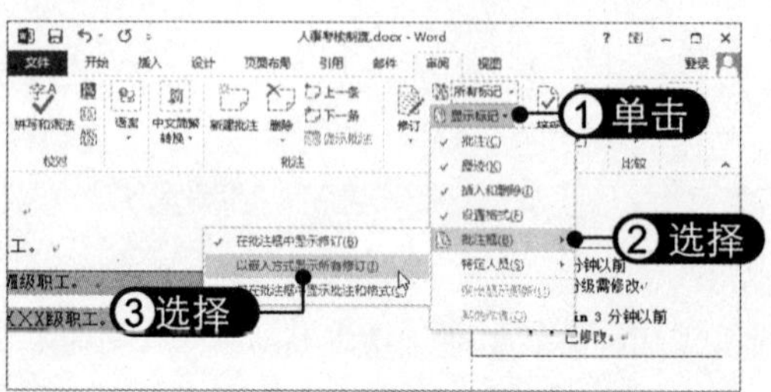

02 以嵌入方式显示批注 此时即可以嵌入方式显示批注。将鼠标指针置于批注文字上，就会浮现出批注内容，如下图所示。

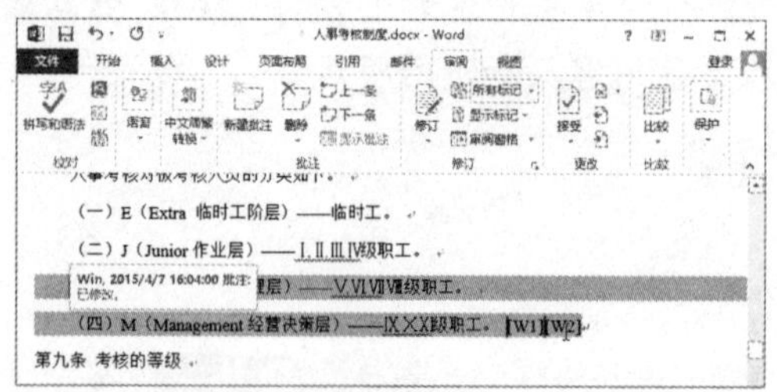

03 选择“垂直审阅窗格”选项 在“修订”组中单击“审阅窗格”下拉按钮，选择“垂直审阅窗格”选项，如下图所示。

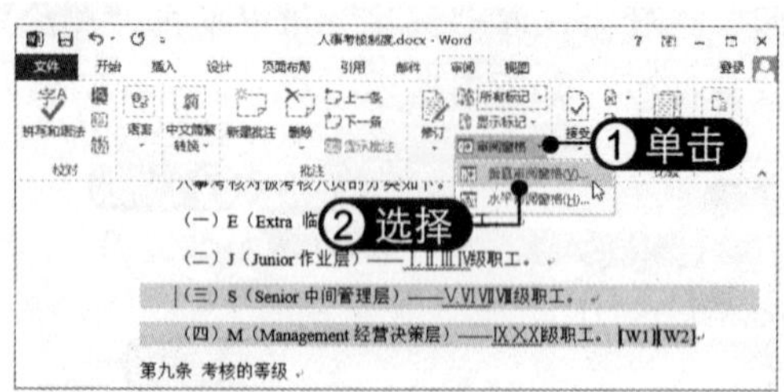

04 查看垂直审阅窗格 此时即可在页面左侧打开审阅窗格，从中可以查看批注内容，如下图所示。

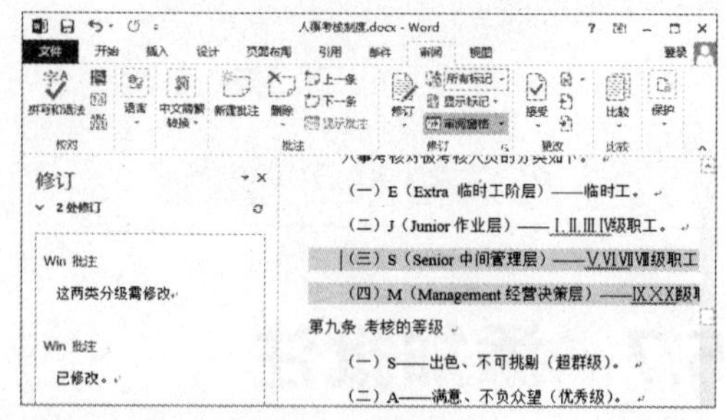

05 查看水平审阅窗格 在“审阅窗格”下拉列表中选择“水平审阅窗格”选项，可在页面下方打开审阅窗格，查看批注内容。将鼠标指针置于审阅窗格的边框上，拖动鼠标可以更改审阅窗格的位置，如下图所示。

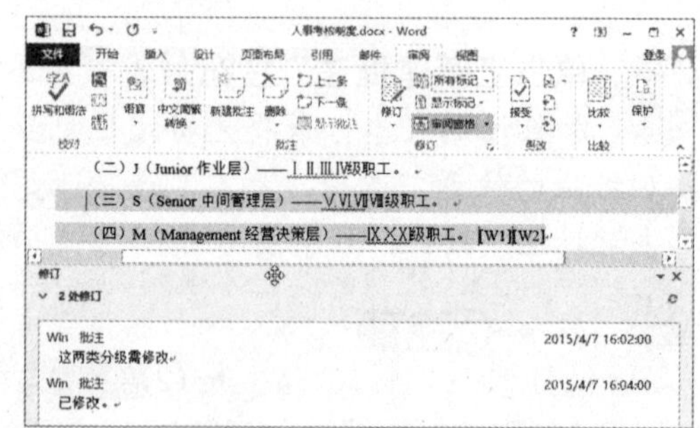

06 隐藏批注 若要隐藏批注，可单击“显示标记”下拉按钮，在弹出的列表中取消选择“批注”选项即可，如下图所示。

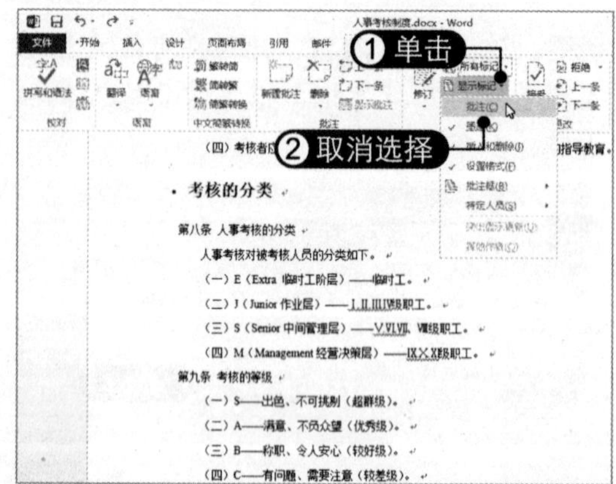

5.8 创建与使用模板

Word 2013 提供了很多模板文档，通过这些模板可以快速创建特殊文档。如果系统自带的模板不能满足需求，还可以自己创建模板，下面将介绍如何创建与使用 Word 模板。

5.8.1 将文档保存为模板

将文档保存为模板是指将常用文档以模板的形式进行保存，具体操作方法如下：

01 编辑文档 打开素材文件，并进行所需的编辑操作，如下图所示。

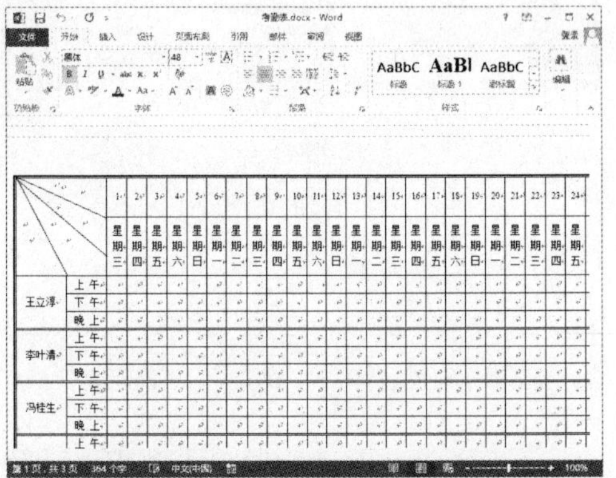

02 保存为模板文件 按【F12】键，弹出“另存为”对话框，选择“保存类型”为“Word 模板”选项，此时将自动转到“自定义 Office 模板”保存位置，单击“保存”按钮，即可保存为模板文件，如下图所示。

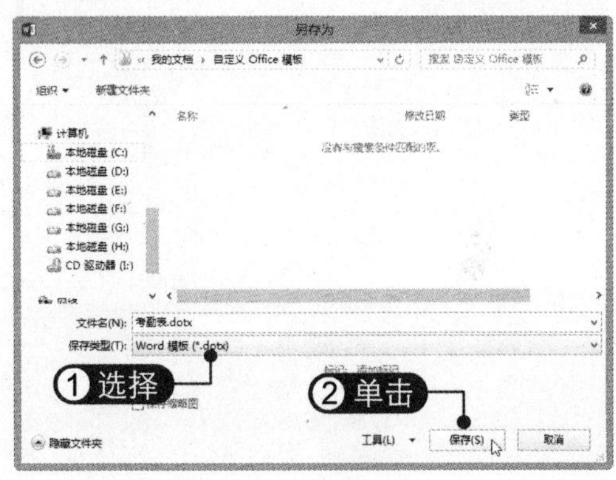

5.8.2 使用模板创建文档

使用 Word 模板可以快速创建新文档，具体操作方法如下：

01 选择个人模板 选择“文件”选项卡，在左侧选择“新建”选项，在右侧选择“个人”选项卡，即可看到保存的 Word 模板，单击此模板，如下图所示。

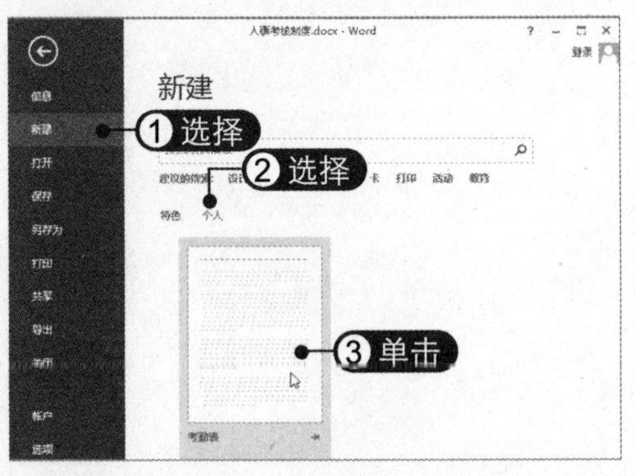

02 创建新文档 此时即可以该模板为基础创建一个新文档，如下图所示。

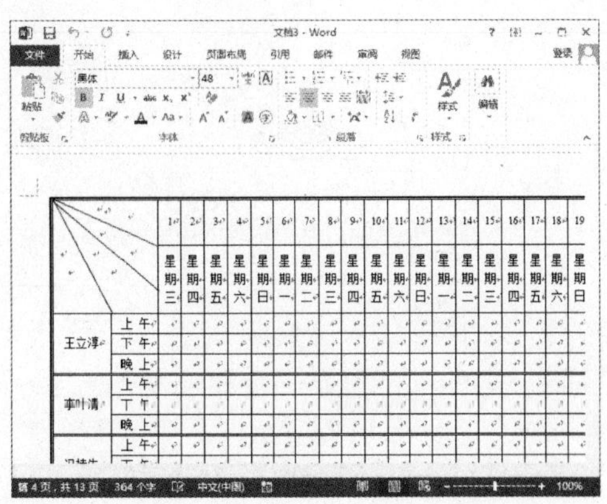

03 双击模板文件 若将模板文件保存到了其他位置，要使用该模板创建新文档，只需双击该模板文件即可，如下图所示。

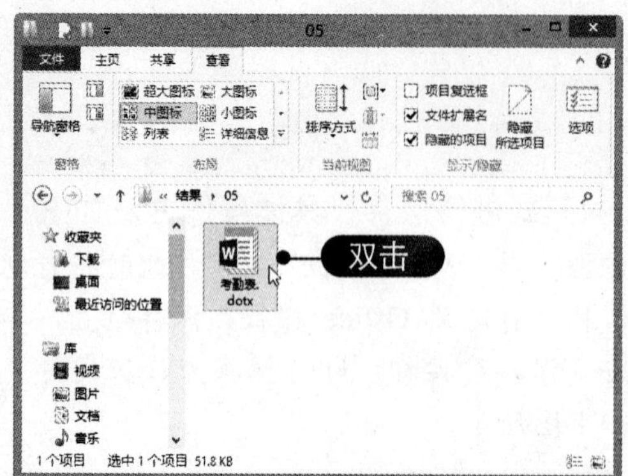

04 选择“打开”命令 若要对模板文件进行编辑修改，可右击模板文件，在弹出的快捷菜单中选择“打开”命令，如下图所示。打开文件后，即可进行编辑修改。

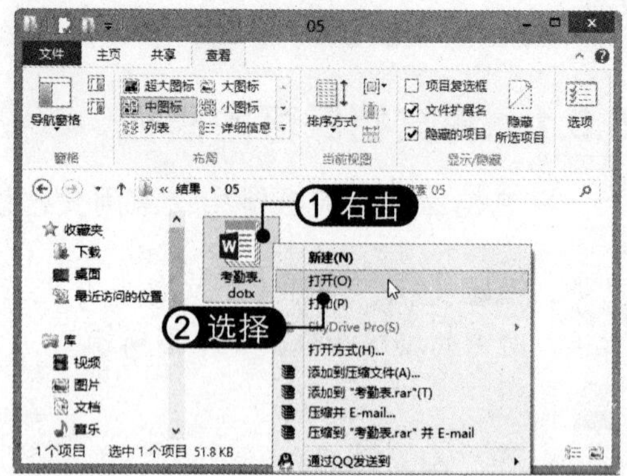

Chapter 06 文档页面美化与打印

在编辑办公文档的过程中，有时需要对页面大小、页边距等进行设置；有时还需要对文档进行分栏、添加页面背景、添加页眉/页脚等操作，以满足不同的需求，此时就需要对页面进行设置。文档制作完成后，还可以根据需要将其打印出来。本章将介绍文档页面设置与美化方面的知识。

本章要点

- 美化文档页面
- 设置文档页面格式
- 打印办公文档

知识等级

Word 2013 高级读者

建议学时

建议学习时间为 80 分钟

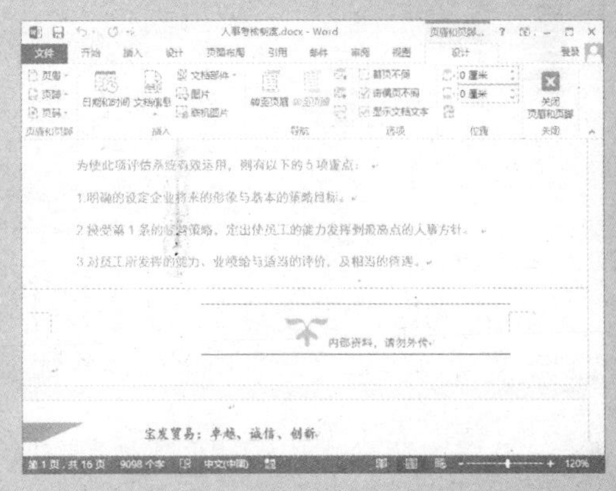

6.1 美化文档页面

Word 2013 提供了多种美化文档页面的功能，如应用主题和样式集，添加水印效果，设置页面背景，添加页面边框、插入文档封面页及稿纸设置等，下面将分别对其进行介绍。

6.1.1 应用主题和样式集

Word 2013 提供了主题和样式集功能，能够快速、高效地格式化文本。下面将介绍如何应用 Word 2013 中预设的格式效果来快速对文档进行排版。

1. 应用样式集

样式集是文档中标题、正文和引用等不同文本和对象格式的集合，为了方便用户对文档样式进行设置，Word 2013 为不同类型的文档提供了多种内置的样式集供用户选择使用。应用样式集的具体操作方法如下：

01 **选择样式集** 打开素材文件，选择"设计"选项卡，在"文档格式"组中单击"更多"按钮，选择"阴影"样式集，如下图所示。

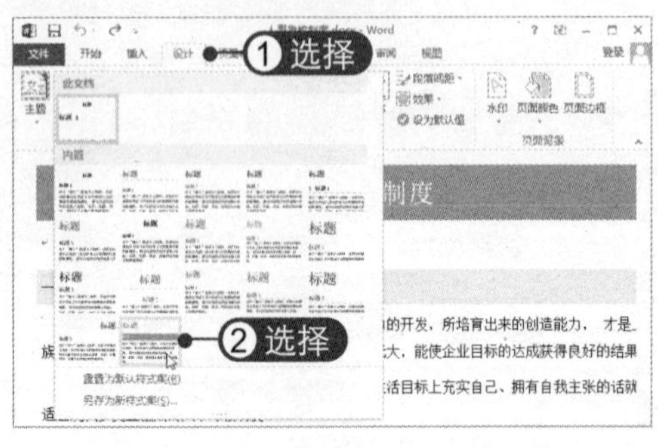

02 **应用样式集** 此时即可查看应用样式集后的文档页面效果，如下图所示。

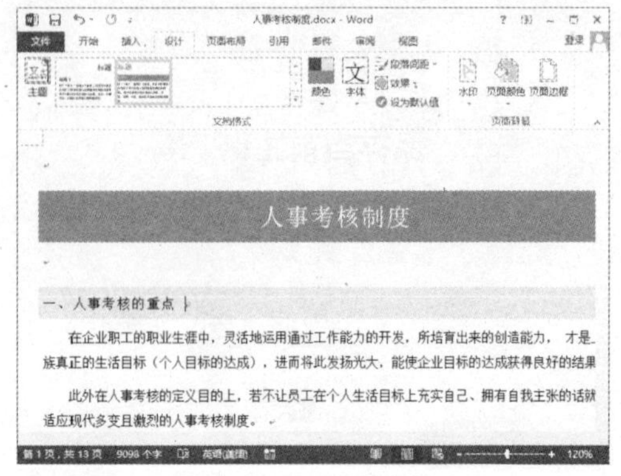

2. 应用主题

Word 2013 中的主题是预先设置好的一组格式的总称，其中包括颜色、字体、段落间距及效果等格式。应用主题的具体操作方法如下：

01 **选择主题样式** 在"文档格式"组中单击"主题"下拉按钮，选择"丝状"主题样式，如右图所示。

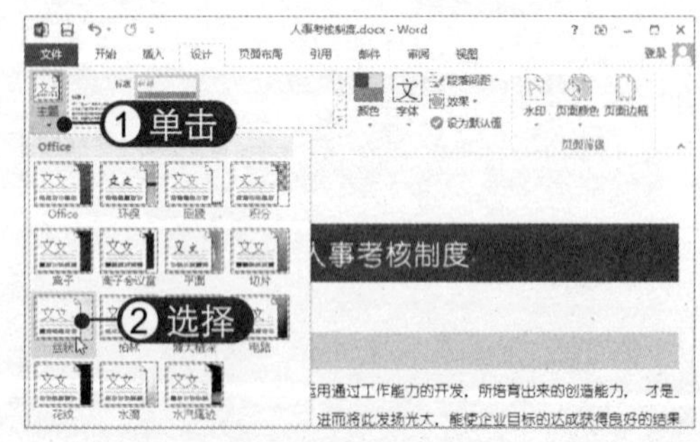

02 选择颜色样式 根据需要对当前应用的主题进行修改，如单击“颜色”下拉按钮，选择“紫红色”，如下图所示。

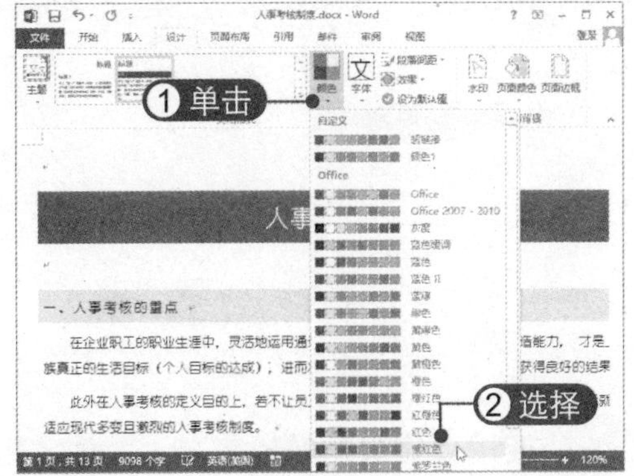

03 选择字体样式 单击“字体”下拉按钮，选择所需的字体样式，如下图所示。

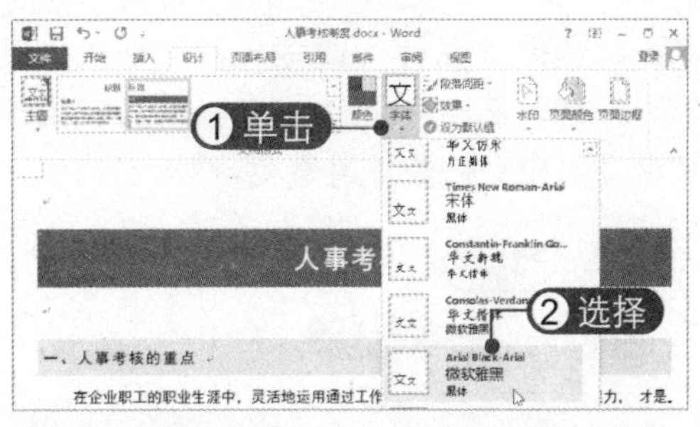

04 选择段落间距样式 单击“段落间距”下拉按钮，选择“紧密型”选项，如下图所示。

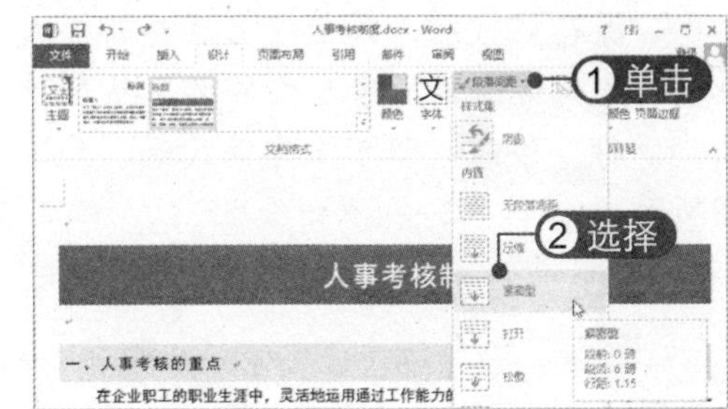

3. 保存自定义样式

用户可以将文档中的当前格式保存为自定义样式集或主题，以快速应用到其他文档中，具体操作方法如下：

01 选择“保存当前主题”选项 在“文档格式”组中单击“主题”下拉按钮，选择“保存当前主题”选项，如下图所示。

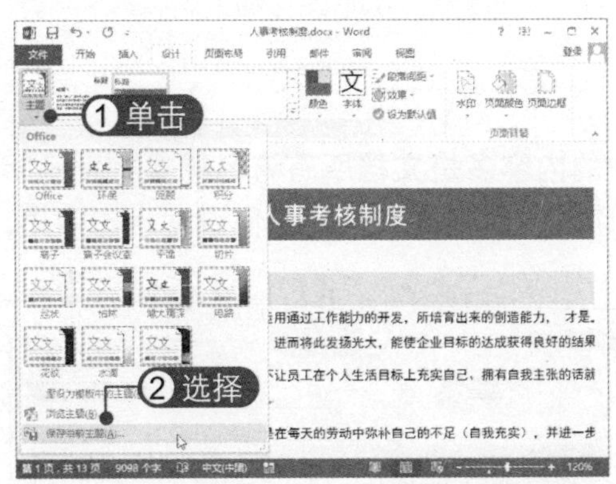

02 保存主题 弹出“保存当前主题”对话框，输入文件名，然后单击“保存”按钮，如下图所示。

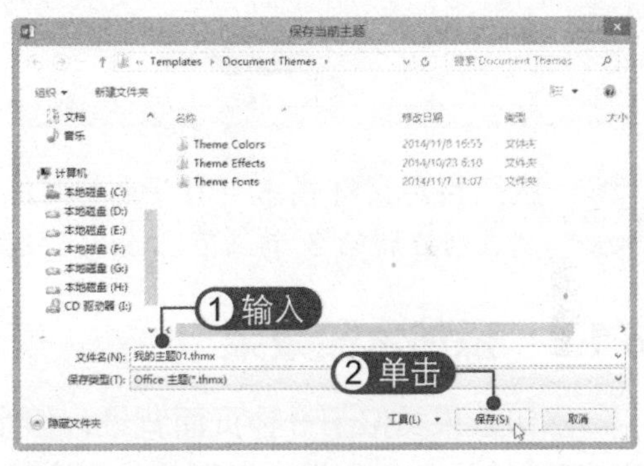

03 查看自定义主题 单击“主题”下拉按钮，在弹出的列表中即可查看已保存的主题样式，如下图所示。

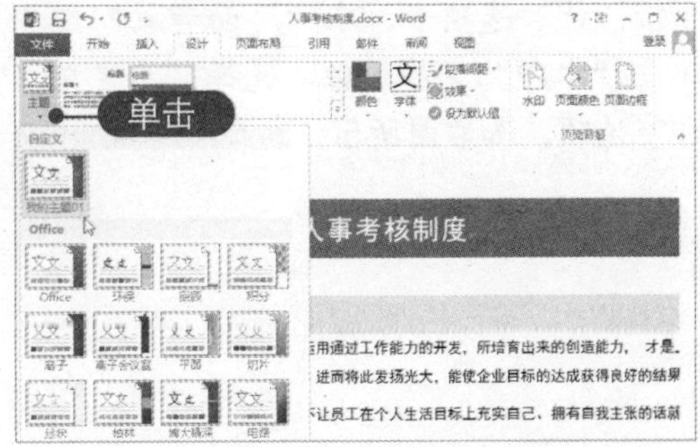

04 **选择“保存”命令** 打开样式集下拉列表，右击此文档的样式，选择“保存”命令，如下图所示。

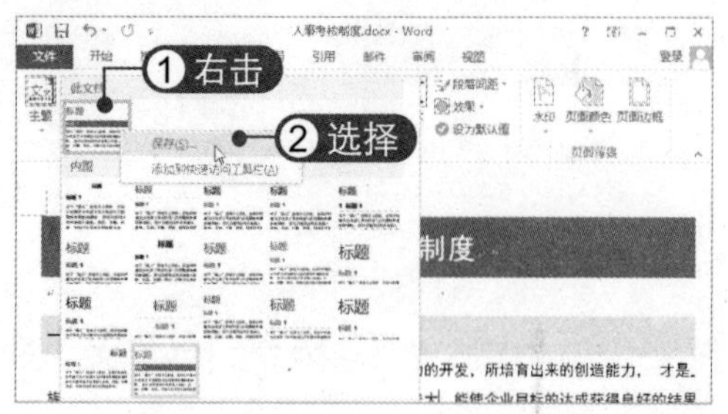

05 **保存样式集** 弹出“另存为新样式集”对话框，输入文件名，然后单击“保存”按钮，即可保存样式集，如下图所示。

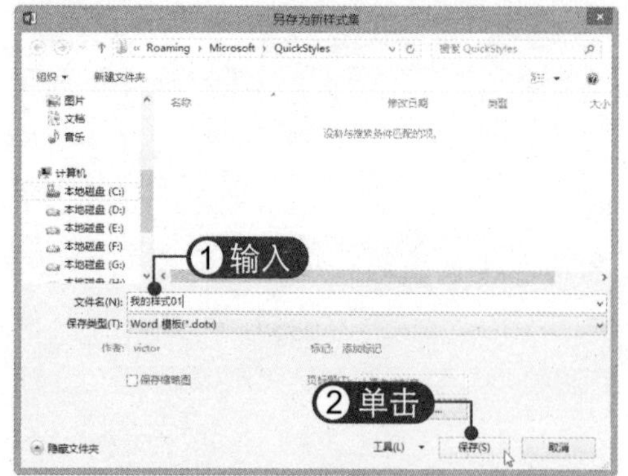

06 **应用自定义样式集** 打开素材文件“成功应聘的 3 个细节.docx”，选择“设计”选项卡，在“样式集”列表中选择自定义的样式集，如下图所示。

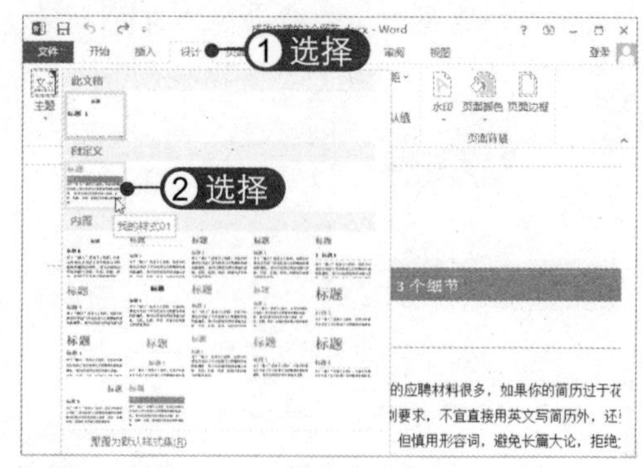

07 **应用自定义主题** 单击“主题”下拉按钮，选择自定义的主题，查看文档效果，如下图所示。

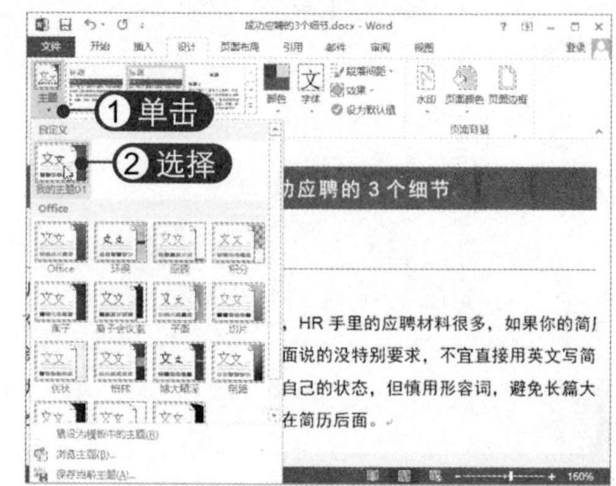

6.1.2 添加水印效果

水印效果类似于一种页面背景，但水印中的内容多是文档所有者名称或特别说明等信息。Word 2013 提供了图片与文字两种水印，下面将详细介绍如何设置水印效果，具体操作方法如下：

01 **选择“自定义水印”选项** 选择“设计”选项卡，在“页面背景”组中单击“水印”下拉按钮，选择“自定义水印”选项，如右图所示。

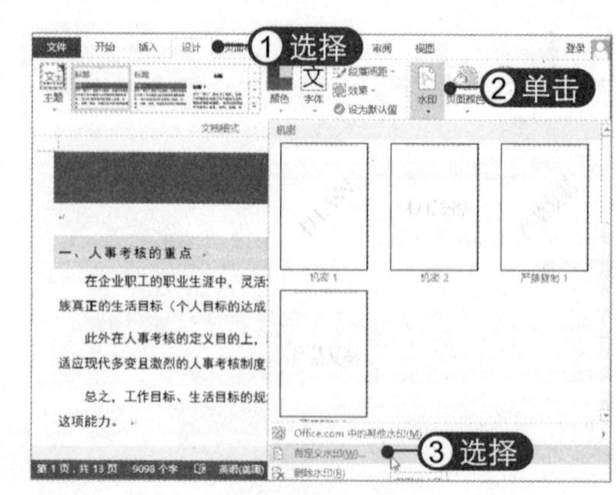

02 设置文字水印格式 弹出“水印”对话框，选中“文字水印”单选按钮，设置文字水印的字体、颜色、版式等格式，然后单击“应用”按钮，如下图所示。

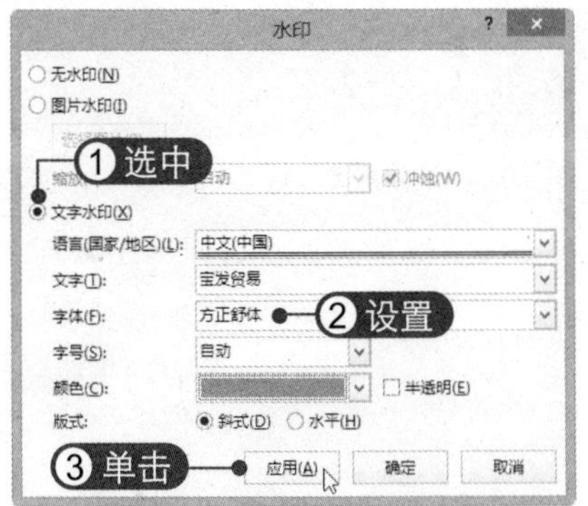

03 查看文字水印效果 此时即可在文档中查看添加文字水印后的效果。确认不再更改后，在“水印”对话框中单击“确定”按钮即可，如下图所示。

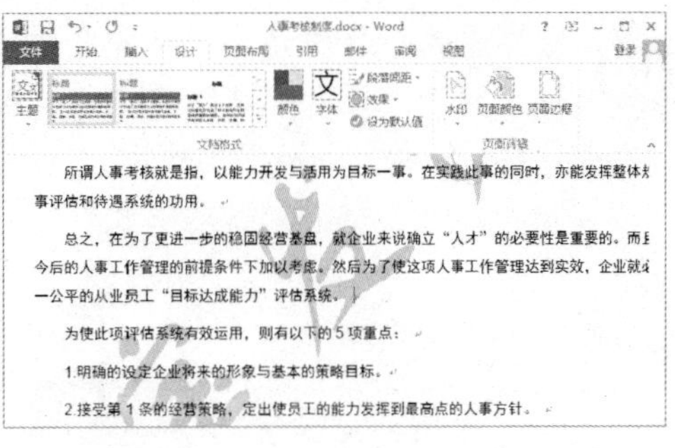

04 删除水印 若要删除文档水印，可单击“水印”下拉按钮，选择“删除水印”选项，如下图所示。

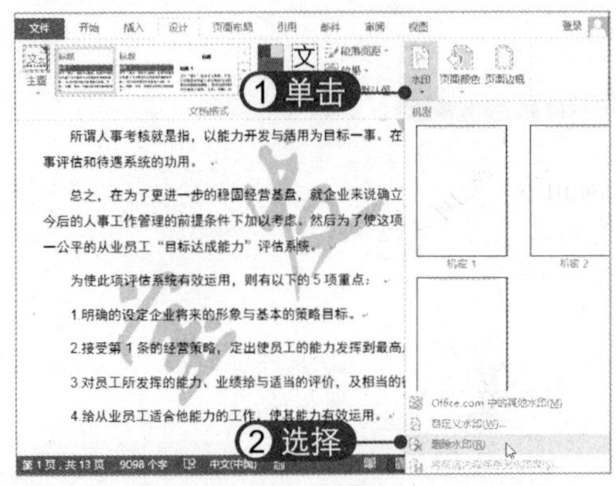

以上添加的是比较常见的文字水印，还可以使用图片做水印，具体操作方法如下：

01 单击“选择图片”按钮 打开“水印”对话框，选中“图片水印”单选按钮，单击“选择图片”按钮，如下图所示。

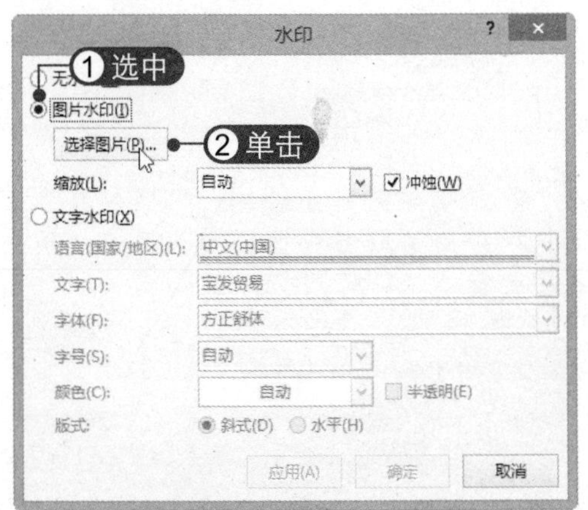

02 选择图片来源 在弹出的“插入图片”对话框中单击“浏览”按钮，如下图所示。

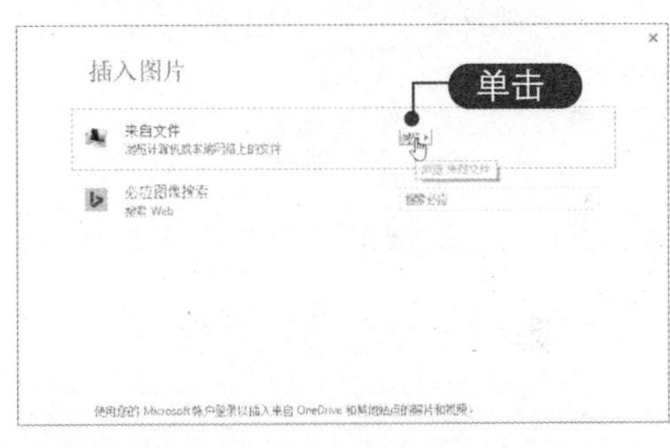

03 选择水印图片 弹出“插入图片”对话框，选择要用作水印的图片，然后单击“插入”按钮，如下图所示。

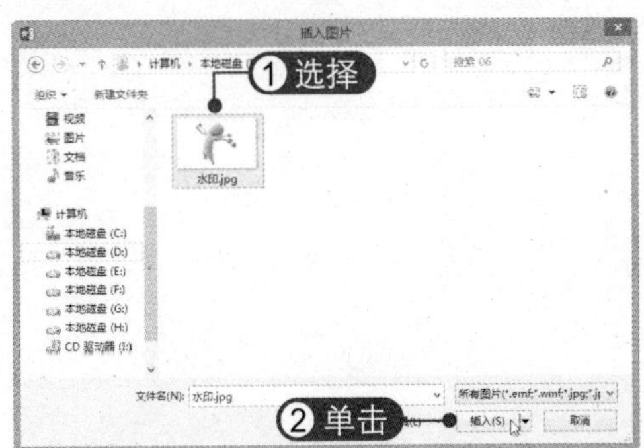

04 **应用图片水印** 返回“水印”对话框，取消选择“冲蚀”复选框，然后单击“应用”按钮，如下图所示。

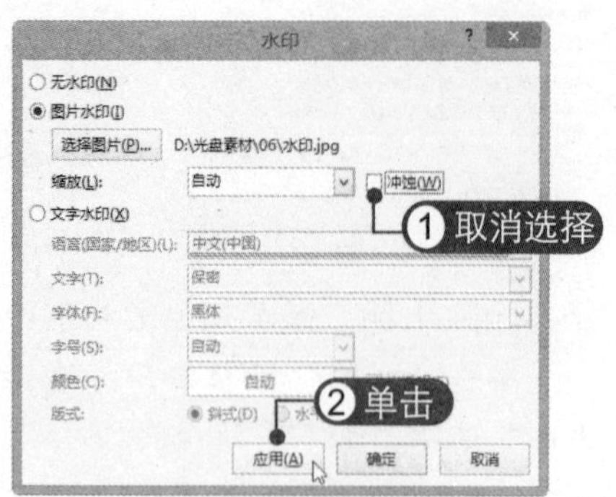

05 **查看图片水印效果** 此时即可查看设置图片水印后的文档效果。确认不再更改后，在“水印”对话框中单击“确定”按钮，如下图所示。

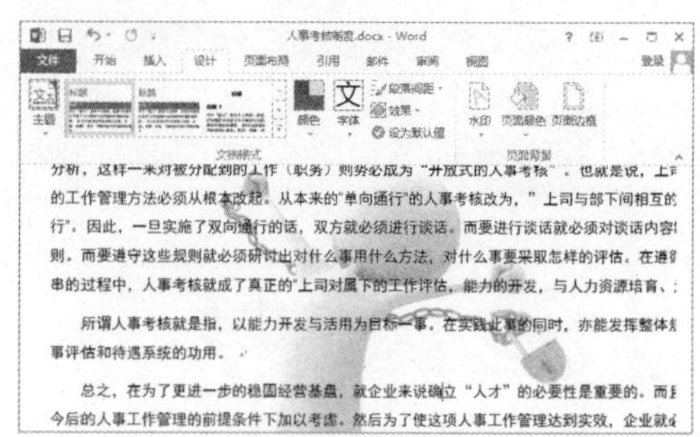

6.1.3 设置页面背景

Word 2013 提供了页面背景设置功能，背景显示在页面底层。使用背景设置功能可以制作出许多色彩亮丽的文档，使文档活泼、明快。设置页面背景的具体操作方法如下：

01 **选择颜色** 选择“设计”选项卡，单击“页眉背景”组中的“页面颜色”下拉按钮，选择所需的颜色，即可实时预览纯色背景效果，如下图所示。

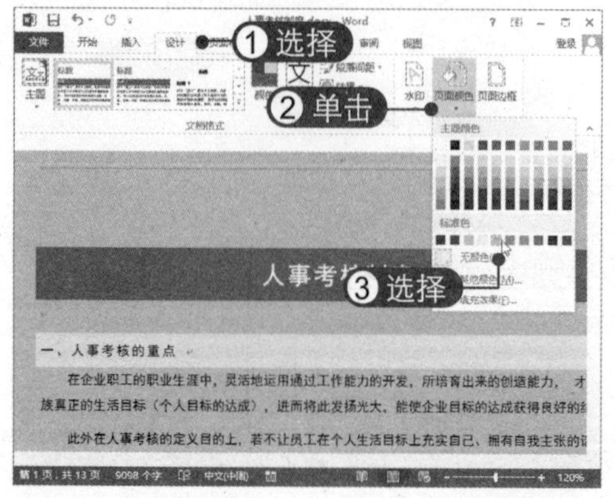

02 **设置渐变效果** 在“页面颜色”下拉列表中选择“填充效果”选项，弹出“填充效果”对话框，选择“渐变”选项卡，设置颜色、深浅、底纹样式及变形，然后单击“确定”按钮，如下图所示。

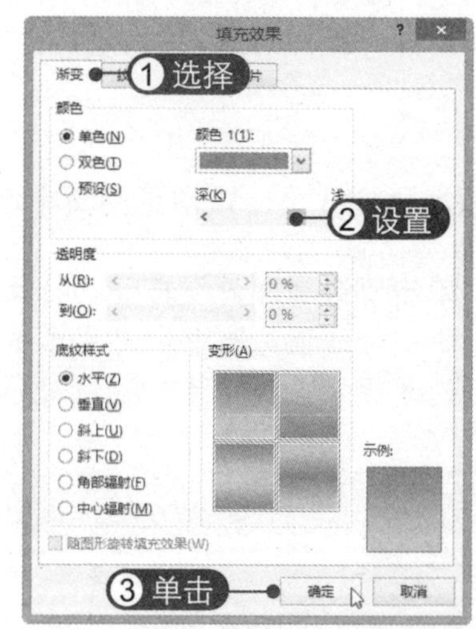

03 **查看渐变背景效果** 此时即可查看应用了渐变背景的文档页面效果，如下图所示。

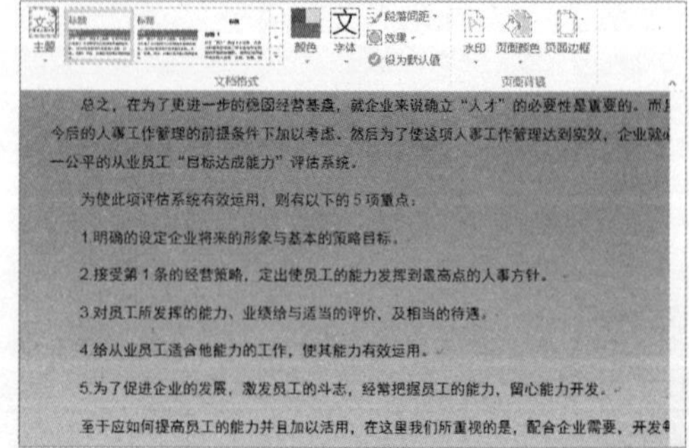

04 选择纹理图案 在“填充效果”对话框中选择“纹理”选项卡，选择“羊皮纸”纹理图案，然后单击“确定”按钮，如下图所示。

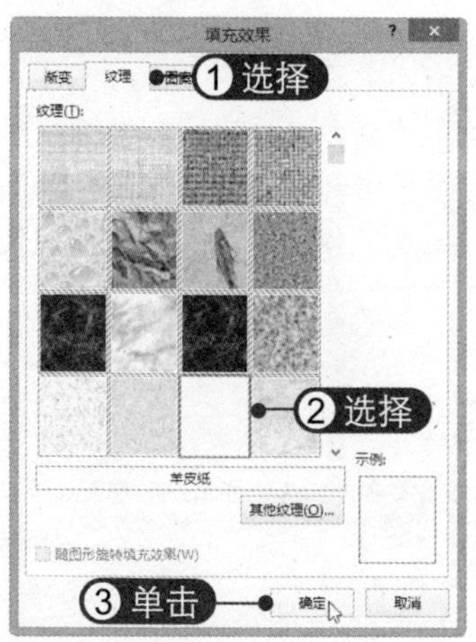

05 查看纹理背景效果 此时即可查看应用了纹理背景的文档页面效果，如下图所示。

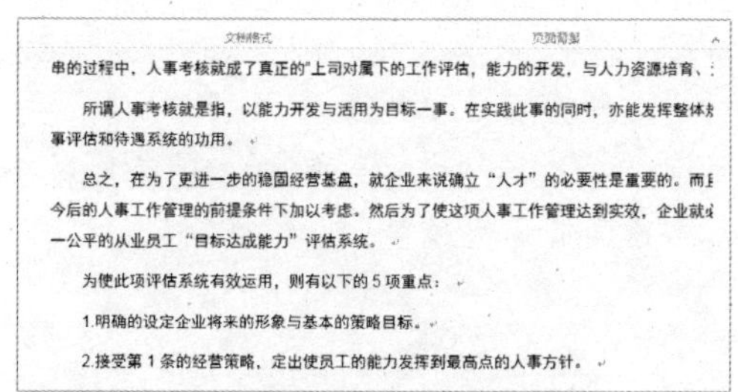

06 设置图案背景 在“填充效果”对话框中选择“图案”选项卡，选择“虚线网格”图案，并设置前景和背景颜色，然后单击“确定”按钮，如下图所示。

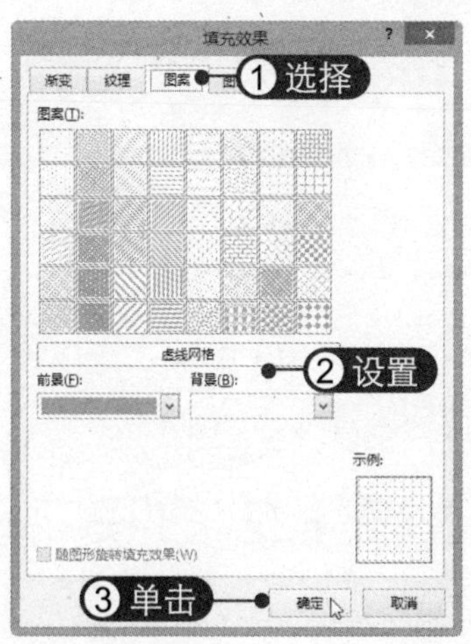

07 查看图案背景效果 此时即可查看应用了图案背景的文档页面效果，如下图所示。

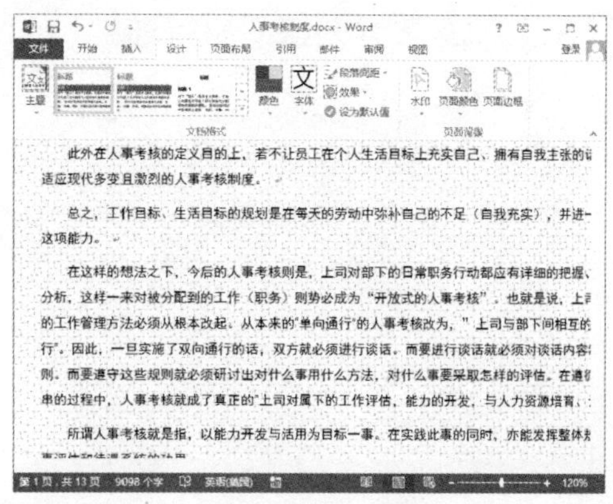

08 单击“选择图片”按钮 在“填充效果”对话框中选择“图片”选项卡，单击“选择图片”按钮，如下图所示。

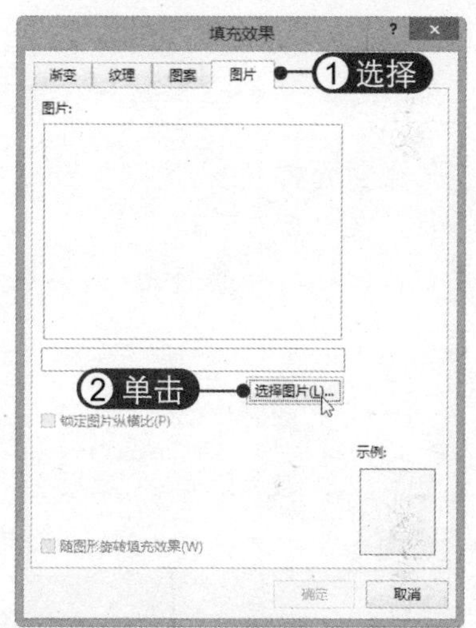

09 选择背景图片 弹出“选择图片”对话框，选择所需的背景图片，然后单击“插入”按钮，如下图所示。

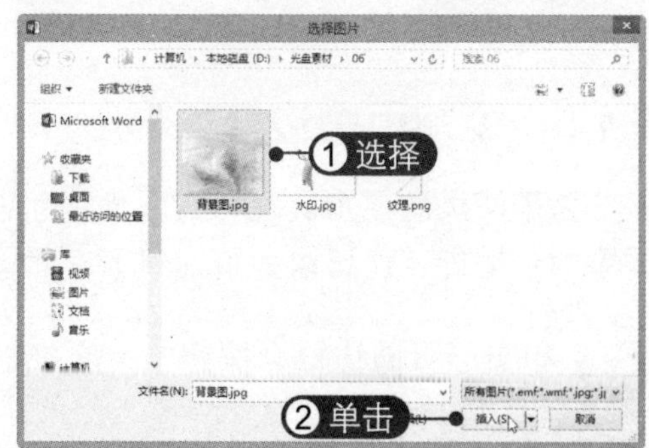

10 **确认图片填充** 返回“填充效果”对话框，然后单击“确定”按钮，如下图所示。

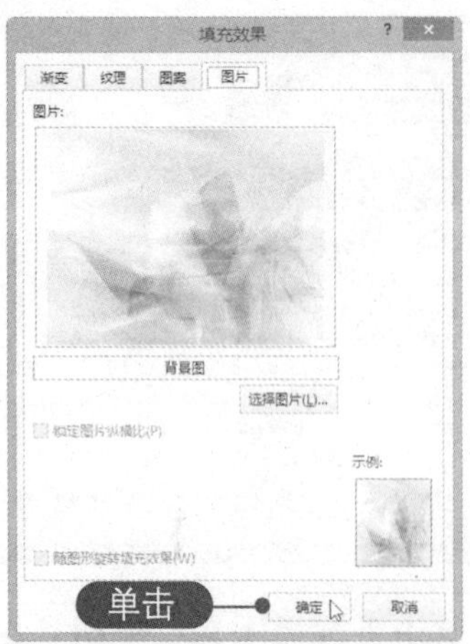

11 **查看图片背景效果** 此时即可查看应用了图片背景的文档页面效果，如下图所示。

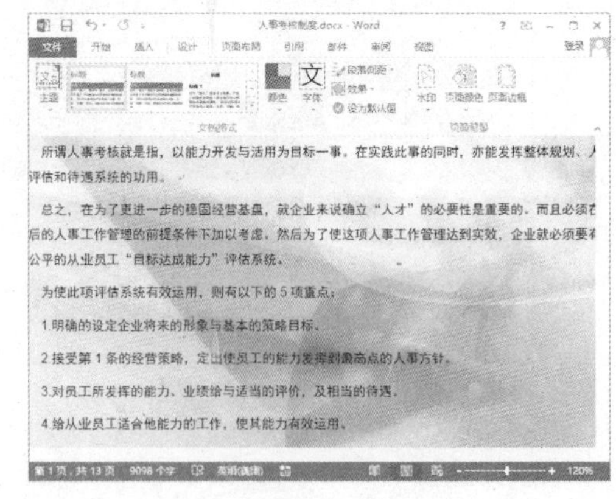

6.1.4 插入封面页

很多办公人员通常都是自己设计文档的封面，但实际上 Word 2013 为用户提供了很多封面模板，可以直接使用这些封面模板，具体操作方法如下：

01 **选择封面样式** 选择“插入”选项卡，在“页面”组中单击“封面”下拉按钮，选择所需的封面样式，如下图所示。

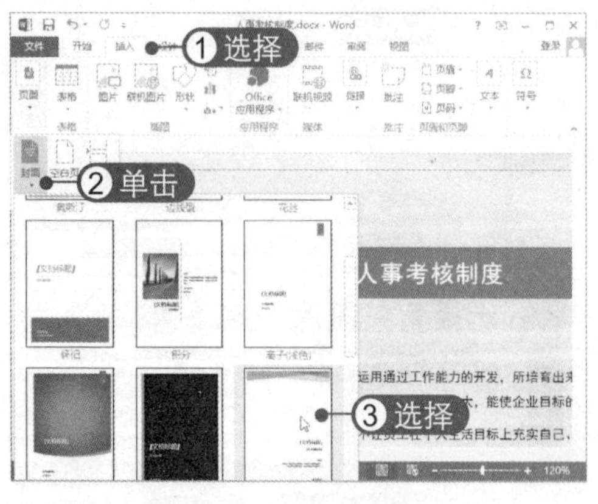

02 **输入文字** 此时即可在文档中插入封面页。单击文档中封面的标题占位符，输入标题文字。同样，还可以编辑文档的副标题和摘要，如下图所示。

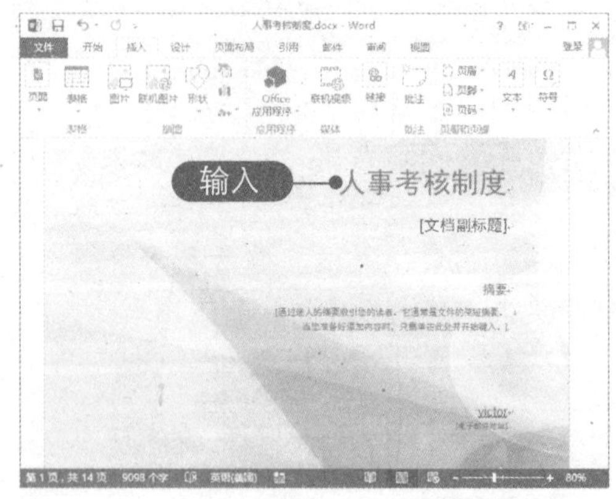

6.1.5 添加页面边框

为了使页面更加美观，可以为页面设置边框。在 Word 2013 中除了可以设置普通线型的边框外，还可以为页面设置艺术类型的边框，具体操作方法如下：

01 **单击“页面边框”按钮** 选择“设计”选项卡，在“页面背景”组中单击“页面边框”按钮，如下图所示。

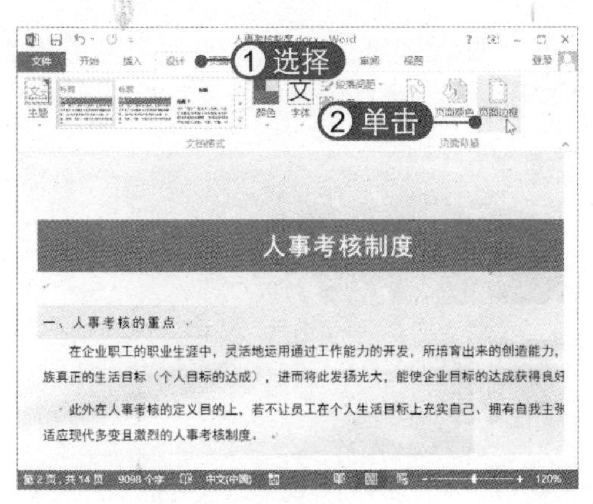

02 选择艺术型边框 弹出“边框和底纹”对话框，在左侧单击“方框”图标，在“样式”列表框中选择所需的边框样式，如下图所示。

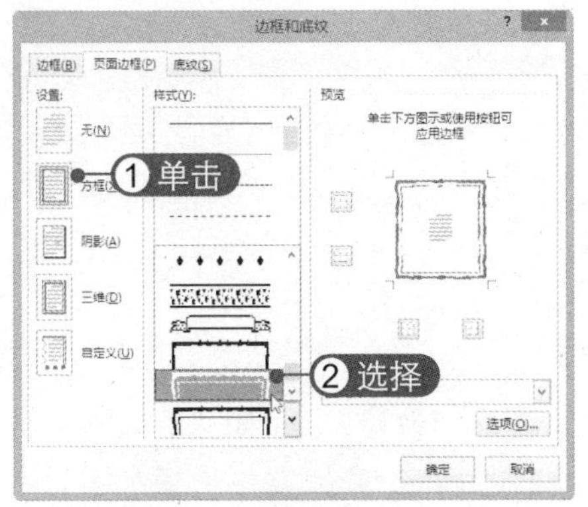

03 设置边框样式 设置页面边框的颜色和宽度，然后单击“确定”按钮，如下图所示。

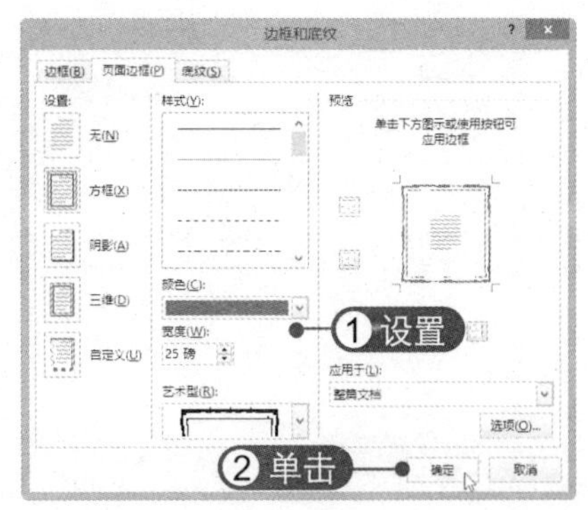

04 查看文档边框效果 此时即可查看为文档添加艺术型边框后的页面效果，如下图所示。

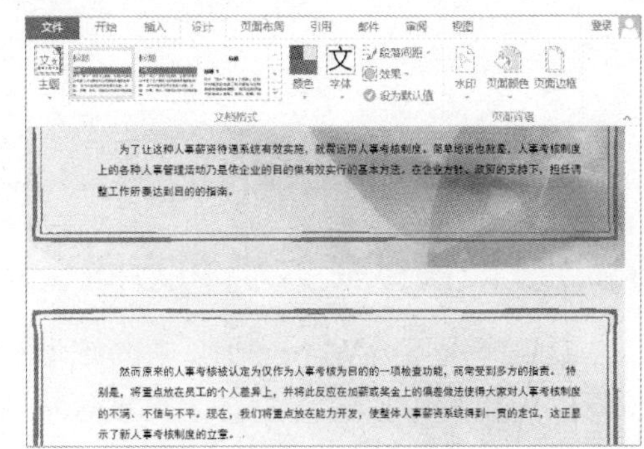

6.1.6 设置稿纸样式

在 Word 2013 中可以轻松地设置许多种不同的稿纸样式，如方格式稿纸、行线式稿纸或外框式稿纸等。设置稿纸样式的具体操作方法如下：

01 单击“稿纸设置”按钮 选择“页面布局”选项卡，单击“稿纸设置”按钮，如下图所示。

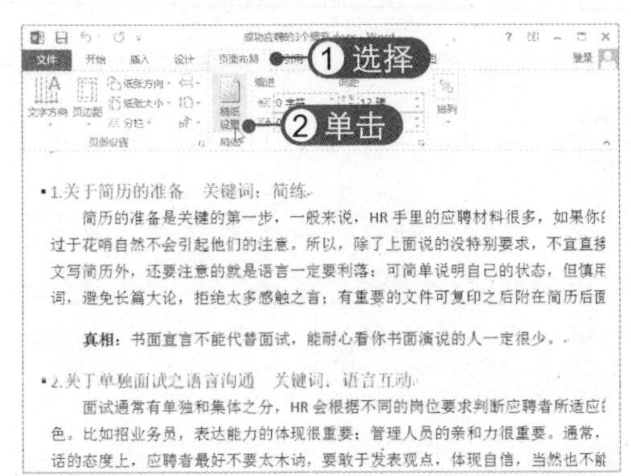

02 选择网格格式 单击“格式”下拉按钮，在弹出的下拉列表中选择“行线式稿纸”选项，如下图所示。

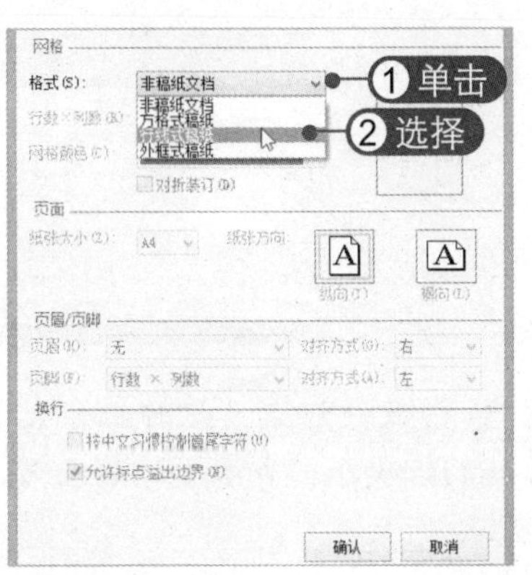

03 **设置网格** 设置行数×列数和网格颜色，单击“确认”按钮，如下图所示。

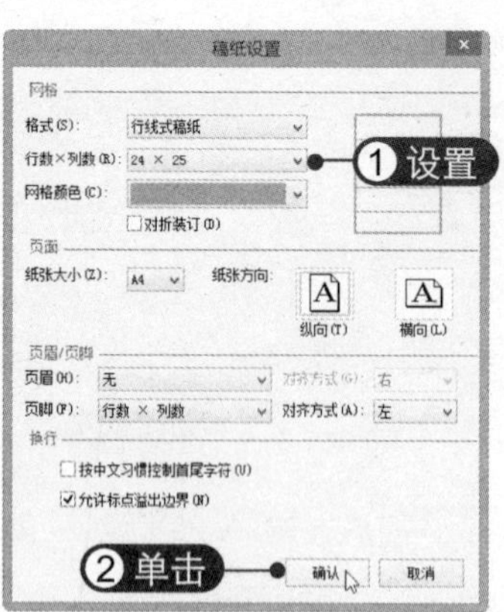

04 **查看稿纸效果** 此时即可完成稿纸设置操作，文档页面效果如下图所示。

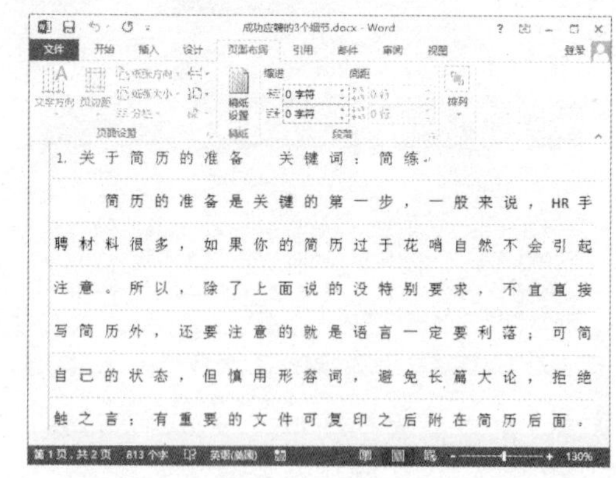

6.2 设置文档页面格式

页面实际上就是文档的一个版面，文档内容编辑得再好，如果没有进行恰当的页面设置和页面排版，打印出来的文档也会逊色不少。要使打印效果令人满意，就应该根据实际需要来设置页面的大小和方向、页眉和页脚等。

6.2.1 设置纸张大小和方向

默认情况下，Word 2013 中的纸型标准是 A4 纸，即宽度是 21 厘米，高度是 29.7 厘米。用户可以根据需要自定义纸张大小和更改纸张方向，具体操作方法如下：

01 **选择纸张大小** 选择“页面布局”选项卡，单击“页面设置”组中的“纸张大小”下拉按钮，选择需要的纸型，如 B5，如下图所示。

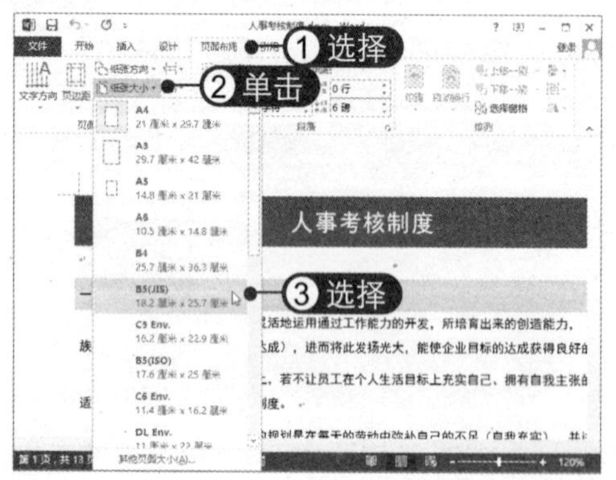

02 **查看纸张效果** 此时纸张大小更改为 B5 大小，查看文档页面效果，如下图所示。

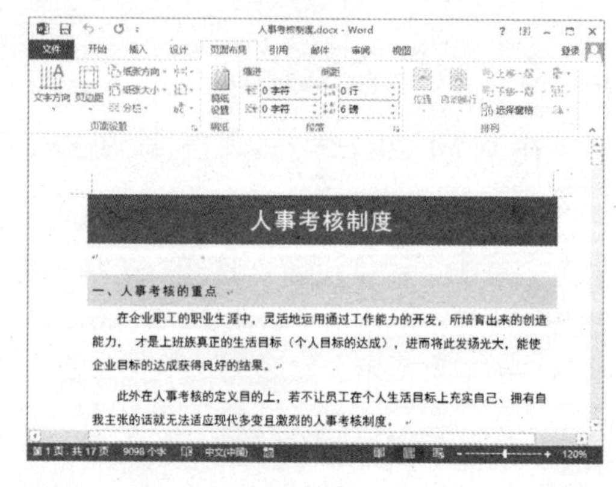

03 **自定义纸张大小** 还可以自定义纸张大小，在“纸张大小”下拉列表中选择“其他页面大小”选项，然后在弹出的对话框中的“宽度”和“高度”数值框中分别输入数值，单击“确定”按钮，如下图所示。

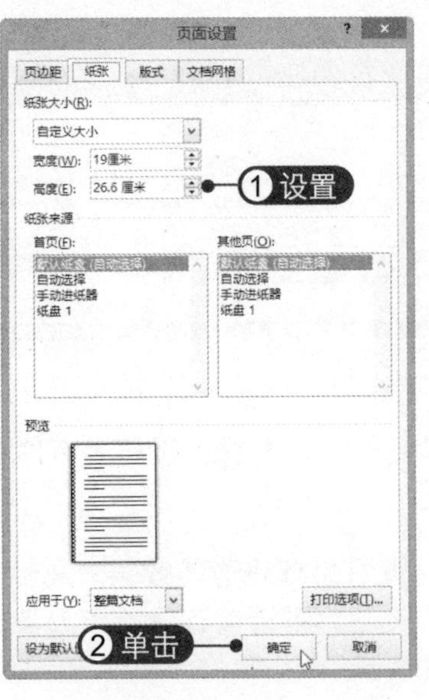

04 **设置纸张方向** 默认情况下纵向使用纸张，可以根据需要将其设置为横向。在“页面设置”组中单击“纸张方向”下拉按钮，选择“横向”选项即可，如下图所示。

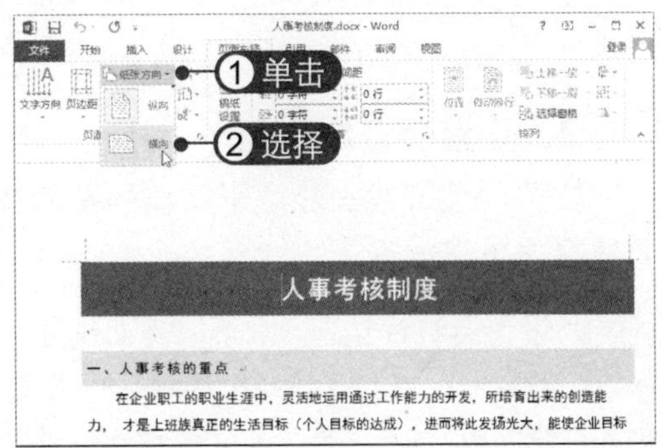

6.2.2 设置页边距

页边距是指页面内容和页面边缘之间的区域，通常可以在页边距内部的可打印区域插入文字和图形，也可以将某些项目放置在页边距区域中，如页眉、页脚和页码等。

1. 设置文档页边距

设置文档页边距的具体操作方法如下：

01 **选择页边距预设项** 在“页面设置”组中单击“页边距”下拉按钮，选择“普通”选项，即可将文档的页边距设置为上、下 2.54 厘米，左、右 3.18 厘米，如下图所示。

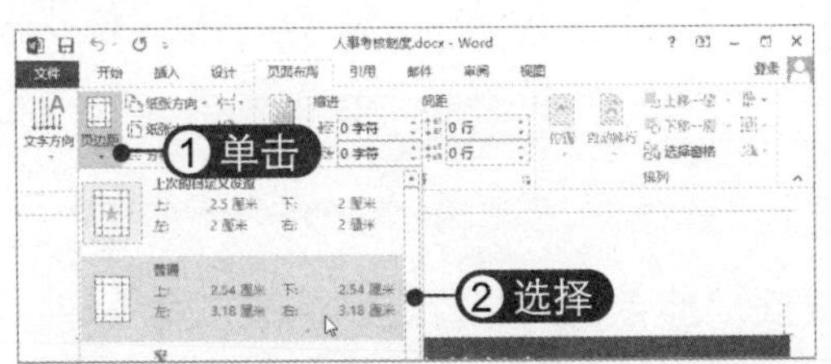

02 **单击扩展按钮** 单击“页面设置”组右下角的扩展按钮，如下图所示。

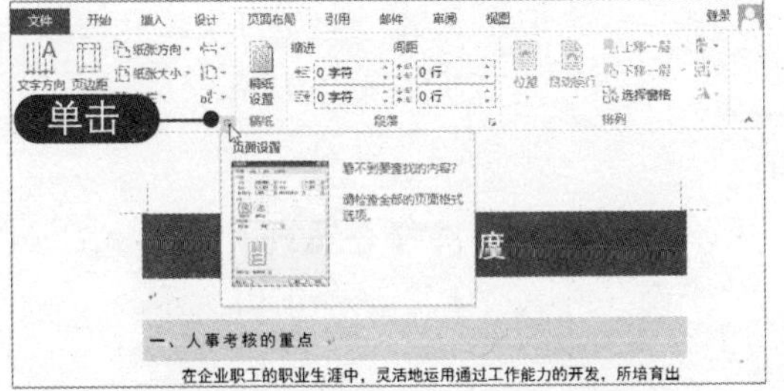

03 **设置页边距** 弹出“页面设置”对话框，在“页边距”选项区中分别输入页边距大小，然后单击“确定”按钮，如下图所示。

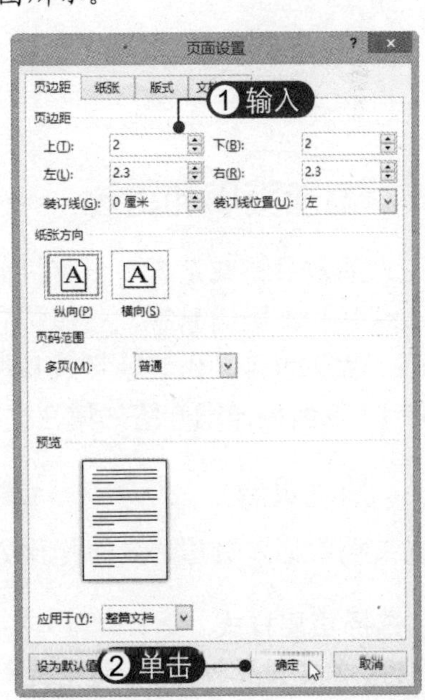

04 查看设置效果 此时即可查看更改了页边距后的文档效果，如右图所示。

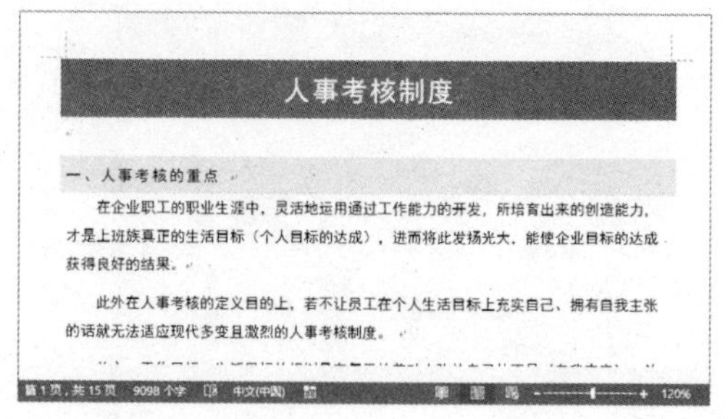

2. 设置装订线边距

文档的装订线一般位于文档的左侧或顶端，以便翻阅和查看。设置装订线边距的具体操作方法如下：

01 设置装订线边距 打开"页面设置"对话框，在"页边距"选项区中设置"装订线"为"1.5 厘米"，"装订线位置"为"左"，单击"确定"按钮，如下图所示。

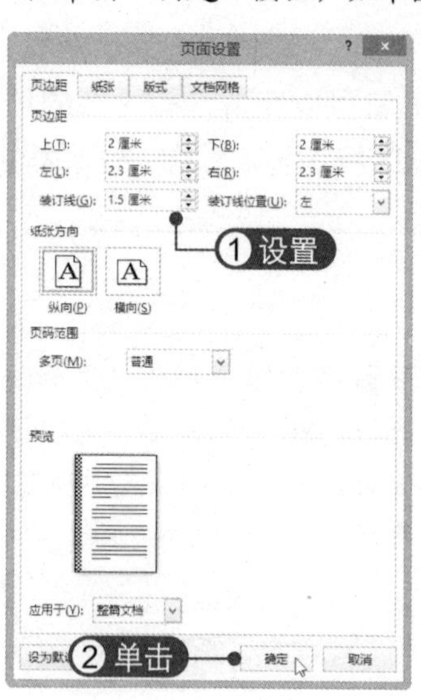

02 查看装订线边距效果 此时即可在文档中查看装订线边距效果，如下图所示。

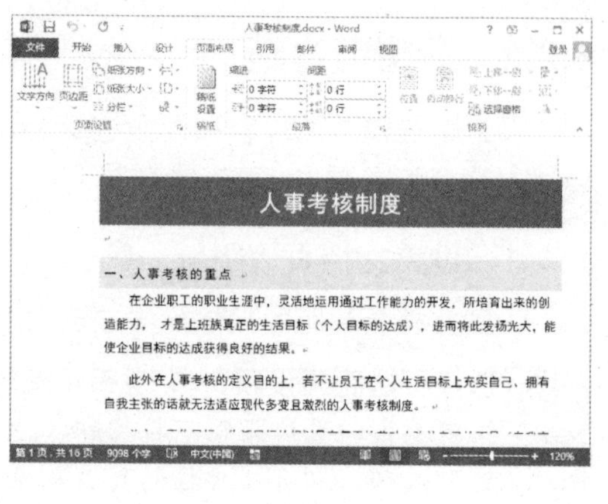

6.2.3 添加页眉和页脚

在大多数书籍或杂志中，其页面的顶部或底部都会有一些特定的信息，如页码、书名、章名和出版信息等，一般称它们为文档的页眉和页脚。在页眉或页脚中可以显示页码、章节题目、作者名字或其他信息，还可以显示一些特殊的效果（如文档中的水印等）。下面将详细介绍如何在文档中插入页眉和页脚。

1. 插入页眉

在文档中插入页眉的具体操作方法如下：

01 选择页眉样式 选择"插入"选项卡，在"页眉和页脚"组中单击"页眉"下拉按钮，选择合适的页眉样式，如"平面（奇数页）"，如下图所示。

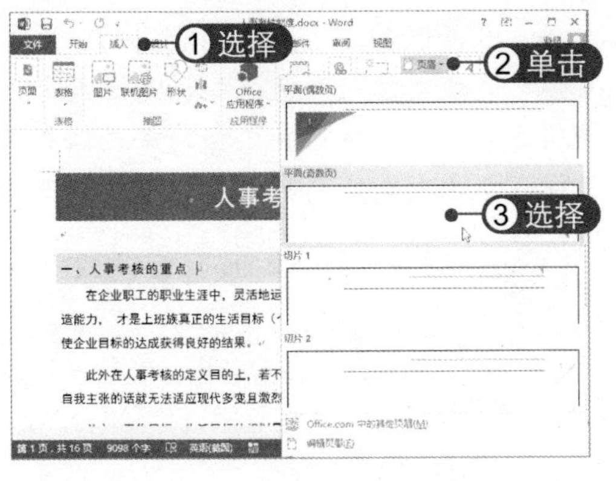

02 输入页眉文字 此时页眉上方出现页眉，在文字区域中输入页眉文字，如下图所示。

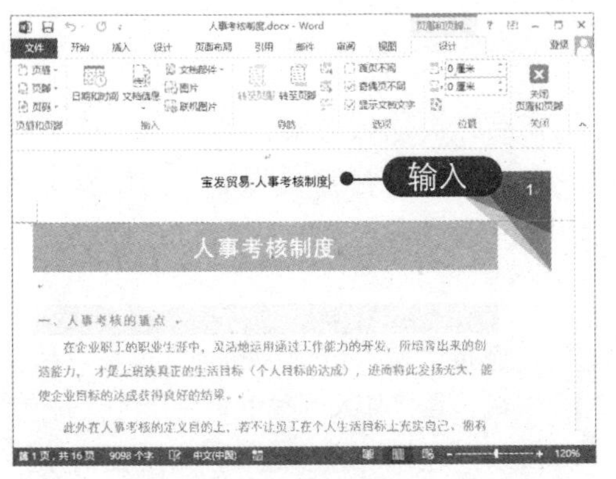

03 选择偶数页页眉样式 在“设计”选项卡下“选项”组中选中“奇偶页不同”复选框，然后切换到偶数页中，在“页眉和页脚”组中单击“页眉”下拉按钮，选择“平面（偶数页）”选项，如下图所示。

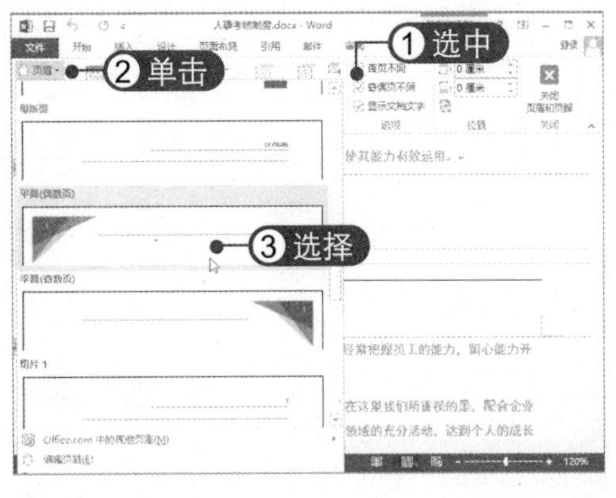

04 设置偶数页页眉 此时即可在偶数页插入页眉，编辑页眉文字，然后单击“关闭页眉和页脚”按钮，即可结束对页眉的编辑操作，如下图所示。

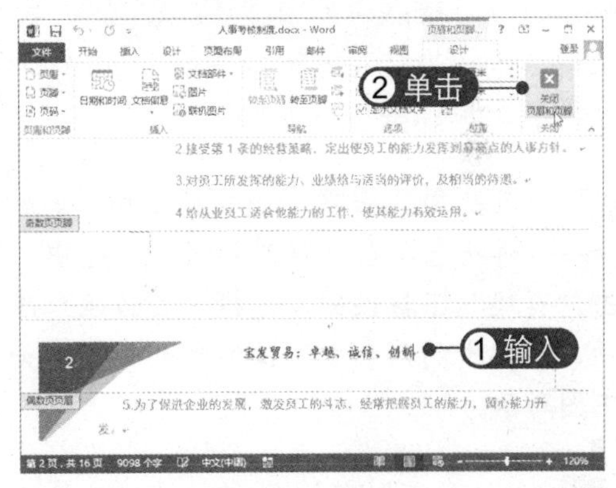

2. 插入页脚

页脚的形式和功能基本与页眉相同，插入页脚的方法与插入页眉的方法也基本一致，具体操作方法如下：

01 双击页脚位置 将光标定位到页面的页脚位置，然后双击鼠标左键，如下图所示。

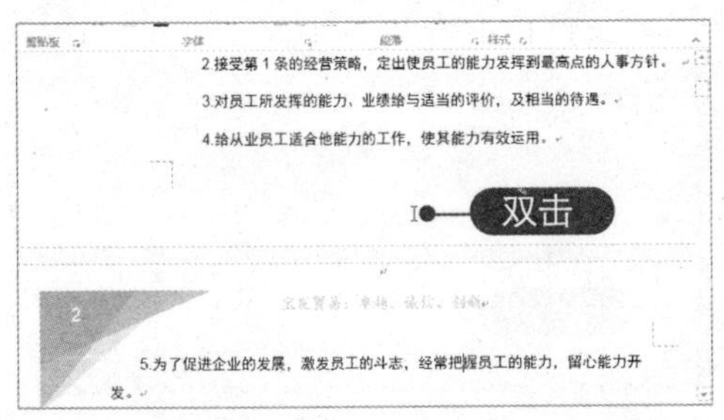

02 选择页脚样式 进入页脚编辑状态，在“页眉和页脚”组中单击“页脚”下拉按钮，选择“花丝”选项，如下图所示。

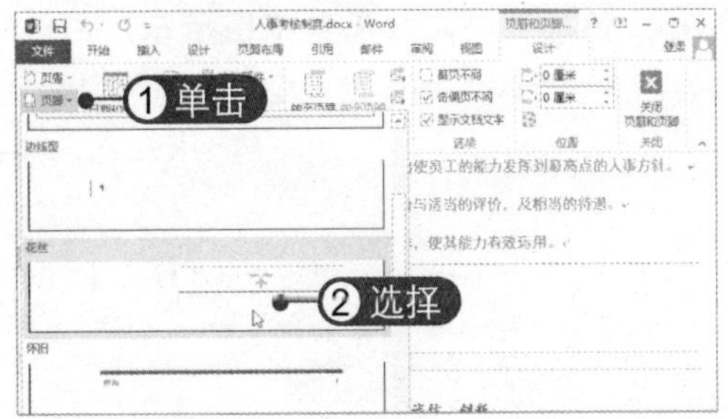

03 输入页脚文字 此时即可插入相应样式的页脚，根据需要输入页脚文字，如下图所示。

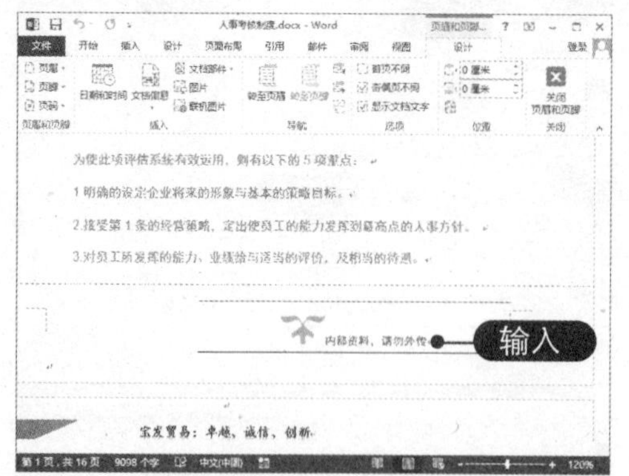

04 设置偶数页页脚 用相同的方法在偶数页插入“空白”页脚样式，并编辑页脚文字，然后在文档的正文位置双击即可退出页眉和页脚编辑状态，如下图所示。

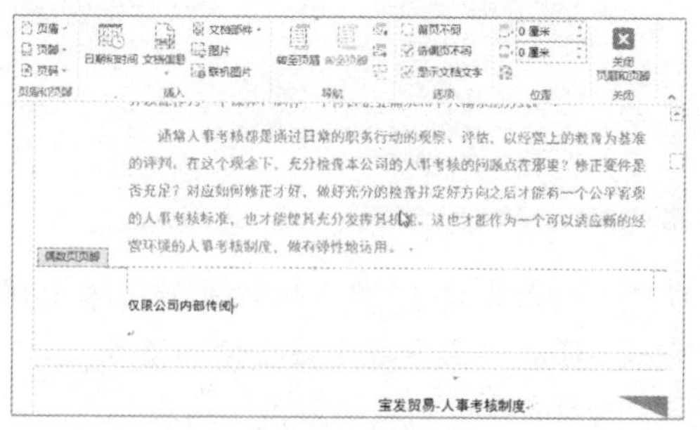

6.2.4 添加页码

使用 Word 2013 提供的页码库可以轻松地在文档的页眉或页脚位置插入页码，其操作方法与插入页眉/页脚类似，在此不再赘述。若要在已经存在页脚信息的位置插入页码，则该操作将覆盖原页脚。此时，可在页边距位置或通过插入域的方式来添加文档页码，具体操作方法如下：

01 选择页码样式 进入页眉和页脚编辑状态，在“页眉和页脚”组中单击“页码”下拉按钮，选择“页边距”选项，在弹出的列表中选择所需的样式，如下图所示。

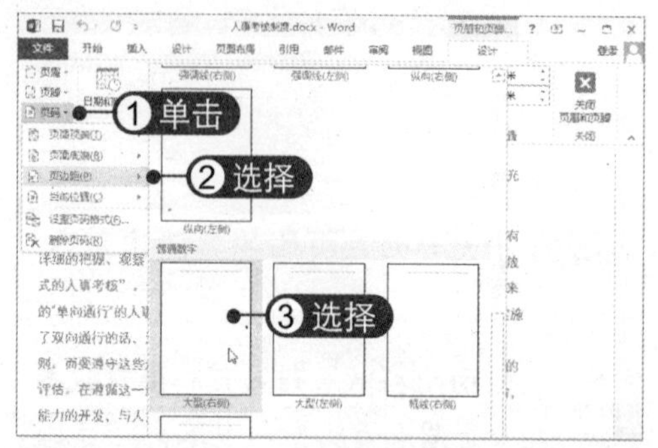

02 插入页码 此时即可在页边距位置插入页码，效果如下图所示。

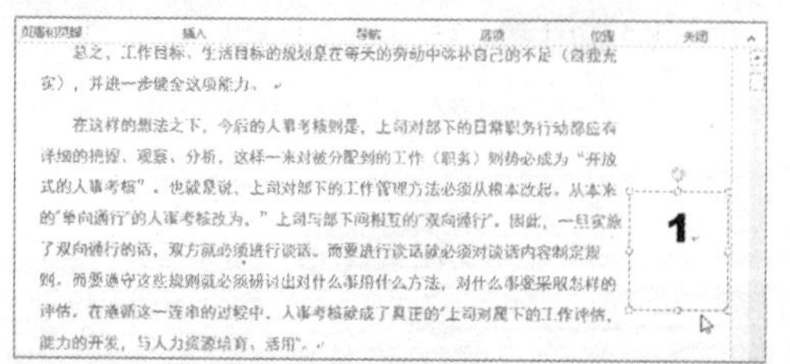

03 选择“域“选项 删除文本框中的页码，在“插入”组中单击“文档信息”下拉按钮，选择“域“选项，如下图所示。

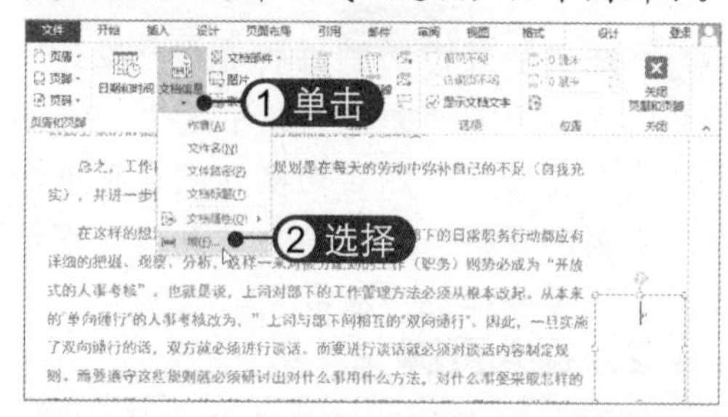

04 单击“域代码”按钮 弹出“域“对话框，在左下方单击“域代码”按钮，如下图所示。

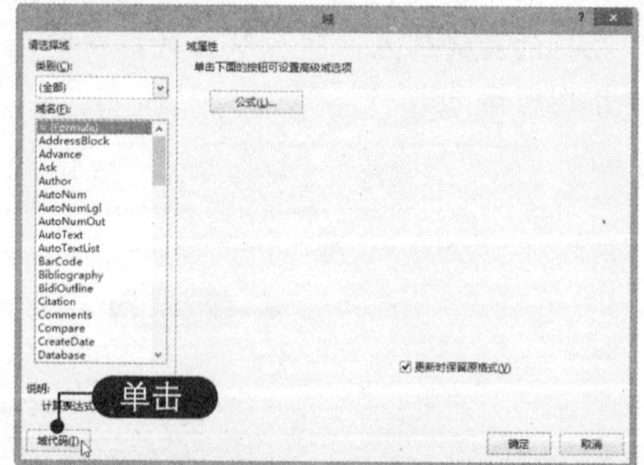

05 输入域代码

在“域代码”文本框中输入“PAGE * MERGEFORMAT”，取消选择“更新时保留源格式“复选框，然后单击“确定”按钮，如下图所示。

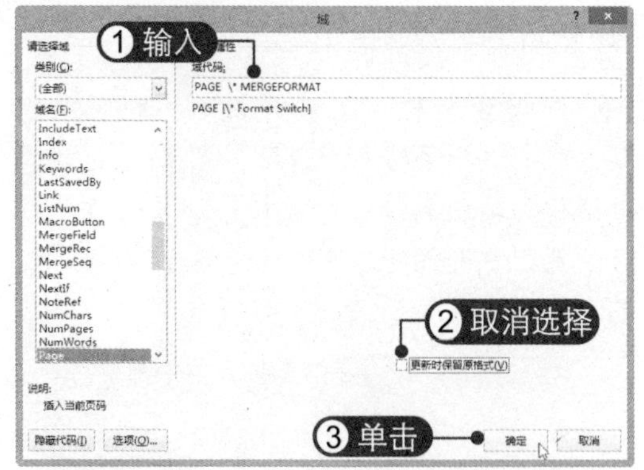

06 选择“域“选项

此时即可插入当前页码，在页面后输入斜杠。在“插入”组中单击“文档信息”下拉按钮，选择“域”选项，如下图所示。

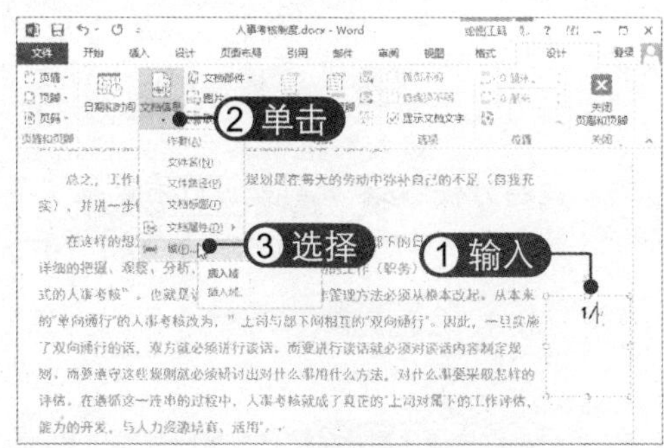

07 输入域代码

弹出“域“对话框并切换到域代码界面，输入代码“NUMPAGES * Arabic * MERGEFORMAT”，取消选择“更新时保留源格式“复选框，然后单击“确定”按钮，如下图所示。

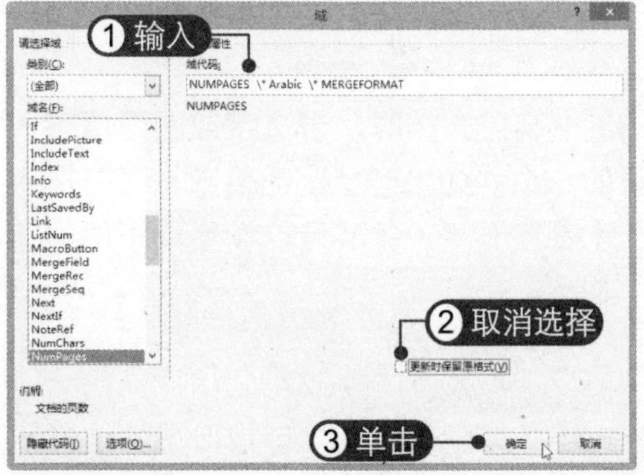

08 插入总页码

此时即可插入总页码，效果如下图所示。

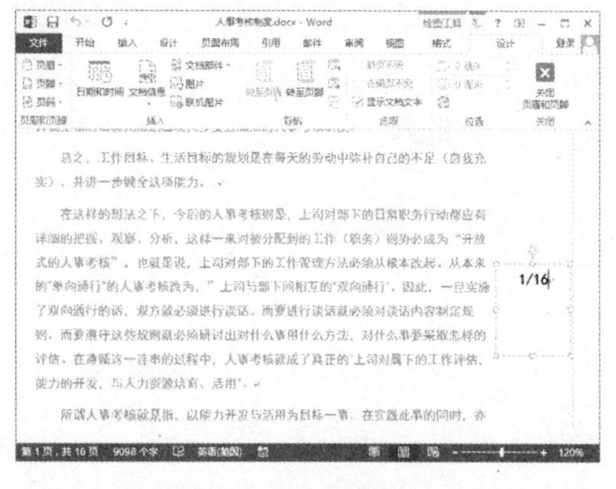

09 设置页码字体格式

根据需要设置页码的字体格式，如下图所示。

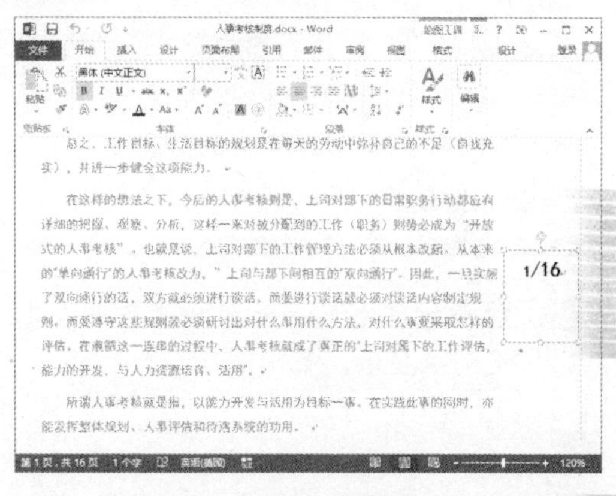

10 设置偶数页页码

将域代码文本框复制到偶数页，并移至合适的位置，如下图所示。

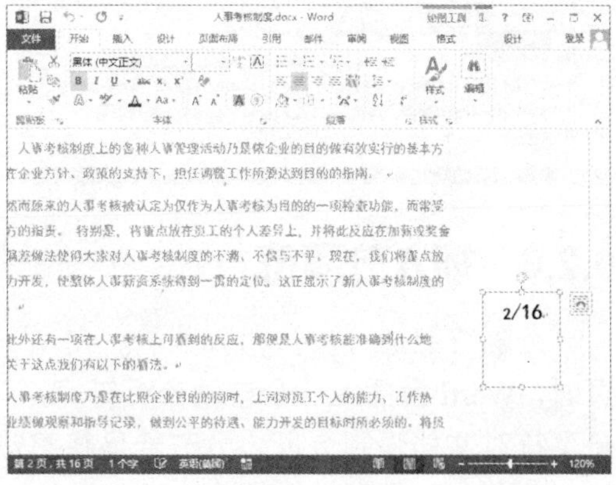

6.2.5 设置文档分栏

Word 2013 默认使用单栏样式编辑文档，但一些书籍、报纸、杂志等需要使用多栏样式，通过 Word 2013 可以轻松地实现分栏效果。利用分栏排版功能可以在文档中建立不同数量或不同版式的分栏，文档内容将逐栏排列，具体操作方法如下：

01 选择分栏选项 选中要进行分栏的文本，选择“页面布局”选项卡，在“页面设置”组中单击“分栏”下拉按钮，选择“两栏”选项，如下图所示。

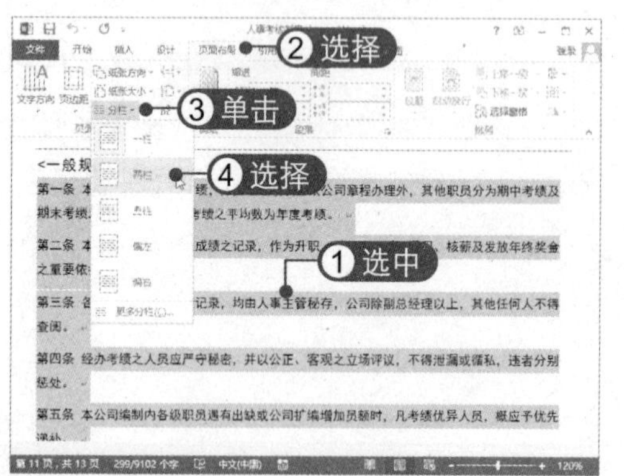

02 查看分栏效果 此时被选择的文本呈两栏显示，如下图所示。

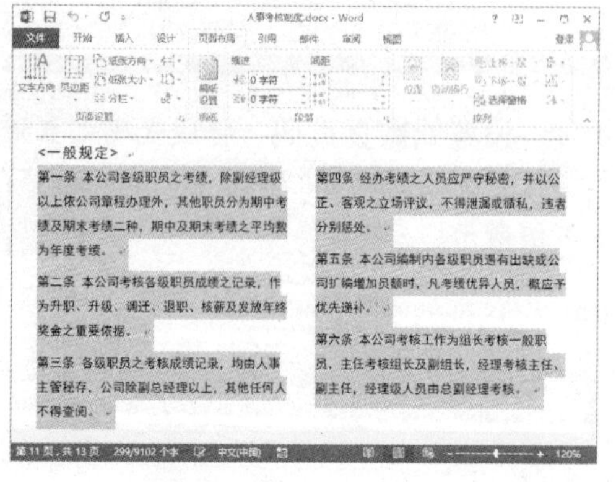

03 设置分栏 若在分栏下拉列表中选择“更多分栏”选项，将弹出“分栏”对话框，取消选择“栏宽相等”复选框，然后设置栏宽和间距，选中“分割线”复选框，单击“确定”按钮，如下图所示。

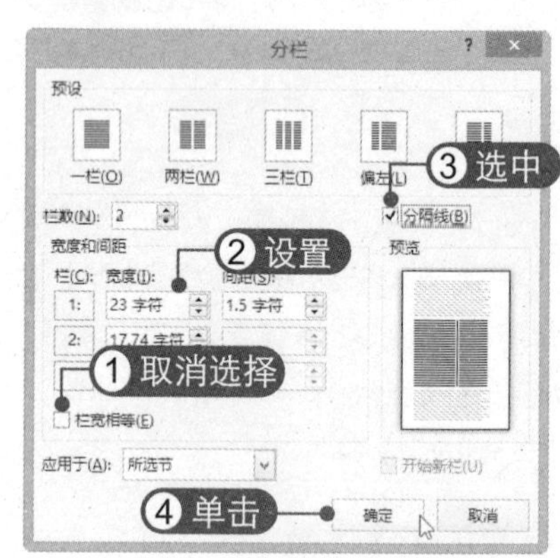

04 查看分栏效果 此时即可查看设置了不等宽分栏后的文档效果，如下图所示。

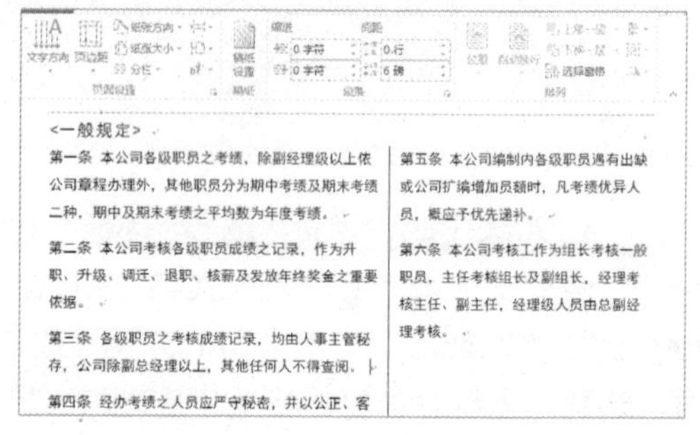

6.2.6 插入分隔符

分隔符包括分页符和分节符。在 Word 2013 中编排文档时，当文字或图形填满一页时，Word 会插入一个自动分页符，并转到新的一页。如果有特定的需要，可以插入分页符对文档强制分页。分节就是将整篇文档分成若干节，各节可以设置成不同的格式。分节可以满足格式要求比较复杂的文档的排版需求。

1. 显示分隔符

默认情况下文档中的分隔符不会显示出来，要将其显示出来，可按以下方法进行操作设置：

01 选择“选项”选项 选择“文件”选项卡，在左侧选择“选项”选项，如下图所示。

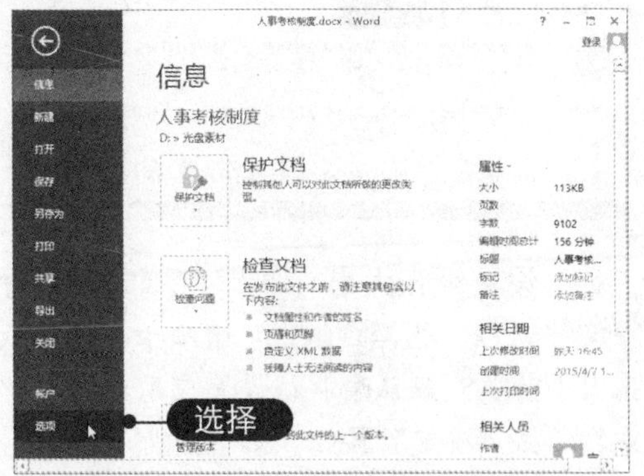

02 设置显示所有格式标记 弹出“Word选项”对话框，在左侧选择“显示”选项，在右侧选中“显示所有格式标记”复选框，单击“确定”按钮，如下图所示。

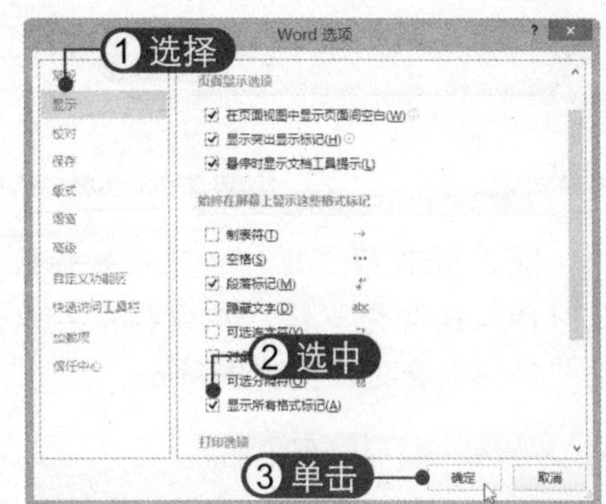

2. 插入分页符

如果需要在文档页面中预留一些空白位置用于放置图形，可以插入分页符。插入分页符有多种方法，可在要插入分页符的位置按【Ctrl+Enter】组合键，也可通过单击相应的命令按钮来插入，具体操作方法如下：

01 单击“分页”按钮 选择“插入”选项卡，在“页面”组中单击“分页”按钮，即可插入分页符，如下图所示。

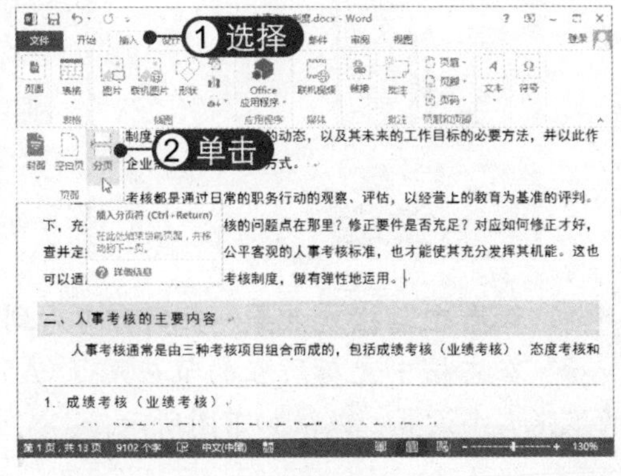

02 选择“分页符”选项 也可将光标定位于要插入分页符的位置，选择“页面布局”选项卡，在“页面设置”组中单击“分隔符”下拉按钮，选择“分页符”选项，如下图所示。

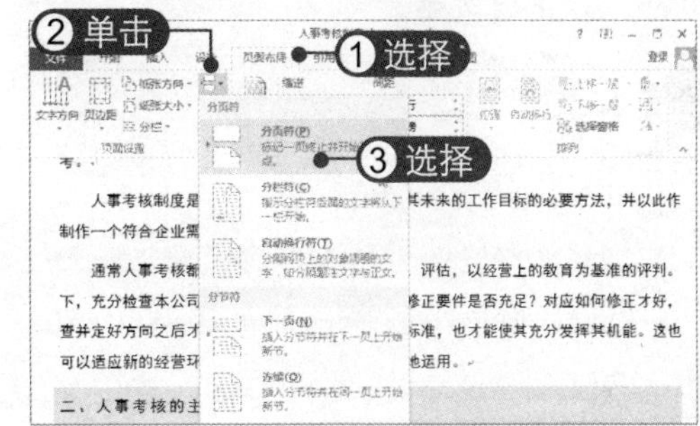

3. 插入分节符

使用分节符可以为整个文档设置不同的格式，可以根据需要插入多种样式的分节符，具体操作方法如下：

01 选择“连续”选项 将光标定位于要插入分节符的位置，选择“页面布局”选项卡，在“页面设置”组中单击“分隔符”下拉按钮，选择“连续”选项，如下图所示。

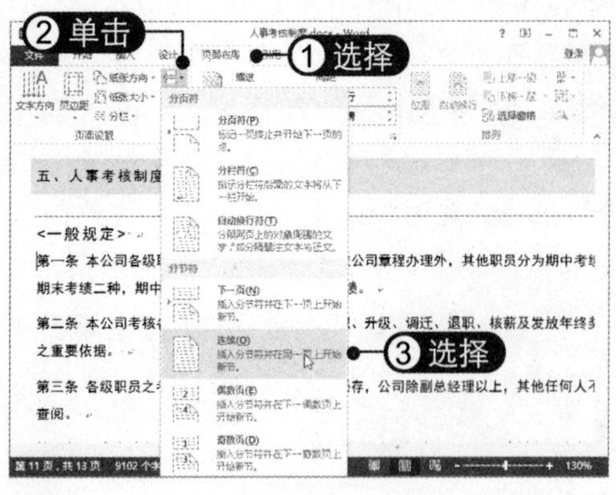

02 插入分节符 此时即可在光标位置插入连续分节符，在文档中可以看到分节符格式标记，如下图所示。

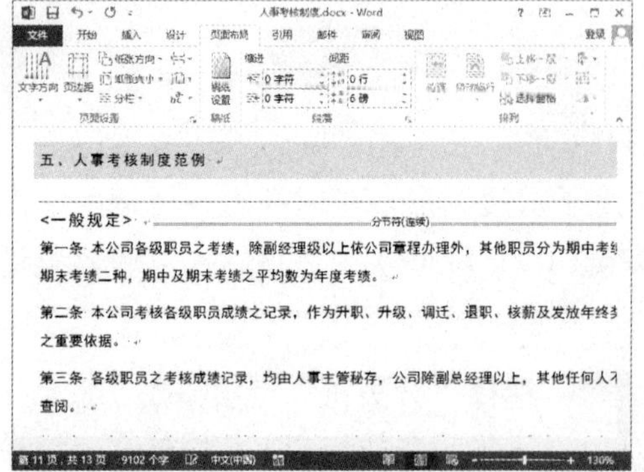

03 继续插入分节符 用相同的方法继续在文档中的指定位置插入连续分节符，如下图所示。

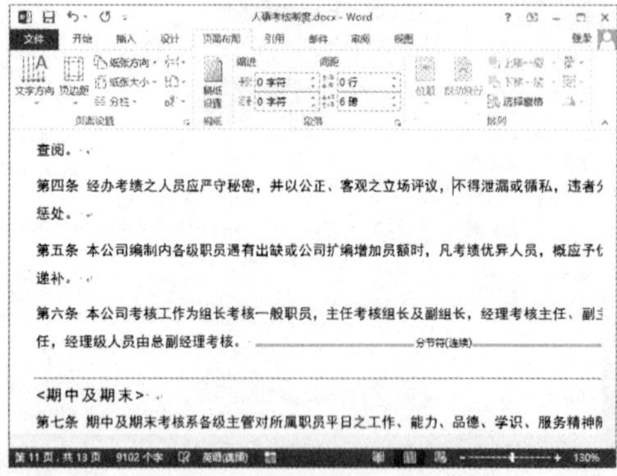

04 单击扩展按钮 将光标定位在节内的文本中，单击“页面设置”组右下角的扩展按钮，如下图所示。

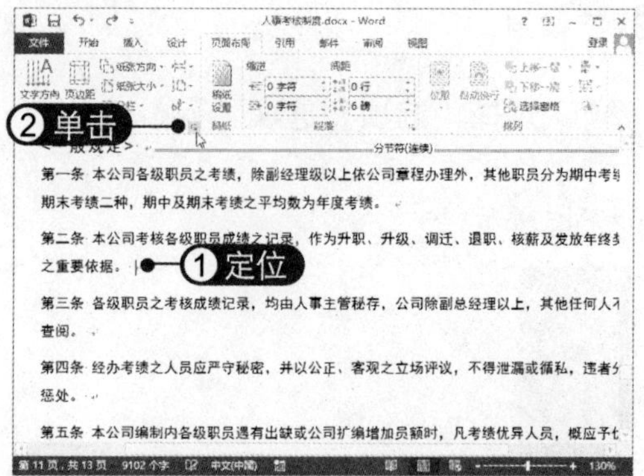

05 设置纸张大小 弹出“页面设置”对话框，选择“纸张”选项卡，设置纸张大小为A5，默认会将该设置应用于“本节”中，单击“确定”按钮，如下图所示。

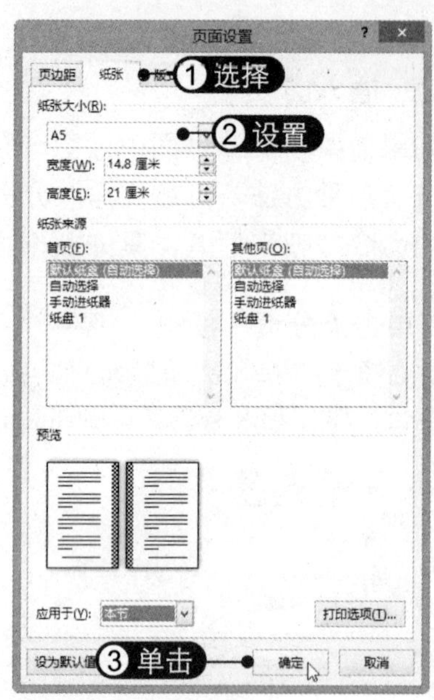

06 查看本节格式效果 此时即可看到在文档中光标所在的节应用了A5的纸张大小设置，效果如下图所示。

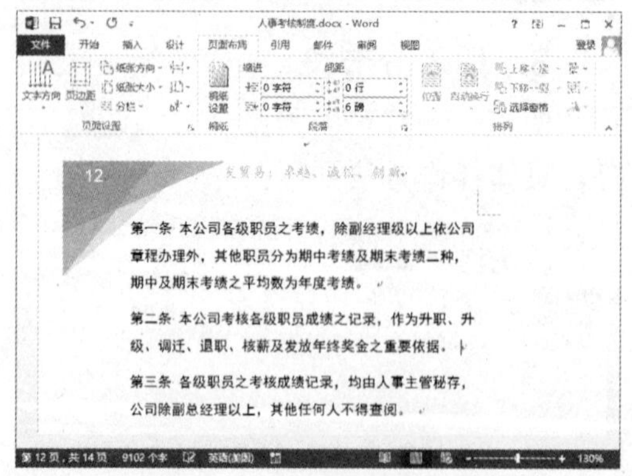

6.3 打印办公文档

当将一篇文档编辑完成后，便可以通过打印操作将其打印到纸张上，以供查看或传阅。要打印文档，电脑上需要先安装上打印机，并进行所需的打印设置，下面将介绍如何打印办公文档。

6.3.1 安装网络打印机

要在电脑上连接打印机，只需将打印机的数据线连接到电脑的USB接口上，然后在电脑上安装打印机驱动程序即可。若要连接局域网中共享的打印机设备，则需要在“控制面板”窗口中进行安装，具体操作方法如下：

01 单击“设备和打印机”超链接 打开“控制面板”窗口，并切换到“大图标”查看方式，单击“设备和打印机”超链接，如下图所示。

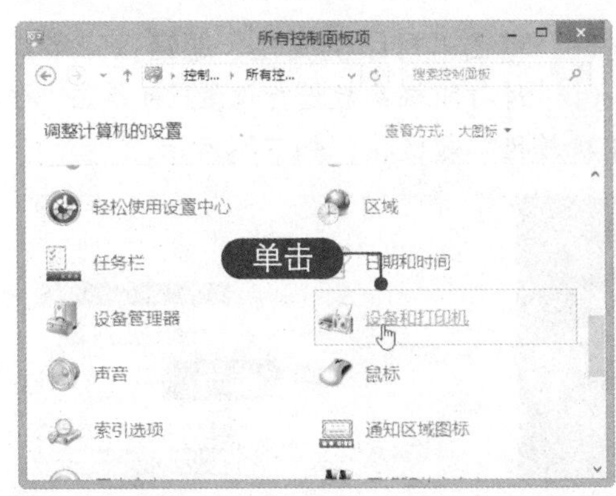

02 单击“添加打印机”按钮 打开“设备和打印机”窗口，可以查看电脑设备信息。在窗口上方工具栏中单击“添加打印机”按钮，如下图所示。

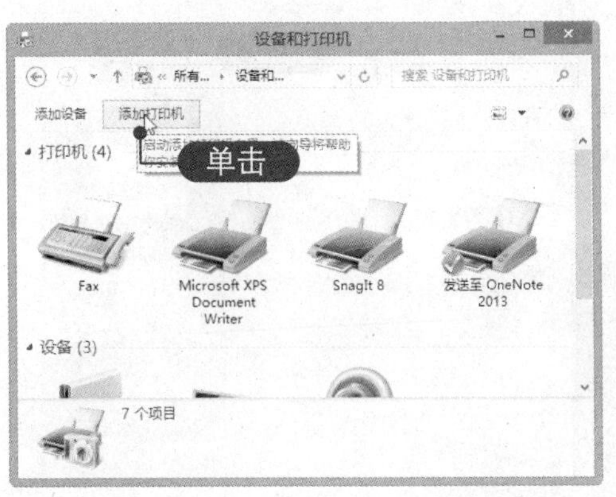

03 选择添加打印机 弹出“添加打印机”对话框，开始搜索网络中共享的打印机。选择要添加的打印机，单击“下一步”按钮，如下图所示。

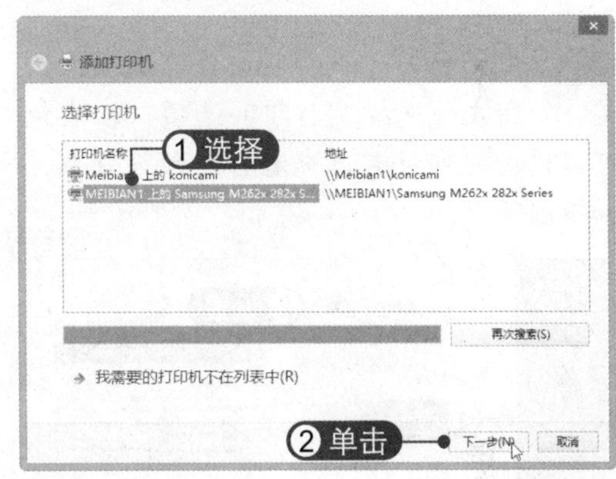

04 开始安装打印机 开始自动安装打印机驱动，并连接到网络打印机，如下图所示。

05 成功添加打印机 弹出对话框，显示已成功添加打印机，单击“下一步”按钮，如下图所示。

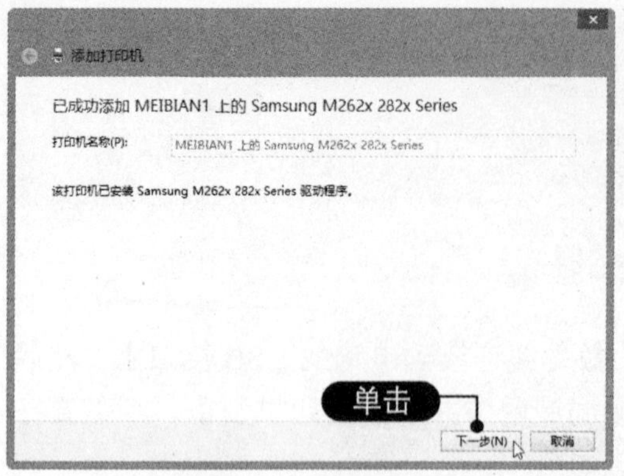

06 完成打印机安装 单击“完成”按钮，即可完成网络打印机的添加，如下图所示。此时，在“设备和打印机”窗口中也会显示出安装的打印机设备。

6.3.2 设置打印文档

在打印文档前，需要对打印机、打印范围、打印份数等进行一些必要的设置，具体操作方法如下：

01 打印预览 选择“文件”选项卡，在左侧选择“打印”选项，在右侧可以进行打印设置，查看打印预览效果，如下图所示。

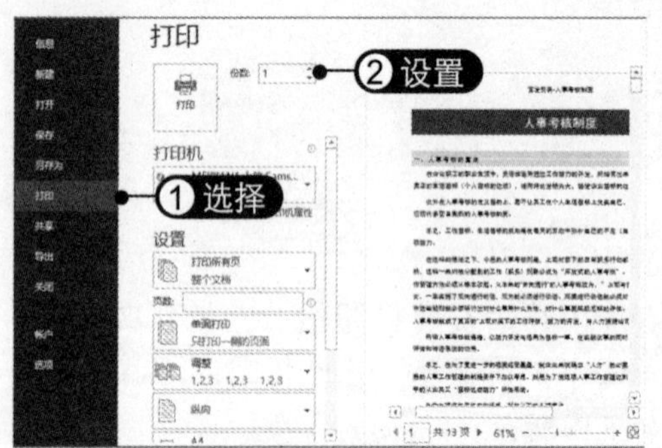

02 选择打印机 单击“打印机”下拉按钮，在弹出的下拉列表中选择要使用的打印机，如下图所示。

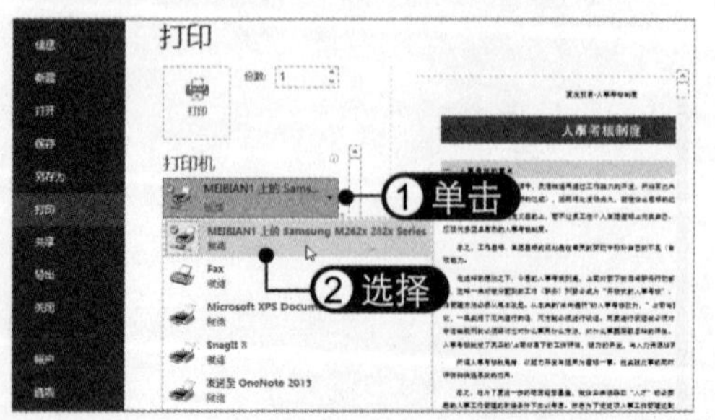

03 单击“打印机属性”超链接 若要对打印机参数进行设置，可单击“打印机属性”超链接，如下图所示。

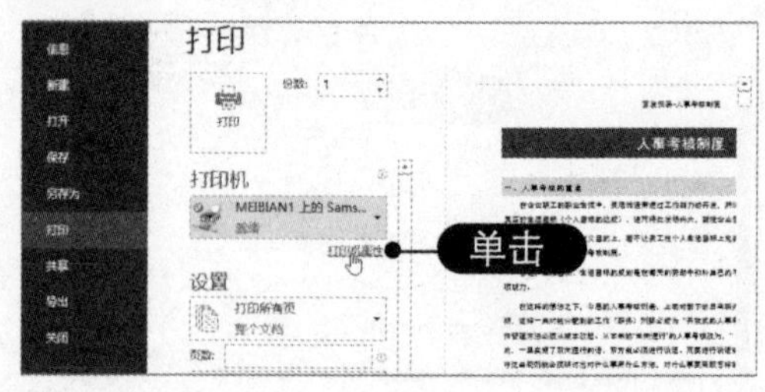

04 设置打印机属性 弹出打印机属性对话框，可对打印纸张、质量等进行自定义设置，如下图所示。

05 选择打印范围 单击打印范围下拉按钮，在弹出的列表框中选择所需的范围选项，默认为打印所有页，如下图所示。

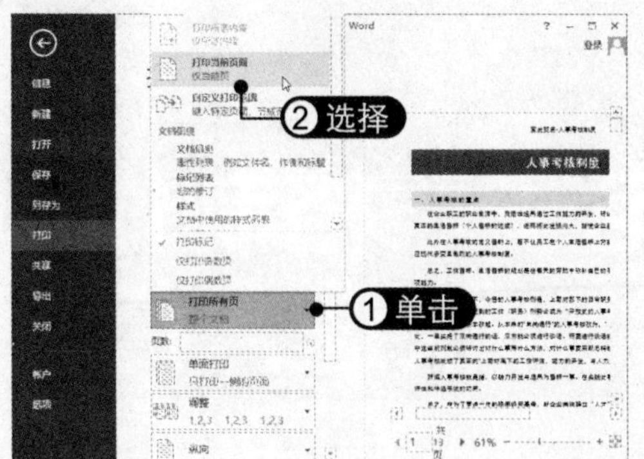

06 自定义打印范围 要自定义打印范围，可在“页数”文本框中输入要打印的页数或范围，将鼠标指针置于ⓘ图标上，将显示关于自定义打印范围的帮助信息，如下图所示。

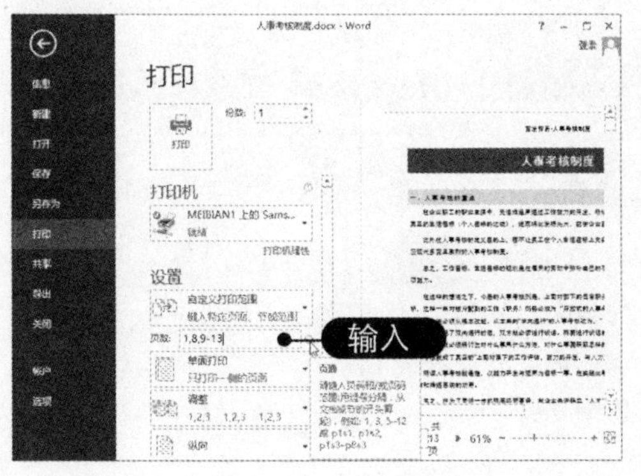

07 设置缩放打印 单击缩放打印下拉按钮，选择“缩放至纸张大小”选项，在其子菜单中选择纸张即可，如下图所示。

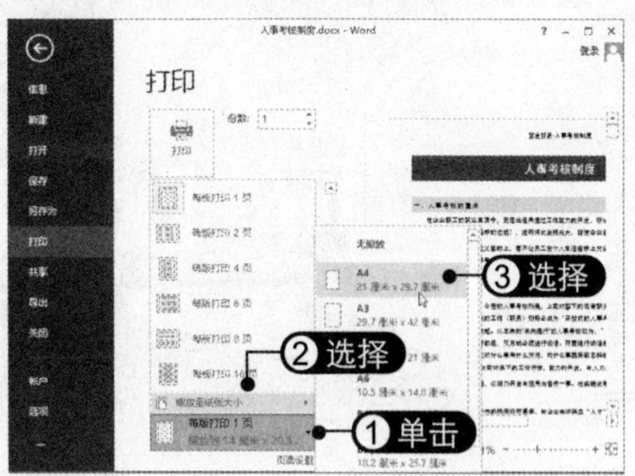

08 打印文档 完成打印设置后，输入打印的份数，然后单击“打印”按钮，即可开始打印文档，如下图所示。

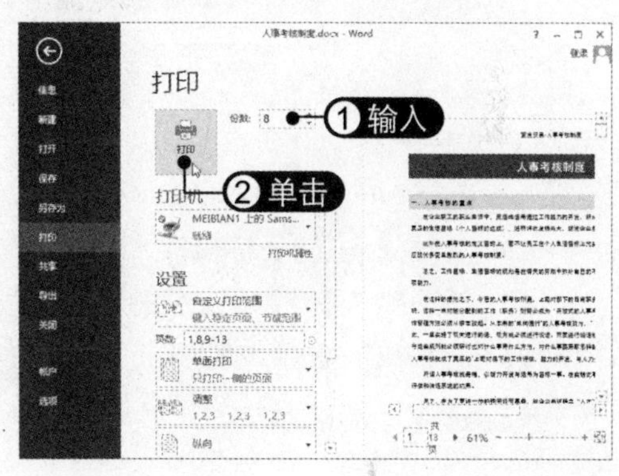

Chapter 07 Excel 电子表格制作快速入门

Excel 2013 是 Office 2013 套装办公软件中的重要组件之一，是电脑办公中最常用的电子表格制作软件。本章首先介绍工作簿和工作表的常用操作，然后介绍数据输入及填充、单元格的基本操作，以及获取外部数据等知识。

本章要点

- Excel 中的基本概念
- 工作簿和工作表的基本操作
- 手动输入数据和填充数据
- 单元格的基本操作
- 获取外部数据

知识等级

Excel 2013 初级读者

建议学时

建议学习时间为 70 分钟

	A	B	C	D	E
1	2015年第1季度财务报表				
2					
3	财务指标	2014年一季度	2015年一季度	同比增减	
4	财务费用	31,763,274	20,928,129		
5	营业利润	44,575,834	83,242,244		
6	营业外收入	28,868,103	12,396,265		
7	利润总额	71,073,481	94,333,538		
8	所得税费用	9,812,856	15,056,472		
9	净利润	61,260,625	79,277,065		
10					

	A	B	C	D	E	F	G
10		李雪峰			2011/7/18	3	320411198710270876
11		周炳娟	本		2009/4/10	6	330200198107115722
12		陈晓蓉	专		2009/4/15	6	410181198006241549
13		王晨希	本		2012/6/8	2	411721198007114842
14		睢立飞	专		2014/3/30	1	110108197807241253
15		许红叶	专科	D	2013/10/24	1	500383197601174964
16		张梦娇	本科	D	2012/5/8	2	431300198302262746
17		毕晓英	本科	D	2010/8/13	4	420600198408014862
18		乔娜	本科	E	2013/2/24	2	371722198703160281
19		王方芳	本科	E	2009/10/18	5	361100198304112765
20		冯少峰	硕士	F	2009/6/28	5	431024198210131934

Win:
表现优秀，预备干部

7.1 Excel 中的基本概念

工作簿、工作表和单元格是 Excel 中的基本操作对象，因此若要熟练使用 Excel，首先要了解这些操作对象的基本概念，下面将对其进行详细介绍。

1. 工作簿和工作表

启动 Excel 2013 后，系统会自动创建一个名为“工作簿 1”的文档，该文档就是工作簿。

在默认情况下，工作簿中包含一张 Sheet1 工作表，用户可以在工作簿中创建新工作表，默认新工作表会以 Sheet2、Sheet3 等命名，如下图所示。

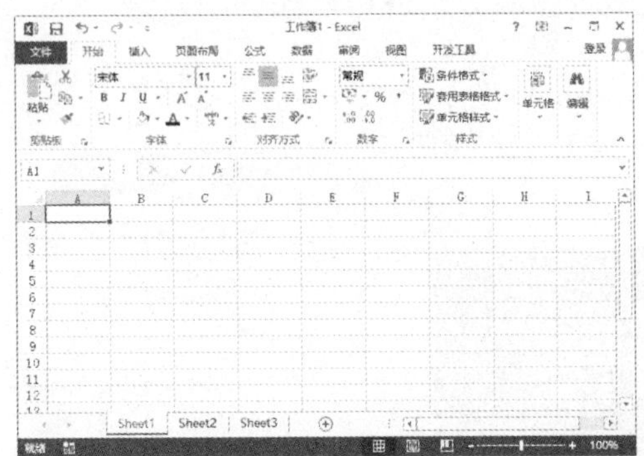

其实工作簿与工作表的关系就像是一本书与书中每一页的关系。工作簿是“书”，而每个工作表则相当于书中的每一页。

2. 单元格

行与列的交叉即称之为单元格，单元格位于编辑区中。每张工作表都包含许多单元格，它是 Excel 中最基本的存储和处理数据的单位，也就是说所有对表格数据的处理操作均在单元格中进行。

任何一个单元格均可由列标和行号组合确定。列标由 A、B、C 等字母来表示，行号由 1、2、3 等数字来表示。例如，D6 表示第 D 列、第 6 行的单元格，如下图（左）所示。

若要表示一个连续的单元格区域，可用该区域左上角和右下角的单元格来进行表示，中间用冒号“:”分隔。例如，A4:D6 表示从单元格 A4 到单元格 D6 的区域，如下图（右）所示。

7.2 工作簿的基本操作

工作簿是 Excel 的主要数据存储单位，一个工作簿即一个硬盘文件。工作簿的主要操作包括"新建"、"保存"、"关闭"和"打开"等，下面将对工作簿的基本操作进行介绍。

7.2.1 新建工作簿

启动 Excel 2013 后会自动创建一个工作簿，默认名称为"工作簿 1"。若要新建一个新的工作簿，可以按照下面的方法进行操作：

01 **选择程序** 进入 Windows 8 系统的"开始"界面，单击 Excel 2013 程序图标，如下图所示。

02 **选择模板类型** 启动 Excel 2013 程序，选择"空白工作簿"模板，如下图所示。

03 **选择"文件"选项卡** 此时即可创建一个空白工作簿，在功能区中选择"文件"选项卡，如下图所示。

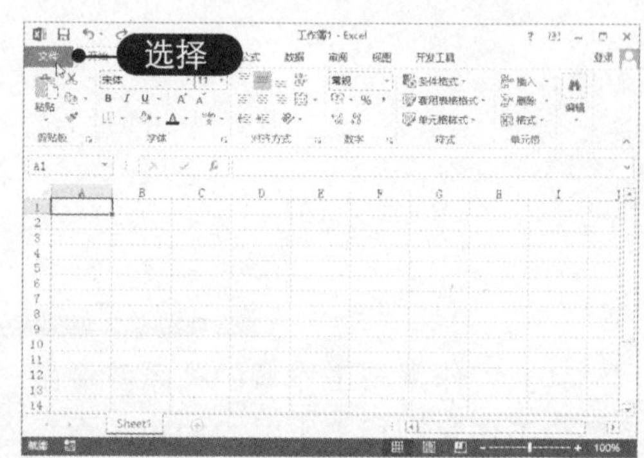

04 **选择模板类型** 在左侧选择"新建"选项，在右侧选择模板的类型，如"小型企业"，如下图所示。还可以直接在"搜索"文本框中输入关键字直接搜索模板，如下图所示。

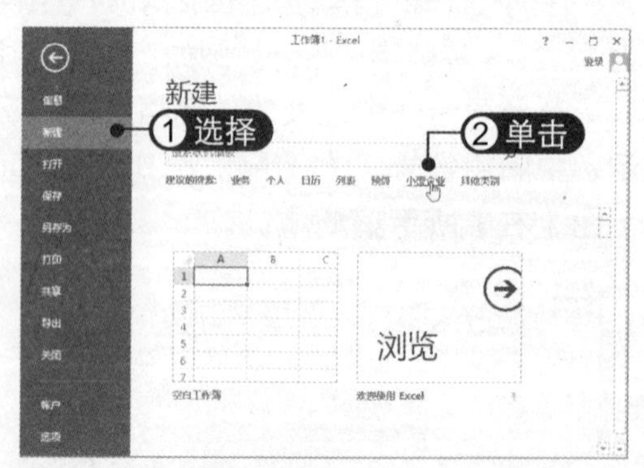

05 **选择模板类别** 在打开的列表中选择所需的模板，如选择"基本销售报表"模板，如下图所示。

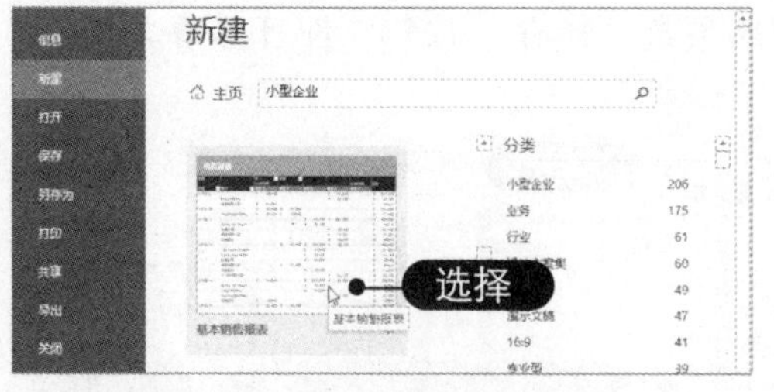

06 **单击“创建“按钮** 弹出该模板的说明和预览界面，确认要使用该模板后单击“创建“按钮，如下图所示。

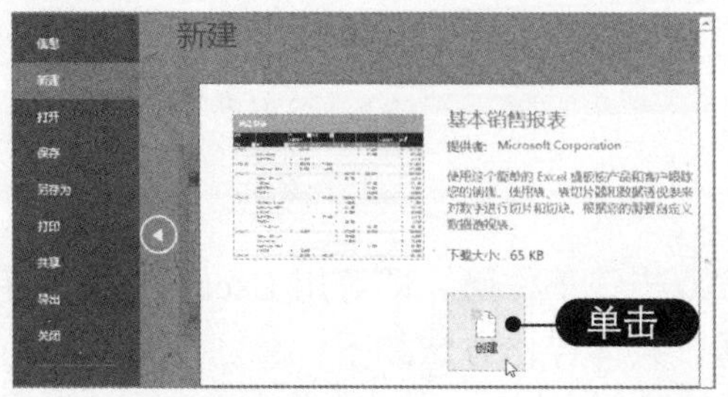

07 **创建基于模板的文档** 开始从网上下载该模板，下载完成后将自动创建一个基于“基本销售报表”模板的 Excel 工作簿，如下图所示。

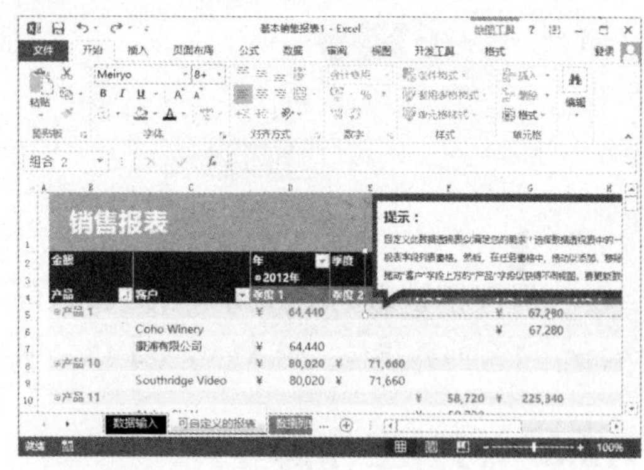

7.2.2 保存工作簿

工作簿需要保存以后才能成为磁盘空间中的文件，用于以后的读取和编辑。对于新创建的工作簿，应先将其保存再进行编辑。编辑完成后，按【Ctrl+S】组合键即可进行保存，还可以根据需要将工作簿另存一份或保存为其他格式。

保存工作簿的具体操作方法如下：

01 **单击“保存”按钮** 新建工作簿后，在快速访问工具栏中单击“保存”按钮，如下图所示。

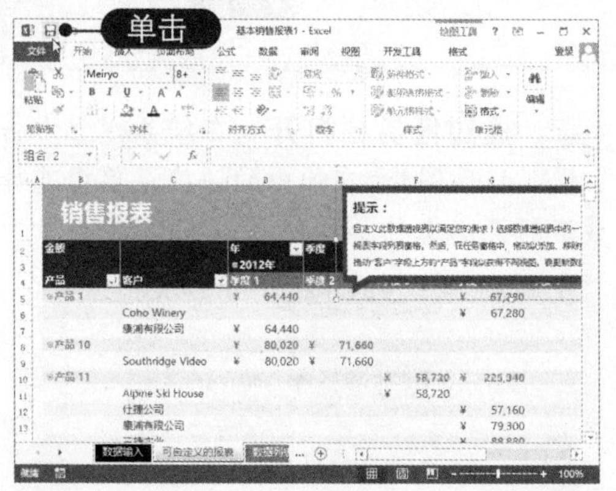

02 **选择保存位置** 转到“另存为”界面，选择最近访问的文件夹作为保存位置。若要保存到其他位置，可单击“浏览”按钮，如下图所示。

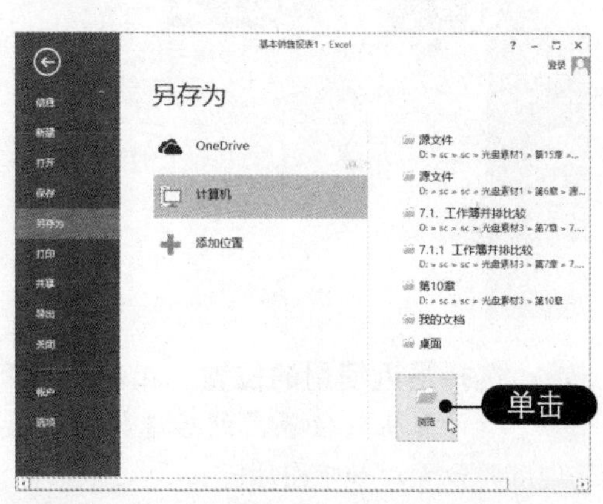

03 **保存工作簿** 弹出“另存为”对话框，选择保存位置，输入文件名，选择保存类型，然后单击“保存”按钮，即可保存工作簿，如下图所示。

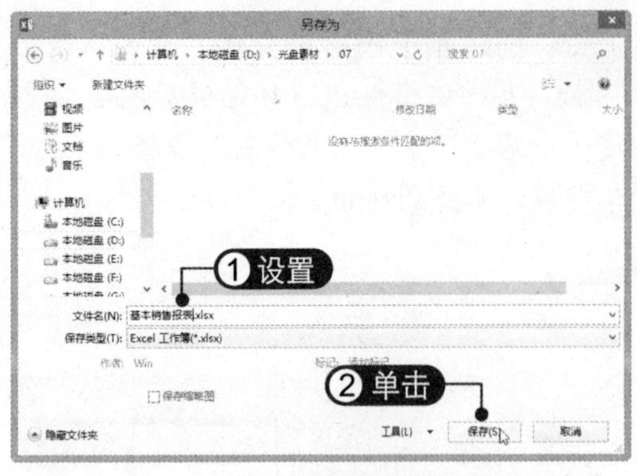

04 **保存编辑后的工作簿** 对文档进行所需的编辑后，按【Ctrl+S】组合键或单击“保存”按钮，即可保存文档，如下图所示。

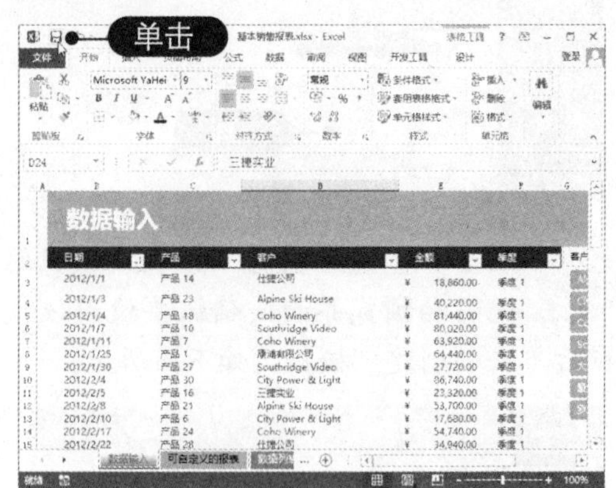

7.2.3 打开工作簿

对于电脑中已经保存的工作簿文件，直接双击该工作簿，即可用 Excel 2013 程序打开，也可以在“文件”选项卡下打开工作簿，具体操作方法如下：

01 **打开最近使用的工作簿** 选择“文件”选项卡，在左侧选择“打开”命令，在右侧“最近使用的文档”列表中选择工作簿即可将其打开，如下图所示。

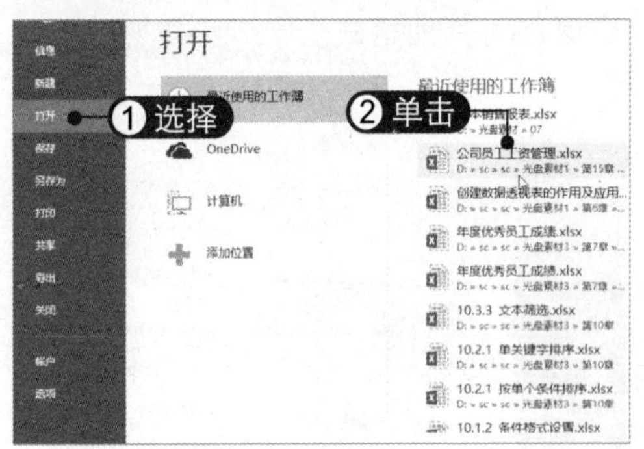

02 **选择最近使用的位置** 在右侧选择“计算机”位置，然后选择一个最近使用的位置，如下图所示。

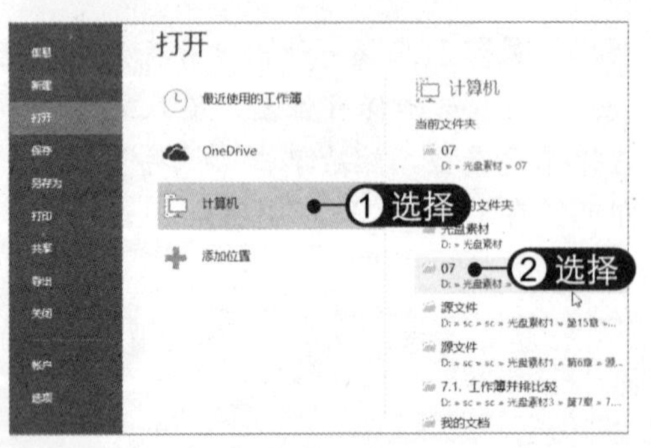

03 **选择工作簿** 弹出“打开”对话框，选择要打开的工作簿，单击“打开”按钮即可将其打开，如下图所示。

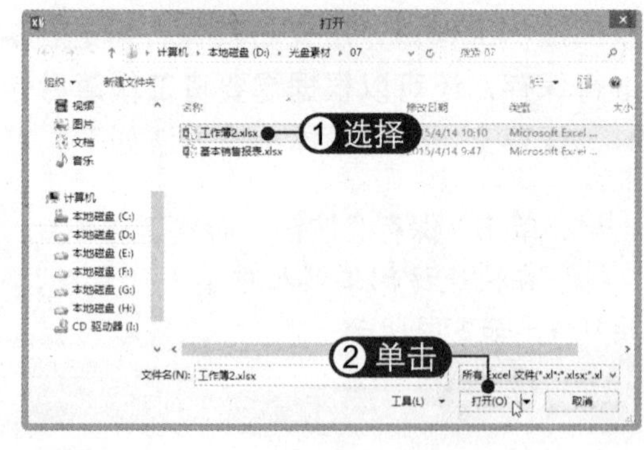

04 **通过任务栏打开** 在任务栏上右击程序图标，在弹出的快捷菜单中选择最近打开的工作簿即可，如下图所示。

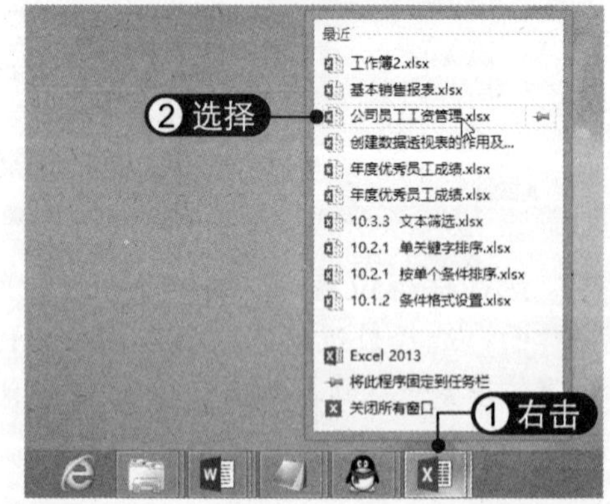

7.2.4 关闭工作簿

关闭工作簿有多种方法，具体如下：

方法一：在工作簿窗口右上角单击“关闭”按钮×，即可关闭文档，如下图（左）所示。

方法二：单击文档窗口左上角的 Word 2013 图标，在弹出的快捷菜单中选择“关闭”命令，即可关闭文档，如下图（右）所示。也可以直接双击 Word 2013 图标来关闭当前文档。

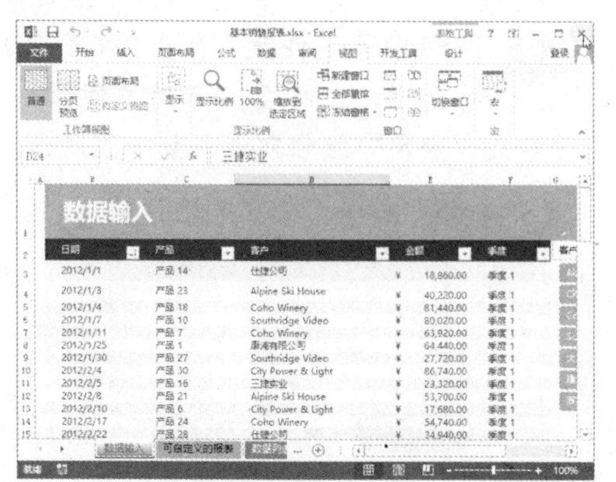

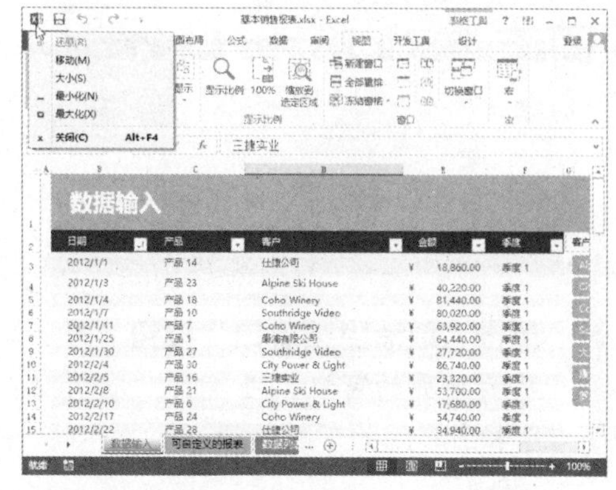

方法三：右击 Word 窗口的标题栏，在弹出的快捷菜单中选择“关闭”命令，即可关闭文档，如下图（左）所示。

方法四：若要一次性关闭当前打开的所有 Word 文档，可在桌面下方的任务栏上右击 Word 程序图标，然后在弹出的快捷菜单中选择“关闭所有窗口”命令，如下图（右）所示。

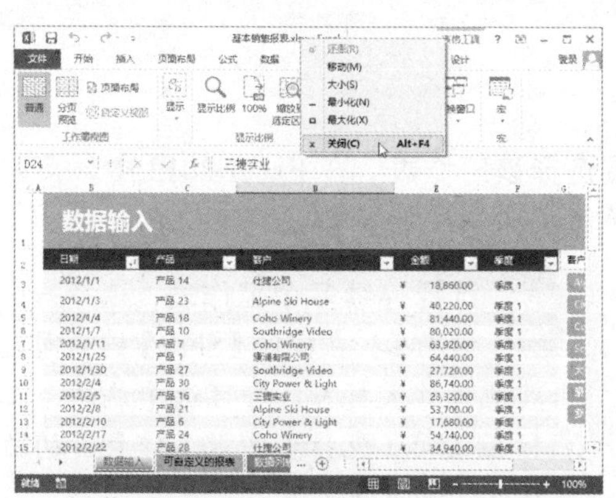

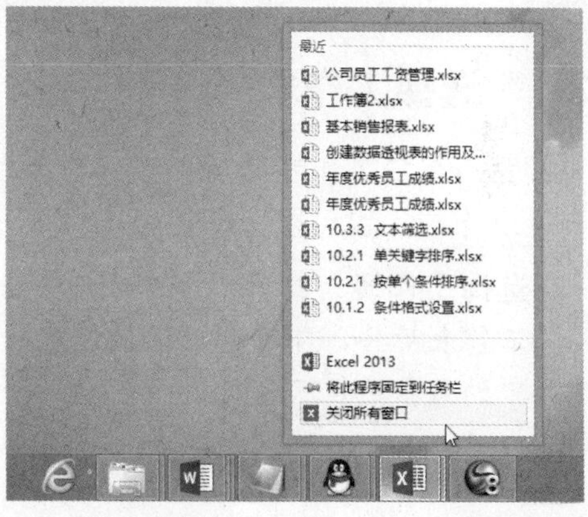

方法五：按【Alt+F4】快捷键，或按【Ctrl+W】快捷键，或按【Ctrl+F4】快捷键，也可以关闭工作簿。

7.2.5 隐藏工作簿窗口

若当前打开的工作簿过多，为了便于工作簿之间的切换，可以将暂时用不到的工作簿隐藏起来。隐藏工作簿的具体操作方法如下：

01 **单击"隐藏窗口"按钮** 选择"视图"选项卡，在"窗口"组中单击"隐藏窗口"按钮，即可将当前窗口隐藏起来，如下图所示。

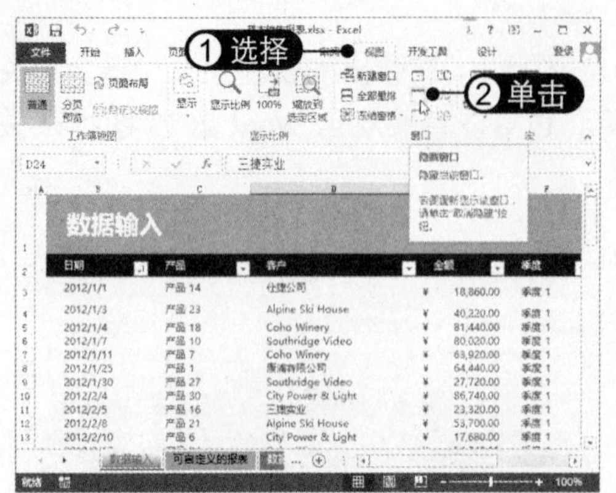

02 **单击"取消隐藏窗口"按钮** 若要显示隐藏的窗口，可单击"取消隐藏窗口"按钮，如下图所示。

03 **取消隐藏工作簿** 弹出"取消隐藏"对话框，选择要显示的工作簿，然后单击"确定"按钮即可，如下图所示。

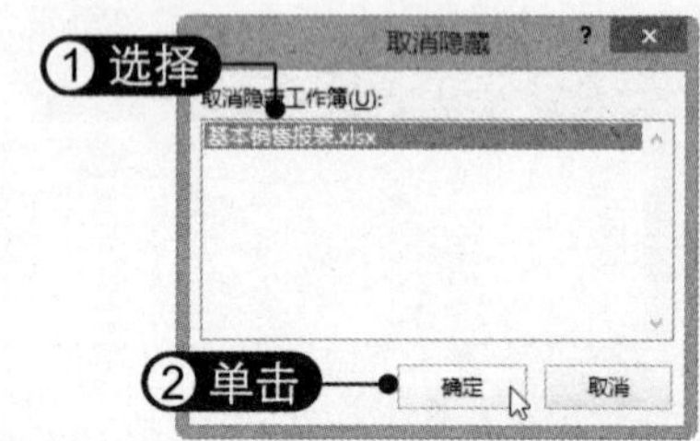

7.3 工作表的基本操作

打开一个 Excel 工作簿后，便可以对其中的工作表进行各种操作，如选择、插入、删除、移动、复制和重命名等，使工作簿看起来更清楚、明了。

7.3.1 选择工作表

若要对某个工作表进行操作，首先就要选择该工作表。在 Excel 2013 中，可以选择一张工作表，也可以选择多张工作表，具体操作方法如下：

01 **选择工作表** 打开工作簿后，单击工作表标签，即可选择该工作表，显示其中的内容，如下图所示。

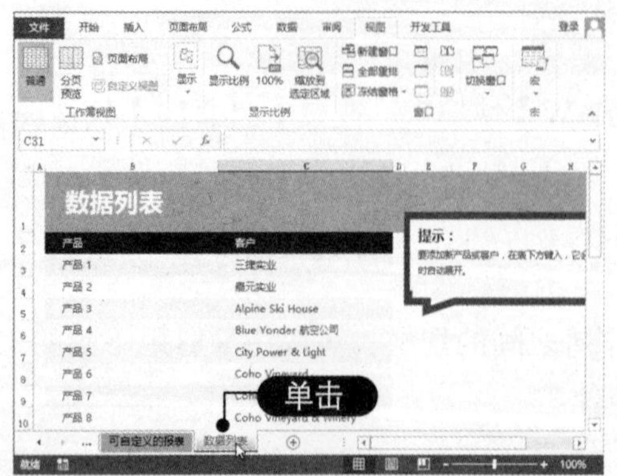

02 **选择连续多个工作表** 选择一个工作表后，在按住【Shift】键的同时单击其他工作表标签，即可选中这两个工作表标签之间（包括这两张工作表）的所有工作表，如下图所示。

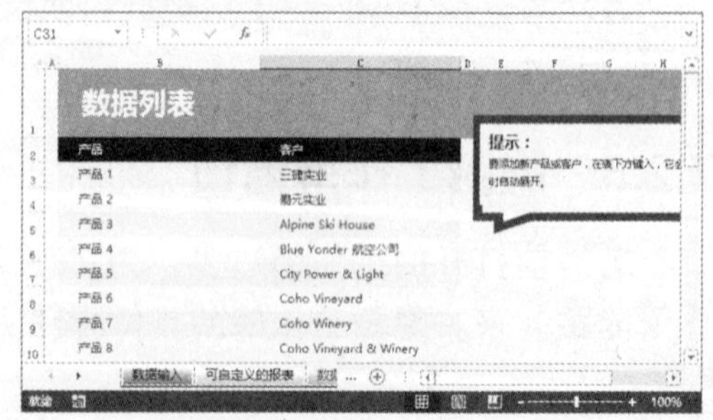

03 选择不连续多个工作表 选择第一个工作表后，在按住【Ctrl】键的同时单击其他工作表标签，将选中所单击的工作表，如下图所示。选中多个工作表后，窗口的标题栏中将显示“[工作组]”状态，此时在其中一个工作表中编辑数据或更改格式，所选其他工作表中相应的单元格也将同时更改。

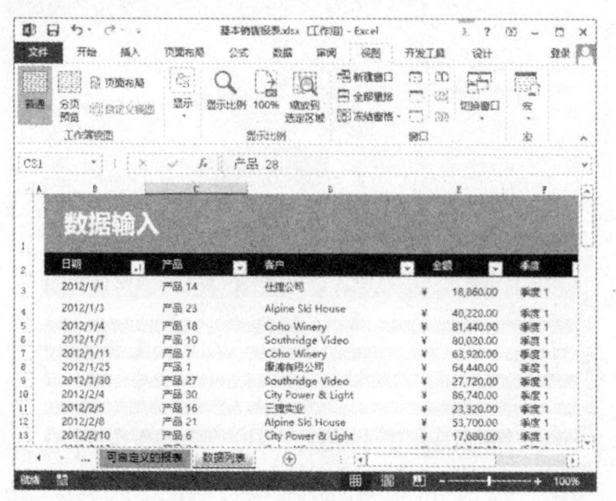

04 选择全部工作表 在工作表标签上右击，在弹出的快捷菜单中选择“选定全部工作表”命令，即可选中该工作簿中的所有工作表，如下图所示。

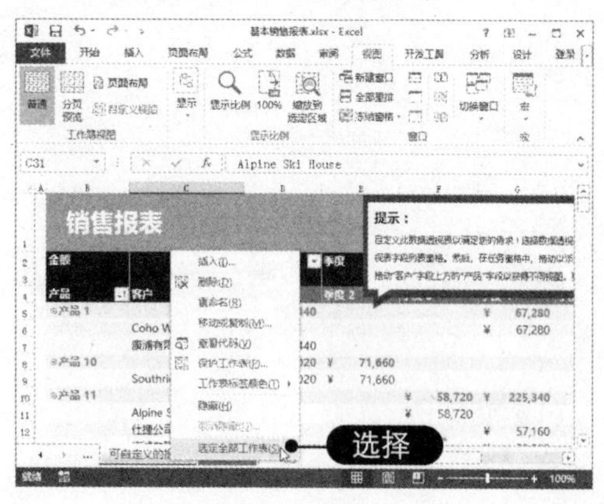

7.3.2 插入工作表

用户可以在一个工作簿中插入多个工作表，以编辑不同类别的数据。插入工作表有多种方法，下面将进行详细介绍。

方法一：单击“插入工作表”按钮

01 单击“新工作表”按钮 单击工作表标签右侧的“新工作表”按钮⊕，如下图所示。

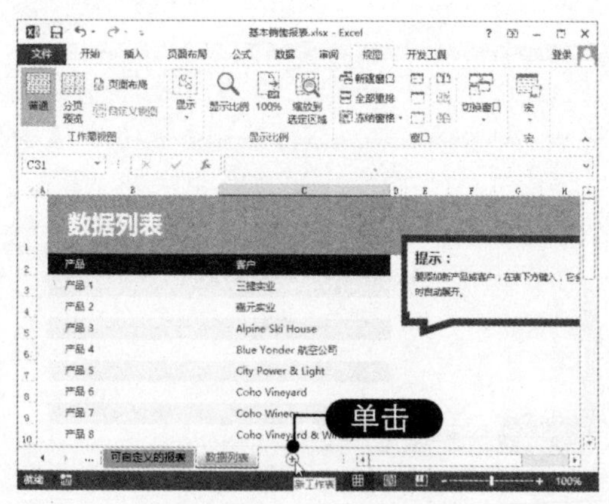

02 插入工作表 此时即可在所选工作表右侧插入一个新工作表，如下图所示。

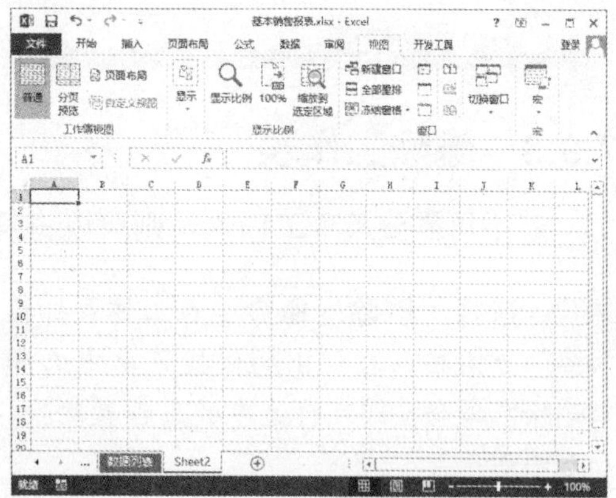

方法二：通过快捷菜单命令插入工作表

01 选择"插入"命令 在工作表标签上右击，选择"插入"命令，如下图所示。

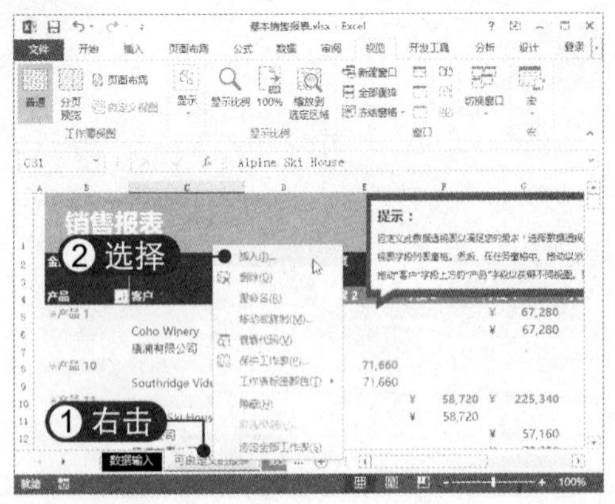

02 选择"工作表"选项 在弹出的对话框中默认选择"工作表"选项，单击"确定"按钮，如下图所示。

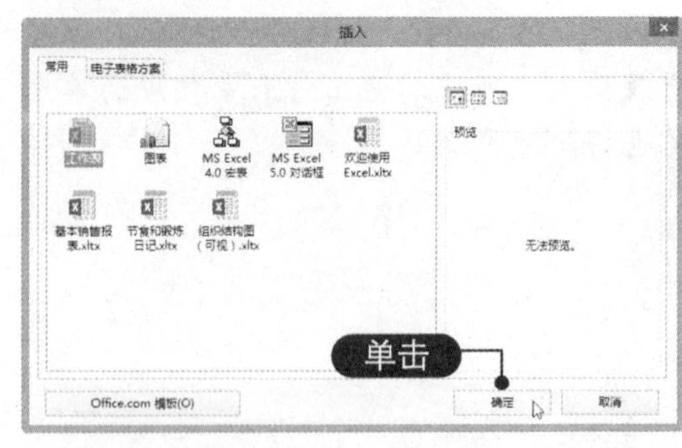

方法三：使用选项卡下的选项插入工作表

01 选择"插入工作表"选项 在"单元格"组中单击"插入"下拉按钮，选择"插入工作表"选项，如下图所示。

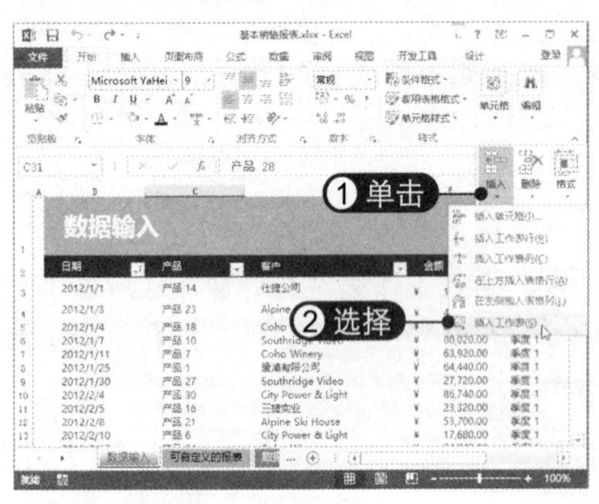

02 插入新工作表 此时即可在所选工作表的前面插入一个新工作表，如下图所示。

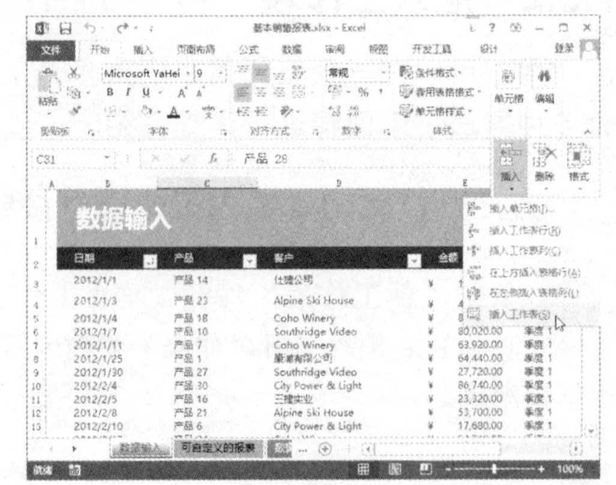

7.3.3 删除工作表

若不再需要某个工作表，则可以将其删除。删除工作表的具体操作方法如下：

01 选择"删除"命令 在工作表标签上右击，在弹出的快捷菜单中选择"删除"命令，即可将选中的工作表删除，如右图所示。

02 选择“删除工作表”选项 在“单元格”组中单击“删除”下拉按钮，选择“删除工作表”选项，即可将选中的工作表删除，如右图所示。

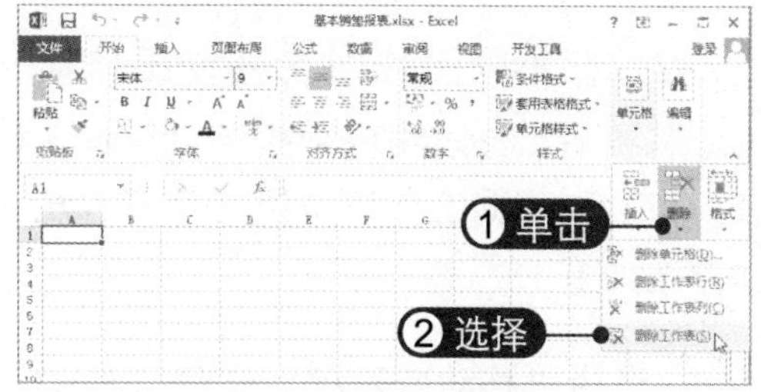

7.3.4 重命名工作表

为方便对工作表的管理，可对工作表进行重命名，具体操作方法如下：

01 选择“重命名”命令 右击工作表标签，在弹出的快捷菜单中选择“重命名”命令，如下图所示。

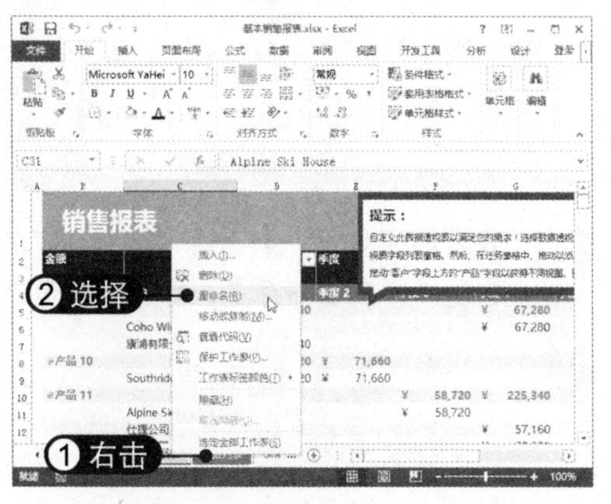

02 重命名工作表 此时工作表标签名称处于可编辑状态，输入新名称，按【Enter】键确认即可，如下图所示。此外，双击工作表标签，也可对工作表进行重命名。

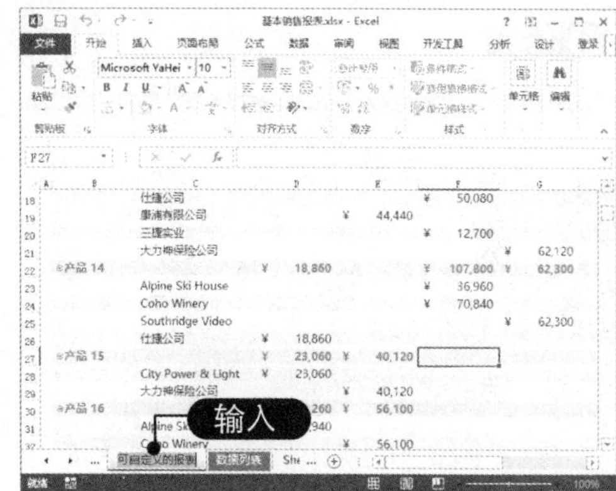

7.3.5 移动工作表

用户可以在相同或不同的工作簿中移动工作表，下面将介绍其移动方法。

1. 在同一个工作簿内移动工作表

在同一个工作簿内移动工作表可以改变工作表的排列顺序，具体操作方法如下：

01 拖动鼠标 单击工作表标签并拖动鼠标，此时鼠标指针变为⇩形状，如下图所示。

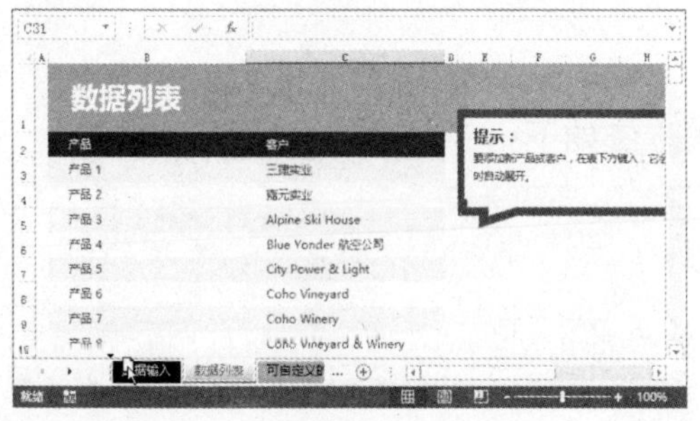

02 移动工作表 拖到目标位置处松开鼠标，即可移动工作表的位置，如下图所示。

2. 在不同工作簿内移动工作表

若要将工作表中的数据移到其他工作簿中，不需要复制数据，只需设置移动工作表即可。要移动工作表，需先打开目标工作簿。在不同工作簿内移动工作表的具体操作方法如下：

01 选择“移动或复制”命令 右击需要移动的工作表标签，在弹出的快捷菜单中选择“移动或复制”命令，如下图所示。

02 选择工作簿 弹出“移动或复制工作表”对话框，在“工作簿”下拉列表中选择要移入的工作簿，单击“确定”按钮，如下图所示。

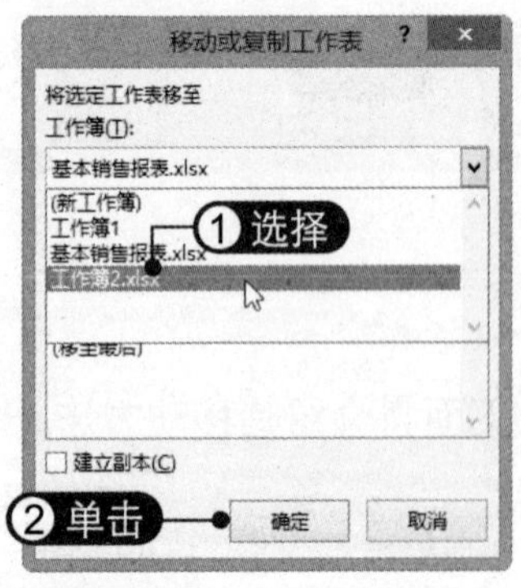

03 移动工作表 此时即可将所选工作表移到所选的工作簿中，如下图所示。

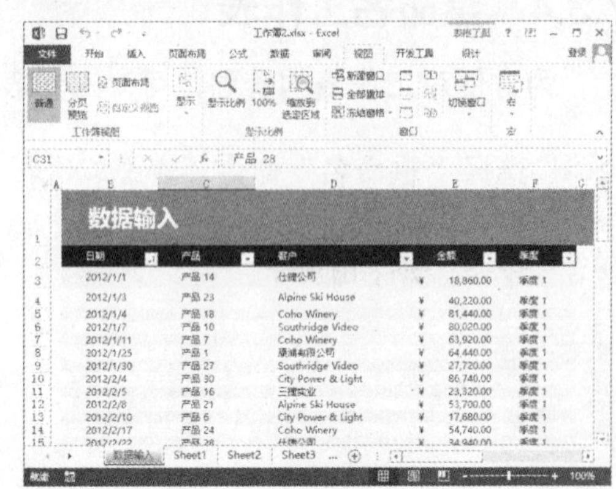

04 查看原工作簿 打开原工作簿，可以看到工作表已不存在，如下图所示。

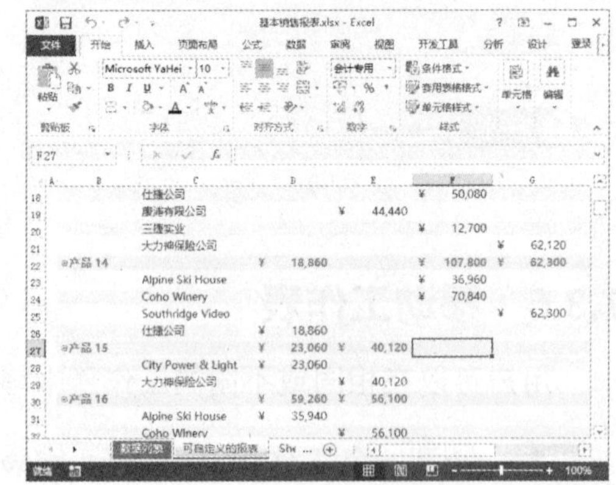

7.3.6 复制工作表

复制工作表即为所选工作表建立一个副本。同移动工作表一样，复制工作表可以在同一个工作簿或不同工作簿间操作。

1. 在同一个工作簿内移动工作表

在同一个工作簿内移动工作表的具体操作方法如下：

01 拖动工作表标签 按住【Ctrl】键的同时单击工作表标签并拖动鼠标，此时鼠标指针变为形状，如右图所示。

02 复制工作表 拖到目标位置处松开鼠标，即可复制工作表，如右图所示。

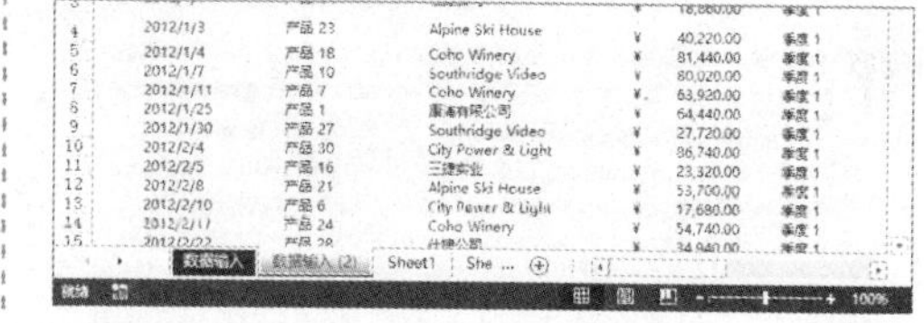

2. 在不同工作簿内复制工作表

将当前工作表复制到其他工作簿的具体操作方法如下：

01 选择“移动或复制”命令 右击需要复制的工作表标签，选择“移动或复制”命令，如下图所示。

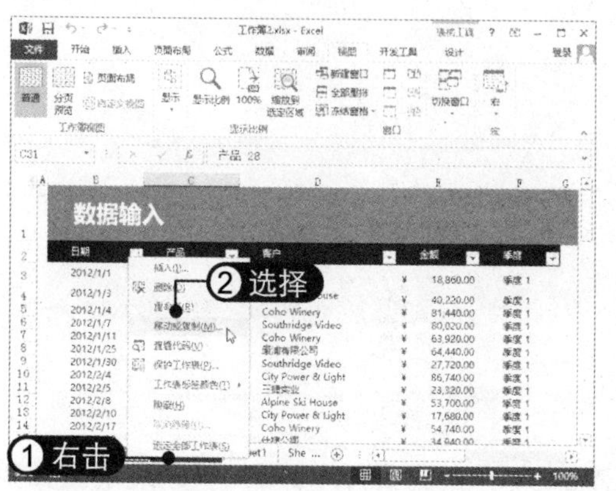

02 选择工作簿 在弹出对话框的“工作簿”下拉列表框中选择目标工作簿，选中“建立副本”复选框，然后单击“确定”按钮，如下图所示。

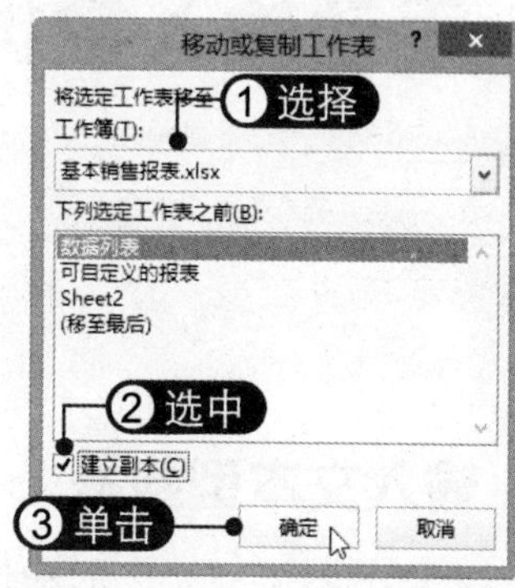

7.3.7 隐藏工作表

对于一些不必要的工作表，可以在工作簿中将其隐藏起来，具体操作方法如下：

01 选择“隐藏”命令 右击工作表标签，在弹出的快捷菜单中选择“隐藏”命令，如下图所示。

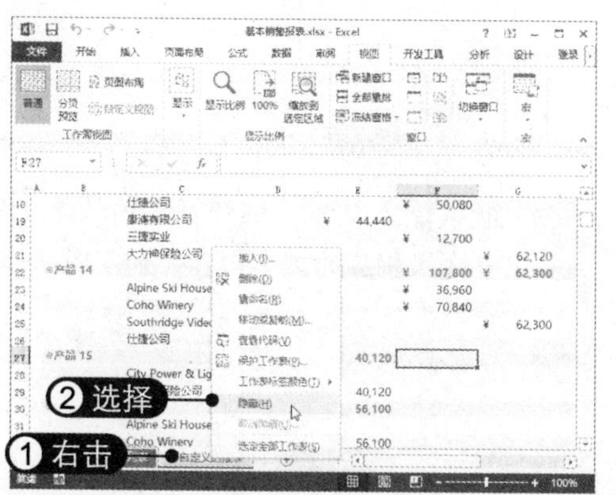

02 隐藏工作表 此时即可隐藏所选的工作表，该工作表标签将不显示，如下图所示。

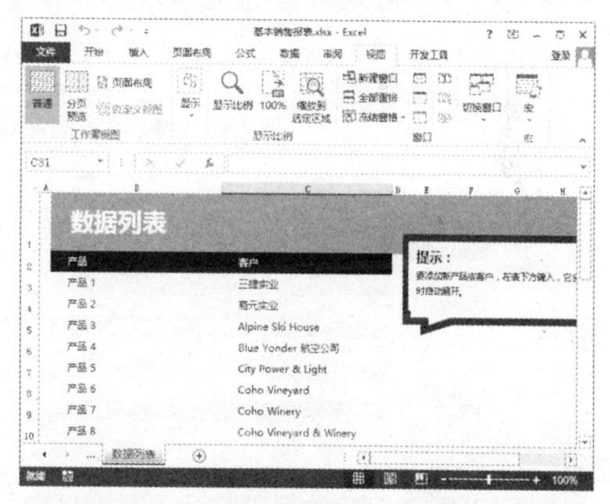

03 选择“取消隐藏”命令 要恢复隐藏的工作表，可右击任一工作表标签，在弹出的快捷菜单中选择“取消隐藏”命令，如下图所示。

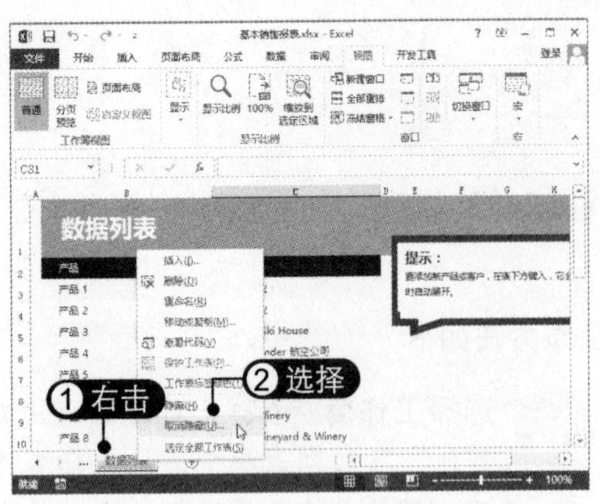

04 选择恢复显示工作表 弹出“取消隐藏”对话框，选择要恢复显示的工作表，然后单击“确定”按钮，如下图所示。

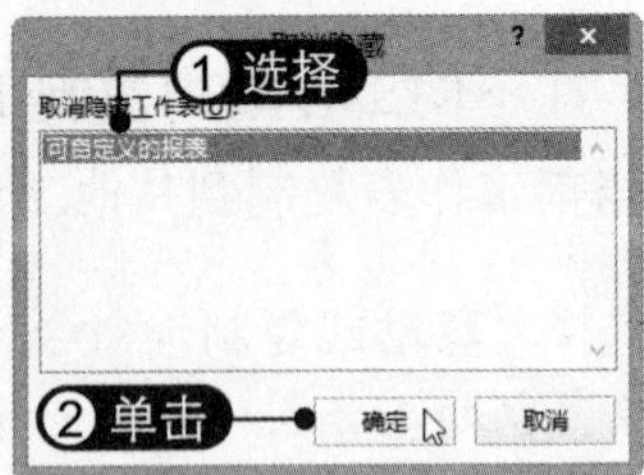

7.4 手动输入数据

输入数据是使用工作表的核心操作，输入数据后应根据需要将数据设置为所需的数字格式，如可以将阿拉伯数字设置为文本数字格式。下面将详细介绍如何在工作表中输入数据，并设置数字格式。

7.4.1 输入文本型数据

在工作表中输入的文本型数据一般为文本型文字。在 Excel 2013 中，文本型数据用于作为数值型数据的说明、分类和标签。文本型数据的输入方法如下：

01 输入文本 选择 A1 单元格，在该单元格中输入所需的文本内容，如下图所示。

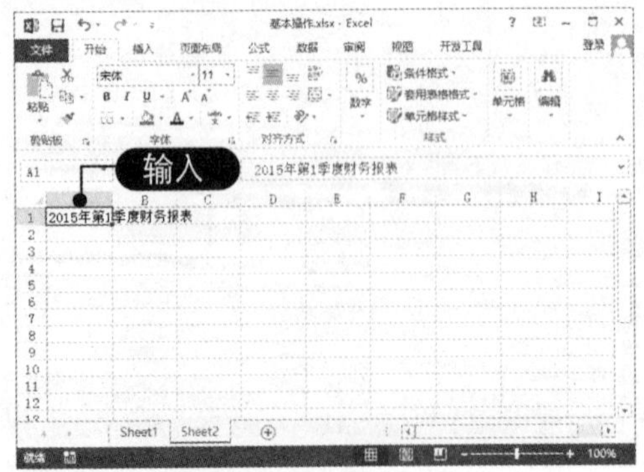

02 文本换行 若要将文本进行换行，可双击单元格，然后将光标定位到要换行的文字后按【Alt+Enter】组合键即可，如下图所示。

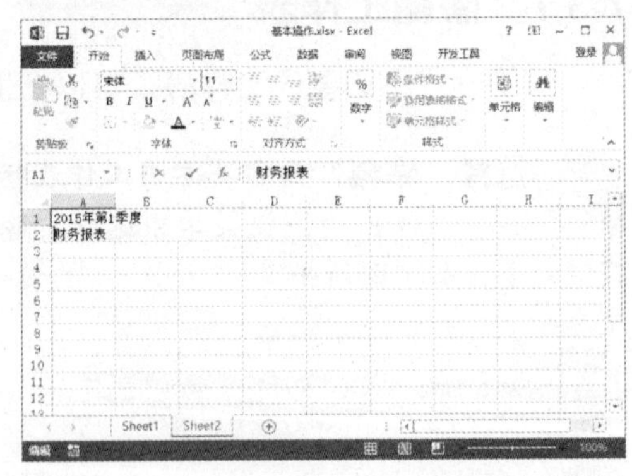

03 继续输入文本 继续在不同的单元格中输入相应的文本内容，如下图所示。

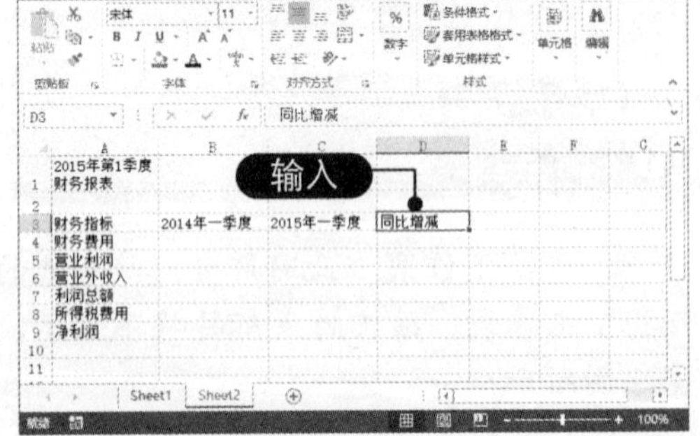

04 输入数字 输入数字的方法与输入文本相同，只是默认的对齐方式为右对齐，如右图所示。

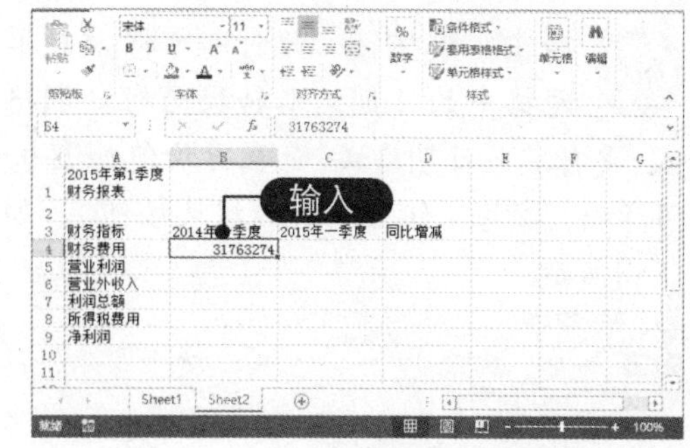

7.4.2 将数字转化为文本

如果在单元格中输入的数字不进行运算，最好将其作为文本输入，如邮政编码、证件号码或学号等。默认情况下，将数字输入到单元格时 Excel 将其作为数字设置为右对齐。若要将输入的数字作为文本表示，可以进行以下操作：

01 输入引号 双击数字单元格，进入单元格编辑状态，在数字前加半角的单引号“'”，如下图所示。

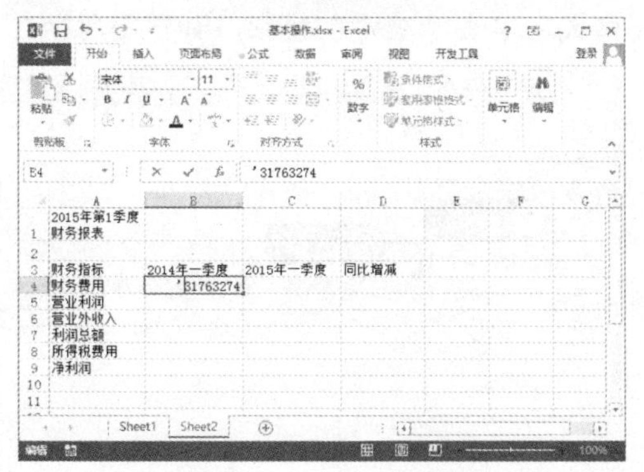

02 查看数字效果 按【Enter】键确认，即可将数字转化为文本，效果如下图所示。

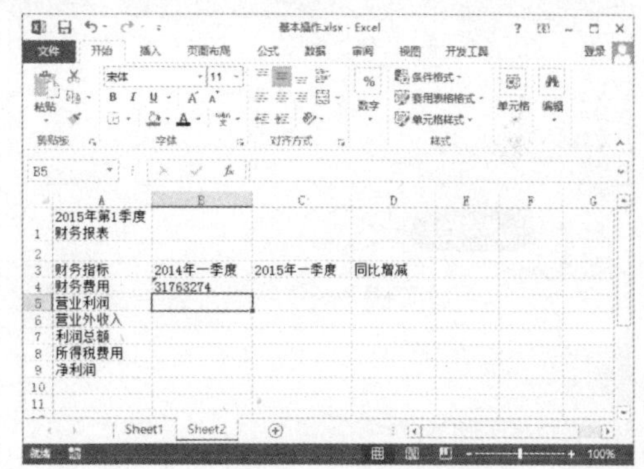

7.4.3 输入日期或时间

日期和时间可以直接输入，Excel 2013 会自动识别日期和时间格式，并将其转换为序列号保存。手动输入日期的具体操作方法如下：

01 选择“短日期”选项 在 A1 和 B1 单元格中分别输入日期和时间，选择 A1 单元格，在“开始”选项卡下“数字”组中单击“数字格式”下拉按钮，选择“短日期”选项，如右图所示。

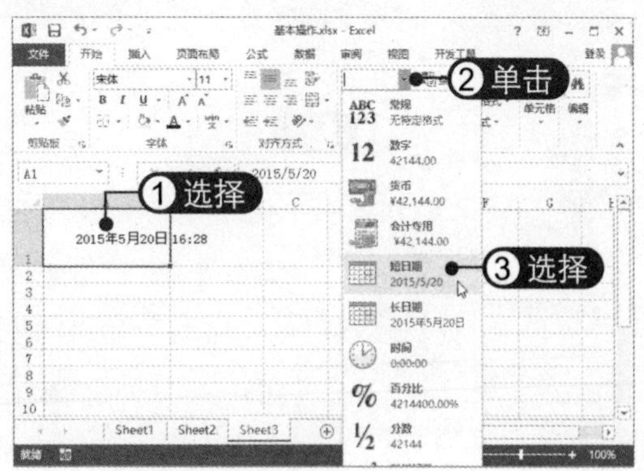

02 单击扩展按钮 此时即可将A1单元格中的日期文本转换为短日期格式。要自定义日期格式，如在月份前加上0，可单击“数字”组右下角的扩展按钮，如下图所示。

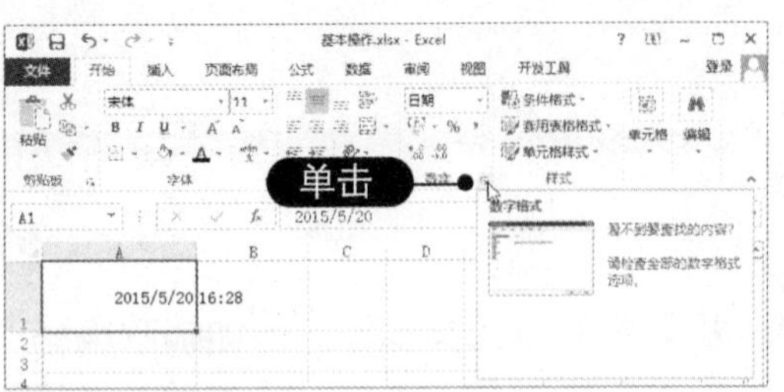

03 选择“自定义”分类 弹出“设置单元格格式”对话框，在左侧选择“自定义”分类，在“类型”文本框中查看当前的日期格式，如下图所示。

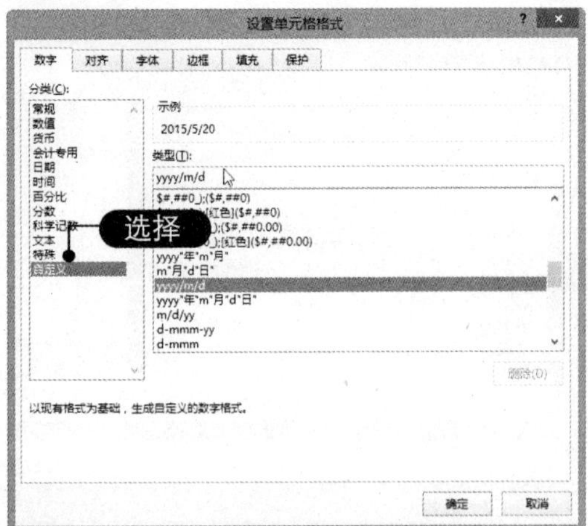

04 自定义数字格式 在m前输入“"0"”，单击“确定”按钮，如下图所示。

05 单击扩展按钮 查看自定义日期格式效果。要设置时间格式，可选中B1单元格，然后单击“数字”组右下角的扩展按钮，如下图所示。

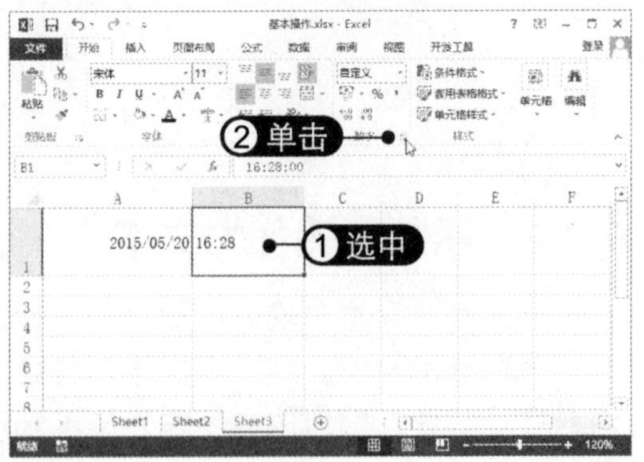

06 选择时间格式 弹出“设置单元格格式”对话框，在左侧选择“时间”分类，在“类型”列表中选择所需的时间格式，单击“确定”按钮，如下图所示。

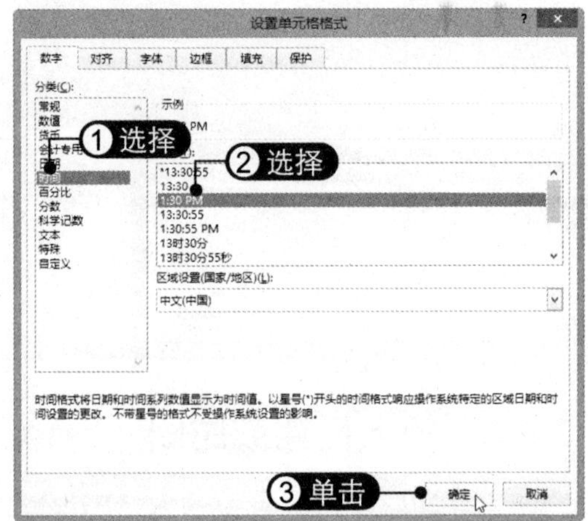

07 查看时间格式 返回工作表，查看当前的时间格式，如下图所示。

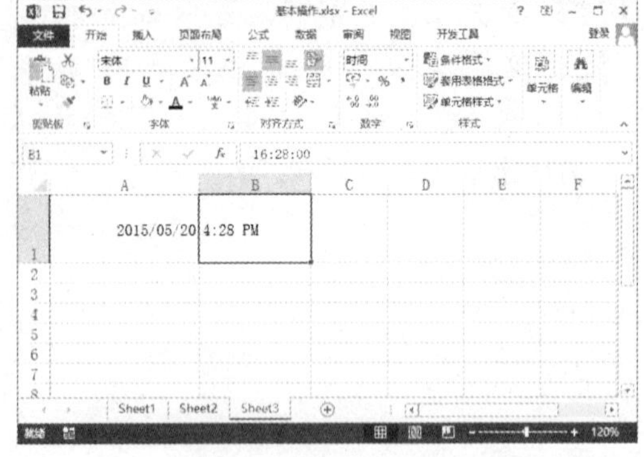

7.4.4 输入货币型数据

在制作工作表时，经常需要输入一些货币型的数据，下面将介绍如何输入货币型数据，具体操作方法如下：

01 **单击扩展按钮** 选中 B4:C9 单元格区域，单击“数字”组右下角的扩展按钮，如下图所示。

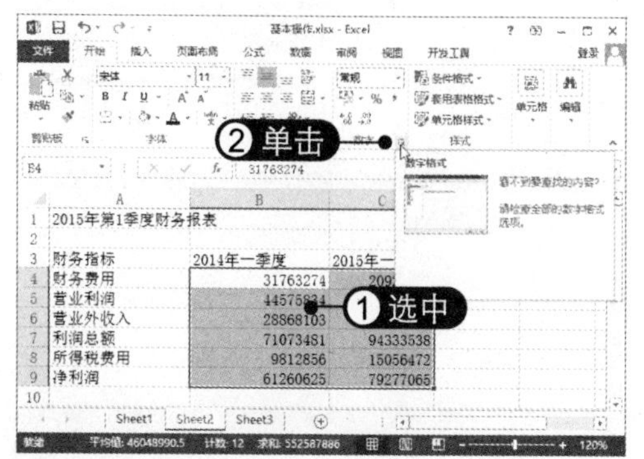

02 **设置货币类型** 弹出对话框，在左侧选择“货币”分类，在右侧设置“小数位数”为 0，选择货币符号为“无”，单击“确定”按钮，如下图所示。

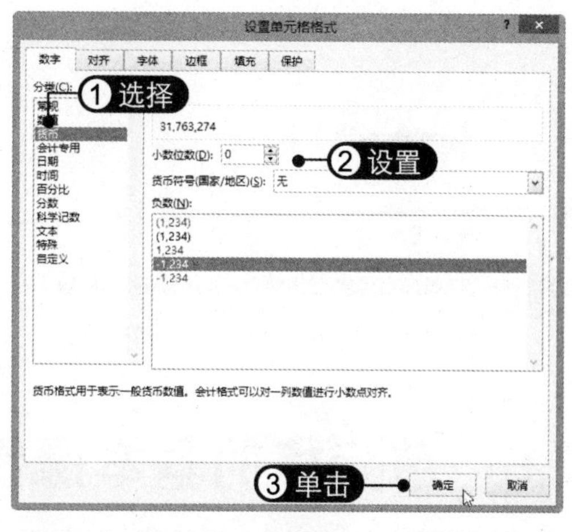

03 **查看货币格式数据** 返回工作表，查看货币格式数据效果，如下图所示。

	2015年第1季度财务报表			
财务指标	2014年一季度	2015年一季度	同比增减
财务费用	31,763,274	20,928,129	
营业利润	44,575,834	83,242,244	
营业外收入	28,868,103	12,396,265	
利润总额	71,073,481	94,333,538	
所得税费用	9,812,856	15,056,472	
净利润	61,260,625	79,277,065	

7.4.5 自定义数字格式

除了使用 Excel 2013 预设的数字格式外，还可以自定义数字格式，具体操作方法如下：

01 **单击扩展按钮** 打开素材文件，选择 A3:A20 单元格区域，单击“数字”组右下角的扩展按钮，如下图所示。

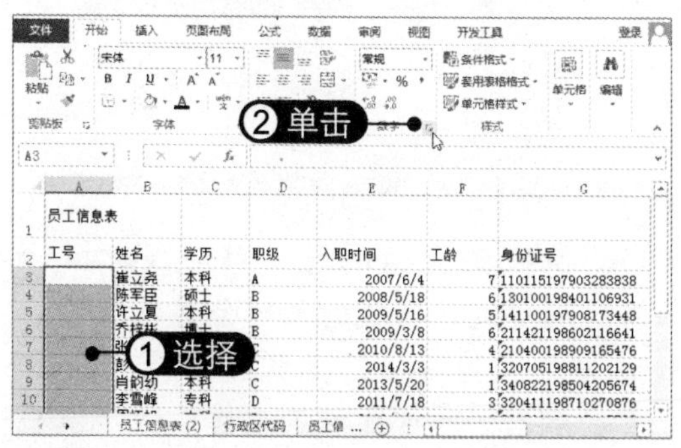

02 **自定义数字格式** 弹出对话框，在左侧选择“自定义”分类，在“类型”文本框中输入“A-000”，单击“确定”按钮，如下图所示。

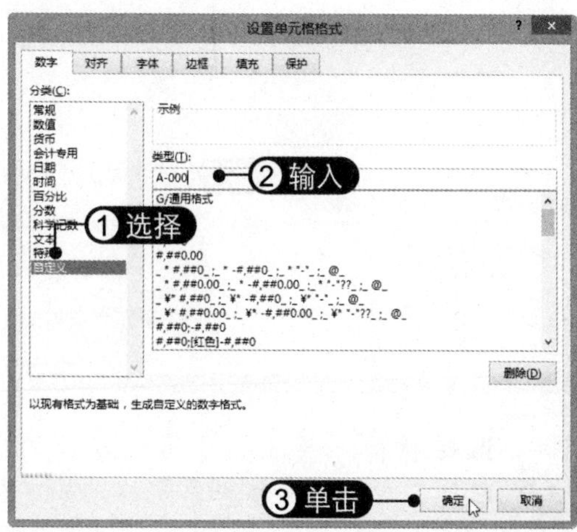

03 输入数字 选择A3单元格，输入1，如下图所示。

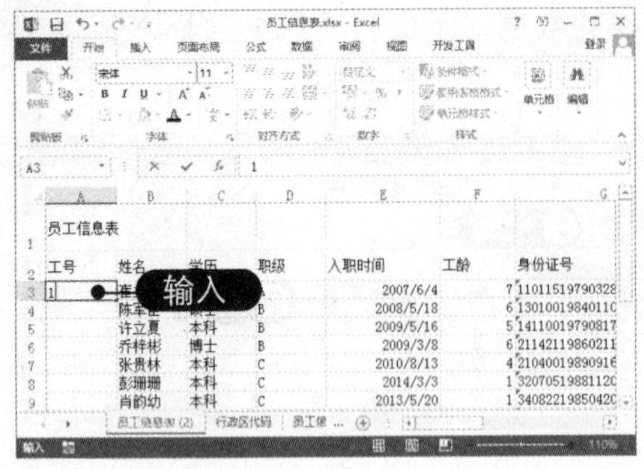

04 查看自定义格式 按【Enter】键确认输入操作，查看此时的数字格式，如下图所示。

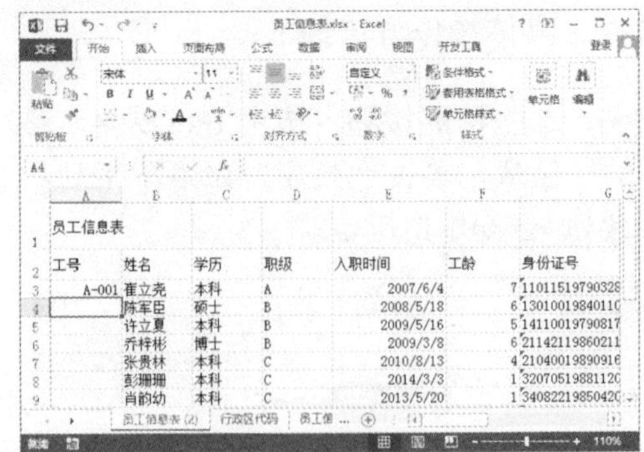

7.5 单元格的基本操作

在制作电子表格时，对单元格的操作是必不可少的。单元格的基本操作主要包括单元格的插入、删除、清除、移动与复制，设置单元格高度和宽度，合并单元格及添加批注等，下面将分别进行详细介绍。

7.5.1 选择单元格

要编辑单元格，首先要选择单元格。不仅可以选择单个单元格，还可以选择整行或整列单元格；不仅可以选择相邻的单元格区域，还可以选择多个不相邻的单元格，具体操作方法如下：

01 选择单个单元格 单击要选择的单元格，即可选择单个单元格，如下图所示。

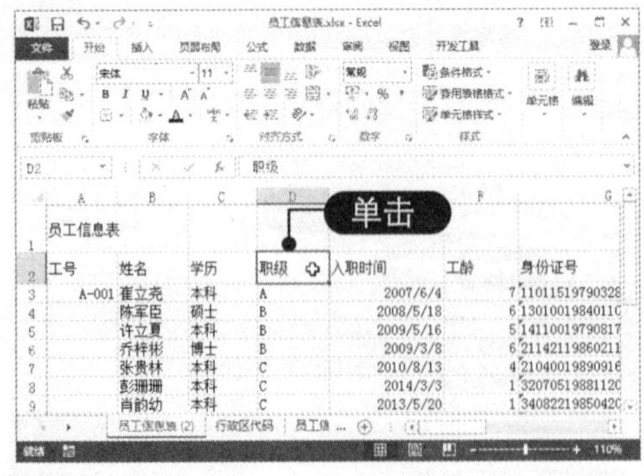

02 选择整行 单击位于窗口左侧的行号，即可选择整行单元格，如下图所示。

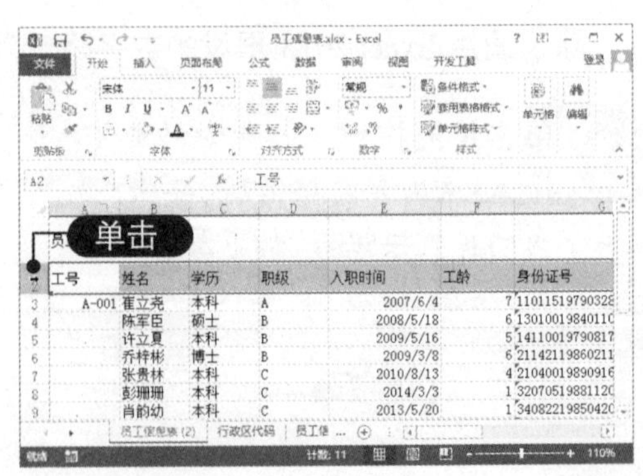

03 选择单元格区域 移动鼠标指针到要选择区域的第一个单元格处，按住鼠标左键并沿对角线方向拖至合适位置后松开，即可选择单元格区域，如下图所示。

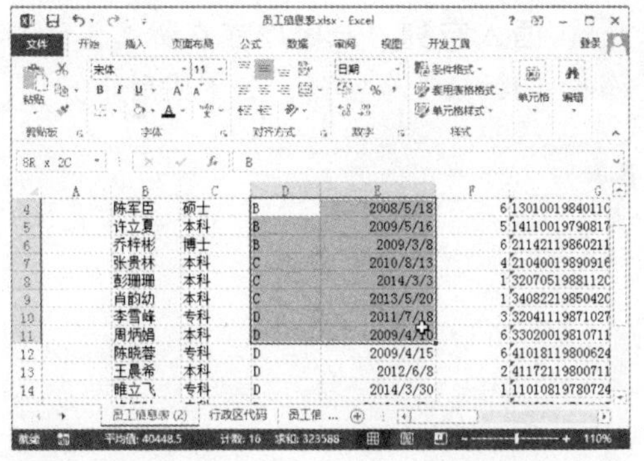

04 选择不相邻的单元格 选择某个单元格后，按住【Ctrl】键继续选择其他单元格，即可选择不相邻的单元格，如下图所示。

7.5.2 插入单元格、行或列

在工作表中可以插入一个单元格，也可以插入一行或一列单元格。如果需要在工作表中插入单元格，具体操作方法如下：

01 选择“插入”命令 右击单元格，在弹出的快捷菜单中选择“插入”命令，如下图所示。

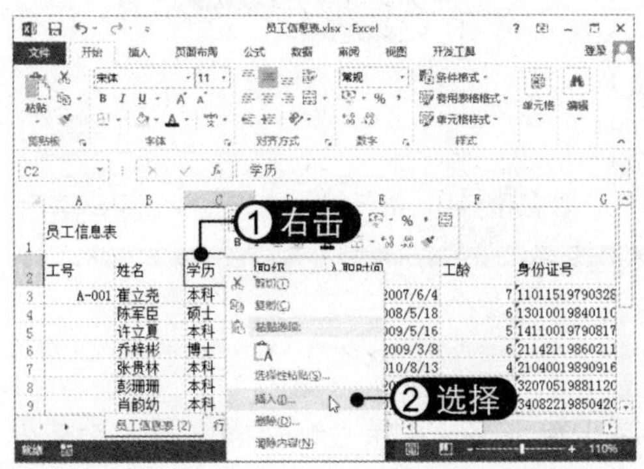

02 设置插入选项 弹出“插入”对话框，选中“活动单元格右移”单选按钮，然后单击“确定”按钮，如下图所示。

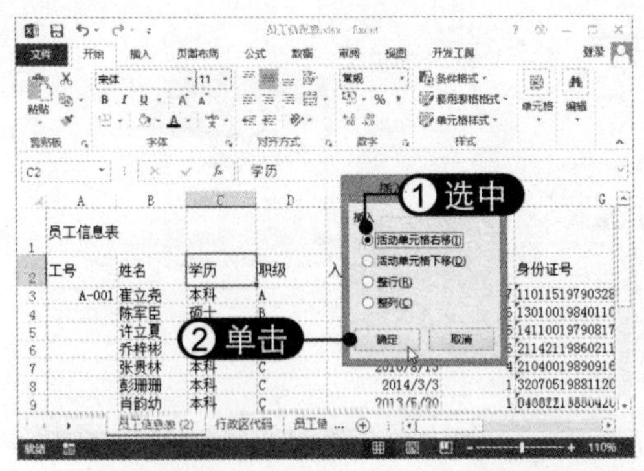

03 插入单元格 此时即可在所选单元格左侧插入一个空白单元格，如下图所示。

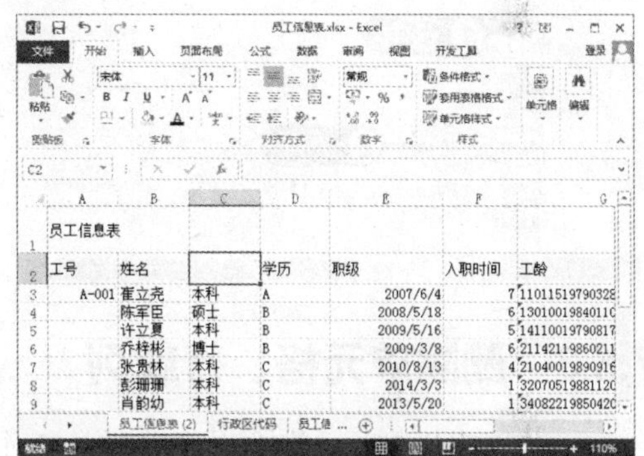

04 选择“插入”命令 要快速插入一行，可先选中一行并右击，在弹出的快捷菜单中选择“插入”命令，如下图所示。

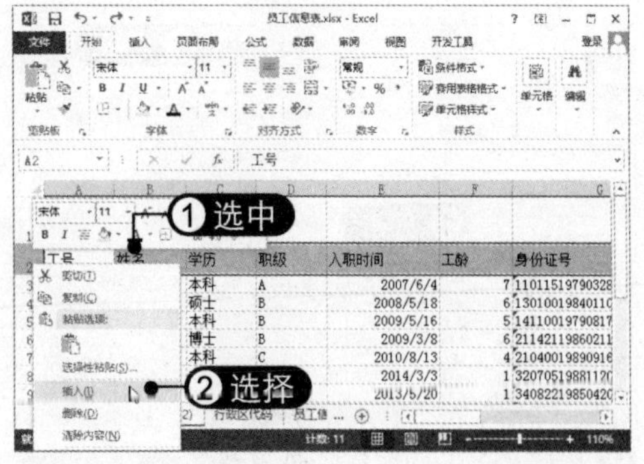

05 **插入空行** 此时即可在所选行上方插入一个空行，如下图所示。

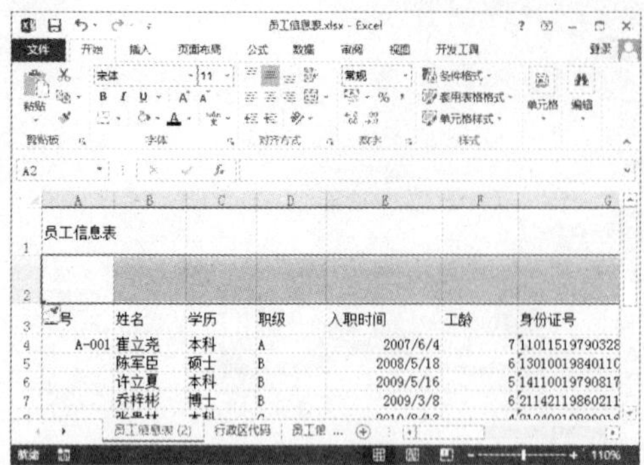

06 **选择"插入"命令** 要快速插入一列，可先选中一列并右击，在弹出的快捷菜单中选择"插入"命令，如下图所示。

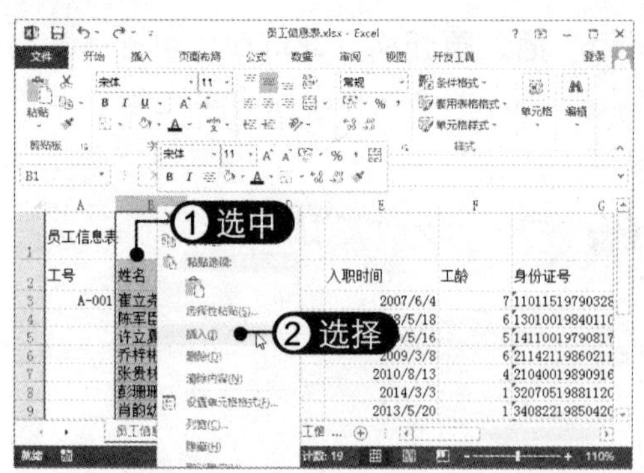

07 **插入空列** 此时即可在所选列的左侧插入一个空列，如下图所示。

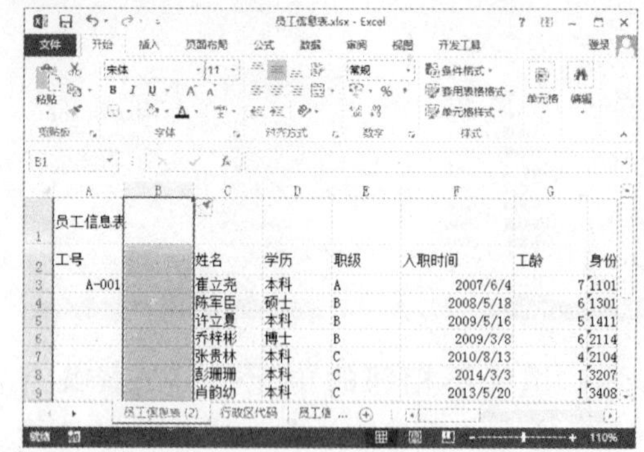

08 **选择插入选项** 选中单元格，在"开始"选项卡下"单元格"组中单击"插入"下拉按钮，选择相应的选项也可插入单元格、行或列，如下图所示。

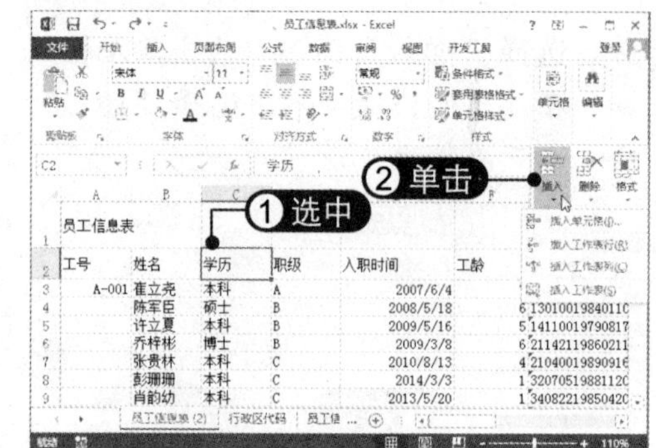

7.5.3 删除单元格、行或列

和插入操作相反，删除操作就是从工作表中减少单元格。实际上删除操作不仅是减少单元格，同时减少的还有单元格中的数据。删除单元格、行或列的具体操作方法如下：

01 **选择"删除"命令** 选择单元格区域并右击，在弹出的快捷菜单中选择"删除"命令，如下图所示。

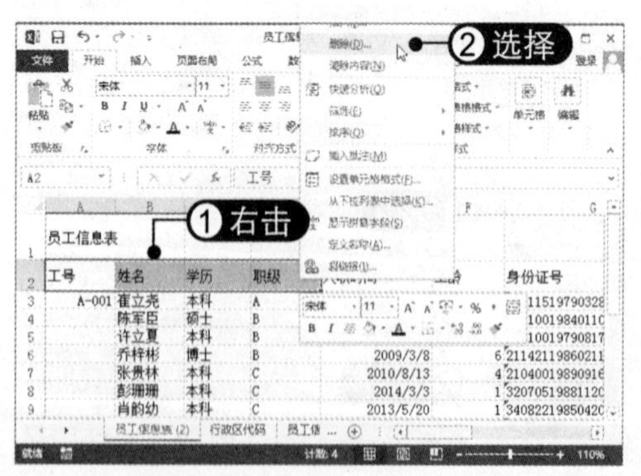

02 **设置删除选项** 弹出"删除"对话框，选中"下方单元格上移"单选按钮，单击"确定"按钮，如下图所示。

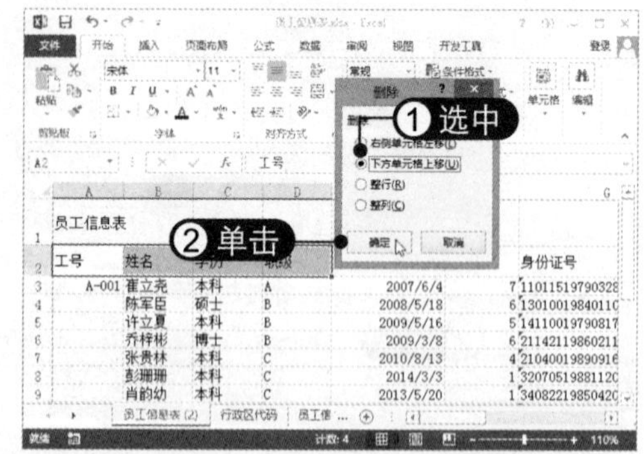

03 删除单元格 此时即可删除所选的单元格，下方单元格中的内容将上移到所删除的位置，如下图所示。

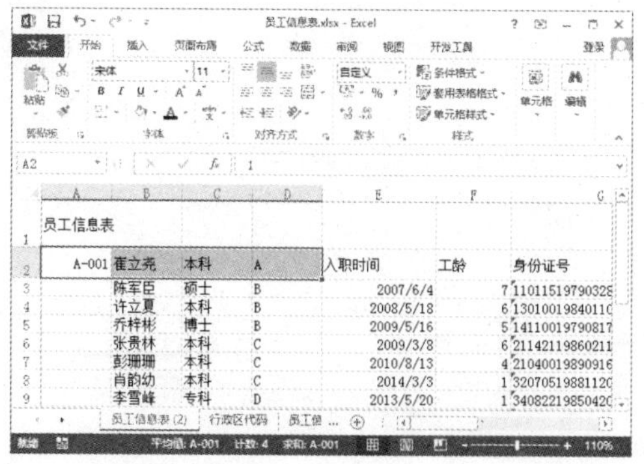

04 选择删除选项 选择单元格区域，在“开始”选项卡下“单元格”组中单击“删除”下拉按钮，选择相应的选项也可删除单元格、行或列，如下图所示。

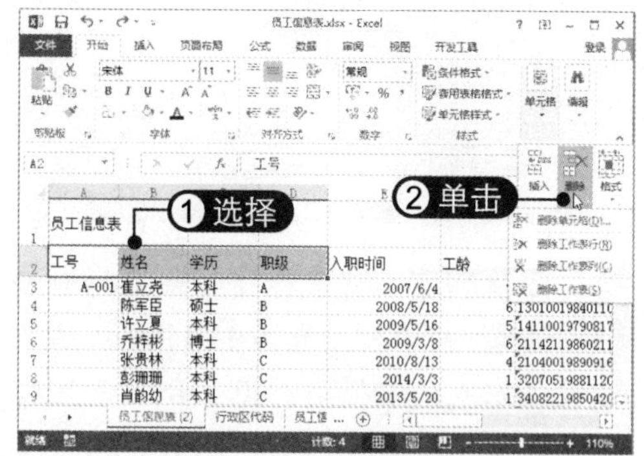

7.5.4 清除单元格内容

清除单元格与删除单元格有所不同，清除单元格只删除单元格中的数据，而不能删除单元格。清除单元格的具体操作方法如下：

01 选择“清除内容”命令 选择单元格区域并右击，在弹出的快捷菜单中选择“清除内容”命令，如下图所示。

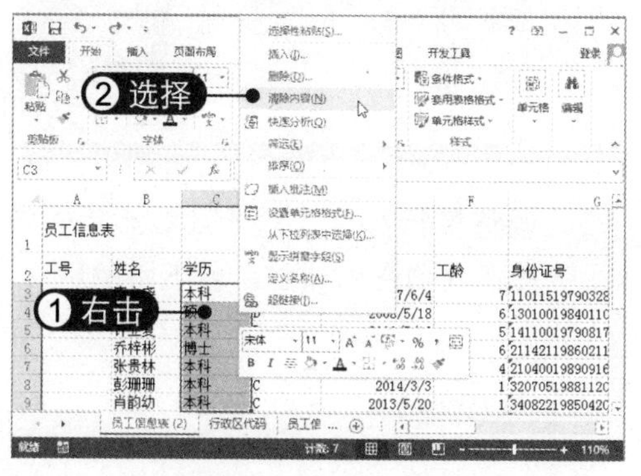

02 清除内容 此时即可清除所选单元格区域中的数据。选中单元格区域后按【Delete】键，也可清除内容，如下图所示。

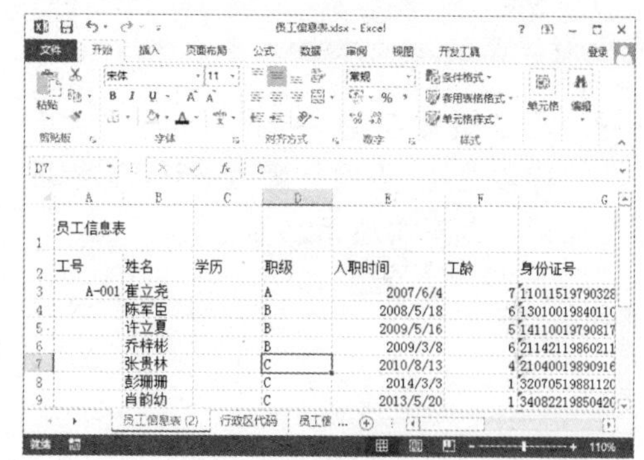

7.5.5 设置行高和列宽

当系统默认的行高和列宽不能满足用户需求时，可以根据需要对其进行调整。下面将介绍调整工作表行高和列宽的方法。

1. 拖动鼠标进行调整

在对行高和列宽的尺度要求不是十分精确时，可以使用拖动鼠标的方法来快速调整行高和列宽，具体操作方法如下：

01 调整行高 将鼠标指针移至行号下边缘，当指针变为✢形状时按住鼠标左键向上或向下拖动，拖至合适位置后松开鼠标即可调整行高，如下图所示。

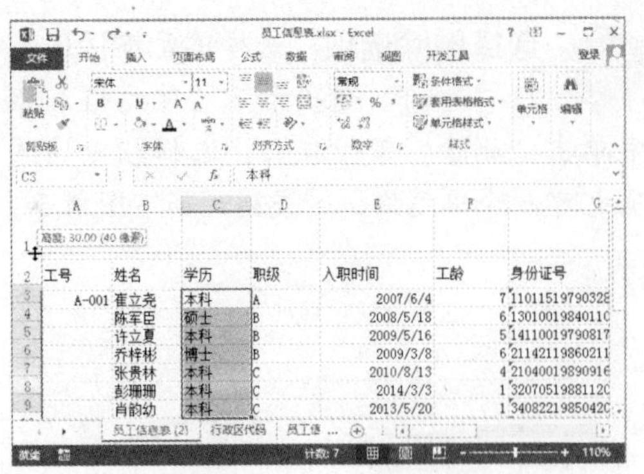

02 **调整列宽** 将鼠标指针移至列标右边缘，此时指针变为✛形状，按住鼠标左键向左或向右拖动，拖至合适位置后松开鼠标即可调整列宽，如下图所示。

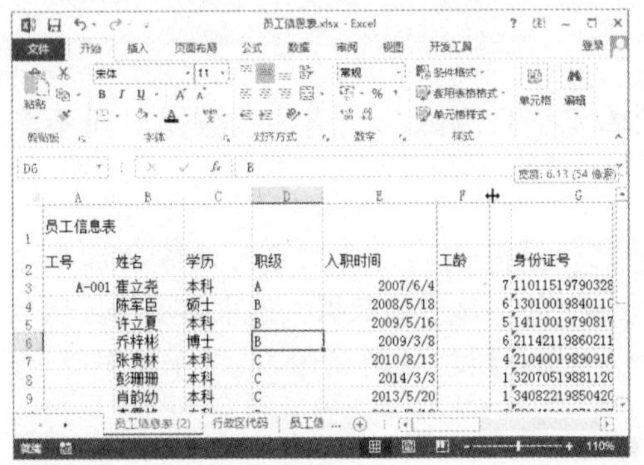

03 **双击鼠标左键** 将鼠标指针移至列标右边缘，当指针变为✛形状时双击鼠标左键，如下图所示。

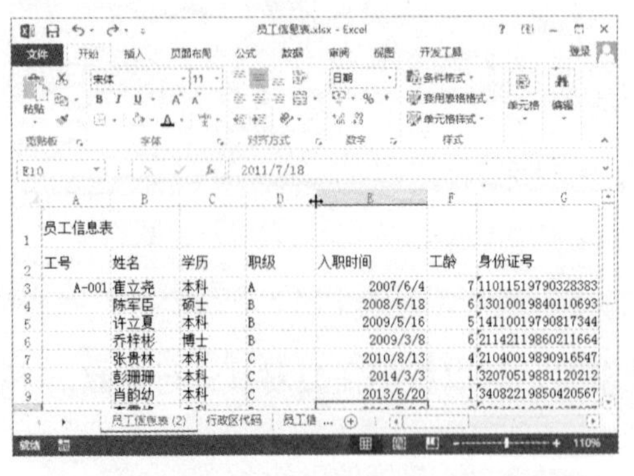

04 **自动调整列宽** 此时即可自动调整该列的列宽。用同样的方法也可以自动调整行高，如下图所示。

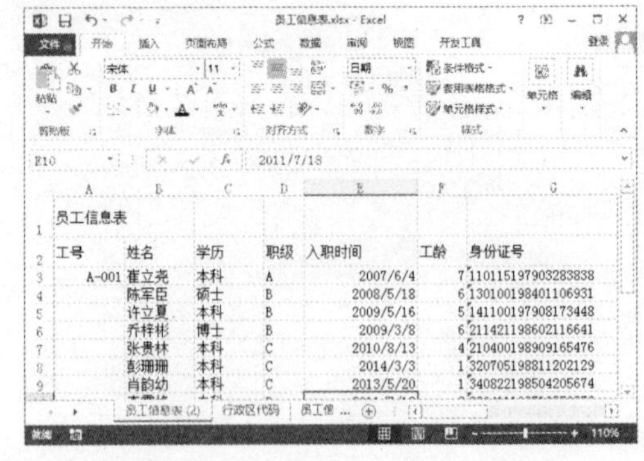

05 **拖动鼠标** 要同时调整多行或多列时，可先将其选中，然后通过拖动鼠标进行调整，如调整多行的高度，如下图所示。

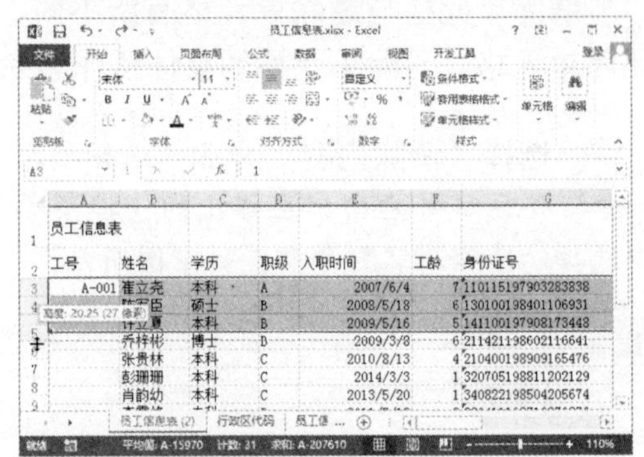

06 **调整多行高度** 松开鼠标后所选行的高度均得到调整，如下图所示。

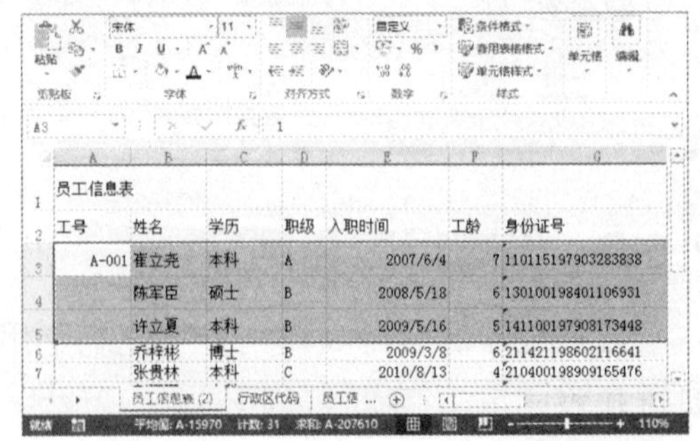

2. 通过命令精确调整

使用“格式”菜单中的命令可以精确调整行高和列宽，具体操作方法如下：

01 **选择“行高”选项** 选中需要调整行高的多个行，在“单元格”组中单击“格式”下拉按钮，选择“行高”选项，如下图所示。

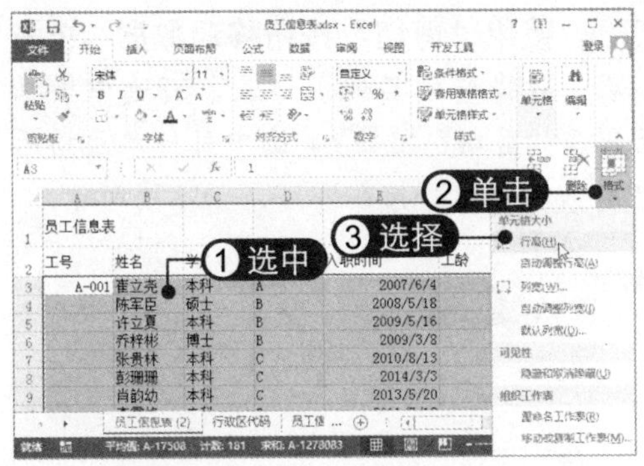

02 精确设置行高

弹出“行高”对话框，输入“行高”数值为 18，然后单击“确定”按钮，如下图所示。

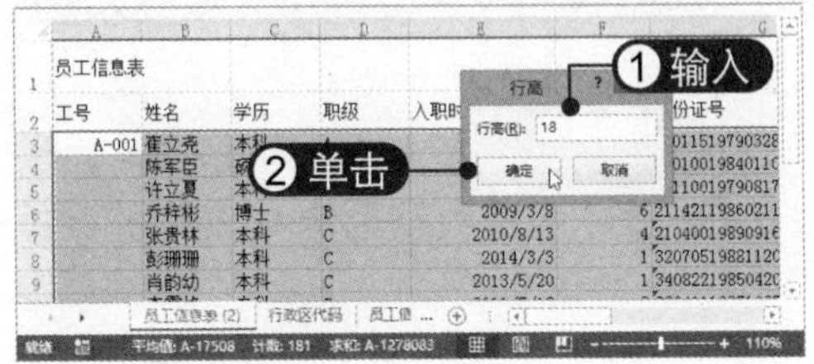

03 查看调整行高效果

此时即可查看设置行高后的效果，如下图所示。

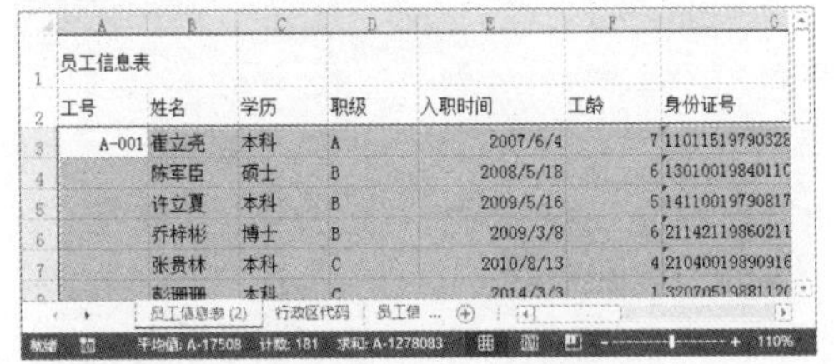

04 选择“自动调整列宽”选项

选中多列，单击“格式”下拉按钮，选择“自动调整列宽”选项，如下图所示。

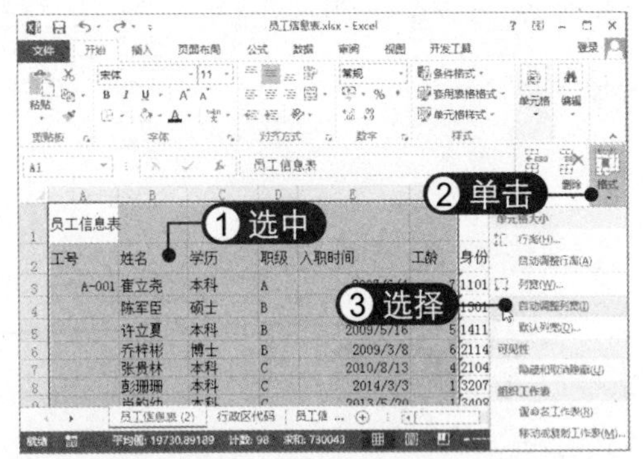

05 自动调整列宽

此时即可查看自动调整列宽的效果，如下图所示。

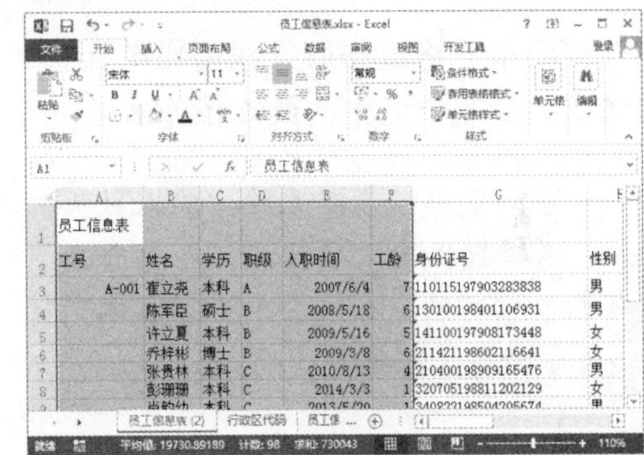

7.5.6 移动单元格数据

在使用 Excel 的过程中经常需要对单元格中的数据进行移动，具体操作方法如下：

01 选择单元格区域

在 C 列插入一个空列，选中 E2:E20 单元格区域，将鼠标指针置于所选区域的边框位置，此时指针变为✣形状，如下图所示。

02 移动数据

按住鼠标左键并拖动，即可移动单元格数据，如下图所示。

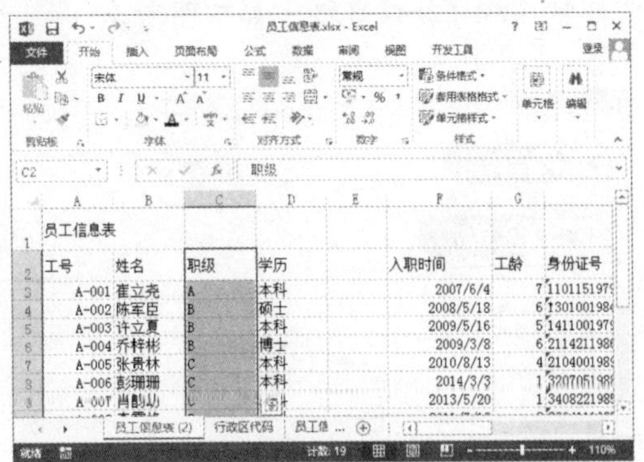

03 替换数据 若移动的位置有数据存在，将弹出提示信息框，询问是否替换该数据，在此单击“确定”按钮，如下图所示。

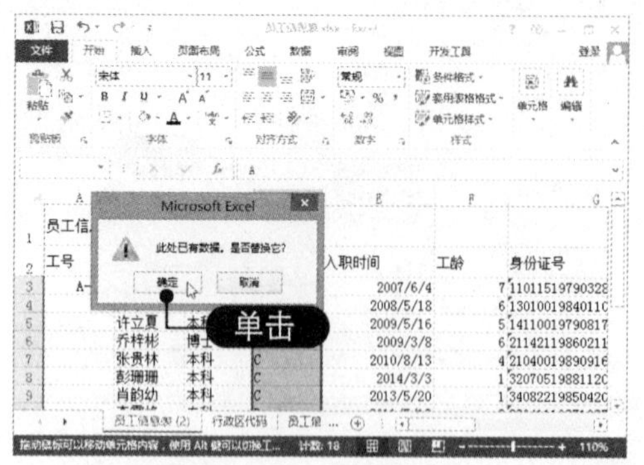

04 使用“剪切”按钮移动数据 若将数据移到其他工作表，可选中数据后单击“剪切”按钮✂，选中目标单元格后再单击“粘贴”按钮即可，如下图所示。

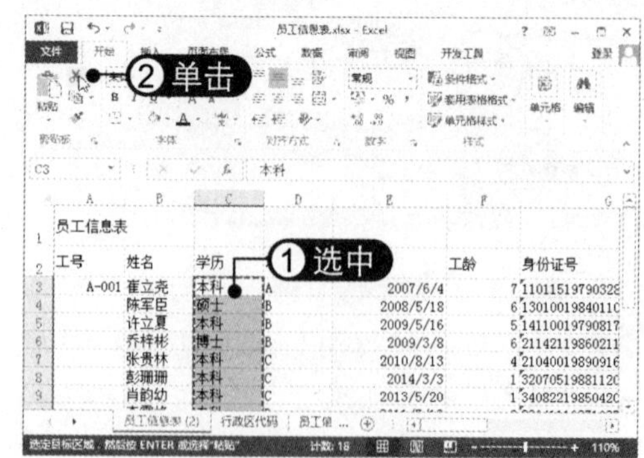

7.5.7 复制单元格数据

移动单元格数据后不保留原单元格的数据，而复制单元格数据后原单元格的数据被保留。复制单元格的具体操作方法如下：

01 复制数据 在单元格中输入数据并选择数据单元格区域，在“开始”选项卡下“剪贴板”组中单击“复制”按钮复制数据，如下图所示。

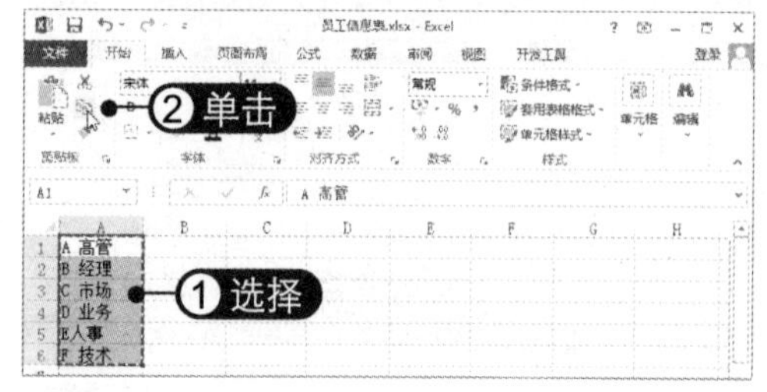

02 粘贴数据 选择目标单元格，单击“粘贴”下拉按钮，在弹出的列表中单击“保留源列宽”按钮或其他粘贴选项按钮，即可粘贴数据，如下图所示。

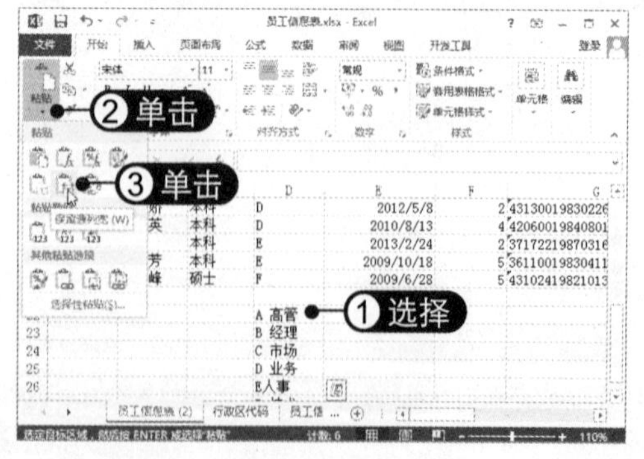

03 转置粘贴 若在“粘贴”下拉列表中单击“转置”按钮，则粘贴数据后将改变方向，如下图所示。

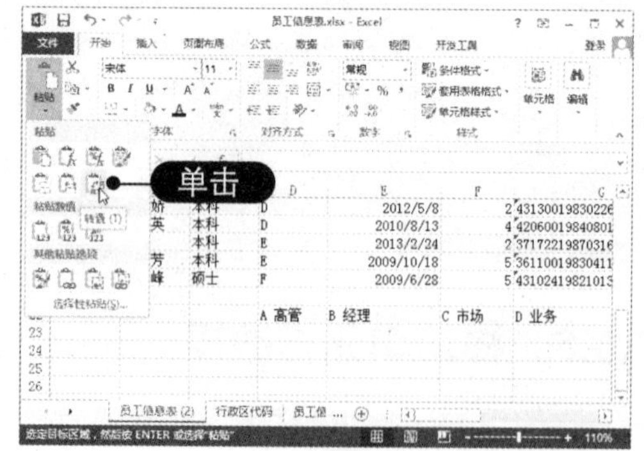

04 拖动鼠标复制数据 还可以使用鼠标拖动来复制数据，就像移动数据一样，只不过在移动时需按住【Ctrl】键，拖到目标位置后松开鼠标，然后再松开【Ctrl】键即可，如下图所示。

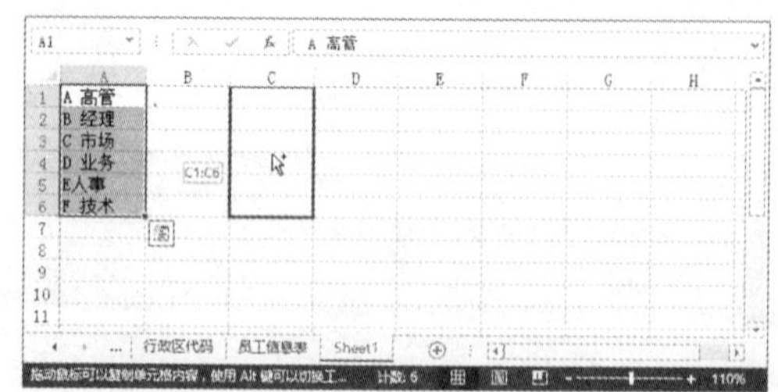

7.5.8 合并单元格

合并单元格就是将相邻的单元格合并为一个单元格，合并后只保留所选区域左上角单元格中的数据内容，具体操作方法如下：

01 选择“合并后居中”选项 选择A1:K1单元格区域，在“开始”选项卡下“对齐方式”组中单击“合并后居中”下拉按钮，选择“合并后居中”选项，如下图所示。

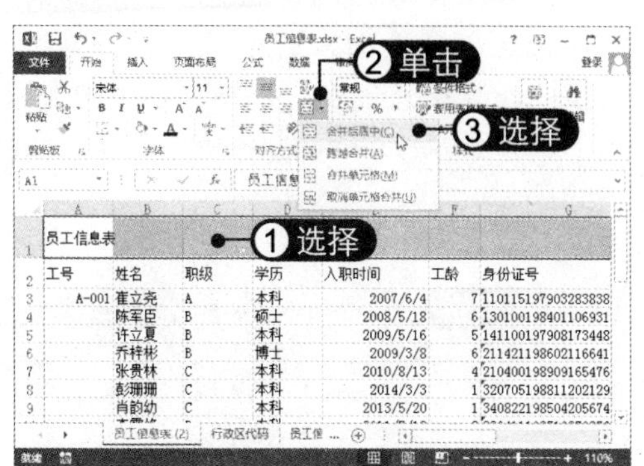

02 合并后居中单元格数据 此时即可将所选的单元格区域合并为一个单元格，且单元格数据居中对齐，如下图所示。

03 合并单元格 若在“合并后居中”下拉列表中选择“合并单元格”选项，则所选单元格区域将合并为一个单元格，且数据单元格的对齐方式不变，如下图所示。

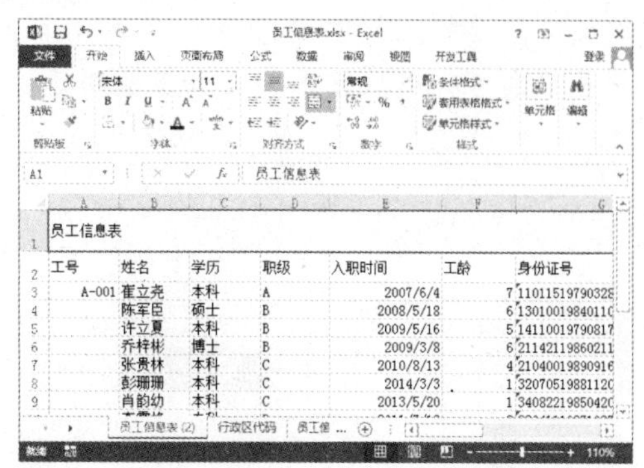

04 取消单元格合并 若要取消单元格合并，可选中合并单元格后，单击“合并后居中”按钮，如下图所示。

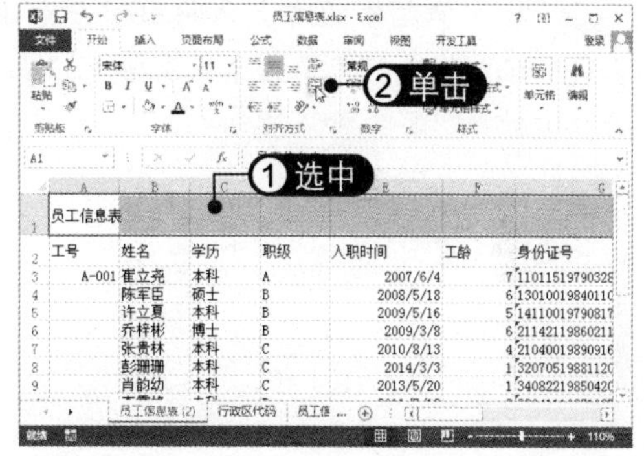

7.5.9 添加批注

为了方便用户了解工作表的内容，可以为单元格添加批注。当在某个单元格中添加批注之后，就会在该单元格右上角出现一个小红三角，只要将鼠标指针移到该单元格中，就会显示出添加的批注内容。

为单元格添加批注的具体操作方法如下：

01 单击“新建批注”按钮 选中B11单元格，选择“审阅”选项卡，单击“新建批注”按钮，如下图所示。

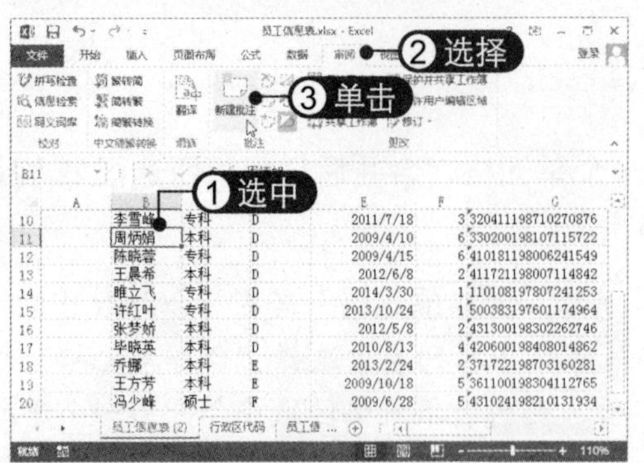

02 编辑批注内容

弹出批注框，根据需要输入批注内容，然后单击其他单元格即可完成批注添加，如下图所示。

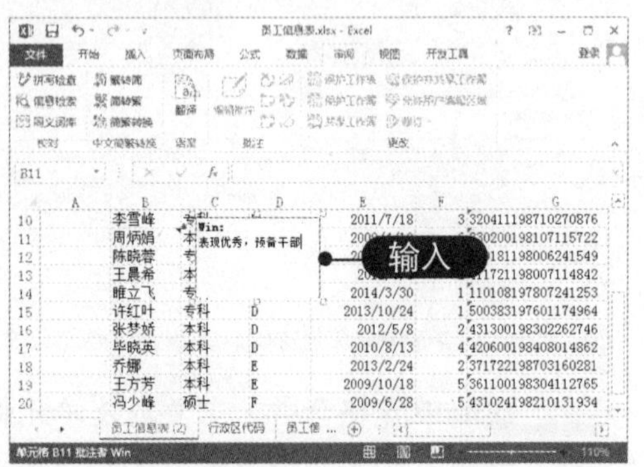

03 查看批注内容

为单元格添加批注后，单元格的右上角将出现一个小三角标记。将鼠标指针置于批注单元格上，将显示批注内容，如下图所示。

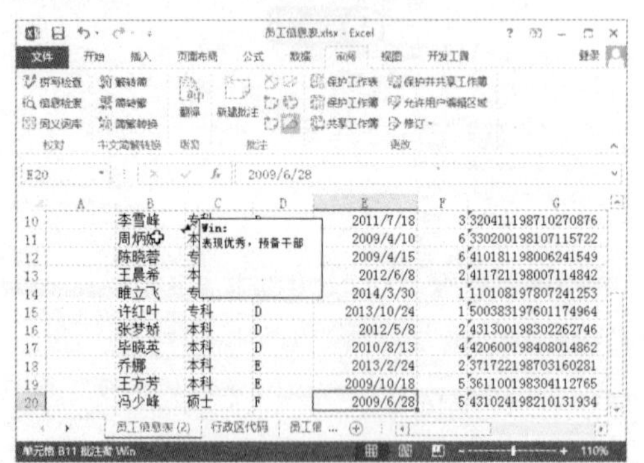

04 单击“编辑批注”按钮

若要对批注进行修改或设置批注格式，可选中批注单元格，在“审阅”选项卡下单击“编辑批注”按钮，如下图所示。

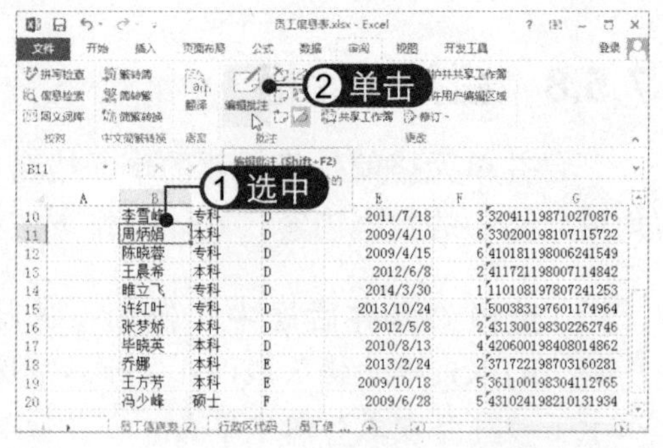

05 选择“设置批注格式”命令

此时批注变为可编辑状态，可根据需要调整批注框的大小。选中批注框并右击，选择“设置批注格式”命令，如下图所示。

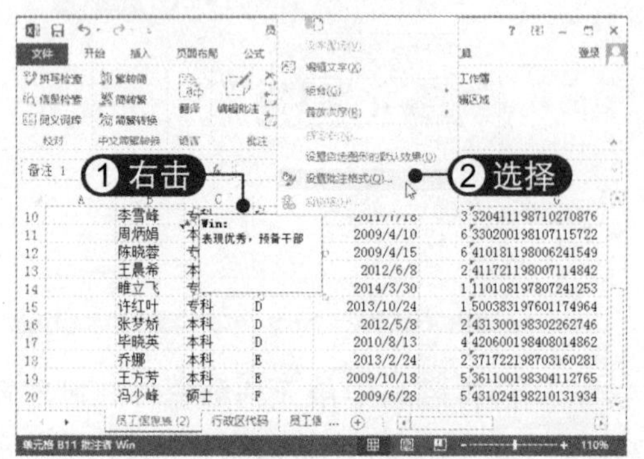

06 设置字体格式

弹出“设置批注格式”对话框，在“字体”选项卡下设置字体样式、字号及颜色，如下图所示。

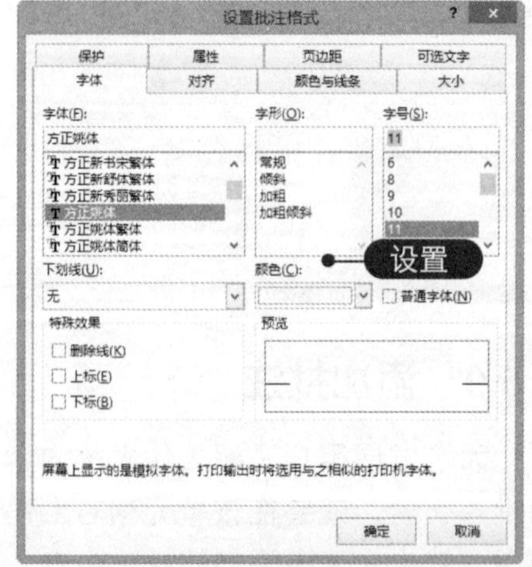

07 设置颜色与线条格式

选择“颜色与线条”选项卡，设置填充颜色、线条颜色及样式，单击“确定”按钮，如下图所示。

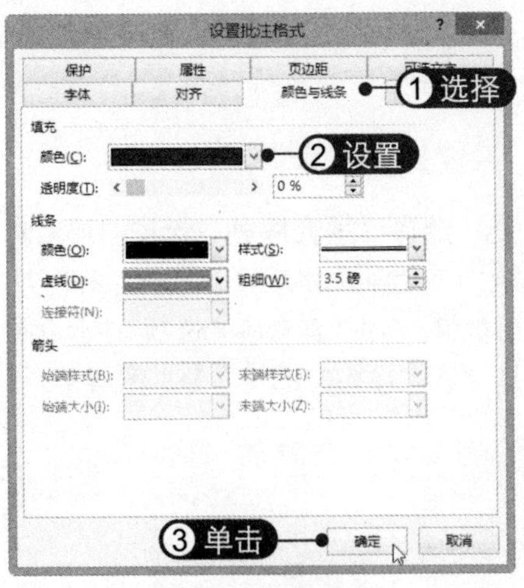

08 查看批注框效果 此时即可查看设置批注框格式后的效果，如下图所示。

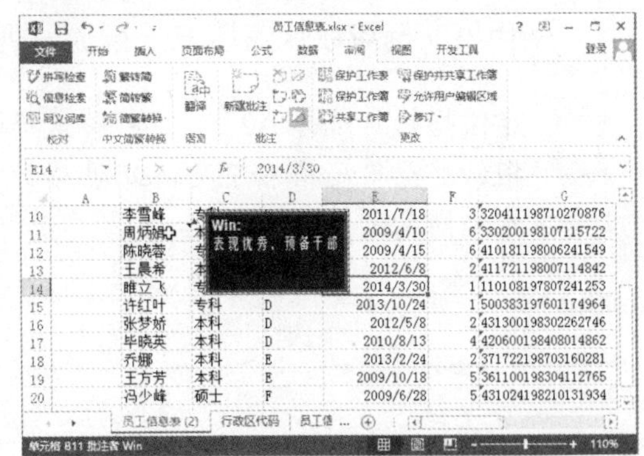

7.6 填充数据

填充数据包括记忆式键入、日期序列填充、数值序列填充、文本序列填充，以及自定义序列填充等，下面将分别对其进行介绍。

7.6.1 快速填充相同内容

如果要在工作表中需要输入部分相同的数据，可以使用快捷键进行快速填充，具体操作方法如下：

01 选择单元格区域 选择要填充数据的单元格或单元格区域，在此选中D16:D19单元格区域，如下图所示。

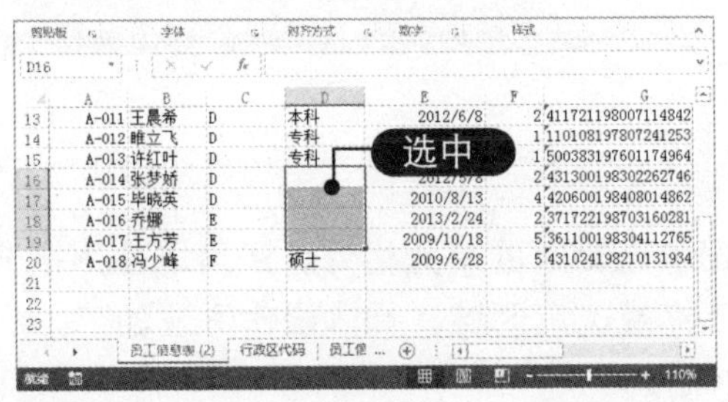

02 输入数据 输入要填充的数据，在此输入“本科”，如下图所示。

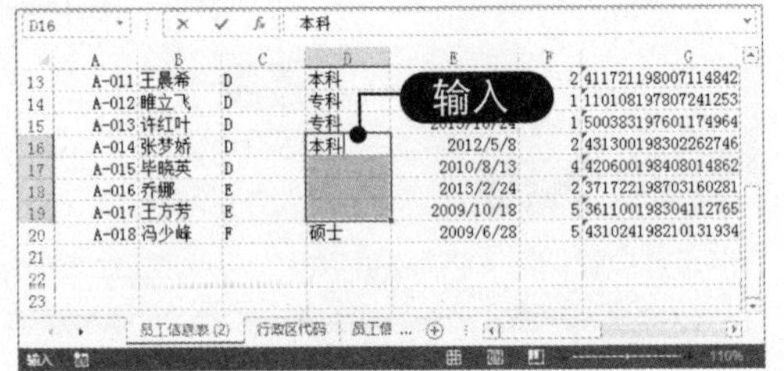

03 填充数据 按【Ctrl+Enter】组合键，即可在所选单元格中填充相同的数据，如下图所示。

04 通过工作组填充数据 若要在不同工作表相同的单元格中填充数据，只需按住【Ctrl】键的同时单击工作表标签，将其组成工作组再进行输入即可，如下图所示。

7.6.2 使用填充柄自动填充数据

使用填充柄可以快速填充一行或一列数据，具体操作方法如下：

01 定位指针 选择A3单元格，将鼠标指针移至单元格右下角，此时指针变为填充柄样式+，如下图所示。

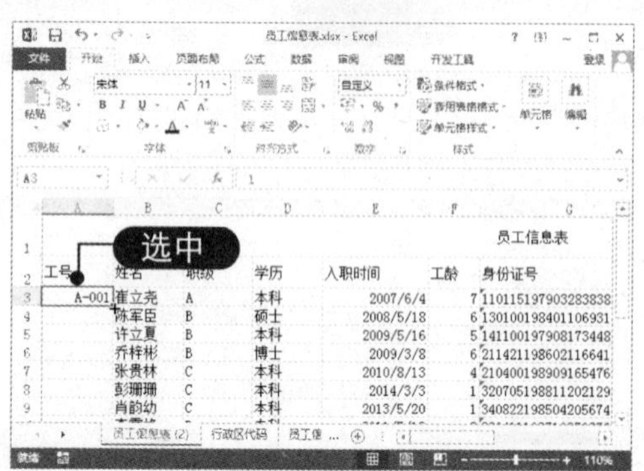

02 拖动填充柄 按住鼠标左键并向下拖动填充柄，如下图所示。

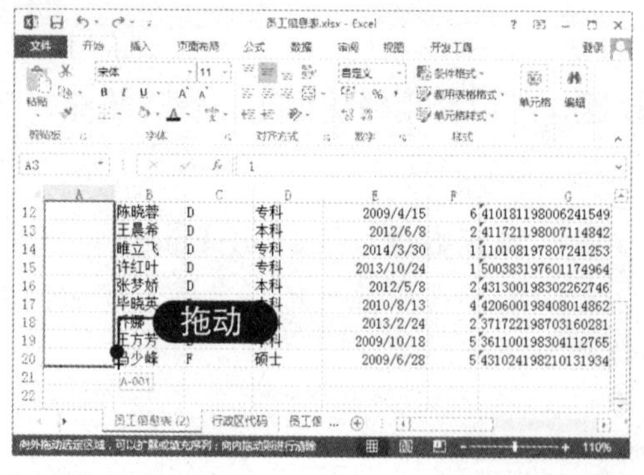

03 选择“填充序列”选项 拖到需要填充的单元格后松开鼠标，即可填充相同的数据。单击“自动填充选项”下拉按钮，选择“填充序列”选项，如下图所示。

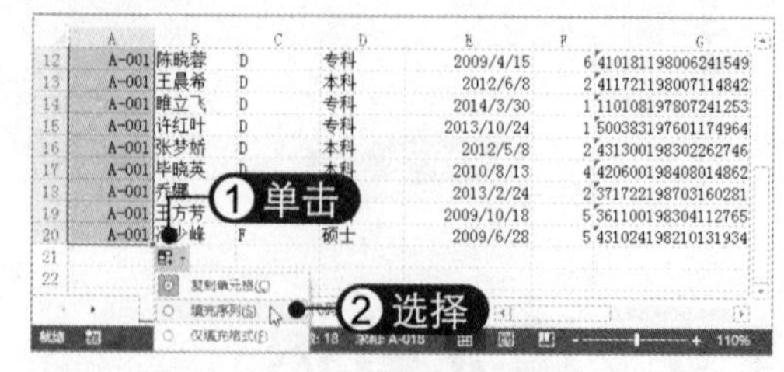

04 填充序列 此时即可在所选单元格中填充序列。在拖动填充柄填充数据时按住【Ctrl】键，也可自动填充序列，如下图所示。

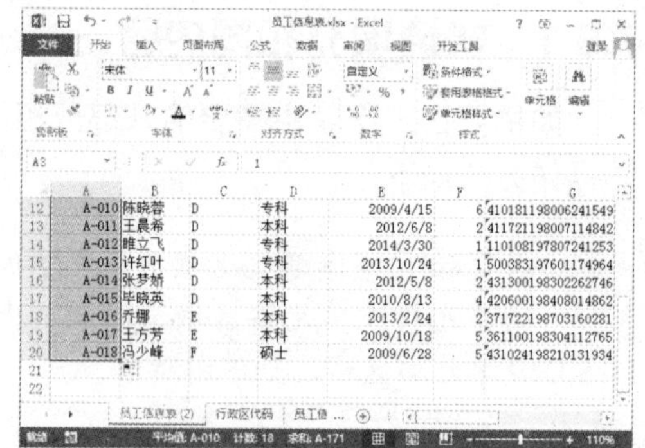

7.6.3 使用“填充”命令填充数据

在填充数据时，除了可以拖动填充柄快速填充相邻的单元格外，还可以使用填充命令用相邻单元格或区域的内容填充活动单元格或选定区域，具体操作方法如下：

01 选择“向下”选项 选择A3:A20单元格区域，在“开始”选项卡下“编辑”组中单击“填充”下拉按钮，选择“向下”选项，如右图所示。

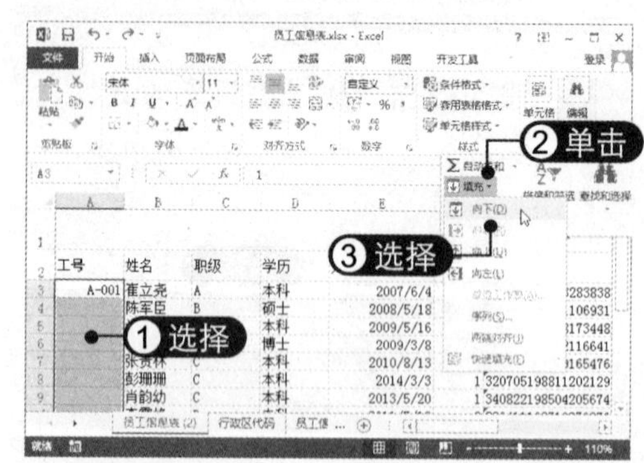

02 填充数据 此时即可为所选区域填充相同的数据，效果如右图所示。

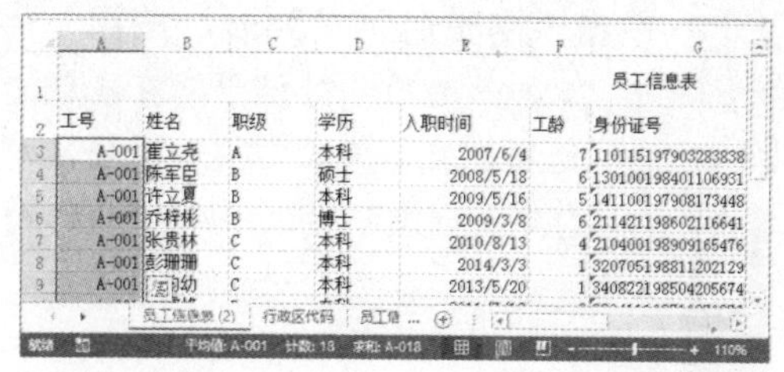

7.6.4 设置填充序列

为了更轻松地输入特定的数据序列，可以创建自定义填充序列。自定义填充序列可以基于工作表中已有项目的列表，也可以从头开始输入列表。Excel 内置的填充序列不能编辑或删除，可以编辑或删除自定义填充序列。

设置填充序列的具体操作方法如下：

01 选择“序列”选项 选择 A3:A20 单元格区域，在“开始”选项卡下“编辑”组中单击“填充”下拉按钮，选择“序列”选项，如下图所示。

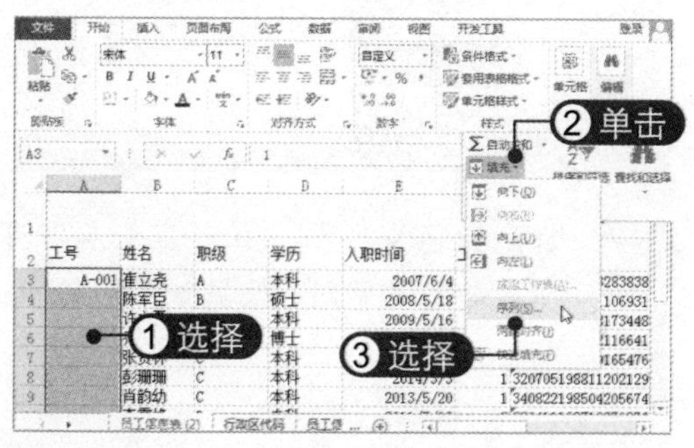

02 设置序列参数 弹出“序列”对话框，选中“等差序列”单选按钮，设置步长值为 3，然后单击“确定”按钮，如下图所示。

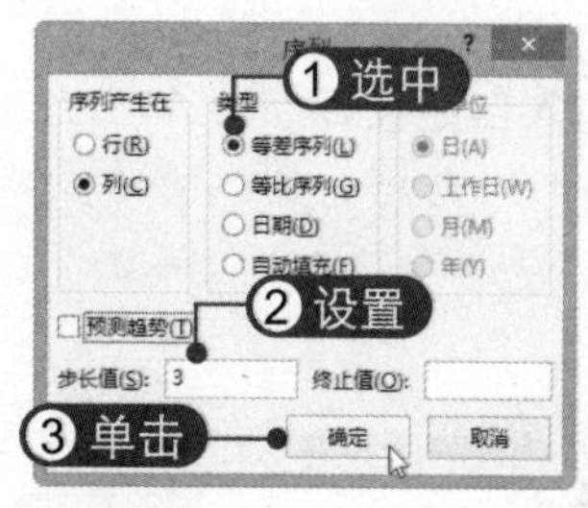

03 填充序列 此时即可在所选单元格区域填充等差序列，效果如下图所示。

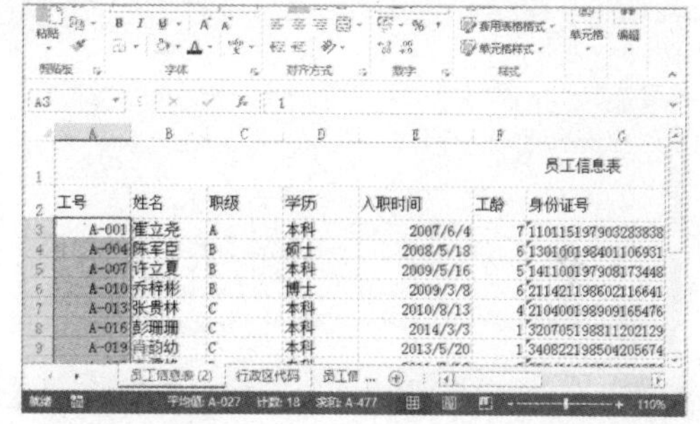

7.6.5 自定义序列填充

自定义序列填充是指用户可以根据需要添加一些能满足自己实际工作需求的序列，具体操作方法如下：

01 单击“选项”按钮 选择“文件”选项卡，在左侧单击“选项”按钮，如右图所示。

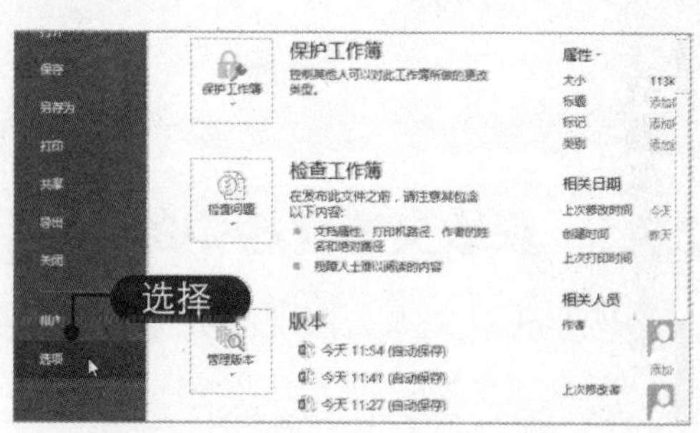

02 **单击“编辑自定义列表”按钮** 弹出“Excel 选项”对话框，在左侧选择“高级”选项，在右侧“常规”选项区中单击“编辑自定义列表”按钮，如下图所示。

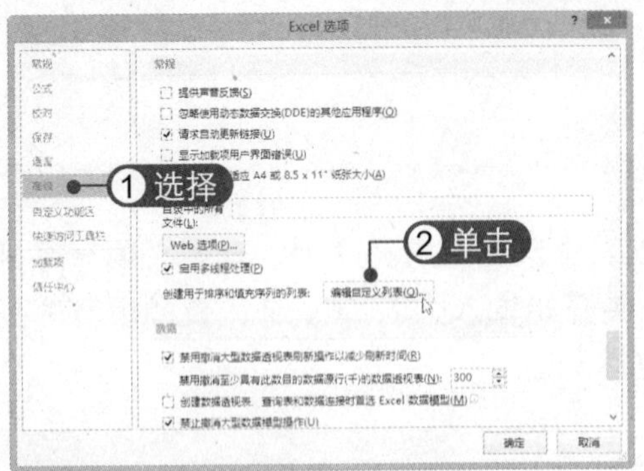

03 **输入自定义序列** 弹出“自定义序列”对话框，输入自定义序列并以【Enter】键分隔，单击“添加”按钮，如下图所示。

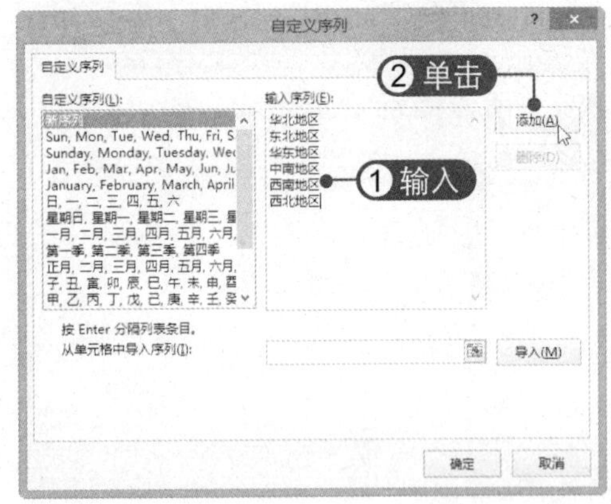

04 **添加自定义序列** 此时即可将自定义序列添加到“自定义序列”列表中，单击“确定”按钮，如下图所示。

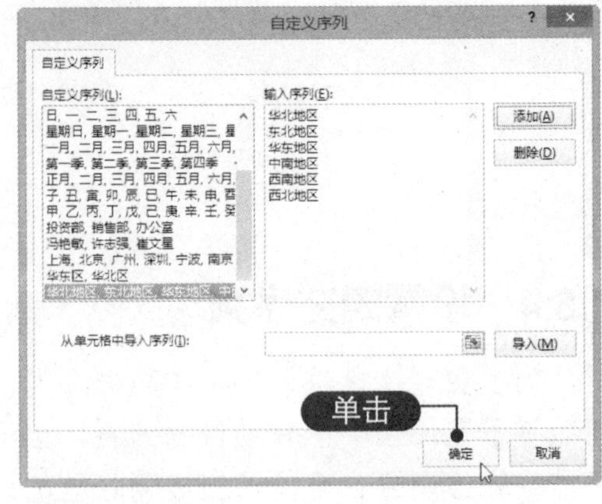

05 **拖动填充柄** 在单元格中输入序列中的一项，然后向下拖动填充柄，如下图所示。

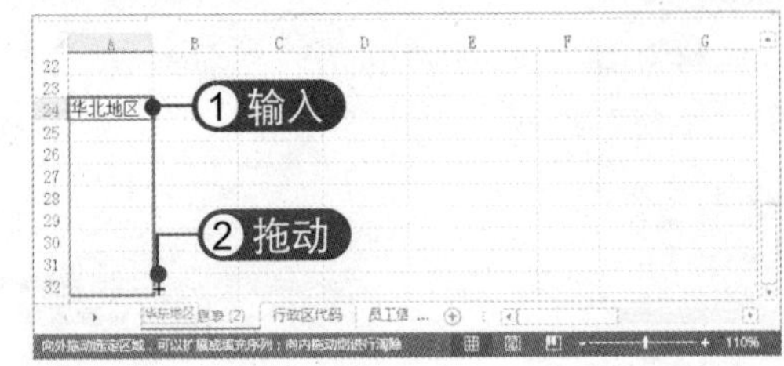

06 **填充自定义序列** 松开鼠标后即可填充自定义序列，效果如下图所示。

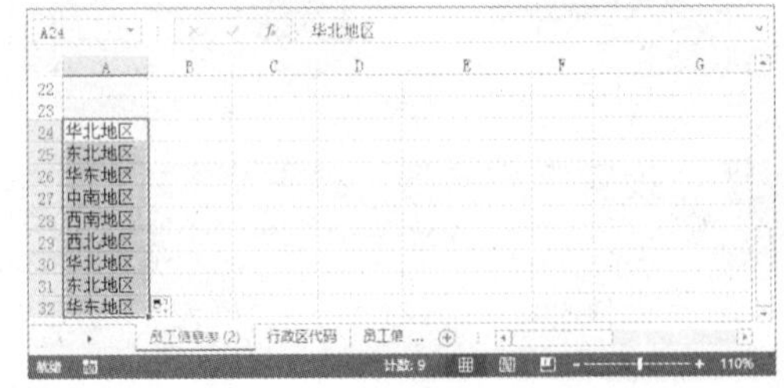

7.7 获取外部数据

在 Excel 2013 中可以轻松地将数据库、文本文档、网页中的数据导入其中，从而省去输入信息的麻烦，从而提高工作效率。

7.7.1 获取文本文档中的数据

若要获取文本文档中的数据，具体操作方法如下：

01 单击"自文本"按钮 选择"数据"选项卡，在"获取外部数据"组中单击"自文本"按钮，如下图所示。

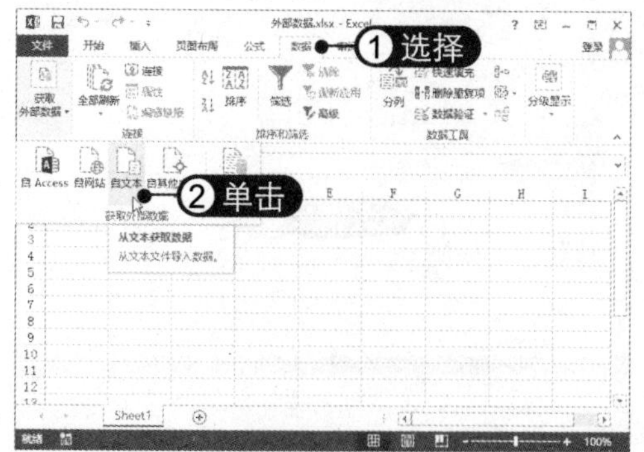

02 选择文本文件 弹出"导入文本文件"对话框，选择要导入的文本文件，然后单击"导入"按钮，如下图所示。

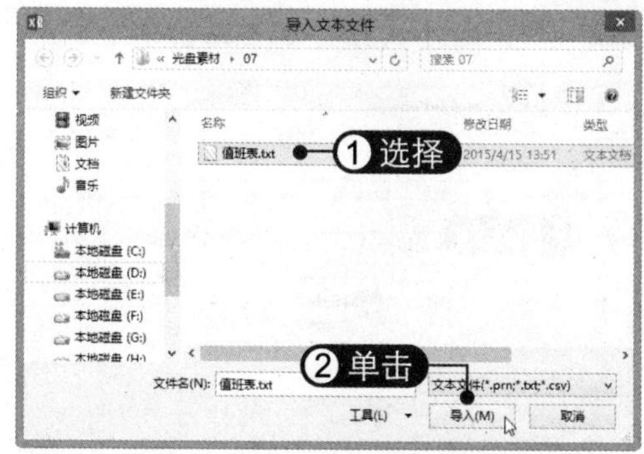

03 设置文件类型 启动文本导入向导，选中"分隔符号"单选按钮，单击"下一步"按钮，如下图所示。

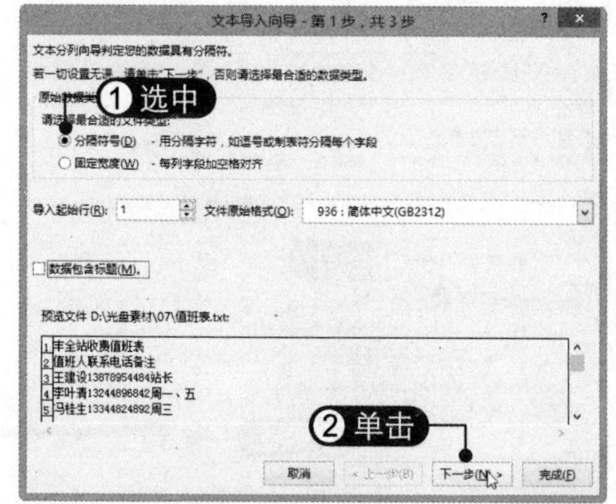

04 选择分隔符号 选中"Tab 键"复选框（记事本文件中的数据即使用Tab 制表符进行分隔的），单击"下一步"按钮，如下图所示。

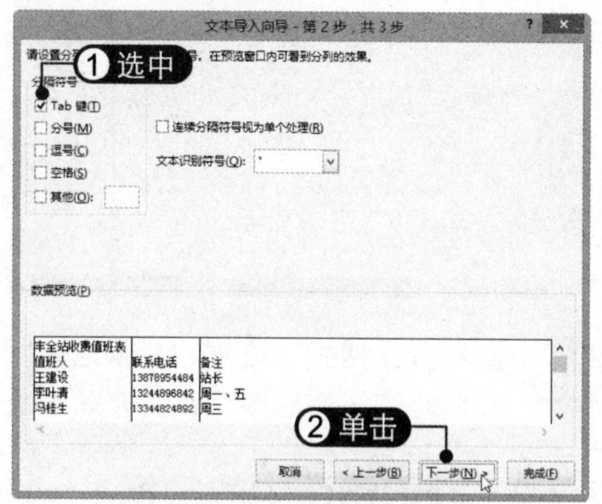

05 设置列数据格式 选择"联系电话"列，选中"文本"单选按钮，然后单击"完成"按钮，如下图所示。

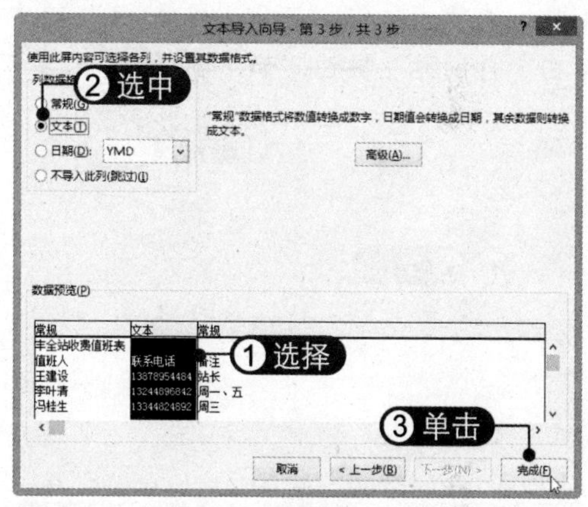

06 选择数据放置位置 弹出"导入数据"对话框，在工作表中选择数据的放置位置，单击"确定"按钮，如下图所示。

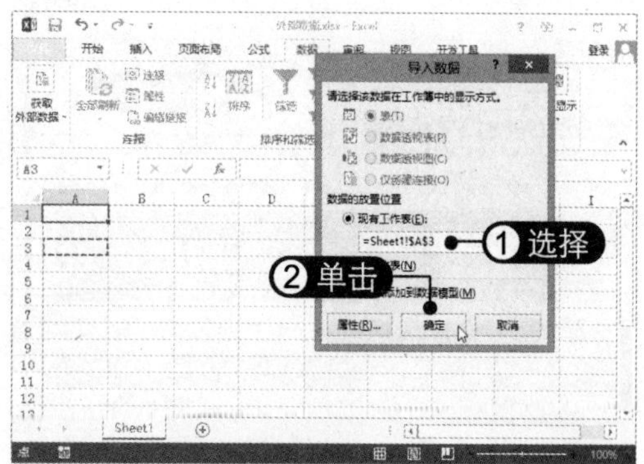

07 **查看获取数据效果** 此时，即可查看获取外部文本文档数据后的表格效果，如下图所示。

08 **查看数据格式** 选中“联系电话”列中的任一单元格，在“开始”选项卡下“数字”组中可以看到当前的数字格式为文本，如下图所示。

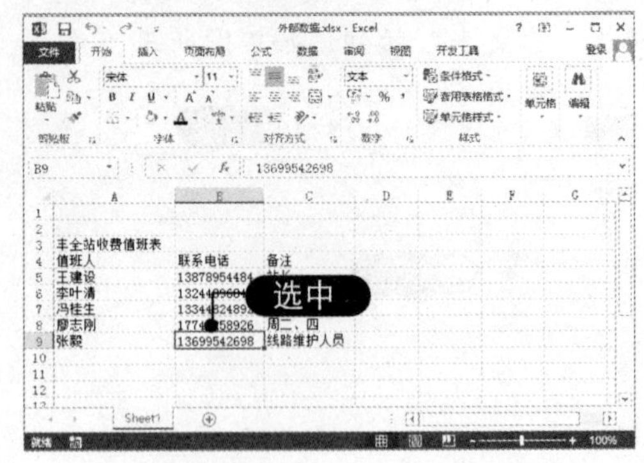

7.7.2 获取网页中的数据

在 Excel 中也可以轻松获取网页中的数据，具体操作方法如下：

01 **单击“自网站”按钮** 选择“数据”选项卡，在“获取外部数据”组中单击“自网站”按钮，如下图所示。

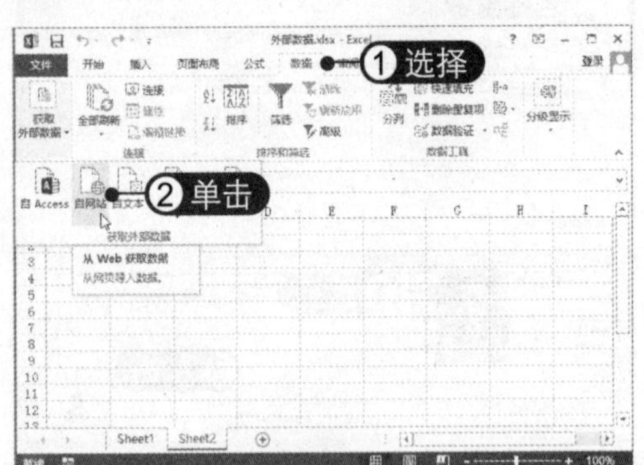

02 **打开网页** 弹出“新建 Web 查询”对话框，在地址栏中输入网页地址，单击“转到”按钮即可打开网页，如下图所示。

03 **选择数据** 单击数据前的➡按钮，即可选择数据，如下图所示。

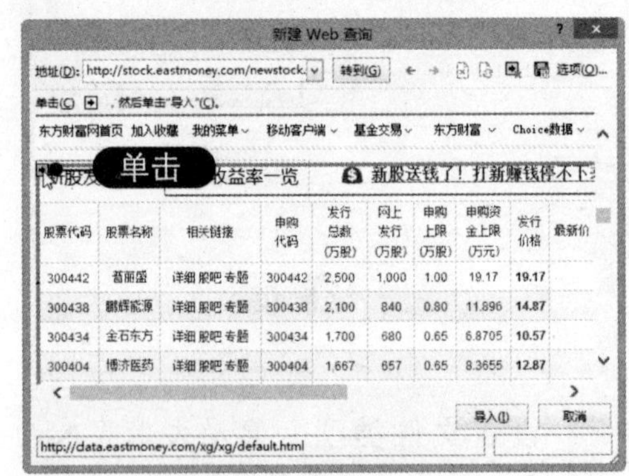

04 **单击“导入”按钮** 选中数据后单击“导入”按钮，如下图所示。

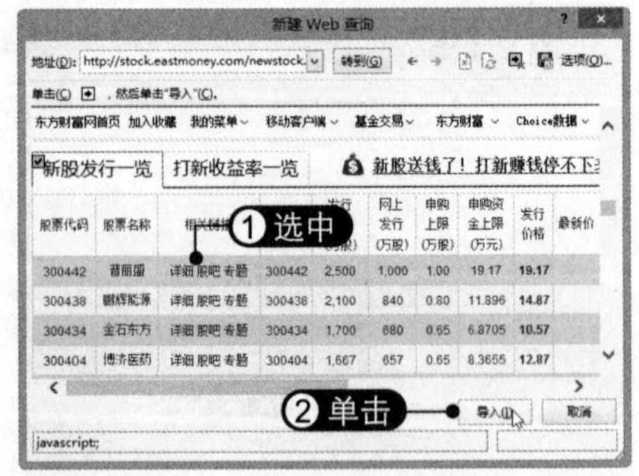

05 **设置数据放置位置** 弹出“导入数据”对话框，在工作表中选择数据

的放置位置，单击“确定”按钮，如下图所示。

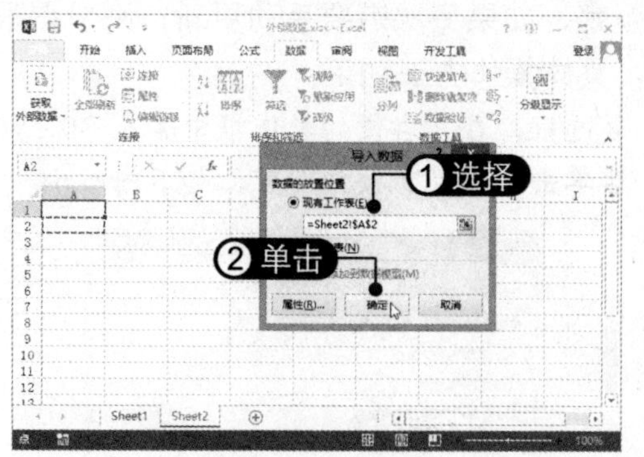

06 查看导入网页数据效果 开始从网站上获取数据，获取完成后查看导入网页数据后的效果，如下图所示。

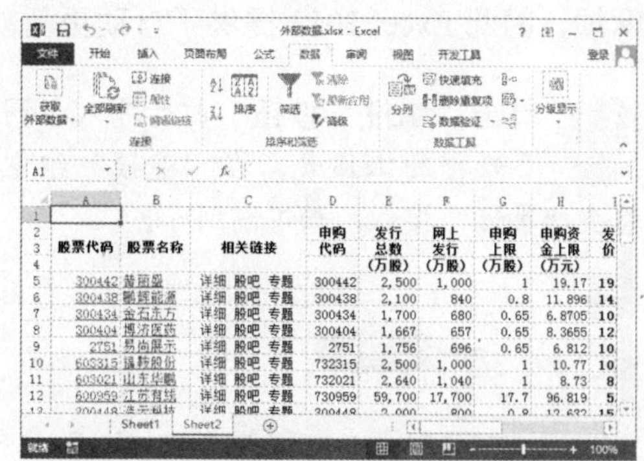

7.7.3 更新获取的外部数据

当外部数据发生变化时，可以根据需要进行更新。更新外部数据的方法有两种：一种是手动更新，另一种是自动更新。

1. 手动更新外部数据

对导入到 Excel 中的数据进行手动更新的具体操作方法如下：

01 更改源文件 打开记事本文件，将“联系人”更改为“负责人”，如下图所示。

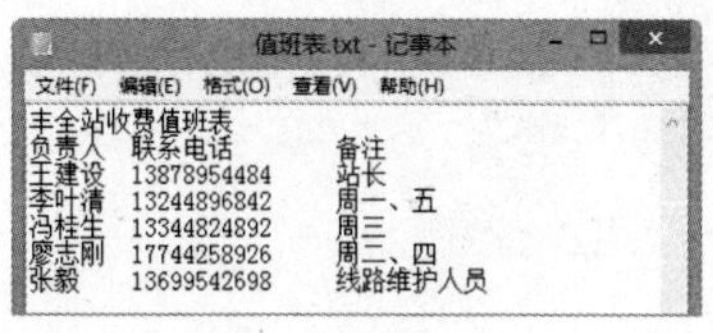

02 选择“刷新”选项 在导入了文本文档数据的工作表中单击“数据”选项卡下“连接”组中的“全部刷新”下拉按钮，选择“刷新”选项，如下图所示。

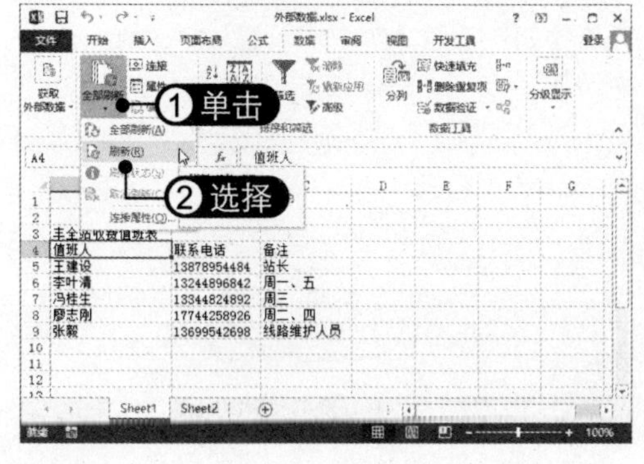

03 重新选择文档 弹出“导入文本文件”对话框，重新选择文本文档，然后单击“导入”按钮，如下图所示。

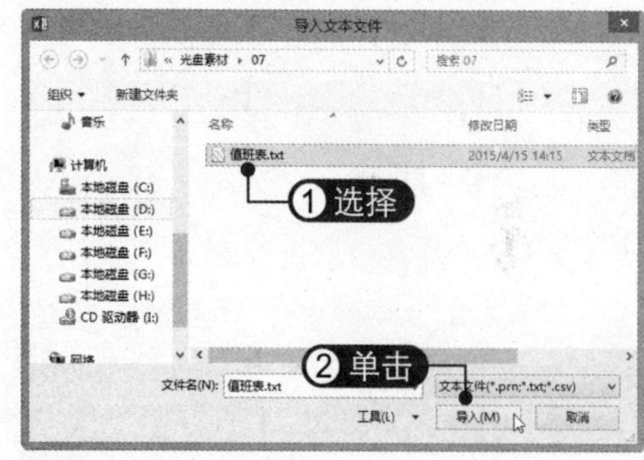

04 查看刷新结果 此时不再弹出数据导入向导对话框，而显示数据刷新结果，如下图所示。

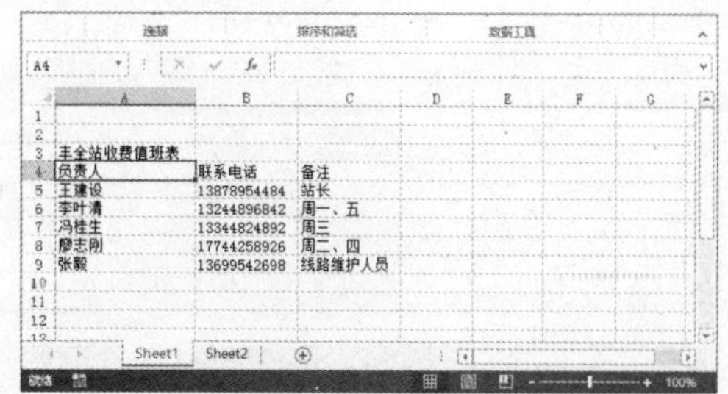

2. 自动更新外部数据

有时文本文档或网页中的数据更新较为频繁，如果每次需要手动更新，则显得很麻烦，因此 Excel 2013 提供了自动更新功能，具体操作方法如下：

01 单击“属性”按钮 打开导入了网页数据的工作表，在“连接”组中单击“属性”按钮，如下图所示。

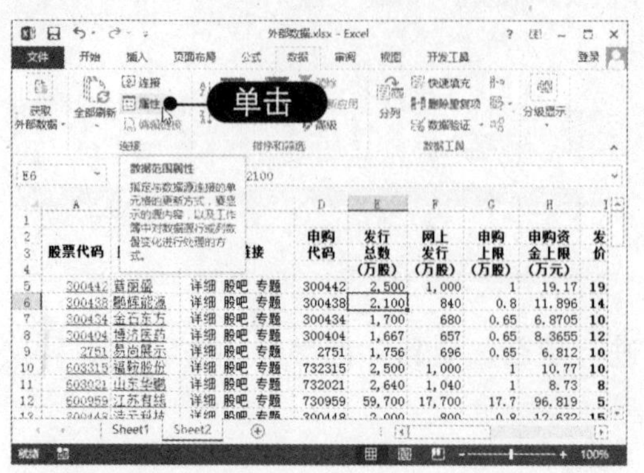

02 设置刷新频率 弹出“外部数据区域属性”对话框，选中“刷新频率”复选框，在其右侧的数值框中输入 30，然后单击“确定”按钮即可，如下图所示。

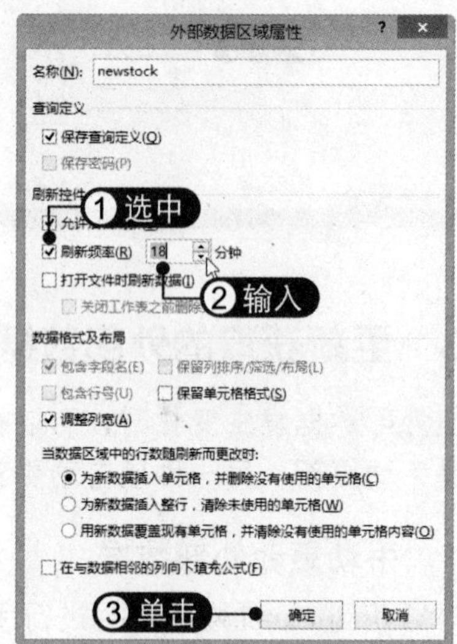

Chapter 08 工作表格式化设置

在 Excel 2013 中可以对单元格进行各种格式设置，如设置单元格的对齐、边框、填充等格式，为数据表应用表格样式，使用条件格式设置数据格式等。本章将学习如何格式化工作表，使工作表看起来更美观、更专业。

本章要点

- 自定义单元格格式
- 创建表格并设置格式
- 使用条件格式

知识等级

Excel 2013 中级读者

建议学时

建议学习时间为 50 分钟

员工信息表

工号	姓名	职级	学历	入职时间	工龄	身份证号
A-001	崔立亮	A	本科	2007/6/4	7	11011519790328
A-002	陈军臣	B	硕士	2008/5/18	6	13010019840110
A-003	许立夏	B	本科	2009/5/16	5	14110019790817
A-004	乔梓彬	B	博士	2009/3/8	6	21142119860211
A-005	张贵林	C	本科	2010/8/13	4	21040019890916

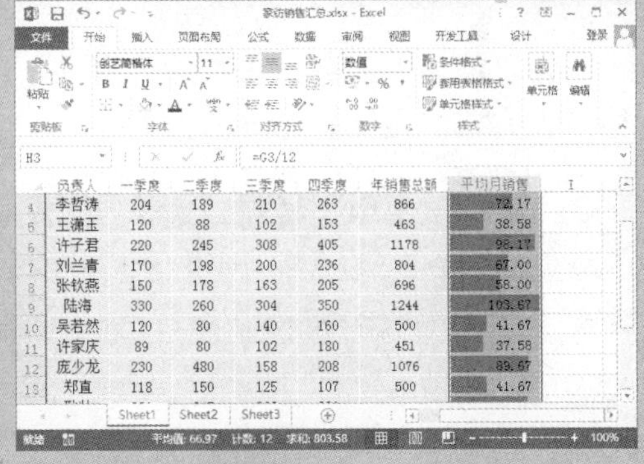

负责人	一季度	二季度	三季度	四季度	年销售总额	平均月销售
李哲涛	204	189	210	263	866	72.17
王潇玉	120	88	102	153	463	38.58
许子君	220	245	308	405	1178	98.17
刘兰青	170	198	200	236	804	67.00
张钦燕	150	178	163	205	696	58.00
陆海	330	260	304	350	1244	103.67
吴若然	120	80	140	160	500	41.67
许家庆	89	80	102	180	451	37.58
庞少龙	230	480	158	208	1076	89.67
郑直	118	150	125	107	500	41.67

8.1 自定义单元格格式

在工作表中添加内容后，即可对工作表进行格式化设置，使其看起来更加美观，更便于浏览和查看。自定义单元格格式包括设置字体格式，设置对齐方式，设置边框线，设置底纹，以及设置工作表背景等。

8.1.1 设置字体格式

在表格中输入数据后，默认情况下其字体格式为宋体、11 磅。此字体格式并不是固定不变的，可以根据需要对表格中数据的字体格式进行设置，具体操作方法如下：

01 设置标题字体格式 选择 A1 单元格，在“字体”组中设置字体样式为“黑体”、字号为 20，如下图所示。

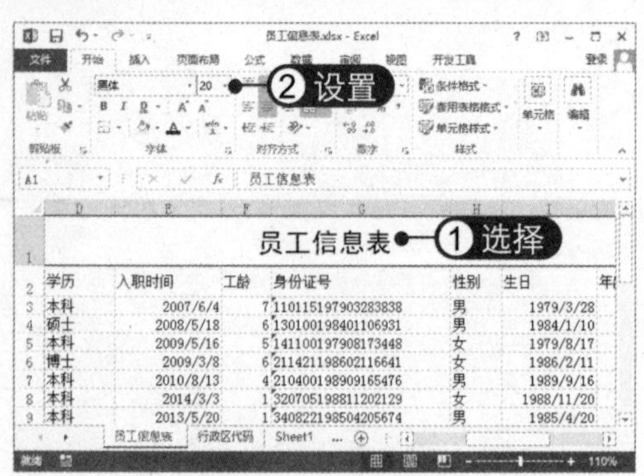

02 设置内容字体格式 选择 A2:K20 单元格区域，在“字体”组中设置字体样式为“华文细黑”、字号为 12，如下图所示。

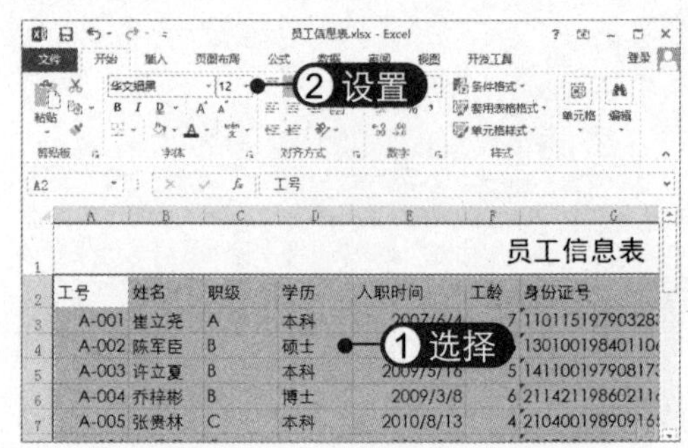

8.1.2 设置对齐方式

为了使输入的数据更加整齐有序，可以对单元格的对齐方式进行设置。设置单元格对齐方式的具体操作方法如下：

01 单击“居中”按钮 选择 A2:K20 单元格区域，在“对齐方式”组中单击“居中”按钮，如下图所示。

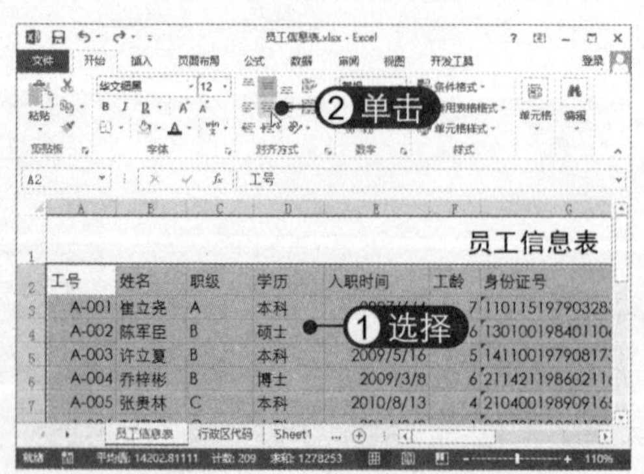

02 数据居中对齐 此时即可设置数据居中对齐，效果如下图所示。

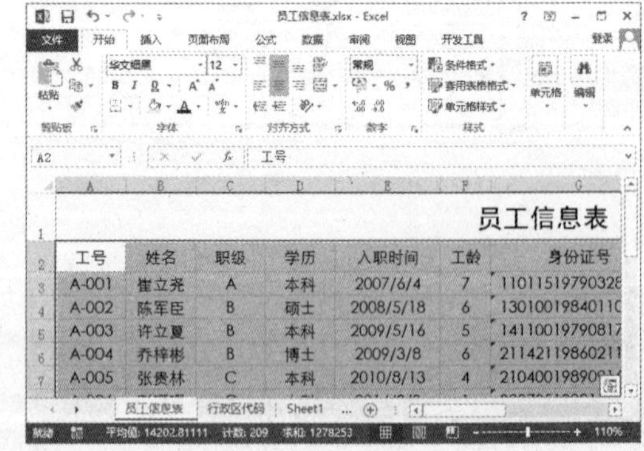

03 选择“逆时针角度”选项 选择A2:K2单元格区域，在“对齐方式”组中单击“方向”下拉按钮，选择“逆时针角度”选项，如下图所示。

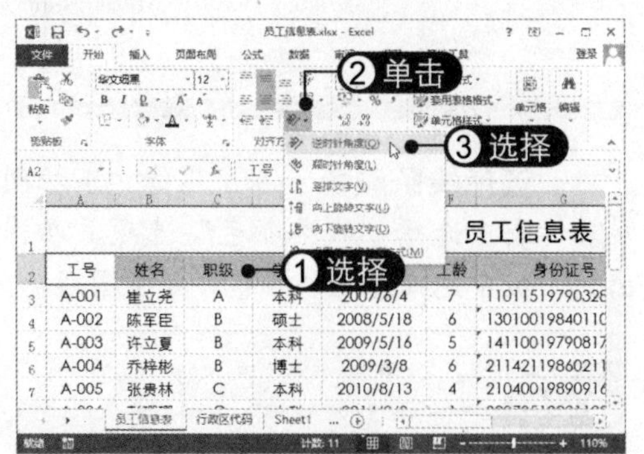

04 逆时针旋转数据 此时所选单元格的文本即可逆时针旋转45度，效果如下图所示。

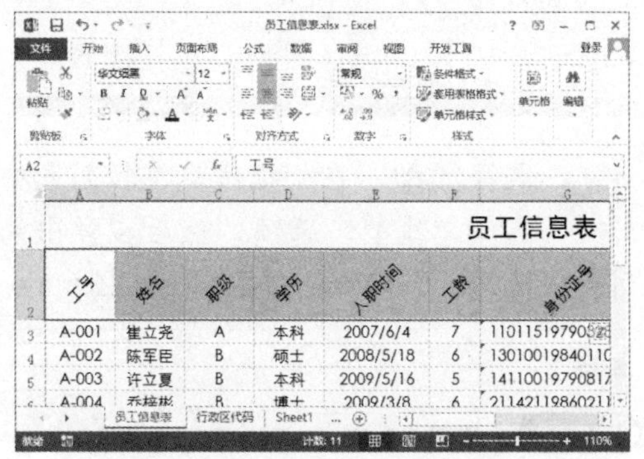

05 自定义对齐方式 若在“方向”下拉列表中选择“设置单元格对齐方式”选项，则会弹出对话框，设置方向为15度，垂直对齐方式为“靠上”，单击“确定”按钮，如下图所示。

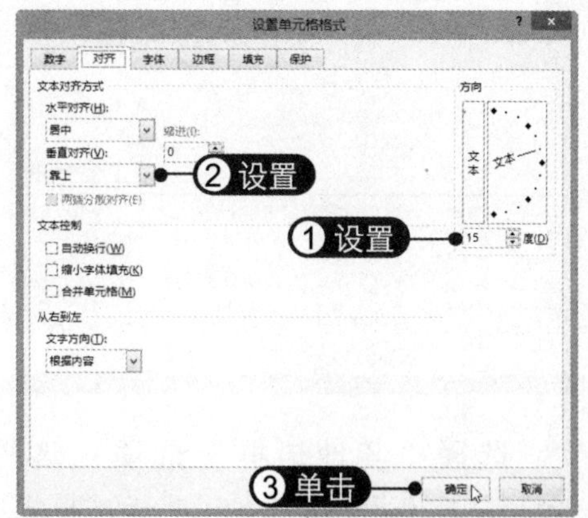

06 查看数据对齐效果 此时即可查看自定义单元格对齐方式后的表格效果，如下图所示。

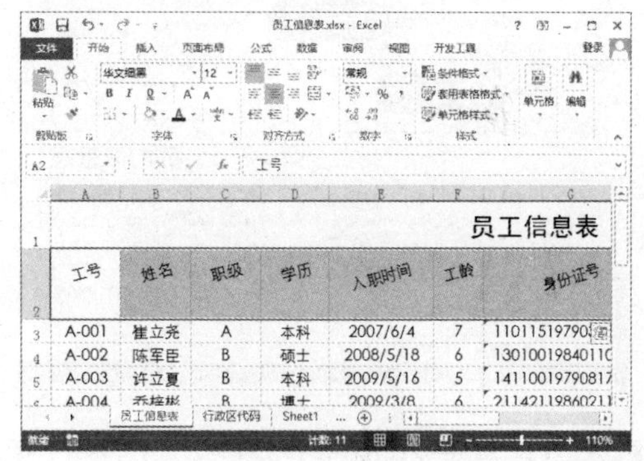

8.1.3 设置边框线

用Excel制作的电子表格不会自动添加边框线，需要用户自定义设置。设置边框线的具体操作方法如下：

01 选择“粗底框线”选项 选择A1单元格，在“字体”组中单击“框线”下拉按钮，选择“粗底框线”选项，如右图所示。

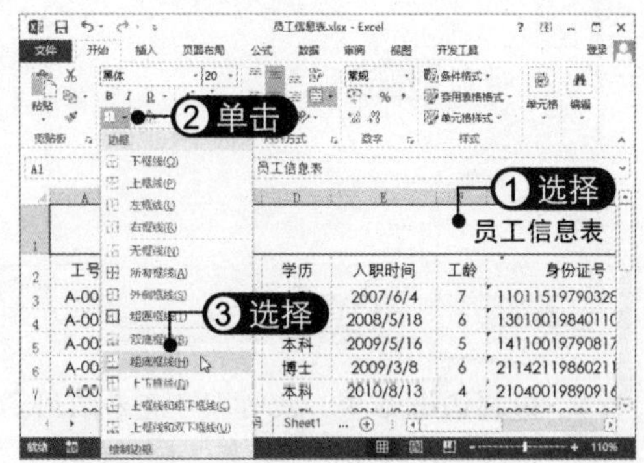

02 查看框线效果 此时即可查看应用粗底框线的单元格效果，如下图所示。

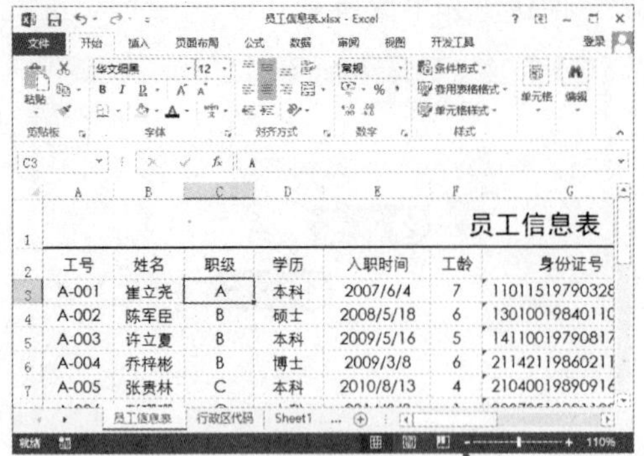

03 选择“其他边框”选项 选择A2:K20单元格区域，单击“框线”下拉按钮，选择“其他边框”选项，如下图所示。

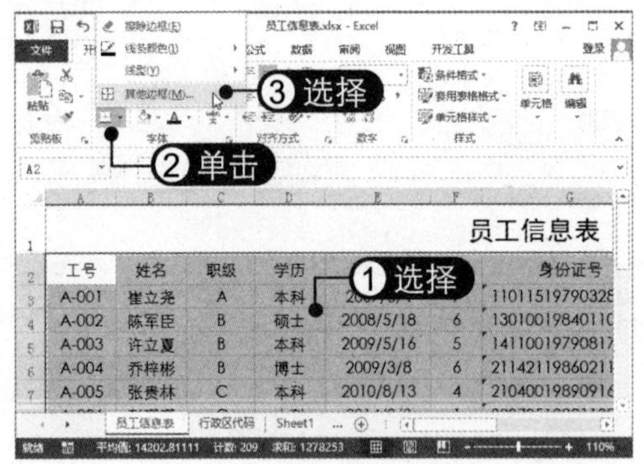

04 设置单元格边框格式 弹出对话框，设置线条样式和颜色，然后依次单击“外边框”和“内部”按钮应用线条样式，单击“确定”按钮，如下图所示。

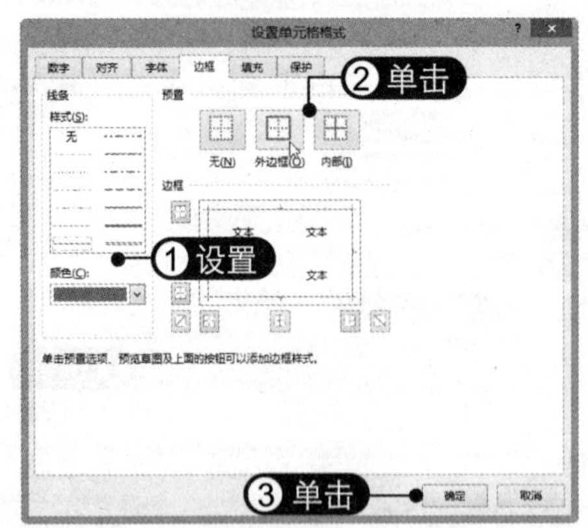

05 查看边框效果 此时即可查看应用了框线样式的单元格效果，如下图所示。

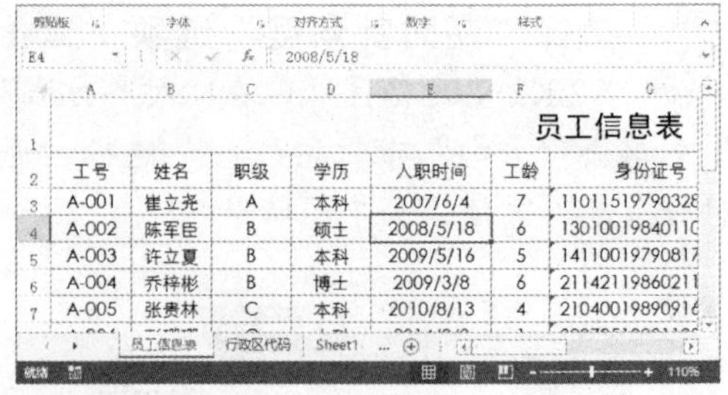

06 选择线条颜色 在“框线”下拉列表中选择“线条颜色”选项，在弹出的面板中选择所需的颜色，如下图所示。

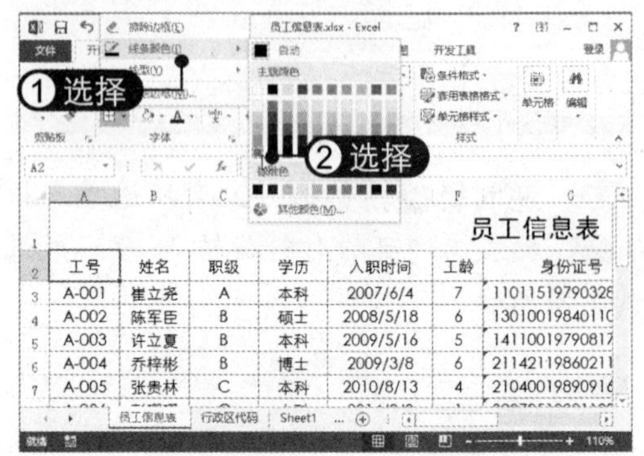

07 选择线型 在“框线”下拉列表中选择“线型”选项，然后在弹出的列表中选择所需的线条样式，如下图所示。

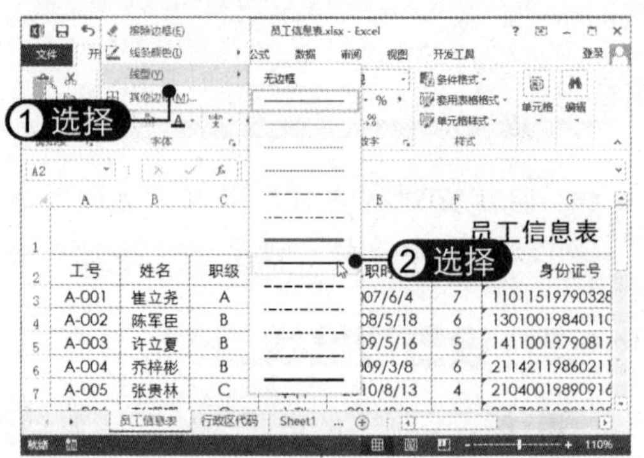

08 绘制单元格边框 此时鼠标指针将变为笔样式，在网格线上拖动鼠标即可绘制单元格边框，如下图所示。

8.1.4 设置单元格填充

在使用 Excel 制作电子表格时，可以为其添加填充效果，让表格看起来更加美观。在 Excel 2013 中可以设置纯色填充和渐变填充，下面将分别进行介绍。

1. 设置纯色填充

设置单元格纯色填充的具体操作方法如下：

01 **选择填充颜色** 选择 A2:K2 单元格区域，在“字体”组中单击“填充颜色”下拉按钮，选择所需的颜色，如下图所示。

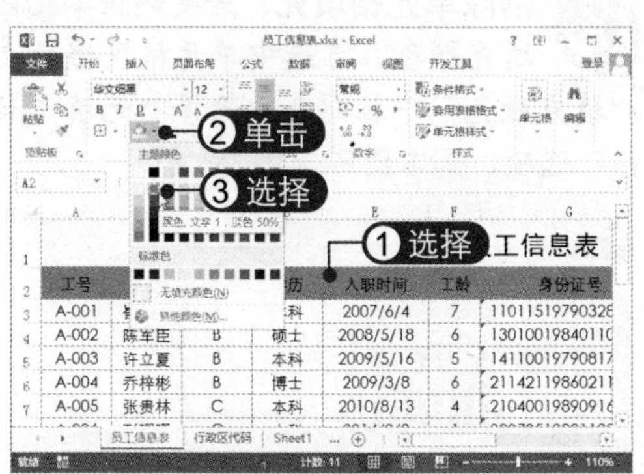

02 **应用纯色填充** 此时即可为单元格区域应用纯色填充，根据需要将文本颜色更改为白色，如下图所示。

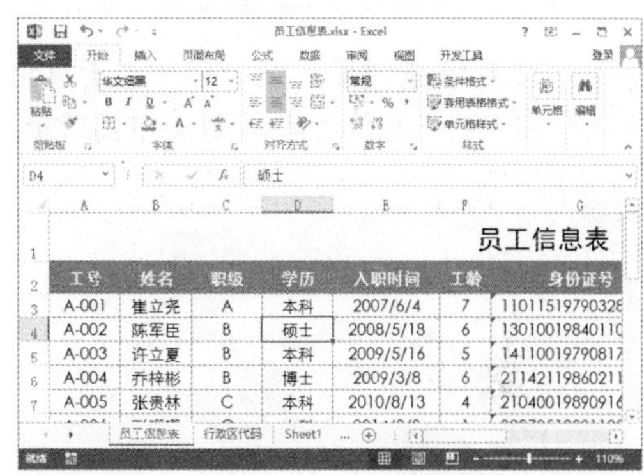

2. 设置渐变填充

设置单元格渐变填充的具体操作方法如下：

01 **选择“设置单元格格式”命令** 在单元格中输入数据并选择单元格区域，右击选中的单元格区域，选择“设置单元格格式”命令，如下图所示。

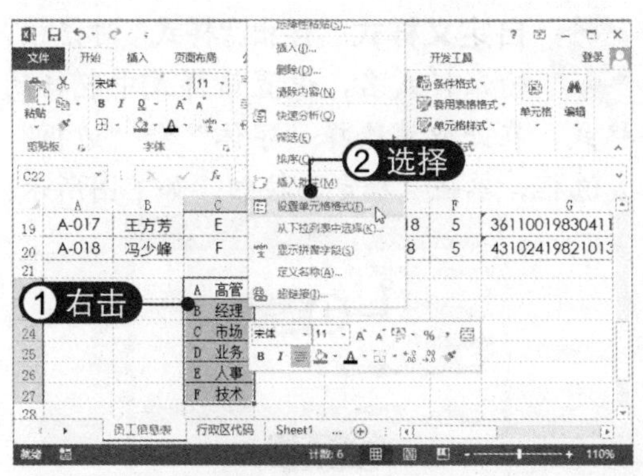

02 **单击“填充效果”按钮** 弹出“设置单元格格式”对话框，选择“填充”选项卡，单击“填充效果”按钮，如下图所示。

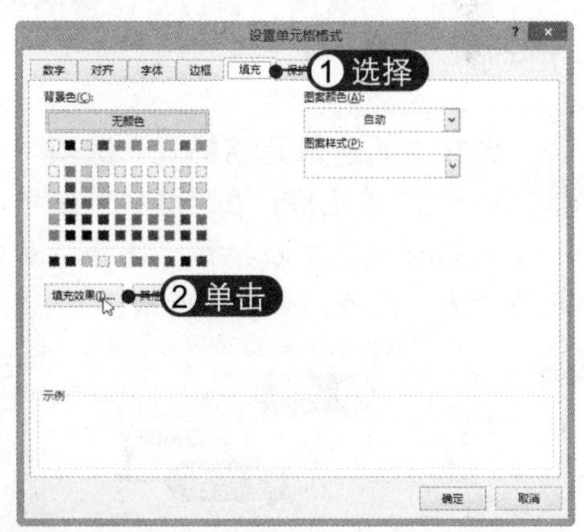

03 **设置渐变填充** 弹出“填充效果”对话框，设置渐变颜色、底纹样式及变形，单击“确定”按钮，如下图所示。

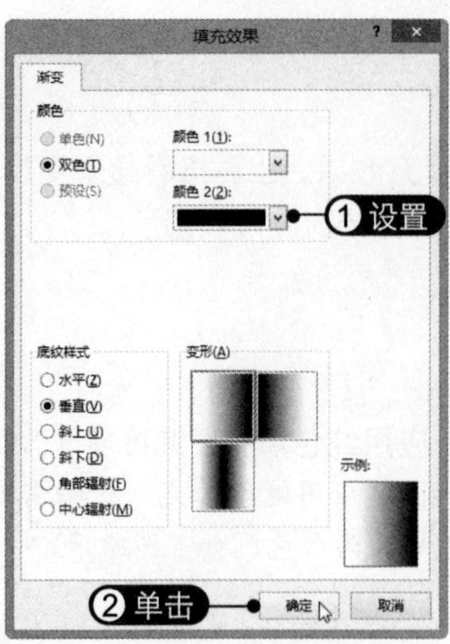

04 查看填充效果 此时即可查看应用渐变填充的单元格效果，如下图所示。

05 设置文字颜色 选中单元格中的文本，在“字体”组中将其设置为白色，如下图所示。

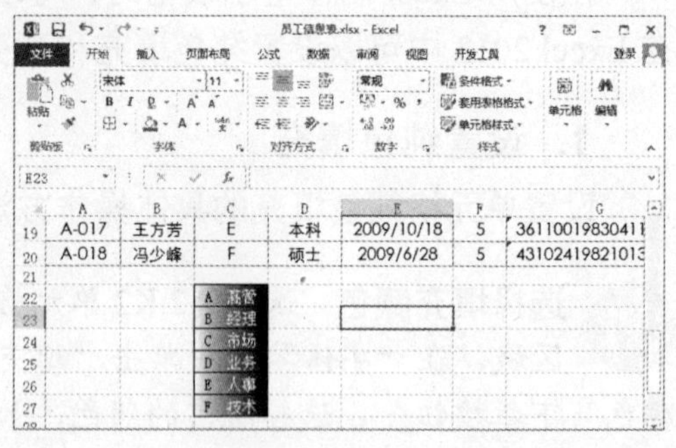

06 清除单元格填充 若要删除单元格填充颜色，可选中单元格区域后在“填充颜色”下拉列表中选择“无填充颜色”选项，如下图所示。

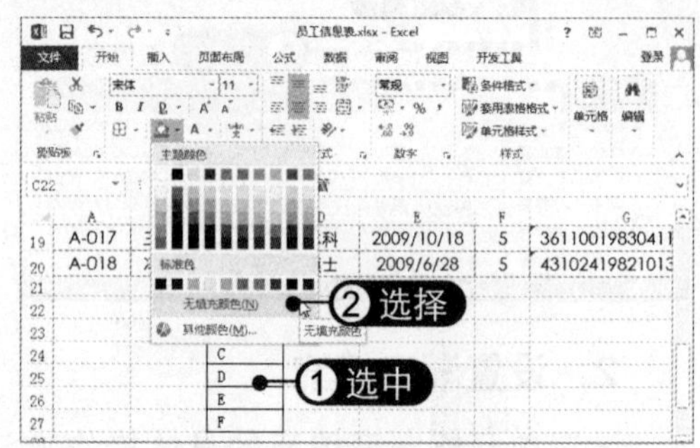

8.1.5 新建单元格样式

在编辑工作表时，可以将设置的单元格格式保存为自定义的单元格样式，具体操作方法如下：

01 选择“新建单元格样式”选项 选择 C27 单元格，在“样式”组中单击“单元格样式”下拉按钮，选择“新建单元格样式”选项，如下图所示。

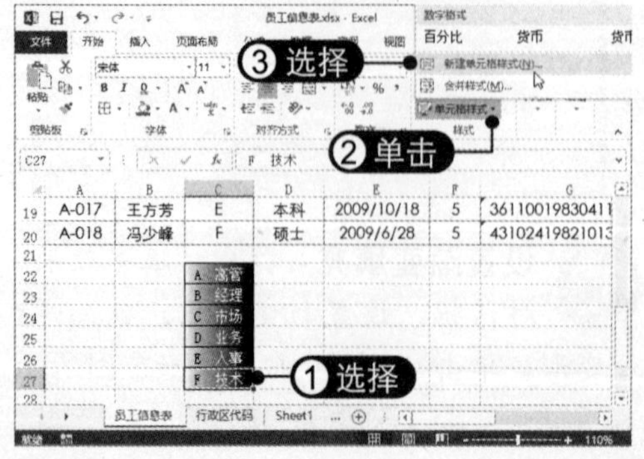

02 自定义样式 弹出“样式”对话框，输入样式名，设置该样式中包括的格式，在此取消选择“字体”和“边框”复选框，单击“确定”按钮，如下图所示。

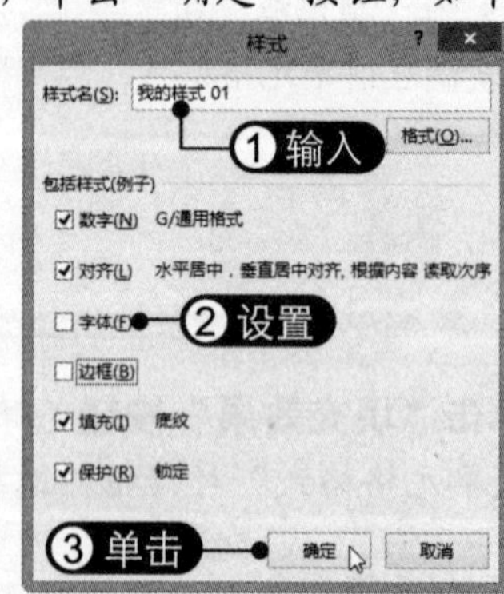

03 **查看自定义样式** 单击“单元格样式”下拉按钮，在弹出的列表中即可查看自定义的样式，如右图所示。

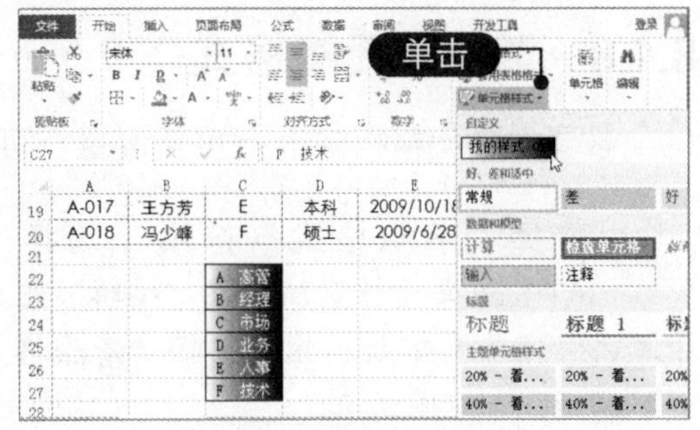

8.1.6 应用单元格样式

单元格样式是字体格式、数字格式、单元格边框和底纹等单元格属性的集合，通过设置单元格样式可以快速为单元格应用这些属性。应用单元格样式的具体操作方法如下：

01 **选择单元格** 选择要应用样式的单元格或单元格区域，在此选择 B20 单元格，如下图所示。

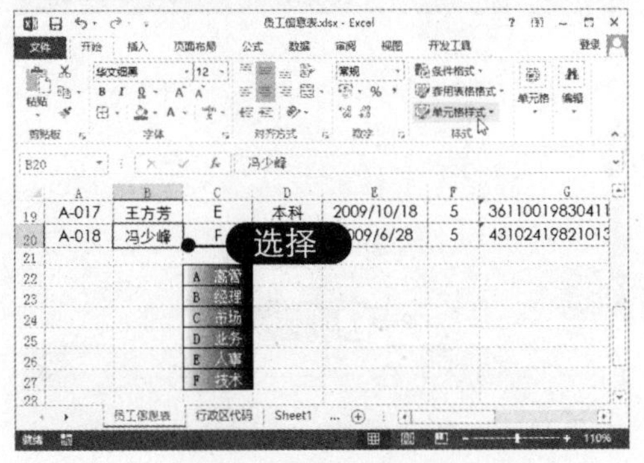

02 **应用单元格样式** 单击“单元格样式”下拉按钮，选择自定义的样式，即可查看应用样式的单元格效果，如下图所示。

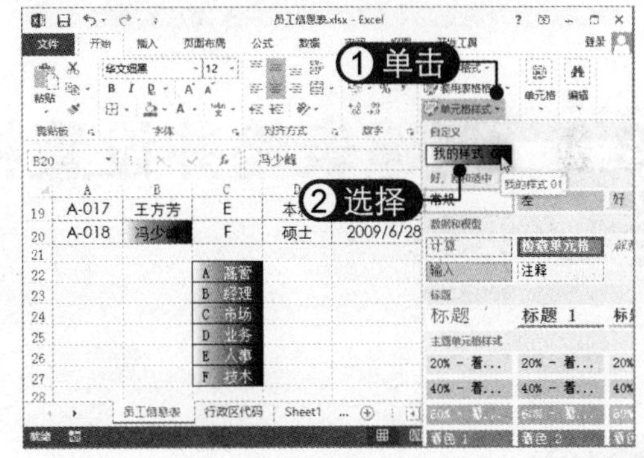

8.1.7 使用格式刷复制格式

在编辑工作表的过程中，经常会有多个单元格的格式一致，若逐一设置单元格的格式，就等于多次进行重复的工作，既麻烦又容易出错，这时就可以使用格式刷工具复制格式，具体操作方法如下：

01 **单击“格式刷”按钮** 选择C23单元格，在“剪贴板”组中单击“格式刷”按钮，复制当前单元格格式，如下图所示。

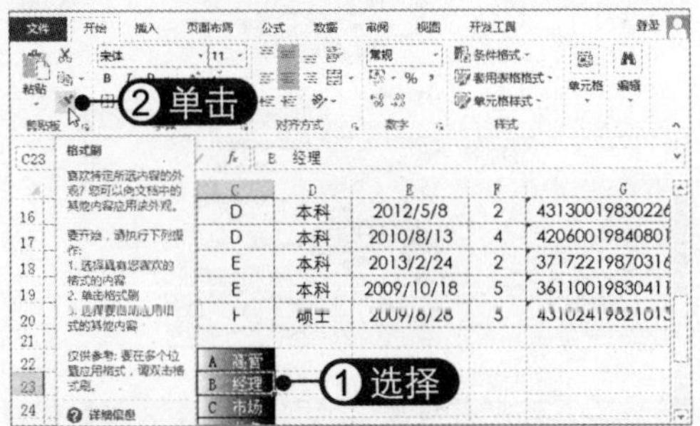

02 **应用格式** 此时鼠标指针变为刷子形状，选择单元格区域即可应用格式。若要多次应用，可双击格式刷按钮，进入格式刷状态，如下图所示。

8.1.8 清除单元格格式

若要对单元格格式进行重新设置，可先清除单元格格式，具体操作方法如下：

01 **选择“清除格式”选项** 选择A1:K20单元格区域，在“编辑”组中单击“清除”下拉按钮，选择“清除格式”选项，如下图所示。

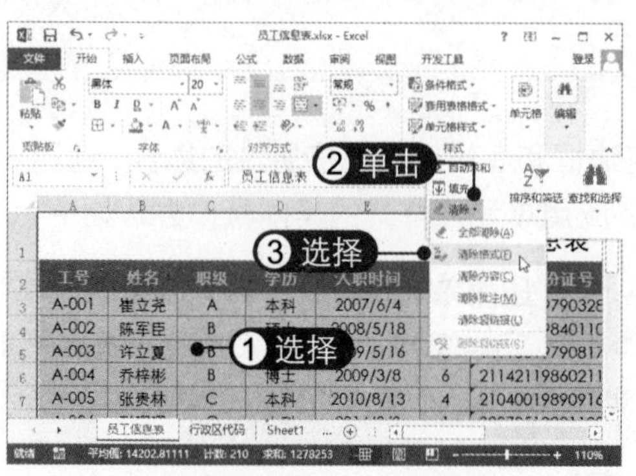

02 **清除单元格格式** 此时即可清除所选单元格中的字体格式和对齐方式，恢复为Excel的默认格式，效果如下图所示。

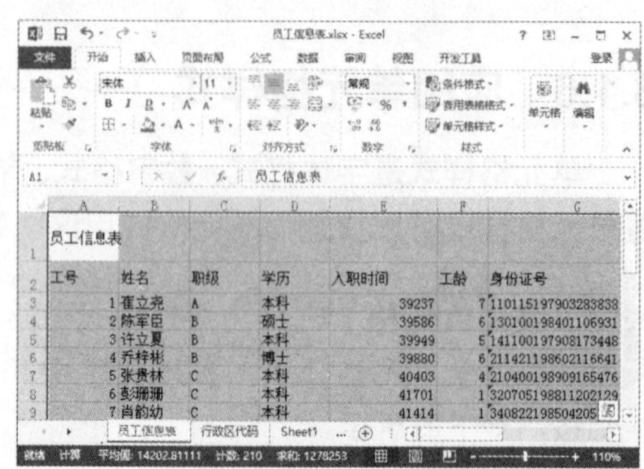

8.2 创建表格并设置格式

通过套用表格样式可以将工作表中的数据转换为表格并添加表格样式，还可以根据需要设计所需的表格样式。将数据转换为表格后可将其独立于该表格外的数据，以便进行管理和分析。

8.2.1 插入表格

在Excel 2013中套用表格格式可以创建表格，也可以通过手动插入表格的方法来创建表格，具体操作方法如下：

01 **单击“表格”按钮** 选择A3:D9单元格区域，选择“插入”选项卡，在“表格”组中单击“表格”按钮，如下图所示。

02 **确认创建表格** 弹出“创建表”对话框，单击“确定”按钮，如下图所示。

03 **创建表格** 此时即可创建表格并应用默认的表格样式，其中的数据处于筛选状态，如下图所示。

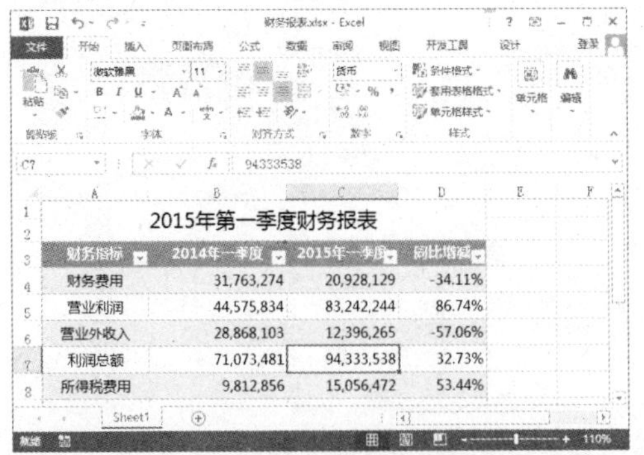

04 **取消筛选** 选择“数据”选项卡，单击“筛选”按钮，即可在表格中取消筛选按钮，如下图所示。

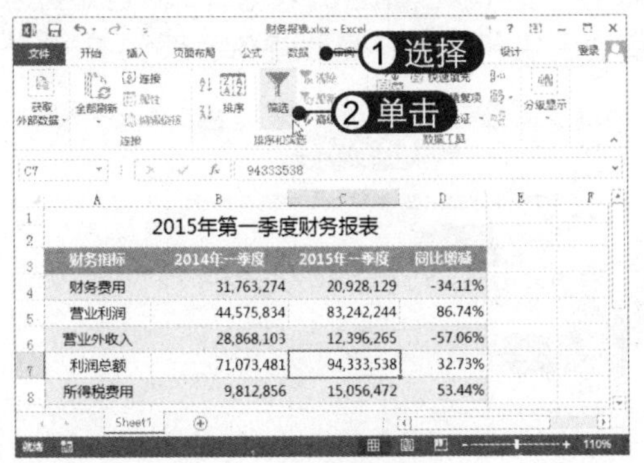

05 **查看快捷命令** 创建表格后，可右击单元格，在弹出的快捷方式中可以看到多出了很多关于表格的命令，如下图所示。

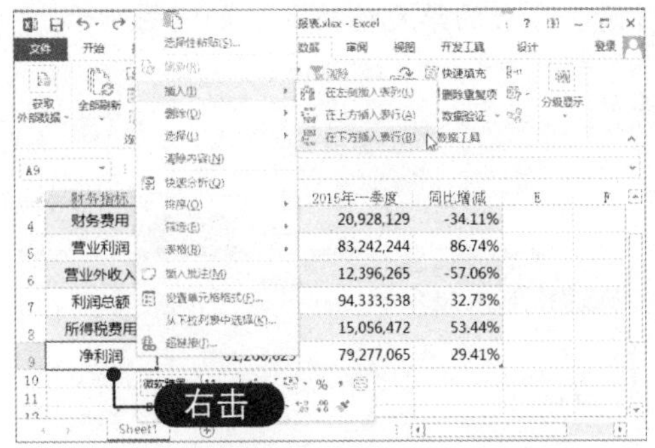

06 **调整表格大小** 创建表格后，表格右下角的单元格将出现表格标记，将鼠标指针置于该标记上，然后拖动鼠标即可调整表格区域大小，如下图所示。

8.2.2 应用表格样式

在 Excel 2013 中预设了很多表格样式，不同的样式有不同的边框、条纹、颜色及字体格式，用户可以从中选择自己所需的样式，具体操作方法如下：

01 **应用表格样式** 选中表格中任一单元格，选择“设计”选项卡，单击“快速样式”下拉按钮，选择所需的样式，即可应用表格样式，如下图所示。

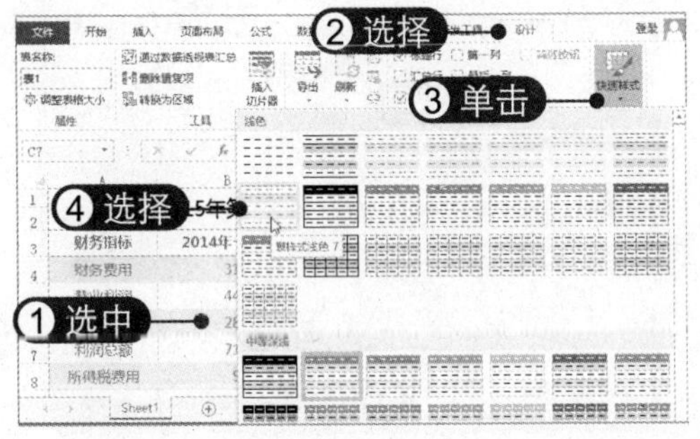

02 **设置表格样式选项** 在“表格样式选项”组中选中“第一列”和“最后一列”复选框，查看样式效果，如下图所示。

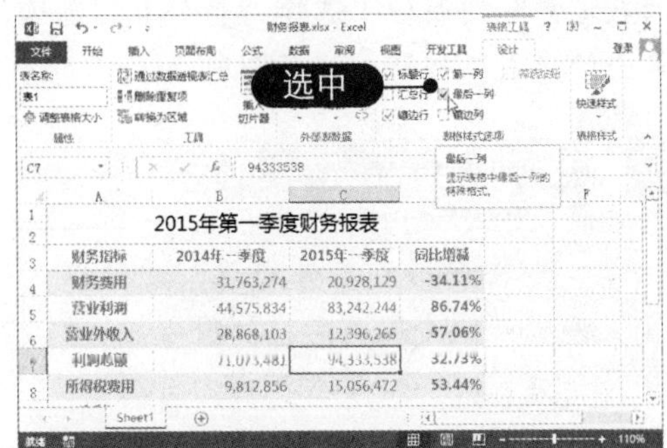

03 应用表格样式并清除格式 若在应用表格样式前对单元格格式进行了自定义设置，可以在表格样式上右击，选择“应用并清除格式”命令，可应用当前样式并清除原来的单元格格式，如下图所示。

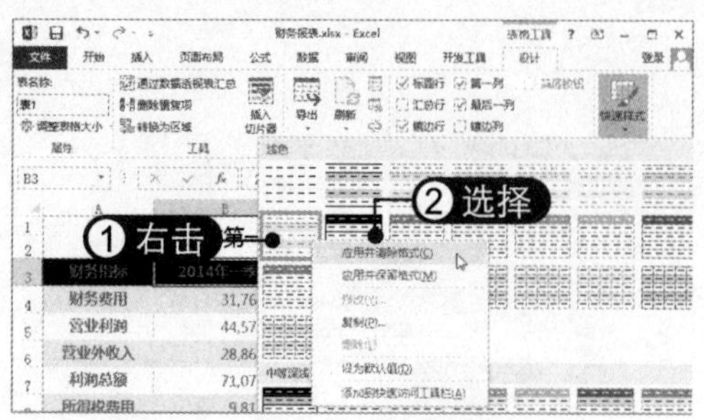

04 清除表格样式 若要删除套用的表格样式，可在“快速样式”下拉列表中选择“清除”选项，如下图所示。

8.2.3 自定义表格格式

如果 Excel 2013 预设的表格样式不能满足需求，还可以创建新的表格样式，自定义表格中各元素的格式。在创建新样式时可在当前样式上进行修改，具体操作方法如下：

01 选择“复制”命令 在“快速样式”下拉列表中右击样式，在弹出的快捷菜单中选择“复制”命令，如下图所示。

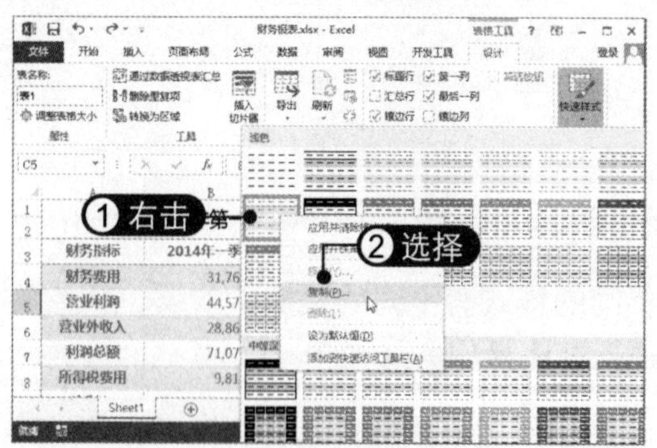

02 单击“格式”按钮 弹出“修改表样式”对话框，输入样式名称，在“表元素”列表框中选择“整个表”选项，单击“格式”按钮，如下图所示。

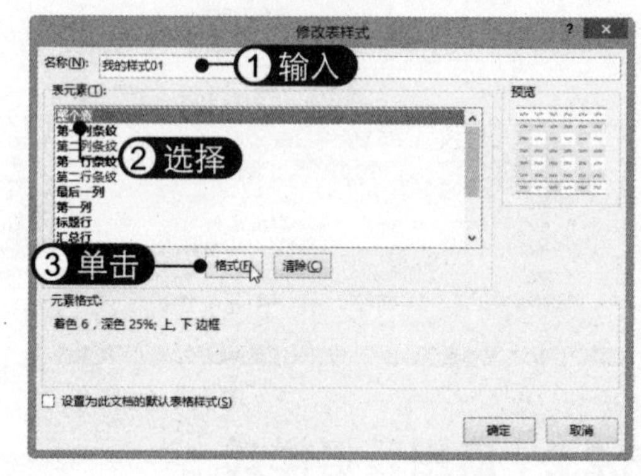

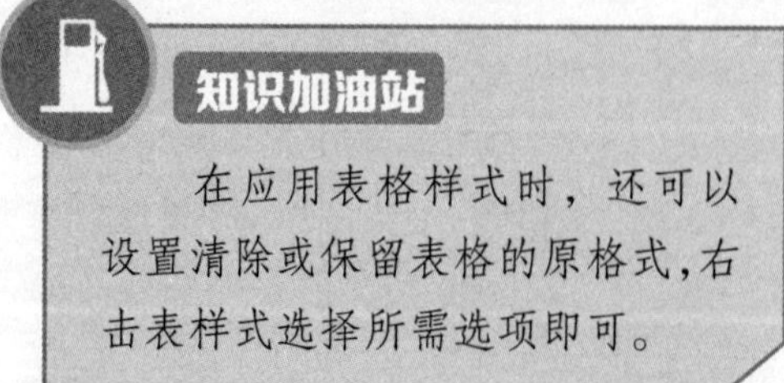

知识加油站

在应用表格样式时，还可以设置清除或保留表格的原格式，右击表样式选择所需选项即可。

03 设置边框格式 弹出对话框，选择“边框”选项卡，设置线条样式和颜色，单击“外边框”和“内部”按钮，单击“确定”按钮，如下图所示。

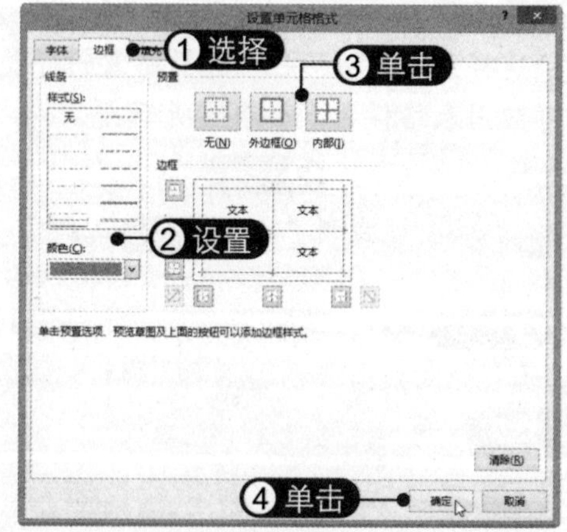

04 单击“格式”按钮 返回“修改表样式”对话框，选择“标题行”选项，单击“格式”按钮，如下图所示。

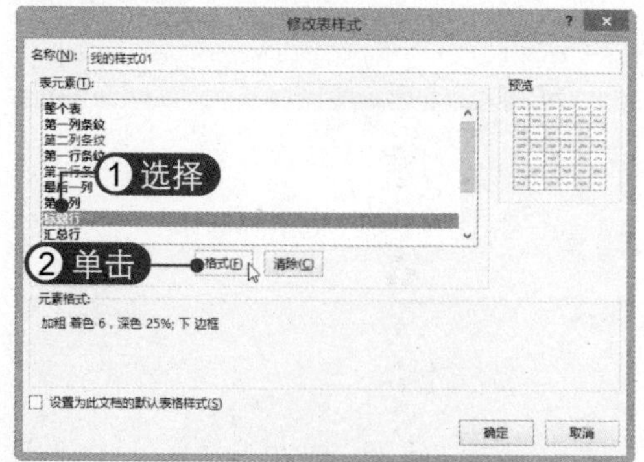

05 设置填充格式 在弹出的对话框中选择“填充”选项卡，选择背景色，然后单击“确定”按钮，如下图所示。

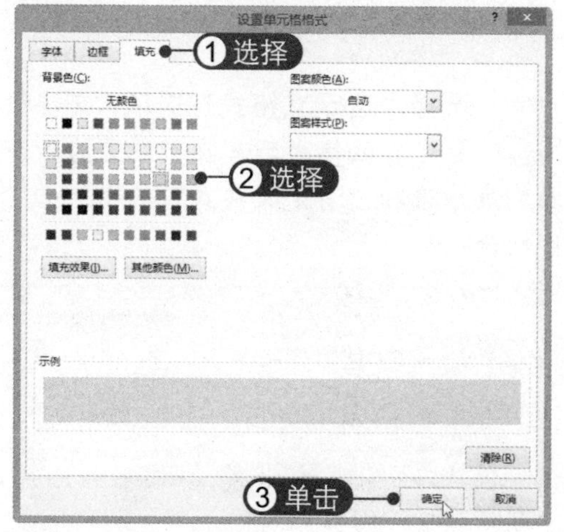

06 预览表格样式 返回“修改表样式”对话框，在右侧可预览表格样式，单击“确定”按钮，如下图所示。

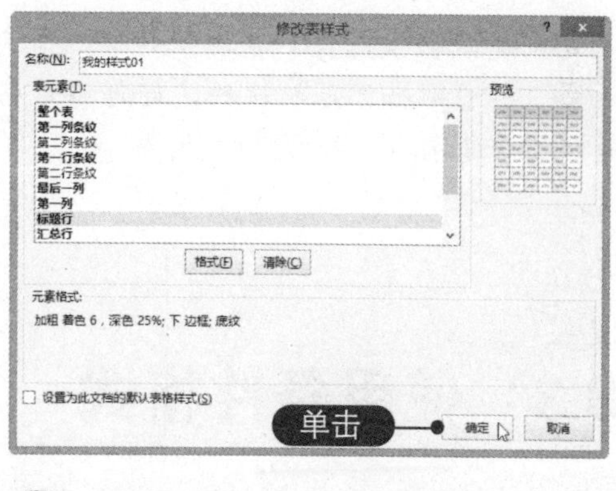

07 选择样式 单击“快速样式”下拉按钮，选择自定义的样式，如下图所示。

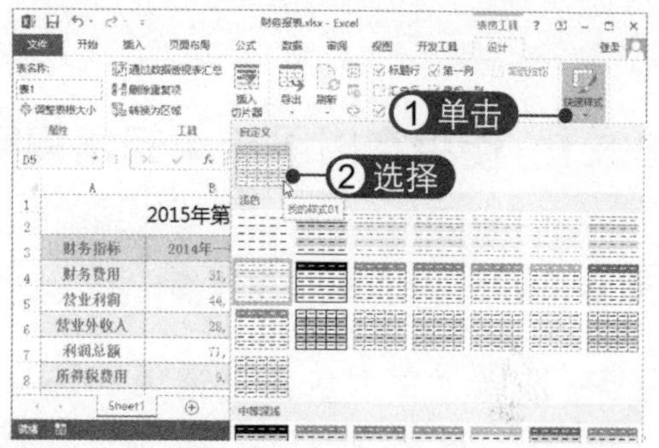

08 应用自定义样式 此时即可为表格应用自定义表格样式，效果如下图所示。

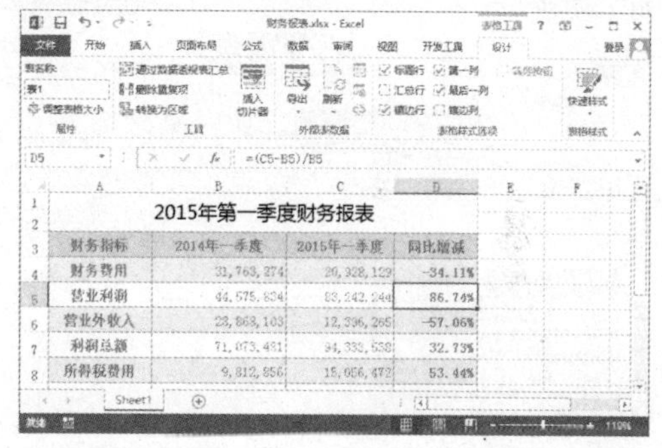

8.2.4 表格转换为区域

在编辑工作表时可以将表格转换为普通区域，具体操作方法如下：

01 单击“转换为区域”按钮 打开素材文件，选中表格中的任一单元格，选择“设计”选项卡，单击“转换为区域”按钮，如右图所示。

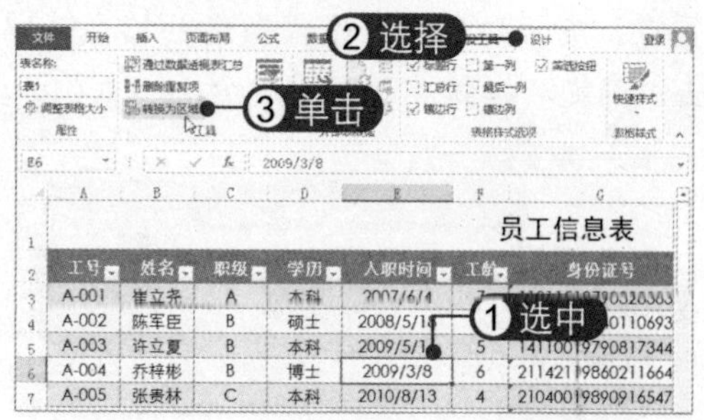

02 确认转换操作 在弹出的提示信息框中单击“是”按钮，即可将表格转换为普通区域，如右图所示。

8.3 使用条件格式

在 Excel 2013 中，使用条件格式功能可以为满足某种自定义条件的单元格设置相应的单元格格式，如颜色、字体等；也可以使用颜色刻度、数据条和图标集直观地显示数据，在很大程度上改进电子表格的设计和可读性。

8.3.1 使用突出显示单元格规则

通过使用“突出显示单元格规则”命令可以设置相应的条件来突出显示所关注的单元格或单元格区域，具体操作方法如下：

01 选择“文本包含”选项 选择 A3:A14 单元格区域，在“样式”组中单击“条件格式”下拉按钮，选择“突出显示单元格规则”|“文本包含”选项，如下图所示。

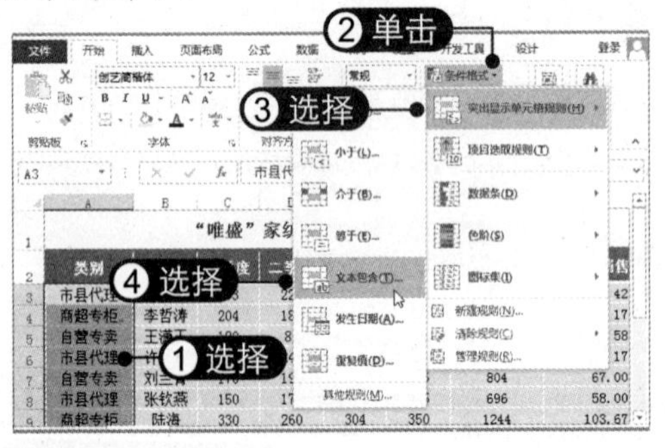

02 设置文本包含规则 弹出对话框，将光标定位到文本框中，在工作表中选择单元格以设置要包含的文本，在“设置为”下拉列表框中选择所需的格式，单击“确定”按钮，如下图所示。

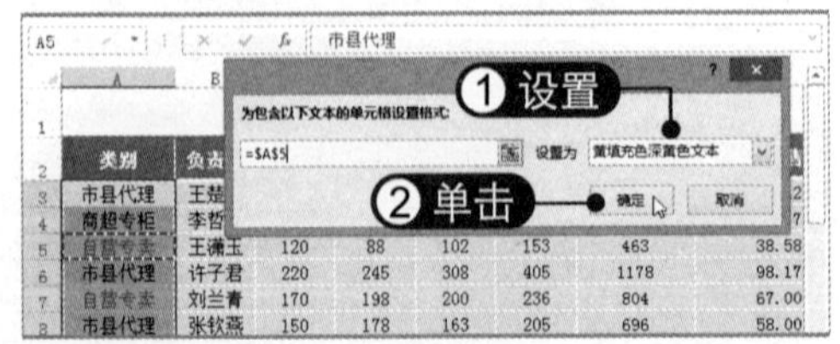

03 选择“自定义格式”选项 若要设置为其他格式，可在“设置为”下拉列表中选择“自定义格式”选项，如下图所示。

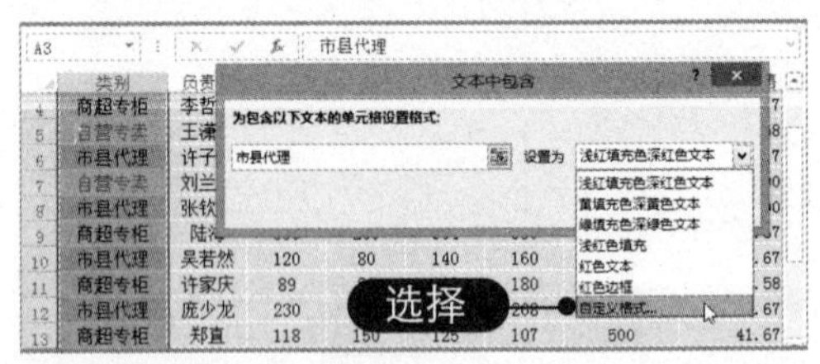

04 设置单元格格式 弹出“设置单元格格式”对话框，设置单元格格式，然后单击“确定”按钮，如下图所示。

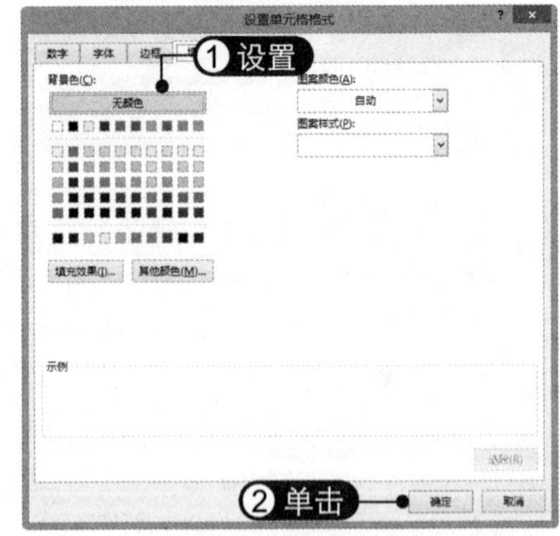

8.3.2 使用项目选取规则

使用“项目选取规则”命令可以对所选单元格区域数据进行分析，筛选出符合设置条件的数据，并突出显示这些数据所在的单元格或单元格区域，具体操作方法如下：

01 选择“高于平均值”选项 选择G3:G14单元格区域，在“样式”组中单击“条件格式”下拉按钮，选择“项目选取规则”|“高于平均值”选项，如下图所示。

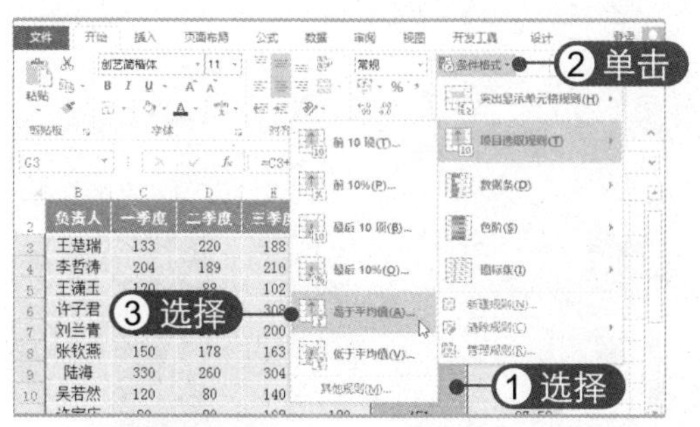

02 选择格式 弹出“高于平均值”对话框，在“设置为”下拉列表框中选择格式，单击“确定”按钮，如下图所示。

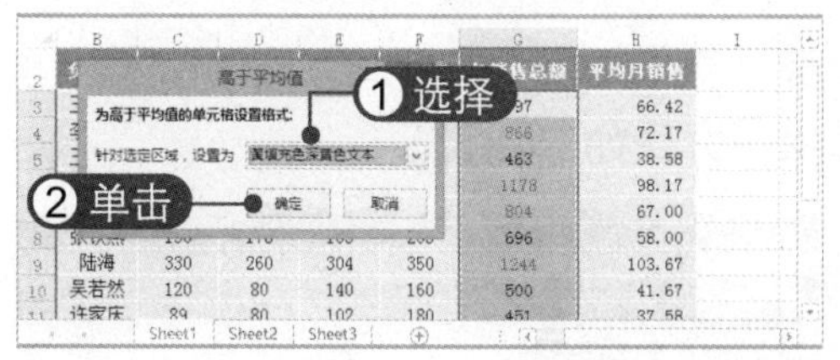

03 设置项目选取规则 若选择“其他规则”选项，将弹出“新建格式规则”对话框，选择“仅对排名靠前或靠后的数值设置格式”选项，设置规则为后2位，单击“格式”按钮，如下图所示。

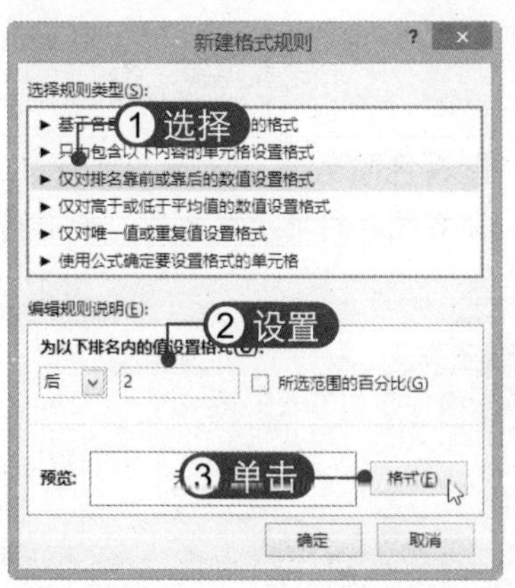

04 设置数字格式 弹出“设置单元格格式”对话框，选择“数字”选项卡，设置为货币格式，如下图所示。

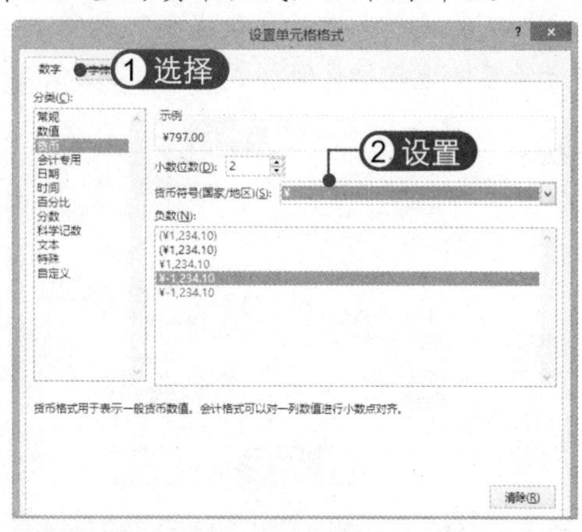

05 设置填充格式 选择“填充”选项卡，设置背景色，然后依次单击“确定”按钮，如下图所示。

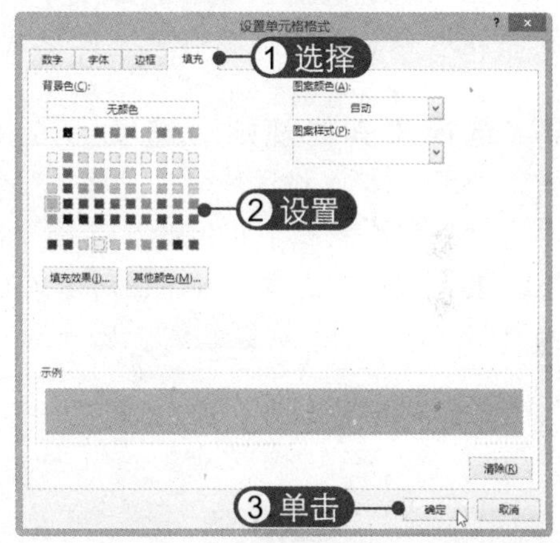

06 查看规则效果 返回工作表，查看应用项目选取规则设置后的单元格效果，如下图所示。

	负责人	一季度	二季度	三季度	四季度	年销售总额	平均月销售
3	王楚瑞	133	220	188	256	797	66.42
4	李哲涛	204	189	210	263	866	72.17
5	王满玉	120	88	102	153	¥463.00	38.58
6	许子君	220	245	308	405	1178	98.17
7	刘兰青	170	198	200	236	804	67.00
8	张钦燕	150	178	163	205	696	58.00
9	陆海	330	260	304	350	1244	103.67
10	吴若然	120	80	140	160	500	41.67
11	许家庆	89	80	102	180	¥451.00	37.58
12	庞少龙	230	480	158	208	1076	89.67

8.3.3 使用数据条设置条件格式

为工作表的数据区域填充长短不一的颜色条，可以直观地反映数据的大小、高低等，能够帮助用户更迅速地了解数据的分布和变化。使用数据条设置条件格式的具体操作方法如下：

01 选择数据条样式 选择 H3:H14 单元格区域，在“样式”组中单击“条件格式”下拉按钮，选择“数据条”选项，在其子菜单中选择所需的样式，如下图所示。

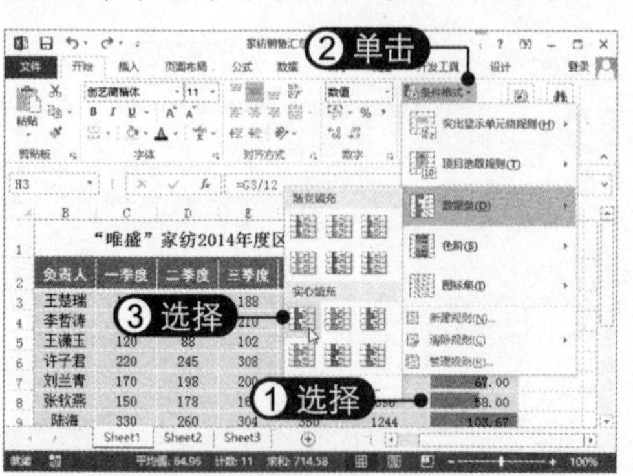

02 查看数据条效果 此时即可查看应用数据条格式后的单元格效果，如下图所示。

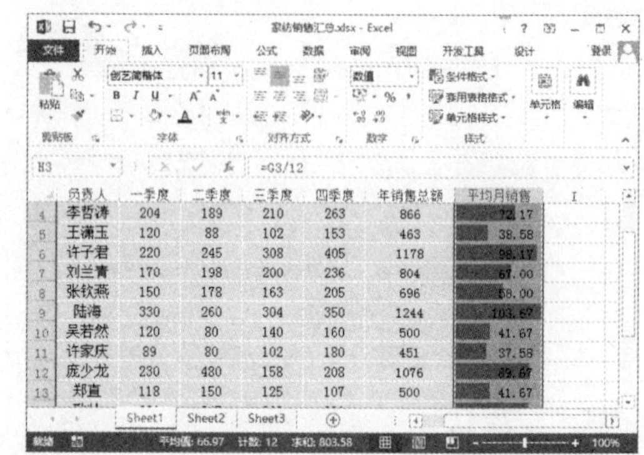

8.3.4 使用色阶设置条件格式

为工作表的数据区域设置深浅不一的双色或三色渐变颜色，也可以直观地反映数据分布和变化。使用色阶设置条件格式的具体操作方法如下：

01 选择“其他规则”选项 选择 F3:F14 单元格区域，在“样式”组中单击“条件格式”下拉按钮，选择“色阶”|“其他规则”选项，如下图所示。

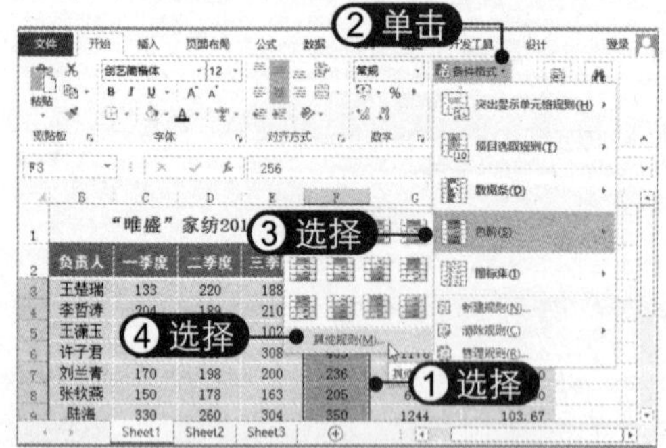

02 设置色阶规则 弹出“新建格式规则”对话框，选择“三色刻度”格式样式，然后分别设置最小值、中间值和最大值的颜色，单击“确定”按钮，如下图所示。

03 查看色阶效果 此时即可查看应用色阶格式后的单元格效果，如下图所示。

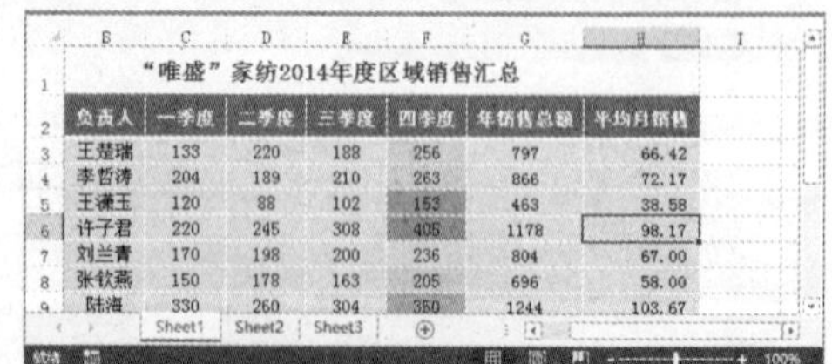

8.3.5 使用图标集设置条件格式

使用图标集可以将工作表的数据区域自动分为几个不同的数据范围，并将用户所选图标集中的不同图标应用到相应的数据范围单元格中对数据进行注释性说明。使用图标集设置条件格式的具体操作方法如下：

01 选择“其他规则”选项 选择H3:H14单元格区域，在“样式”组中单击“条件格式”下拉按钮，选择“图标集”|“其他规则”选项，如下图所示。

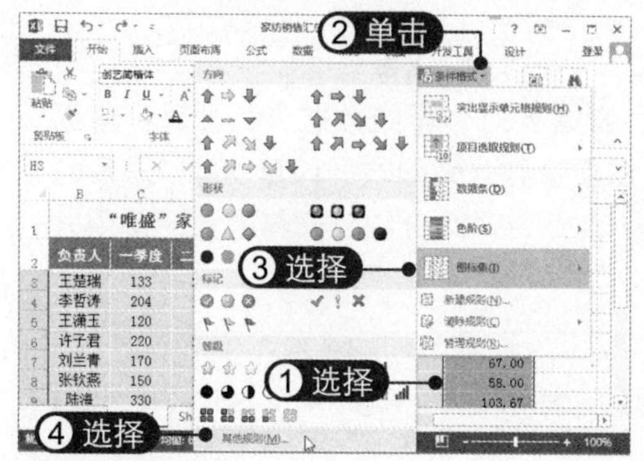

02 设置图标集规则 弹出“新建格式规则”对话框，选择图标样式，然后设置显示图标的规则，单击“确定”按钮，如下图所示。

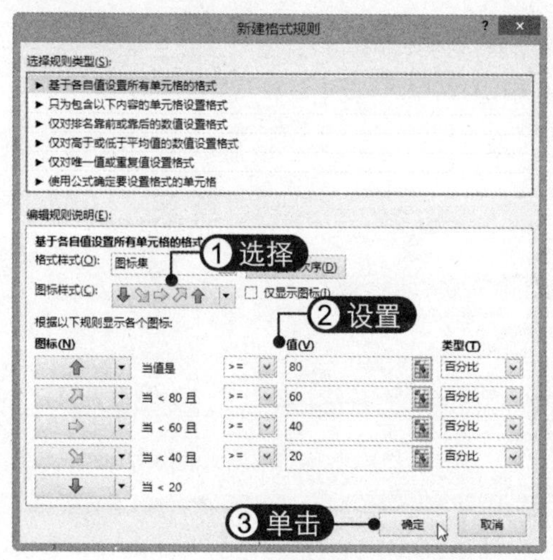

03 查看单元格效果 此时即可查看应用图标集格式后的单元格效果，如下图所示。

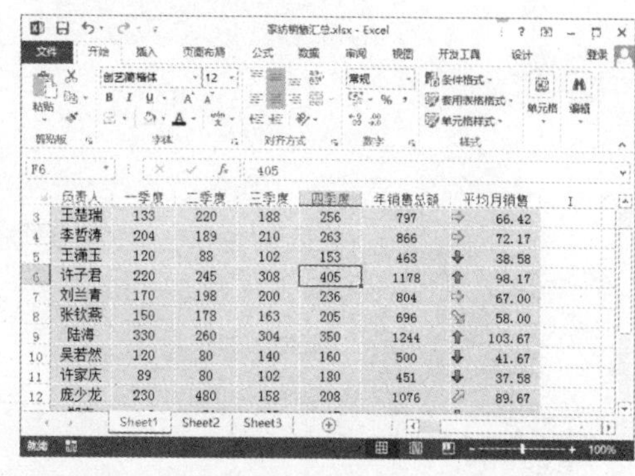

04 清除单元格规则 若要删除单元格中的条件格式，可在选择单元格区域后单击“条件格式”下拉按钮，选择“清除规则”|“清除所选单元格的规则”选项，如下图所示。

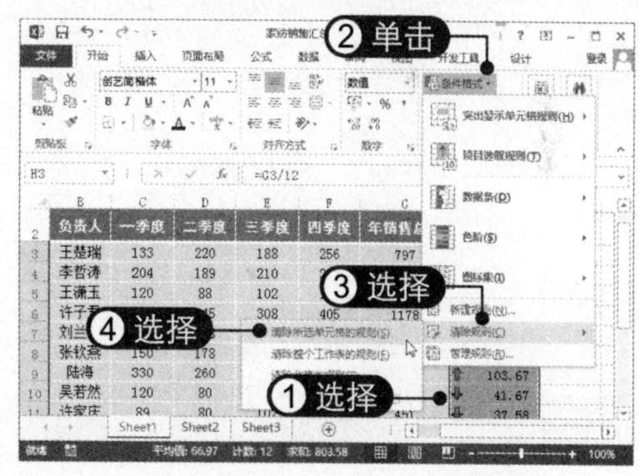

Chapter 09

使用公式和函数

在制作办公表格时，经常需要对大量的数据进行计算。借助 Excel 中的公式和函数，可以发挥其强大的数据计算功能，满足各种工作需要，既方便又快捷。本章将详细介绍公式与函数的使用方法与技巧。

本章要点

- 认识 Excel 公式
- 使用公式
- 使用函数计算数据
- 检查公式的准确性
- 实战应用——制作员工信息表

知识等级

Excel 2013 高级读者

建议学时

建议学习时间为 90 分钟

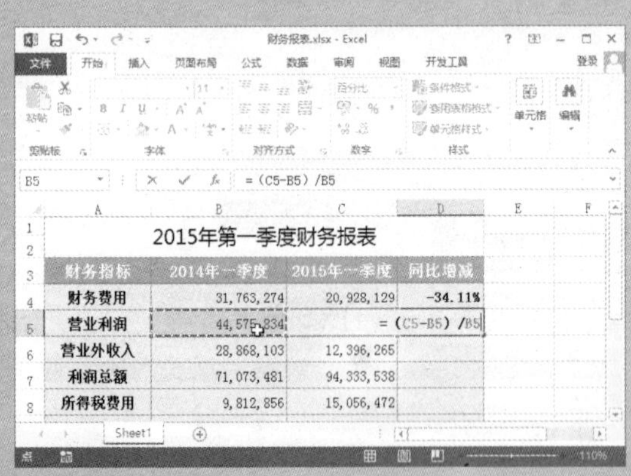

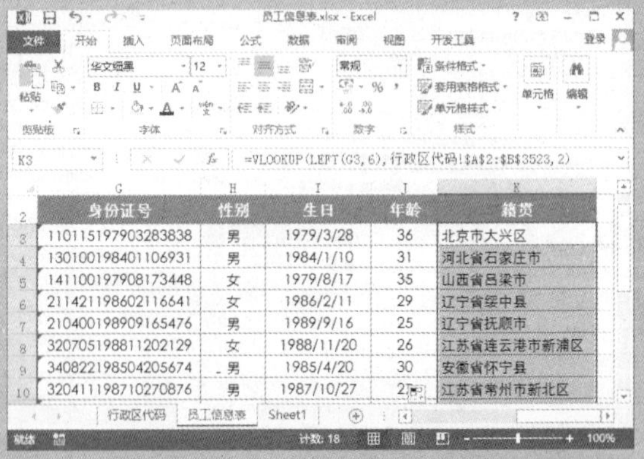

9.1 认识 Excel 公式

公式是由用户自行设计并结合常量数据、单元格引用、运算符元素进行数据处理和计算的算式。公式不同于文本、数字等存储格式，它有自己的语法规则，如结构、运算符号及优先次序等。使用公式是为了有目的地计算结果，因此 Excel 的公式必须返回值。

9.1.1 公式的结构

在输入公式时，必须以“=”开始，然后输入公式的内容，如公式“=(C1+D1)*5”。在 Excel 中，公式可以为下列部分或全部内容：

- ✧ **函数**：Excel 中的一些函数，如 SUM、AVERAGE、IF 等。
- ✧ **单元格引用**：可以是当前工作簿中的单元格，也可以是其他工作簿中的单元格。例如，在公式“=Sheet1!A1”中，引用的是 Sheet1 工作表 A1 单元格的数值。
- ✧ **运算符**：公式中使用的运算符，如“+”、“-”、“*”、“/”及“>”等。
- ✧ **常量**：公式中输入的数字或文本值，如 5 等。
- ✧ **括号**：用于控制公式的计算次序。

9.1.2 运算符

运算符的作用在于对公式中的元素执行特定类型的运算。在 Excel 公式中可以使用的运算符主要有算术运算符、文字运算符、比较运算符和引用运算符 4 种，它们负责完成各种复杂的运算。

1. 算术运算符

若要完成基本的数学运算（如加法、减法、乘法或除法等）、合并数字以及生成数值结果，可以使用下表中的算术运算符。

算术运算符	含 义	示 例
+（加号）	加法	1+2
–（减号）	减法	2 – 1
–（加号）	负数	– 1
*（星号）	乘法	1*2
/（正斜号）	除法	4/2
%（百分号）	百分比	21%
^（脱字号）	乘方	2^3

2. 比较运算符

比较运算符用于比较两个数值的大小关系，并产生逻辑值 TURE 或 FALSE，常用的比较运算符见下表。

比较运算符	含 义	示 例
=（等号）	等于	A1=B1
>（大于号）	大于	A1>B1
<（小于号）	小于	A1<B1
>=（大于等号）	大于或等于	A1>=B1
<=（小于等号）	小于或等于	A1<=B1
<>（不等号）	不等于	A1<>B1

3．文本运算符

文本运算符将一个或多个文本连接为一个组合文本，见下表。

文本运算符	含 义	示 例
&（与号）	将两个值连接或串起来产生一个连续的文本值	“学” & “生”，得到 “学生”

4．引用运算符

使用引用运算符对单元格区域进行合并计算，常用的引用运算符见下表。

引用运算符	含 义	示 例
:（冒号）	区域运算符，生成对两个引用之间所有单元格的引用（包括这两个引用）	A1:A9
,（逗号）	联合运算符，将多个引用合并为一个引用	SUM(A1:A2,A3:A4)
（空格）	交集运算符，生成对两个引用中共有的单元格的引用	SUM(A1:A10 B1:B5)

9.1.3 运算符的优先级

当公式或函数比较复杂时，各种运算之间的计算序列就成了十分重要的问题。由于不同的计算可能导致完全不同的结果，因此需要了解各种运算之间的优先级别。

默认的计算顺序是由左及右，由高及低。在计算同一优先级时，将按由左及右的顺序依次计算。当出现不同级别的计算时，将优先计算级别较高的运算，然后逐级降低，同时按由左及右的顺序进行计算。

下表列出了不同的运算符之间的优先级别。

级 别	运算符	说 明
1	:（冒号）	引用运算符
	（单个空格）	
	,（逗号）	
2	–	负数（如 – 1）
3	%	百分比
4	^	乘方
5	* 和 /	乘和除

续表

6	+ 和 -	加和减
7	&	连接两个文本字符串（串连）
8	=	比较运算符
	< >	
	<=	
	>=	
	<>	

9.2 使用公式

下面将介绍如何在工作表中使用公式计算数据，包括公式的输入方法、复制公式、更改单元格引用类型以及为单元格命名等内容。

9.2.1 直接输入公式

与输入文本一样，可以在编辑栏或单元格中直接输入公式，具体操作方法如下：

01 输入公式 选择 D4 单元格，然后在编辑栏中输入公式“=(C4-B4)/B4”，如下图所示。

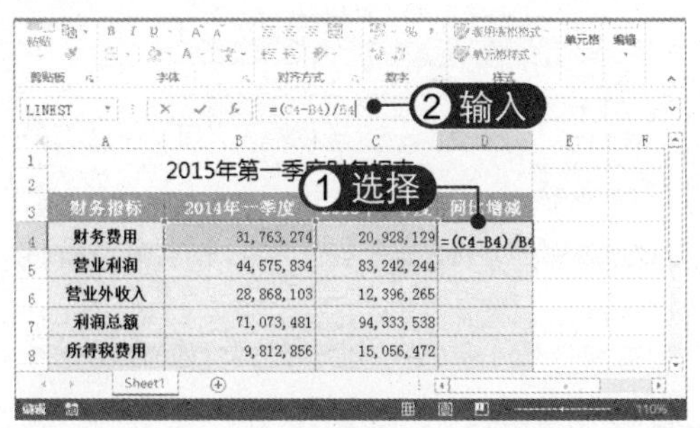

02 计算结果 按【Enter】键确认，即可得出公式的计算结果，如下图所示。

03 选择数字格式 选择 D4:D9 单元格区域，在“数字”组中单击“数字格式”下拉按钮，选择“百分比”选项，如下图所示。

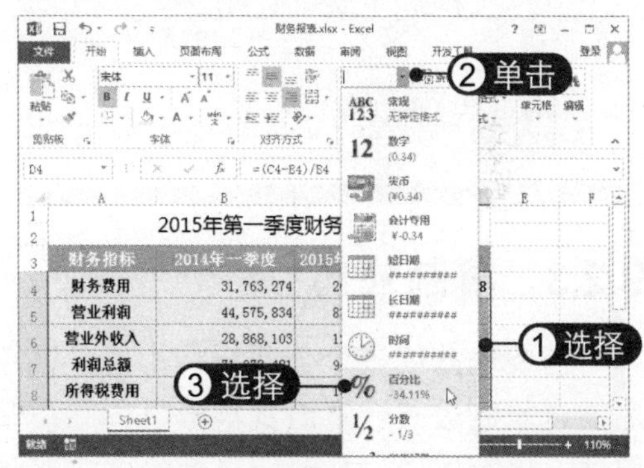

04 查看单元格效果 查看设置百分比数字格式后的单元格效果，如下图所示。

9.2.2 结合键盘鼠标输入公式

所谓鼠标和键盘相结合输入公式，就是在输入单元格引用时直接用鼠标选择单元格和单元格区域来输入，而输入运算符时则使用键盘，具体操作方法如下：

01 单击C5单元格 选择D5单元格，在编辑栏中输入“=(”，然后单击C5单元格，如下图所示。

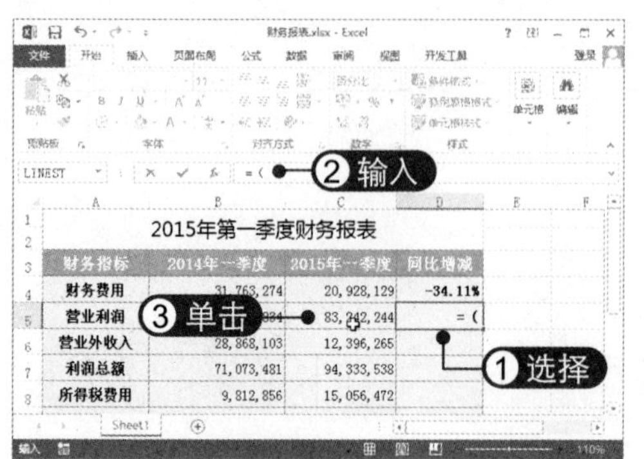

02 使用鼠标键入单元格引用 此时即可在公式中自动键入C5单元格引用，如下图所示。

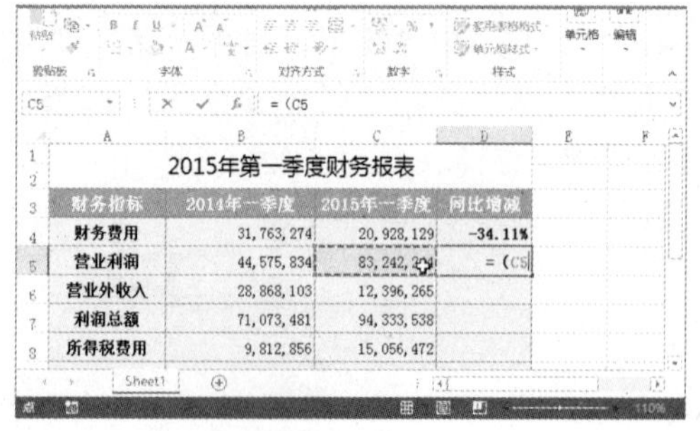

03 键盘和鼠标结合输入 输入减号，然后单击B5单元格，如下图所示。

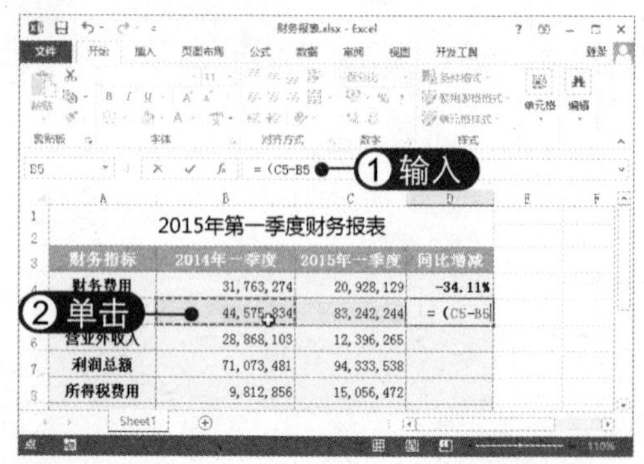

04 继续输入公式 用相同的方法继续操作，直到完成公式的输入，如下图所示。

9.2.3 复制公式

当要输入的多个公式结构相同，而引用的单元格不同时，只需输入一个公式，然后通过复制公式计算出其他数据即可。复制公式与复制单元格的方法相同，在此不再赘述。也可以通过拖动填充柄的方式来快速复制公式，具体操作方法如下：

01 拖动填充柄 选择D5单元格，然后向下拖动填充柄，如右图所示。

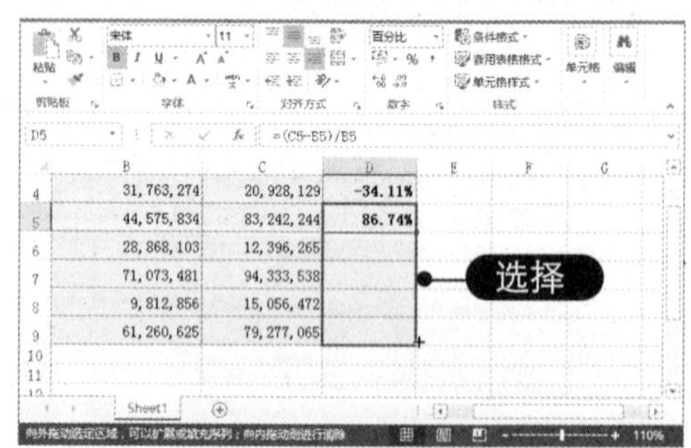

02 **设置填充选项** 松开鼠标后即可复制公式，单击“自动填充选项”下拉按钮 ▾，选择“不带格式填充”选项，如右图所示。

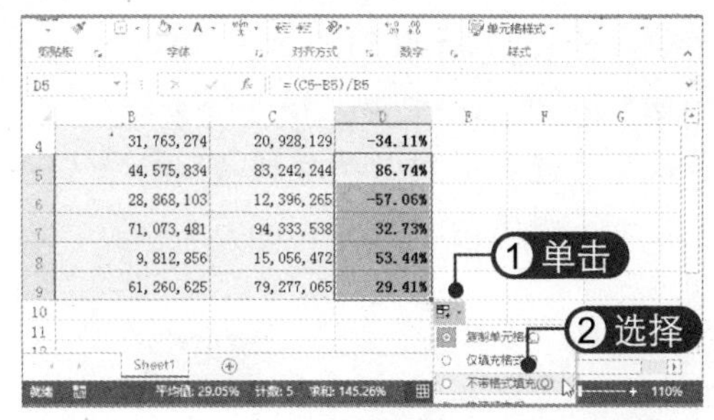

9.2.4 更改公式中单元格的引用

在公式中常用单元格的地址来代替单元格，称为单元格的引用。通过单元格引用可以在公式中使用不同单元格的数据。

引用样式使用行列标签组合来代替单元格，见下表。

引 用	正确输入
列 A 和行 4 交叉处的单元格	A4
在列 A 和行 4 到行 10 之间的单元格区域	A4:A10
在行 4 和列 A 到列 G 之间的单元格区域	A4:G4
行 4 中的全部单元格	4:4
行 4 到行 10 之间的全部单元格	4:10
列 H 中的全部单元格	H:H
列 G 到列 J 之间的全部单元格	G:J
列 A 到列 E 和行 4 到行 10 之间的单元格区域	A4:E10
还可以引用其他工作表中的单元格，方法是：在工作表名称后加上“!”符号，如引用 Sheet②工作表中的 A1 单元格	Sheet2!A1

9.2.5 单元格引用类型

单元格的引用分为 3 种：相对引用、绝对引用以及混合引用。

相对引用是指包含公式和单元格引用的单元格的相对位置，如前面介绍的复制公式即为相对引用。运用相对引用时，公式所在的单元格位置改变时，引用也会随之改变。

与相对引用不同，在使用绝对引用时即使公式所在单元格位置改变，引用也不会随之改变。在行标和列标前添加一个“$”符号即可成为绝对引用，如$A$1。

混合引用是指在公式中既有相对引用，又有绝对引用，如 A$1、$A1。

要更改单元格引用，只需选中公式单元格后，在编辑栏中选中引用，然后按【F4】键，或直接输入引用。

01 **计算公式** 选择 C4 单元格，在编辑栏中输入公式“=B4*B1”，按【Enter】键确认得出结果，如右图所示。

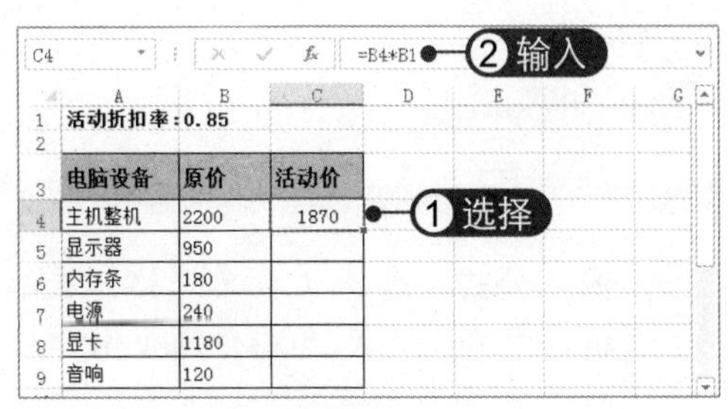

02 **设置绝对引用** 在编辑栏中选中B1单元格引用，按【F4】键即可将其设置为绝对引用，然后按【Enter】键确认，如下图所示。

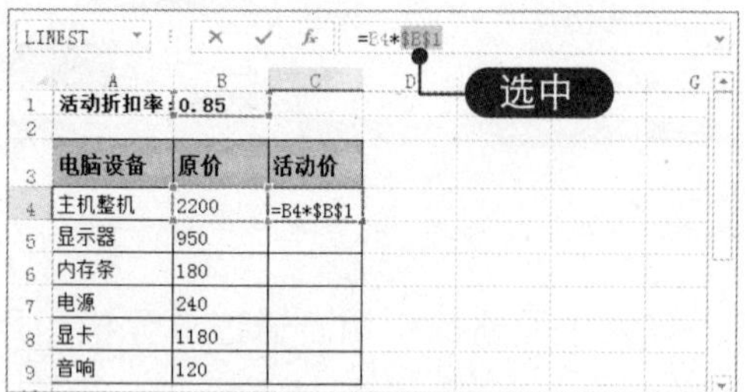

03 **拖动填充柄** 选择C4单元格，向下拖动填充柄填充公式，如下图所示。

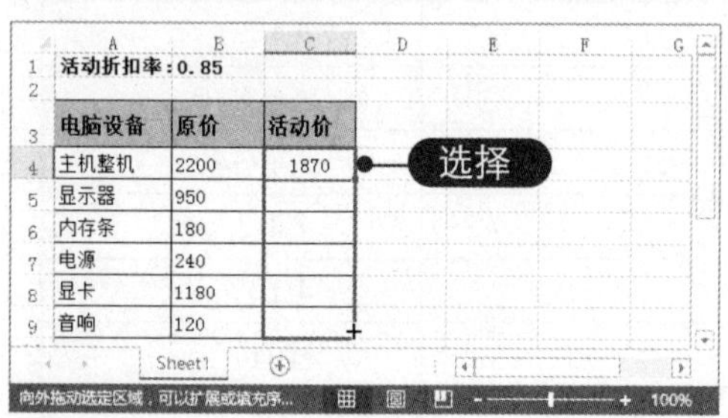

04 **查看绝对引用效果** 选择C6单元格，在编辑栏中可以看到绝对引用的B1单元格并未随着公式的相对位置更改而改变，如下图所示。

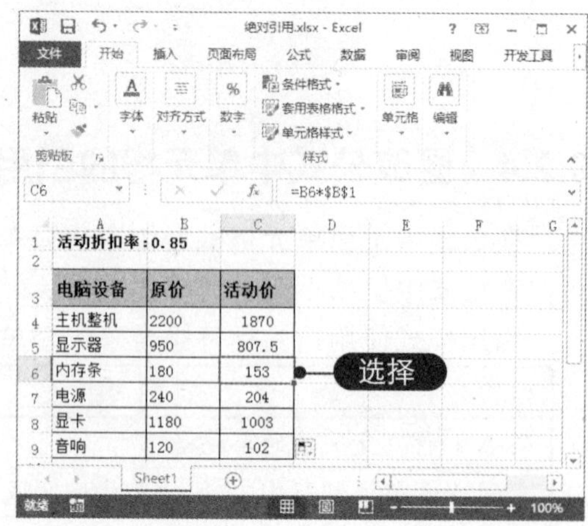

9.2.6 为单元格命名

在Excel中可为单元格区域、函数、常量或表格定义名称，使用名称可以使公式更加容易理解和维护。下面将介绍如何为单元格定义名称，具体操作方法如下：

01 **设置单元格名称** 选择B1单元格，在编辑栏左侧的名称框中输入名称zhekou，如下图所示。

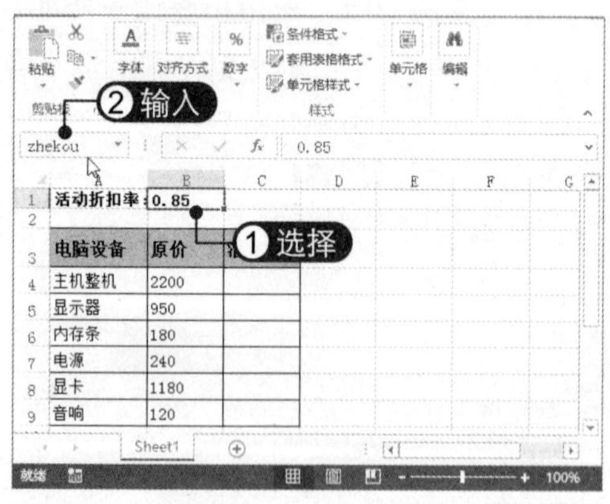

02 **输入公式** 选择C4单元格，在编辑栏中输入公式"=B4*zhekou"，如下图所示。

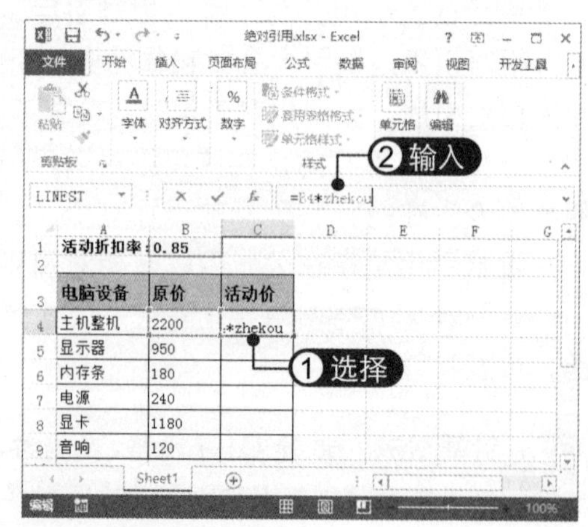

03 **计算公式结果** 按【Enter】键确认即可得出结果，如下图所示。

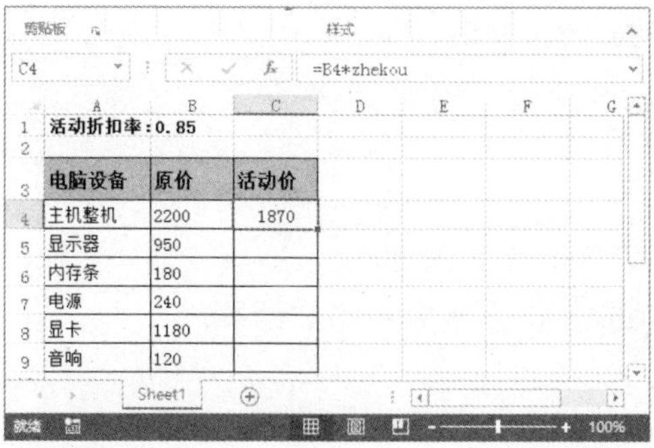

04 **填充公式** 使用填充柄向下填充公式，即可计算出各个结果，如右图所示。

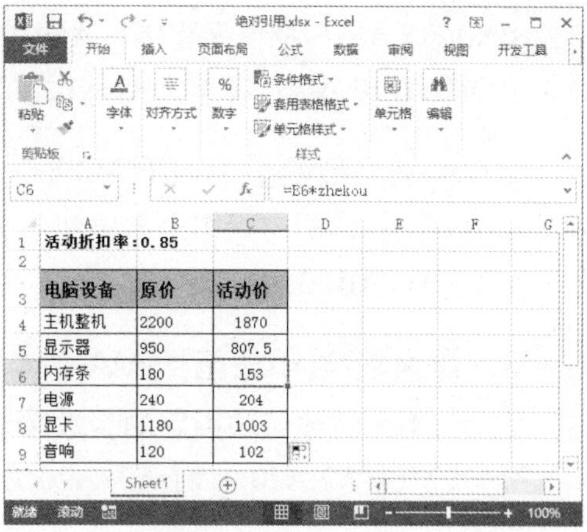

9.3 使用函数计算数据

在 Excel 中，函数是系统预先建立在工作表中用于执行数学、正文或逻辑运算，以及查找数据区有关信息的公式。它使用参数的特定数值，按照语法的特定顺序进行计算。

9.3.1 认识函数

函数由函数名和相应的参数组成。函数名是固定不变的，参数的数据类型一般是数字和文本、逻辑值、数组、单元格引用和表达式等。各参数的含义如下：

- ✧ **数字和文本：**即不进行计算、也不发生改变的常量。
- ✧ **逻辑值：**也就是 TRUE 和 FLASE 这两个逻辑值。
- ✧ **数组：**用于建立可生成多个结果，或可对在行和列中排列的一组参数进行计算的单个公式。
- ✧ **单元格引用：**通过单元格引用确定参数所在的单元格位置。
- ✧ **表达式：**在 Excel 中，当遇到一个表达式作为参数时，会先计算这个表达式，然后使用其结果作为参数值。当使用表达式时，表达式中也可能包含其他函数，这就是函数的嵌套。

9.3.2 常用函数类型

在 Excel 2013 中，包含财务函数、文本函数、日期和时间函数、统计函数、工程函数、逻辑函数、查找和引用函数，以及数学和三角函数等，下面将对办公中常用函数的功能、参数和使用进行简要介绍。

1. 求和函数 SUM

SUM 函数可对连续或不连续的单元格进行求和运算，并将计算结果放在函数所在的单元格中。例如：

SUM(A1:A5)：将单元格 A1~A5 中的所有数字相加；

SUM(A1,A3,A5)：将单元格 A1、A3 和 A5 中的数字相加。

2．求平均数函数 AVERAGE

AVERAGE 函数可对多个数值进行算术平均数运算。例如：

AVERAGE(B2:B10)：对 B2~B10 单元格中的值进行算术平均数计算。

3．最大值/最小值函数 MAX/MIN

MAX/MIN 函数可对指定的参数中求出最大值或最小值。例如：

MAX/MIN(A2:A20)：对 A2~A20 之间的值进行比较，得出最大值或最小值。

4．判断函数 IF

IF 函数可判断指定的条件，当条件成立时，单元格中显示计算结果 A；当条件不成立时，显示另外的计算结果 B。例如：

=IF(C20>90,"大于 90","小于等于 90")：当 C20 单元格中的值大于 90 时，显示文本“大于 90”；否则，即小于等于 90 时，则显示“小于等于 90”。

5．计算函数 COUNT

COUNT 函数可对指定区域包含数字的单元格个数进行计数，即指定单元格中有多少个数值。例如：

COUNT(D4:D19)：对 D4~D19 之间包含数字的单元格个数进行计数操作，最后显示值。

9.3.3 查询函数语法

使用 Excel 帮助可以轻松地查询函数的具体用法，操作方法如下：

01 **搜索函数名** 在 Excel 2013 程序窗口中按【F1】键，打开“Excel 帮助”窗口，输入要搜索的函数名，如 SUM，按【Enter】键确认，如下图所示。

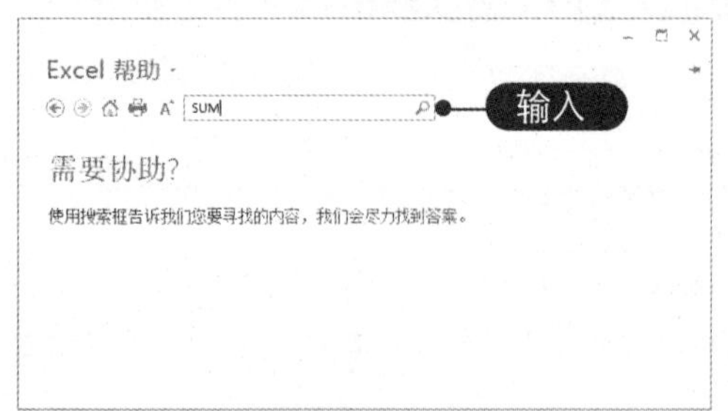

02 **单击函数超链接** 此时即可打开搜索结果页面，单击“SUM 函数”超链接，如下图所示。

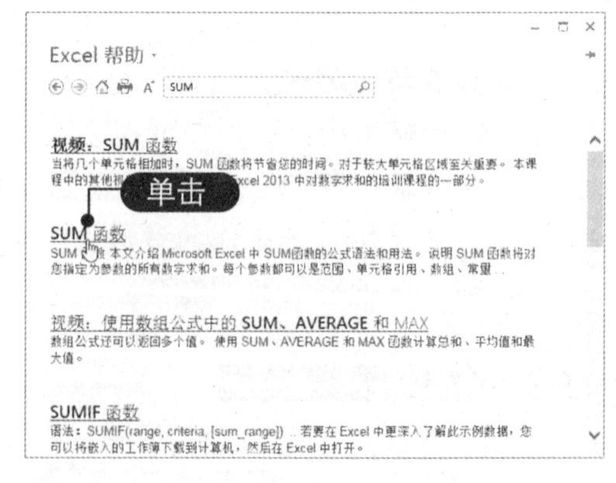

03 **查看函数用法** 在打开的页面中即可查询 SUM 函数的说明、语法及示例，如下图所示。

04 单击帮助超链接 若搜索不到所需的函数，可打开“插入函数”对话框，选择所需的函数后单击“有关该函数的帮助”超链接即可，如右图所示。

9.3.4 使用 SUM 函数求和数据

下面以使用 SUM 函数求和数据为例，介绍如何在 Excel 2013 中插入函数，具体操作方法如下：

01 单击“插入函数”按钮 打开素材文件，选择 B9 单元格，单击编辑栏左侧的“插入函数”按钮 f_x，如下图所示。

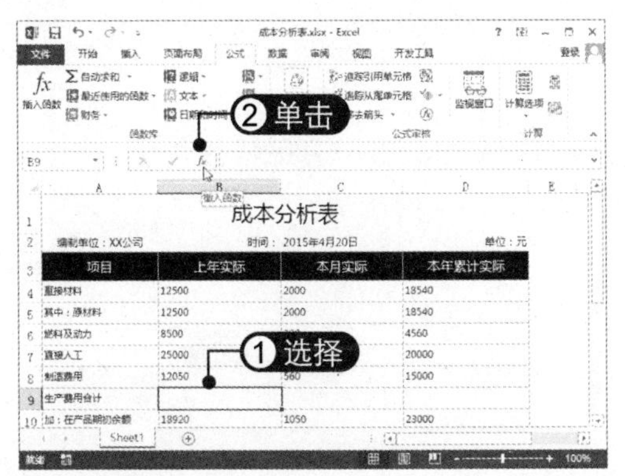

02 选择 SUM 函数 弹出“插入函数”对话框，选择“数学与三角函数”类别，在函数列表框中选择 SUM 函数，单击“确定”按钮，如下图所示。

知识加油站

在使用函数计算数据时，也可以在编辑栏中直接手动输入函数，但需牢记函数语法格式。

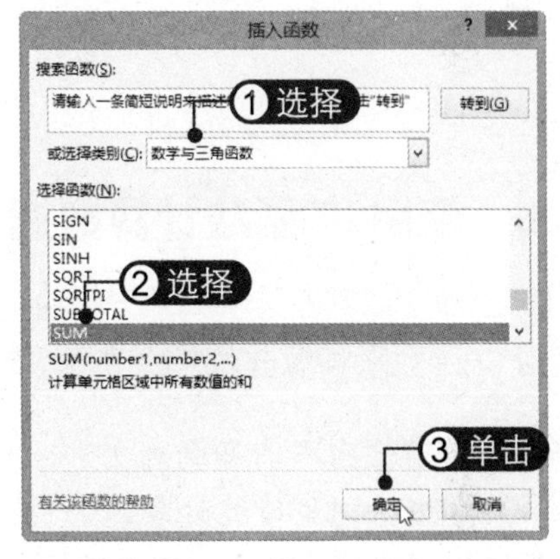

03 定位光标 弹出“函数参数”对话框，将光标定位在 Number1 文本框中，如下图所示。

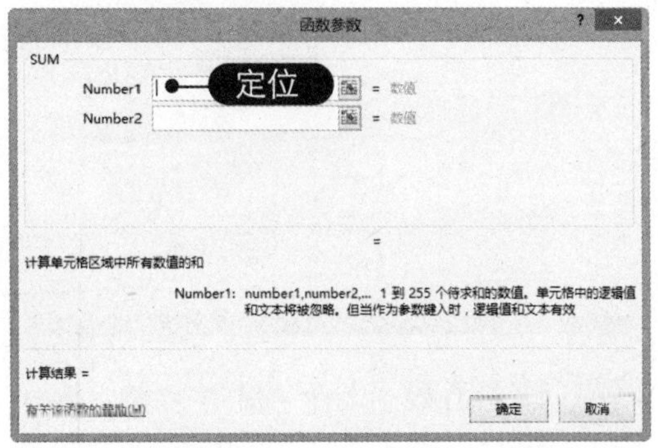

04 **选择单元格区域** 在工作表中选择B6:B8单元格区域，然后松开鼠标，如下图所示。

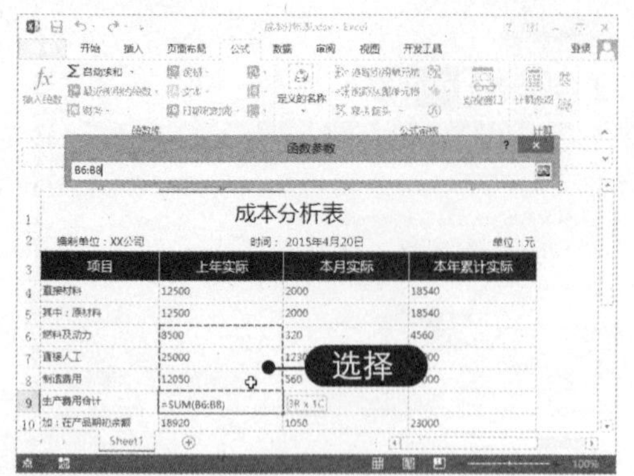

05 **设置 Number2 参数** 返回“函数参数”对话框，用相同的方法设置Number2参数，单击“确定”按钮，如下图所示。

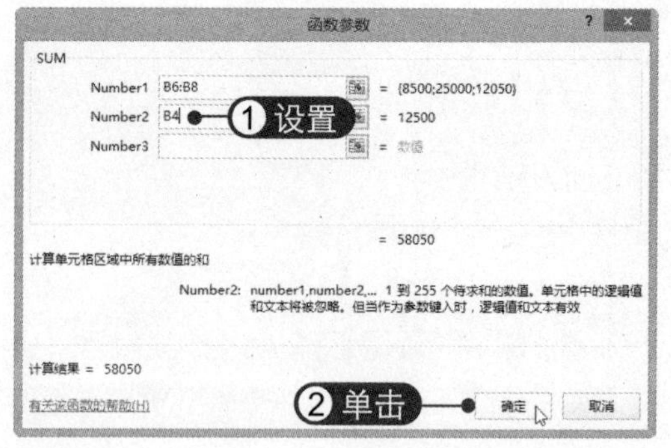

06 **填充函数** 此时即可得出函数计算结果。选中B9单元格，向右拖动填充柄填充函数，如下图所示。

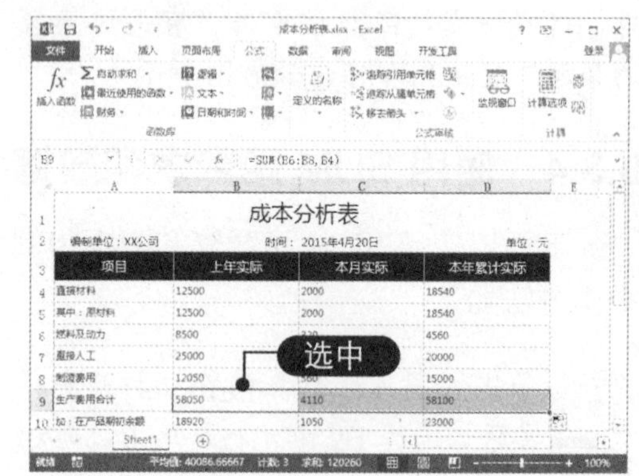

9.3.5 使用IF函数计算数据

IF函数可以判断某个条件分别执行“真”或“假”时的语句，是通用的函数。下面通过使用IF函数来实现自动判断“平均成绩”大于80时为“良好”，具体操作方法如下：

01 **查看工作表** 打开素材文件，此表为员工培训成绩统计表，分别记录了各项培训课程的得分，如下图所示。

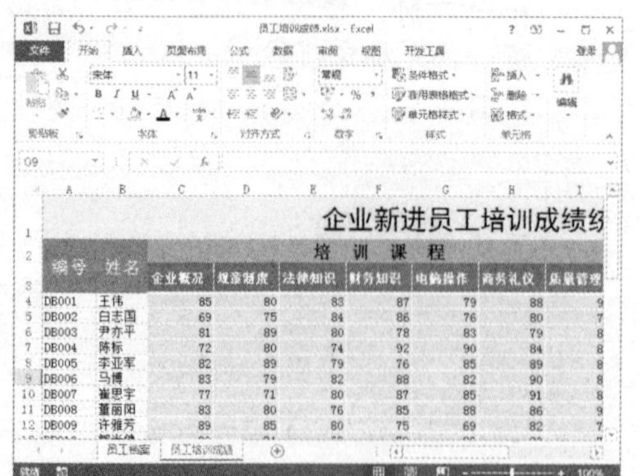

02 **输入函数** 选择M4单元格，在编辑栏中输入公式“=IF(J4>80,"良好","")”，如下图所示。

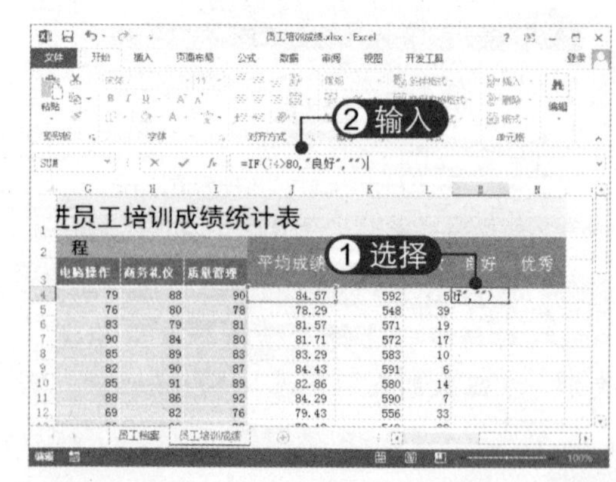

03 **填充函数** 按【Enter】键确认，即可得出计算结果。向下拖动填充柄填充其他单元格，如下图所示。

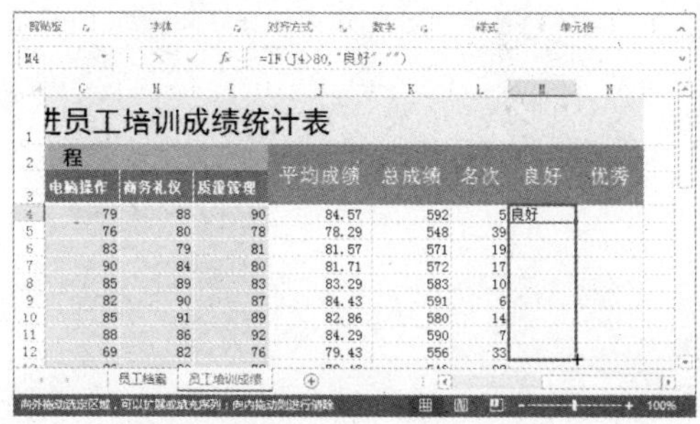

04 **查看计算结果** 填充完成后，查看其他单元格的计算结果，如右图所示。

9.3.6 使用嵌套函数计算数据

IF 函数只实现了一个条件的判断，如果要判断的多个条件需要同时满足两个或更多条件时，则需要联合应用 AND 函数，这就用到了嵌套函数。联合应用 IF 和 AND 函数的方法如下：

01 **输入外层函数** 选择 N4 单元格，在编辑栏中输入外层函数“=IF(,"优秀","")”，如下图所示。

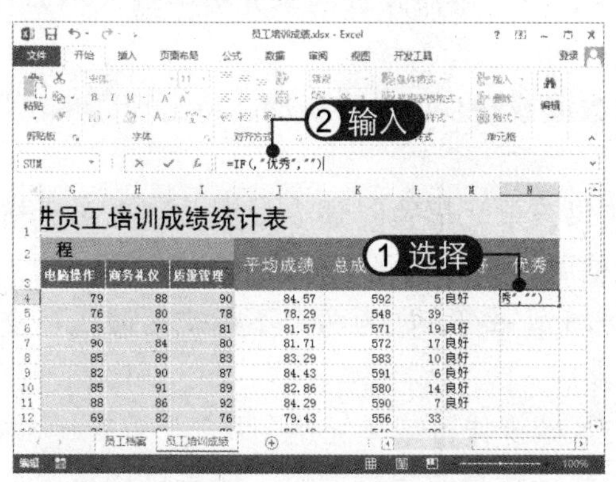

02 **输入内层函数** 在编辑栏中将光标定位在第一个逗号前，并输入内层函数“AND(I4>83,K4>580)”，如下图所示。

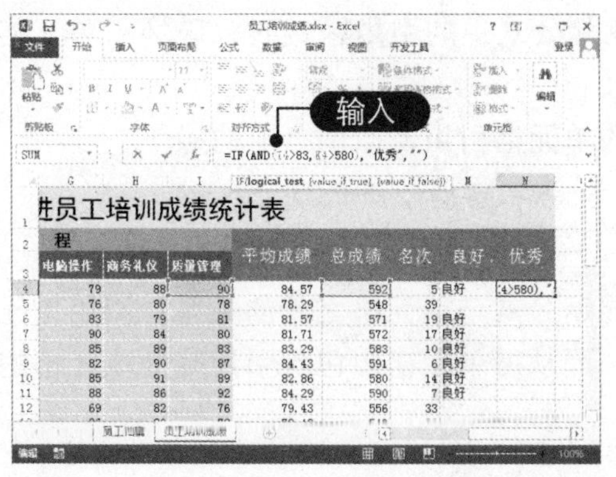

03 **填充函数** 按【Enter】键确认，即可得出计算结果。向下拖动填充柄填充其他单元格，如下图所示。

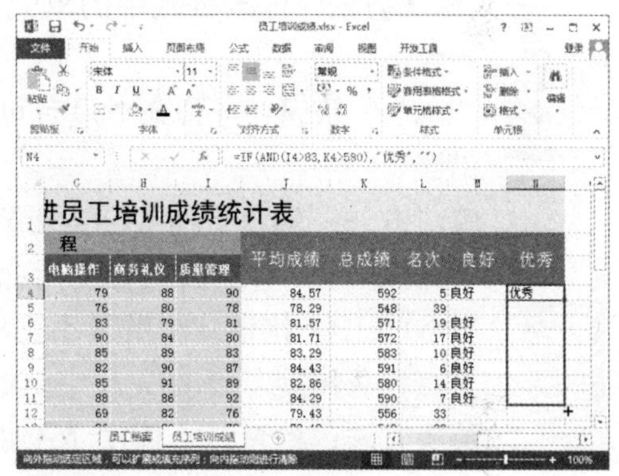

04 **查看计算结果** 填充完成后，查看其他单元格的计算结果，如下图所示。

9.4 检查公式的准确性

由于有些公式比较复杂，因此当出现错误需要检查时就比较困难。Excel 2013 提供了一组专门辅助检查公式的功能，可以帮助用户快速地检查公式。

9.4.1 公式常见错误解析

在 Excel 2013 中，如果输入的公式不符合要求，将无法正确地计算出结果，就会在其所在的单元格中显示错误信息。下面列出了常见的错误信息、可能发生的原因及其解决方法。

✧ "####!"**错误**：公式的计算结果太长，单元格宽度不够，就会在该单元格中出现"#####!"错误。另外，在输入数值时，输入的数值太长也会出现此错误。

解决方法：适当调整列宽。

✧ "#DIV/O!"**错误**：当公式被 0 除时，将出现"#DIV/O!"错误。

解决方法：修改公式中的单元格引用，或在用作除数的单元格中输入不为 0 的值。

✧ "#N/A"**错误**：当公式中没有可用的数值或缺少函数参数时，将出现"#N/A"错误。

解决方法：输入数值或函数参数。如果该单元格暂时缺少数据，则在单元格中输入"#N/A"。公式在引用此单元格时，将不进行数值计算。

✧ "#NULL!"**错误**：使用了不正确的区域运算符，如为两个不相交区域指定交叉点，将出现"#NULL!"错误信息。

解决方法：检查是否使用了不正确的区域操作符或单元格引用。

✧ "#VALUE!"**错误**：当使用错误的参数或运算对象类型时，或当自动更改公式功能不能更正公式时，将产生错误值"#VALUE!"。

解决方法：检查运算符或参数是否正确，公式引用的单元格中是否包含有效的数值。

✧ "#REF!"**错误**：当移动、复制和删除公式中的引用区域时，破坏了单元格引用，将出现"#REF!"错误。

解决方法：检查公式中是否有无效的单元格引用，撤销之前的操作。

9.4.2 追踪单元格

通过追踪引用单元格或从属单元格可以显示公式与单元格之间的关系。引用单元格是指被其他单元格中的公式引用的单元格，而从属单元格中包含引用其他单元格的公式。追踪单元格的具体操作方法如下：

01 单击“追踪引用单元格”按钮 选择M4单元格，在“公式”选项卡下“公式审核”组中单击“追踪引用单元格”按钮，如下图所示。

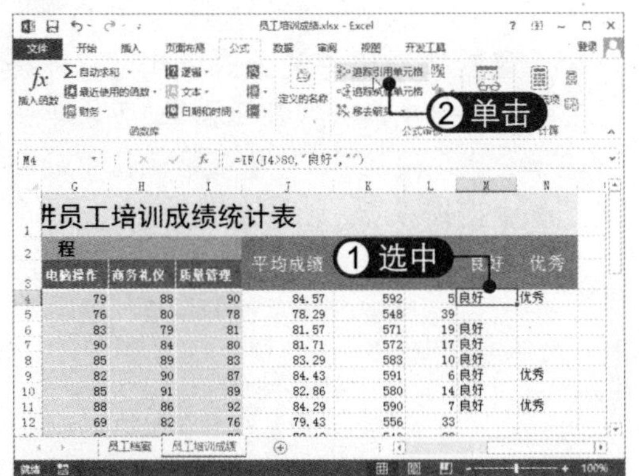

02 查看引用单元格 此时，在引用单元格上会自动添加箭头并指向所选单元格，如下图所示。

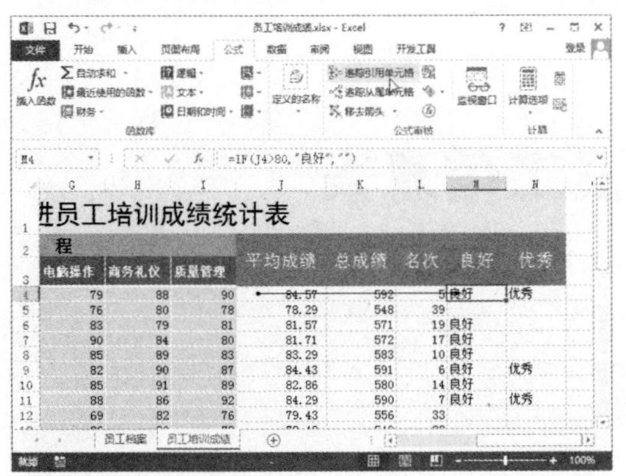

03 继续追踪引用单元格 再次单击“追踪引用单元格”按钮，即可查看下一级的引用单元格，如下图所示。

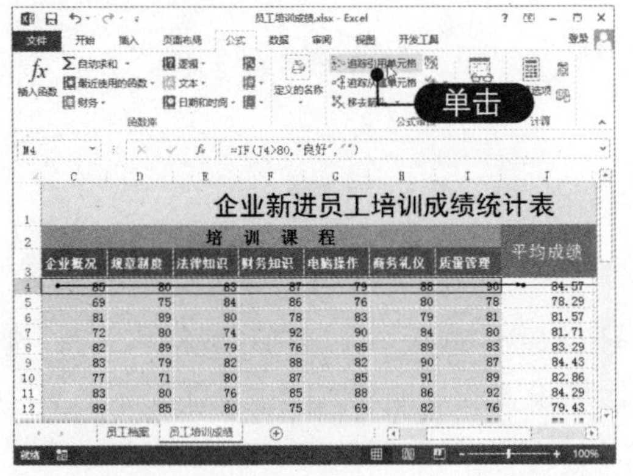

04 移去引用单元格追踪箭头 要去除引用单元格的箭头，可单击“移去箭头”下拉按钮，选择“移去引用单元格追踪箭头”选项，如下图所示。

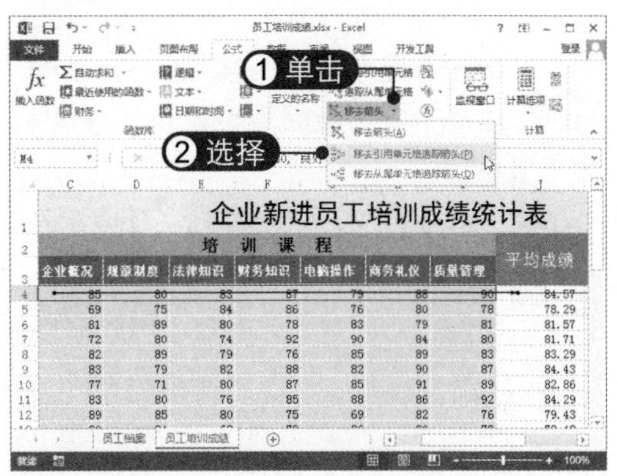

05 单击“追踪从属单元格”按钮 选择K4单元格，连续单击“追踪从属单元格”按钮，如下图所示。

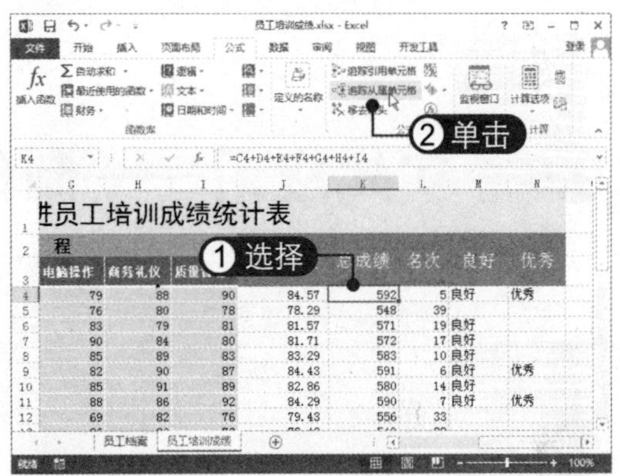

06 添加从属单元格箭头 此时在所选单元格上会自动添加箭头并指向其公式所在从属单元格，如下图所示。

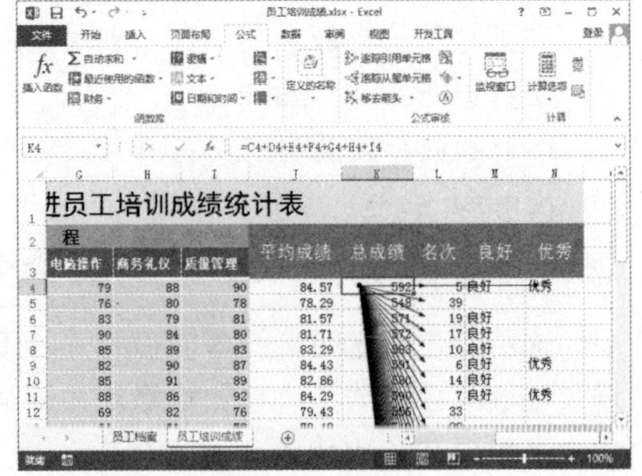

9.4.3 显示公式

通常单元格中只显示公式结果，而不显示公式本身。当要在单元格中查看公式时，可以设置将其显示出来，具体操作方法如下：

01 **单击“显示公式”按钮** 在“公式”选项卡下单击“显示公式”按钮，如下图所示。

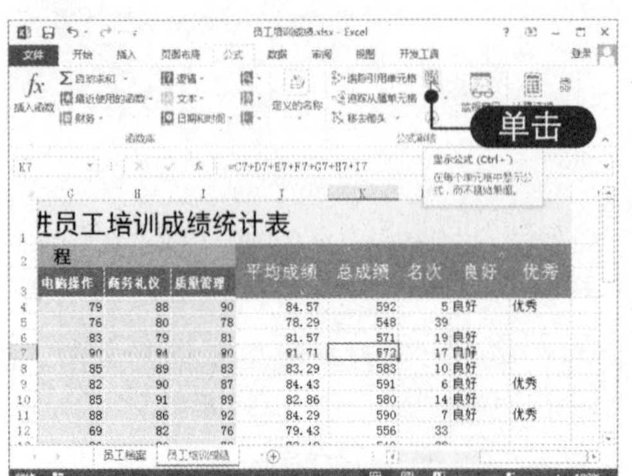

02 **查看单元格中的公式** 此时即可将单元格中的公式显示出来。再次单击“显示公式”按钮，可隐藏单元格中的公式，如下图所示。

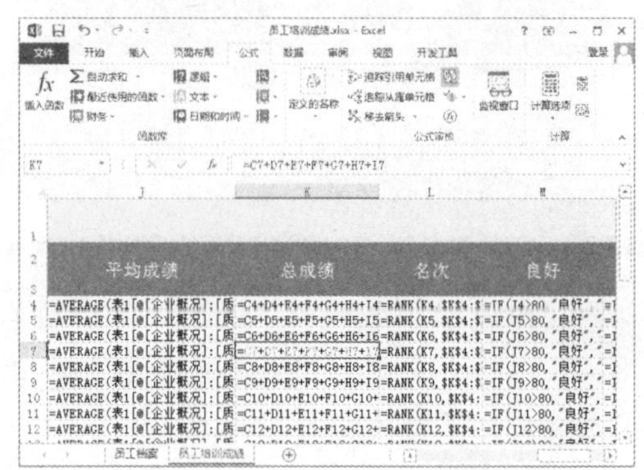

9.5 实战应用——制作员工信息表

下面将以制作“员工信息表”为例介绍函数在日常办公中的应用，在本例中通过员工的入职时间来使用函数计算工龄，通过员工的身份证号来使用函数分别计算性别、生日、年龄及籍贯等。

9.5.1 函数语法解析

在本例中共使用了 8 个函数，下面分别对这 8 个函数的语法进行简要介绍。

1. INT 函数

该函数用于将数字向下舍入到最接近的整数。

函数语法：INT(number)

INT 函数参数说明：

number 必需。需要进行向下舍入取整的实数。

2. NOW 函数

该函数用于返回当前日期和时间的序列号。如果在输入该函数前单元格格式为“常规”，Excel 会自动更改单元格格式，使其与区域设置的日期和时间格式匹配。

函数语法：NOW()

NOW 函数语法没有参数。

3. DATE 函数

该函数返回表示特定日期的连续序列号。例如，公式“=DATE(2015,5,20)”返回42144，该序列号表示2015/5/20。如果在输入该函数之前单元格格式为“常规”，则结果将使用日期格式，而不是数字格式。

函数语法：DATE(year,month,day)

DATE 函数参数说明：

✧ year　必需。year 参数的值可以包含一到四位数字。Excel 将根据计算机所使用的日期系统来解释 year 参数。默认情况下，Microsoft Excel for Windows 将使用 1900 日期系统。

　为避免出现意外结果，建议对 year 参数使用四位数字。例如，"16"可能意味着"1916"或"2016"。四位数年份可避免混淆。

　如果 year 介于 0（零）到 1899 之间（包含这两个值），则 Excel 会将该值与 1900 相加来计算年份。例如，DATE(116,1,2)返回 2016 年 1 月 2 日(1900+116)。

　如果 year 介于 1900 到 9999 之间（包含这两个值），则 Excel 将使用该数值作为年份。例如，DATE(2016,1,2)将返回 2016 年 1 月 2 日。

　如果 year 小于 0 或大于等于 10000，则 Excel 返回错误值#NUM!。

✧ month　必需。一个正整数或负整数，表示一年中从 1 月至 12 月（一月到十二月）的各个月。

　如果 month 大于 12，则 month 会将该月份数与指定年中的第一个月相加。例如，DATE(2015,14,2)返回代表 2016 年 2 月 2 日的序列数。

　如果 month 小于 1，month 则从指定年份的一月份开始递减该月份数，然后加上 1 个月。例如，DATE(2016,-3,2)返回代表 2015 年 9 月 2 日的序列号。

✧ day　必需。一个正整数或负整数，表示一月中从 1 日到 31 日的各天。

　如果 day 大于月中指定的天数，则 day 会将天数与该月中的第一天相加。例如，DATE(2016,1,35)返回代表 2016 年 2 月 4 日的序列数。

　如果 day 小于 1，则 day 从指定月份的第一天开始递减该天数，然后加上 1 天。例如，DATE(2016,1,-15)返回代表 2015 年 12 月 16 日的序列号。

4. MID 函数

该函数返回文本字符串中从指定位置开始的特定数目的字符，该数目由用户指定。

函数语法：MID(text,start_num,num_chars)

MID 函数参数说明：

✧ text 必需。包含要提取字符的文本字符串。

✧ start_num 必需。文本中要提取的第一个字符的位置。文本中第一个字符的 start_num 为 1，以此类推。

✧ num_chars 必需。指定希望 MID 从文本中返回字符的个数。

5. LEFT 函数

该函数从文本字符串的第一个字符开始返回指定个数的字符。

函数语法：LEFT(text,[num_chars])

LEFT 函数参数说明如下：

✧ text 必需。包含要提取的字符的文本字符串。

✧ num_chars 可选。指定要由 LEFT 提取的字符的数量。
num_chars 必须大于或等于零。
如果 num_chars 大于文本长度，则 LEFT 返回全部文本。
如果省略 num_chars，则假定其值为 1。

6. ISODD 函数

如果参数 number 为奇数，返回 TRUE，否则返回 FALSE。

函数语法：ISODD(number)

ISODD 函数参数说明：

number 必需。要测试的值。如果 number 不是整数，将被截尾取整。

7. VLOOKUP 函数

使用 VLOOKUP 函数可以搜索某个单元格范围的第一列，然后返回该区域相同行上任何单元格中的值。

函数语法：VLOOKUP(lookup_value, table_array, col_index_num, [range_lookup])

VLOOKUP 函数参数说明：

✧ lookup_value 必需。要在表格或区域的第一列中搜索的值。lookup_value 参数可以是值或引用。如果为 lookup_value 参数提供的值小于 table_array 参数第一列中的最小值，则 VLOOKUP 将返回错误值#N/A。

✧ table_array 必需。包含数据的单元格区域。可以使用对区域（如 A2:D8）或区域名称的引用。table_array 第一列中的值是由 lookup_value 搜索的值。这些值可以是文本、数字或逻辑值。文本不区分大小写。

✧ col_index_num 必需。table_array 参数中必须返回的匹配值的列号。col_index_num 参数为 1 时，返回 table_array 第一列中的值；col_index_num 为 2 时，返回 table_array 第二列中的值，依此类推。如果 col_index_num 参数小于 1，则 VLOOKUP 返回错误值#REF!；如果大于 table_array 的列数，则 VLOOKUP 返回错误值#REF!。

✧ range_lookup 可选。一个逻辑值，指定希望 VLOOKUP 查找精确匹配值还是近似匹配值。
如果 range_lookup 为 TRUE 或被省略，则返回精确匹配值或近似匹配值；如果找不到精确匹配值，则返回小于 lookup_value 的最大值。
如果 range_lookup 为 TRUE 或被省略，则必须按升序排列 table_array 第一列中的值；否则，VLOOKUP 可能无法返回正确的值。
如果 range_lookup 为 FALSE，则不需要对 table_array 第一列中的值进行排序。
如果 range_lookup 参数为 FALSE，VLOOKUP 将只查找精确匹配值。如果 table_array 的第一列中有两个或更多值与 lookup_value 匹配，则使用第一个找到的值。如果找不到精确匹配值，则返回错误值#N/A。

8. IF 函数

如果指定条件的计算结果为 TRUE，IF 函数将返回某个值；如果该条件的计算结果为 FALSE，则返回另一个值。

函数语法：IF(logical_test,[value_if_true],[value_if_false])

IF 函数参数说明：

✧ logical_test 必需。计算结果为 TRUE 或 FALSE 的任何值或表达式。

✧ value_if_true 可选。logical_test 参数的计算结果为 TRUE 时所要返回的值。

✧ value_if_false 可选。logical_test 参数的计算结果为 FALSE 时所要返回的值。

9.5.2 使用函数制作员工信息表

下面将详细介绍如何使用以上函数来制作员工信息表，具体操作方法如下：

01 查看工作表 打开素材文件，分别查看“行政区代码”和“员工信息表”工作表数据，如下图所示。

02 输入公式 选择 F3 单元格，在编辑栏中输入公式“=INT((NOW()-E3)/365)”，如下图所示。

03 计算工龄 按【Enter】键确认，即可计算出工龄。选择 F3 单元格并向下拖动填充柄，如下图所示。

04 填充公式 松开鼠标后即可为其他单元格填充公式，结果如下图所示。

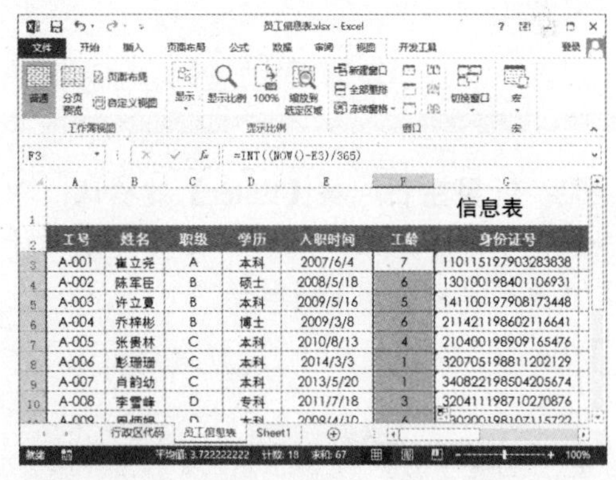

05 输入公式 选择 H3 单元格，在编辑栏中输入公式“=IF(ISODD (MID (G3,17,1)),"男","女")”，如下图所示。

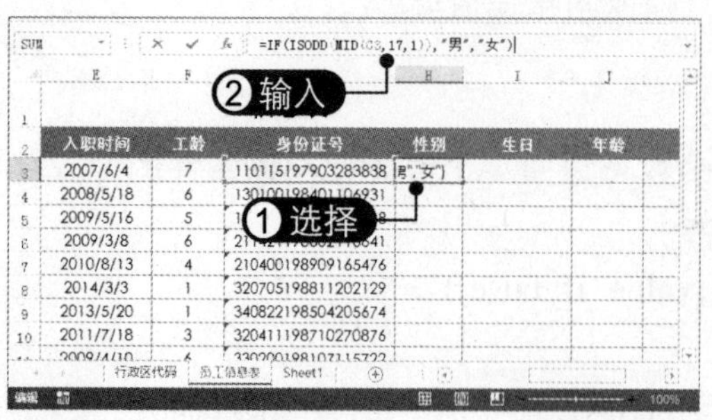

06 **计算性别** 按【Enter】键确认，即可计算出性别。向下拖动填充柄计算其他单元格，如下图所示。

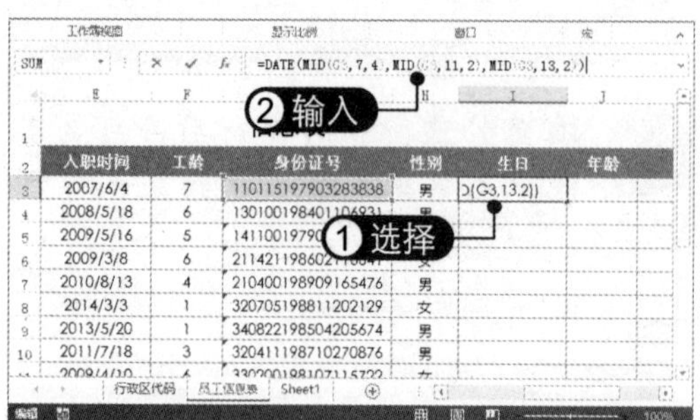

07 **输入公式** 选择I3单元格，在编辑栏中输入公式“=DATE(MID(G3,7,4),MID (G3,11,2),MID(G3,13,2))”，如下图所示。

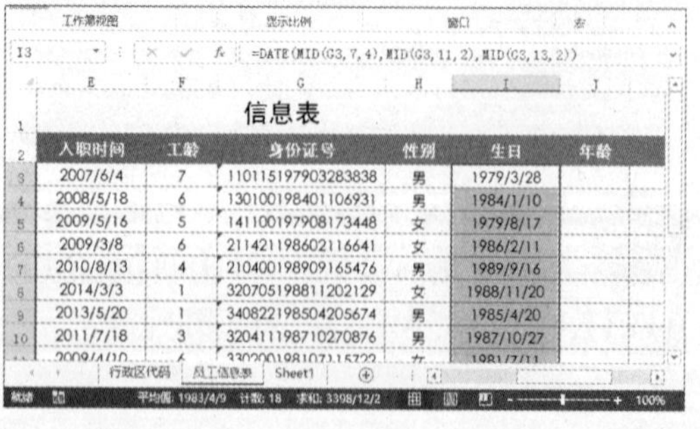

08 **计算生日** 按【Enter】键确认，即可计算出生日。向下拖动填充柄计算其他单元格，如下图所示。

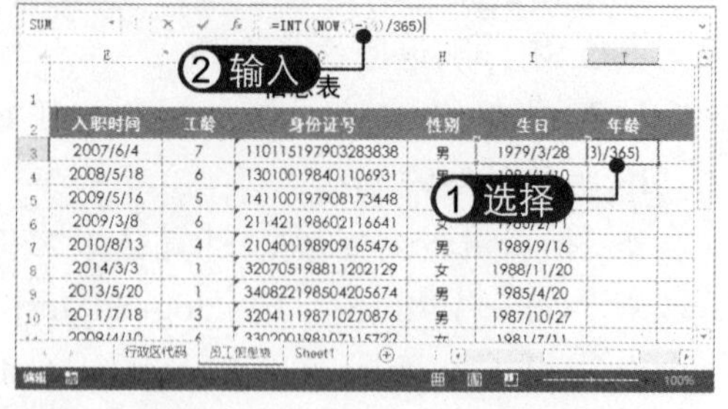

09 **输入公式** 选择J3单元格，在编辑栏中输入公式“=INT((NOW()-I3)/365)”，如下图所示。

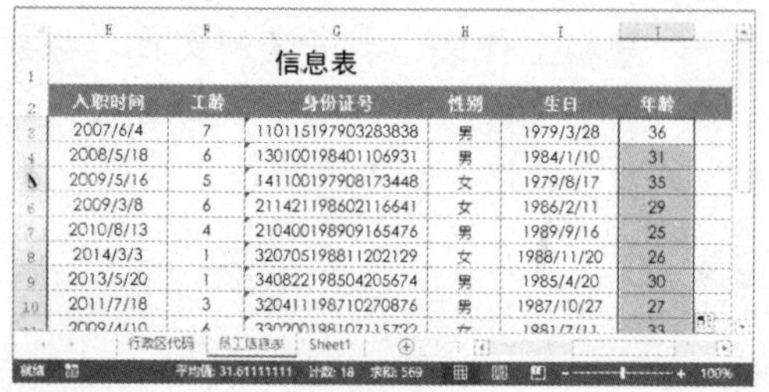

10 **计算年龄** 按【Enter】键确认，即可计算出年龄。向下拖动填充柄计算其他单元格，如下图所示。

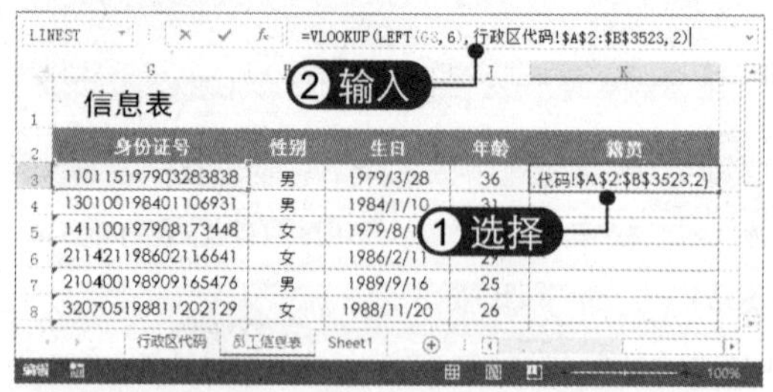

11 **输入公式** 选择K3单元格，在编辑栏中输入公式“=VLOOKUP(LEFT(G3,6),行政区代码!$A$2:$B$3523,2)”，如下图所示。

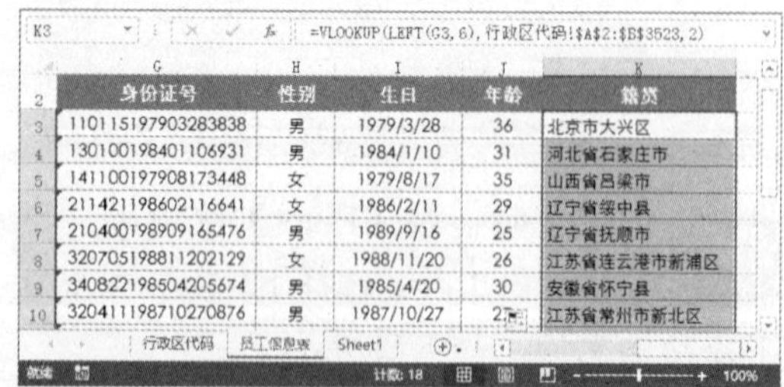

12 **计算籍贯** 按【Enter】键确认，即可计算出籍贯.向下拖动填充柄计算其他单元格，如下图所示。

Chapter 10

创建与编辑 Excel 图表

Excel 图表是一种可视的数据表示形式，可以按照图形的格式显示系列数值数据。通过使用图表可以直观地显示工作表中的数据，从而形象地反映数据的差异、发展趋势及预测走向等。本章将详细介绍 Excel 图表的类型，以及如何创建与编辑图表等知识。

本章要点 

- 认识图表
- 图表的基本操作
- 编辑图表数据和修改图表布局
- 创建与编辑迷你图

知识等级 

Excel 2013 中级读者

建议学时 

建议学习时间为 90 分钟

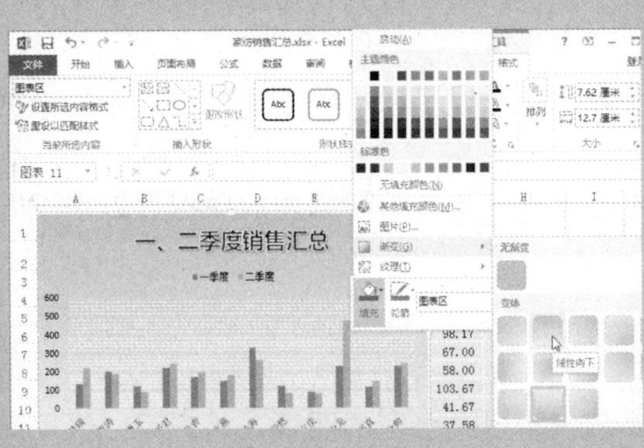

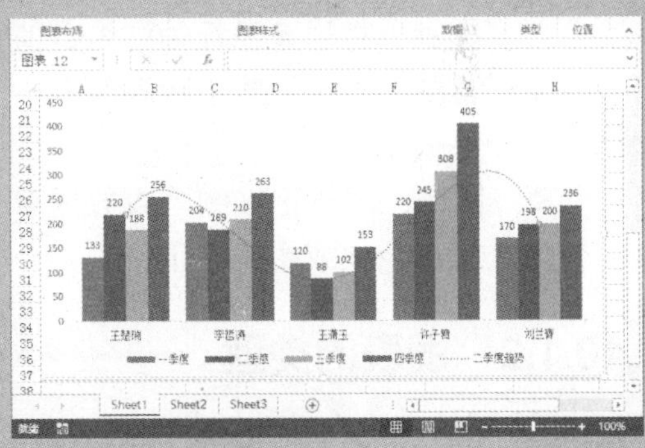

10.1 认识图表

使用 Excel 图表能将工作表中复杂、繁琐的数据用形象的图表表示出来，让用户更加清晰地了解工作表中数据的变化、发展，并帮助用户分析总结其变化规律，预测出未来的发展趋势等。

10.1.1 图表的结构

图表主要由图表区、图表标题、坐标轴、图例和绘图区等部分组成，如下图所示。

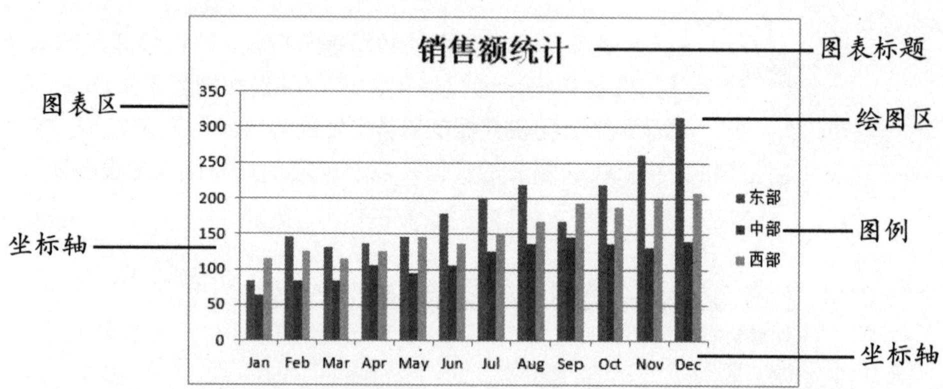

✧ **图表区**：就是整个图表区域，包含所有的数据信息、图标标题、图例，以及坐标轴等。

✧ **坐标轴**：包括水平坐标轴和垂直坐标轴两部分。一般情况下，水平坐标轴用于表示数据的分类，垂直坐标轴用于表示数值，因此也将水平坐标轴称为分类轴，将垂直坐标轴称为数值轴。

✧ **绘图区**：位于整个图表区的中间部分，用于显示以不同图表类型表示的数据系列。

✧ **图例**：用于定义图表中数据系列的名称或分类，不同类别的数据可以用不同的颜色块或图案表示。

10.1.2 图表的类型

为了满足不同用户的需求，Excel 2013 预设了多种类型的图表，用户可以根据需要创建所需类型的图表。下面对图表的类型进行简单介绍。

1. 柱形图

柱形图用于显示某时间段内的数据变化或各项之间的比较情况。在柱形图中，通常沿水平轴组织类别，而沿垂直轴组织数值，如下图（左）所示。

2. 折线图

折线图常用于显示在相等时间间隔下数据的变化趋势。在折线图中，类别数据沿水平轴均匀分布，数值数据沿垂直轴均匀分布，如下图（右）所示。

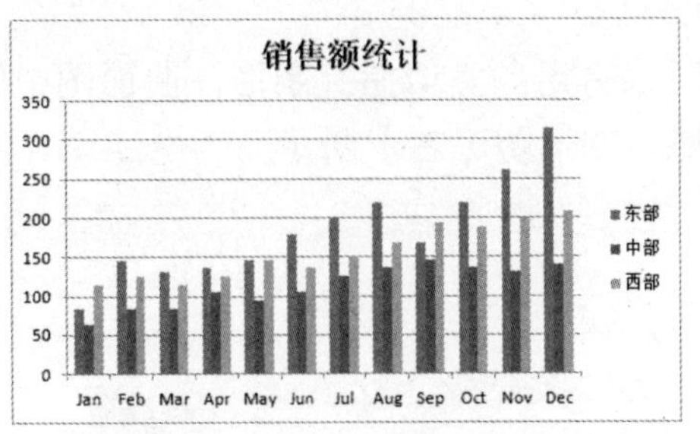

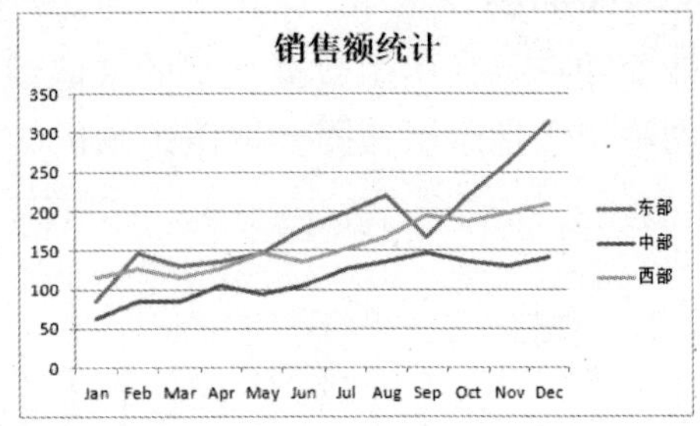

3. 饼图

饼图常用于对比几个数据在总和中所占的比例关系。饼图将一个圆面划分为若干个扇形面，每个扇面代表一项数据值，如下图（左）所示。

4. 条形图

条形图类似柱形图，用于强调各个数据项之间的变化情况。一般垂直轴用于表示分类项，水平轴则用于表示数值，如下图（右）所示。

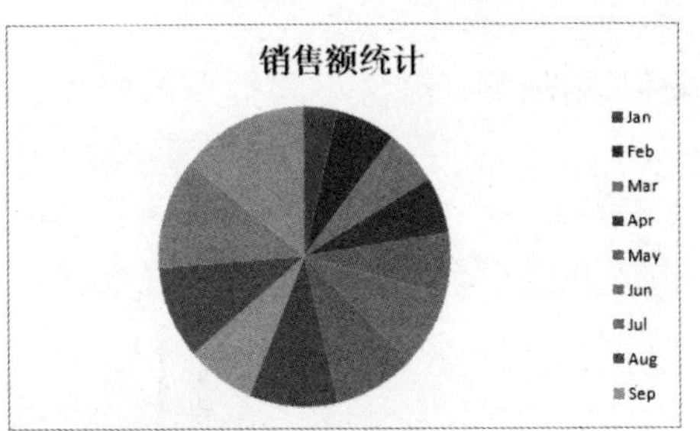

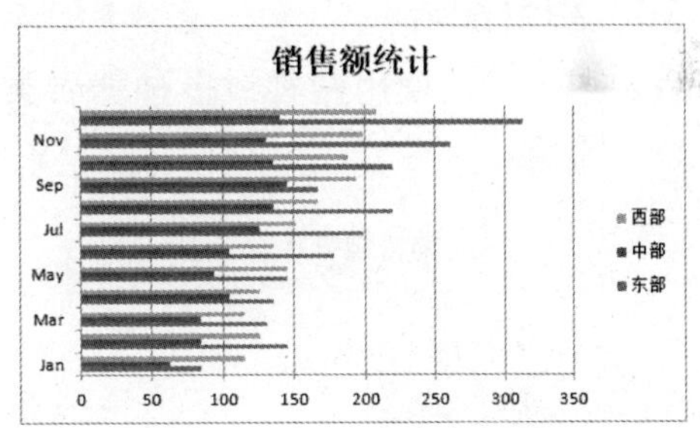

5. 面积图

面积图用于显示一段时期内数据的变动幅值，它可以直观地显示单个数据项或多个数据项的变化情况，如下图（左）所示。

6. 散点图

散点图用于显示若干数据系列中各数值之间的关系。散点图有两个数值轴，通常用于显示和比较数值，如下图（右）所示。

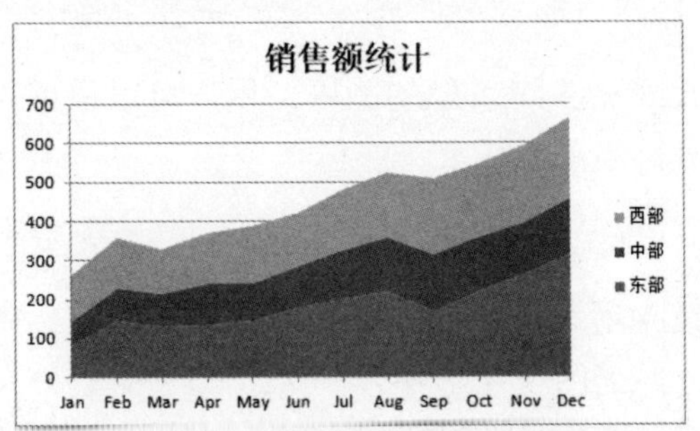

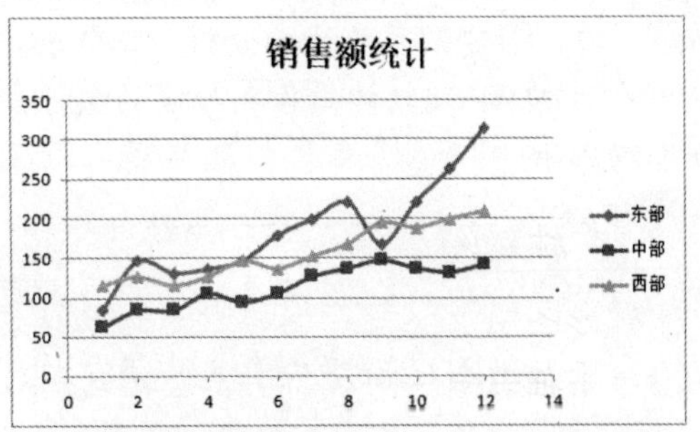

7．股价图

股价图常用于显示股价的波动，多用于金融领域，如下图（左）所示。

8．曲面图

曲面图在寻找两组数据之间的最佳组合时很有用。类似拓扑图形，曲面图中的颜色和图案用于指示出在同一取值范围内的区域，如下图（右）所示。

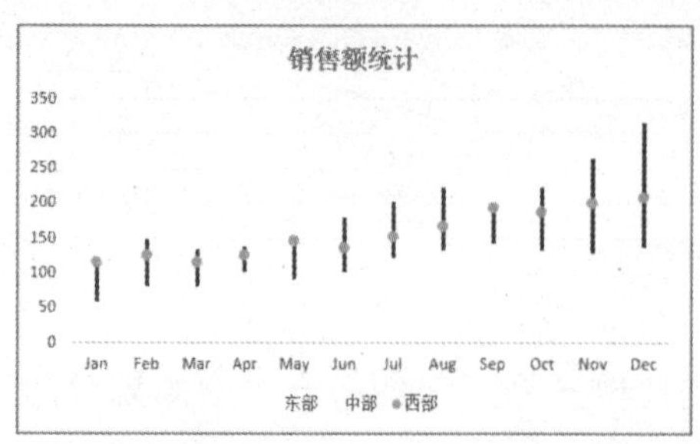

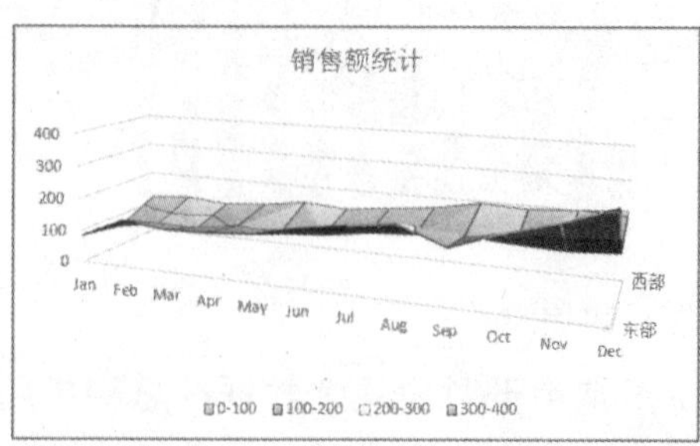

9．雷达图

雷达图用于显示各数据相对于中心点或其他数据的变动情况。雷达图中的折线连接着同一序列中的数据，如下图（左）所示。

10．组合图表

组合图表就是使用两种或多种图表类型来强调图表中包含不同类型的信息，如下图（右）所示。

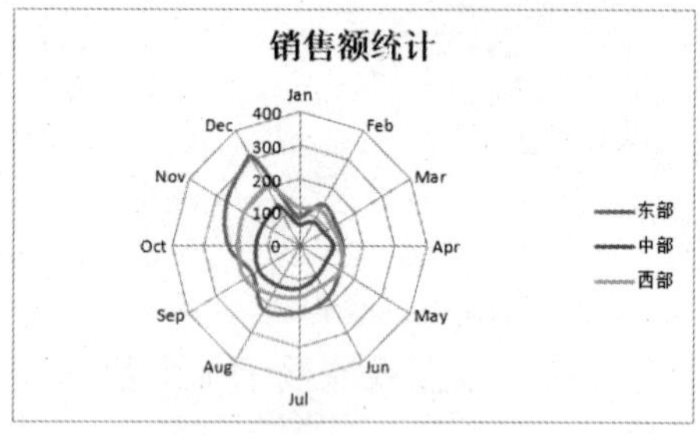

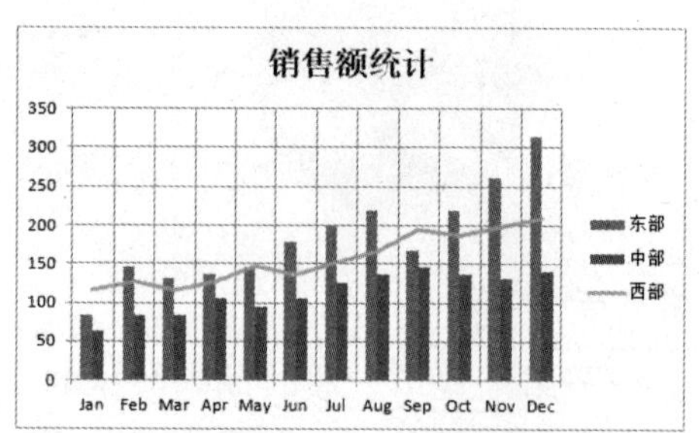

10.1.3 创建图表

在 Excel 2013 中可以快速创建图表，具体操作方法如下：

01 使用函数计算数据 打开素材文件，新建“年龄结构分析”工作表，使用 COUNTIF 函数计算各年龄段的数据，如右图所示。

知识加油站

COUNTIF函数对区域中满足单个指定条件的单元格进行计数。

02 选择“圆环图”选项 选择 A2:B4 单元格区域，选择“插入”选项卡，单击“图表”组中的“插入饼图或圆环图”下拉按钮，选择“圆环图”选项，如下图所示。

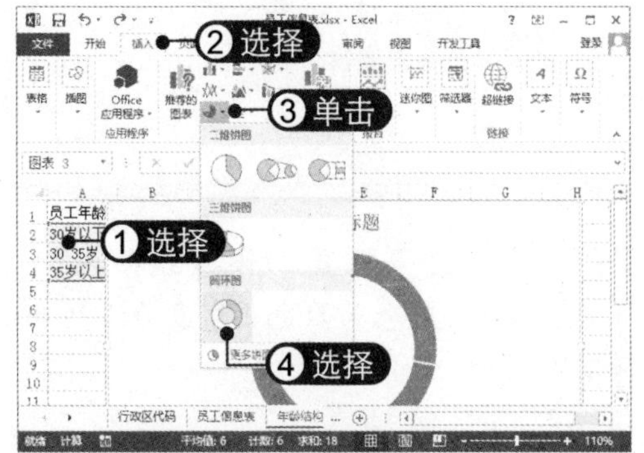

03 查看圆环图表效果 此时即可查看新创建的圆环图表效果，如下图所示。

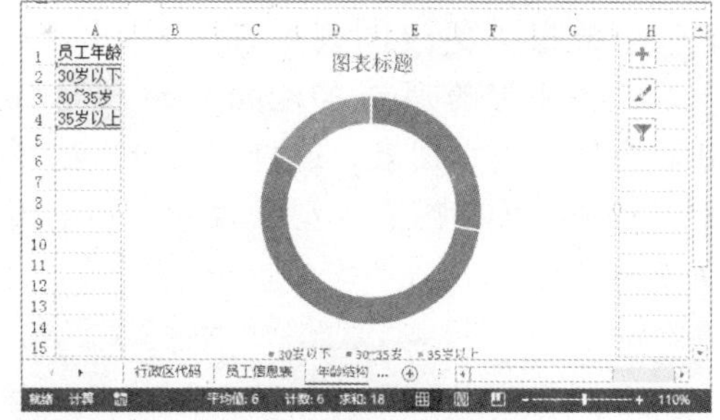

04 更改图表布局 选中图表，选择“设计”选项卡，单击“快速布局”下拉按钮，选择所需的布局样式，即可更改图表布局，效果如下图所示。

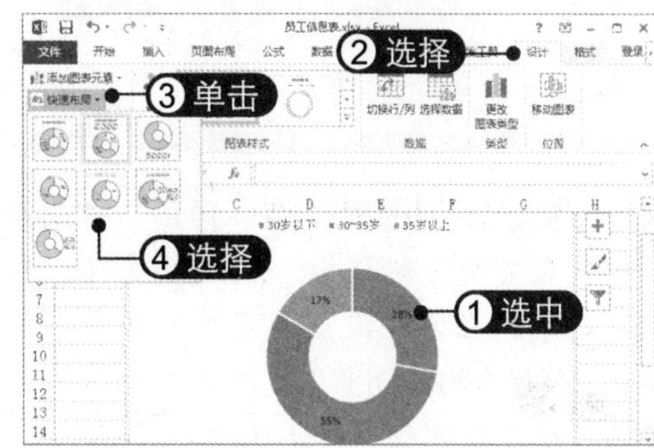

10.2 图表的基本操作

下面将介绍图表的基本操作，其中包括创建组合图表，移动图表位置，更改图表类型，以及美化图表等。

10.2.1 创建组合图表

组合图表就是使用两种或多种图表类型来强调图表中包含不同类型的信息。创建组合图表的具体操作方法如下：

01 单击“快速分析”按钮 打开素材文件，选择 B2:G14 单元格区域，单击右下角的“快速分析”按钮，如下图所示。

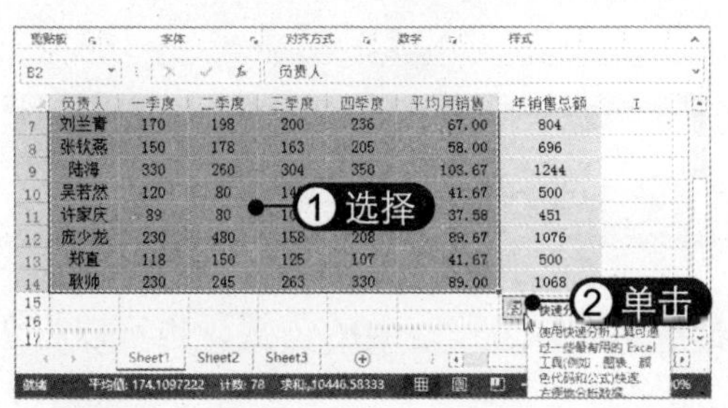

02 单击“簇状柱形图”按钮 弹出工具面板，选择“图表”选项卡，单击“簇状柱形图”按钮，如下图所示。

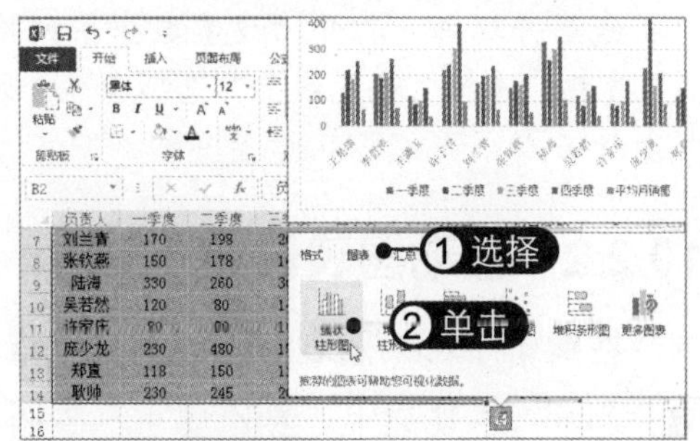

03 单击“更改图表类型”按钮 此时即可为所选单元格区域创建簇状柱形图。选中图表，选择“设计”选项卡，单击“更改图表类型”按钮，如下图所示。

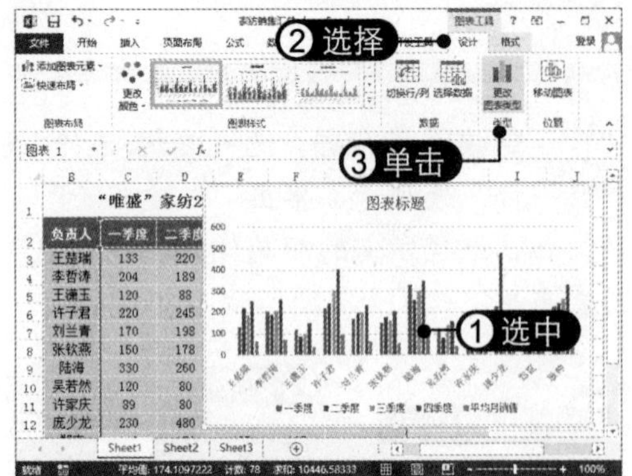

04 更改系列图表类型 弹出“更改图表类型”对话框，在左侧选择“组合”选项，在右侧设置不同系列的图表类型，如将“平均月销售”更改为“折线图”，单击“确定”按钮，如下图所示。

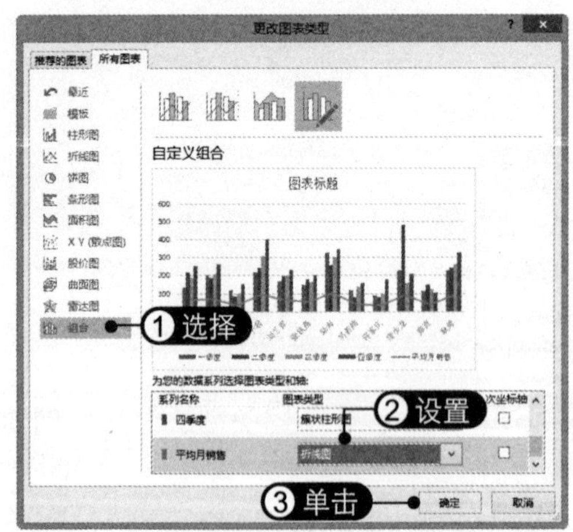

05 选择“填充线条”选项卡 此时即可查看组合图表效果。在图表中选中折线图并双击，打开“设置数据系列格式”窗格，选择“填充线条”选项卡，如下图所示。

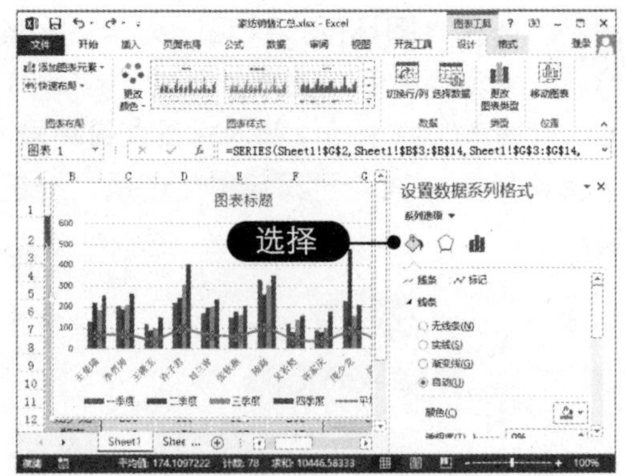

06 设置线条样式 设置线条为“实线”，颜色为黑色，宽度为1.75磅，如下图所示。

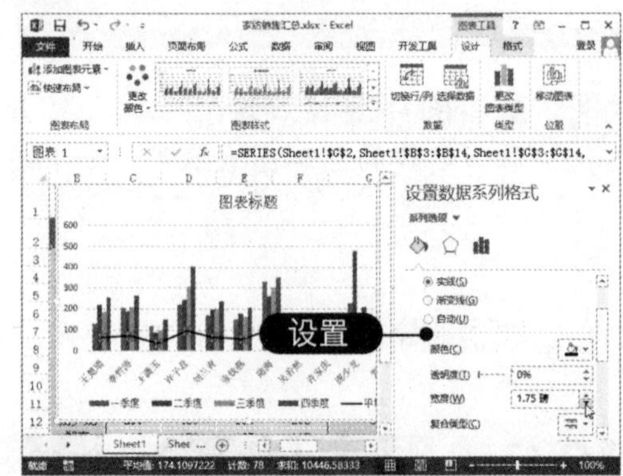

07 设置标记样式 在“填充线条”选项卡下选择“标记”选项卡，选中“内置”单选按钮并选择标记类型，然后设置标记的边框为白色，如下图所示。

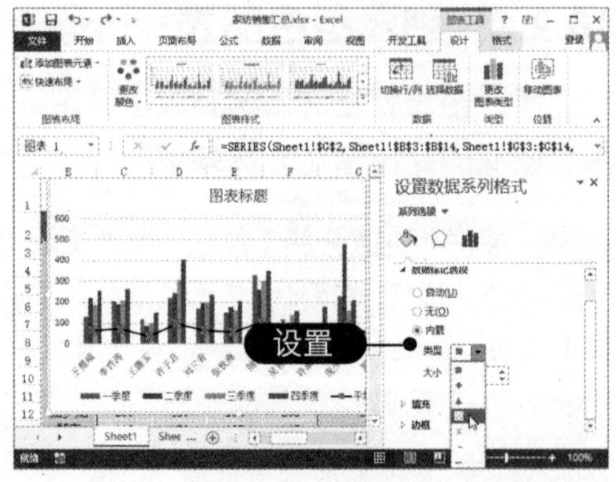

10.2.2 移动图表位置

在编辑 Excel 图表时，可以直接拖动图表移动其在工作表中的位置，也可以将图表移到其他工作表中，具体操作方法如下：

01 单击“移动图表”按钮 选中要移动的图表，单击“设计”选项卡下“位置”组中的“移动图表”按钮，如下图所示。

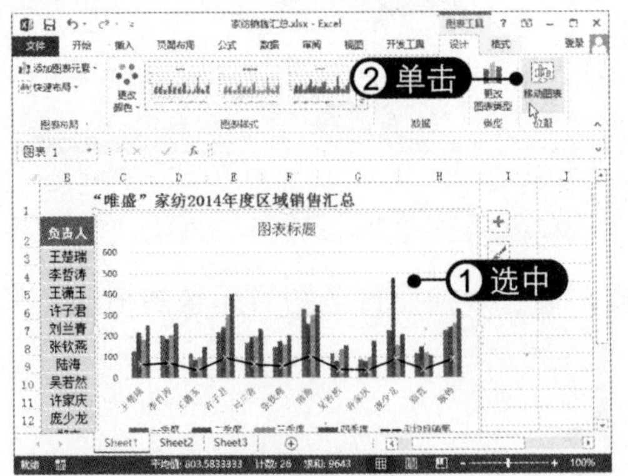

02 选择移动位置 弹出对话框，选中“对象位于”单选按钮，并在右侧的下拉列表框中选择位置，单击“确定”按钮，即可移动图表，如下图所示。

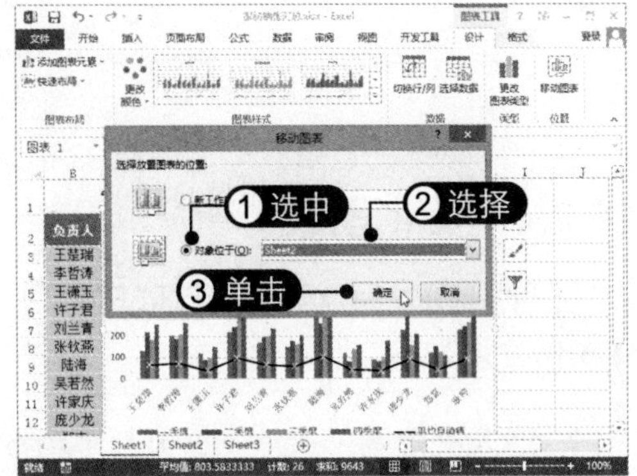

10.2.3 更改图表类型

如果创建的图表无法直观地表达数据，可以根据需要更改图表类型，具体操作方法如下：

01 单击“插入柱形图”下拉按钮 选择B2:B14单元格区域，在按住【Ctrl】键的同时选中 H2:H14 单元格区域。选择“插入”选项卡，单击“插入柱形图”下拉按钮，如下图所示。

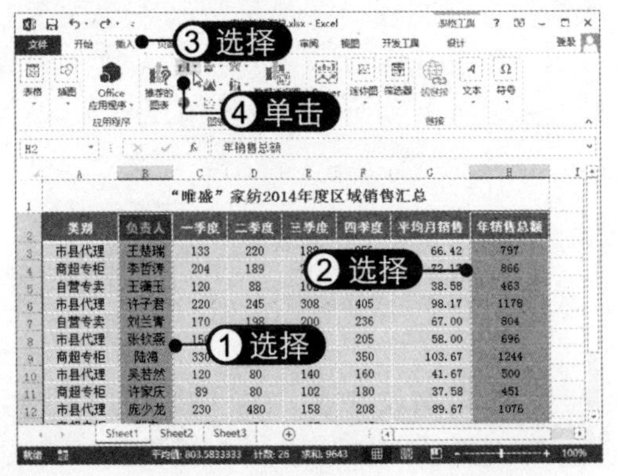

02 创建簇状柱形图 在弹出的列表中选择“簇状柱形图”，即可为所选数据创建簇状柱形图图表，如下图所示。

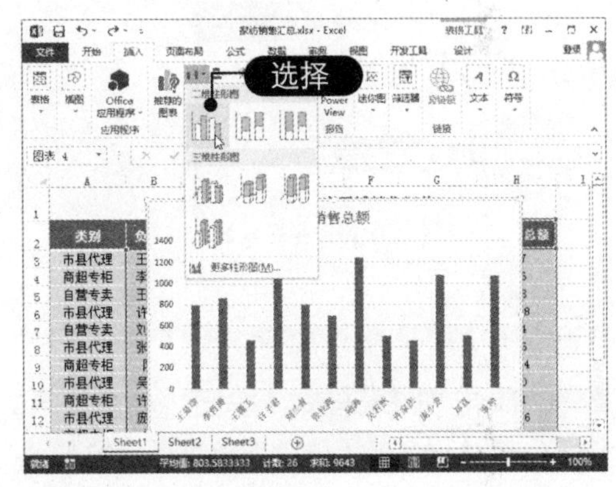

03 选择图表类型 若要更改图表类型，只需选中图表后在“图表”组中再次单击某个图表按钮，然后选择所需的类型即可，如下图所示。

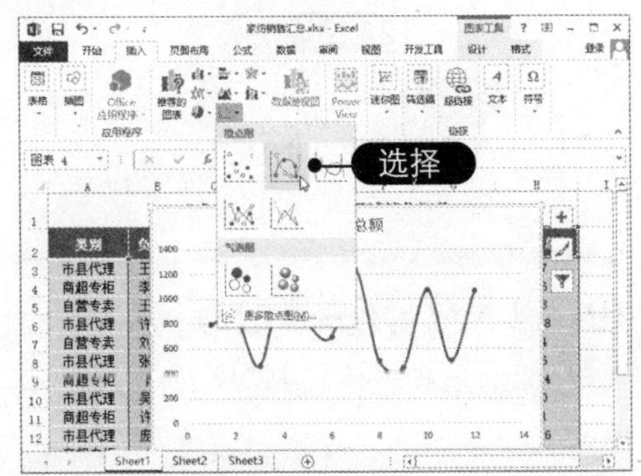

04 **更改图表类型** 也可选择“设计”选项卡，单击“更改图表类型”按钮，在弹出的对话框中选择所需的图表类型，然后单击“确定”按钮，如右图所示。

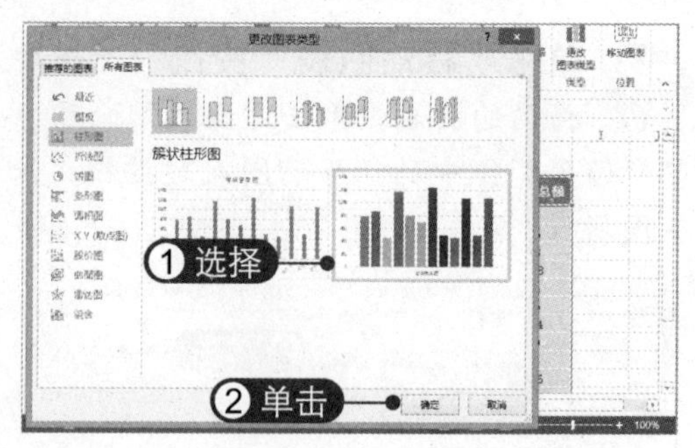

10.2.4 美化图表

在创建图表后，可以为图表应用预设样式，或者单独设置各图表元素的格式，具体操作方法如下：

01 **插入柱形图** 选择 B2:D14 单元格区域，选择“插入”选项卡，单击“插入柱形图”下拉按钮，选择“簇状柱形图”类型，如下图所示。

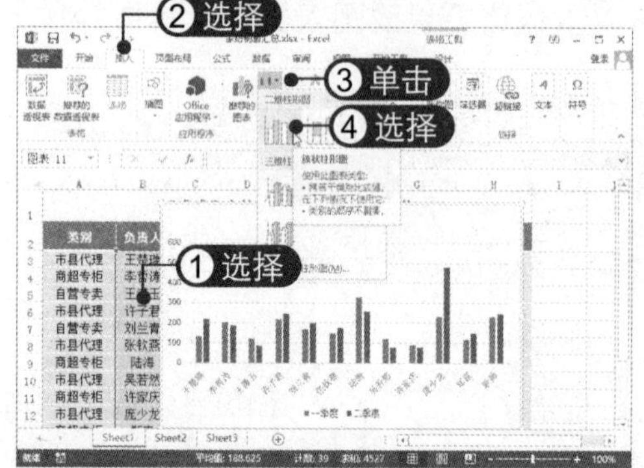

02 **单击“图表样式”按钮** 选中图表，单击图表右侧的“图表样式”按钮，如下图所示。

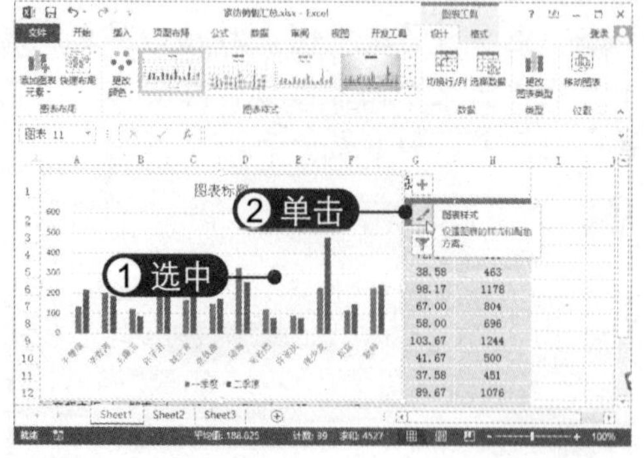

03 **选择图表样式** 弹出图表样式列表，选择“样式 11”，如下图所示。

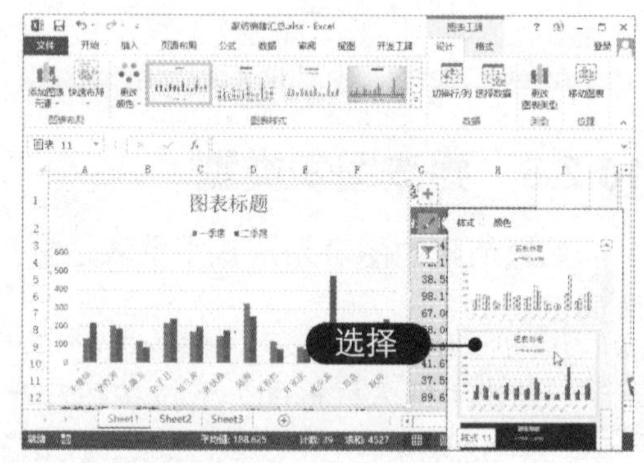

04 **选择颜色样式** 选择“颜色”选项卡，选择所需的颜色效果，如下图所示。

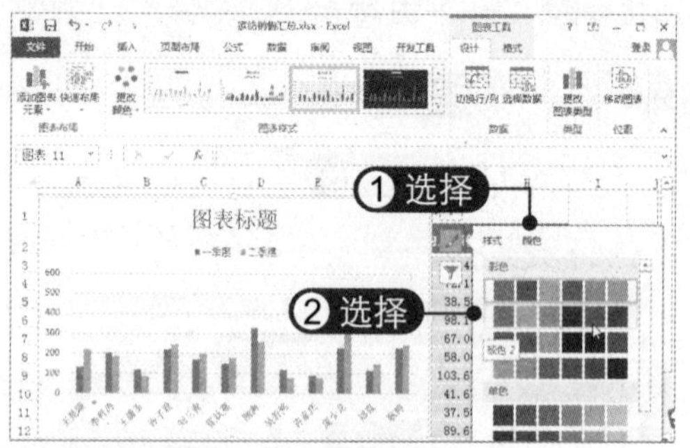

05 **应用形状样式** 选中图表，选择“格式”选项卡，在“形状样式”列表中选择所需的样式，如下图所示。

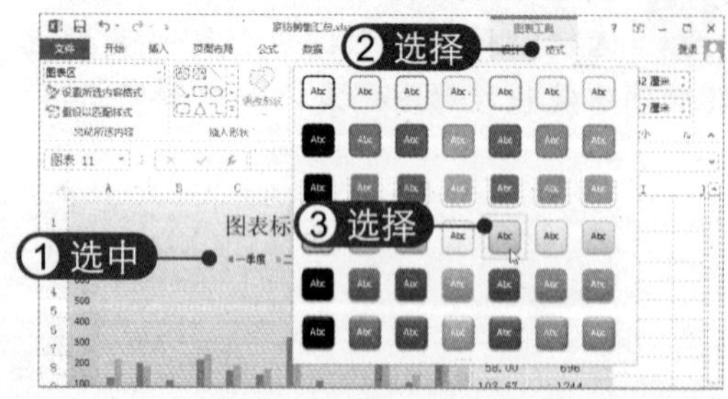

06 **应用艺术字样式** 输入图表标题，并设置字体格式，在“格式”选项卡下“艺术字样式”组中单击“快速样式”下拉按钮，选择所需的样式，如下图所示。

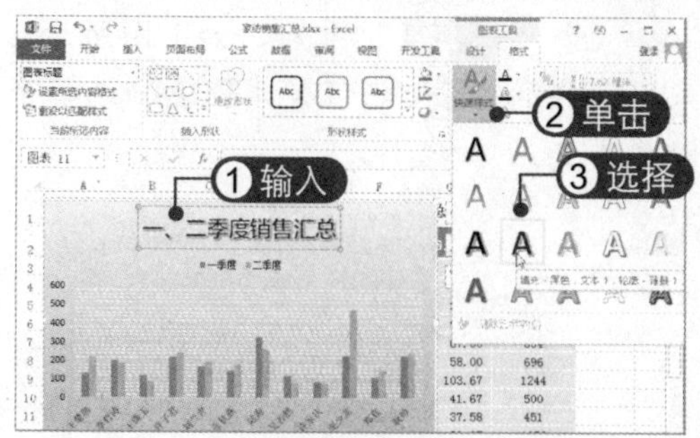

07 **使用浮动工具栏更改样式** 右击图表中的某个元素，弹出浮动工具栏，也可从中更改样式，如单击“填充”下拉按钮，选择所需的渐变颜色，如下图所示。

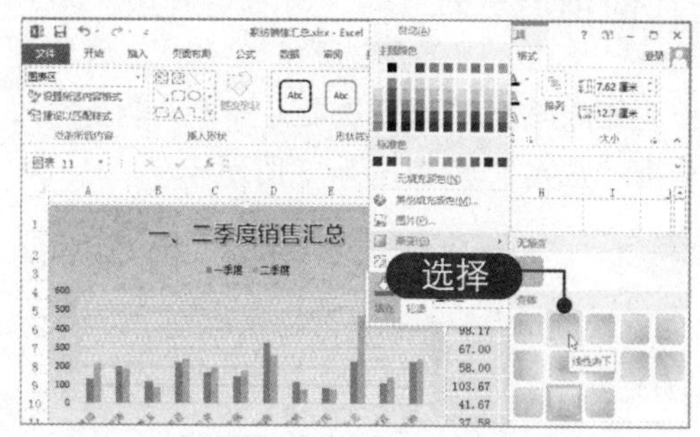

10.3 编辑图表数据

图表是以图形的形式反映表格数据的，当更改表格数据值时，图表也将相应地发生变化。下面将介绍如何编辑图表数据，如删除与添加系列，处理隐藏的单元格，重新选择图表数据区域，以及切换图表行与列等。

10.3.1 删除系列

若要删除图表中的系列，既可以在图表中直接删除系列，也可以通过图表筛选器隐藏系列，还可以通过“选择数据源”对话框删除系列。

1. 在图表中直接删除系列

图表中的系列即图表中表示数值大小的图形，如在柱形图中表现为矩形形状，在折线图中则表现为折线。在图表中删除系列的方法很简单，具体操作方法如下：

01 **选择系列** 打开素材文件，为B2:F14单元格区域创建柱形图，在图表绘图区中选中某个系列，在此选中“二季度”系列，如下图所示。

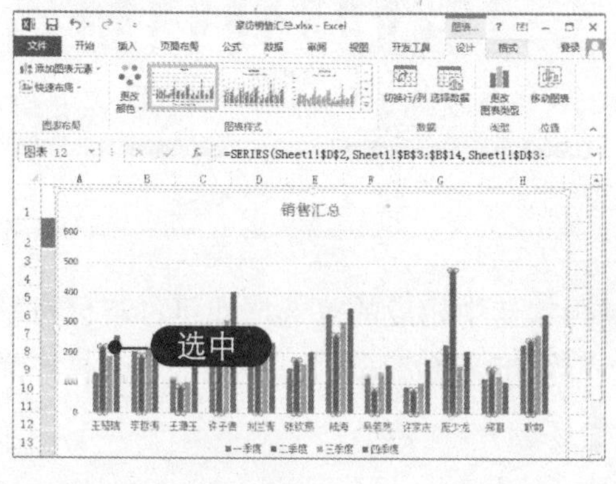

02 **删除系列** 按【Delete】键即可删除该系列，相应的图例项也将自动删除，效果如下图所示。

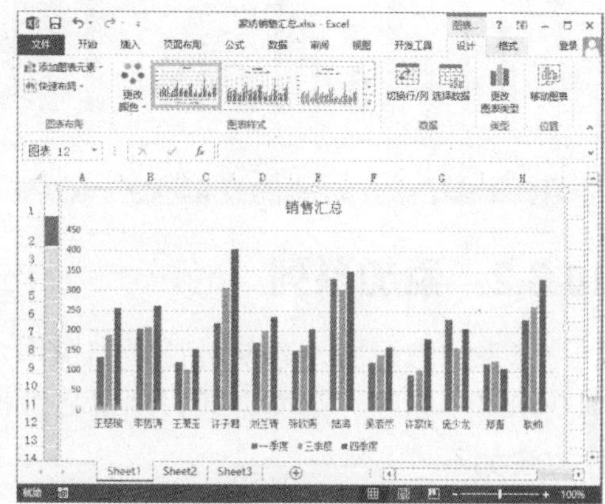

2. 通过图表筛选器隐藏系列

在 Excel 2013 中可以使用图表筛选器隐藏图表中的数据，具体操作方法如下：

01 取消系列 选中图表，在图表右侧单击“图表筛选器”按钮，取消选择要删除系列前的复选框（如“一季度”），单击“应用”按钮，如下图所示。

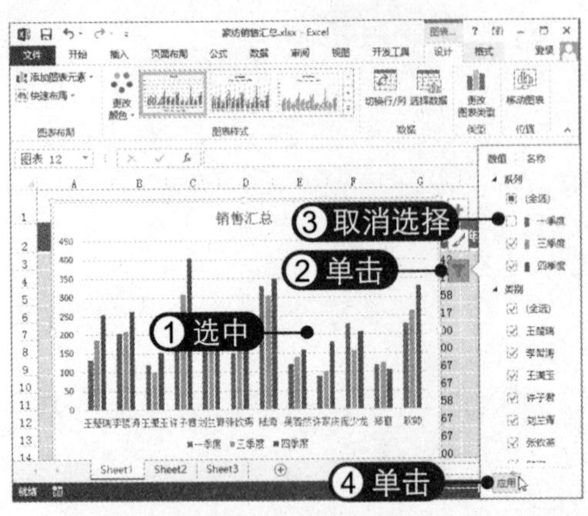

02 隐藏系列 此时即可在图表中删除“一季度”系列，如下图所示。采用同样的方法，还可使用图表筛选器来隐藏类别。

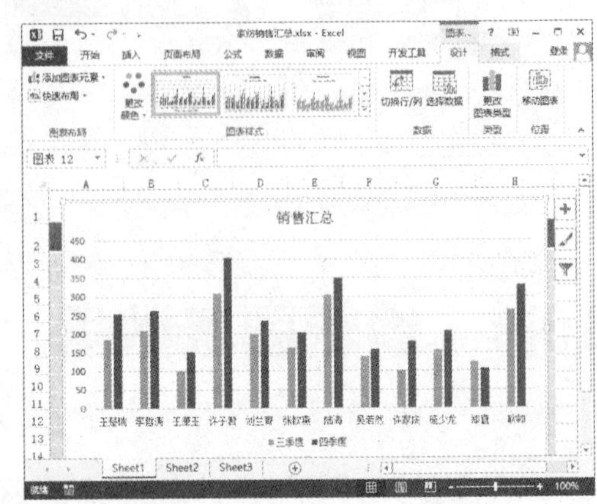

3. 通过“选择数据源”对话框删除系列

使用“选择数据源”对话框同样可以显示或隐藏图表系列或类别，具体操作方法如下：

01 单击“选择数据”按钮 选中图表，在“设计”选项卡下单击“选择数据”按钮，如下图所示。

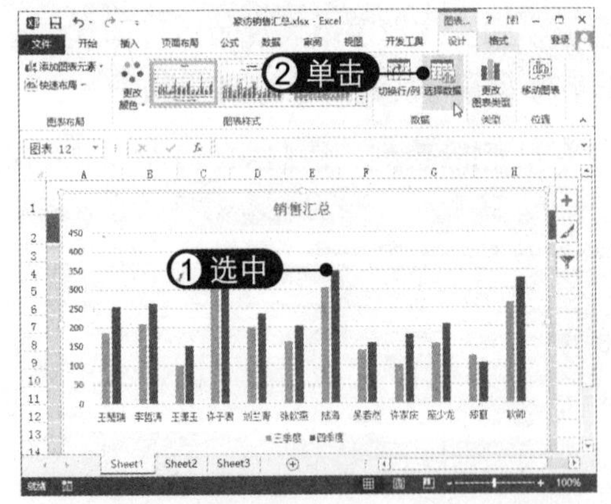

02 取消系列项 弹出“选择数据源”对话框，取消选择要删除的系列前的复选框，单击“确定”按钮即可，如下图所示。

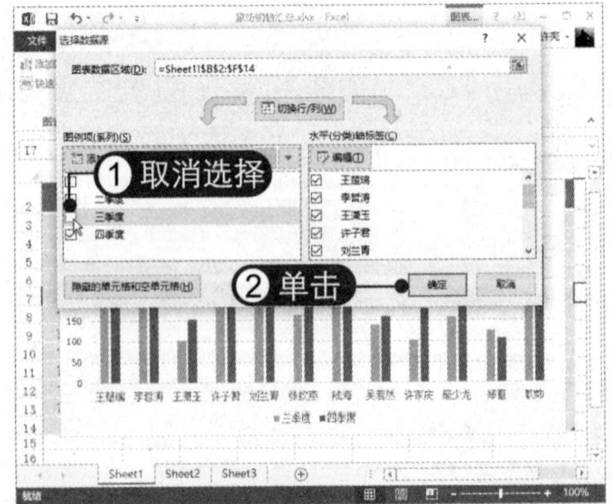

10.3.2 添加系列

将系列隐藏后，若要进行添加操作，只需再次选中相应的复选框即可；若已将系列从图表中删除，则需要通过“选择数据源”对话框来添加系列。添加系列的具体操作方法如下：

01 单击"选择数据"按钮 选中图表，在"设计"选项卡下单击"选择数据"按钮，如下图所示。

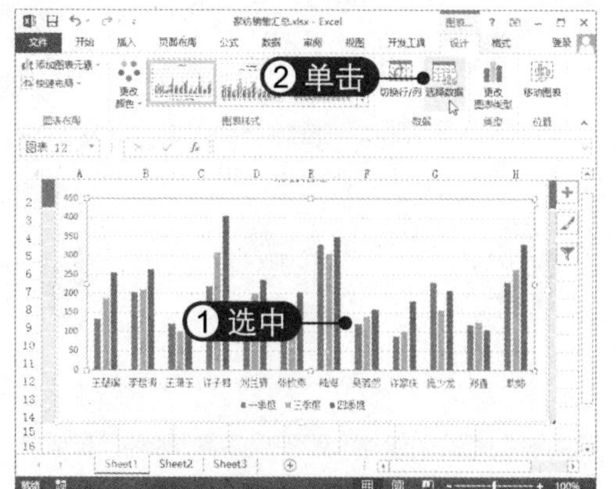

02 单击"添加"按钮 弹出"选择数据源"对话框，在"图例项"列表中单击"添加"按钮，如下图所示。

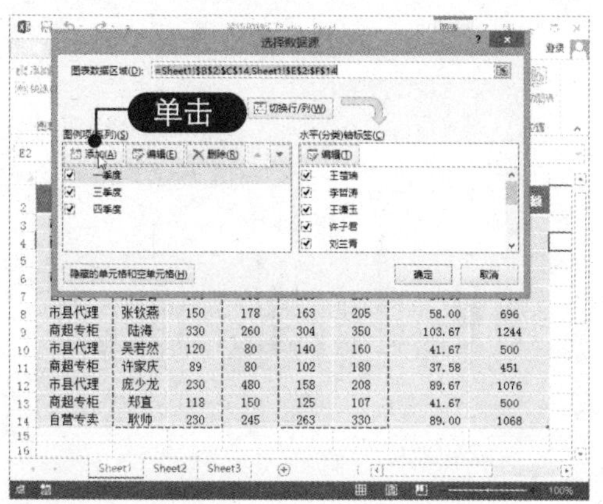

03 选择系列名称 将光标定位到"系列名称"文本框中，在工作表中选择D2单元格，如下图所示。

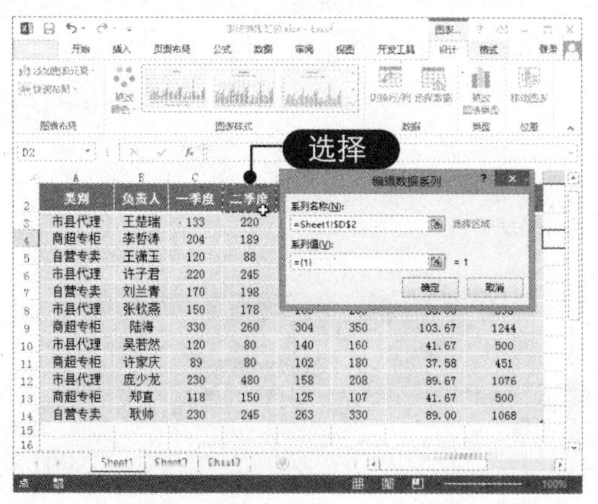

04 选择系列值 将"系列值"文本框中的数据删除，在工作表中选择D3:D14单元格区域，单击"确定"按钮，如下图所示。

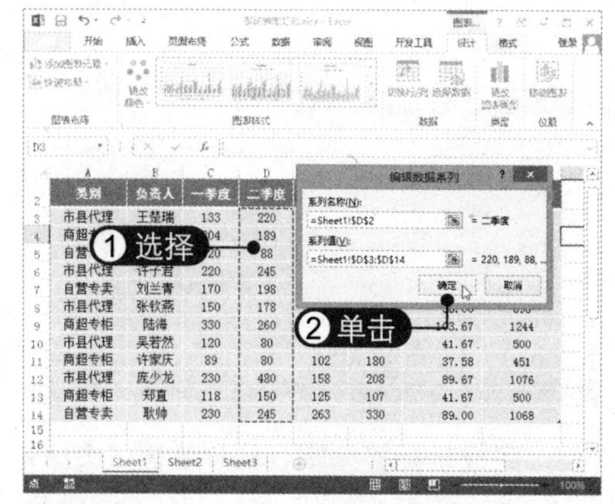

05 单击"上移"按钮 返回"选择数据源"对话框，可以看到图例项已添加。选中图例项，单击"上移"按钮调整其次序，如下图所示。

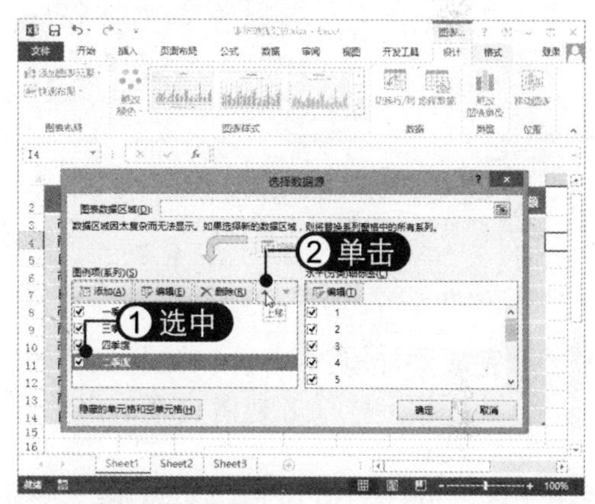

06 单击"编辑"按钮 在"水平轴标签"选项中单击"编辑"按钮，如下图所示。

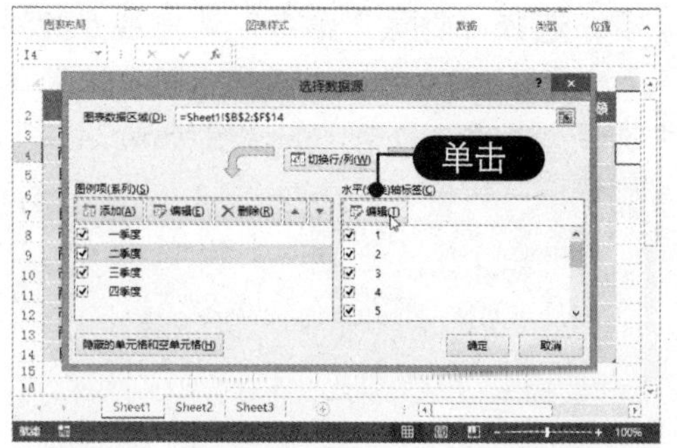

07 **选择轴标签区域** 选择轴标签区域为 B2:B14，如下图所示。

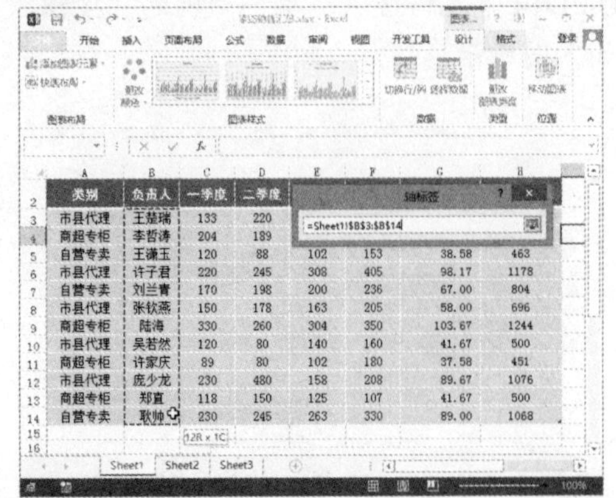

08 **完成轴标签编辑** 轴标签区域选择完成后单击“确定”按钮，如下图所示。

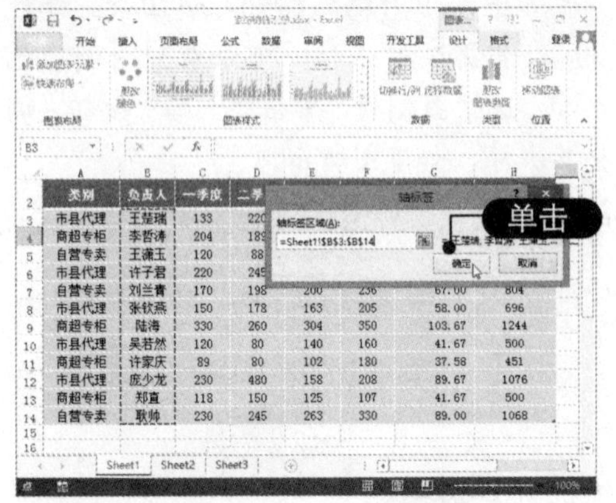

09 **完成添加操作** 返回“选择数据源”对话框，可以看到图例项和水平轴标签都已经添加完成，单击“确定”按钮，如下图所示。

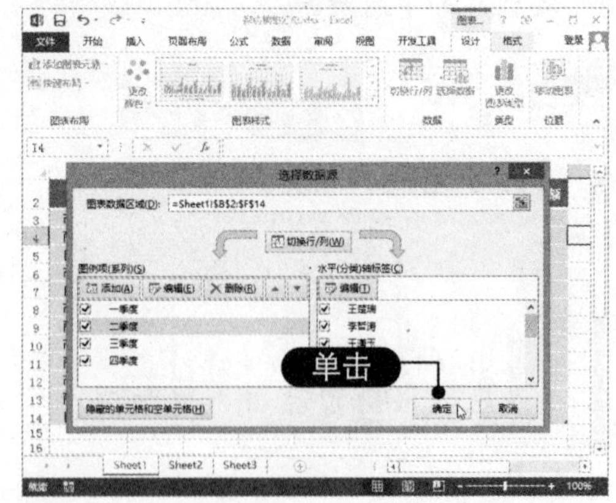

10 **查看添加系列** 此时可以看到“二季度”系列已经添加，图表效果如下图所示。

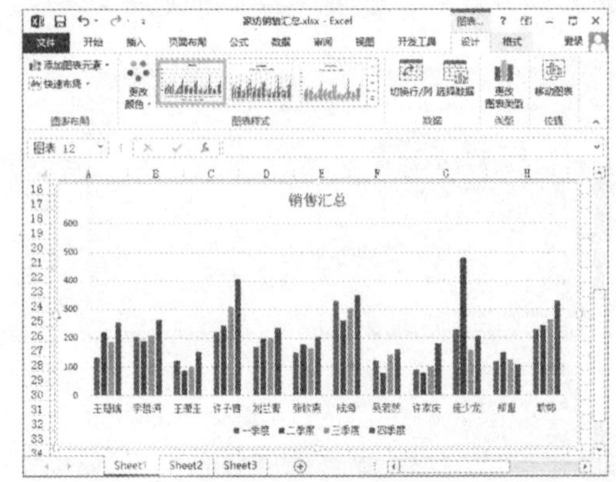

10.3.3 设置显示隐藏数据

默认情况下，在图表中不显示隐藏工作表的行和列中的数据。不过可以通过设置显示隐藏数据，并更改空单元格的显示方式，具体操作方法如下：

01 **选择“隐藏”命令** 选中第 6 行到第 11 行并右击，在弹出的快捷菜单中选择“隐藏”命令，如右图所示。

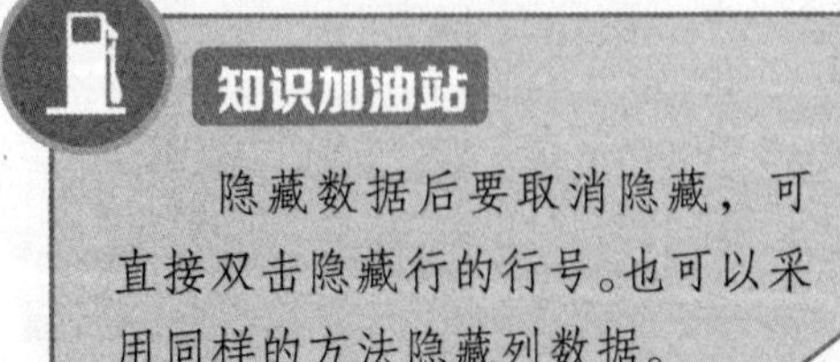

知识加油站

隐藏数据后要取消隐藏，可直接双击隐藏行的行号。也可以采用同样的方法隐藏列数据。

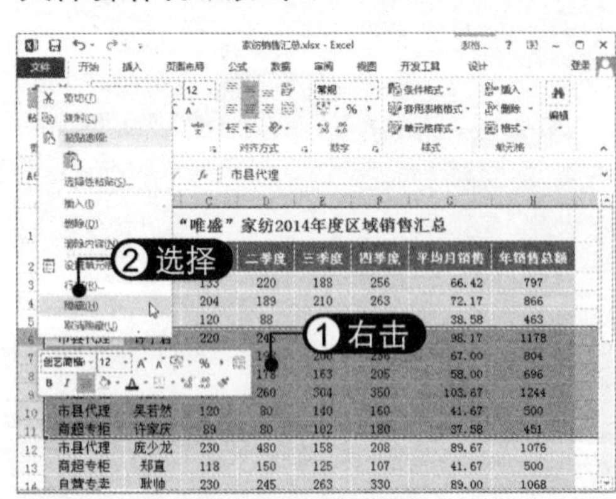

02 查看隐藏行效果 此时即可将所选行中的数据隐藏，在图表中相应的分类图形也会被隐藏，如下图所示。

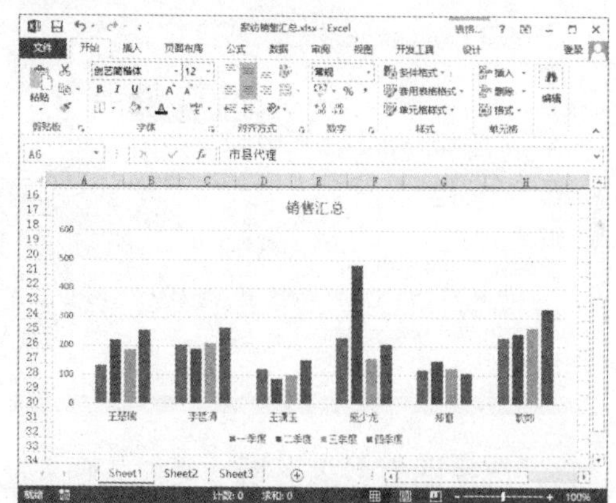

03 单击“隐藏的单元格和空单元格”按钮 打开“选择数据源”对话框，单击“隐藏的单元格和空单元格”按钮，如下图所示。

04 设置显示隐藏数据 在弹出的对话框中选中“显示隐藏行列中的数据”复选框，可以在图表中看到隐藏的分类再次显示出来，如下图所示。

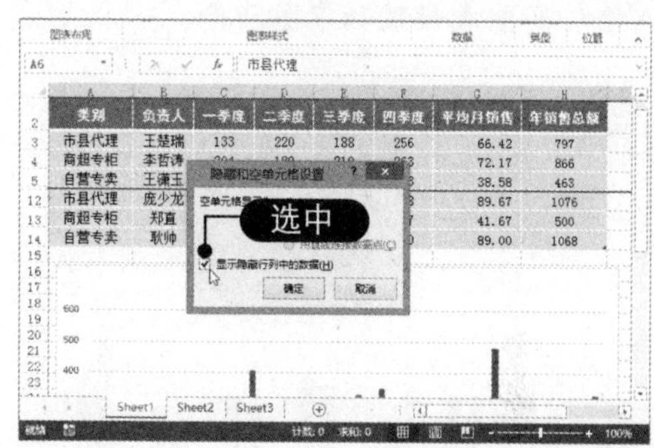

10.3.4 重新选择数据区域

在创建图表后，还可以重新选择图表数据区域来更改图表数据，具体操作方法如下：

01 定位指针 选中图表，在工作表中可以看到图表的数据区域，将鼠标指针置于边框右下角，此时指针变为双向箭头，如下图所示。

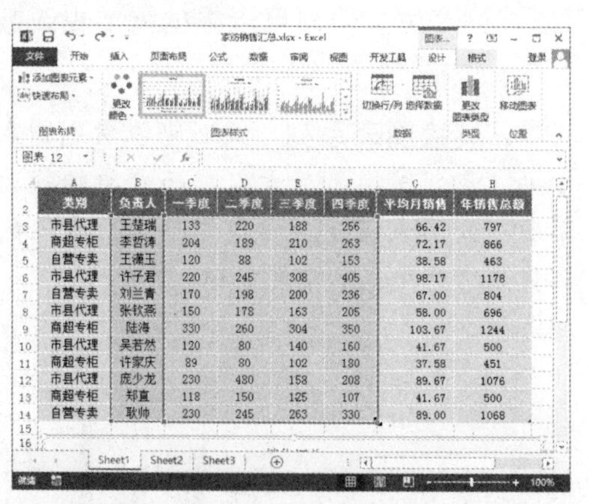

02 调整分类数据 按住鼠标左键并向上拖动，可以调整图表中的分类数据，如下图所示。

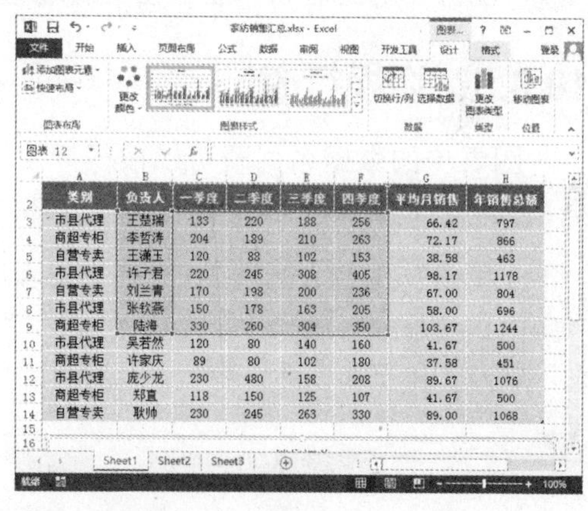

03 调整系列数据 按住鼠标左键并向左拖动，可以调整图表中的系列数据，如下图所示。

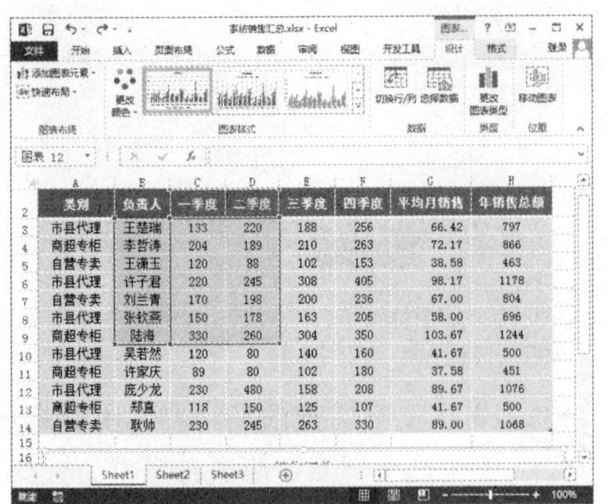

04 查看图表效果 调整完成后，此时的图表效果如下图所示。

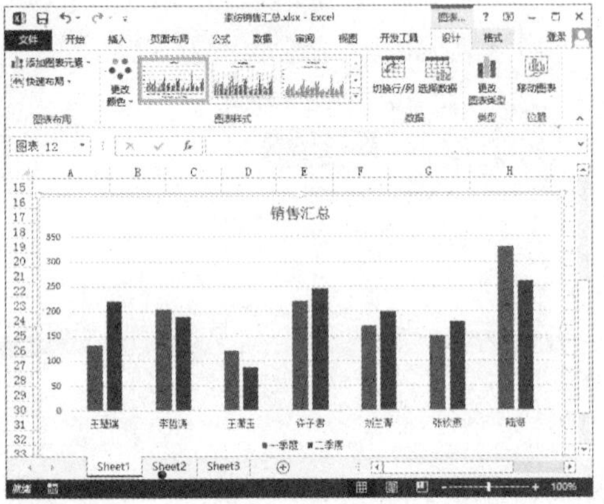

05 单击折叠按钮 也可打开“选择数据源”对话框，单击“图表数据区域”文本框右侧的折叠按钮，如下图所示。

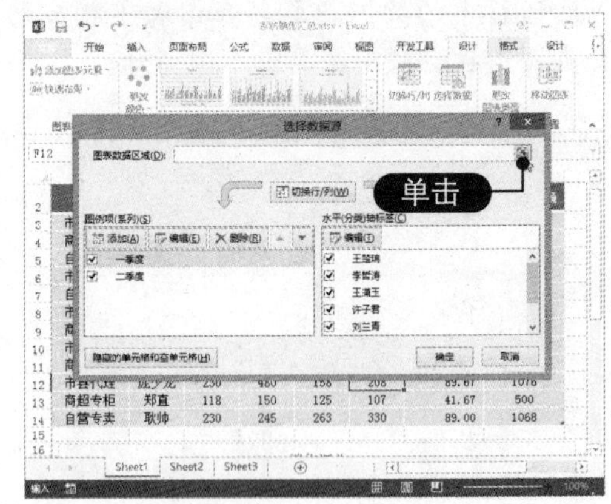

06 选择图表数据区域 返回工作表，拖动鼠标重新选择数据区域，然后单击折叠按钮即可，如下图所示。

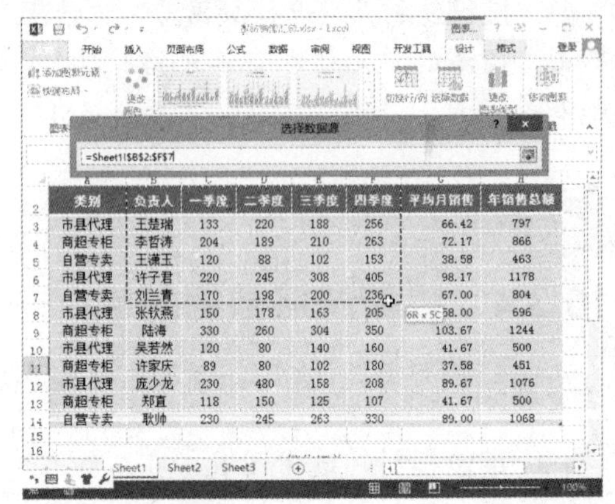

10.3.5 切换行/列

图表中的数据系列既可以按行产生，也可以按列产生。用户可以根据需要更改数据系列的产生方式，具体操作方法如下：

01 单击“切换行/列”按钮 选中图表，在“设计”选项卡下单击“切换行/列”按钮，如下图所示。

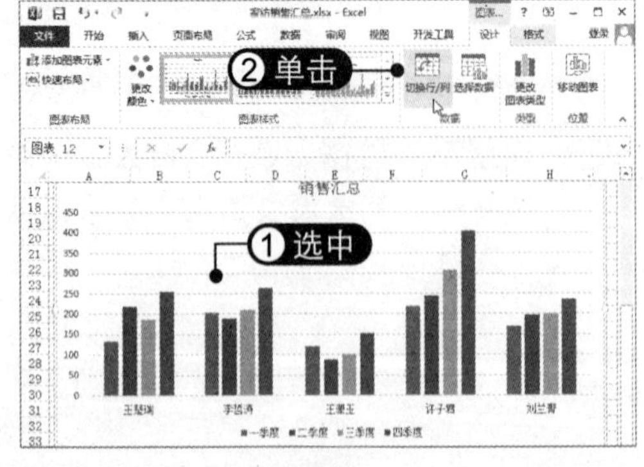

02 转换图表系列 此时可以看到图表系列转换为负责人，而分类转换为季度。此图表可反应出各季度中负责人的销售业绩对比，如下图所示。

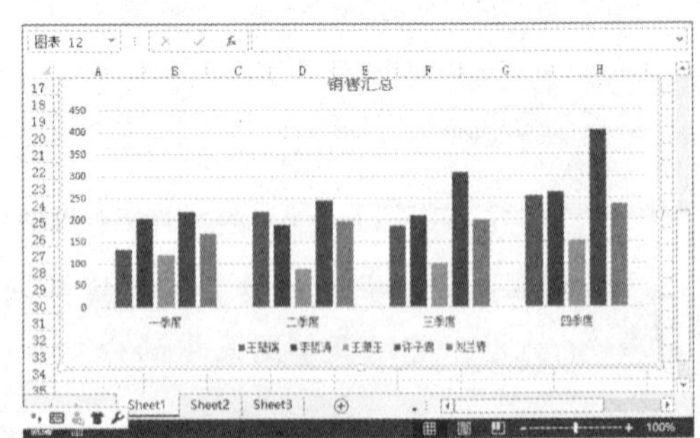

10.4 修改图表布局

图表中包含了多种元素，默认情况下只会显示一部分元素，如图表区、绘图区、坐标轴、图例、网格线等。要显示图表的其他元素，则需要进行添加。通过向图表中添加或删除元素，可以更改图表的布局。

10.4.1 添加图表元素

在图表中添加元素的方法主要有两种，既可以通过功能区添加图表元素，也可以通过图表工具按钮添加图表元素。

1. 通过功能区添加图表元素

通过功能区添加图表元素是最常规的方法，具体操作方法如下：

01 **选择图表元素** 选中图表，在“设计”选项卡下单击“添加图表元素”下拉按钮，选择“轴标题”|“主要纵坐标轴”选项，如下图所示。

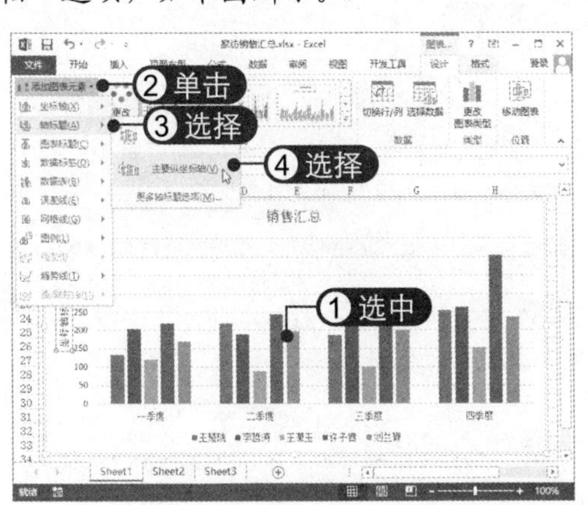

02 **修改标题文字** 此时即可添加图表纵坐标轴标题，根据需要修改标题文字，如下图所示。

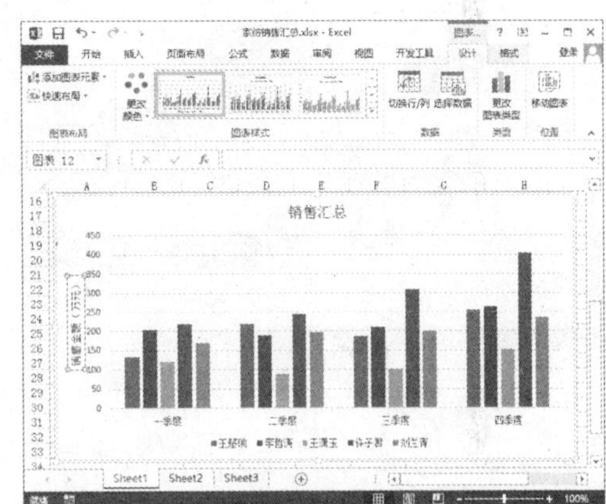

2. 通过图表工具按钮添加图表元素

在 Excel 2013 中，通过图表上的工具按钮来添加图表元素是一项新功能，具体操作方法如下：

01 **单击“图表元素”按钮** 选中图表，单击“图表元素”按钮+，此时将弹出元素列表，如右图所示。

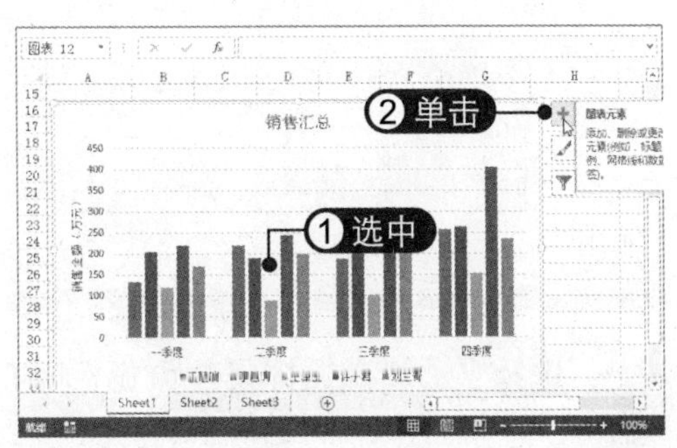

02 **添加图表元素** 选中“数据标签”复选框，即可在图表中为系列添加数据标签，如右图所示。

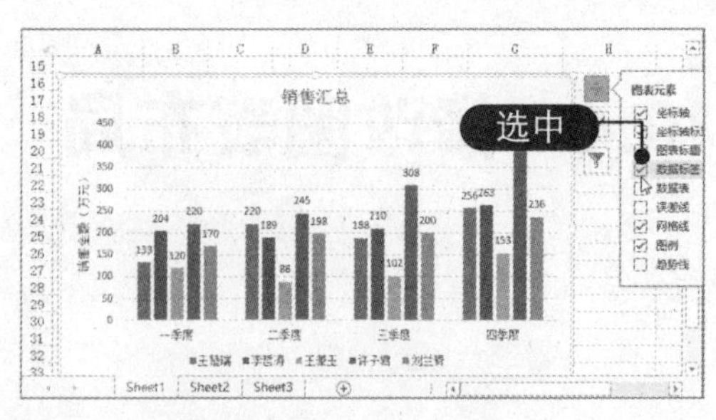

10.4.2 设置图表元素格式

添加完图表元素后，可以根据需要对图表元素进行格式设置，如设置图例的位置、系列图形的填充线条格式、添加形状效果等，具体操作方法如下：

01 **设置文字方向** 选中纵坐标轴标题并双击，弹出设置格式窗格，选择“大小属性”选项卡，单击“文字方向”下拉按钮，选择“竖排”选项，如下图所示。

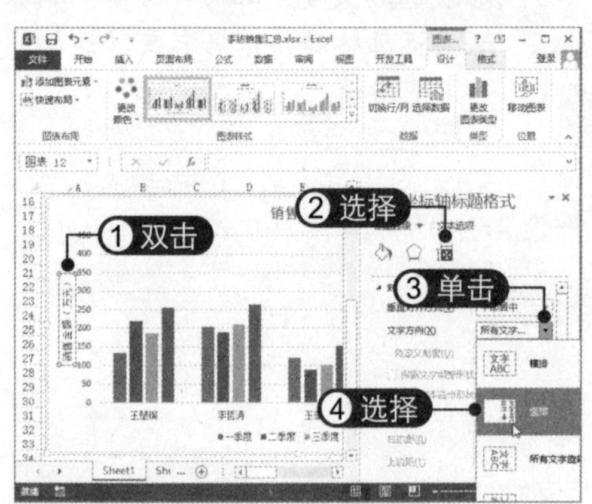

02 **查看效果** 此时即可将纵坐标轴标题文字以竖排显示，如下图所示。

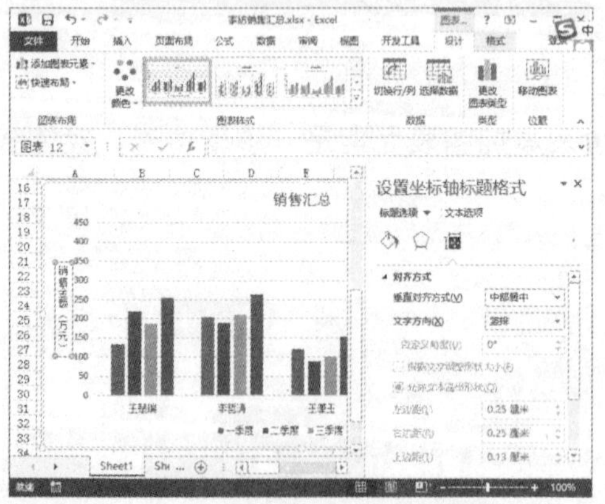

03 **选择“添加数据标签”命令** 选中一个系列值并右击，选择“添加数据标签”|“添加数据标签”命令，如下图所示。

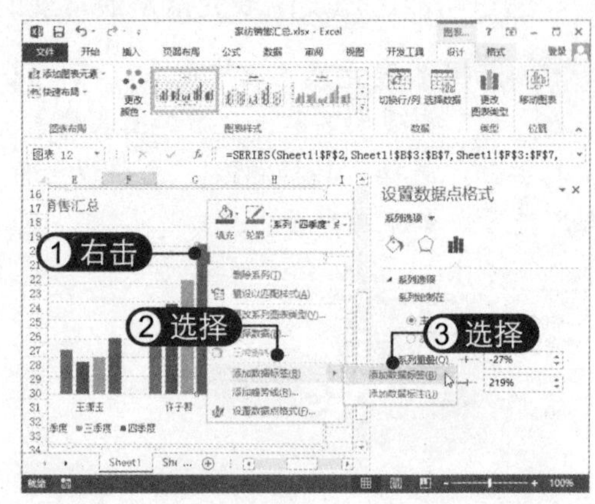

04 **添加数据标签** 此时即可为所选系列添加数据标签，如下图所示。

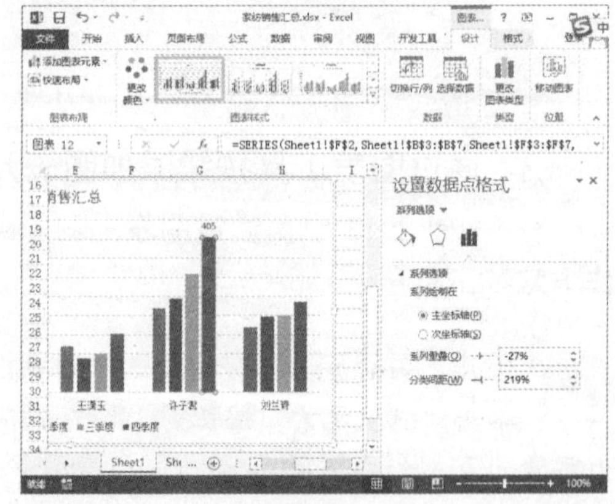

05 **设置数据标签选项** 选中数据标签，在设置格式窗格中选择“标签选项”选项卡，设置数据标签包括“系列

名称”、“显示引导线”及“图例项标示”，如下图所示。

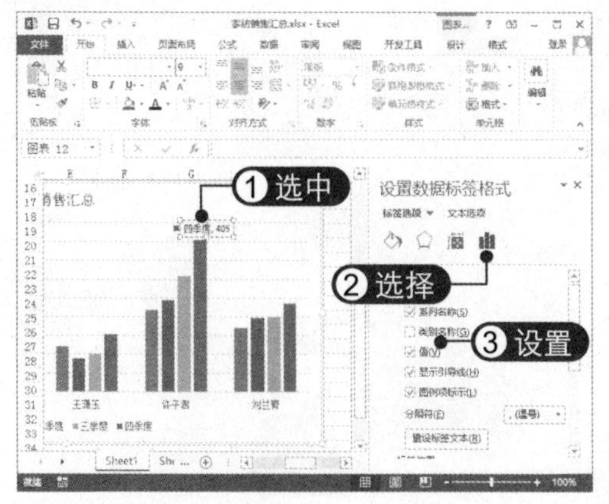

06 调整数据标签位置 拖动数据标签调整其位置，此时将显示出引导线，效果如下图所示。

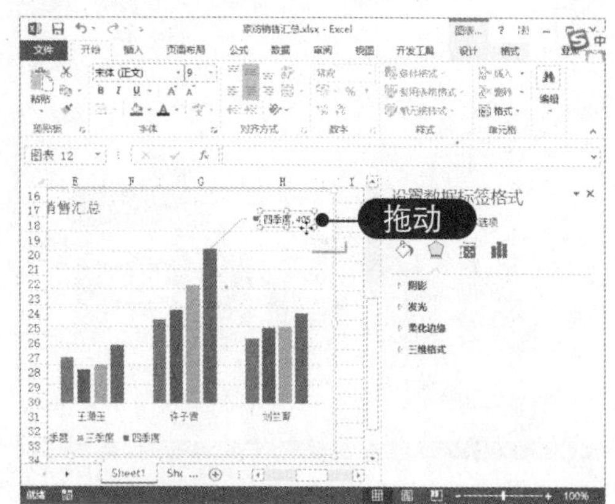

10.4.3 应用预设布局样式

Excel 2013 提供了多种常用的布局样式供用户选择，使用这些布局样式可以快速更改图表的布局外观。应用预设布局样式的具体操作方法如下：

01 应用“布局 2”样式 选中图表，在“设计”选项卡下单击“快速布局”下拉按钮，选择“布局 2”，效果如下图所示。

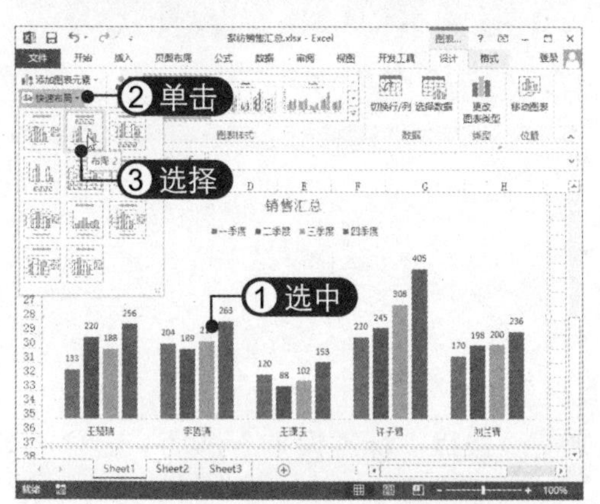

02 应用“布局 4”选项 选择“布局 4”，查看图表的布局效果，其中的系列图形变得紧密，如下图所示。

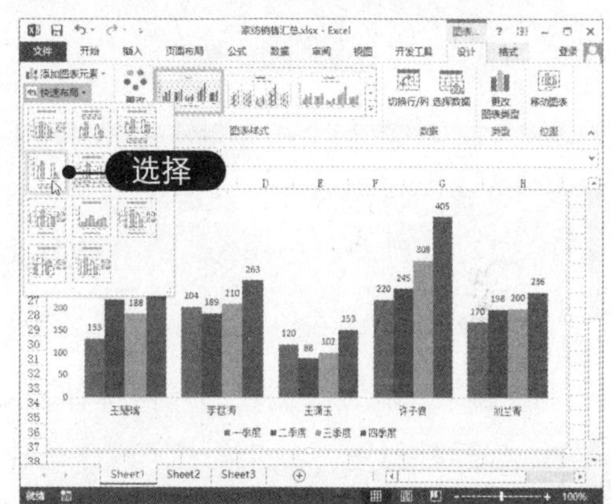

10.4.4 添加趋势线和误差线

使用趋势线和误差线可以对图表数据进行分析。趋势线用图形的方式显示了数据的预测趋势，并可用于预测分析。误差线表示图形上相对于数据系列中每个数据点或数据标记的潜在误差量。

1. 添加趋势线

在图表中添加趋势线的具体操作方法如下：

01 选中系列 在图表中选中“二季度”系列，如下图所示。

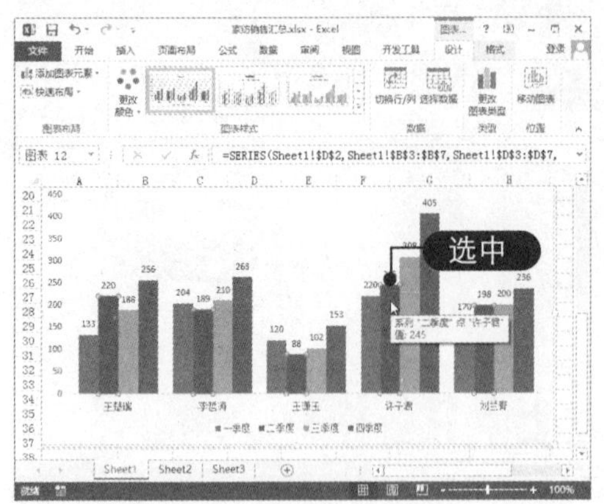

02 选择“添加趋势线”命令 右击选中的系列，在弹出的快捷菜单中选择“添加趋势线”命令，如下图所示。

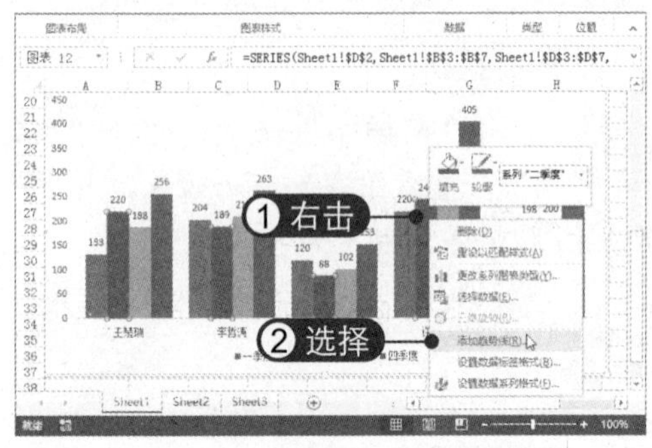

03 设置趋势线选项 此时将为“二季度”系列添加趋势线，并自动打开设置格式窗格。选中“多项式”单选按钮并设置顺序，选中“自定义”单选按钮并设置趋势线名称，如下图所示。

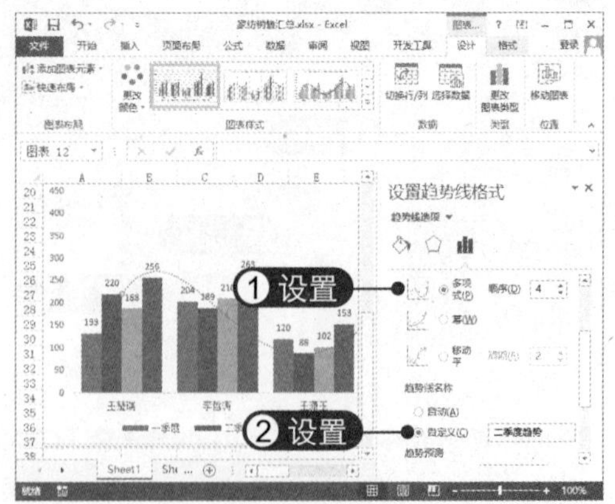

04 查看趋势线效果 此时即可在图表中查看趋势线效果，如下图所示。

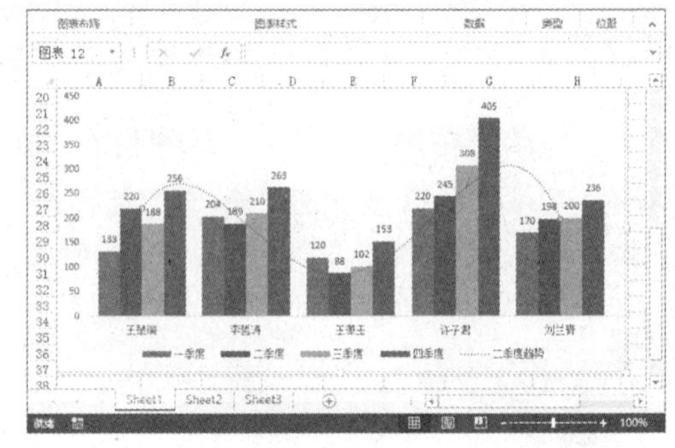

2. 添加误差线

在图表中添加误差线的具体操作方法如下：

01 创建柱形图 打开素材文件，选择A2:C4单元格区域，并创建柱形图，应用图表样式，如下图所示。

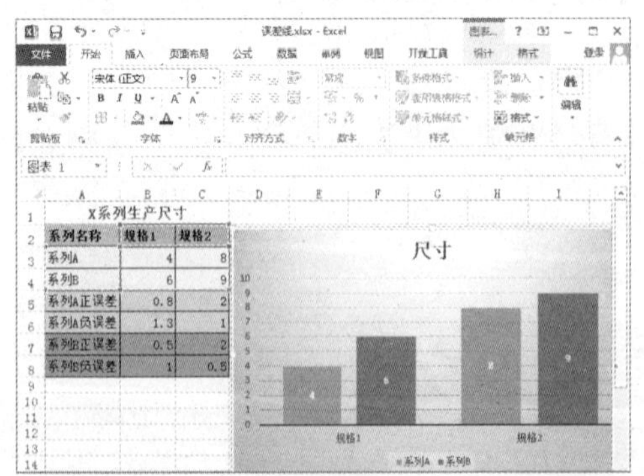

02 选择“标准误差”选项 选择“设计”选项卡，单击“添加图表元素”下拉按钮，选择“误差线”|“标准误差”选项，如下图所示。

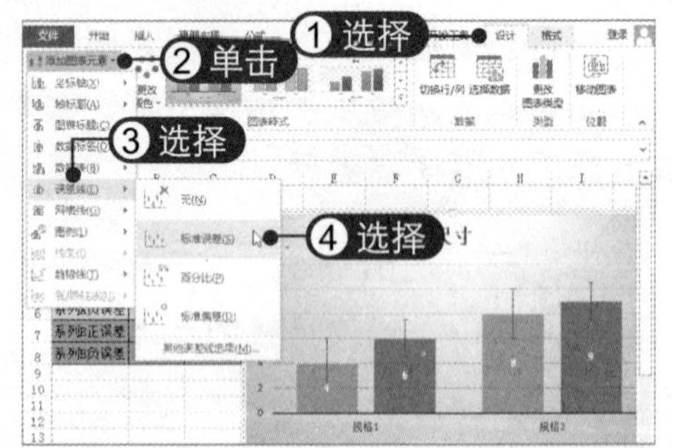

03 **单击“指定值”按钮** 打开“设置误差线格式”窗格，在“误差量”选项区中选中“自定义”单选按钮，单击“指定值”按钮，如下图所示。

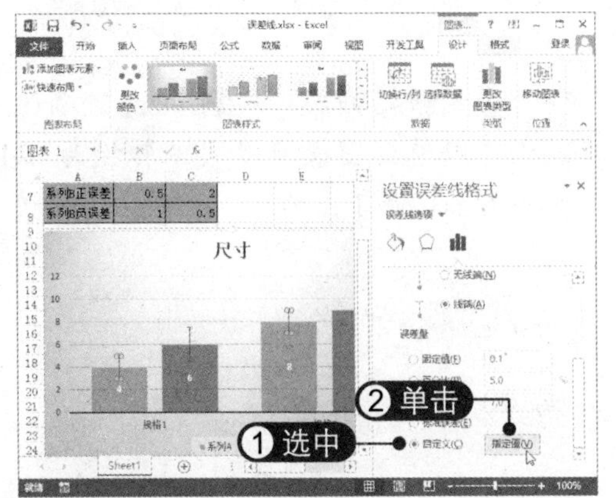

04 **定位光标** 弹出“自定义错误栏”对话框，清空“正错误值”文本框，并将光标定位其中，如下图所示。

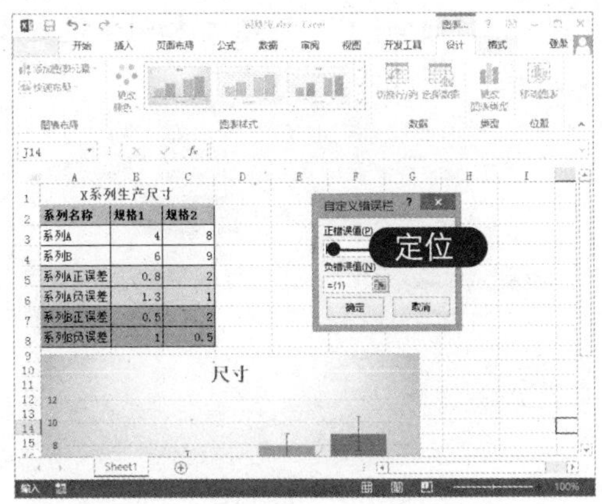

05 **选择数据区域** 在工作表中选择正误差量数据 B5:C5 单元格区域，如下图所示。

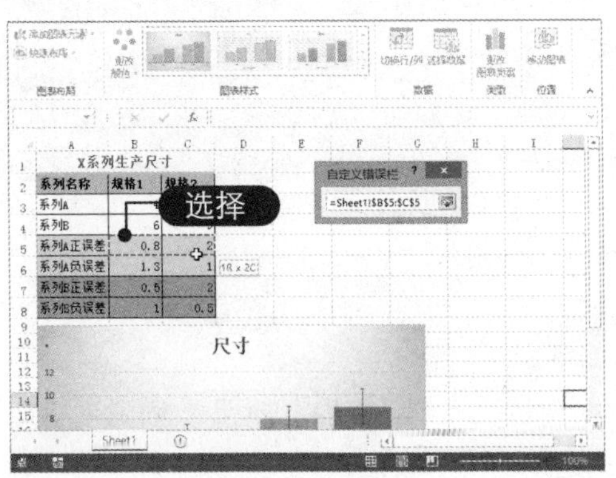

06 **编辑负错误值** 松开鼠标后即可返回“自定义错误栏”对话框。用相同的方法编辑负错误值，单击“确定”按钮，如下图所示。

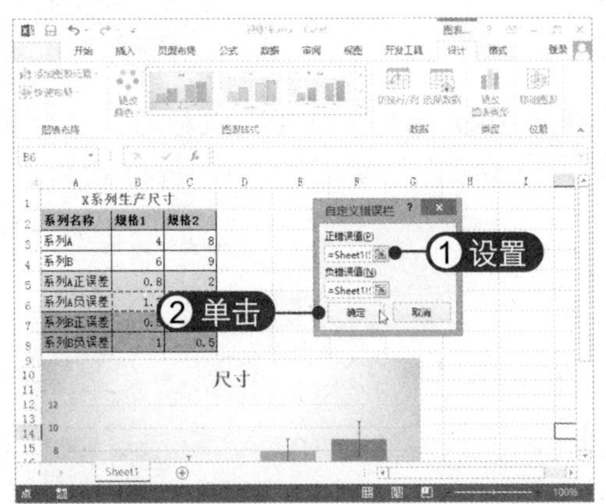

07 **查看误差线效果** 查看图表误差线效果，其长度与正、负误差值相对应，如下图所示。

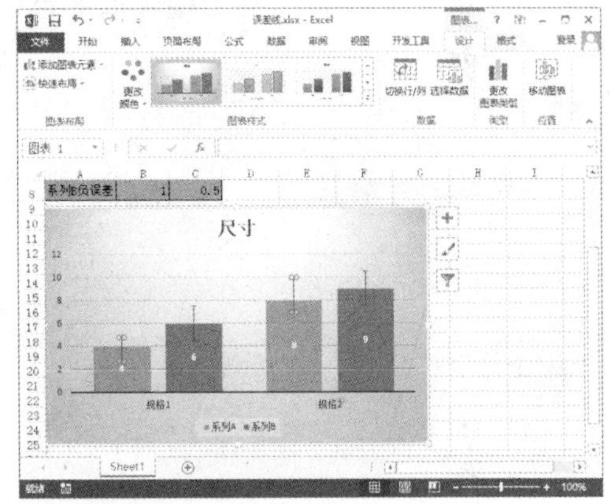

08 **继续添加误差线** 用相同的方法为系列B添加误差线，效果如下图所示。

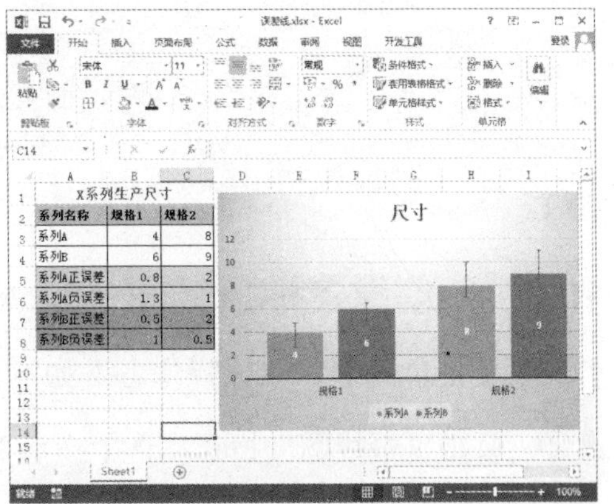

10.4.5 链接图表标题文本

在编辑图表时，可以将单元格中的内容与图表标题或坐标轴标题链接起来，这样当单元格中的内容发生变化时，图表标题也将随之改变，而无须重新输入。链接图表标题文本的具体操作方法如下：

01 输入等号 选中图表标题，然后在编辑栏中输入“=”号，如下图所示。

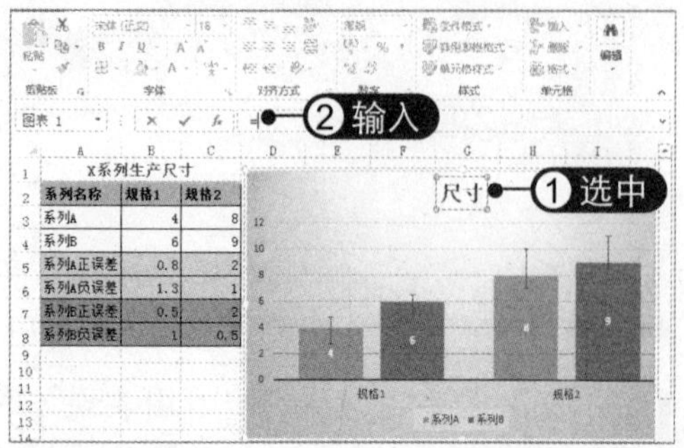

02 选择标题单元格 选择标题文本所在的A1单元格，查看编辑栏中的引用公式，如下图所示。

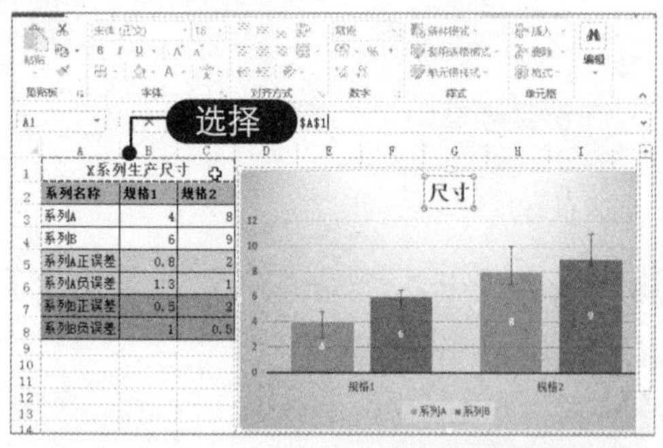

03 查看链接效果 按【Enter】键确认，可以看到图表标题文本转换为A1单元格内容，如下图所示。

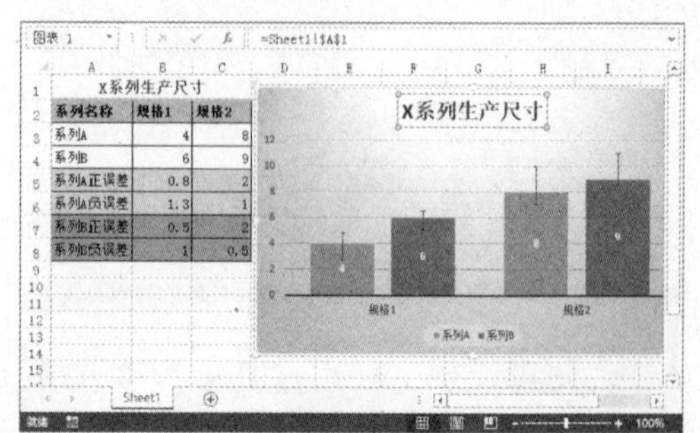

04 修改标题文本 修改A1单元格文本，此时图表标题文本也会随之修改，如下图所示。

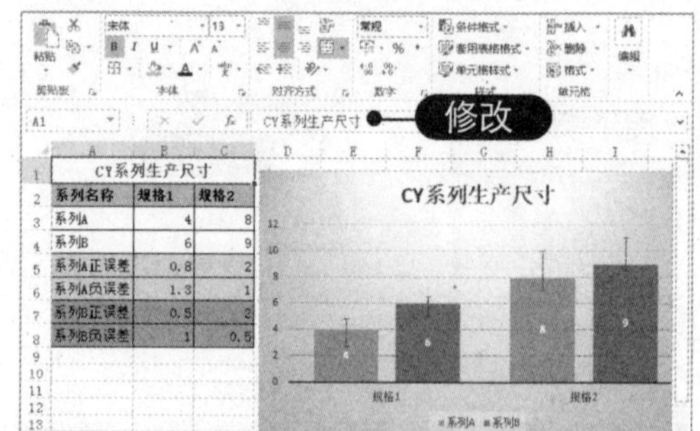

10.5 创建与编辑迷你图

迷你图是Excel中加入的一种全新的图表制作工具，它以单元格为绘图区域，可以简单、便捷地绘制出简明的数据小图表，把数据以小图的形式呈现出来，是存在于单元格中的小图表。下面将详细介绍如何创建与编辑迷你图。

10.5.1 创建迷你折线图

创建迷你图表的具体操作方法如下：

01 单击“折线图”按钮 选择要创建迷你图表的单元格I3，选择“插入”选项卡，在“迷你图”组中单击“折线图”按钮，如下图所示。

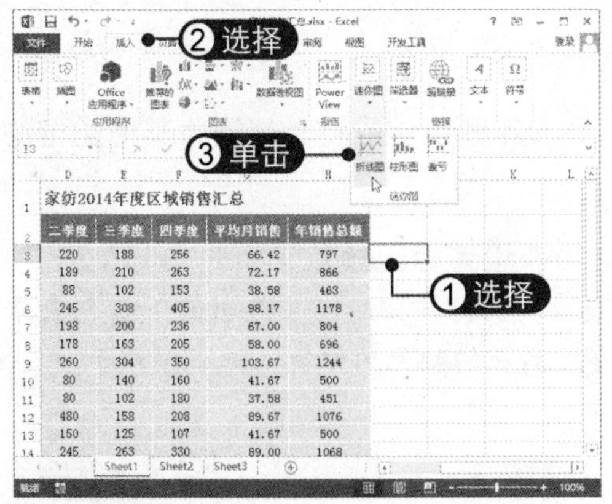

02 定位光标 弹出“创建迷你图”对话框，将光标定位到“数据范围”文本框中，如下图所示。

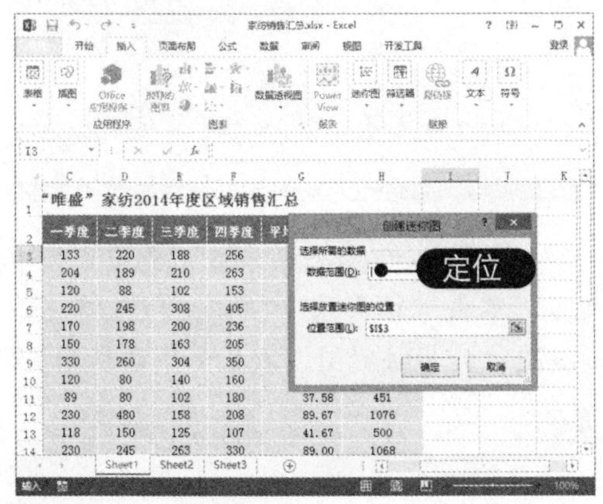

03 选择数据范围 在工作表中选中C3:F3单元格区域，然后松开鼠标，如下图所示。

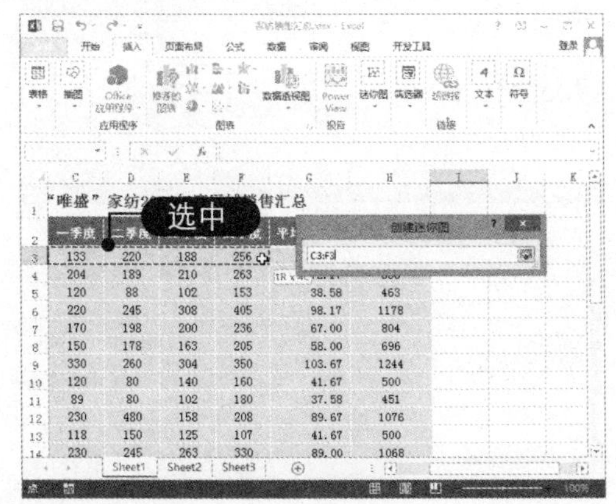

04 确定创建图表 返回“创建迷你图”对话框，可以看到“数据范围”已自动填充数据，单击“确定”按钮，如下图所示。

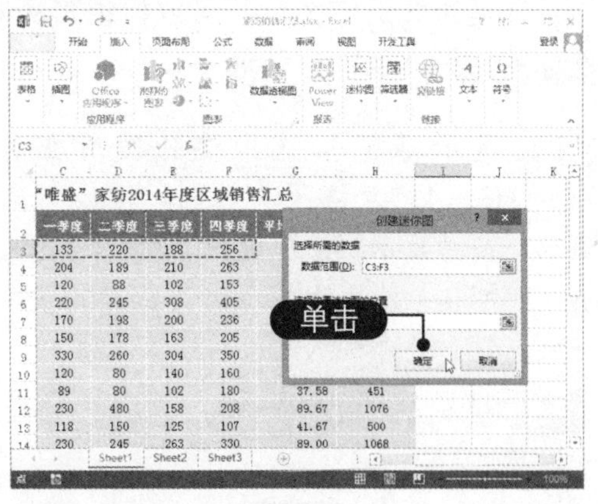

05 查看迷你折线图 此时，在所选单元格中已经创建了表示变化趋势的迷你折线图，如下图所示。

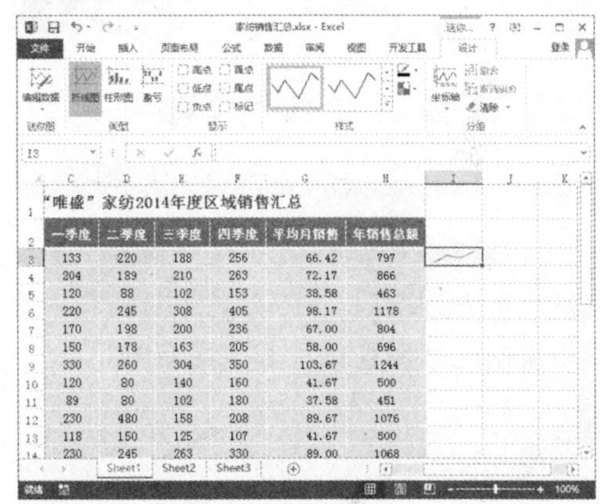

06 填充迷你图 向下拖动I3单元格右下角的填充柄，填充迷你折线图，如下图所示。

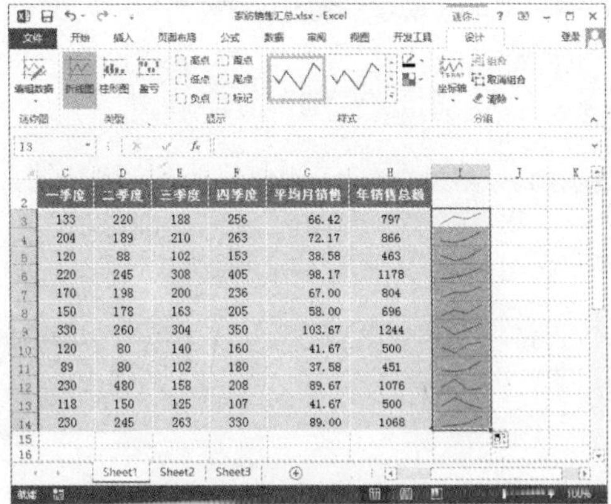

10.5.2 编辑迷你图表

创建折线迷你图后还可以标记其高低点，更改其颜色，或将其转换为其他类型的迷你图，具体操作方法如下：

01 显示标记 选中迷你图所在的I3:I14单元格区域，选择“设计”选项卡，在“显示”组中选中“标记”复选框，即可在折线图上显示出高点、低点等标记，如下图所示。

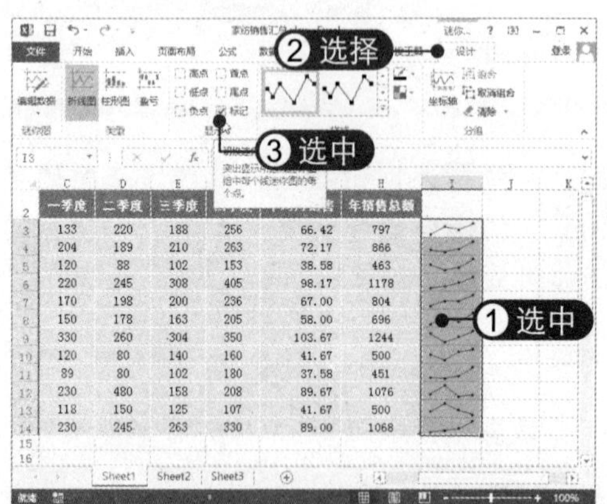

02 选择迷你图样式 在“样式”组中单击按钮，在弹出的下拉面板中选择所需的迷你图样式，如下图所示。

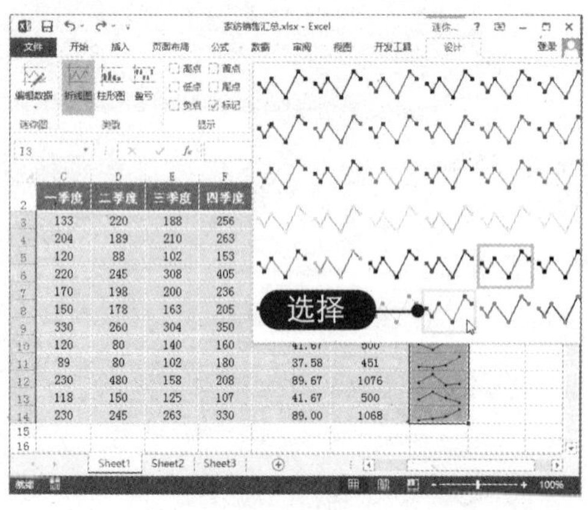

03 设置标记颜色 单击“标记颜色”下拉按钮，在弹出的下拉列表中设置高点的颜色为红色，如下图所示。

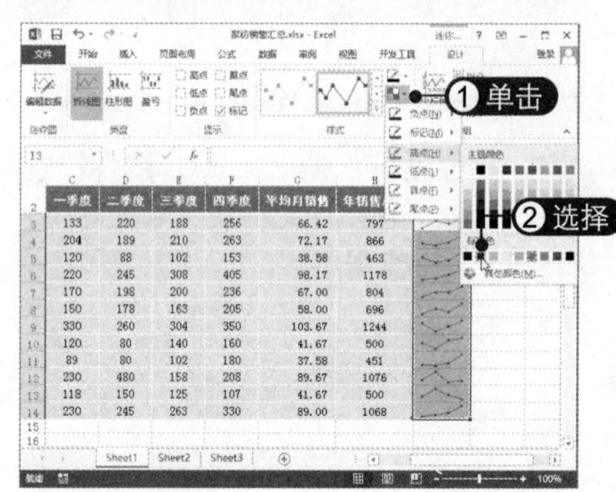

04 转换迷你图类型 在“类型”组中单击“柱形图”按钮，即可将迷你折线图转换为柱形图，效果如下图所示。

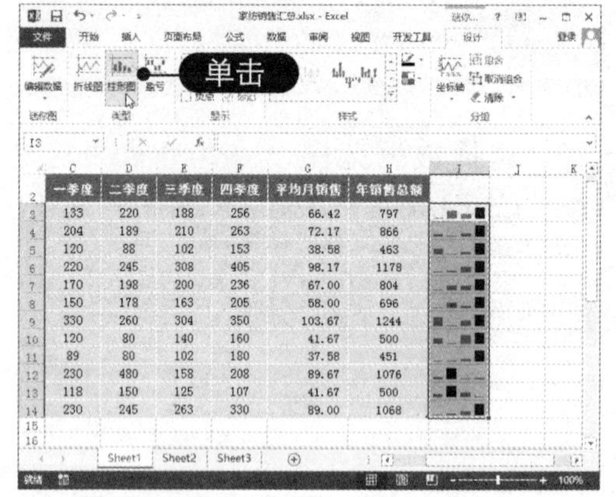

Chapter 11 Excel 数据管理与分析

除了具有函数与图表等功能外，Excel 2013 还具有数据管理与分析的强大功能。通过使用数据分析功能可以详细分析工作表中的数据，还能解决遇到的各种数据处理问题。本章将从数据筛选、数据排序、分类汇总、合并计算、数据验证等方面详细介绍 Excel 2013 的数据管理与分析功能。

本章要点

- 数据筛选和排序
- 数据分类汇总
- 数据合并计算
- 数据有效性

知识等级

Excel 2013 中级读者

建议学时

建议学习时间为 90 分钟

11.1 数据筛选

数据筛选是指筛选出符合条件的数据。如果数据表中的数据很多，使用数据筛选功能后可以快速查找数据表中符合条件的数据，此时表格中只显示筛选出的数据记录，并将其他不满足条件的记录隐藏起来。使用数据筛选功能可以节省时间，提高工作效率。

11.1.1 自动筛选

一般情况下，使用自动筛选能够满足最基本的数据筛选要求。自动筛选的具体操作方法如下：

01 单击“筛选”按钮 打开素材文件，选择数据区域中的任一单元格，在“数据”选项卡下单击“筛选”按钮，如下图所示。

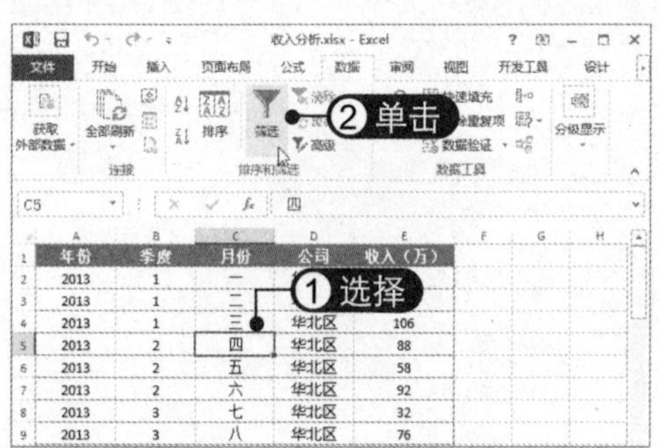

02 筛选年份 此时在每一列的标题单元格中出现筛选按钮▾，单击“年份”下拉按钮，取消选择“全选”复选框，选中2014复选框，单击“确定”按钮，如下图所示。此时即可对年份进行筛选，在表格中只保留2014年的数据。

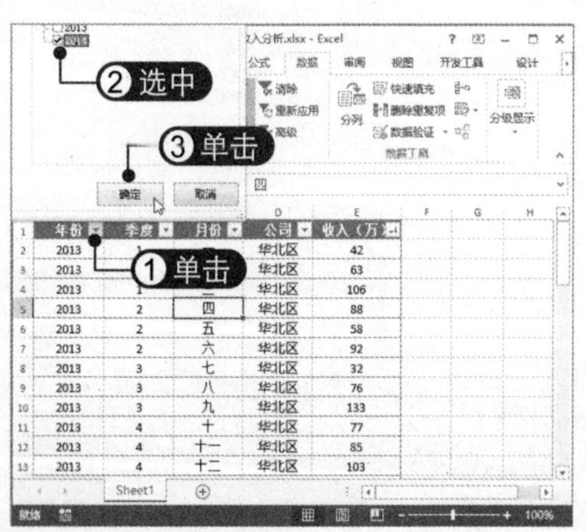

03 筛选公司 单击“公司”下拉按钮，在弹出的的列表中取消选择“全选”复选框，选中“华东区”复选框，单击“确定”按钮，如下图所示。

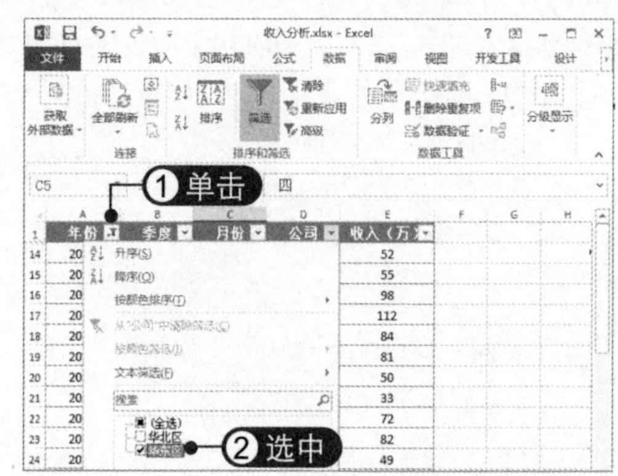

04 查看筛选结果 此时即可在对年份筛选的基础上再对公司进行筛选，在表格中只保留“华东区”的数据，如下图所示。

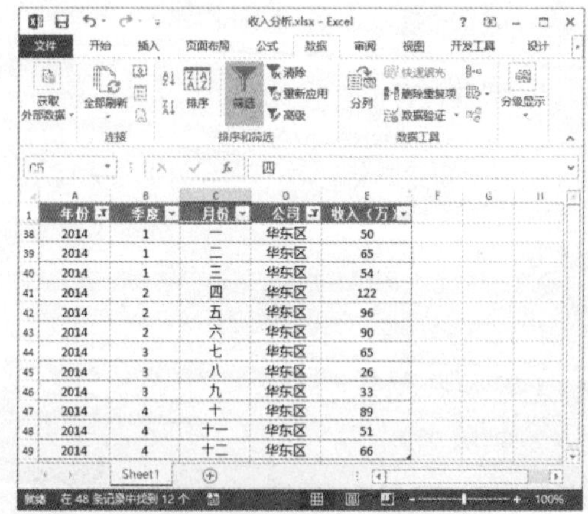

05 清除筛选 单击“公司”下拉按钮，在弹出的的列表中选择“从‘公司’中清除筛选”选项，如下图所示。

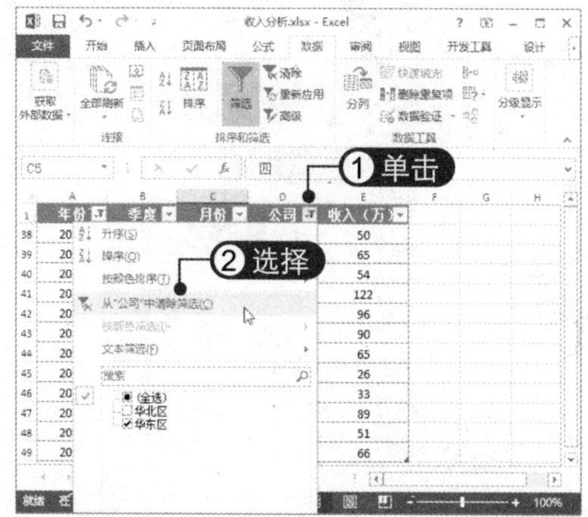

06 查看清除筛选效果 此时即可清除公司筛选，效果如下图所示。

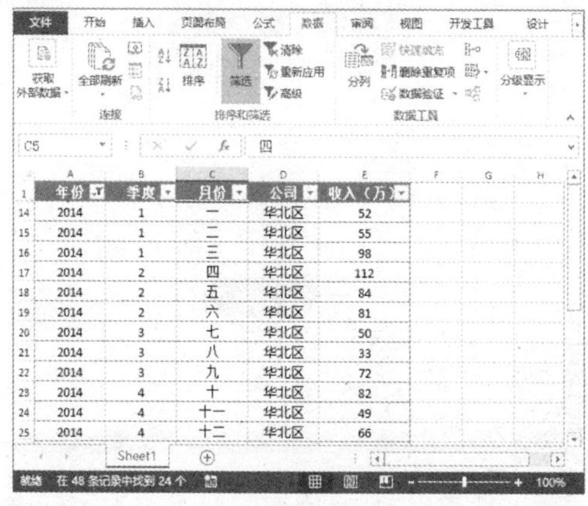

07 选择“大于”选项 单击“收入(万)”下拉按钮，选择“数字筛选”|“大于”选项，如下图所示。

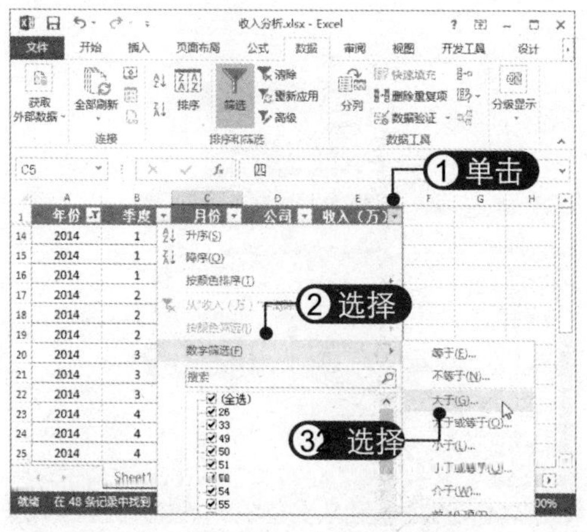

08 设置筛选条件 弹出“自定义自动筛选方式”对话框，设置筛选条件为大于 80，然后单击“确定”按钮，如下图所示。

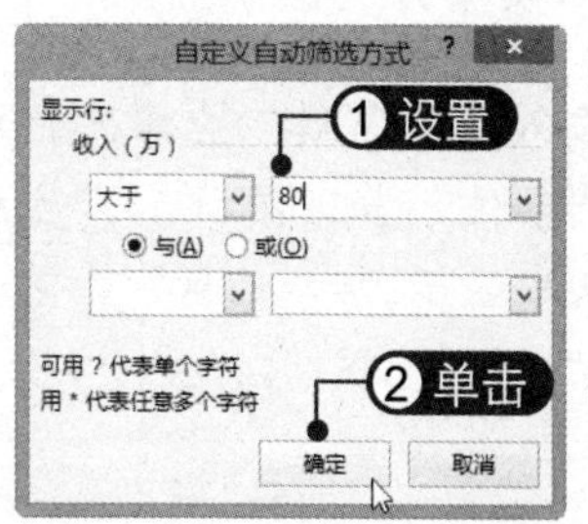

09 查看筛选结果 此时即可将符合条件的记录筛选出来，不符合条件的记录将隐藏起来，如下图所示。

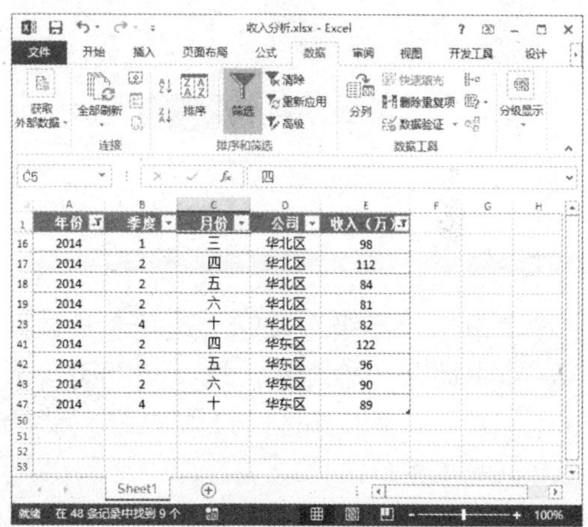

10 清除所有筛选 在“排序和筛选”组中单击“清除”按钮，即可清除表格中的所有筛选项，如下图所示。

11.1.2 高级筛选

当自动筛选无法满足需要时可以使用高级筛选，还可以将筛选结果复制到其他位置，具体操作方法如下：

01 输入筛选条件 在单元格中输入筛选条件，如下图所示。注意，要想在单元格中显示“=华北区”，需在编辑栏中输入“="=华北区"”。

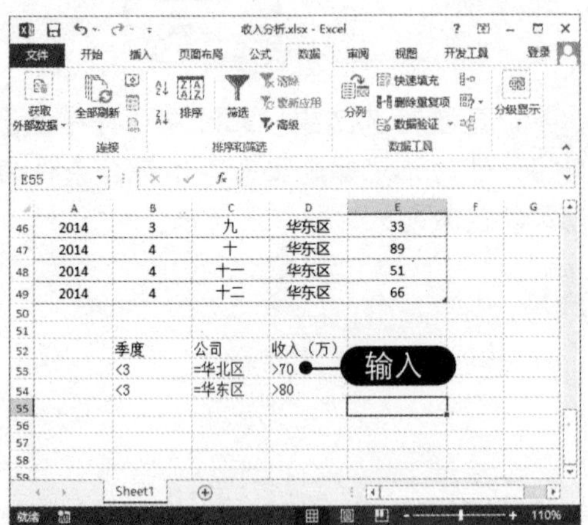

02 单击“高级”按钮 选择表格数据中的任一单元格，选择“数据”选项卡，在“排序和筛选”组中单击“高级”按钮，如下图所示。

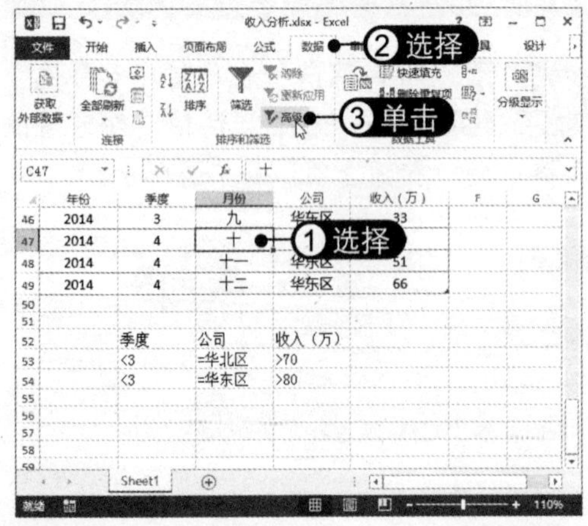

03 设置将筛选结果复制到其他位置 弹出对话框，程序将自动选择列表区域。也可自定义条件区域，选中“将筛选结果复制到其他位置”单选按钮，在“条件区域”文本框中定位光标，如下图所示。

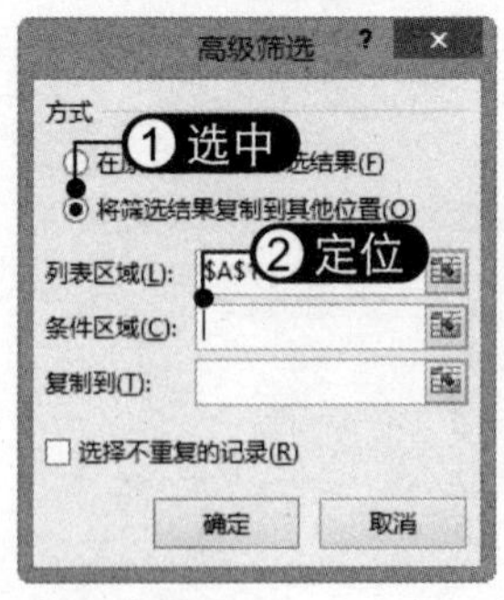

04 选择条件区域 在工作表中选择输入条件的单元格区域，如下图所示。

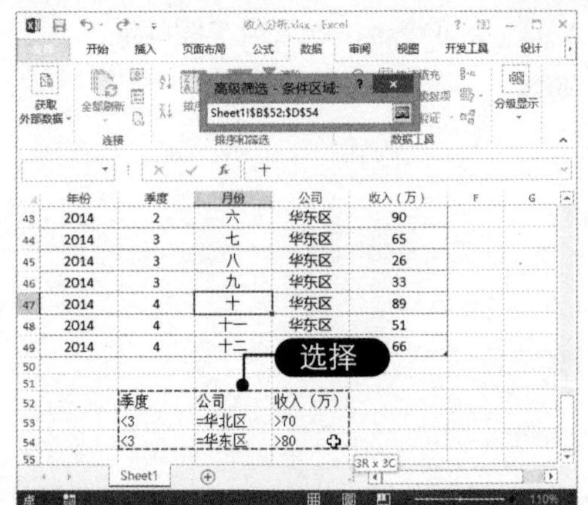

05 选择复制到位置 松开鼠标后，即可返回“高级筛选”对话框。用同样的方法选择“复制到”位置，单击“确定”按钮，如下图所示。

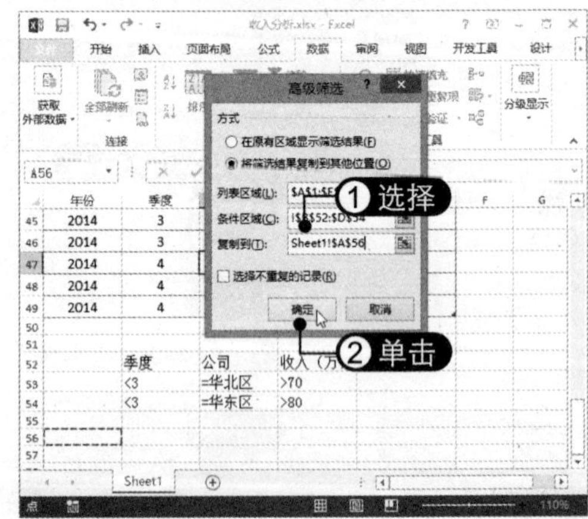

06 **查看筛选结果** 此时即可查看高级筛选结果，已经将第 1、2 季度中华北区收入大于 70 万及华东区收入大于 80 万的记录筛选出来，如右图所示。

年份	季度	月份	公司	收入（万）
2013	1	三	华北区	106
2013	2	四	华北区	88
2013	2	六	华北区	92
2014	1	三	华北区	98
2014	2	四	华北区	112
2014	2	五	华北区	84
2014	2	六	华北区	81
2013	2	四	华东区	133
2013	2	五	华东区	95
2013	2	六	华东区	92
2014	2	四	华东区	122
2014	2	五	华东区	96

11.1.3 使用切片器筛选数据

在 Excel 2013 中可以创建切片器来筛选表格数据。切片器功能很实用，它可以清楚地指明筛选数据后表格中所显示的数据。使用切片器筛选数据的具体操作方法如下：

01 **单击"插入切片器"按钮** 选择表格中的任一单元格，选择"选项"选项卡，单击"插入切片器"按钮，如下图所示。

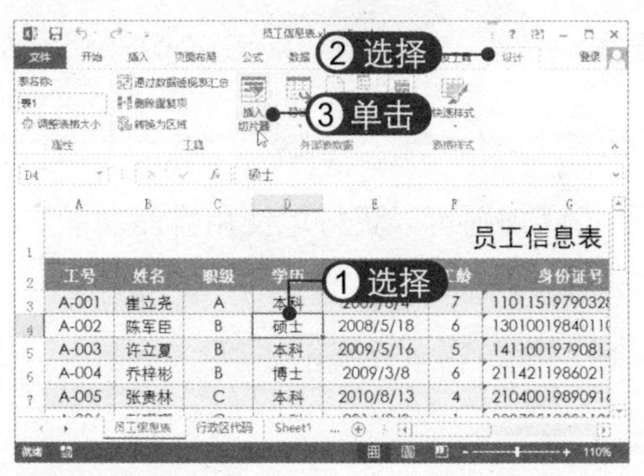

02 **选择字段** 弹出"插入切片器"对话框，选中"职级"、"工龄"和"性别"标题字段，单击"确定"按钮，如下图所示。

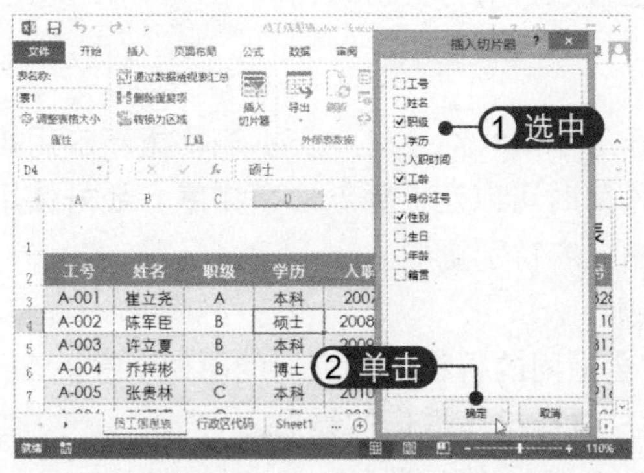

03 **筛选职级** 此时即可在工作表中插入切片器。在"职级"切片器中单击 D 按钮，即可在表格中筛选出职级为 D 的数据，如下图所示。

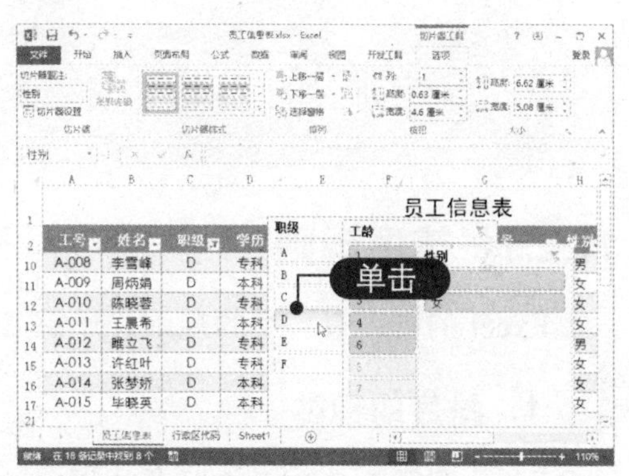

04 **筛选性别** 在"性别"切片器中单击"女"按钮，即可在当前筛选结果中筛选出性别为"女"的数据，如下图所示。

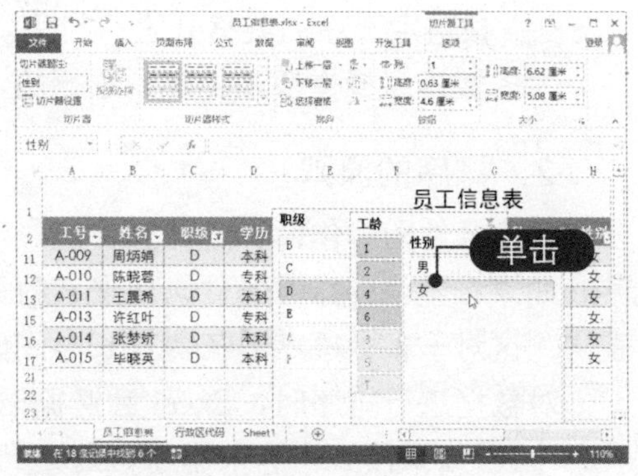

05 **清除筛选器** 单击"切片器"右上角的"清除筛选器"按钮，即可清除相应的筛选，如下图所示。

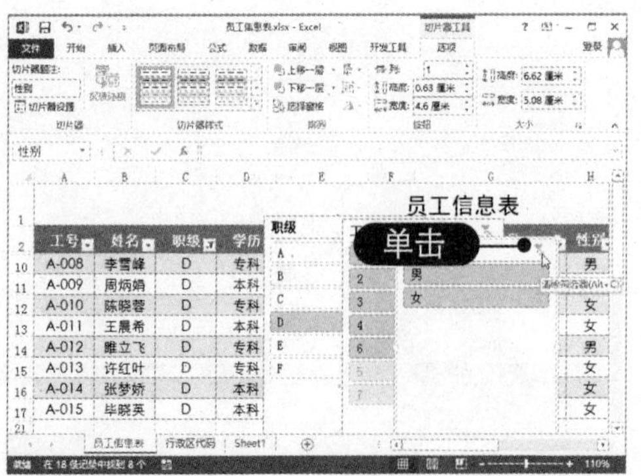

06 **筛选多项** 在“职级”切片器中按住【Ctrl】键的同时单击 B 和 C 按钮即可选中多项，筛选出职级为 B 或 C 的数据，如下图所示。

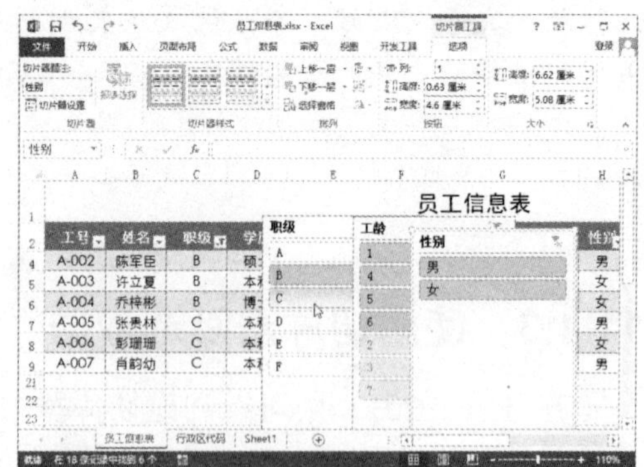

11.2 数据排序

在 Excel 2013 中可以对数据表进行简单的升序或降序排序，还可以进行自定义排序，如按多个关键字排序、按自定义序列排序等。

11.2.1 排序规则

Excel 的排序有一定的规则，了解 Excel 的排序规则可以更好地使用排序功能。

1. 排序的种类

Excel 的排序主要包括以下几种：

- ✧ 将名称列表按字母顺序排列。
- ✧ 按从高到低的顺序排列数字。
- ✧ 按颜色或图标对行进行排序。
- ✧ 对一列或多列中的数据按文本、数字及日期和时间进行排序。
- ✧ 按自定义序列或格式进行排序。

大多数排序操作都是针对列进行的，但也可以针对行进行操作。

2. 排序的原则

排序条件随工作簿一起保存，这样当打开工作簿时都会对 Excel 表格重新应用排序。如果希望保存排序条件，以便在打开工作簿时可以定期重新应用排序，最好使用表格，这对于多列排序或花费很长时间创建的排序特别重要。

对数据进行排序时，Excel 会遵循以下原则：

（1）如果按某一列来排序，则该列上完全相同的行将保持它们的原始次序。

（2）在排序行中有空白单元格的行会被放置在排序数据的最后。

（3）隐藏行不会进行排序，除非它们是分级显示的一部分。

（4）排序选项中包含选定的列、顺序和方向等，则在最后一次排序后会被保存下来，直到修改它们或修改选定区域或列标记为止。

（5）如果按一个以上的列进行排序，主要列中有完全相同项的行会根据指定的第二列进行排序，第二列有完全相同的行会根据指定的第三列进行排序。

3．排序的次序

在按升序排序时，默认情况下 Excel 使用下表中的排序次序；在按降序排序时，则采用相反的次序。

值	说　明
数字	数字按从最小的负数到最大的正数进行排序
日期	日期按从最早的日期到最晚的日期进行排序
文本	字母数字文本按从左到右的顺序逐字符进行排序
逻辑值	在逻辑值中，FALSE 排在 TRUE 之前
错误值	所有错误值的优先级相同
空格	空格始终排在最后

11.2.2　简单排序

简单排序即对工作表中的数据列进行升序或降序排列，具体操作方法如下

01 **单击“降序”按钮**　按照前面的方法对年份进行筛选，选择“收入（万）”单元格，在“数据”选项卡下单击“降序”按钮，如下图所示。

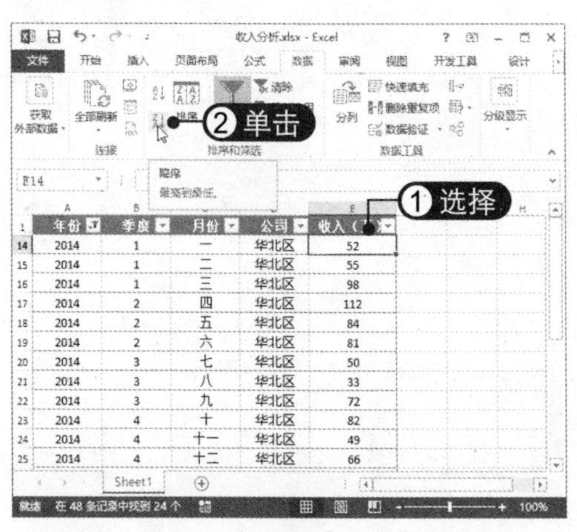

02 **降序排列数据**　此时即可将“实发工资”列数据进行降序排列，效果如下图所示。

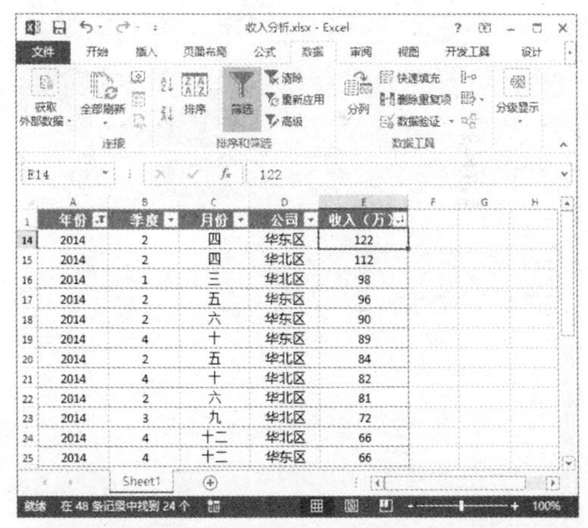

11.2.3　自定义排序

在对数据排序时可以增加多个排序条件，还可以按照自定义序列进行排序，具体操作方法如下：

01 **单击“排序”按钮**　选择数据单元格，在“数据”组中单击“排序”按钮，如下图所示。

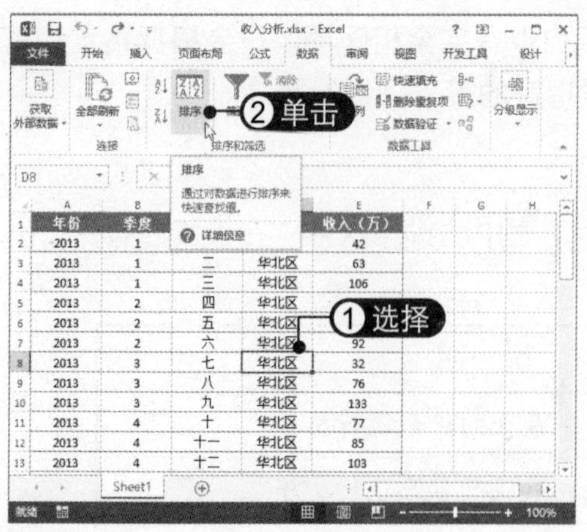

02 选择“自定义序列”选项 弹出“排序”对话框，选择“主要关键字”为“公司”，选择“次序”为“自定义序列”，如下图所示。

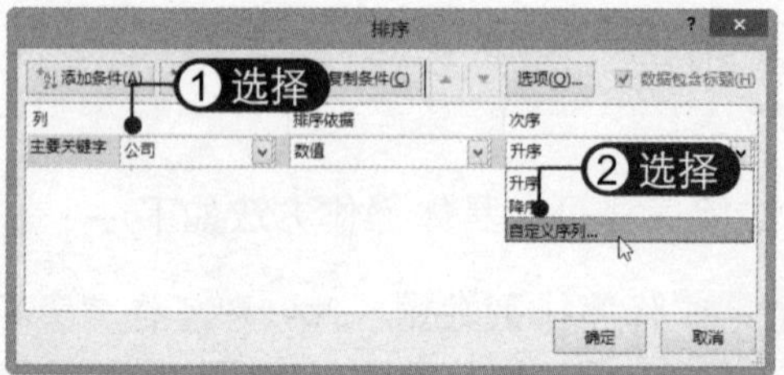

03 输入序列 弹出“自定义序列”对话框，输入序列并按【Enter】键分隔，然后单击“添加”按钮，如下图所示。

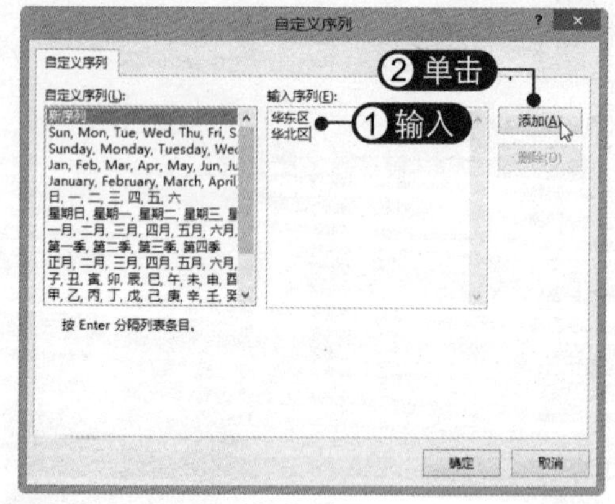

04 确认序列 此时即可将输入的序列添加到左侧列表中，单击“确定”按钮，如下图所示。

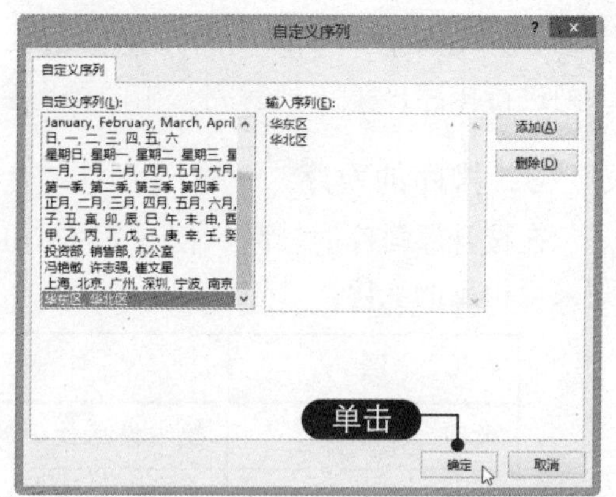

05 添加排序条件 返回“排序”对话框，可以看到主要关键字的次序变为自定义的序列。单击“添加条件”按钮，添加次要关键字，设置关键字为“年份”，次序为“降序”，单击“确定”按钮，如下图所示。

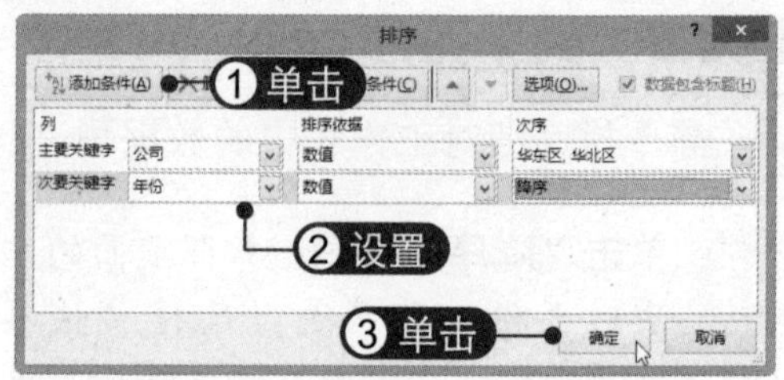

06 查看排序效果 此时即可查看排序效果，在对“公司”进行了自定义序列排列的基础上又对“年份”进行了降序排列，如下图所示。

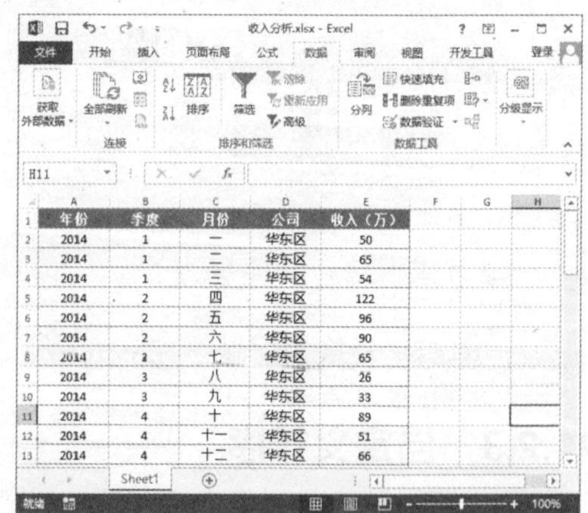

11.3 数据分类汇总

分类汇总就是利用汇总函数对同一类别中的数据进行计算，从而得到统计结果。经过分类汇总，可以分级显示汇总结果。下面将详细介绍数据分类汇总的相关知识。

11.3.1 认识分类汇总

如果自动在列表中创建分类汇总公式，只需选中任意单元格，单击“数据”选项卡下“分级显示”组中的“分类汇总”按钮即可，此时将弹出“分类汇总”对话框，如右图所示。

在“分类汇总”对话框中，所包含选项的含义如下：

✧ **分类字段**：该下拉列表框显示数据列表中的所有字段，用户必须运用选择的字段对数据列表进行排序。

✧ **汇总方式**：从 11 个函数中做出选择，通常使用“求和”函数。

✧ **选定汇总项**：这个列表框中显示了数据列表中的所有字段，选中想要进行分类汇总字段前面的复选框。

✧ **替换当前分类汇总**：如果此复选框被选中，Excel 会移走任何已存在的分类汇总公式，用新的分类汇总进行替换。

✧ **每组数据分布**：如果选中此复选框，Excel 在每组数据分类汇总之后自动插入分布符。

✧ **汇总结果显示在数据下方**：如果此复选框被选中，Excel 会把分类汇总放置在数据下方，否则分类汇总公式将出现在汇总上方。

✧ **全部删除**：单击此按钮，将删除数据列表中的所有分类汇总公式。

如果将工作簿设置为自动计算公式，则在编辑明细数据时“分类汇总”命令将自动重新计算分类汇总和总计值。“分类汇总”命令还会分级显示列表，以便用户可以显示和隐藏每个分类汇总的明细行。

11.3.2 创建简单分类汇总

在分类汇总前需要对要汇总的数据进行排序，前面已经排序完成，下面将介绍如何创建分类汇总，具体操作方法如下：

01 单击“转换为区域”按钮 选中任一数据单元格，选择“设计”选项卡，在“工具”组中单击“转换为区域”按钮，如右图所示。

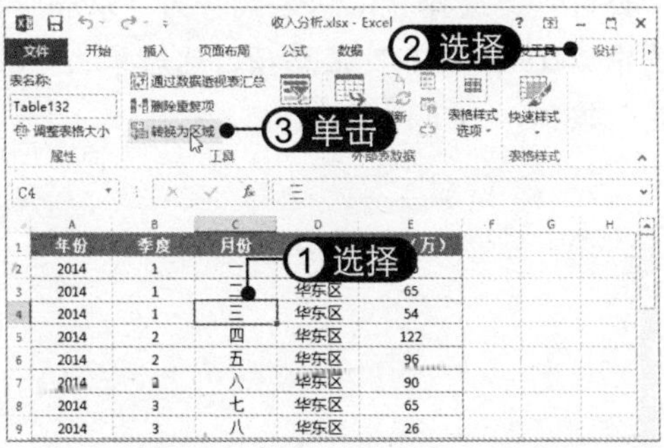

02 转换为普通区域 弹出提示信息框，单击"是"按钮，即可将表格转换为普通区域，因为分类汇总无法在表格内操作，如下图所示。

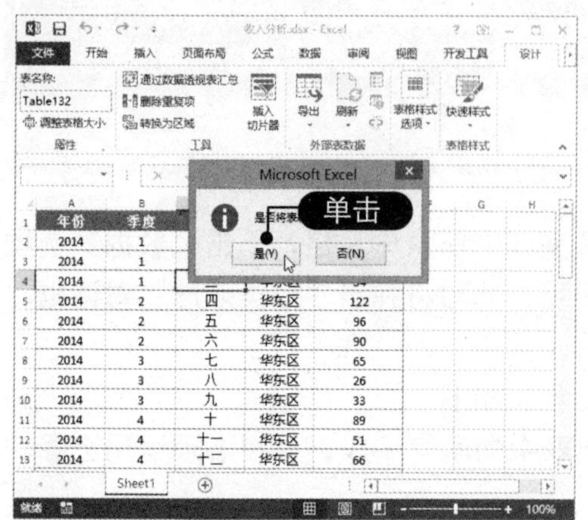

03 单击"分类汇总"按钮 选择数据单元格，在"数据"选项卡下"分级显示"组中单击"分类汇总"按钮，如下图所示。

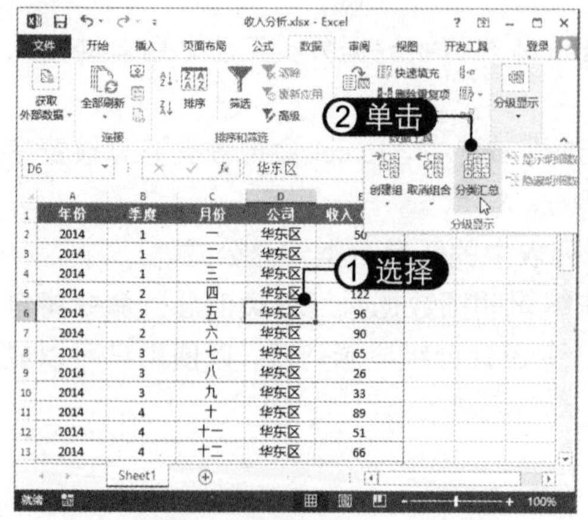

04 设置分类汇总参数 弹出"分类汇总"对话框，选择"分类字段"为"公司"，选择"汇总方式"为"求和"，选中"收入(万)"汇总项，然后单击"确定"按钮，如下图所示。

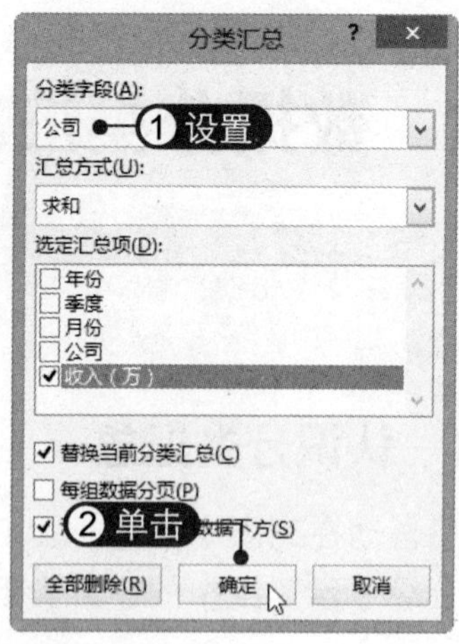

05 查看分类汇总结果 此时即可依据"公司"对"收入(万)"进行求和汇总，如下图所示。

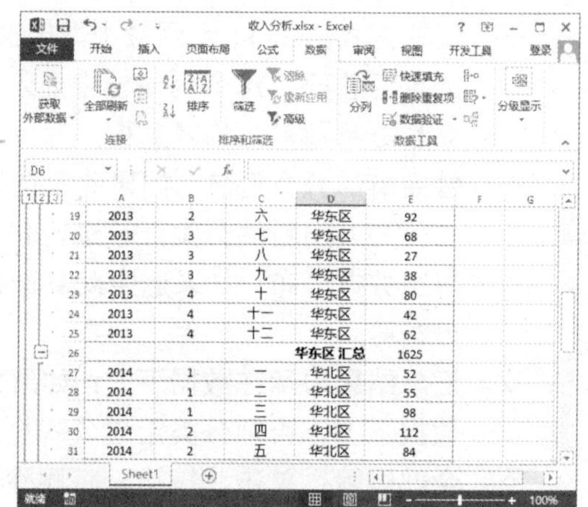

06 分级显示汇总 在左侧单击②按钮，即可对数据进行分级显示，如下图所示。

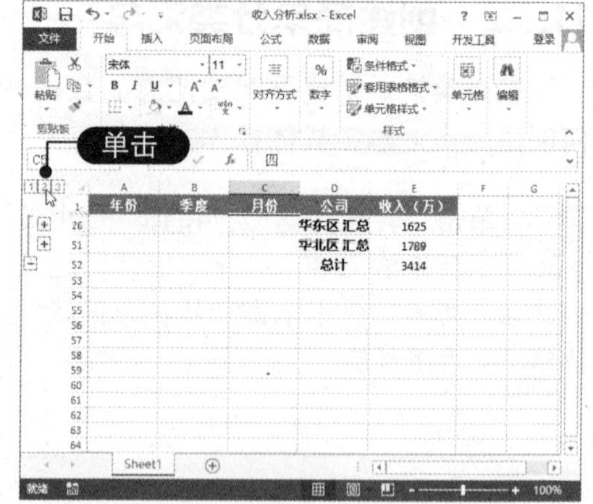

11.3.3 创建嵌套分类汇总

嵌套分类汇总即在当前汇总数据的基础上再一次进行分类汇总，以获得更多字段的汇总结果。创建嵌套分类汇总的具体操作方法如下：

01 单击“分类汇总”按钮 选择数据单元格，单击“分类汇总”按钮，如下图所示。

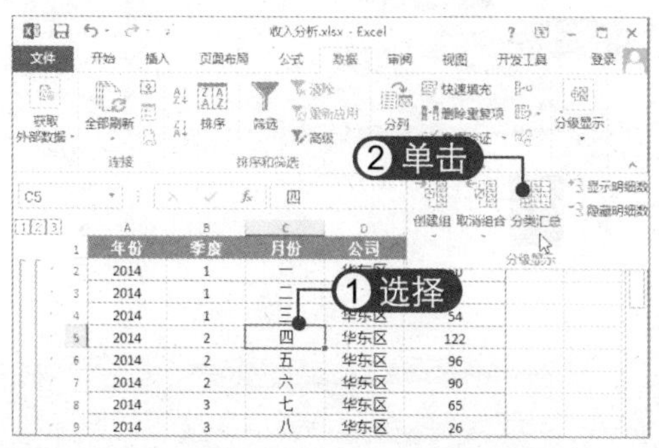

02 设置嵌套分类汇总参数 选择“分类字段”为“年份”，选择“汇总方式”为“求和”，选中“收入（万）”汇总项，取消选择“替换当前分类汇总”复选框，单击“确定”按钮，如下图所示。

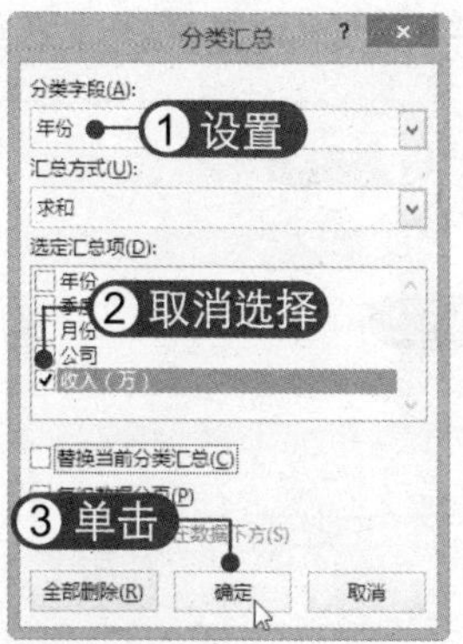

03 查看嵌套汇总 此时即可进行嵌套分类汇总，在原有汇总的基础上再一次按“年份”对“收入”进行求和汇总，如下图所示。

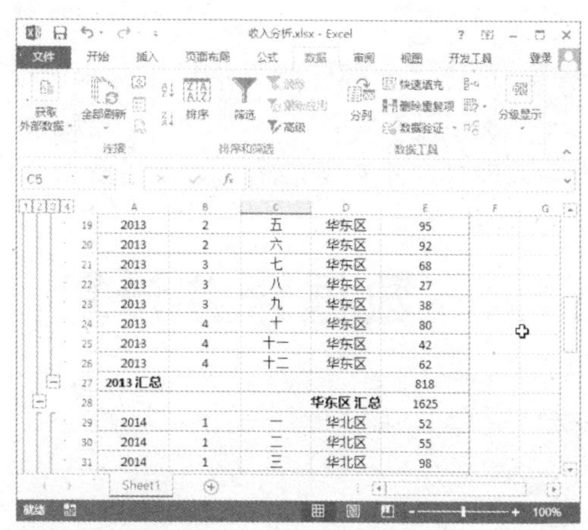

04 分级显示汇总 在左侧单击3按钮，即可对数据进行分级显示，如下图所示。

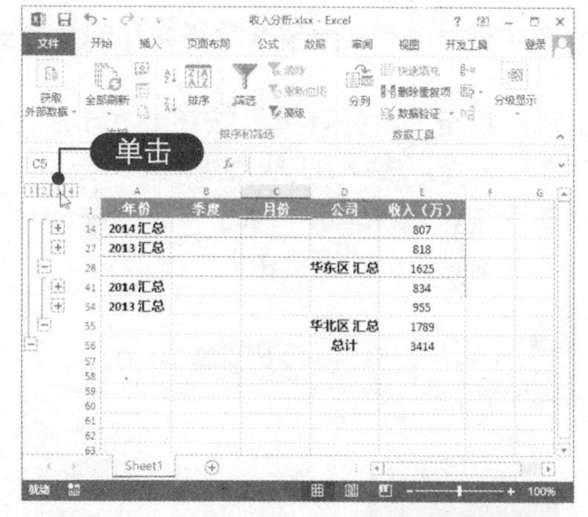

11.3.4 删除分类汇总

要将分类汇总数据转换为普通的数据表格，可删除分类汇总，具体操作方法如下：

01 单击“分类汇总”按钮 选择分类汇总表格中的任意单元格，在“分级显示”组中单击“分类汇总”按钮，如下图所示。

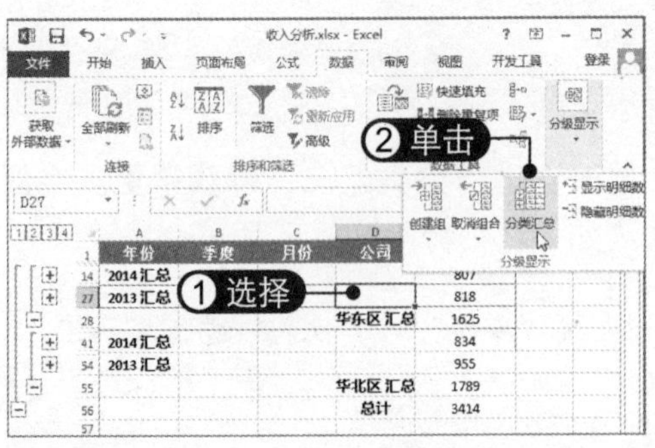

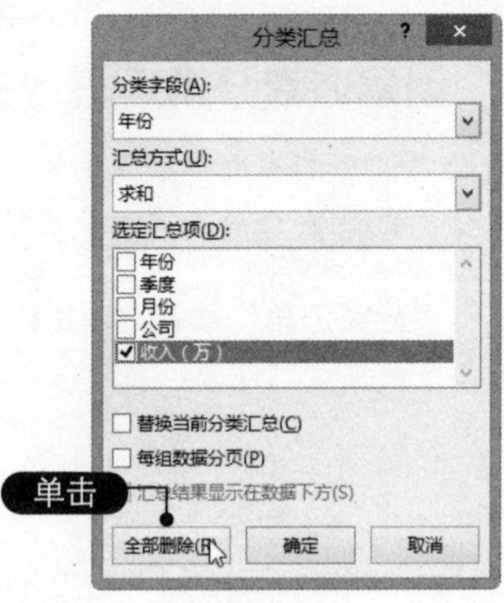

02 **单击“全部删除”按钮** 弹出“分类汇总”对话框，单击“全部删除”按钮，即可删除分类汇总，如右图所示。

11.4 数据合并计算

在 Excel 2013 中可以将多个工作表中的数据同时进行计算汇总。在计算过程中保存计算结果的工作表称为目标工作表，接受合并数据的区域称为源区域。合并计算分为按位置合并计算和按分类合并计算两种，可以利用合并计算功能快速处理数据。

11.4.1 按位置合并计算

按位置合并计算要求所有源区域中的数据被相同地排列，即要进行合并计算的工作表中每条记录名称和字段名称都在相同的位置。按位置合并计算的具体操作方法如下：

01 **单击“合并计算”按钮** 打开素材文件，选择B3单元格，在“数据”选项卡下“数据工具”组中单击“合并计算”按钮，如下图所示。

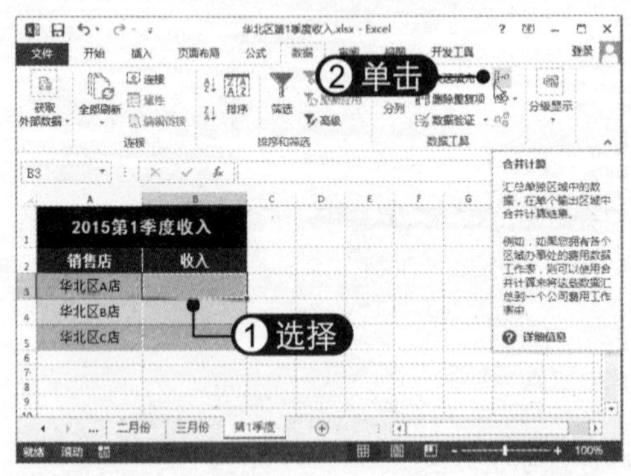

02 **选择函数** 弹出“合并计算”对话框，选择“求和”函数，将光标定位到“引用位置”文本框中，如下图所示。

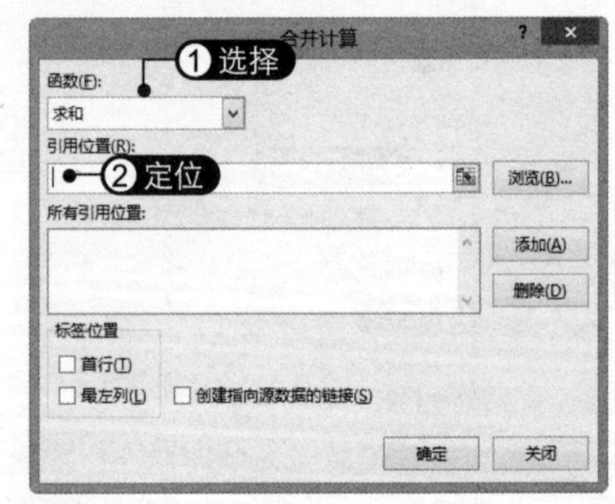

03 **选择引用位置** 选择“一月份”工作表，选择B3:B5单元格区域，如下图所示。

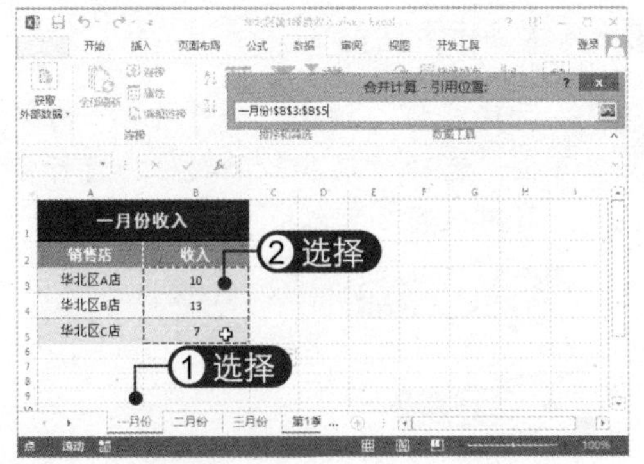

04 添加引用位置 返回“合并计算”对话框，单击“添加”按钮，将引用位置添加到列表框中，如下图所示。

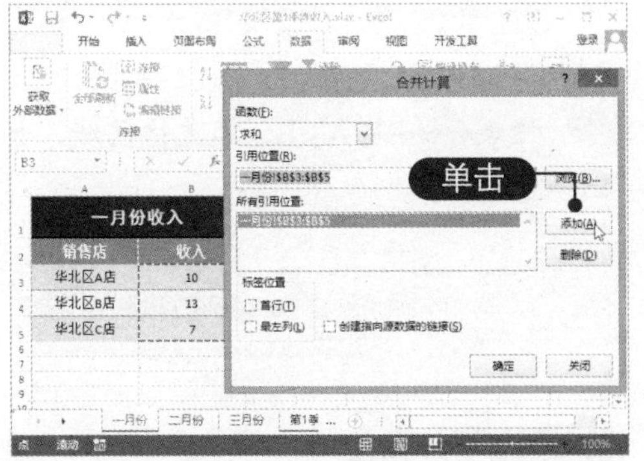

05 继续添加引用位置 用同样的方法添加“二月份”和“三月份”工作表中的引用位置，选中“创建指向源数据的链接”复选框，单击“确定”按钮，如下图所示。

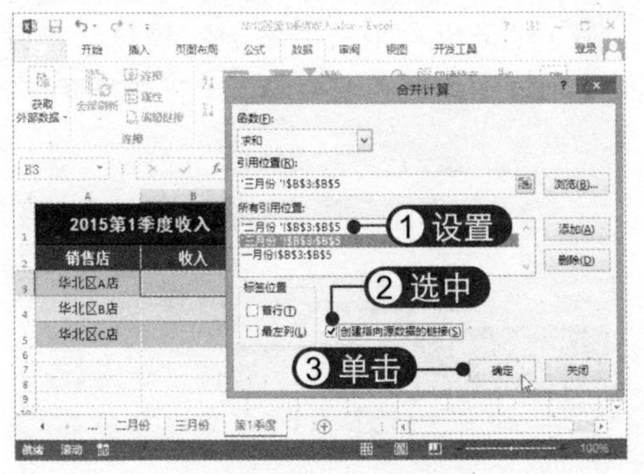

06 查看合并计算效果 此时即可将两个工作表的销量之和填充到目标位置，如下图所示。

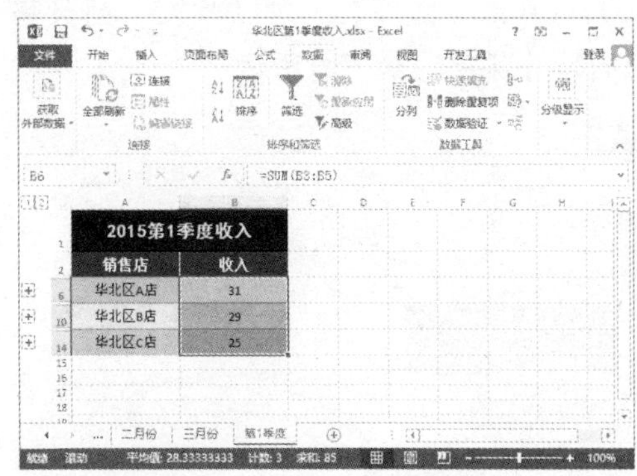

07 更改数据 选择“二月份”工作表，将数据12更改为13，如下图所示。

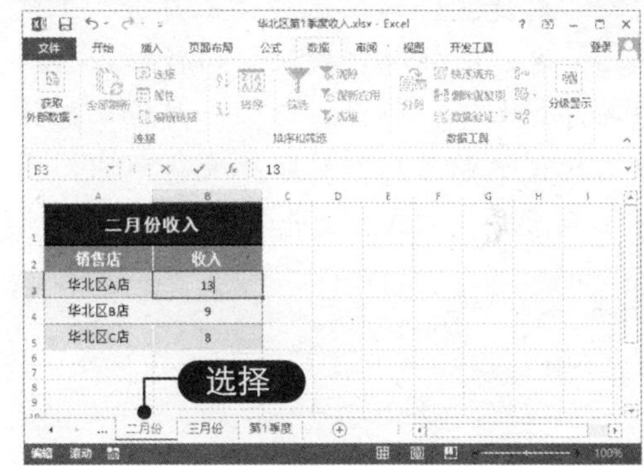

08 查看引用单元格 切换到“第1季度”工作表，可以看到对应单元格的数据也随之更改，如下图所示。单击⊞按钮可展开分组，查看销量的引用数据。

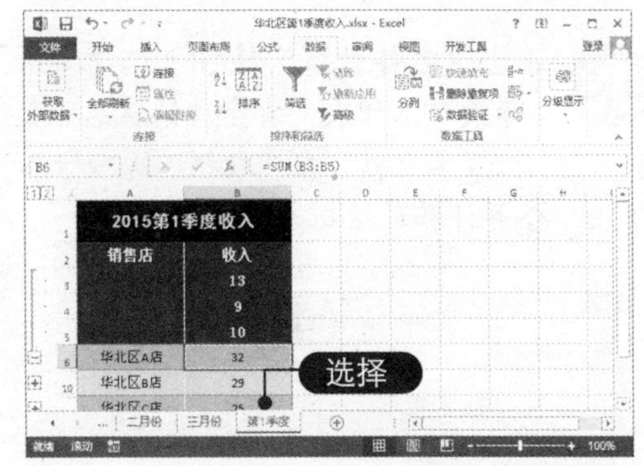

11.4.2 按分类合并计算

如果工作表中每个字段名称相同，而字段和数据存放的位置不同时，就不可以按位置进行合并计算，而要按分类进行合并计算，具体操作方法如下：

01 排序数据 打开素材文件，选择“一月份”工作表，对“收入”列数据进行降序排序，如下图所示。

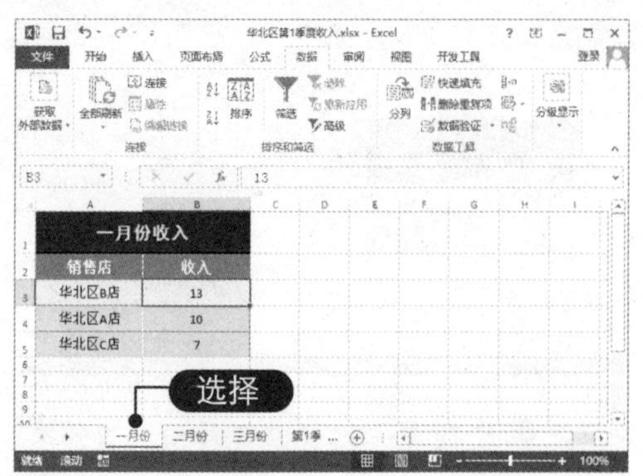

02 对比工作表 选择“三月份”工作表，同样对“收入”列数据进行降序排序，如下图所示。与“一月份”工作表对比，“销售店”的顺序变得不同，因此不能使用“按位置合并计算数据”了。

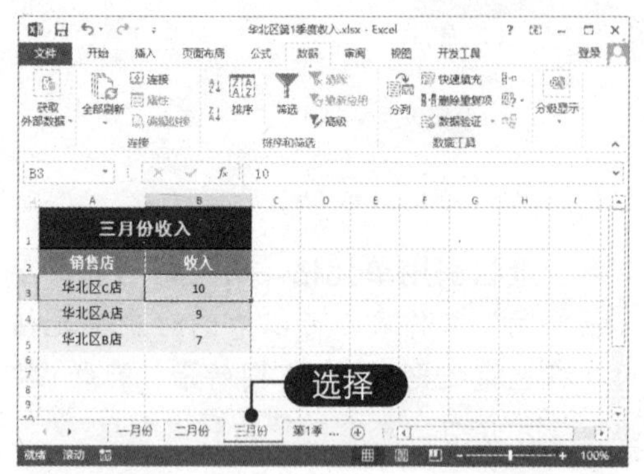

03 单击“合并计算”按钮 选择“第1季度”工作表，清空“销售店”数据，选择A3单元格，在“数据”选项卡下单击“合并计算”按钮，如下图所示。

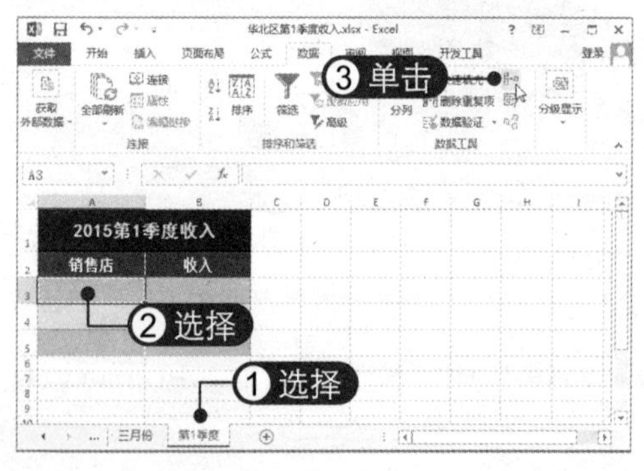

04 选择函数 弹出“合并计算”对话框，选择“求和”函数，将光标定位到“引用位置”文本框中，如下图所示。

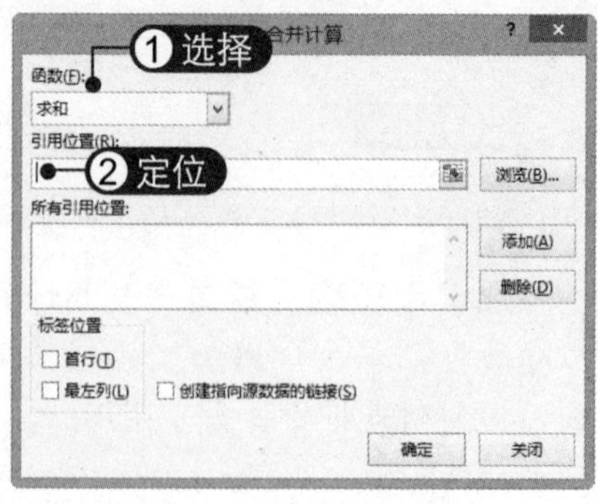

05 选择引用位置 选择“一月份”工作表，选择A3:B5单元格区域，如下图所示。

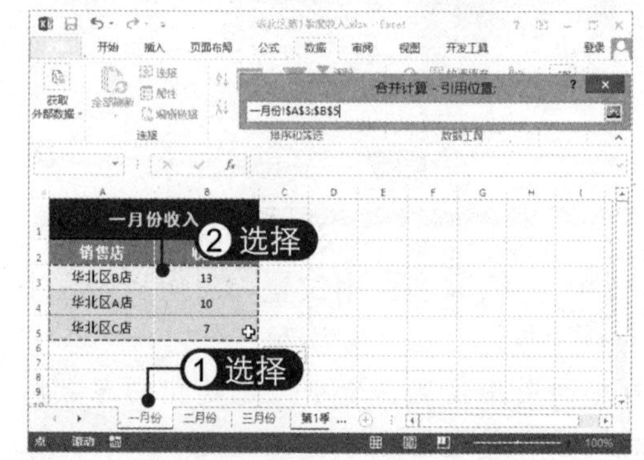

06 添加引用位置 返回“合并计算”对话框，单击“添加”按钮，将引用单元格添加到列表框中，如下图所示。

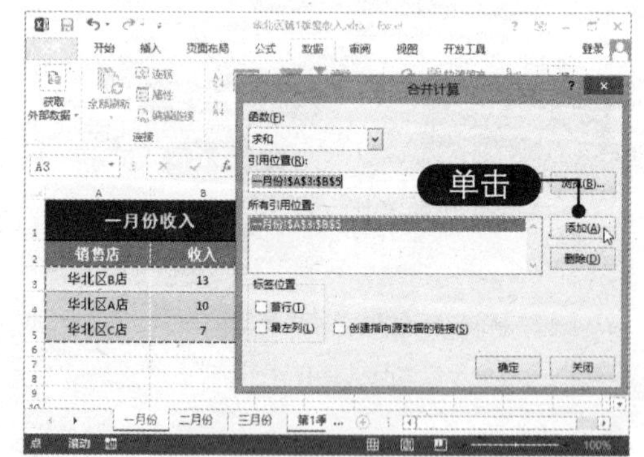

07 设置标签位置 用同样的方法添加“二月份”和“三月份”工作表的

引用位置，选中“创建指向源数据的链接”和“最左列”复选框，单击“确定”按钮，如下图所示。

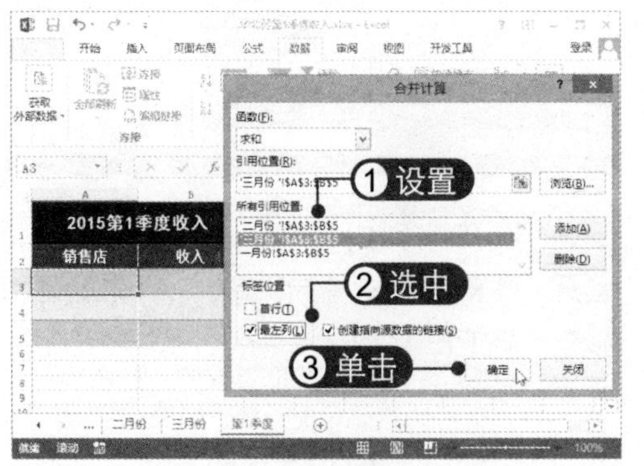

08 查看合并计算效果 查看合并计算结果，将相同型号的产品销量进行求和汇总，如下图所示。

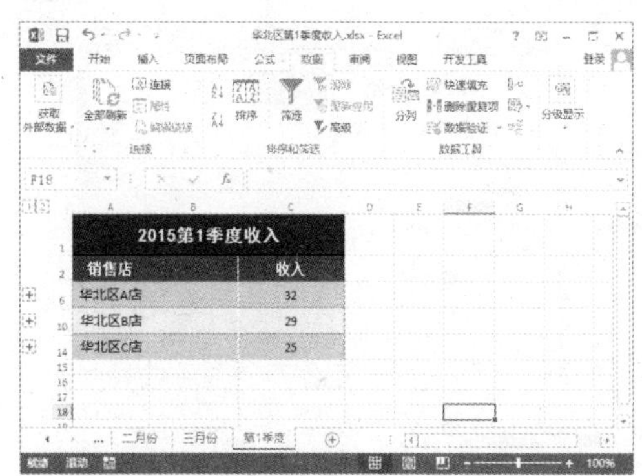

11.5 数据有效性

数据有效性用于定义可以在单元格中输入或应该在单元格中输入哪些数据。通过设置数据有效性，可以防止输入无效数据。

11.5.1 设置数据有效性

设置数据有效性可以控制用户输入到单元格的数据或数值的类型，具体操作方法如下：

01 单击“数据验证”按钮 打开素材文件，选择D3:D11单元格区域，在“数据”选项卡下“数据工具”组中单击“数据验证”按钮，如下图所示。

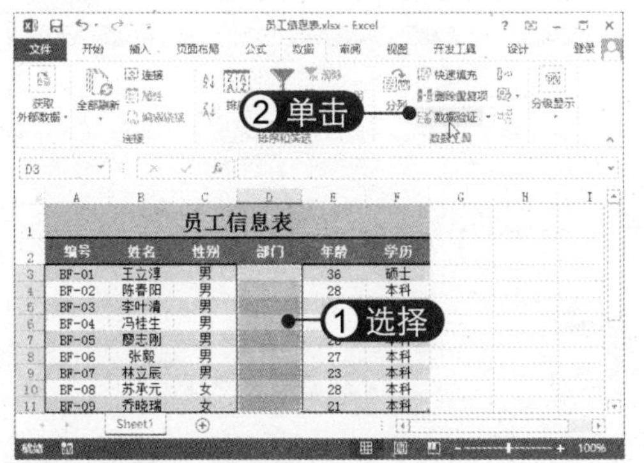

02 选择“序列”选项 弹出“数据验证”对话框，在“设置”选项卡下选择“序列”选项，如下图所示。

03 输入序列 在“来源”文本框中输入序列文字，并以半角的逗号“,”隔开，如下图所示。

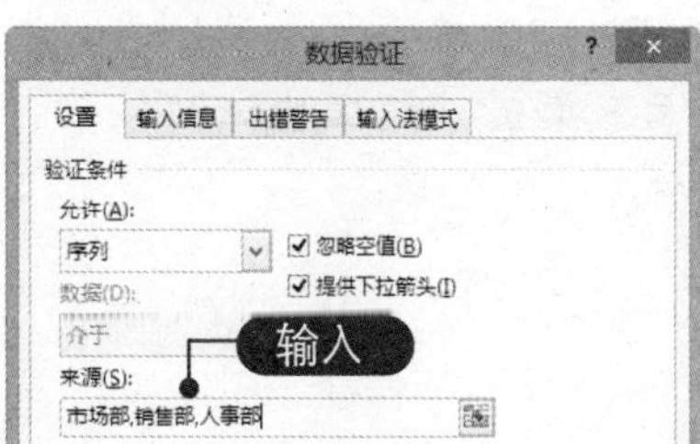

04 **设置输入信息** 选择“输入信息”选项卡，在“输入信息”文本框中输入提示信息，如下图所示。

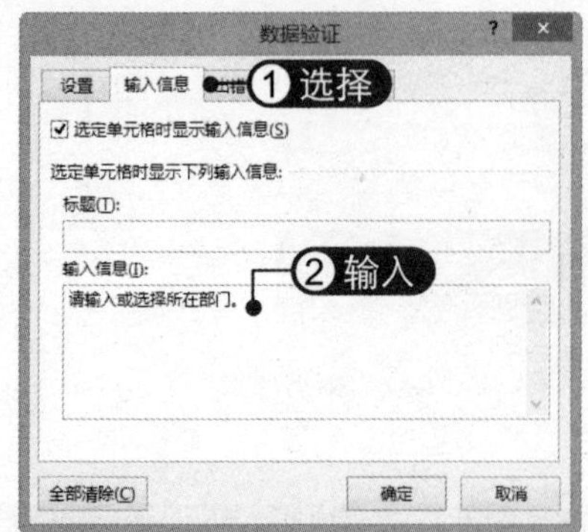

05 **设置出错警告** 选择“出错警告”选项卡，输入“标题”和“错误信息”内容，单击“确定”按钮，如下图所示。

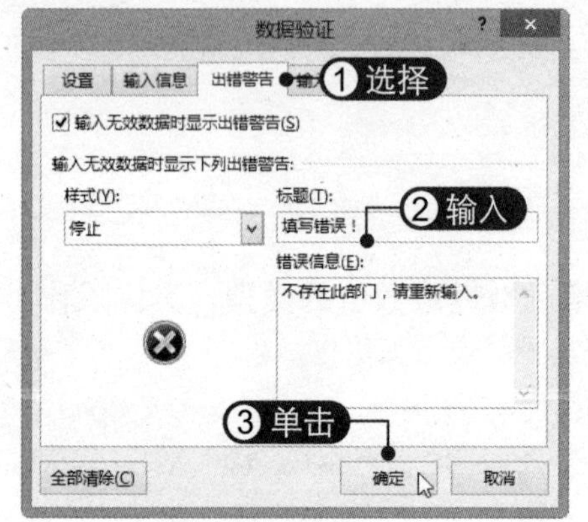

06 **查看输入信息** 选择D3单元格，可以显示出提示信息和下拉按钮，如下图所示。

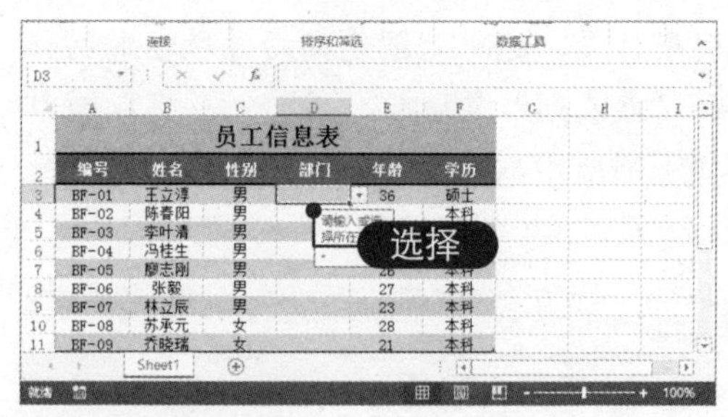

07 **选择序列内容** 单击下拉按钮，在弹出的列表中可以选择所需的序列内容，如下图所示。

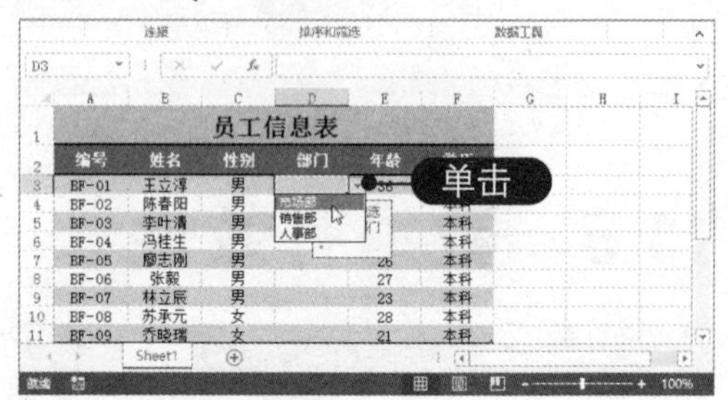

08 **查看出错警告信息** 也可以直接在单元格中输入部门信息，当输入非指定序列的信息时将弹出错误提示，如下图所示。

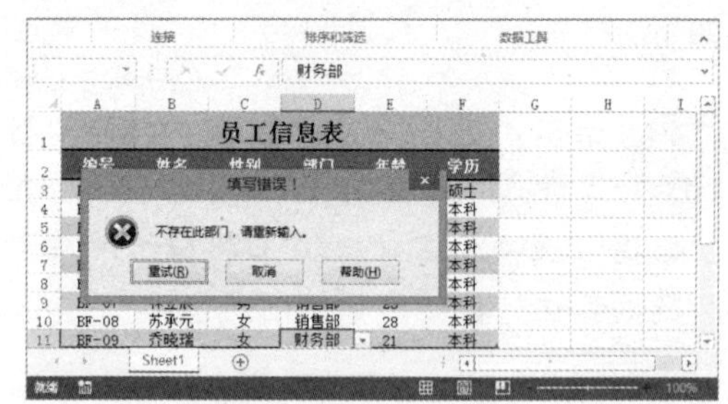

11.5.2 圈释错误信息

对于已经存在数据的单元格，也可以设置其数据有效性，并将其中无效的数据圈出来，具体操作方法如下：

01 **单击“数据验证”按钮** 选择E3:E10单元格区域，在“数据”选项卡下单击“数据验证”按钮，如右图所示。

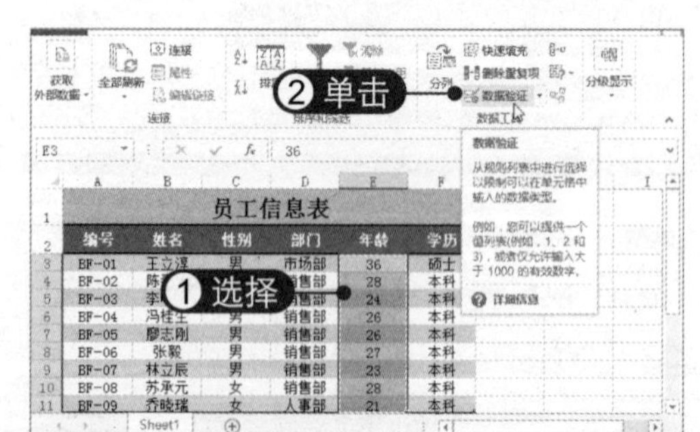

02 设置验证条件 弹出“数据验证”对话框，在“允许”下拉列表框中选择“整数”选项，设置“介于”条件，然后单击“确定”按钮，如下图所示。

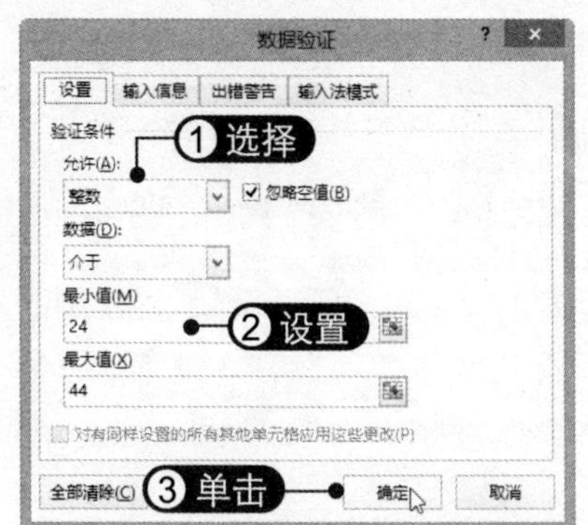

03 查看错误信息 此时在不符合验证条件的单元格中出现错误的信息标记。单击错误信息按钮，在弹出的列表中选择“显示类型信息”选项，如下图所示。

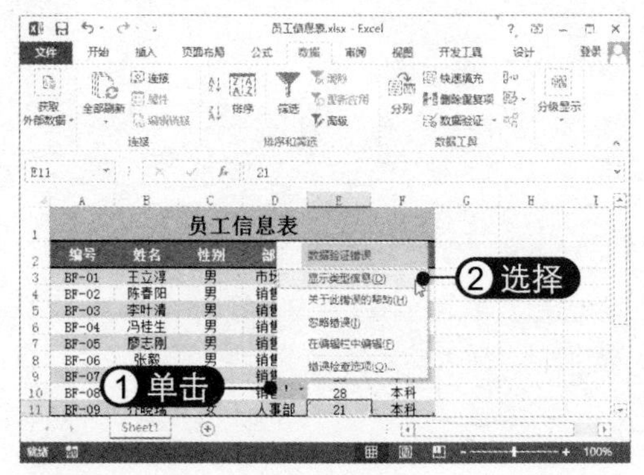

04 显示内容限制信息 弹出提示信息框，显示该单元格的限制内容，如下图所示。

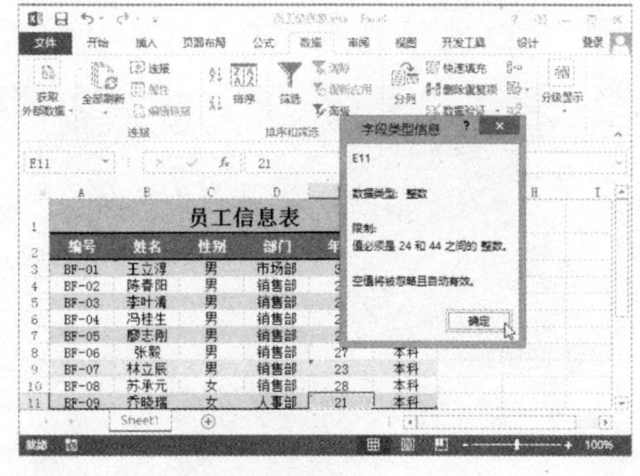

05 设置圈释无效数据 单击“数据验证”下拉按钮，在弹出的下拉列表中选择“圈释无效数据”选项，如下图所示。

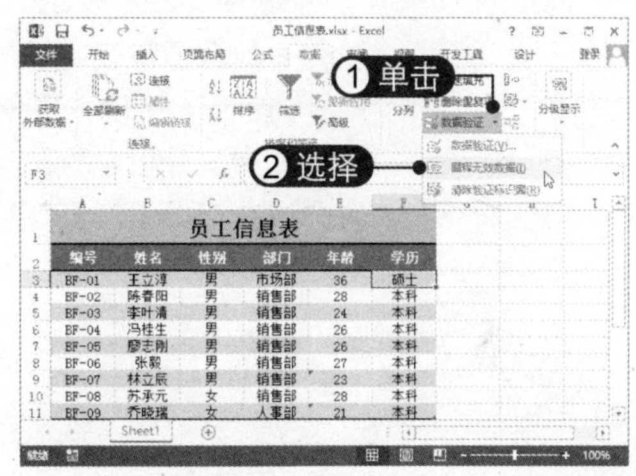

06 圈释无效数据 此时无效的数据将被自动圈起来，更改这些单元格中的数据即可，如下图所示。

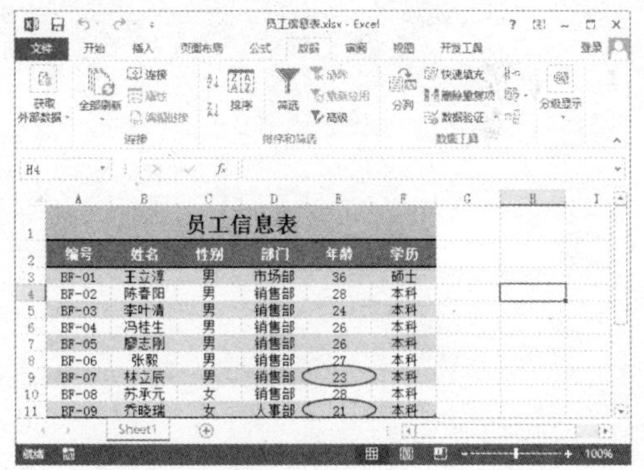

Chapter 12

使用数据透视表与数据透视图

数据透视表有机地综合了数据排序、筛选和分类汇总等数据分析的优点，可以方便地调整分类汇总的方式。数据透视表是对数据的查询与分析，是深入挖掘数据内部信息的重要工具。本章将详细介绍在 Excel 2013 中数据透视表和数据透视图的应用方法。

本章要点

- 创建、移动与删除数据透视表
- 更改行标签和列标签
- 筛选数据透视表数据
- 更改数据透视表布局
- 数据透视表排序
- 字段设置、使用切片器和筛选器

知识等级

Excel 2013 高级读者

建议学时

建议学习时间为 90 分钟

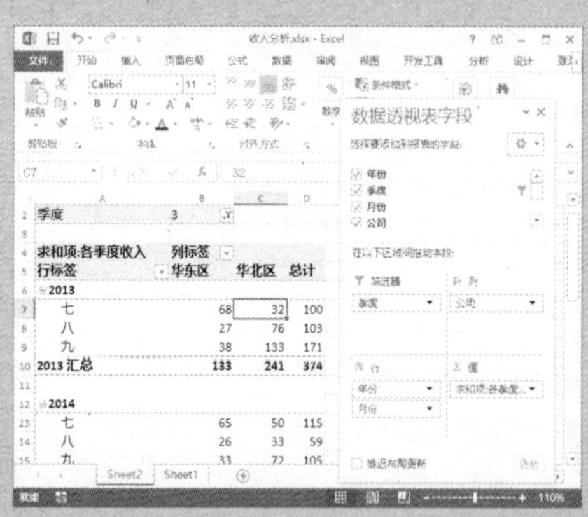

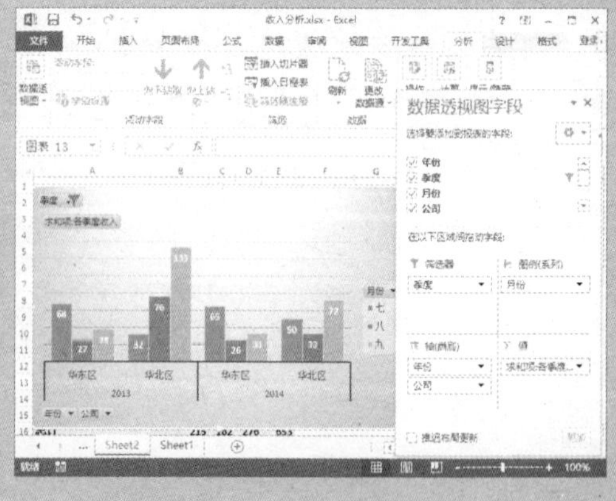

12.1 创建、移动与删除数据透视表

数据透视表是一种可以快速汇总大量数据的交互式方法。使用数据透视表可以深入分析数值数据，聚合数据或分类汇总，可以帮助用户从不同的角度查看数据，并对相似数据的数字进行比较。

数据透视表的具体用途如下：

- ✧ 以多种方式查询大量数据。
- ✧ 对数据进行分类汇总和聚合，按分类和子分类对数据进行汇总，创建自定义计算和公式。
- ✧ 展开或折叠要关注结果的数据级别，查看感兴趣区域汇总数据的明细。
- ✧ 切换数据行/列，以透视数据，查看源数据不同的汇总结果。
- ✧ 对关注的数据子集进行筛选、排序、分组和有条件地设置格式，使用户能够关注所需的信息。
- ✧ 提供简明、有吸引力且带有批注的联机报表或打印报表。

下面将介绍数据透视表的基本操作，其中包括为办公数据创建数据透视表，移动数据透视表的位置和删除数据透视表等。

12.1.1 为工作表数据创建数据透视表

在制作 Excel 表格时，可以在当前工作表中创建数据透视表，也可以在新的工作表中创建数据透视表。创建数据透视表的具体操作方法如下：

01 单击“数据透视表”按钮 打开素材文件，选择任一数据单元格，在“插入”选项卡下“表格”组中单击“数据透视表”按钮，如下图所示。

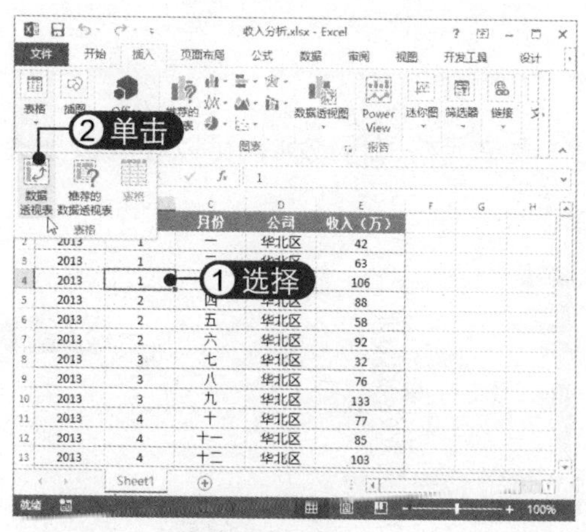

02 选中“现有工作表”单选按钮 弹出对话框，将自动选中表区域。选中“现有工作表”单选按钮，将光标定位到“位置”文本框中，如下图所示。

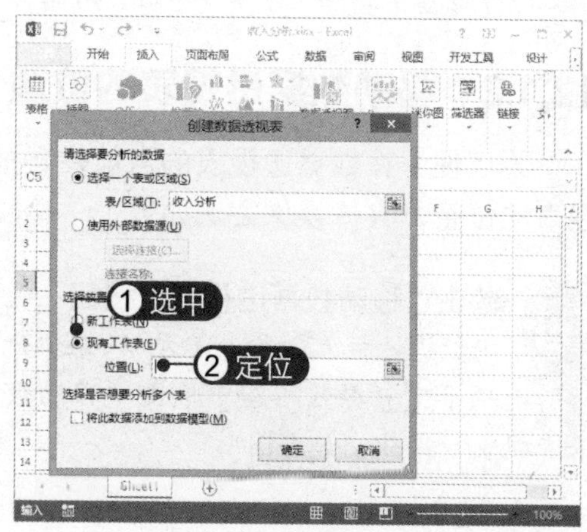

03 选择位置 在工作表中选择放置数据透视表的位置，然后单击“确定”按钮，如下图所示。

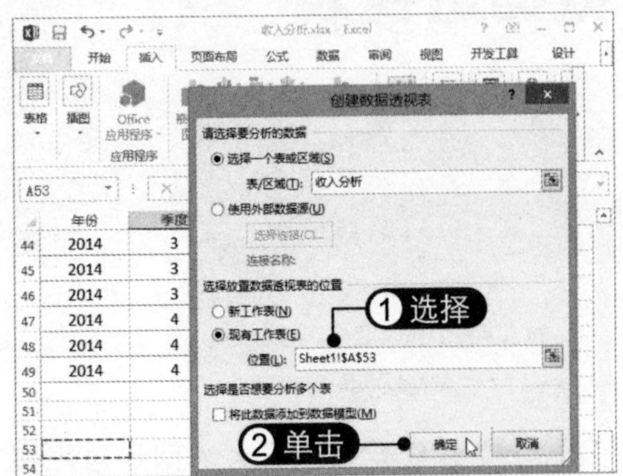

04 拖动字段 此时即可在新工作表中创建一个空的数据透视表，并显示字段窗格。将“年份”字段拖至“行”区域中，如下图所示。

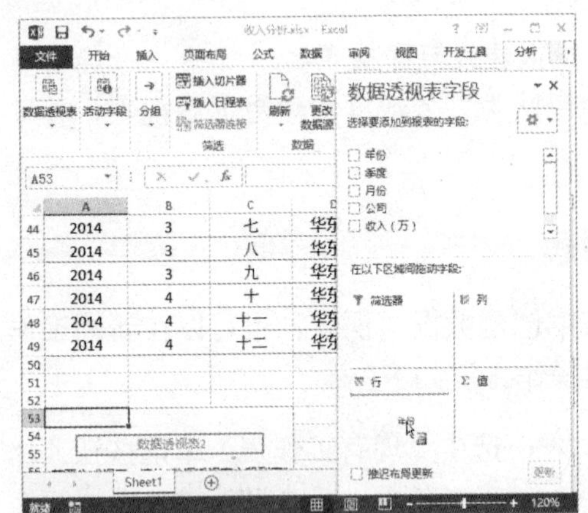

05 添加字段 此时即在数据透视表的行标签中添加“年份”字段。用同样的方法将“公司”字段拖至“年份”字段下方，查看数据透视表效果，如下图所示。

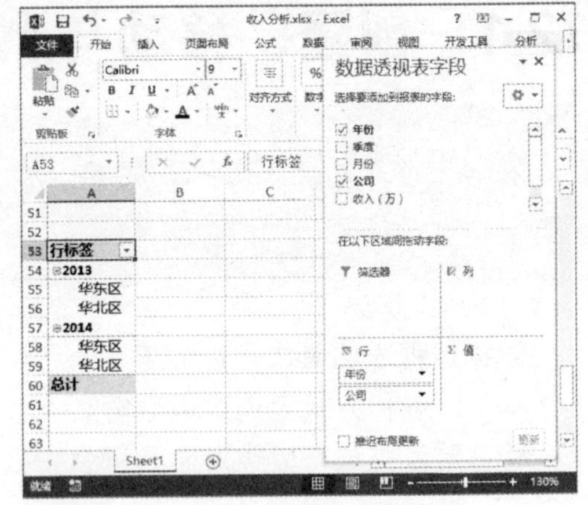

06 在“值”区域添加字段 将“收入（万）”字段拖至“值”区域中，查看数据透视表效果，如下图所示。

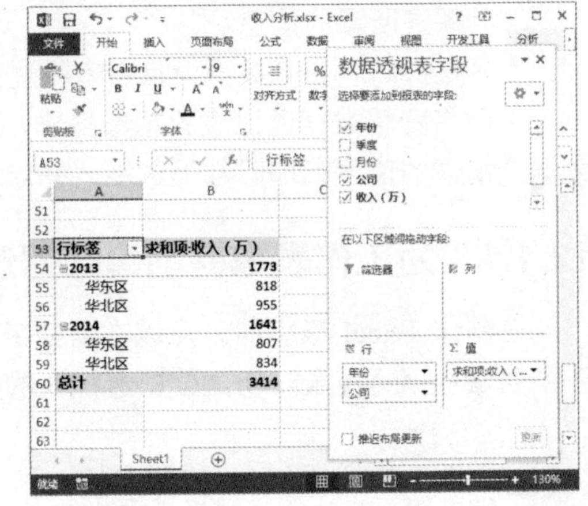

12.1.2 移动数据透视表的位置

为了便于在数据透视表的当前位置插入工作表单元格、行或列，可以移动数据透视表的位置，具体操作方法如下：

01 单击“移动数据透视表”按钮 选中数据透视表的任一单元格，在“分析”选项卡下“操作”组中单击“移动数据透视表”按钮，如右图所示。

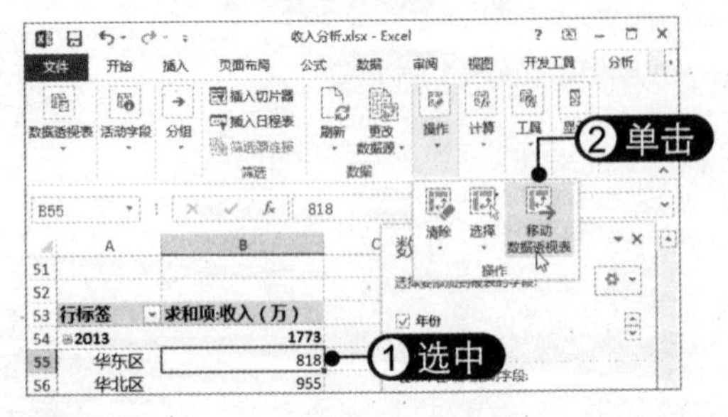

02 **选中"新工作表"单选按钮** 弹出"移动数据透视表"对话框，选中"新工作表"单选按钮，单击"确定"按钮，如下图所示。

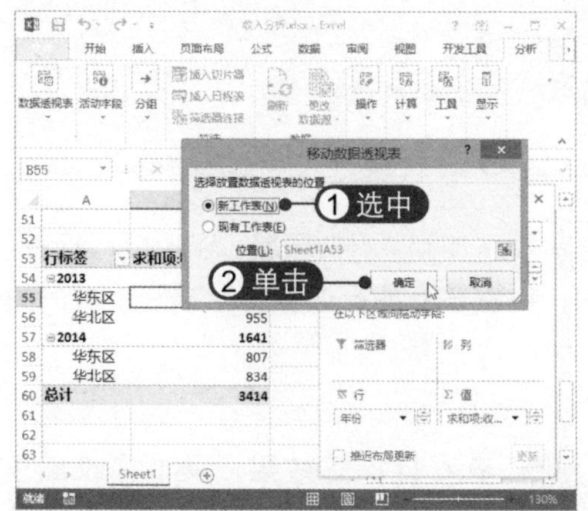

03 **移动数据透视表** 此时即可将数据透视表移到新工作表中，如下图所示。

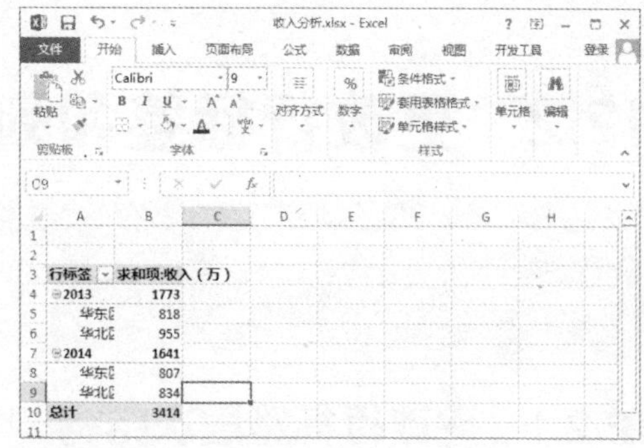

04 **调整行宽并设置字体格式** 根据需要调整数据所在行的行宽，并设置数据的字体格式，效果如下图所示。

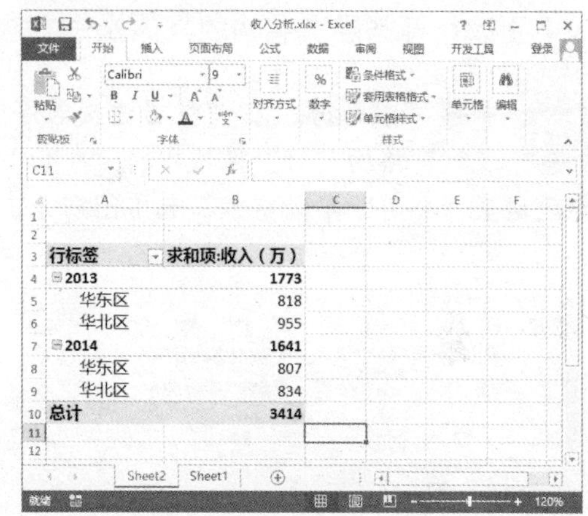

12.1.3 删除数据透视表

当不再需要数据透视表时可以将其删除，具体操作方法如下：

01 **选择数据透视表** 选中数据透视表的任一单元格，在"分析"选项卡下"操作"组中单击"选择"下拉按钮，选择"整个数据透视表"选项，如下图所示。

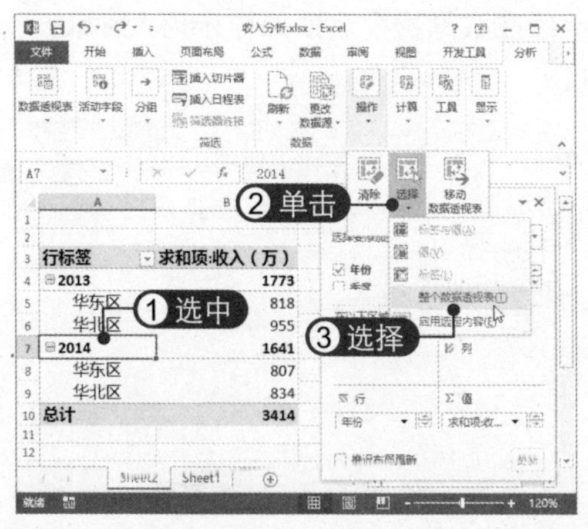

02 **删除数据透视表** 此时即可将整个数据透视表选中，按【Delete】键即可将其删除，如下图所示。

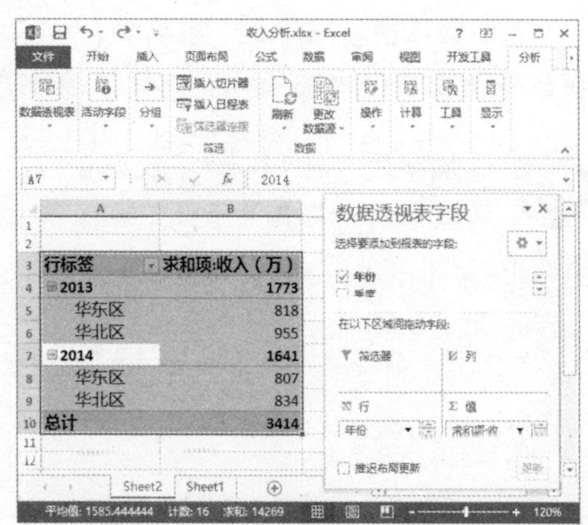

12.2 更改行标签和列标签

创建数据透视表后，可以使用"数据透视表字段"窗格为其添加、重新排列或删除数据透视表字段。下面将介绍如何更改数据透视表中的行标签和列标签。

12.2.1 更改行标签层次结构

在数据透视表中添加字段通常是将非数值字段添加到"行"区域，以形成行标签。通过更改字段顺序可以更改行标签的层次结构，位置较低的行嵌套在紧靠它上方的另一行中。

更改行标签层次结构的具体操作方法如下：

01 调整字段顺序 在"数据透视表字段"窗格的"行"区域中将"年份"字段拖至"公司"字段下方，如下图所示。

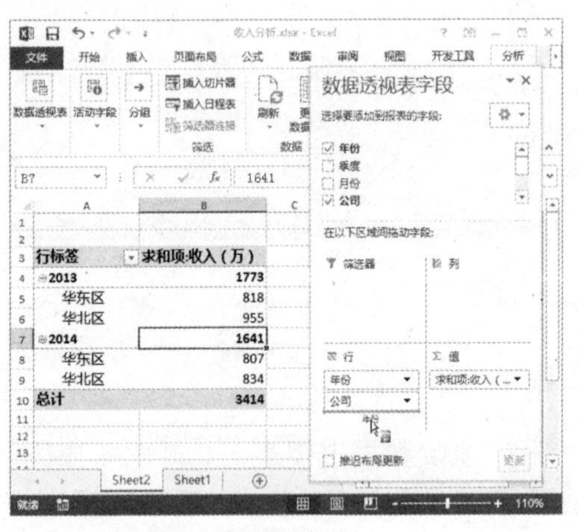

02 查看行标签效果 更改字段顺序后，在数据透视表中查看行标签效果，可以看到"年份"字段位于"公司"字段下一级中，如下图所示。

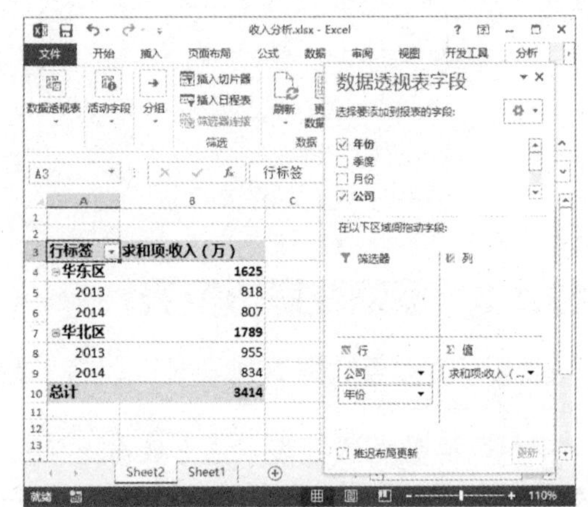

12.2.2 添加列标签

在"数据透视表字段"窗格中，"列"区域字段在数据透视表顶部显示为"列标签"。在数据透视表中添加列标签的具体操作方法如下：

01 添加字段 将"季度"字段拖至"行"区域中，并将其置于最下方，如右图所示。

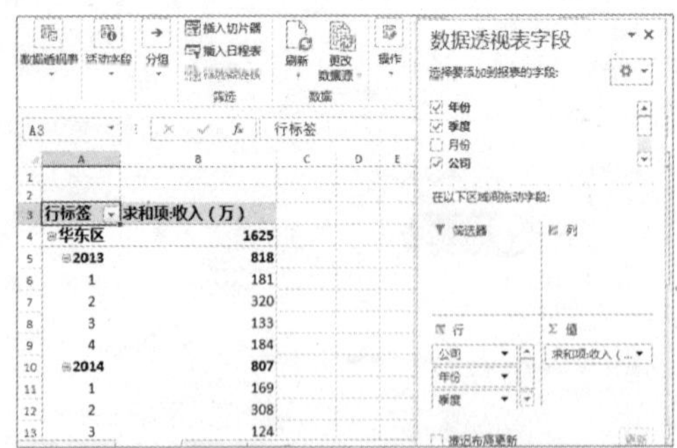

02 **添加列标签** 在“数据透视表字段”窗格的“行”区域中将“公司”字段拖至“列”区域中，可以看到“公司”转变为列标签，如右图所示。

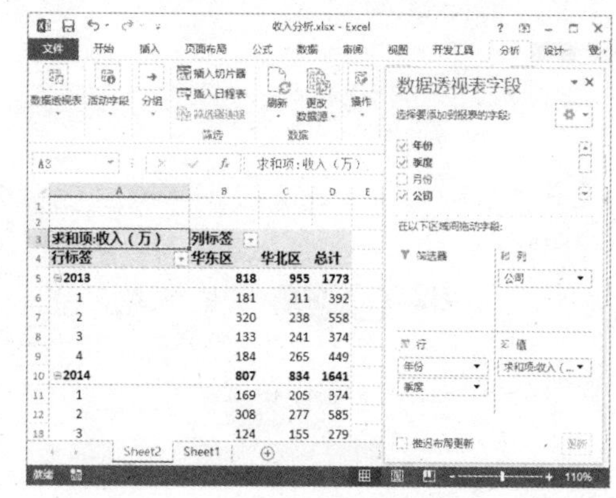

12.3 筛选数据透视表数据

如果数据透视表连接到包含大量数据的外部数据源，为了便于分析数据，可以对一个或多个字段添进行筛选，这样也有助于减少更新报表所需的时间。

12.3.1 在透视表中筛选数据

在数据透视表中筛选数据的具体操作方法如下：

01 **筛选行标签** 在数据透视表中单击“行标签”下拉按钮，在弹出的列表中选中要保留的行标签前面的复选框，单击“确定”按钮，如下图所示。

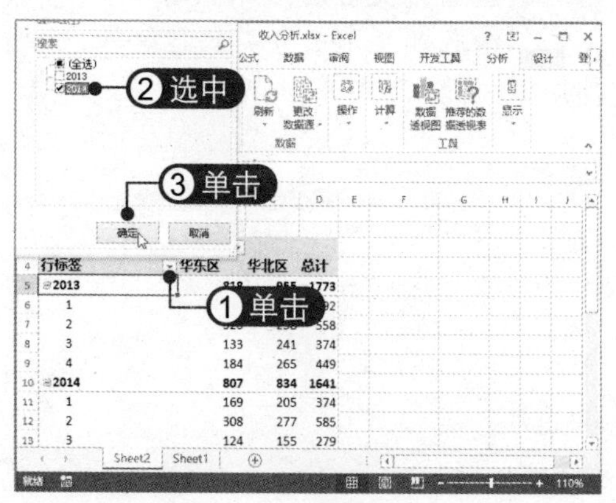

02 **查看筛选效果** 对行标签筛选后查看数据透视表效果，可以看到只保留了2014年份的数据，如下图所示。

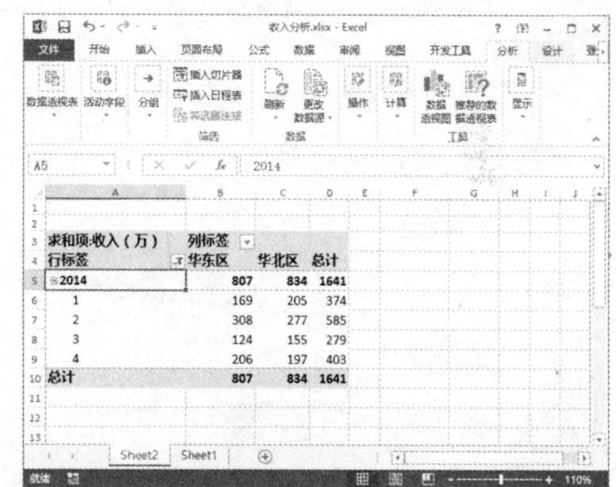

12.3.2 在“数据透视表字段”窗格中筛选数据

在创建数据透视表前，可以在“数据透视表字段”窗格中先对字段数据进行筛选，具体操作方法如下：

01 **筛选季度** 在“数据透视表字段”窗格中单击“季度”下拉按钮，在弹出的列表中选中要保留的季度前的复选框，单击“确定”按钮，如下图所示。

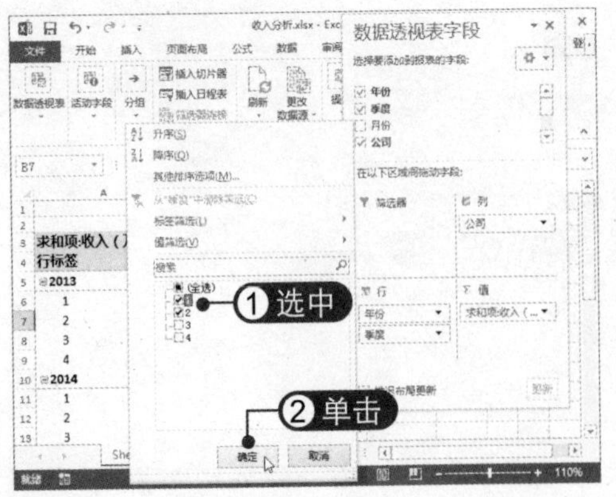

02 **查看筛选结果** 此时即可查看数据透视表筛选结果，可以看到只保留了1、2季度的数据，如下图所示。

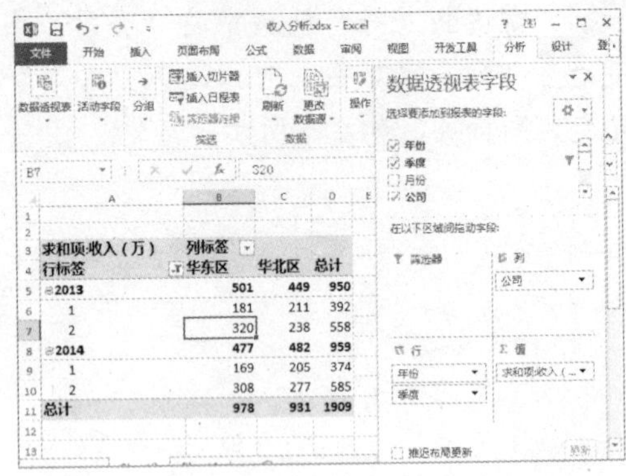

12.4 更改数据透视表布局

创建数据透视表后可以根据需要更改其布局，如显示或隐藏分类汇总、以大纲或表格形式显示报表布局，以及在各组间添加空行等。

12.4.1 显示/隐藏分类汇总

当创建显示数值的数据透视表时会自动显示分类汇总和总计，也可以调整其显示位置或隐藏它们，具体操作方法如下：

01 **设置显示分类汇总** 选中数据透视表中的任一单元格，选择“设计”选项卡，在“布局”组中单击“分类汇总”下拉按钮，选择“在组的底部显示所有分类汇总”选项，如下图所示。

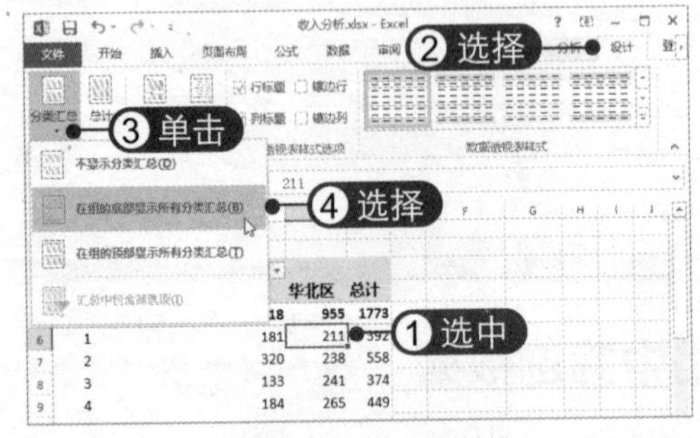

02 **查看分类汇总效果** 此时即可在每组底部显示出分类汇总结果，如下图所示。

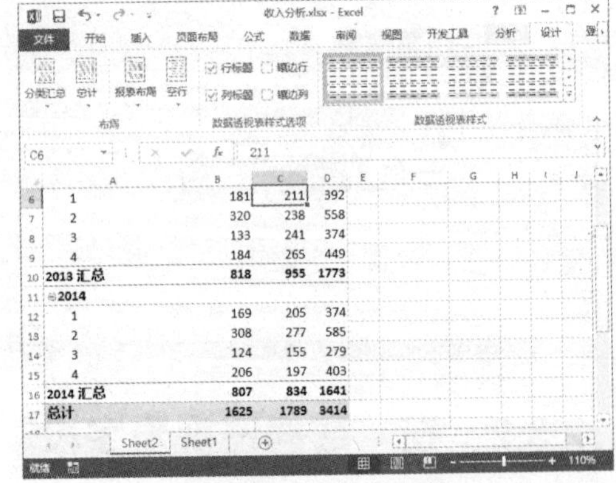

12.4.2 设置报表布局

用户可以更改数据透视表及其各个字段的形式，还可以在行或项后显示或隐藏空白行，具体操作方法如下：

01 设置以大纲形式显示报表 选择数据透视表中的任一单元格，选择“设计”选项卡，单击“报表布局”下拉按钮，选择“以大纲形式显示”选项，如下图所示。

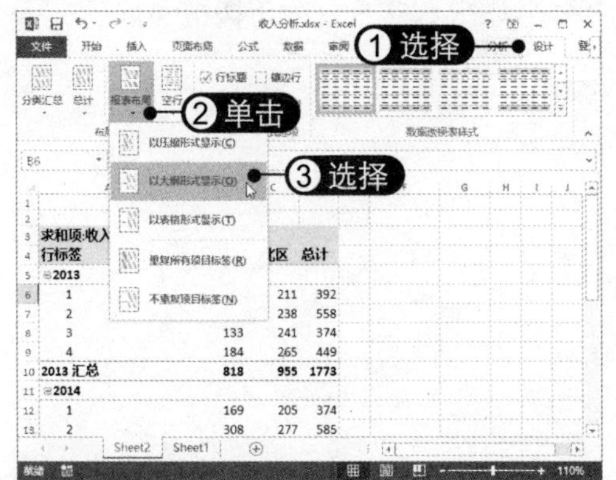

02 查看大纲报表布局 此时即可以大纲形式显示数据透视表，效果如下图所示。

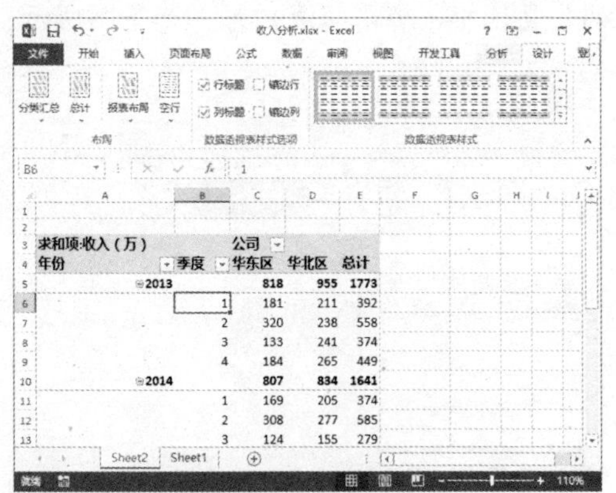

03 设置以表格形式显示报表 单击“报表布局”下拉按钮，选择“以表格形式显示”选项，如下图所示。

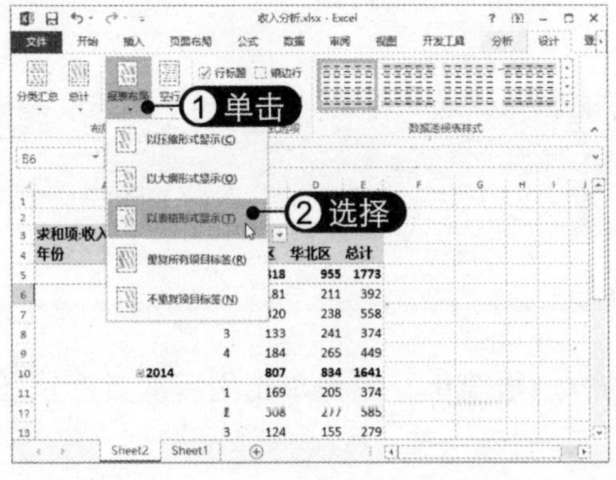

04 查看表格报表布局 此时即可在数据透视表中自动添加表格线，效果如下图所示。

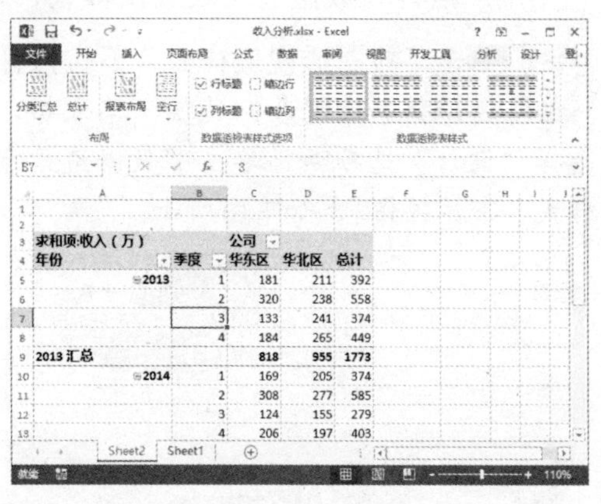

05 设置插入空行 单击“空行”下拉按钮，选择“在每个项目后插入空行”选项，如下图所示。

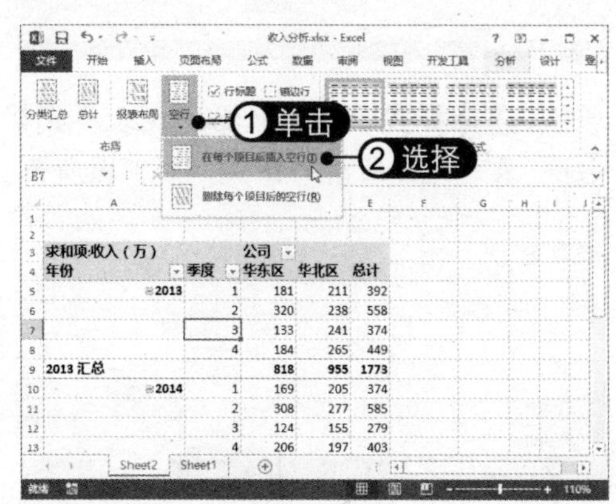

06 查看空行效果 此时即可在行标签项目后添加一个空行，效果如下图所示。

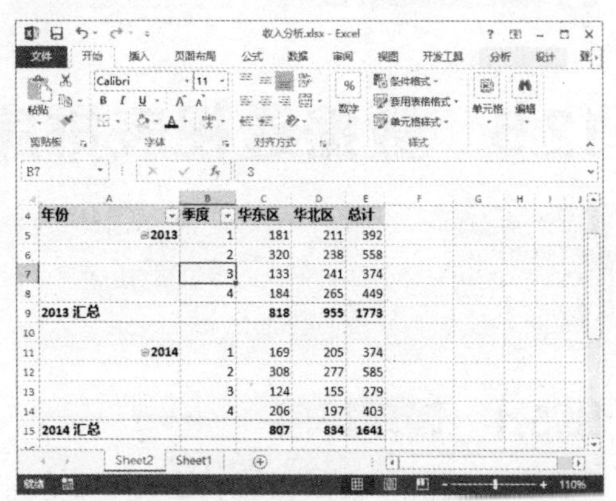

12.4.3 更改数据透视表样式

用户可以为数据透视表应用样式，以更改其外观，具体操作方法如下：

01 单击“数据透视表样式”下拉按钮 选择数据透视表中的任一单元格，选择“设计”选项卡，单击“数据透视表样式”下拉按钮，如下图所示。

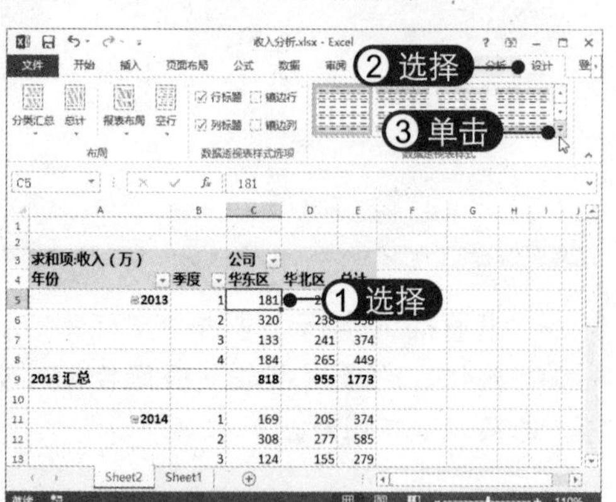

02 选择样式 弹出数据透视表样式列表，选择所需的样式，如下图所示。

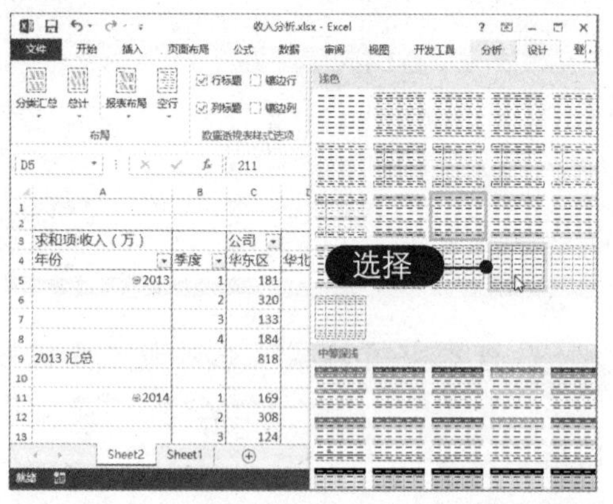

03 应用样式 查看应用了样式的数据透视表效果，如下图所示。

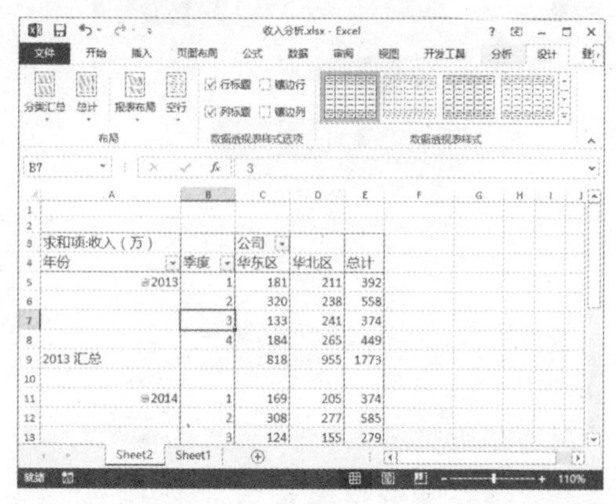

04 设置数据透视表样式选项 在“数据透视表样式选项”组中选中“镶边列”复选框，查看报表效果，如下图所示。

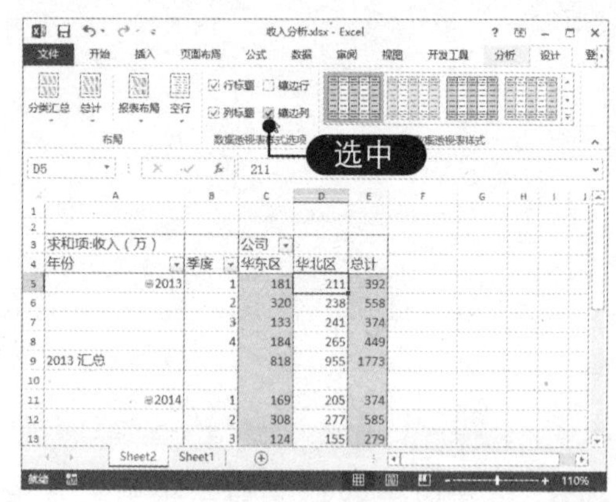

12.5 数据透视表排序

创建数据透视表后，可以根据需要对其中的数据进行升序、降序或自定义序列排列。下面将详细介绍如何对数据透视表数据进行排序。

12.5.1 简单排序

对数据透视表数据进行升序或降序排列的方法很简单，只需单击相应的排序按钮即可，具体操作方法如下：

01 单击"降序"按钮 按照前面的方法更改数据透视表的布局，选中"总计"列中的任一单元格，选择"数据"选项卡，单击"降序"按钮，如下图所示。

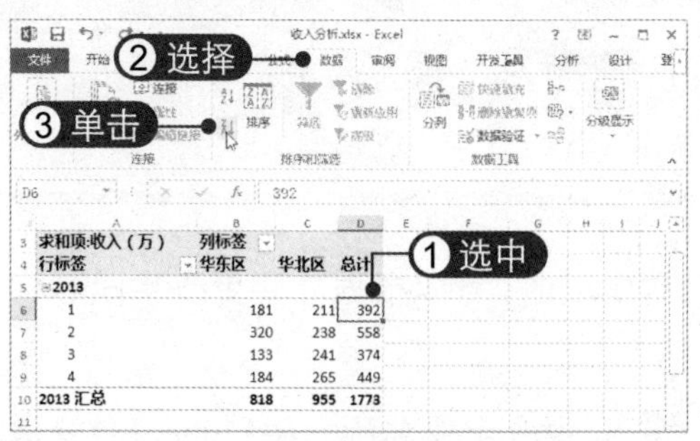

02 排序数据 此时该列中的数据将按降序进行排列，效果如下图所示。

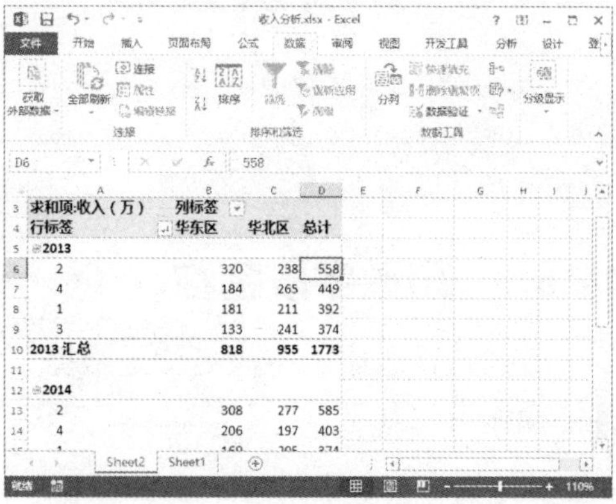

12.5.2 自定义排序

在数据透视表中对行标签或列标签中的字段进行自定义排序，只需用鼠标拖动即可，具体操作方法如下：

01 定位指针 选中"2013"单元格，将鼠标指针移至其网格线位置，直至指针呈十字双向箭头，如下图所示。

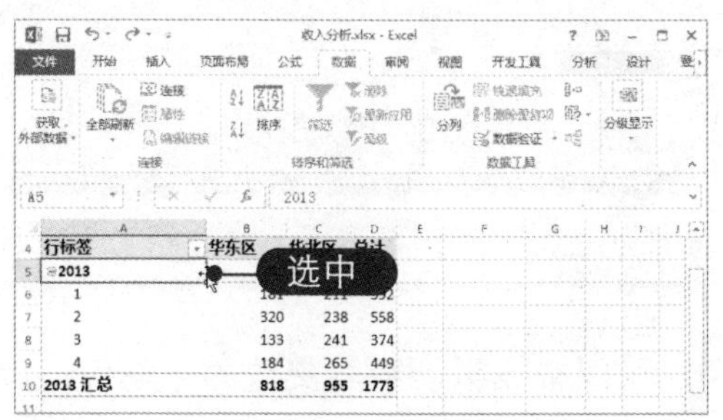

02 拖动鼠标 按住鼠标左键并向下拖动，直至"2014 汇总"行的下方，如下图所示。

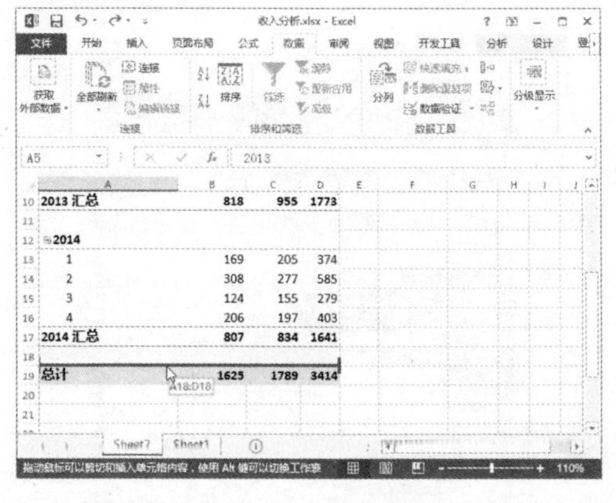

03 调整顺序 松开鼠标后即可移动"2013"行标签到最下方的位置，如下图所示。

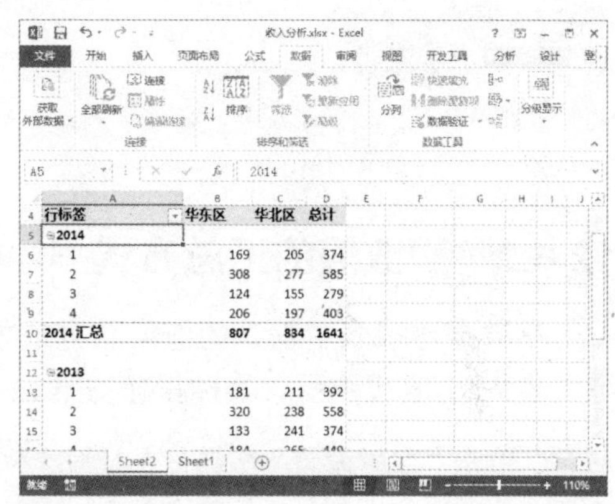

04 移动列字段 用相同的方法将"华东区"移至右侧，如下图所示。

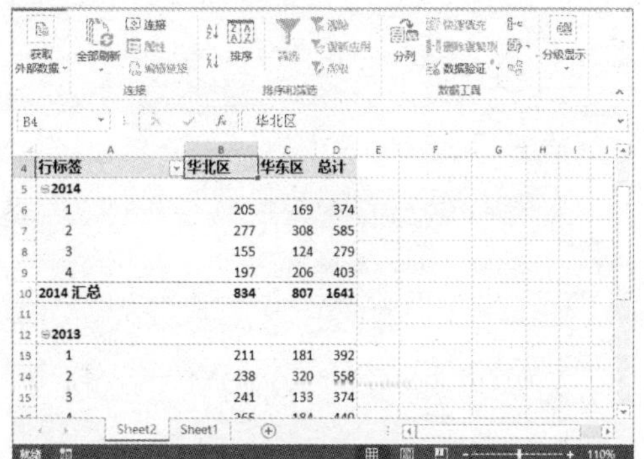

12.6 字段设置

在数据透视表中可以根据需要重命名各字段，还可以更改值的汇总方式及数据的显示方式等。下面将详细介绍如何进行字段设置。

12.6.1 更改字段名称

数据透视表中的字段名称是根据工作表自动生成的，可以根据需要更改字段名称，具体操作方法如下：

01 **输入字段名称** 在数据透视表中选中“求和项：收入（万）”字段单元格，在“分析”选项卡下“活动字段”组中直接输入字段名称，如下图所示。

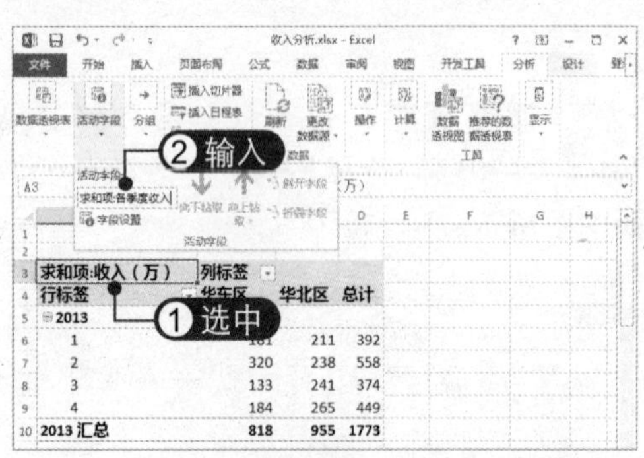

02 **更改字段名称** 按【Enter】键确认，即可更改字段名称，如下图所示。

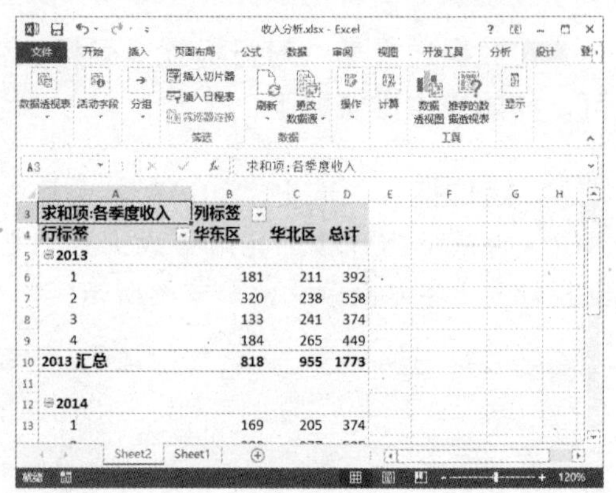

12.6.2 更改值的汇总方式

在数据透视表中默认的值汇总方式为求和，可以根据需要将其更改为平均值、计数、最大/小值或乘积，具体操作方法如下：

01 **单击“字段设置”按钮** 在数据透视表中选中“求和项：第二季度”字段单元格，在“分析”选项卡下“活动字段”组中单击“字段设置”按钮，如下图所示。

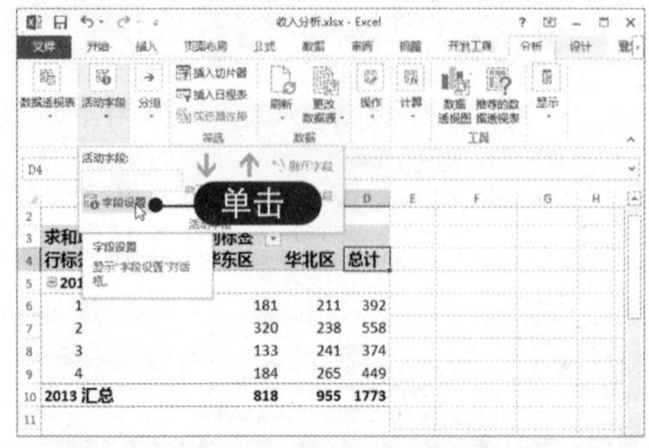

02 **选择计算类型** 弹出“值字段设置”对话框，在“值汇总方式”列表中选择“平均值”选项，然后单击“确定”按钮，如下图所示。

03 更改汇总方式 此时汇总数值的汇总方式即更改为“平均值”汇总，如下图所示。

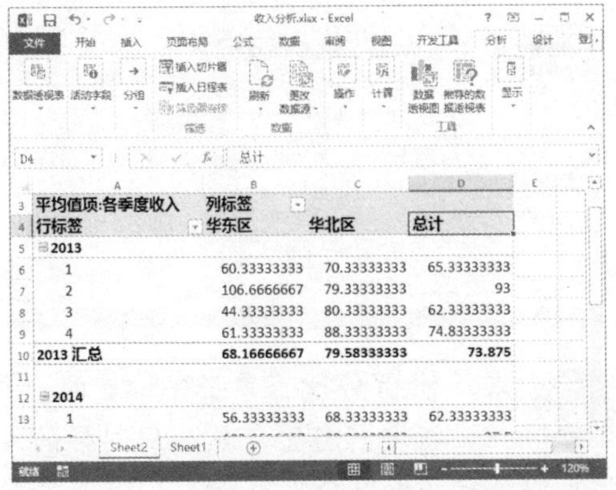

04 选择汇总依据 要更改汇总方式，还可右击任一汇总单元格，选择“值汇总依据”命令，从其子菜单中选择所需的汇总方式，如下图所示。

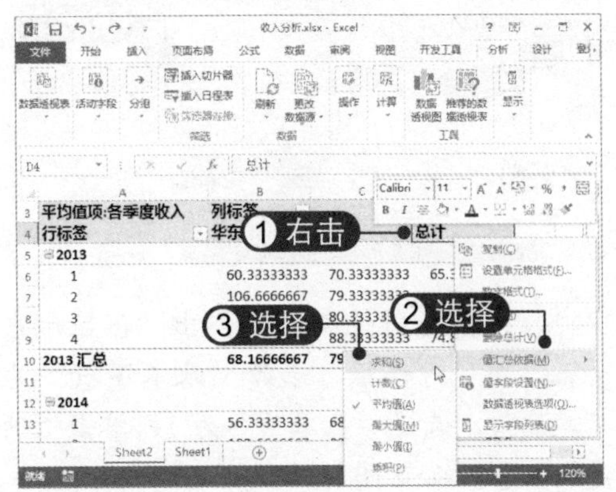

12.6.3 以总计百分比显示数据

用户可以根据需要更改数据透视表的值所使用的计算类型，默认情况下为“无计算”（即在该字段中输入的数值）。可以按“总计的百分比”来显示数据，具体操作方法如下：

01 选择值显示方式 右击数据列中的任一单元格，选择“值显示方式”|“总计的百分比”命令，如下图所示。

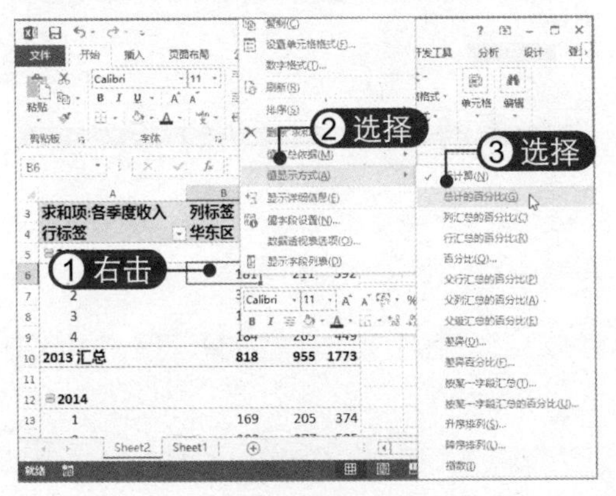

02 以总计百分比显示数据 此时即可以总计的百分比显示所有数据，效果如下图所示。

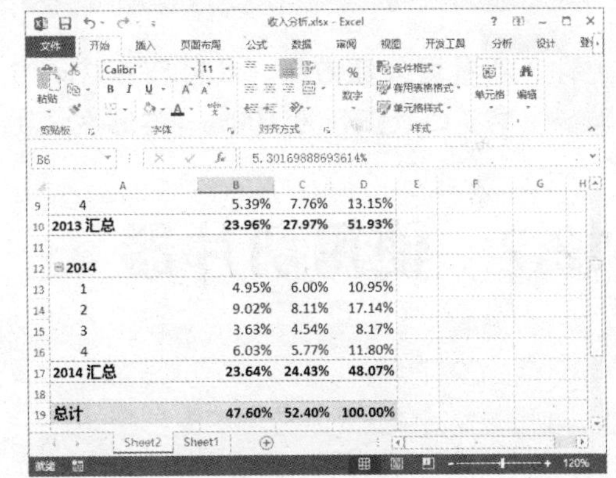

12.6.4 以百分比显示数据

用户可以将字段中值的显示方式更改为选定基本项值的百分比，例如，将各分公司第一季度的销售额与上海分公司第一季度的销售额比较并求百分比，具体操作方法如下：

01 选择“百分比”命令 右击数据单元格，在弹出的快捷菜单中选择“值显示方式”|“百分比”命令，如下图所示。

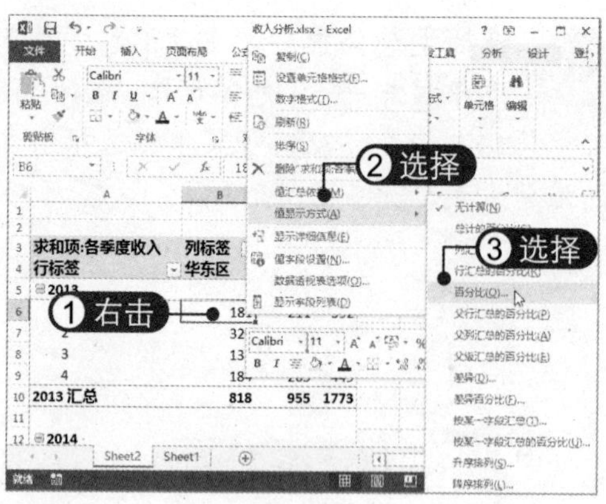

02 设置百分比参数 弹出“值显示方式”对话框，选择“基本字段”为“季度”，选择“基本项”为1，单击“确定”按钮，如下图所示。

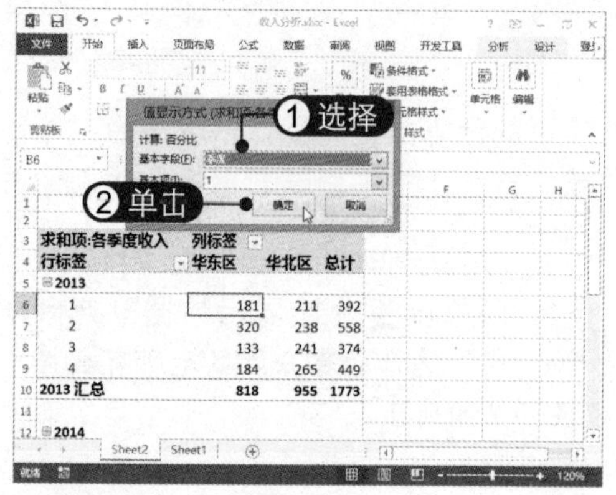

03 查看百分比效果 此时即可将第1季度的数据作为100%，其他各季度与其对比并求百分比，如下图所示。

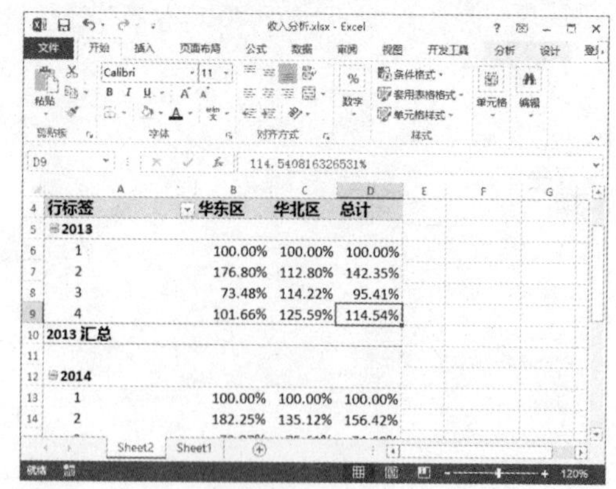

04 求年份百分比 单击年份前的⊟按钮，折叠行标签，然后用同样的方法可以得出年份百分比，如将2013年的数据作为100%，2014年的数据与其对比并求百分比，如下图所示。

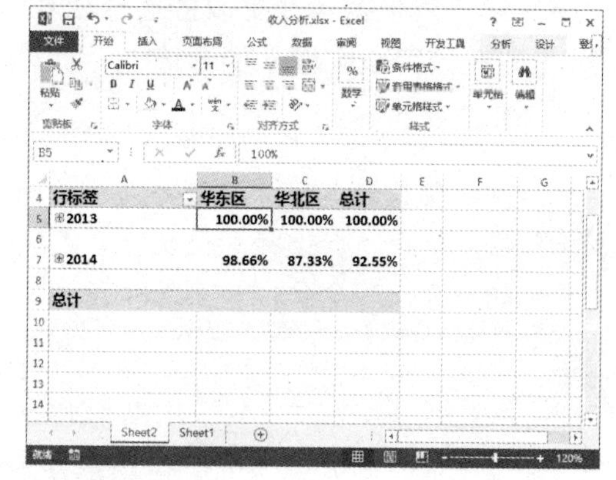

12.7 使用切片器

在数据透视表中可以使用切片器筛选数据。除了筛选数据外，它还可以指示当前的筛选状态，以便于用户轻松、准确地了解数据透视表中所显示的内容。

12.7.1 创建切片器

下面将介绍如何创建与数据透视表关联的切片器，具体操作方法如下：

01 单击“插入切片器”按钮 选中数据透视表中的任一单元格，在“分析”选项卡下“筛选”组中单击“插入切片器”按钮，如下图所示。

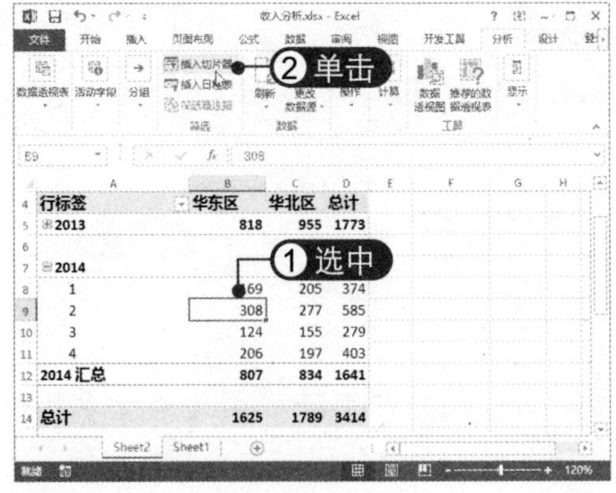

02 选择字段 弹出“插入切片器”对话框，选中要为其创建切片器的数据透视表字段前的复选框，然后单击“确定”按钮，如下图所示。

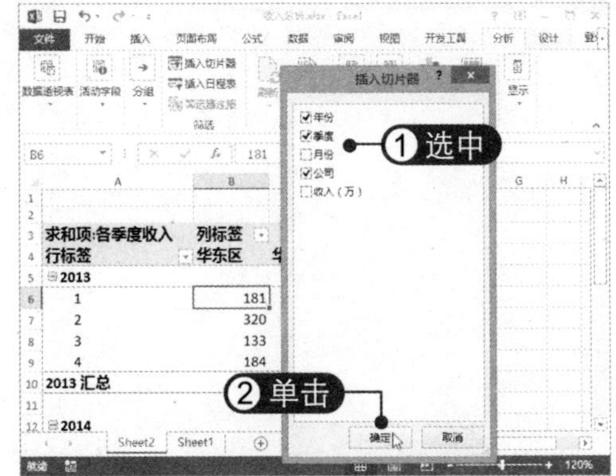

03 插入切片 此时所选字段的切片已插入到功能表中，效果如下图所示。

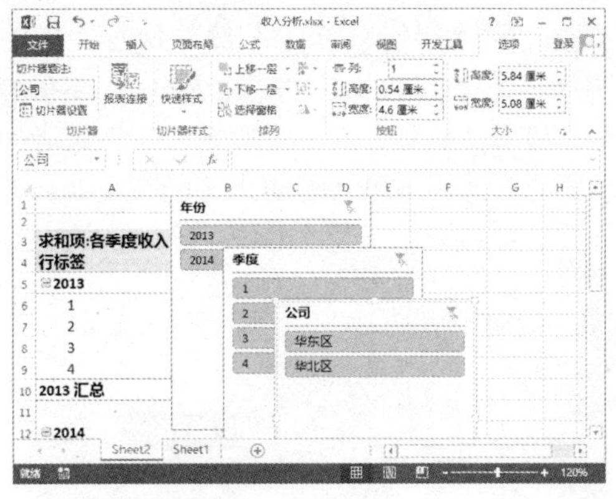

04 切片操作 拖动切片，即可移动其位置。右击切片，在弹出的快捷菜单中可以对其进行复制、排序、删除与排列等操作，如下图所示。

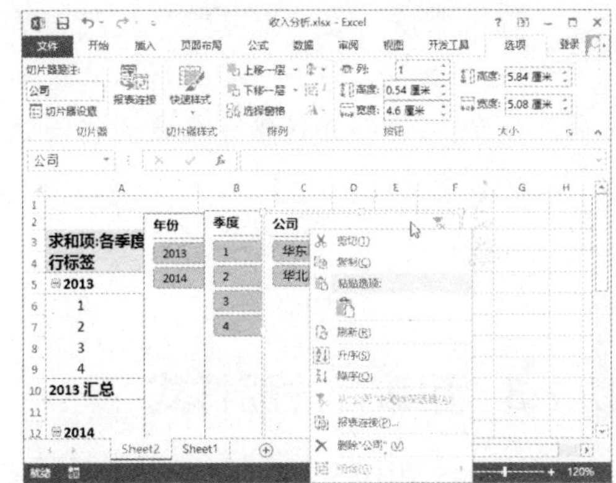

12.7.2 筛选数据

单击切片器中的按钮可以快速筛选数据，而无须打开筛选器的下拉列表进行设置。在切片器中可以清晰地标记已应用的筛选器，并提供详细信息，以便能够轻松地了解显示在已筛选的数据透视表中的数据。

使用切片器筛选数据的具体操作方法如下：

01 筛选公司 在“公司”切片器上单击“华东区”按钮，即可将华东区公司的数据筛选出来，如右图所示。

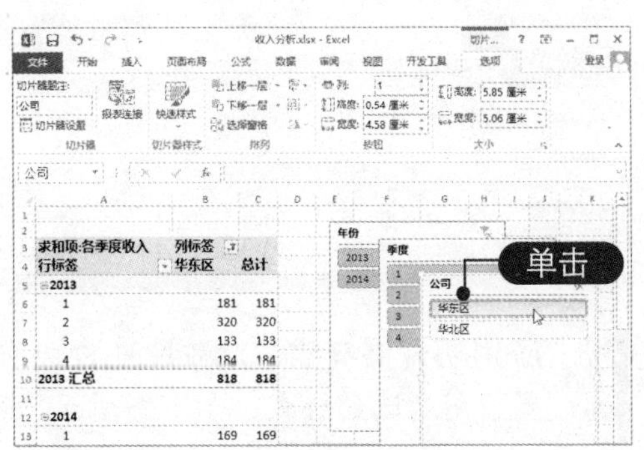

02 筛选年份 在"年份"切片器上单击2014按钮，即可筛选出2014年华东区的相关数据，如下图所示。若要取消切片器的筛选，可单击其右上方的按钮。

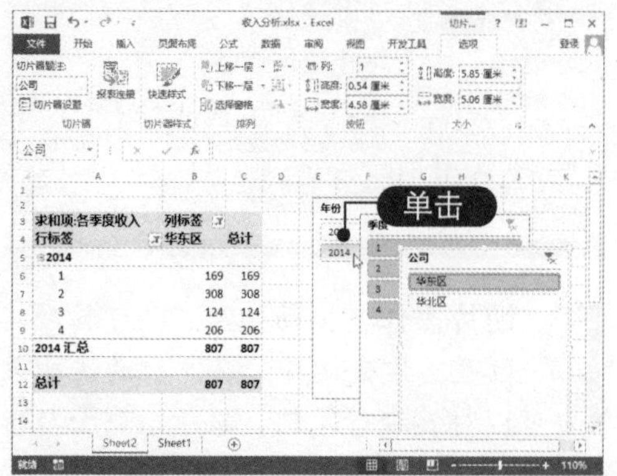

03 筛选季度 在"季度"切片器上单击3按钮，可进一步进行筛选，单独筛选出2014年华东区第3季度的相关数据，如下图所示。

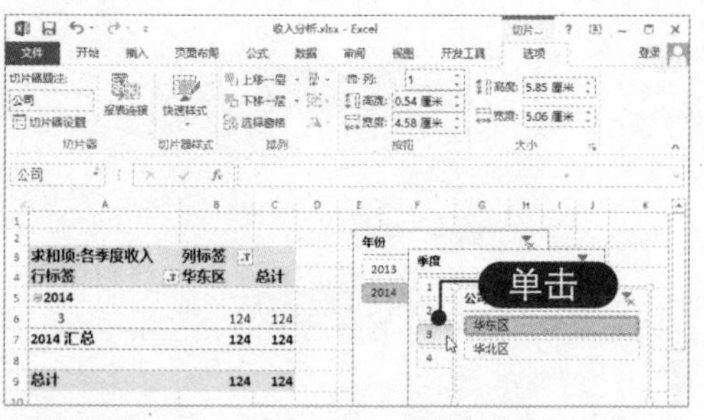

04 增加筛选项目 在切片器中按住【Ctrl】键的同时单击相关按钮，可以添加多个筛选项目，如在"年份"切片器中按住【Ctrl】键的同时单击2013按钮，即可在当前筛选的基础上增加2013年份的相应数据，如下图所示。

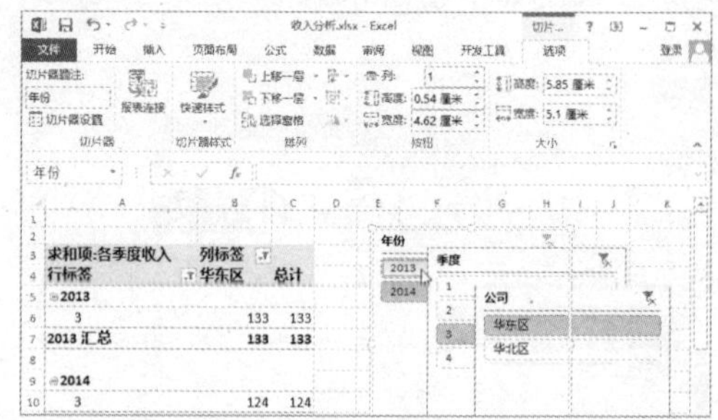

12.7.3 更改切片器样式

在Excel 2013中内置了多种切片器样式，可以直接应用，也可以根据需要创建新的切片器样式，具体操作方法如下：

01 选择切片器样式 选中切片器，选择"选项"选项卡，单击"快速样式"下拉按钮，选择所需的样式，如下图所示。

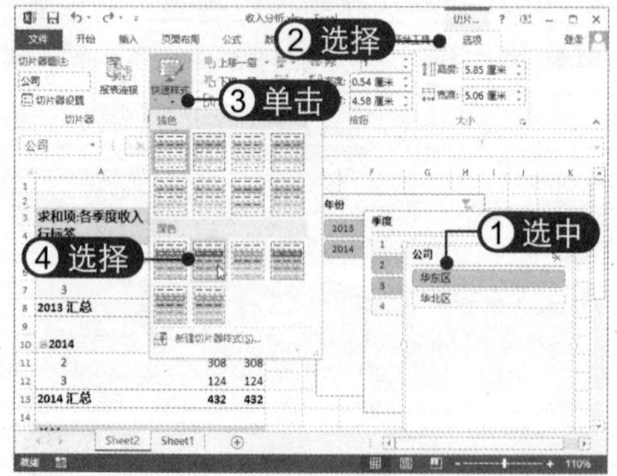

02 应用切片器样式 此时即可为切片器应用所选的样式，如下图所示。

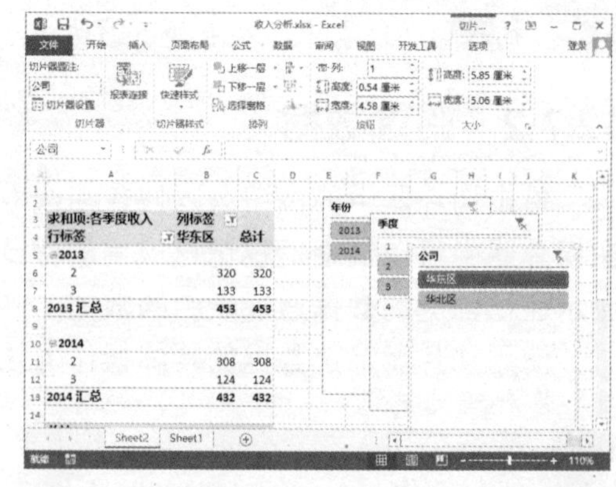

03 选择"复制"命令 若要创建新的切片器，可在预设的样式基础上进行修改，方法为：在"切片器"样式列表中右击样式，选择"复制"命令，如下图所示。

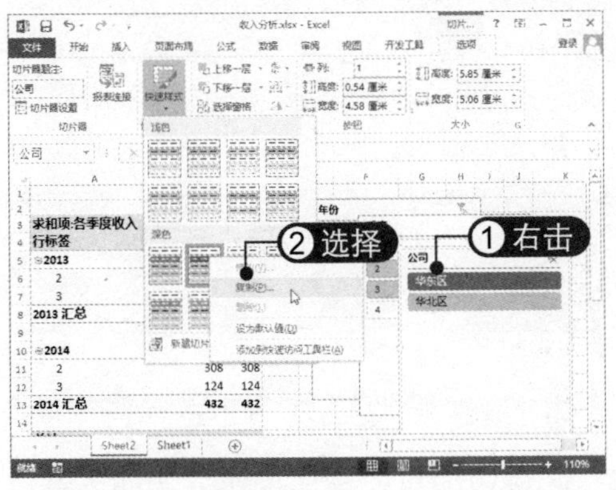

04 单击"格式"按钮

弹出"修改切片器样式"对话框，输入切片器名称，选择切片器元素，在此选择"整个切片器"选项，单击"格式"按钮，如下图所示。

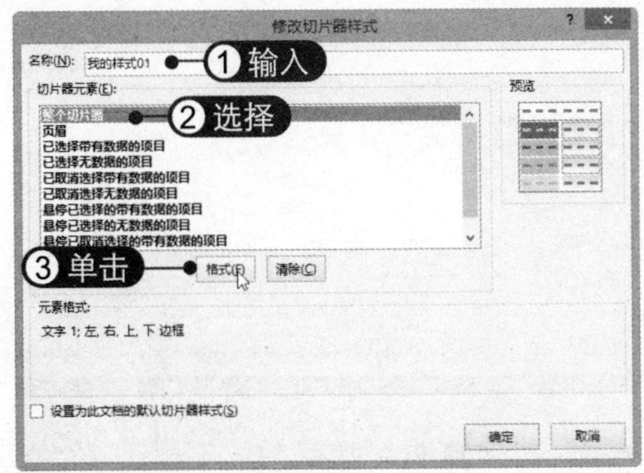

05 设置字体格式

弹出"格式切片器元素"对话框，在"字体"选项卡下设置字体样式、字形、字号等格式，如下图所示。

06 设置填充效果

选择"填充"选项卡，选择所需的背景色，然后依次单击"确定"按钮，如下图所示。

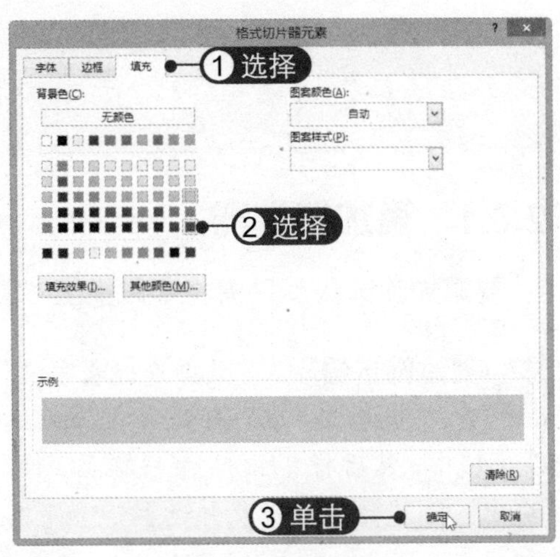

07 选择切片器样式

选中切片器，单击"快速样式"下拉按钮，在弹出的下拉列表中选择新建的样式，如下图所示。

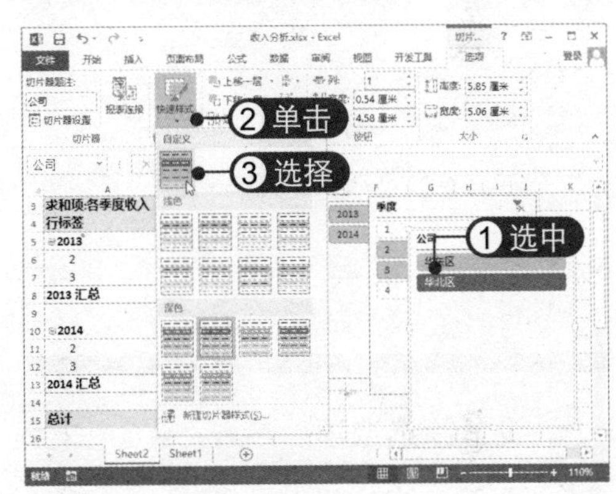

08 查看切片器效果

此时即可查看应用自定义样式后的切片器效果，如下图所示。

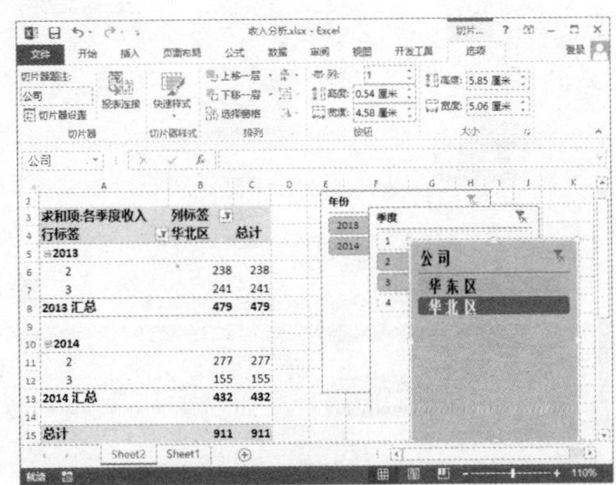

12.8 使用筛选器

在数据透视表中也可以使用筛选器来筛选数据，下面将介绍数据透视表筛选器的使用方法。

12.8.1 添加筛选器

要添加筛选器，只需将字段拖至“筛选器”区域中即可，具体操作方法如下：

01 创建筛选器 在“数据透视表字段”窗格中将“季度”字段拖至“筛选器”区域中，然后将“月份”字段拖至“行”区域中，创建数据透视表筛选器，如下图所示。

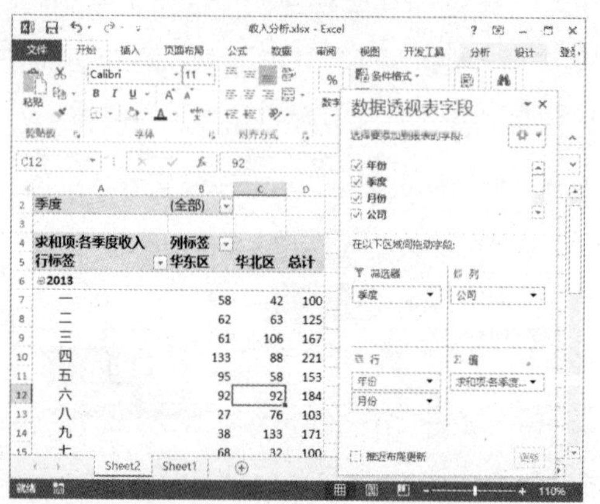

02 设置筛选选项 单击“季度”下拉按钮，在弹出的下拉列表中选中“选择多项”复选框，然后选中要筛选月份前的复选框，单击“确定”按钮，如下图所示。

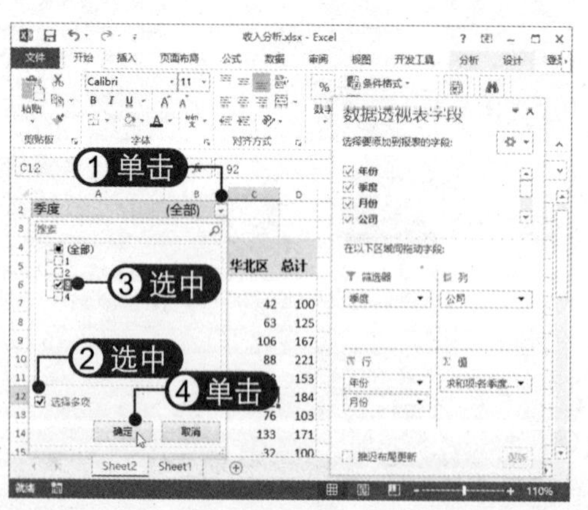

03 筛选数据 此时即可对数据透视表进行筛选，如下图所示。

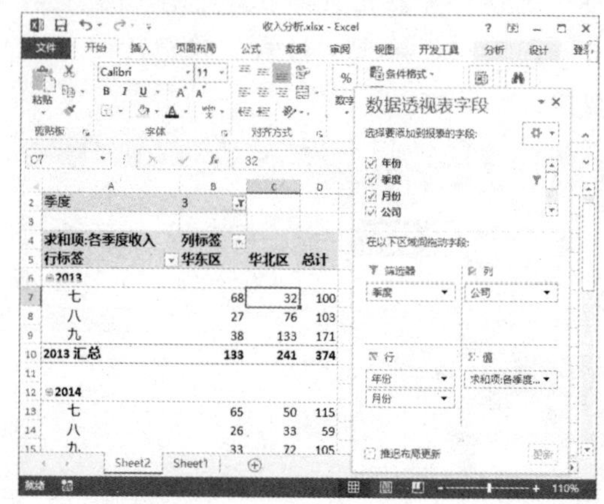

04 清除筛选 若要清除筛选，可在“分析”选项卡下“操作”组中单击“清除”下拉按钮，选择“清除筛选”选项即可，如下图所示。

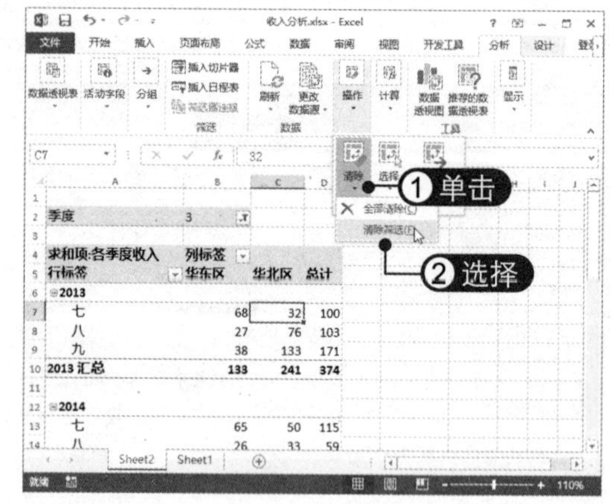

12.8.2 显示报表筛选页

在单独的工作表上可以显示报表筛选页，具体操作方法如下：

01 选择“显示报表筛选页”选项 选中数据透视表中的任一单元格，选择“分析”选项卡，在“数据透视表”组中单击“选项”下拉按钮，选择“显示报表筛选页”选项，如下图所示。

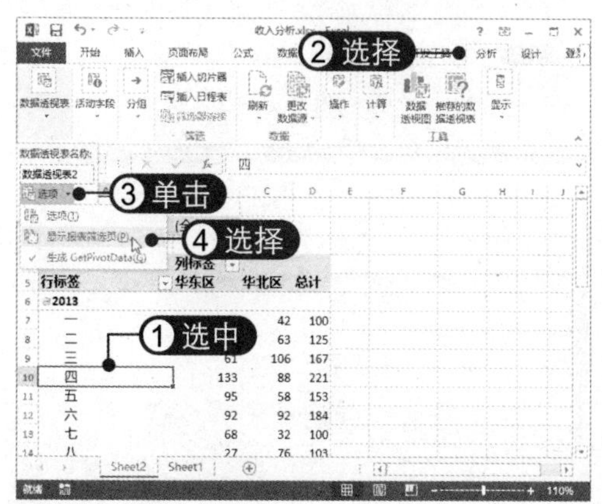

02 选择字段 弹出“显示报表筛选页”对话框，选择要显示的字段，然后单击“确定”按钮，如下图所示。

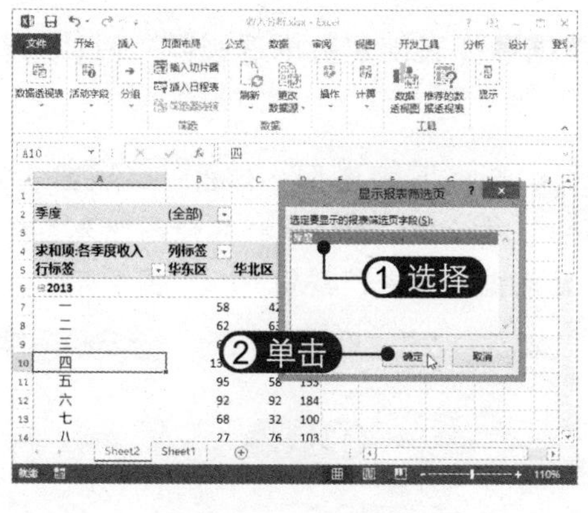

03 查看报表筛选页 此时即可在工作表中创建出各筛选页工作表，并按筛选器中的名称命名，如下图所示。

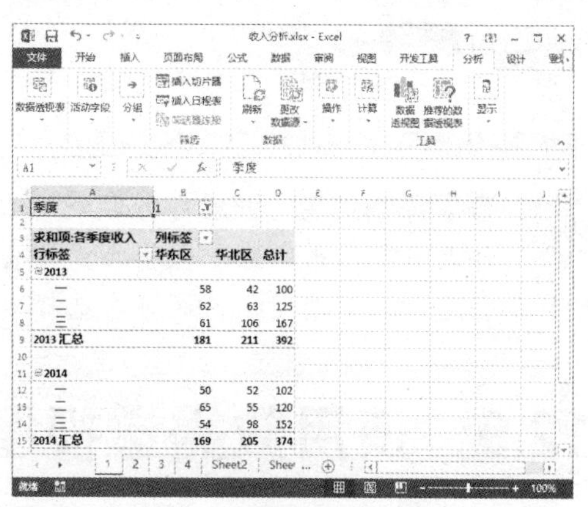

04 查看报表筛选页 选择2工作表，即可查看第2季度中的数据，如下图所示。

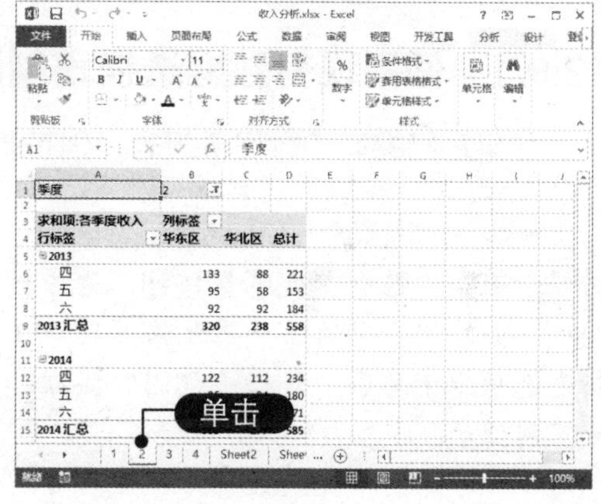

12.8.3 显示详细信息

在数据透视表中可以在新的工作表中单独显示数据的详细信息，具体操作方法如下：

01 选择“显示详细信息”命令 在数据透视表中右击要显示详细信息的单元格，选择“显示详细信息”命令，如下图所示。

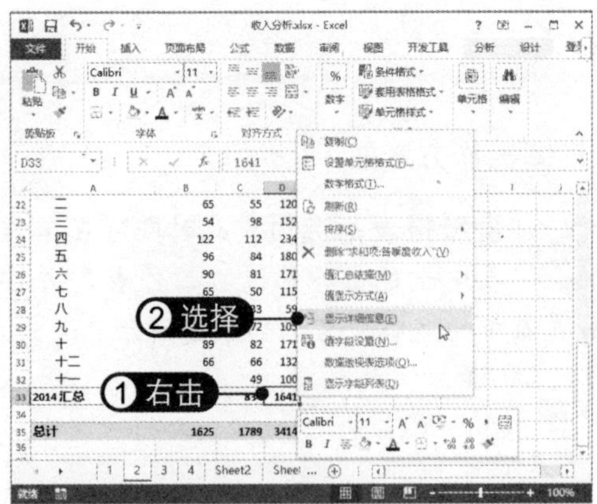

02 **查看详细信息** 此时即可在新的工作表中显示出所选单元格数据包含的详细信息，如下图所示。还可在选择单元格后双击，也可显示所选单元格数据的详细信息。

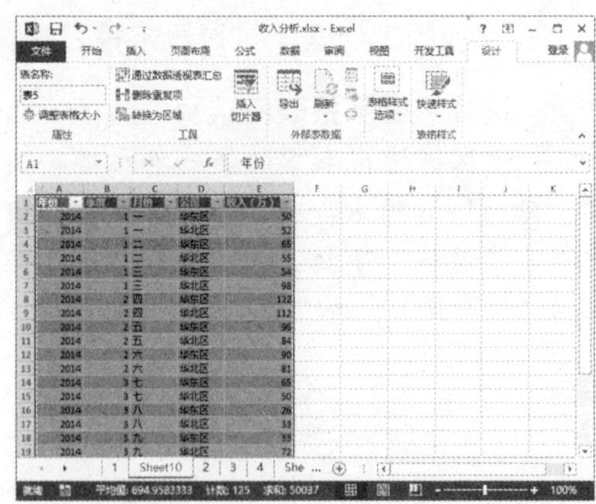

12.9 使用数据透视图

当数据透视表中的数据非常多或较为复杂时，通过数据透视表便很难纵观全局，此时便可以创建数据透视图。就像标准图表一样，数据透视图显示数据系列、类别和图表坐标轴，它还在图表上提供交互式筛选控件，使用户可以快速地分析数据子集。

12.9.1 使用现有数据透视表创建数据透视图

如果已经拥有了数据透视表，则可基于该数据透视表创建数据透视图，具体操作方法如下：

01 **单击"数据透视图"按钮** 选中数据透视表中的任一单元格，在"分析"选项卡下单击"数据透视图"按钮，如下图所示。

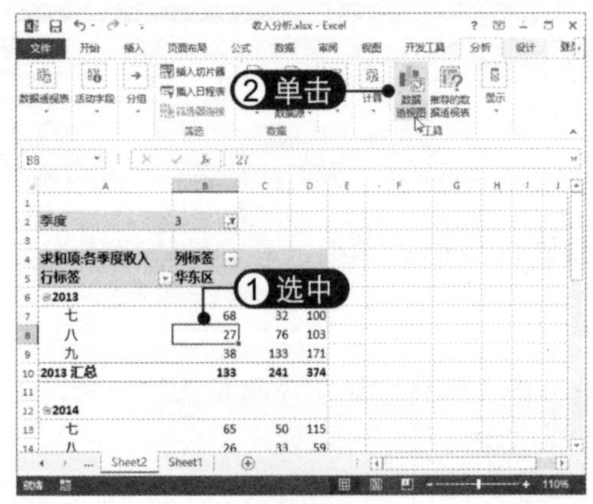

02 **选择图表类型** 弹出"插入图表"对话框，选择簇状柱形图图表类型，然后单击"确定"按钮，如下图所示。

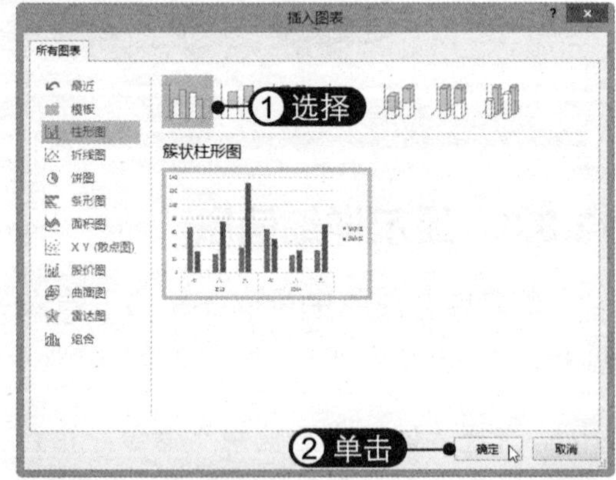

03 **创建数据透视图** 此时即可创建数据透视图，它与数据透视表相关联，

如下图所示。

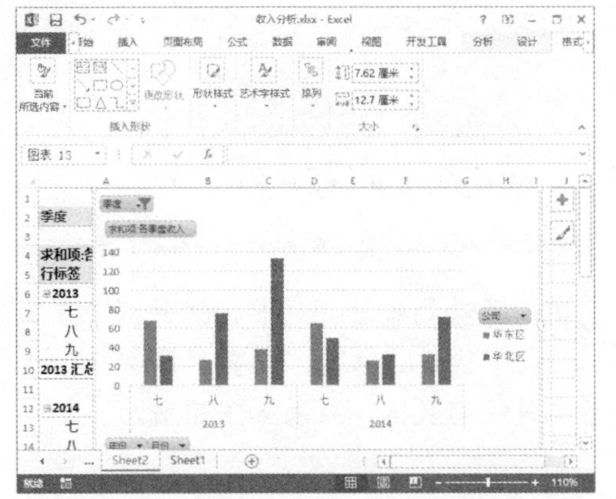

04 应用图表样式 选中数据透视图，在“设计”选项卡下单击“图表样式”下拉按钮，选择所需的样式，如下图所示。

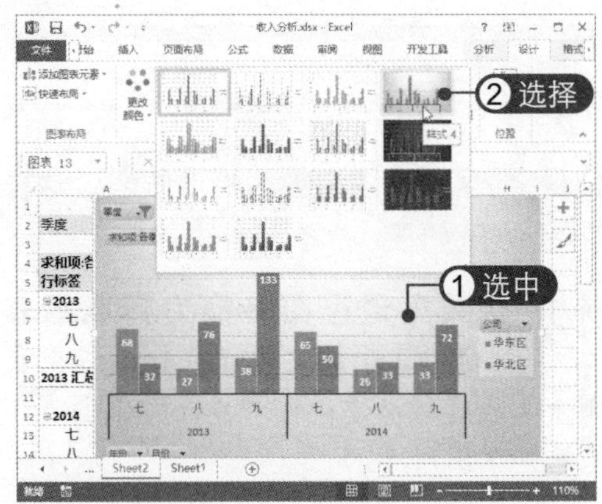

05 调整字段顺序 打开“数据透视表字段”窗格，将“月份”字段拖至“年份”字段上方。此时，在数据透视图中“月份”转变为主要横坐标轴，如下图所示。

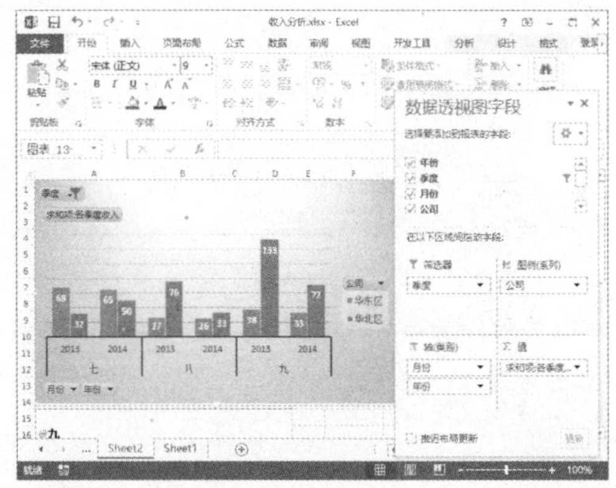

06 更改数据透视图布局 在“数据透视表字段”窗格中将“月份”字段拖至“列”区域中，将“公司”字段拖至“行”区域中。此时，在数据透视图中“月份”转变为图例项，如下图所示。

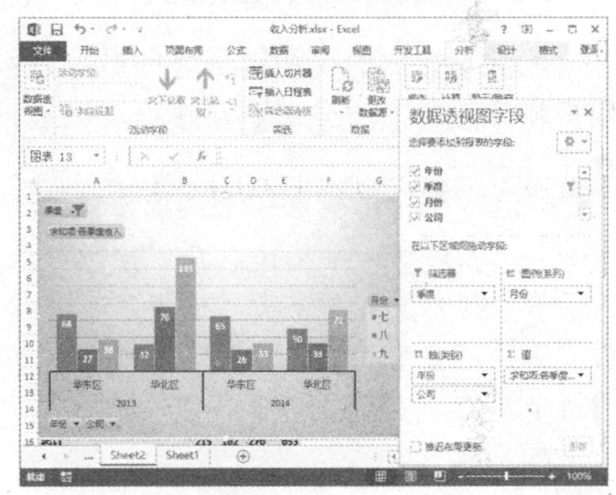

12.9.2 使用数据透视图筛选数据

数据透视图中带有筛选控件，用于筛选数据透视表中的数据，以更改图表显示的数据。使用数据透视图筛选数据的具体操作方法如下：

01 筛选年份 单击横坐标轴左下方的“年份”下拉按钮，在弹出的列表只选中2014前面的复选框，单击“确定”按钮，如右图所示。

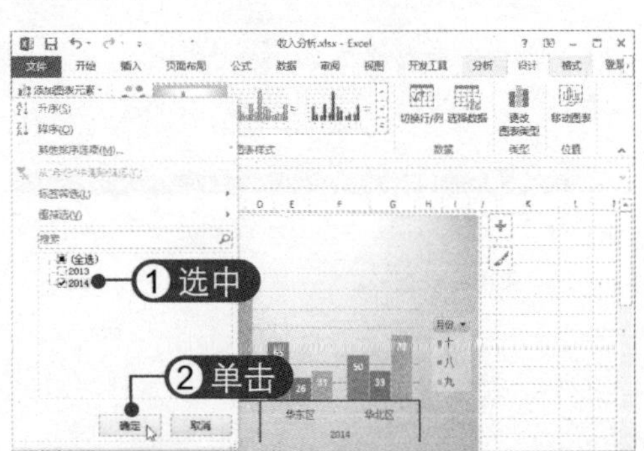

02 查看数据透视图效果 对年份进行筛选后，在数据透视表中只保留了2014年的图表数据，如下图所示。

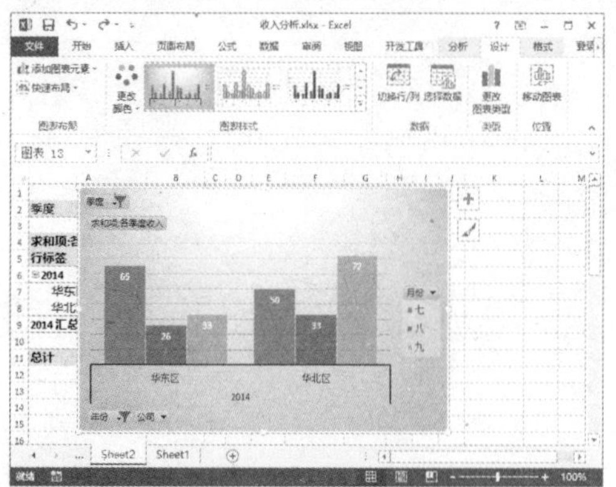

03 筛选季度 用同样的方法对“季度”字段进行筛选，设置只保留3、4季度的数据，效果如下图所示。

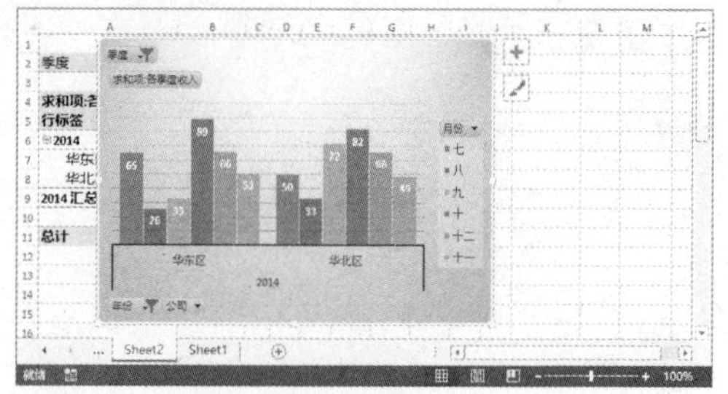

04 筛选月份 用同样的方法对“月份”字段进行筛选，设置只保留八、九、十二月份的数据，效果如下图所示。

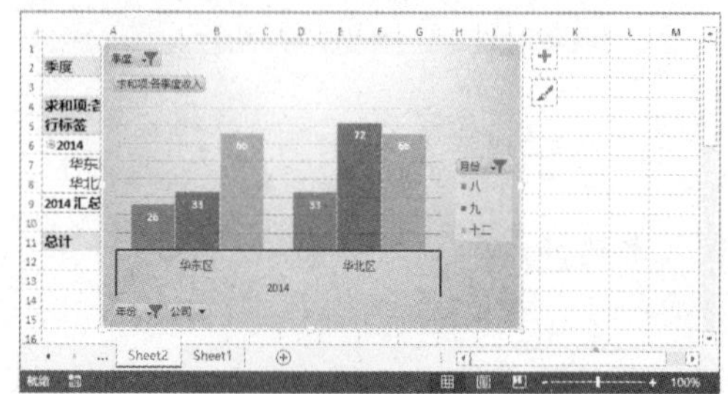

12.9.3 转换为标准图表

删除与数据透视图相关联的数据透视表可以将数据透视图转换为标准图表，这样用户将无法再透视或者更新该标准图表，具体操作方法如下：

01 选择整个数据透视表 选中数据透视表的任一单元格，在“分析”选项卡下“操作”组中单击“选择”下拉按钮，选择“整个数据透视表”选项，如下图所示。

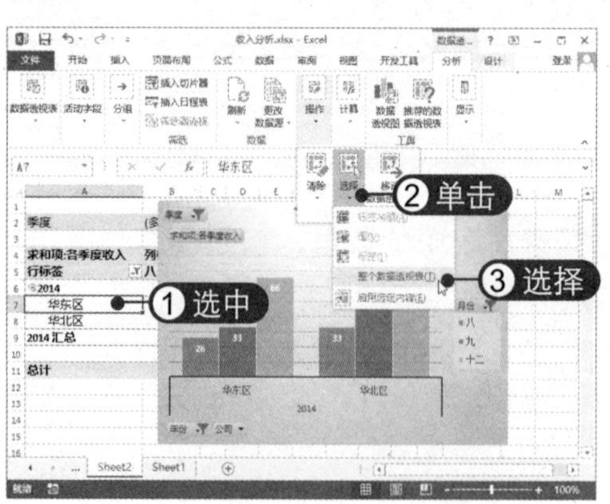

02 将数据透视图转换为标准图表 按【Delete】键即可将数据透视表删除，此时数据透视图转换为标准图表，效果如下图所示。

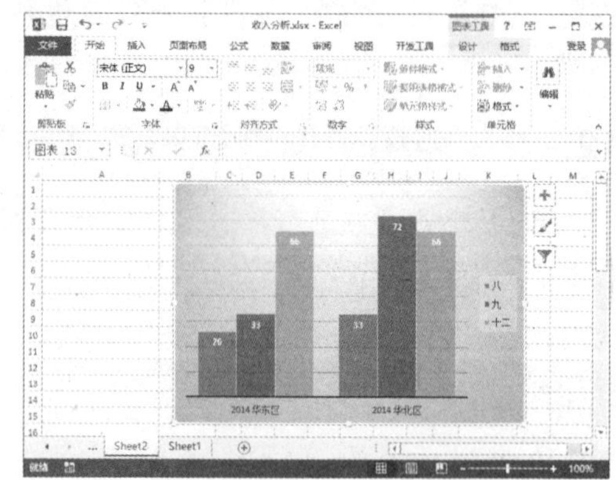

Chapter 13

PPT 演示文稿制作快速入门

PowerPoint 2013 是 Office 办公套装软件的重要组件之一，它主要用于设计专业的演讲资料、产品演示等演示文稿。使用 PowerPoint 2013，可以通过文本、图形、照片、视频、动画等手段来设计具有视觉震撼力的演示文稿。本章将引领读者学习快速制作 PPT 演示文稿的入门知识。

本章要点

- 认识演示文稿
- 添加幻灯片并输入内容
- 幻灯片基本操作
- 应用主题样式
- 设置幻灯片大小
- 设置幻灯片放映

知识等级

PowerPoint 2013 初级读者

建议学时

建议学习时间为 80 分钟

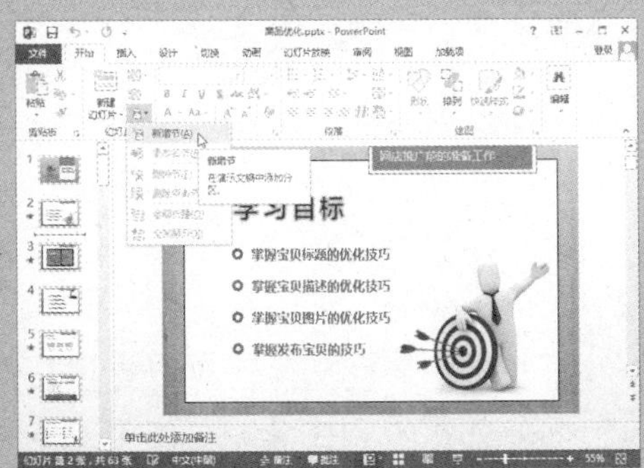

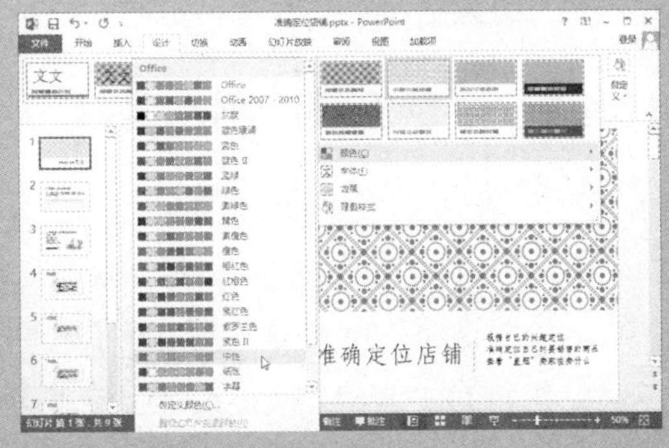

13.1 认识演示文稿

现在演示文稿已经成为人们工作与学习的重要工具，在工作汇报、企业宣传、产品推介、项目竞标、婚礼庆典和管理咨询等领域均有广泛的应用。下面将引领读者了解演示文稿的分类、制作流程，以及制作专业演示文稿的关键。

13.1.1 演示文稿的分类

演示文稿是由一张或若干张幻灯片组成的，幻灯片是一个演示文稿中单独的“一页”，PowerPoint 的主要工作就是创作和设计幻灯片。

每张幻灯片一般至少包括两部分内容：幻灯片标题（用于表明主题）和若干文本条目（用于论述主题）。另外，还可以包括图形、表格等其他对于论述主题有帮助的内容。在利用 PowerPoint 创建的演示文稿中，为了方便使用者，还为每张幻灯片配备了备注栏，在其中可以添加备注信息，在演示文稿播放过程中对使用者起提示作用，不过备注栏中的内容观众是看不到的。PowerPoint 还可以将演示文稿中每张幻灯片中的主要文字说明自动组成演示文稿的大纲，以方便使用者查看和修改。

根据用途的不同演示文稿可以分为不同的类型，不管想制作哪种类型的演示文稿，PowerPoint 特有的文档功能都能给用户带来极大的方便。

常见的演示文稿类型有以下 3 种：

- ✧ **会议报告**：利用 PowerPoint 制作报告，可以使与会者集中精力听介绍者解说。
- ✧ **教学课件**：老师可以使用 PowerPoint 将要在课堂上讲述的知识点制作成演示文稿，一个带有动画、音乐等多媒体元素的幻灯片能够激发学生的兴趣，从而提高学习效率。
- ✧ **商业演示**：作为一个销售人员或者售前工程师，在为客户介绍本公司的公司背景和产品时，使用集介绍性文字、公司图片和产品图片于一体的演示文稿，可以加深客户对本公司产品的认识，从而提高公司的可信度。

13.1.2 演示文稿的制作流程

制作演示文稿的一般流程如下：

1. 准备演示文稿需要的素材

确定好演示文稿要制作的主题后，就需要准备相关的素材文件，可以直接从网上下载免费的 PPT 素材。通过搜索引擎就可以找到很多免费的 PPT 素材，使用这些素材可以节省制作时间，提高工作效率。若下载的素材不太适合自己，还可以使用图片编辑软件或直接在 PowerPoint 中对其进行加工。

2. 初步制作演示文稿

首先确定好演示文稿的大纲，然后将文本、图片、形状、视频等对象添加到相应的幻灯片中。

3．设置幻灯片对象格式

在各幻灯片中添加好对象后，还应根据需要设置其格式，如设置字体格式、裁剪图片、添加效果等。

4．添加动画效果

添加动画效果可以使演示文稿“动”起来，增加视觉冲击力，让观众提起兴趣，强化记忆。可以为每一张演示文稿添加切换动画效果，以避免在播放下一张幻灯片时显得突兀。还可以为幻灯片中的各个对象添加动画效果，使其按照逻辑顺序逐个显示或退出，引导观众按照演讲者的思路理解演示文稿的内容。

5．添加交互功能

默认情况下，在放映演示文稿时将按照幻灯片的编号顺序依次放映，可通过在幻灯片中插入超链接或动作按钮来播放指定的幻灯片。当单击超链接或动作对象时，演示文稿将自动切换到指定的幻灯片或运行指定的程序。此外，还可以为幻灯片中的动画添加触发器，以增加幻灯片内的交互，如单击人物头像后显示出该人物的简介。

13.1.3 制作专业演示文稿的关键

要想成功地制作出具有专业水平的演示文稿，关键在于以下几个方面：

1．正确的设计思路

制作演示文稿，首先要明确自己制作演示文稿的内容和性质，理清思路，以免偏离主题。

2．具有恰当的目标

制作演示文稿就是为了让信息表达得更明确、更生动，因此目标必须要恰当，才会使演示文稿制作得有意义。

3．具有说服力的逻辑

演示文稿的内容要扣人心弦，表达的信息要有组织、有条理，让观看者能够通过观看演示文稿明白主题，理解要表达的信息。

4．具有适宜的风格

具有特殊风格的演示文稿是制作演示文稿者志在追求的目标，但并不是风格越独特就越成功，演示文稿的风格必须和要表达的信息和谐、统一。

5．具有结构化的布局

布局是制作演示文稿的一个重要环节，布局不好，信息表达肯定会大打折扣。在制作演示文稿时，要把布局布置得最优化，让信息表达得更明确。

6. 具有恰当的颜色

演示文稿是要给观众看的，所以颜色的使用一定要考虑到观众的视觉效果，不要使用过多的颜色，避免使观众眼花缭乱。另外，颜色有其惯用的含义，例如，红色表示警告，而绿色表示认可，可以使用这些相关颜色表达自己的观点。但由于这些颜色可能对不同文化背景下的用户具有不同的含义，所以应该谨慎使用。

7. 不要走入 PPT 制作的误区

不能为了制作演示文稿而制作，而是因为“需要”而制作。当不需要制作演示文稿时，牵强附会地制作演示文稿，不但不会表达主题信息，反而会因为制作演示文稿而浪费很多时间。

13.2 添加幻灯片并输入内容

下面将介绍如何创建一个简单的演示文稿，内容包括新建并保存演示文稿、新建幻灯片并输入文本、添加图片、使用文本框输入文本、使用大纲视图输入文本等。

13.2.1 新建并保存演示文稿

下面将介绍如何使用 PowerPoint 2013 创建一个演示文稿并保存，可以创建空白演示文稿，也可以使用模板来创建演示文稿，具体操作方法如下：

01 新建空白文稿 启动 PowerPoint 2013，在“文件”选项卡下选择“新建”选项，在右侧选择“空白演示文稿”选项，如下图所示。

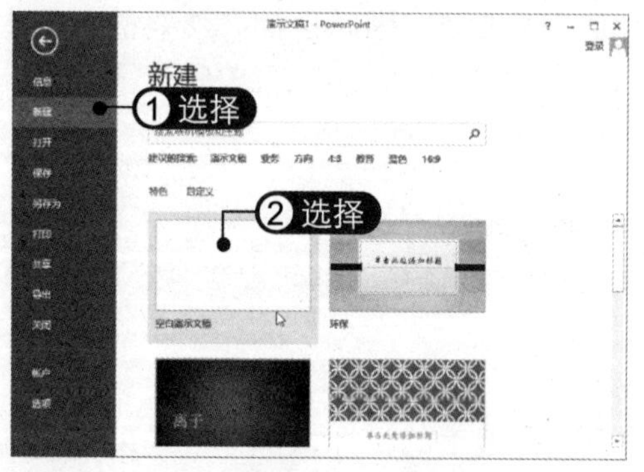

02 查看空白文稿 此时即可创建一个空白演示文稿，如下图所示。

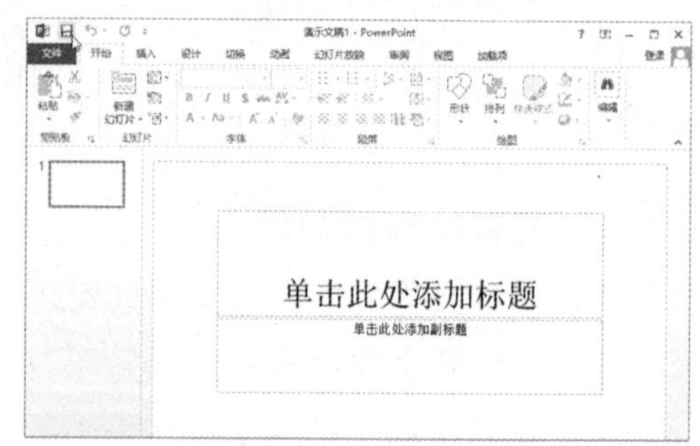

03 单击“演示文稿”超链接 在“新建”界面中单击“演示文稿”超链接，如下图所示。

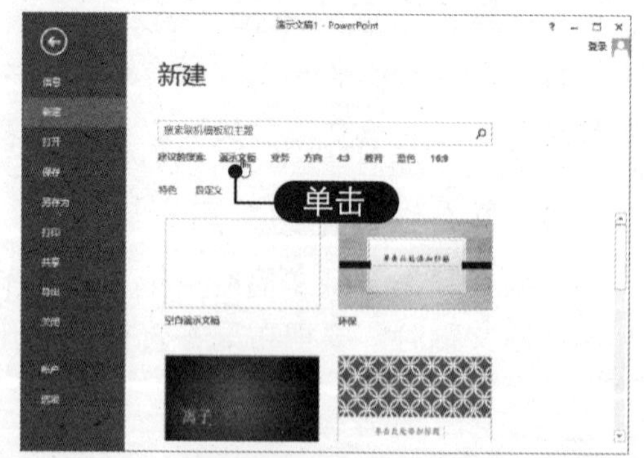

04 **选择模板** 开始联机搜索演示文稿，在搜索到的列表中选择所需的模板，如下图所示。

05 **单击“创建”按钮** 在弹出的对话框中显示该模板预览图及描述，单击下方的“更多图像”按钮可预览其中的幻灯片，单击“创建”按钮，如下图所示。

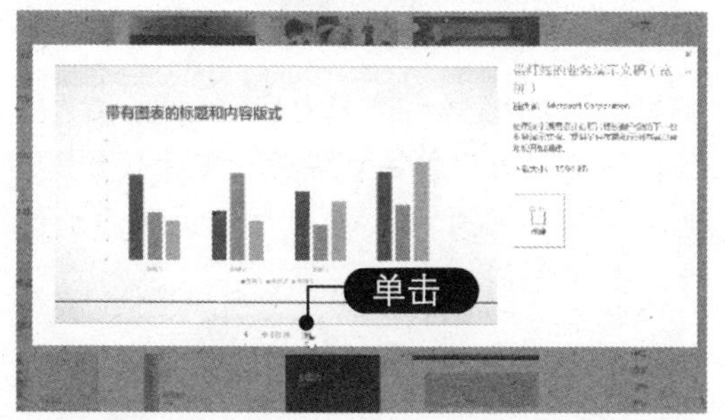

06 **创建模板演示文稿** 此时即可根据模板创建演示文稿，其中已经设计好了多种幻灯片版式，只需根据需要添加内容即可，如下图所示。

07 **单击“浏览”按钮** 单击程序窗口左上方快速访问工具栏中的“保存”按钮或按【Ctrl+S】组合键，转到“另存为”界面，单击“浏览”按钮，如下图所示。

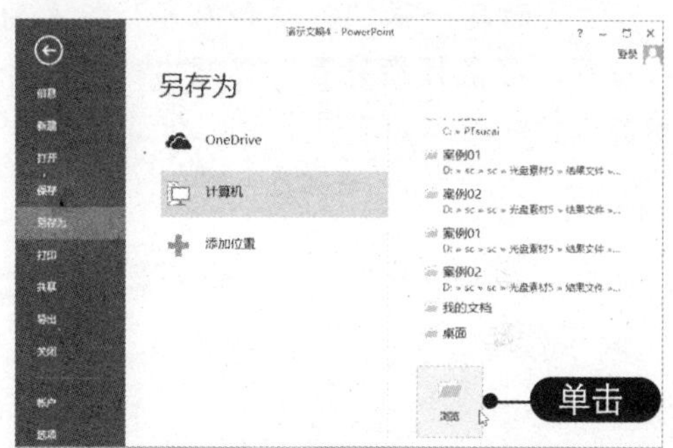

08 **保存演示文稿** 弹出“另存为”对话框，选择保存位置，输入文件名，然后单击“保存”按钮即可，如下图所示。

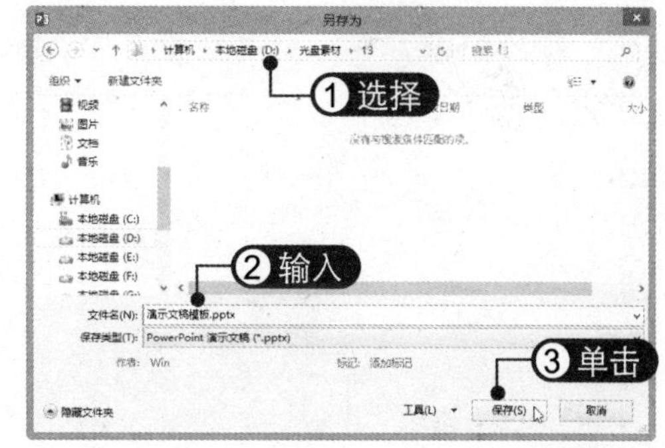

13.2.2 新建幻灯片并输入文本

一个演示文稿是由多个幻灯片组合而成的，为了达到制作目的，需要在演示文稿中插入新的幻灯片。

下面将介绍如何在演示文稿中新建幻灯片并输入文本内容，具体操作方法如下：

01 定位光标 在演示文稿左侧的幻灯片窗格中定位光标，如下图所示。

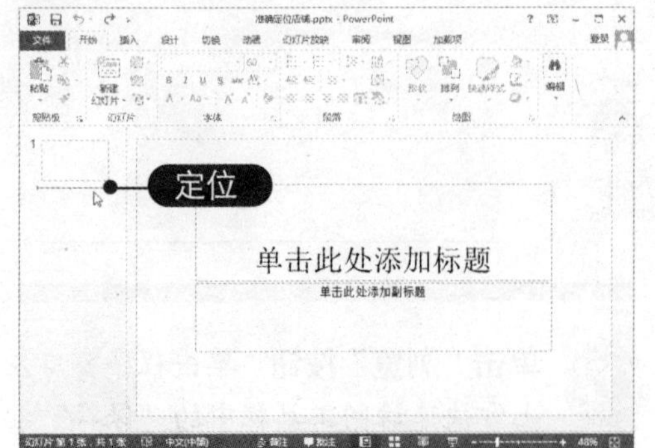

02 新建幻灯片 按【Enter】键确认即可新建一张“标题和内容”版式的幻灯片。将鼠标指针置于标题占位符上并单击鼠标左键，如下图所示。

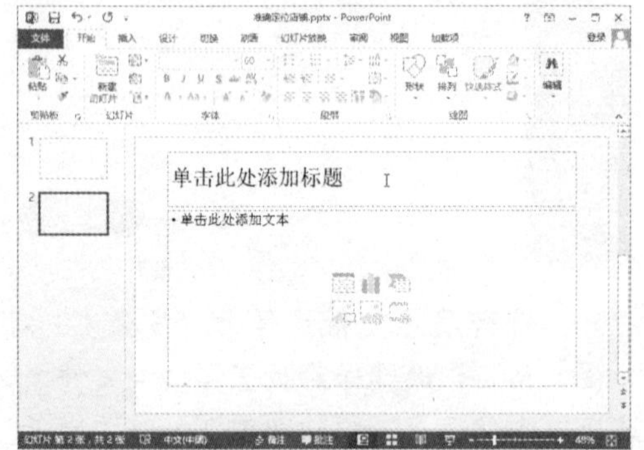

03 输入标题文本 在标题占位符中输入所需的标题文本，如下图所示。

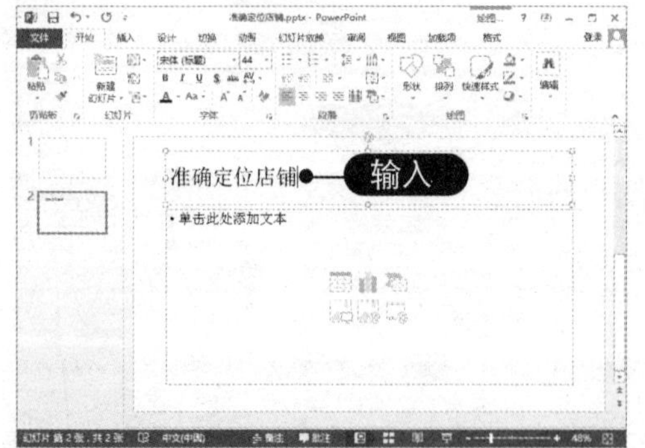

04 输入内容文本 用同样的方法在内容占位符中单击鼠标左键，然后输入所需的内容，如下图所示。

05 输入备注内容 在窗口下方任务栏中单击“备注”按钮，打开“备注”窗格，输入所需的文本，然后再次单击“备注”按钮，隐藏备注窗格，如下图所示。

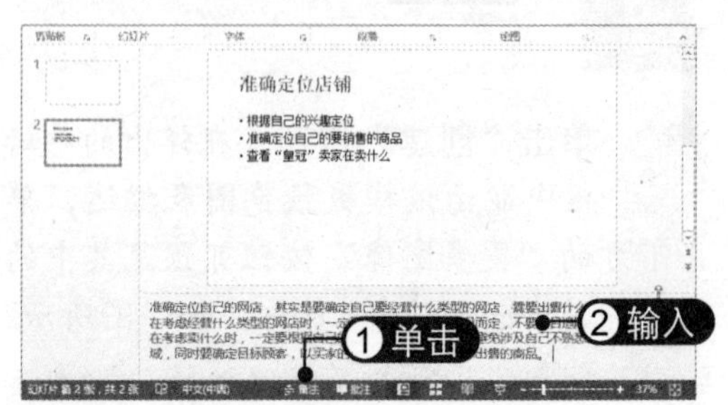

06 添加编号 选中内容占位符，在“段落”组中单击“编号”下拉按钮，选择所需的编号格式，为内容文本添加编号，如下图所示。

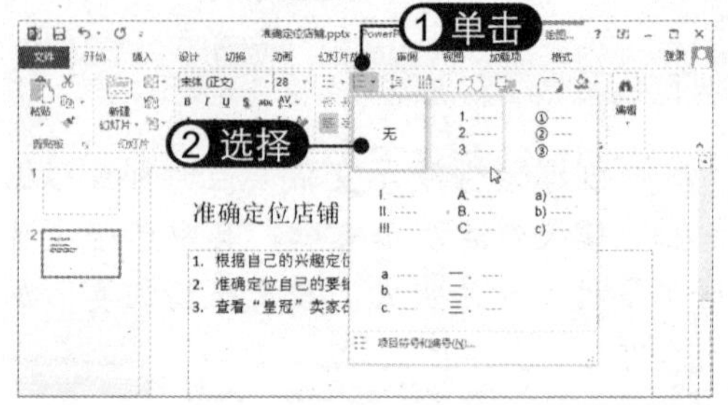

07 选择幻灯片版式 在“幻灯片”组中单击“新建幻灯片”下拉按钮，选择“标题和内容”版式，如下图所示。

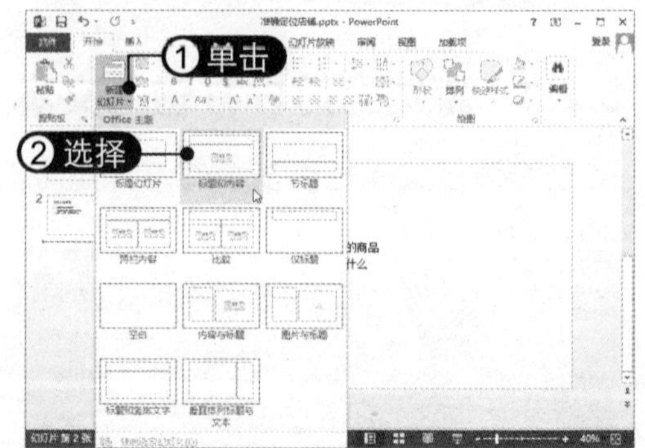

08 输入幻灯片文本 此时即可新建一张"标题和内容"版式的幻灯片，根据需要输入标题和内容文本，如下图所示。

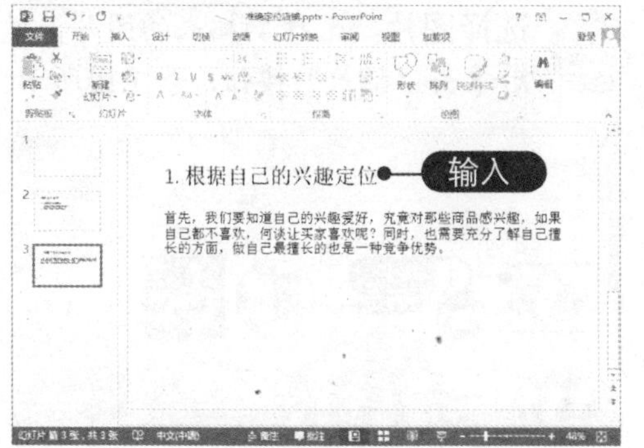

09 新建两栏版式幻灯片 若在幻灯片版式列表中选择"两栏内容"版式，将新建一个"两栏内容"版式的幻灯片，输入所需的内容文字，如下图所示。

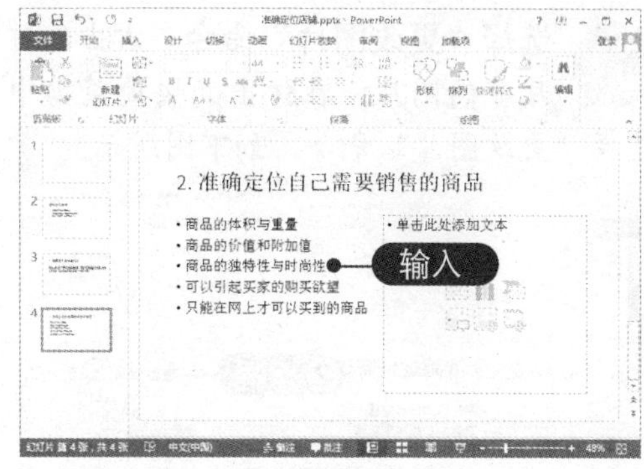

13.2.3 添加图片并设置格式

在制作幻灯片时，往往一个图形或一幅图片可以胜过千言万语。下面将介绍如何在幻灯片中添加图片。

1. 插入电脑中的图片

在幻灯片中插入本地图片的具体操作方法如下：

01 单击"图片"按钮 在幻灯片中的内容占位符中单击"图片"按钮，如下图所示。

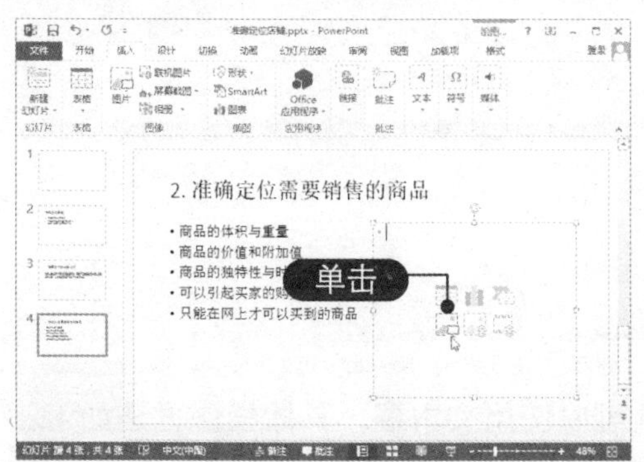

02 选择插入图片 弹出"插入图片"对话框，选择需要插入的图片，然后单击"插入"按钮，如下图所示。

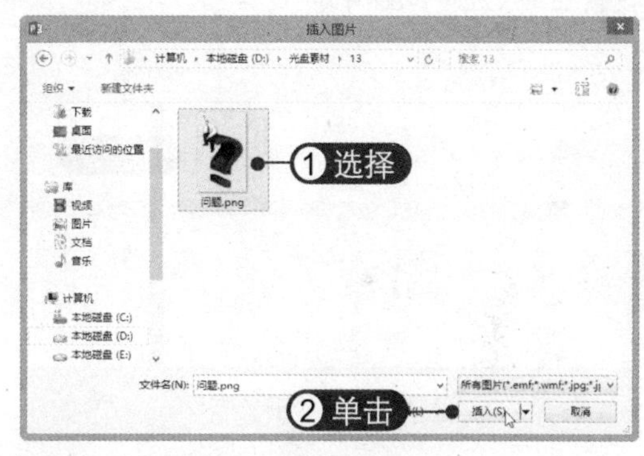

03 插入图片并应用样式 此时即可将所选图片插入到幻灯片中。选中图片，然后选择"格式"选项卡，可为其应用预设样式，如下图所示。

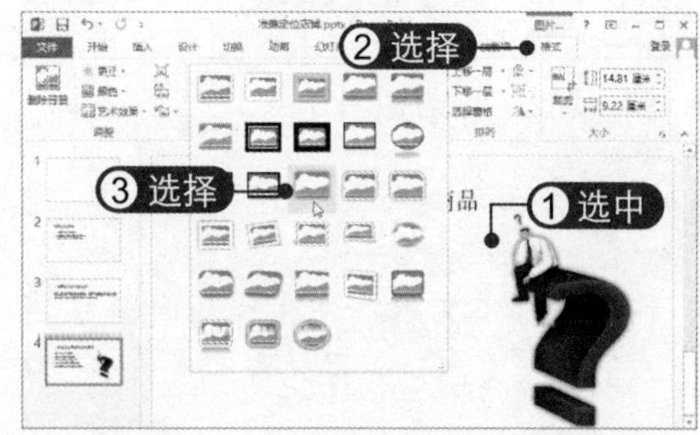

2. 更换图片

若要将插入的图片替换为其他图片，只需执行“更改图片”命令，而无须重新插入，更换后的图片将保留原图片的大小和样式。更换图片的具体操作方法如下：

01 选择“更改图片”命令 右击幻灯片中的图片，在弹出的快捷菜单中选择“更改图片”命令，如下图所示。

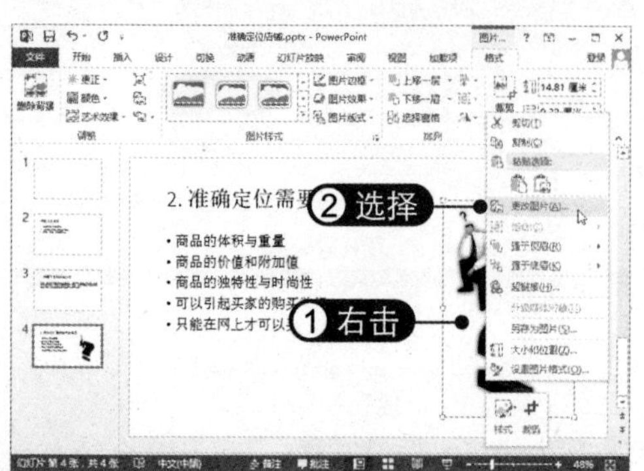

02 搜索图片 弹出“插入图片”对话框，在“必应图像搜索”文本框中输入搜索词语，按【Enter】键确认后联机搜索图片，如下图所示。

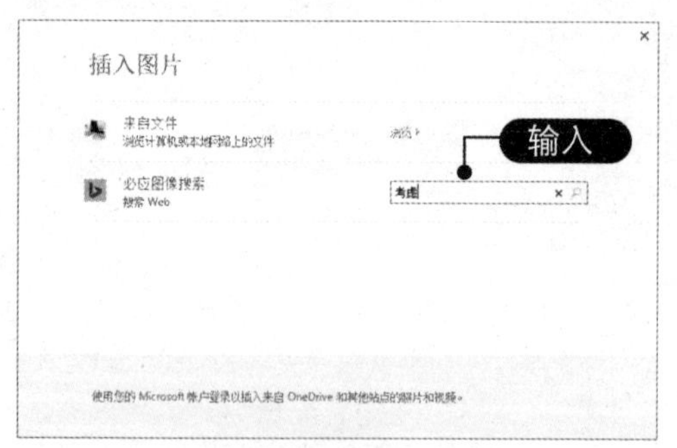

03 选择图片 选择要插入的图片，然后单击“插入”按钮，如下图所示。

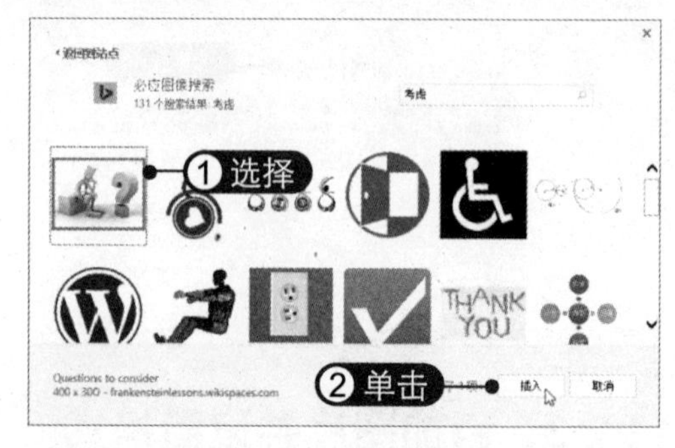

04 查看更换图片效果 返回幻灯片中，此时即可更换原有图片，且保留原图片的效果，如下图所示。

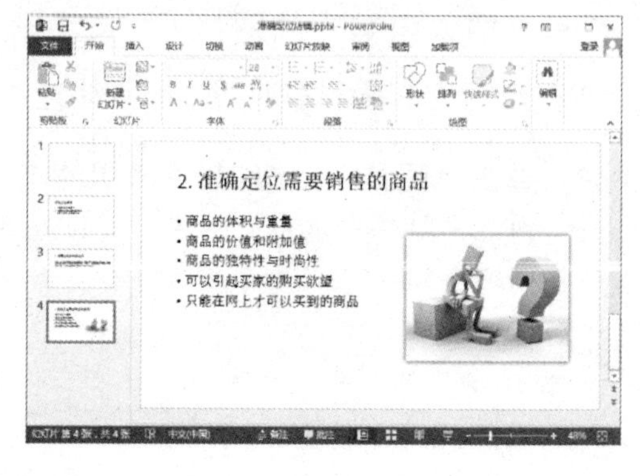

13.2.4 使用文本框输入文本

若要在幻灯片中的任意位置输入文本，则可以使用文本框，具体操作方法如下：

01 单击“文本框”按钮 选择“插入”选项卡，在“文本”组中单击“文本框”按钮，如右图所示。

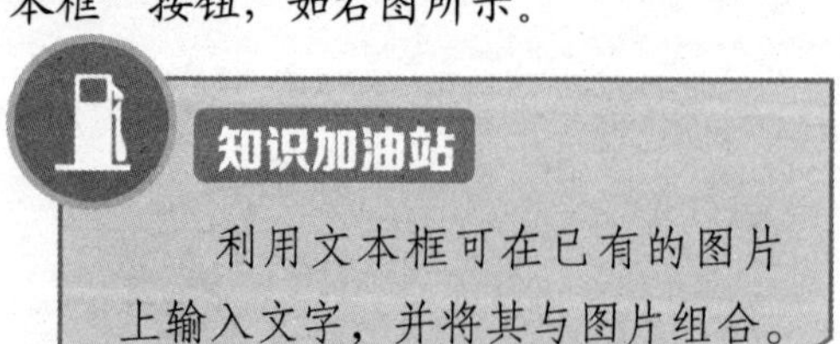

知识加油站

利用文本框可在已有的图片上输入文字，并将其与图片组合。

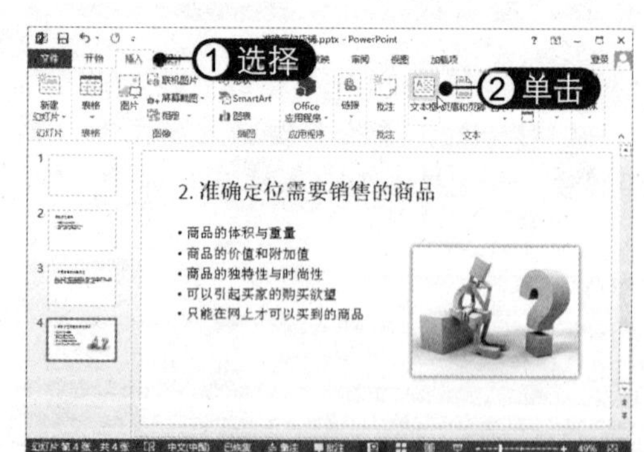

02 输入文本并设置格式 在幻灯片中单击即可插入横排文本框，根据需要输入所需的文本并设置字体格式。在幻灯片中插入箭头形状，如右图所示。插入形状的方法与在 Word 中插入形状的方法相同，在此不再赘述。

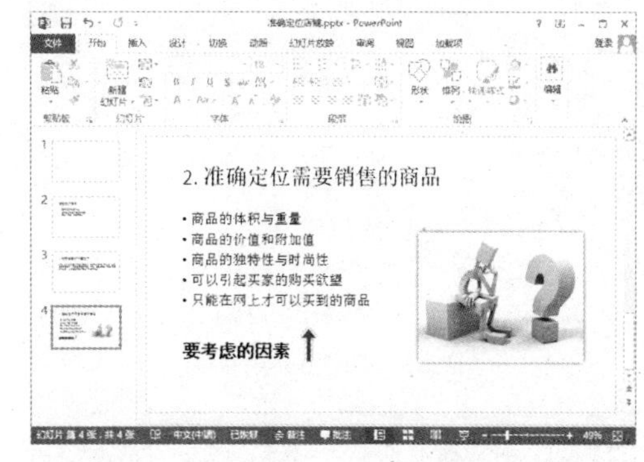

13.2.5 使用大纲视图输入文本

大纲视图是撰写内容的理想场所，在该视图下不仅可以编辑当前幻灯片的内容，还可以看到前后幻灯片中的内容，以便进行对照，有效地计划如何表述它们。在大纲视图下输入文本的具体操作方法如下：

01 准备素材内容 打开记事本素材文件，查看文件内容，即要在幻灯片中输入的内容，如下图所示。

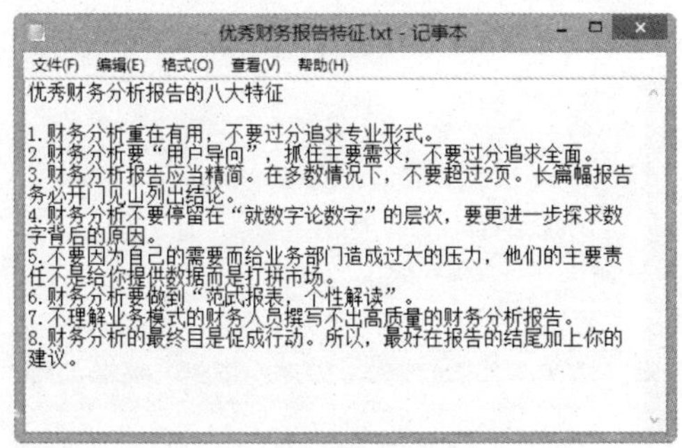

优秀财务报告特征.txt - 记事本

文件(F) 编辑(E) 格式(O) 查看(V) 帮助(H)

优秀财务分析报告的八大特征

1.财务分析重在有用，不要过分追求专业形式。
2.财务分析要"用户导向"，抓住主要需求，不要过分追求全面。
3.财务分析报告应当精简。在多数情况下，不要超过2页。长篇幅报告务必开门见山列出结论。
4.财务分析不要停留在"就数字论数字"的层次，要更进一步探求数字背后的原因。
5.不要因为自己的需要而给业务部门造成过大的压力，他们的主要责任不是给你提供数据而是打拼市场。
6.财务分析要做到"范式报表，个性解读"。
7.不理解业务模式的财务人员撰写不出高质量的财务分析报告。
8.财务分析的最终目是促成行动。所以，最好在报告的结尾加上你的建议。

02 切换到大纲视图 选择"视图"选项卡，单击"大纲视图"按钮切换到大纲视图。在大纲窗格中将光标定位到标题文本后面，如下图所示。

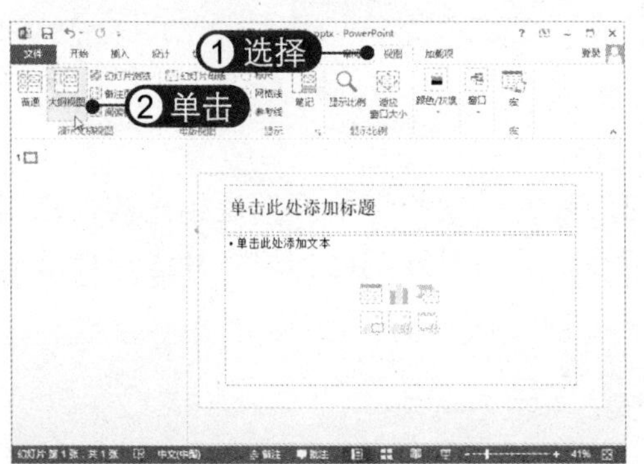

03 输入标题文本 在大纲窗格中输入幻灯片标题文本，并将光标定位到文本最后，如下图所示。

04 新建幻灯片 按【Enter】键即可新建一张幻灯片，如下图所示。

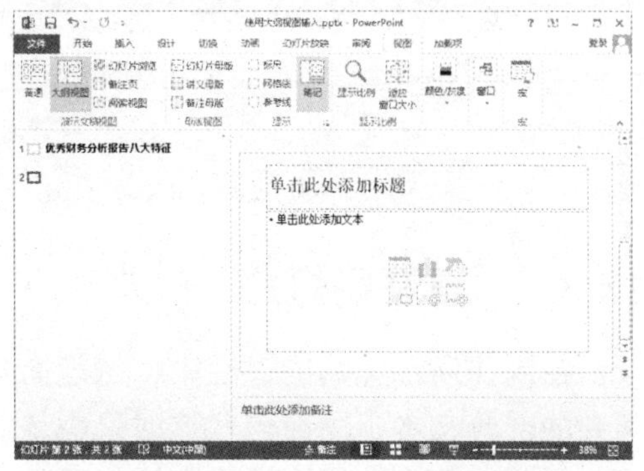

05 进行降级处理 按【Tab】键进行降级处理，此时新建的幻灯片将降级为内容，如下图所示。

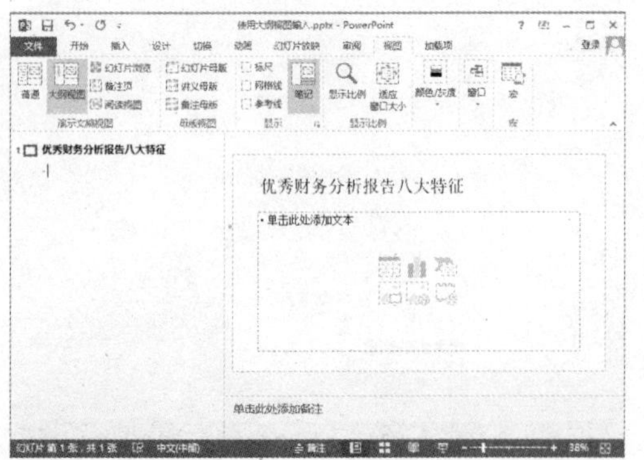

06 输入内容 输入内容文本并按【Enter】键换行，此时在幻灯片中的“内容”占位符中也会显示出所输入的内容。此内容文本为素材文件中各段内容的总结，将光标定位到第 1 个小标题后，如下图所示。

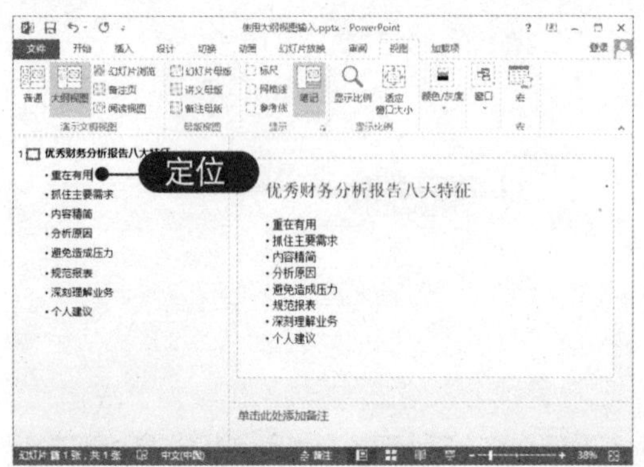

07 进行降级处理 按【Enter】键确认，然后按【Tab】键降级，然后输入具体内容，如下图所示。

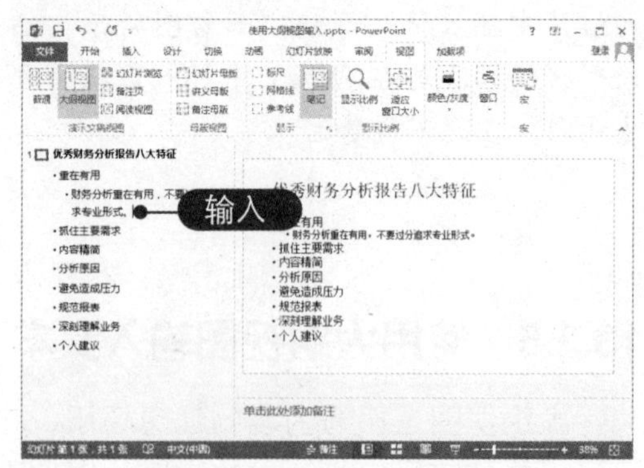

08 查看内容效果 用同样的方法输入其他具体内容，在幻灯片中查看效果，如下图所示。

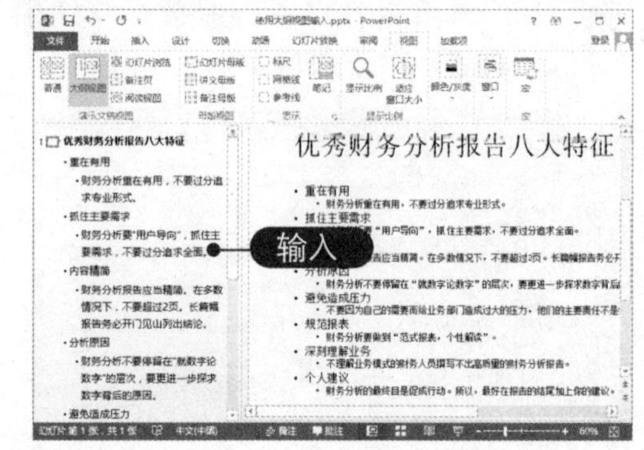

13.3 幻灯片基本操作

在制作演示文稿时，对幻灯片进行操作是最基本的操作，如复制幻灯片、重新排列幻灯片、删除幻灯片、更改幻灯片版式、使用节组织幻灯片等，下面将进行详细介绍。

13.3.1 复制幻灯片

在制作演示文稿的过程中，可能有几张幻灯片的版式和背景等都是相同的，只是其中的部分文本不同而已。这时只需复制幻灯片，然后对复制后的幻灯片进行修改即可。复制幻灯片的具体操作方法如下：

01 选择“空白”版式 单击“新建幻灯片”下拉按钮，选择“空白”版式，如下图所示。

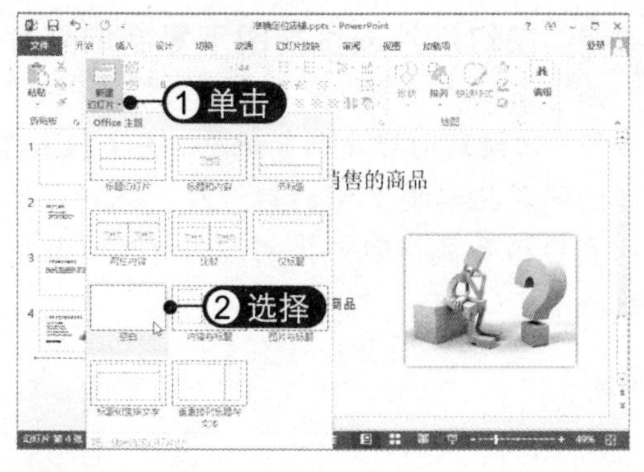

02 插入素材图像 新建“空白”版式幻灯片，在其中插入素材图像，如下图所示。

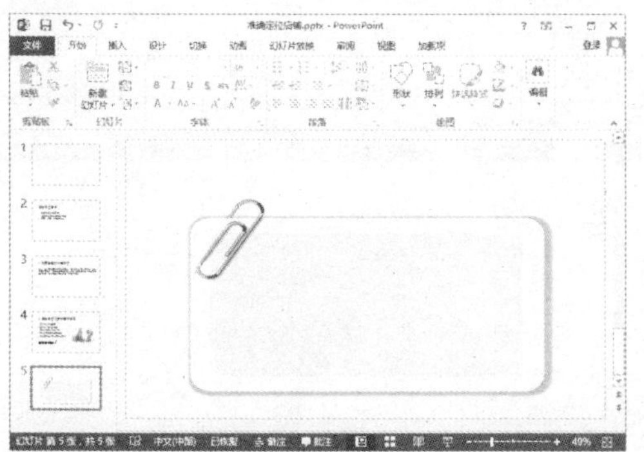

03 插入文本框和形状 在该幻灯片中插入文本框并输入所需的文本，然后在标题文本上方和下方插入矩形，如下图所示。

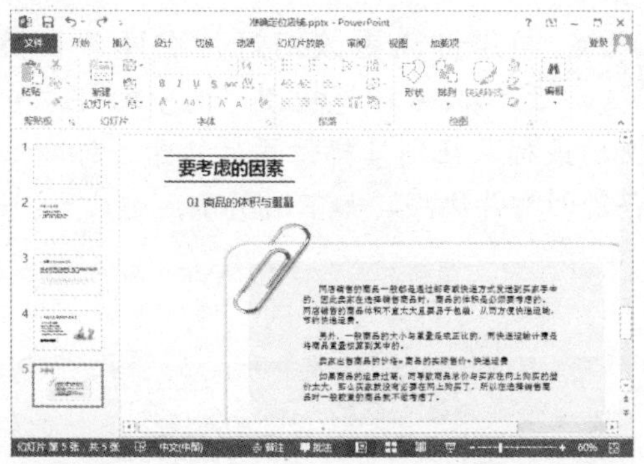

04 选择“复制幻灯片”命令 在幻灯片窗格中右击要复制的幻灯片，在弹出的快捷菜单中选择“复制幻灯片”命令，如下图所示。

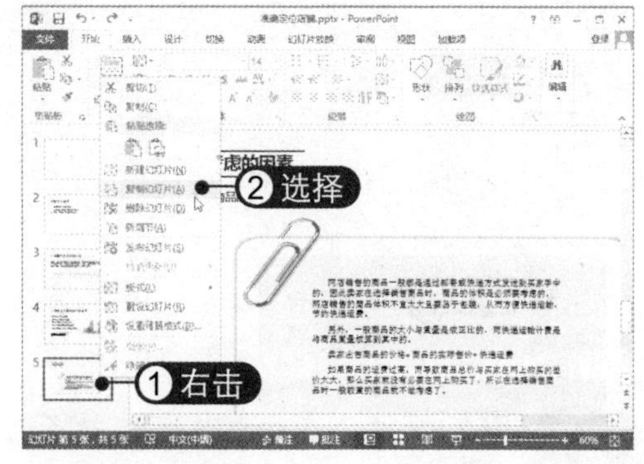

05 查看复制效果 此时即可在该幻灯片下方复制出一张幻灯片，如下图所示。

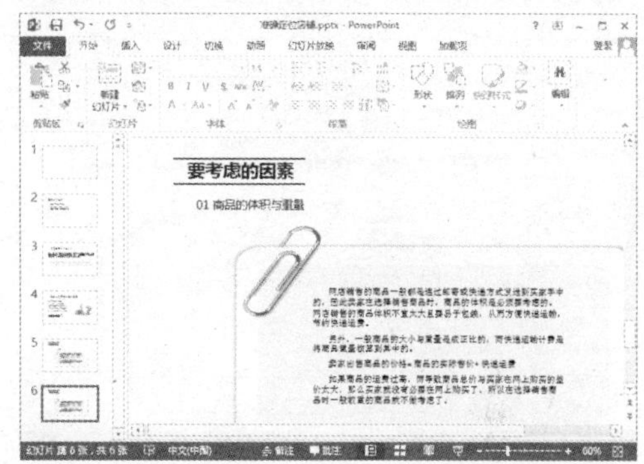

06 修改幻灯片内容 根据需要修改幻灯片中的文本，然后用相同的方法复制多张幻灯片并修改文本，如下图所示。选中幻灯片后按【Ctrl+D】组合键，也可复制幻灯片。

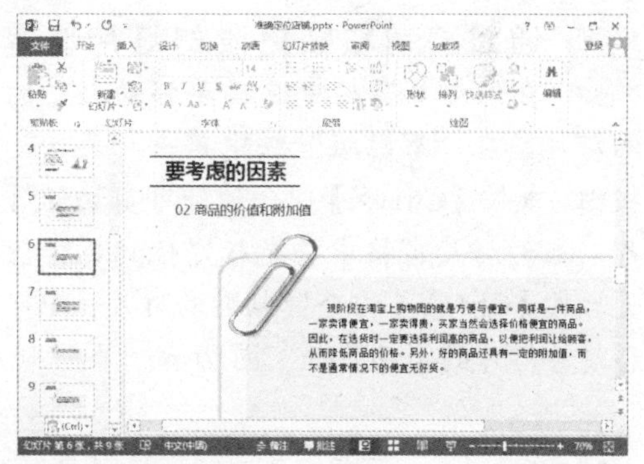

07 单击“复制”按钮 对于相距较远的幻灯片，可以通过复制粘贴的方法来复制幻灯片，如选择第 4 张幻灯片，在“剪贴板”组中单击“复制”按钮或按【Ctrl+C】组合键，即可复制幻灯片，如下图所示。

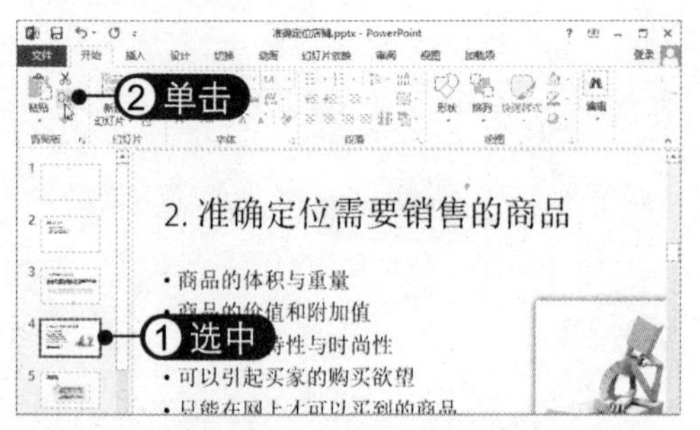

08 粘贴幻灯片

在幻灯片窗格中将光标定位到要粘贴的位置，按【Ctrl+V】组合键或单击"粘贴"按钮即可粘贴幻灯片，并根据需要修改内容即可，如下图所示。

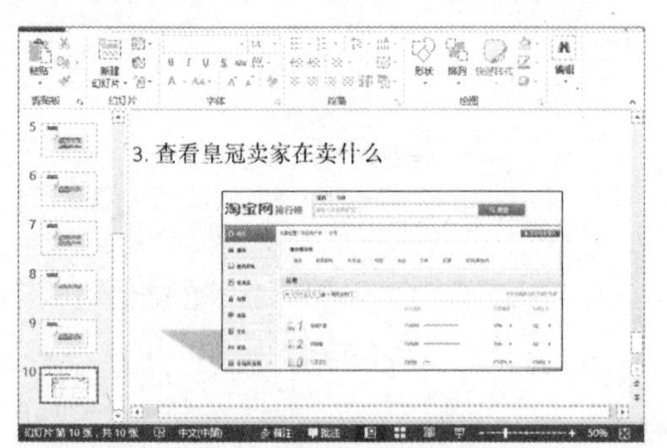

09 在幻灯片浏览视图下复制幻灯片

在程序任务栏中单击"幻灯片浏览"按钮，切换到幻灯片浏览视图。按住【Ctrl】键的同时拖动要复制的幻灯片，拖到目标位置后松开鼠标即可复制该幻灯片，如下图所示。

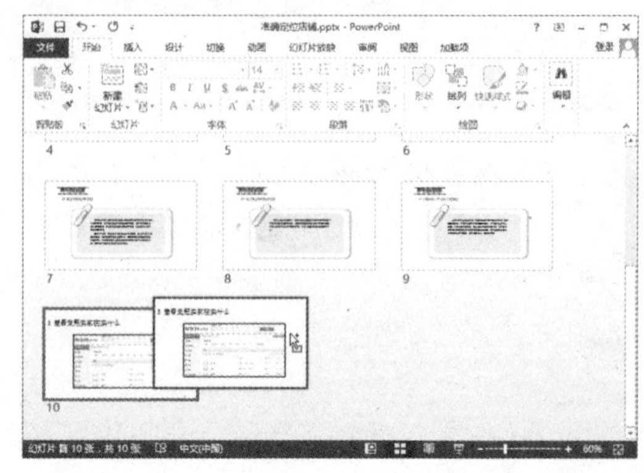

13.3.2 重新排列幻灯片

在幻灯片窗格中各张幻灯片左上方都有一个数字编号，即幻灯片的排列次序，默认情况下按照该次序来放映幻灯片。通过移动幻灯片可以调整演示文稿中幻灯片的顺序，具体操作方法如下：

01 通过剪切粘贴更改幻灯片次序

在幻灯片窗格中选择要移动次序的幻灯片，在"剪贴板"组中单击"剪切"按钮或按【Ctrl+X】组合键即可剪切幻灯片。在幻灯片窗格中将光标定位到目标位置后按【Ctrl+V】组合键粘贴幻灯片，即可移动幻灯片的次序，如下图所示。

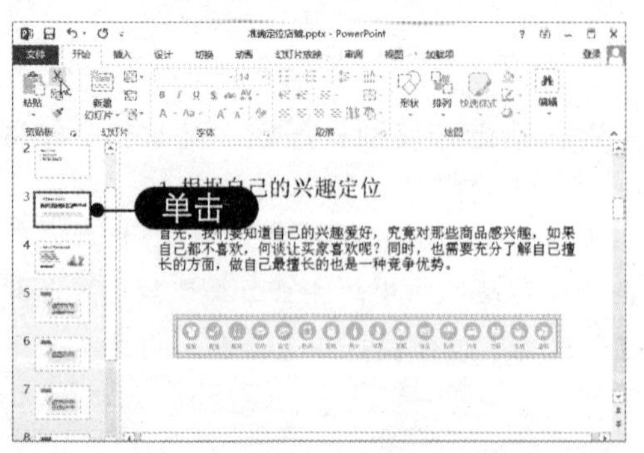

02 通过拖动更改幻灯片次序

切换到幻灯片浏览视图，选中幻灯片并拖动鼠标，拖到目标位置后松开鼠标即可移动幻灯片次序，如下图所示。

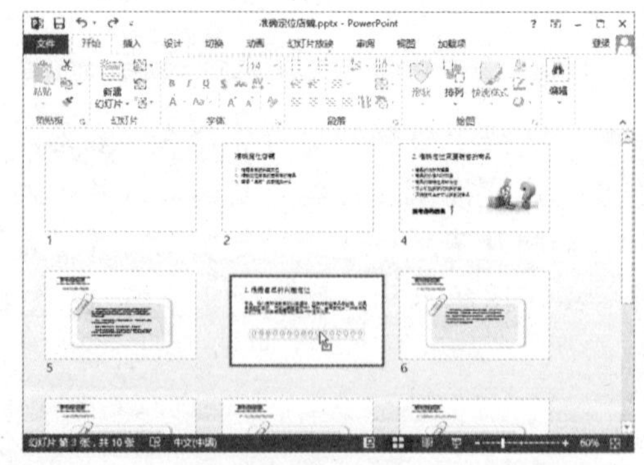

13.3.3 删除幻灯片和更改版式

用户可以根据需要更改当前幻灯片所套用的版式或重置版式。当不再需要某张幻灯片时可以将其删除。下面将介绍如何删除幻灯片和更改幻灯片版式，具体操作方法如下：

01 删除幻灯片 在幻灯片窗格中右击要删除的幻灯片，选择“删除幻灯片”命令，如下图所示。也可选中幻灯片后，直接按【Delete】键进行删除。

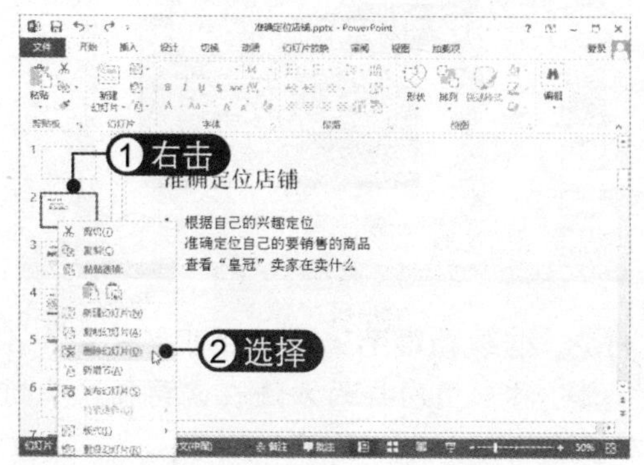

02 选择幻灯片版式 在“幻灯片”组中单击“版式”下拉按钮，选择“两栏内容”版式，如下图所示。

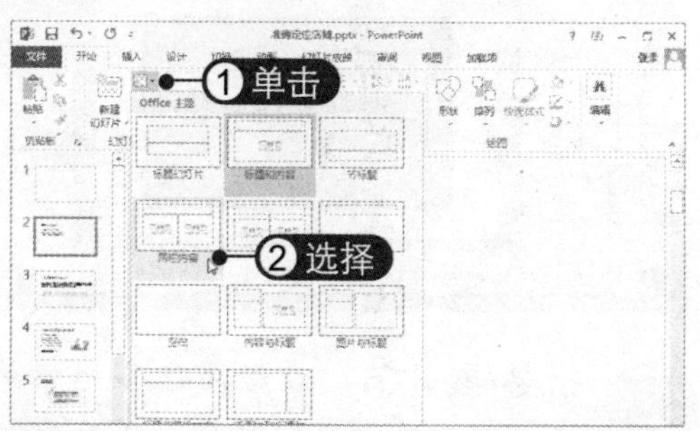

03 更改幻灯片版式 此时即可将当前幻灯片更改为“两栏内容”版式，效果如下图所示。

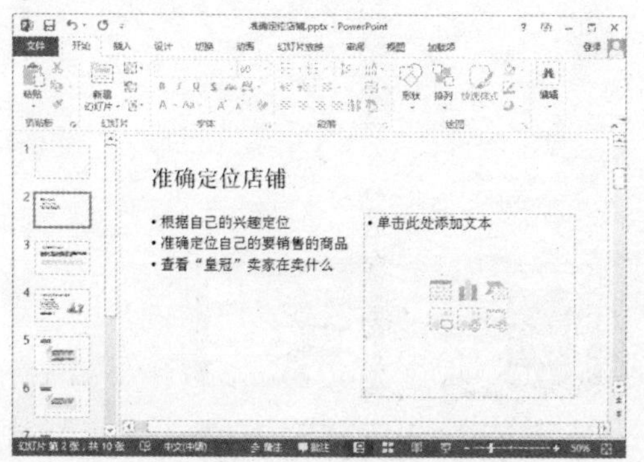

04 更改幻灯片版式 用同样的方法将当前幻灯片更改为“节标题”版式，效果如下图所示。

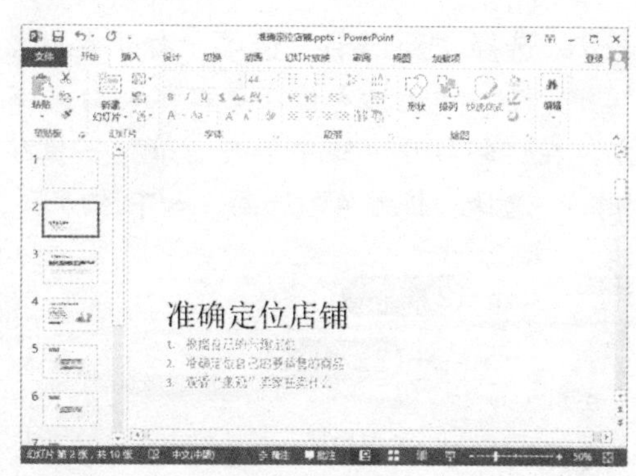

05 单击“重置”按钮 根据需要调整幻灯片中文本框的位置及文本格式，然后在“幻灯片”组中单击“重置”按钮，如下图所示。

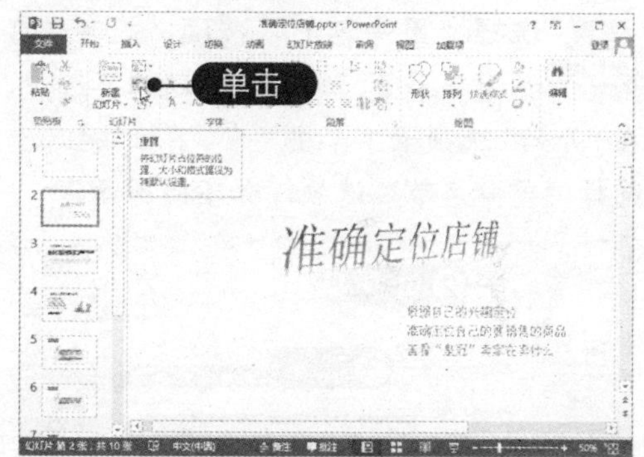

06 重置幻灯片版式 此时即可将幻灯片格式恢复为默认格式，效果如下图所示。

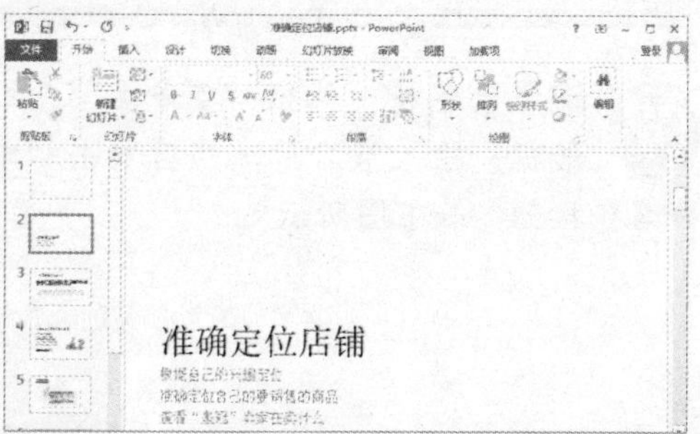

13.3.4 使用节组织幻灯片

如果遇到一个庞大的演示文稿，其幻灯片标题和编号混杂在一起，而又不能导航演示文稿时，可以使用节来组织幻灯片。通过对幻灯片进行标记，并将其分为多个节，可以与他人协作创建演示文稿，如每个同事可以负责准备单独一节的幻灯片，还可以对整个节进行打印或应用效果。

下面将介绍如何使用节来组织大量的幻灯片，具体操作方法如下：

01 选择“新增节”选项 打开素材文件，将光标定位在第二张幻灯片下方，在“幻灯片”组中单击“节”下拉按钮，选择“新增节”选项，如下图所示。

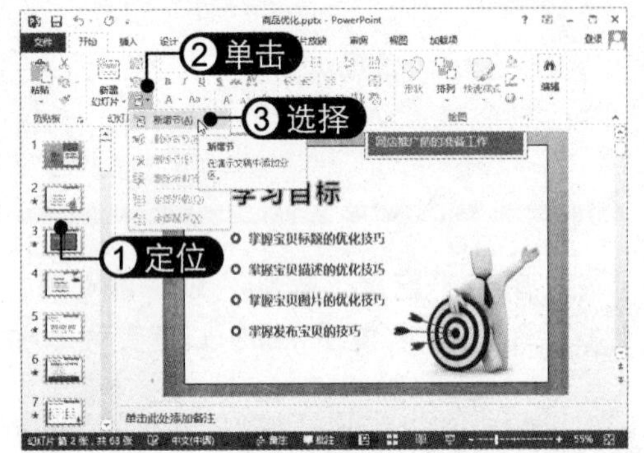

02 选择“重命名节”选项 此时即可新增一个节。单击节标题将其选中，在“开始”选项卡下单击“节”下拉按钮，选择“重命名节”选项，如下图所示。

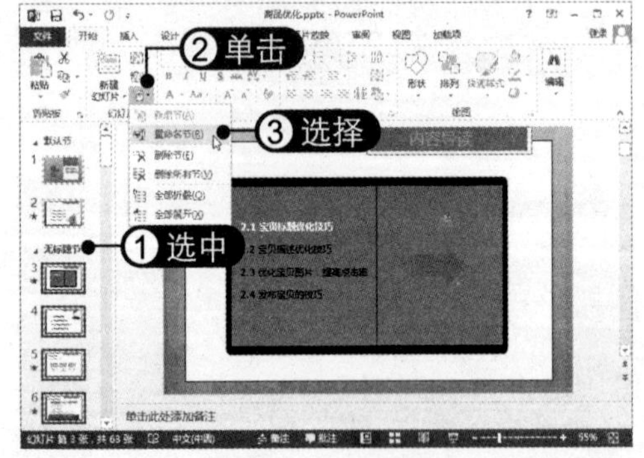

03 输入节名称 弹出“重命名节”对话框，输入节名称，然后单击“重命名”按钮，如下图所示。

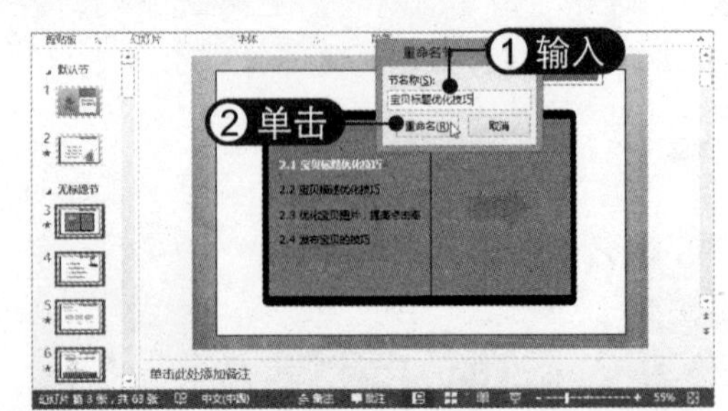

04 继续新增节 此时即可重命名节名称。用同样的方法在需要插入节的位置新增节，如下图所示。

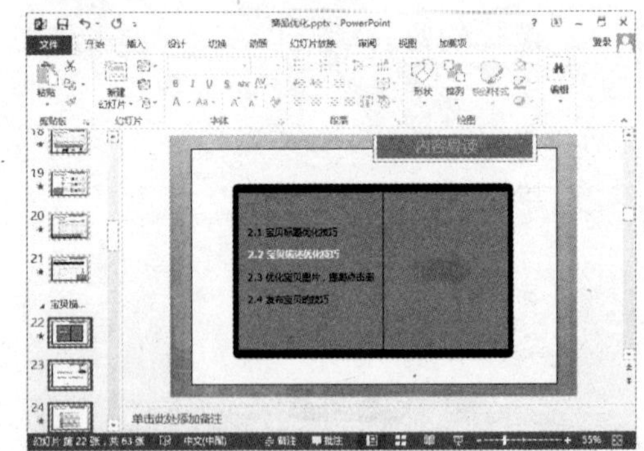

05 折叠/展开节 在程序任务栏中单击“幻灯片浏览”按钮，进入幻灯片浏览视图。单击节名称前的三角按钮，可对该节进行折叠或展开操作。右击节，可设置折叠或展开全部节，如下图所示。

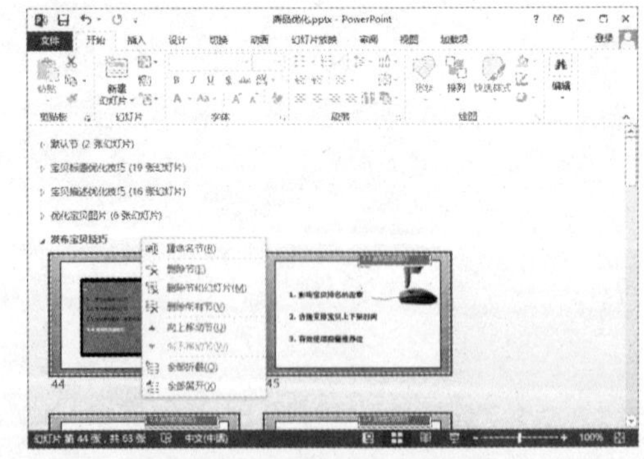

06 移动节 选中节并拖动，可以调整该节幻灯片在演示文稿中的位置，如右图所示。

13.4 应用主题样式

主题是主题颜色、主题字体和主题效果三者的组合，它可以作为一套独立的选择方案应用于文件中。使用主题可以简化专业水准演示文稿的创建过程。下面将介绍如何应用幻灯片主题样式。

13.4.1 应用内置主题

在 PowerPoint 2013 中提供了多种主题样式供用户使用，应用程序内置主题的具体操作方法如下：

01 预览主题样式 选择“设计”选项卡，在“主题”组中将鼠标指针置于主题样式上，即可在幻灯片中预览样式，如下图所示。

02 选择主题样式 单击“主题”下拉按钮，在弹出的列表框中选择要使用的主题样式，如下图所示。

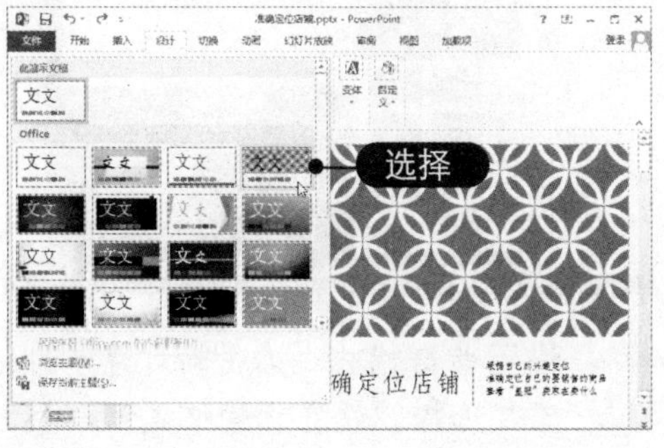

03 应用主题样式 此时即可将所选主题样式应用到所有幻灯片中，如下图所示。

04 选择“应用于选定幻灯片”命令 选择第 3 张幻灯片，在“主题”组中右击主题样式，选择“应用于选定幻灯片”命令，如下图所示。

知识加油站

主题颜色包含四种文本和背景颜色、六种强调文字颜色以及两种超链接颜色。决定颜色组合之前，可以在“示例”下查看文本字体样式和颜色的显示效果。

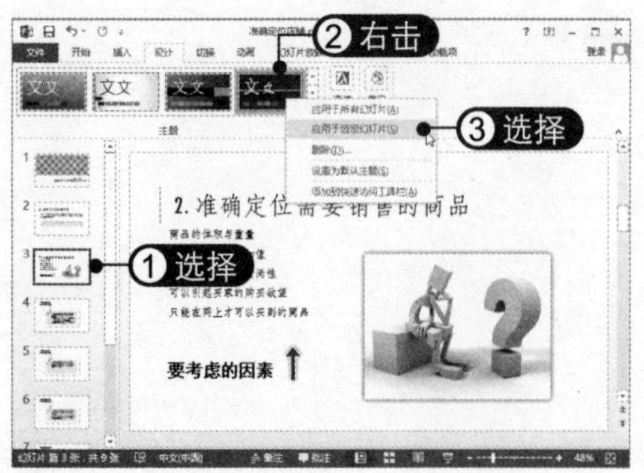

05 应用主题样式 此时即可将所选主题样式只应用到选定的幻灯片上，效果如下图所示。

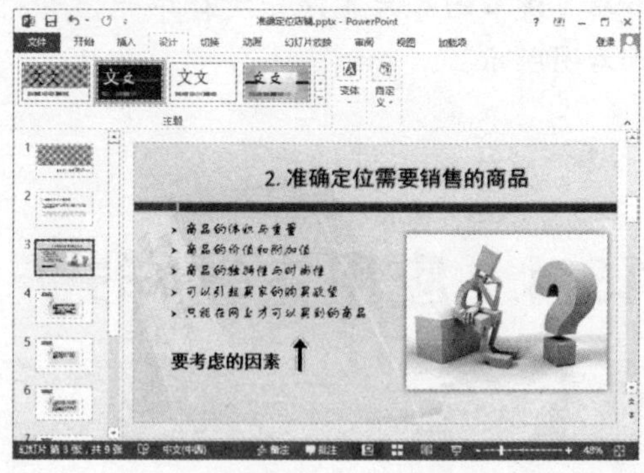

13.4.2 应用变体

应用主题后还可以自定义当前外观，此时就需要使用主题变体。应用变体的具体操作方法如下：

01 选择“应用于所有幻灯片”命令 在“变体”组中右击样式，选择“应用于所有幻灯片”命令，如下图所示。

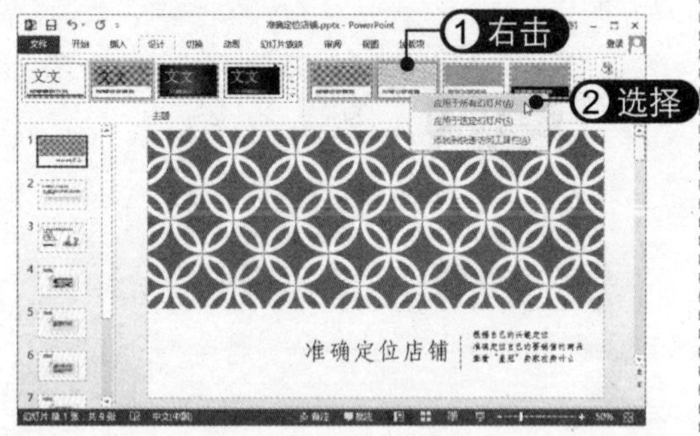

02 选择颜色样式 在“变体”组中单击下拉按钮，选择“颜色”选项，在弹出的列表框中选择所需的颜色样式，如下图所示。

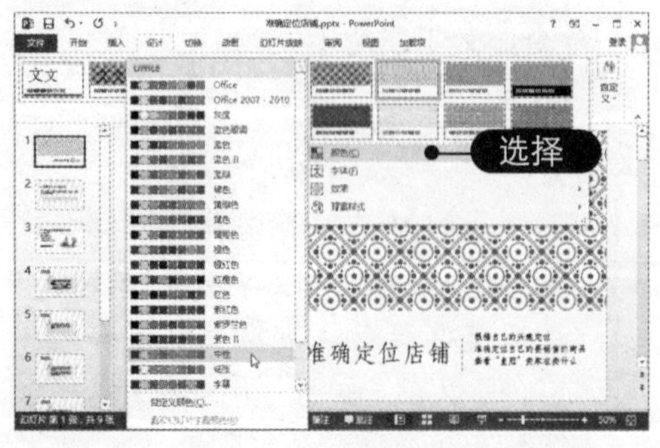

03 选择字体样式 选择“字体”选项，在弹出的列表中选择所需的字体样式，如下图所示。

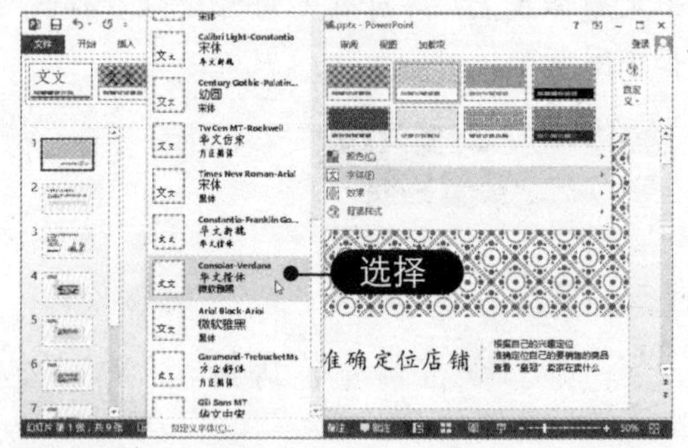

04 选择背景样式 选择“背景样式”选项，在弹出的列表中选择所需的背景样式，如下图所示。

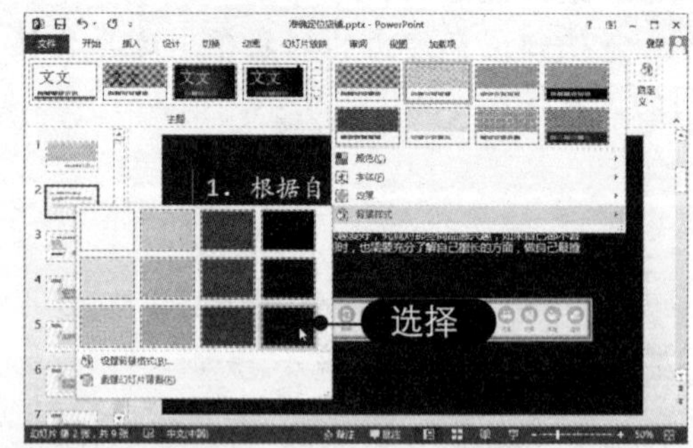

05 设置背景格式 右击幻灯片空白位置，选择“设置背景格式”命令，

可打开“设置背景格式”窗格，从中设置幻灯片背景格式，如右图所示。

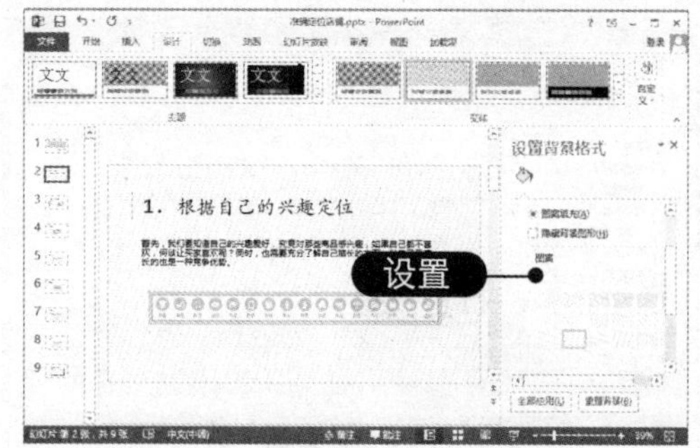

知识加油站

可以将主题样式设置为幻灯片的默认样式，右击主题样式，选择“设置为默认主题”命令即可。

13.4.3 创建自定义主题

通过使用内置主题并更改其设置可以创建自己的主题，具体操作方法如下：

01 **选择“自定义颜色”选项** 在“变体”组中单击下拉按钮，选择“颜色”选项，在弹出的列表中选择“自定义颜色”选项，如下图所示。

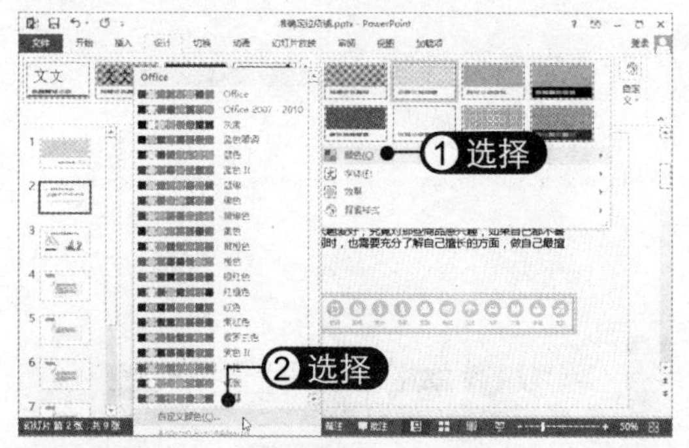

02 **设计主题颜色** 弹出“新建主题颜色”对话框，设置主题中各元素的颜色，如“深色1”，输入名称，然后单击“保存”按钮，如下图所示。

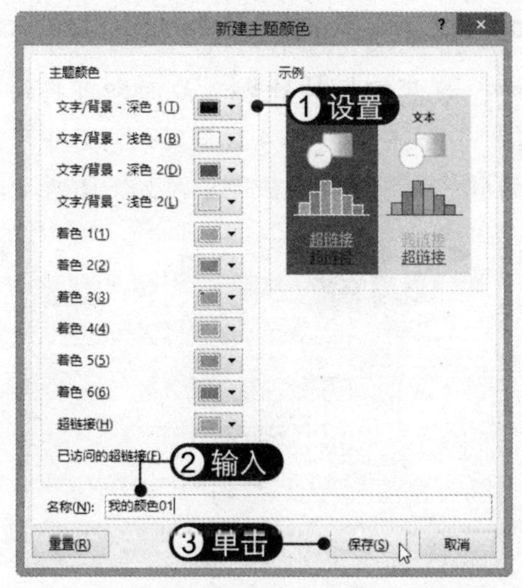

03 **设置主题字体** 用同样的方法打开“新建主题字体”对话框，设置“标题字体”为“华文行楷”，输入名称，然后单击“保存”按钮，如下图所示。

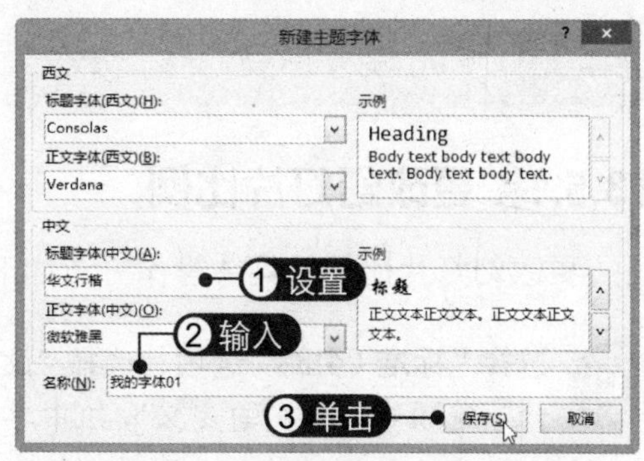

04 **选择“保存当前主题”选项** 查看应用自定义设置后的幻灯片效果。在“主题”组中单击“其他”下拉按钮，选择“保存当前主题”选项，如下图所示。

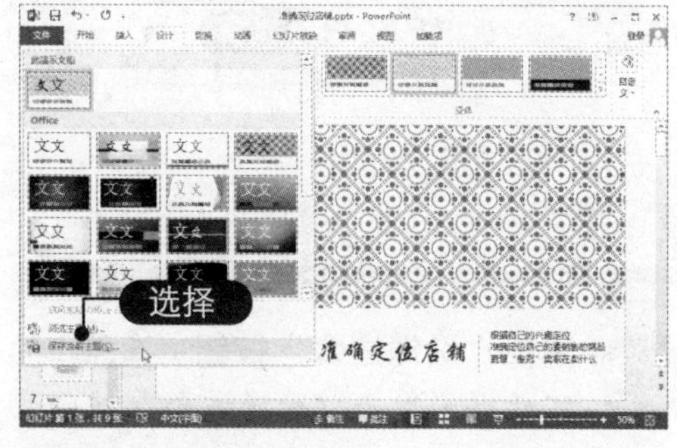

05 **保存主题** 弹出“保存当前主题”对话框，输入文件名，单击“保存”按钮，即可创建自定义主题，如下图所示。

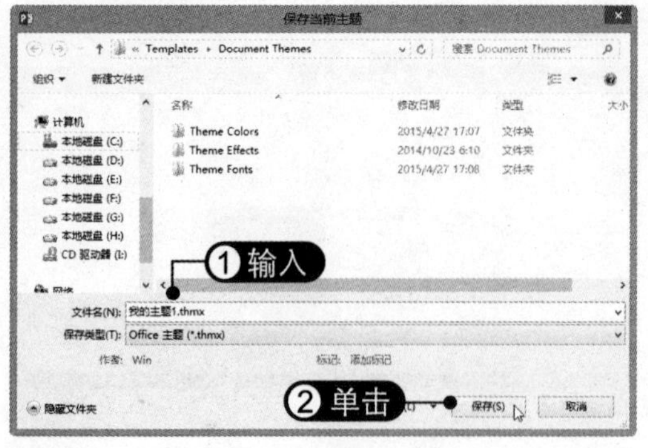

06 **选择自定义主题** 在新建演示文稿时选择“自定义”选项卡，从中可以看到自定义的主题样式，单击即可创建新演示文稿，如下图所示。

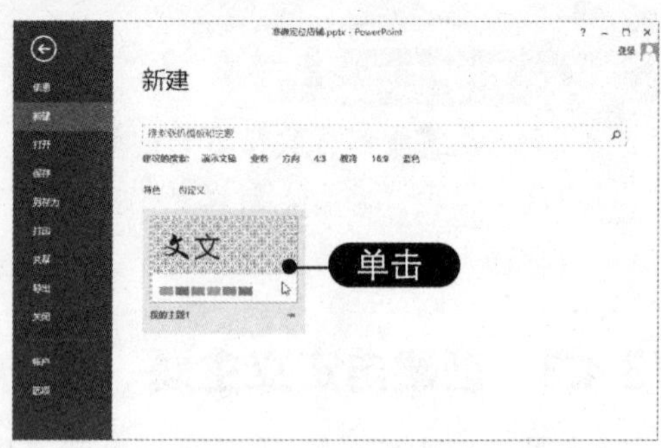

13.5 设置幻灯片大小

在 PowerPoint 2013 中的默认幻灯片大小是宽屏（16:9），可以根据需要将其调整为早期版本的比例（4:3），还可以自定义幻灯片的大小。

13.5.1 更改幻灯片比例

更改幻灯片比例的具体操作方法如下：

01 **选择“标准（4:3）”选项** 选择“设计”选项卡，在“自定义”组中单击“幻灯片大小”下拉按钮，选择“标准（4:3）”选项，如下图所示。

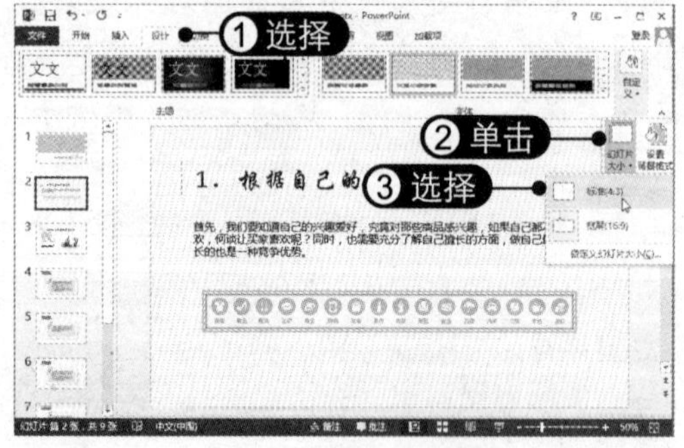

02 **单击“确保适合”按钮** 在弹出的对话框中单击“确保适合”按钮，如下图所示。

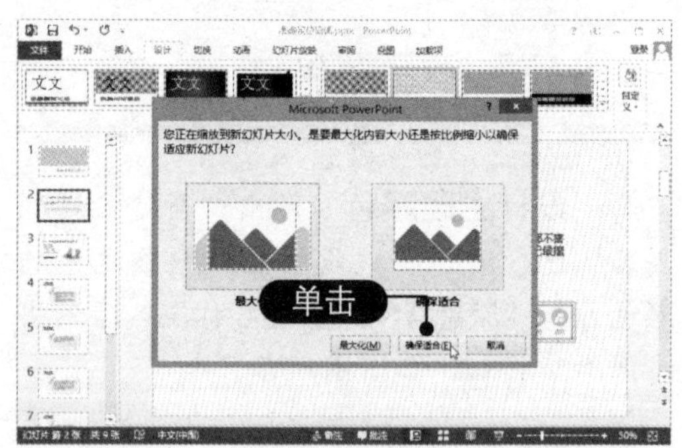

03 **改变幻灯片比例** 此时即可将幻灯片比例调整为4:3，同时幻灯片中所应用的颜色和字体样式被删除，如下图所示。

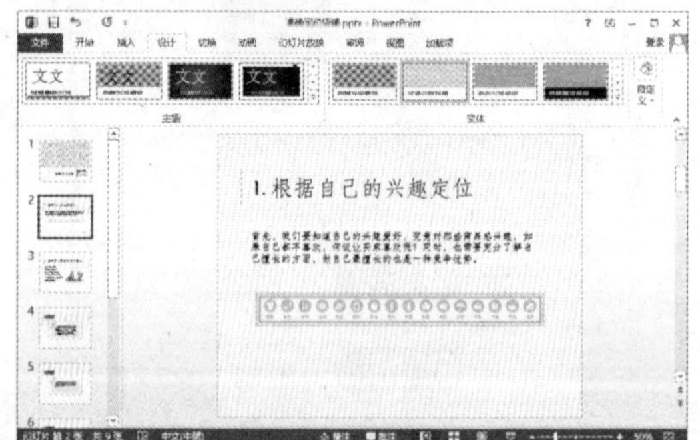

04 应用主题样式 在“主题”组中单击“其他”下拉按钮，在弹出的列表中可以选择自定义的主题样式，如右图所示。

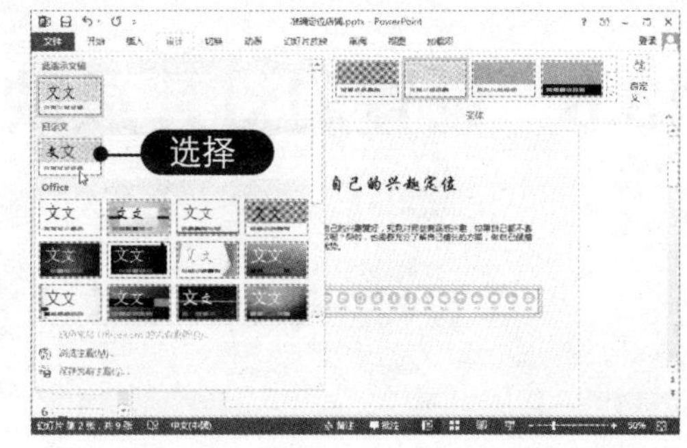

13.5.2 自定义幻灯片大小

在实际制作演示文稿时，可以根据需要自定义幻灯片的大小，具体操作方法如下：

01 选择“自定义幻灯片大小”选项 在“自定义”组中单击“幻灯片大小”下拉按钮，选择“自定义幻灯片大小”选项，如下图所示。

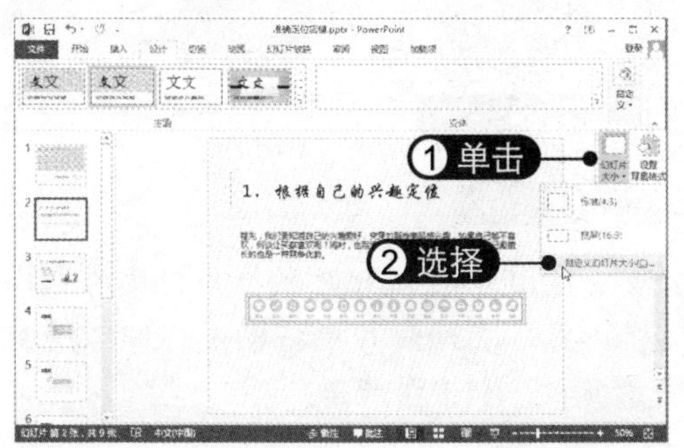

02 设置幻灯片大小选项 弹出“幻灯片大小”对话框，设置幻灯片的方向、宽度、高度等选项，如下图所示。

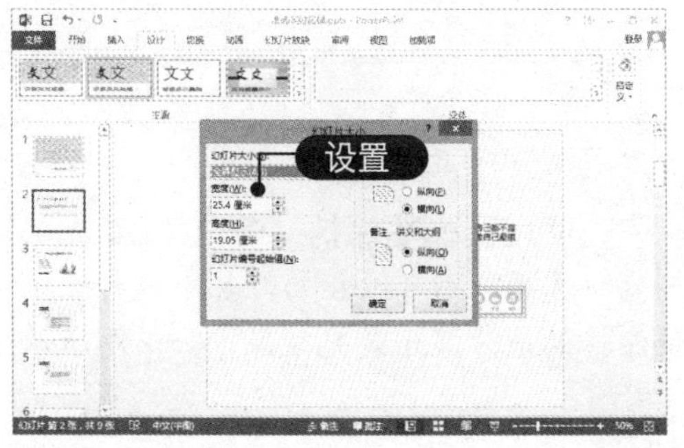

03 选择幻灯片大小 单击“幻灯片大小”下拉按钮，选择所需的大小选项，然后单击“确定”按钮，如下图所示。

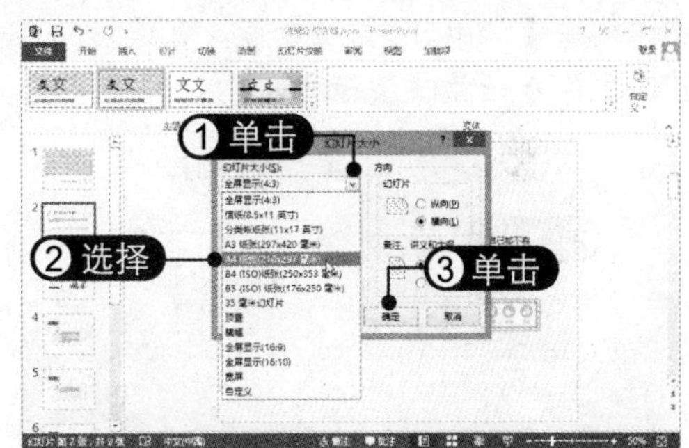

04 单击“确保适合”按钮 弹出提示信息框，单击“确保适合”按钮，即可改变幻灯片大小，如下图所示。

13.6 设置幻灯片放映

制作演示文稿的最终目的是为了通过放映幻灯片向观众传达某种信息。下面将详细介绍如何设置幻灯片放映，如放映幻灯片时的操作技巧、隐藏幻灯片、放映指定的幻灯片、排练计时，以及设置幻灯片放映方式等。

13.6.1 放映幻灯片

下面将介绍如何对幻灯片进行放映，以及在放映过程中的一些操作技巧，具体操作方法如下：

01 单击"从头开始"按钮 选择"幻灯片放映"选项卡，单击"从头开始"按钮或按【F5】键开始放映幻灯片，如下图所示。单击"从当前幻灯片开始"按钮或按【Shift+F5】组合键，可设置从当前幻灯片开始放映演示文稿。

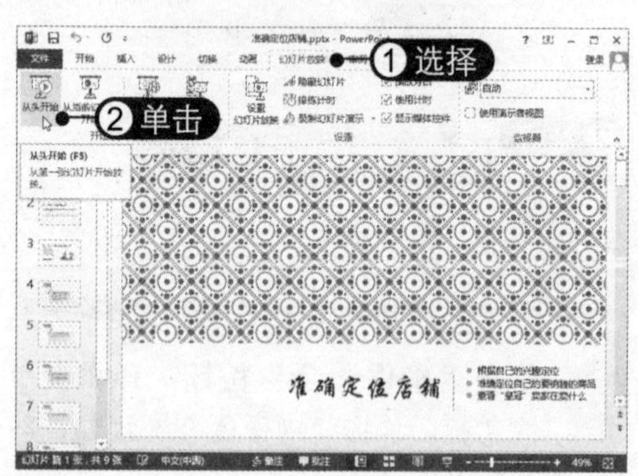

02 进入幻灯片放映视图 此时即可进入全屏模式的幻灯片放映视图，查看放映效果。按空格键或【→】方向键可放映下一张幻灯片，如下图所示。

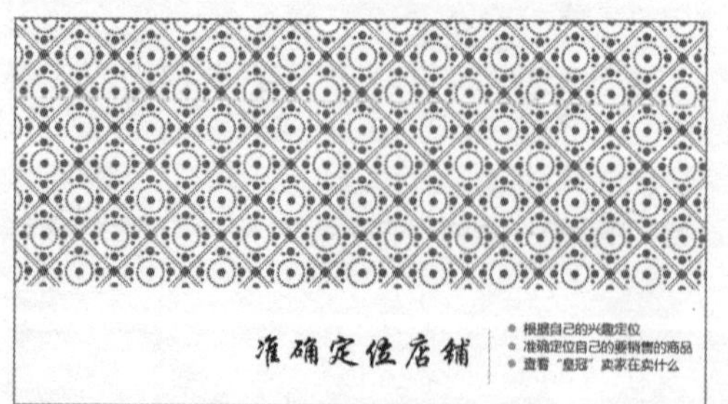

03 设置"笔"选项 单击左下方的⊘按钮，选择"笔"选项，然后再次单击⊘按钮，设置笔颜色，如下图所示。

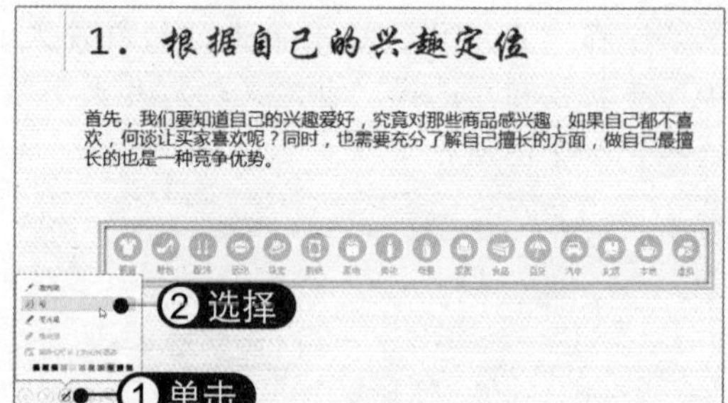

04 绘制形状 此时鼠标指针变为点样式，在幻灯片中拖动鼠标即可绘制任意形状，如下图所示。

05 使用荧光笔涂抹 若选择"荧光笔"选项，则可以在幻灯片中进行涂抹，使涂抹的地方显示荧光效果，如下图所示。

06 **擦除墨迹** 单击按钮，在弹出的列表中选择“擦除幻灯片上的所有墨迹”选项，可以擦除绘制的图形，如下图所示。按【Esc】键，可退出笔状态。

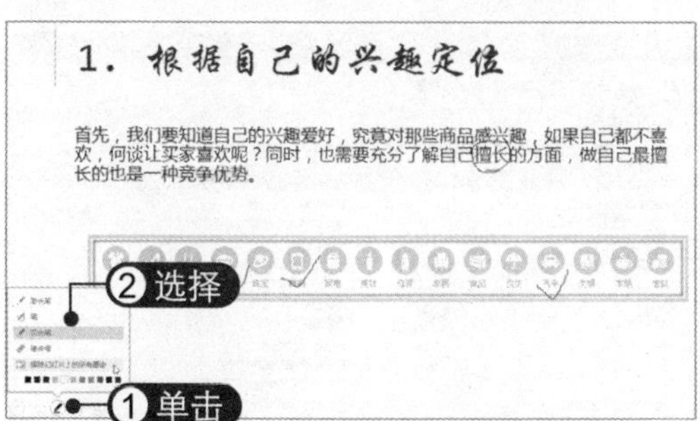

07 **浏览幻灯片** 单击左下方的按钮，可以查看演示文稿中的所有幻灯片，如下图所示。要放映某张幻灯片，只需单击它即可。

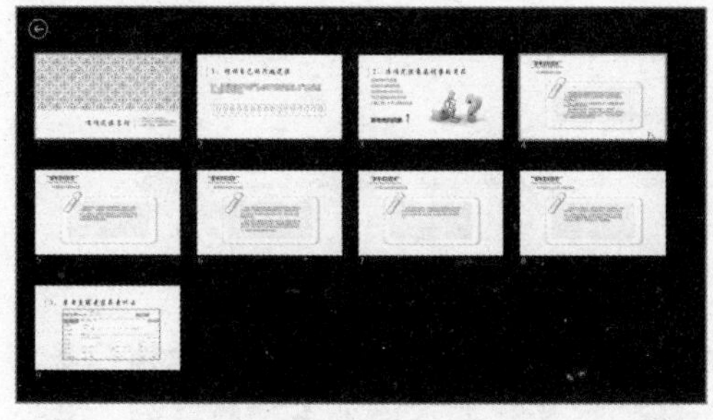

08 **选择放大区域** 单击左下方的按钮，然后在幻灯片中选择要放大的区域并单击鼠标左键，如下图所示。

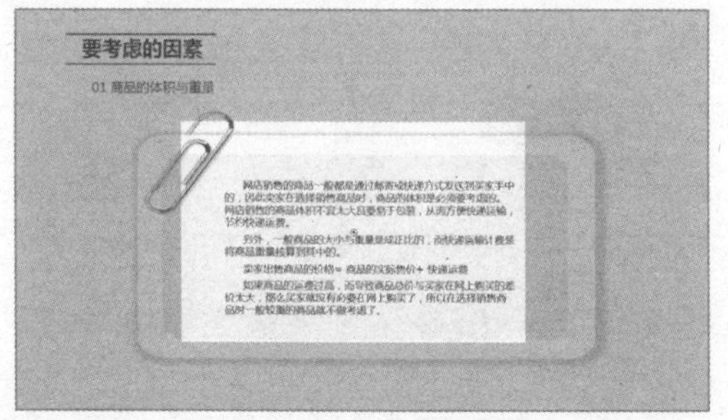

09 **放大幻灯片** 此时即可将所选区域放大到整个屏幕，右击可退出放大状态，如下图所示。

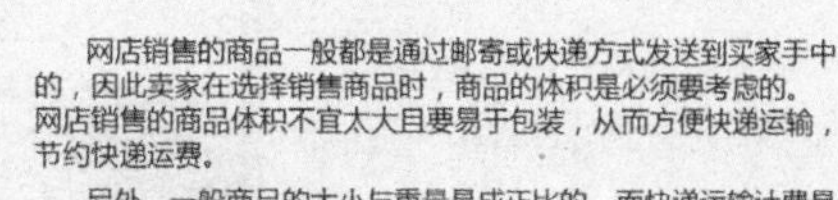

10 **设置进入黑屏** 单击左下方的按钮或在幻灯片中右击，选择“屏幕”|“黑屏”命令，进入黑屏状态，如下图所示。可在黑屏状态下绘制图形，也可通过按【W】键进入白屏，按【B】键进入黑屏。

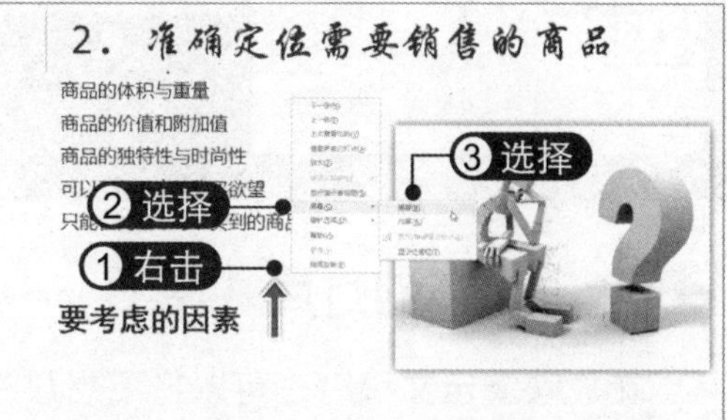

11 **选择“显示演示者视图”命令** 若要在幻灯片放映时查看备注内容，而让观众只能看到幻灯片，可右击幻灯片，选择“显示演示者视图”命令，如下图所示。

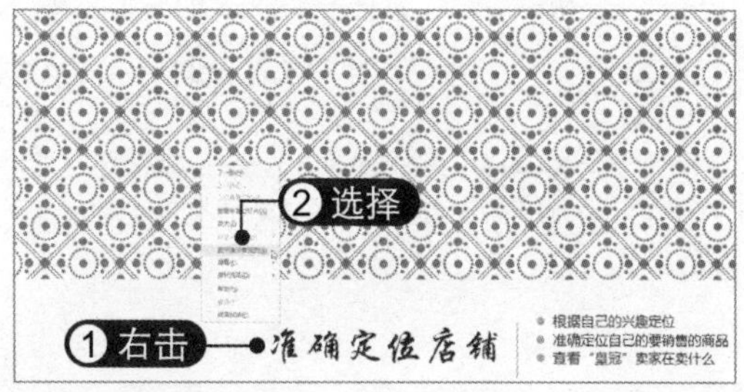

12 **进入演示者视图** 此时即可进入演示者视图，查看幻灯片中的备注内容。单击“显示任务栏”按钮，可在下方显示出任务栏，以方便切换程序，如下图所示。

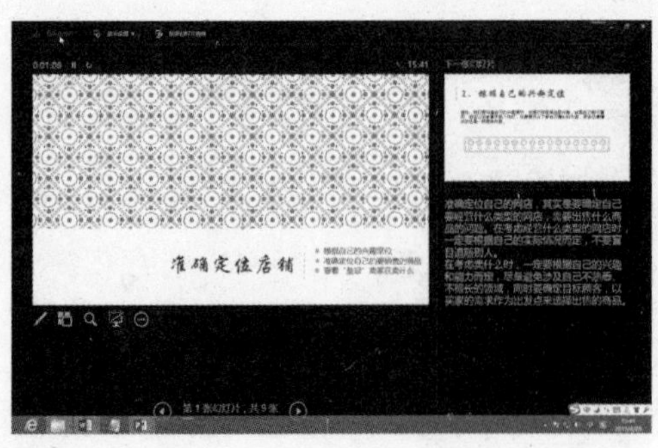

13 设置退出演示者视图

右击幻灯片，选择“隐藏演示者视图”命令，即可退出演示者视图，如下图所示。

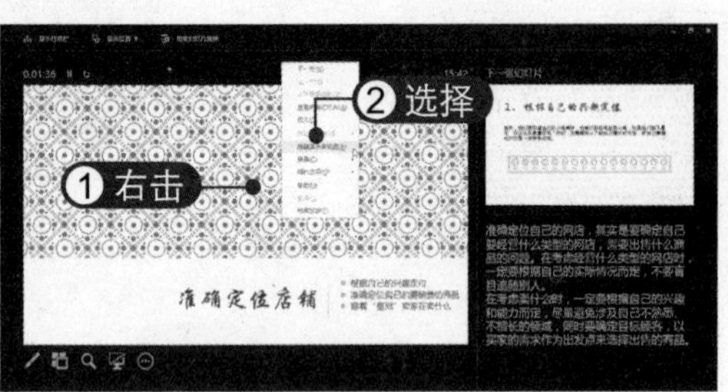

14 查看幻灯片放映帮助

按【F1】键打开“幻灯片放映帮助”对话框，在“常规”选项卡下可以查看常用的快捷键，如下图所示。

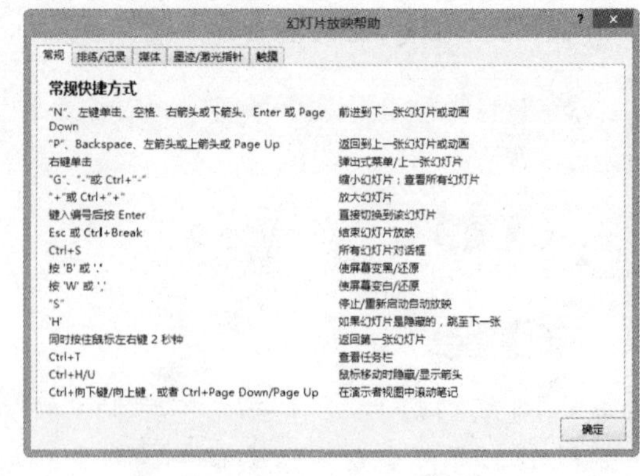

13.6.2 隐藏幻灯片

在放映演示文稿时，可以将不想放映的幻灯片隐藏起来，具体操作方法如下：

01 单击“隐藏幻灯片”按钮

在左窗格中选中要隐藏的幻灯片，在“幻灯片放映”选项卡下“设置”组中单击“隐藏幻灯片”按钮，此时所选幻灯片呈半透明显示，其前面编号上显示斜线，如下图所示。

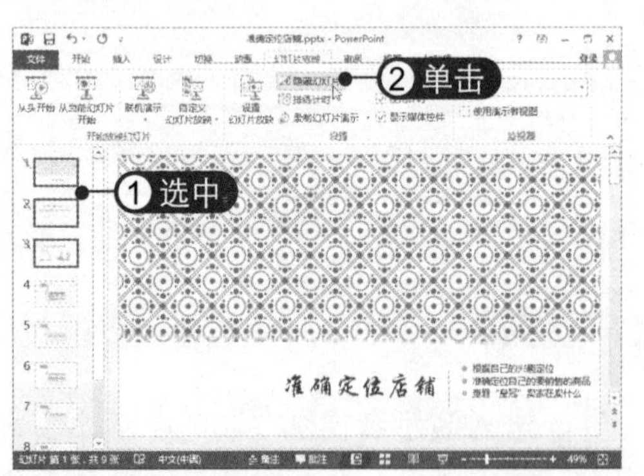

02 取消隐藏幻灯片

若要取消隐藏幻灯片，可再次单击“隐藏幻灯片”按钮。还可以右击幻灯片，选择“隐藏幻灯片”命令，如下图所示。

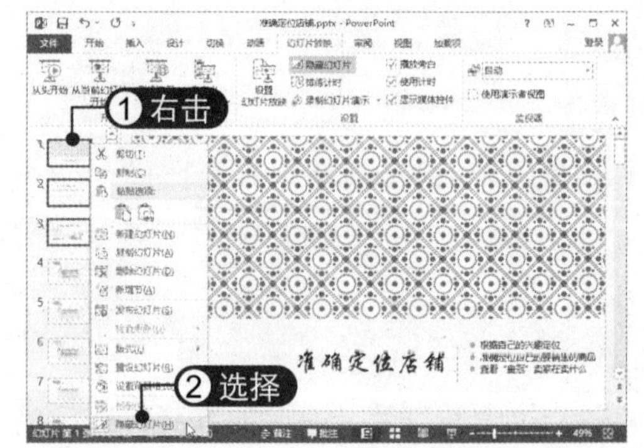

13.6.3 创建自定义放映

创建自定义放映可以指定需要放映的幻灯片，或调整幻灯片的播放次序，下面将对其进行详细介绍。

1. 为幻灯片添加标题

在设置自定义放映时，可以通过幻灯片的标题名来指定幻灯片。由于本例演示文稿应用了“空白”版式，因此不存在标题名，而只显示幻灯片编号。此时可为幻灯片添加标题名，具体操作方法如下：

01 定位光标 切换到大纲视图，在大纲窗格中选择第4张无标题的幻灯片，并将光标定位到标题位置，如下图所示。

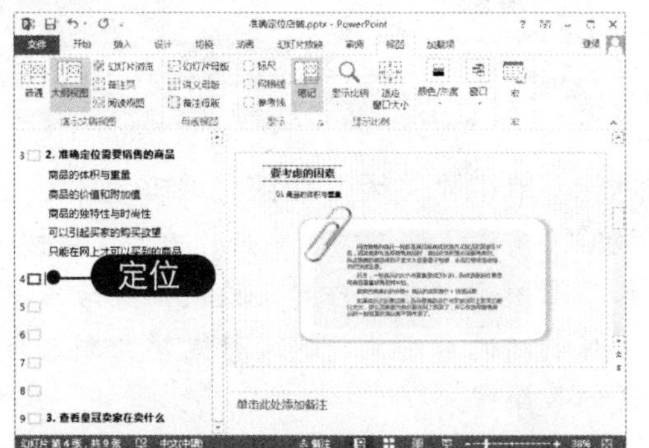

02 输入标题文字 输入幻灯片标题，此时在幻灯片中也会显示标题文字，如下图所示。

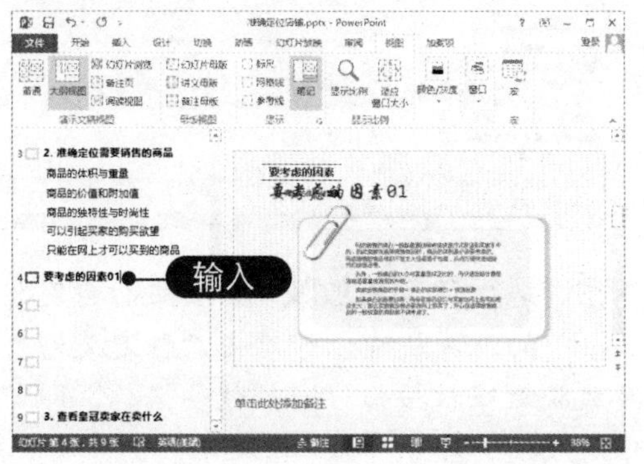

03 移动标题文字 为了使标题文字不在幻灯片中出现，可减小视图显示比例，然后将标题文本框移至幻灯片外，如下图所示。

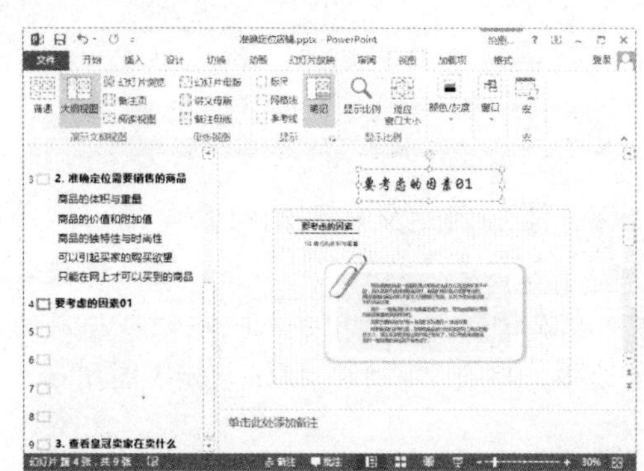

04 为其他幻灯片添加标题 用同样的方法为其他幻灯片添加标题，如下图所示。

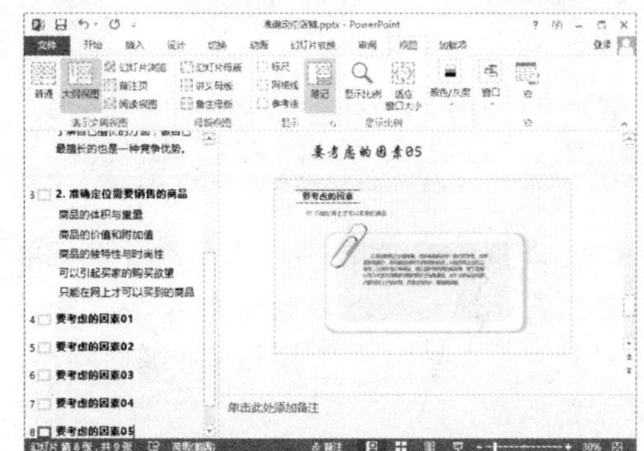

2. 放映指定的幻灯片

通过创建自定义放映可以放映指定的幻灯片，具体操作方法如下：

01 选择“自定义放映”选项 选择“幻灯片放映”选项卡，单击“自定义幻灯片放映”下拉按钮，选择“自定义放映”选项，如右图所示。

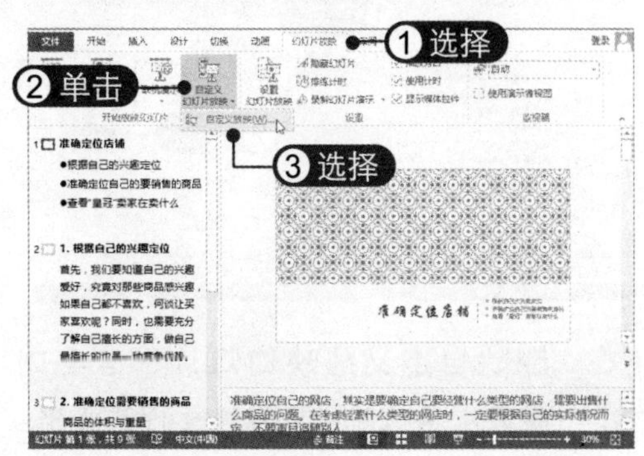

02 单击"新建"按钮 弹出"自定义放映"对话框，单击"新建"按钮，如下图所示。

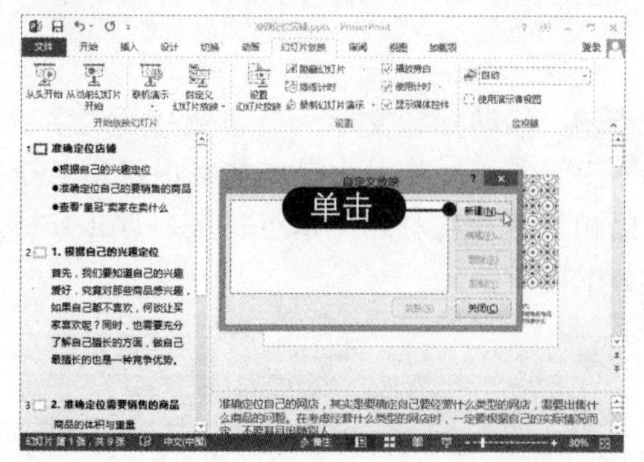

03 添加自定义放映幻灯片 弹出"定义自定义放映"对话框，输入放映名称，在左侧列表中选中要放映的幻灯片前的复选框，单击"添加"按钮，如下图所示。

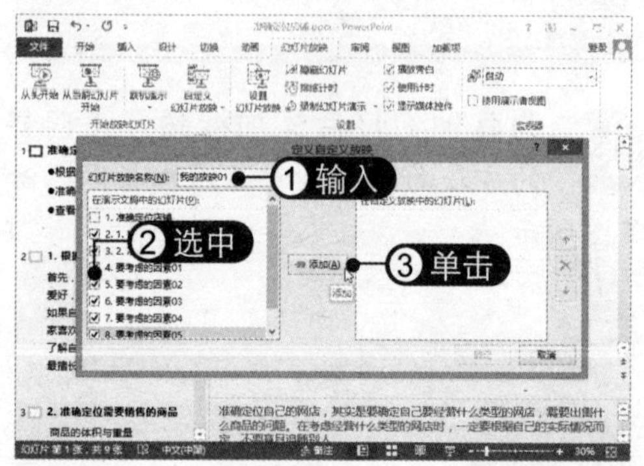

04 调整幻灯片顺序 在右侧列表框中显示自定义放映的幻灯片，选择一张幻灯片，单击"向下"按钮可调整顺序，如下图所示。

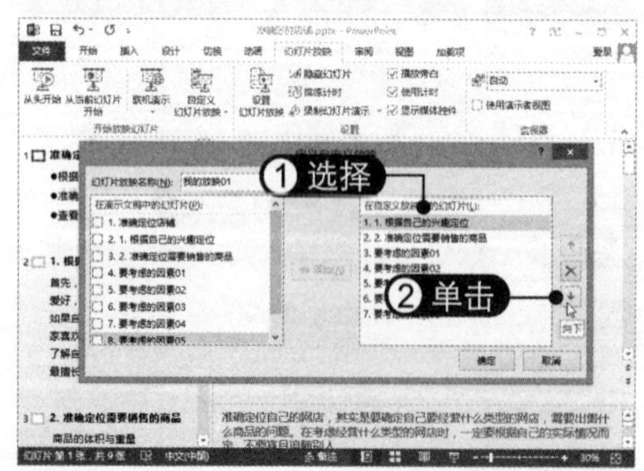

05 删除自定义放映幻灯片 若要删除自定义放映幻灯片，可将其选中，然后单击"删除"按钮，如下图所示。设置完毕后，单击"确定"按钮。

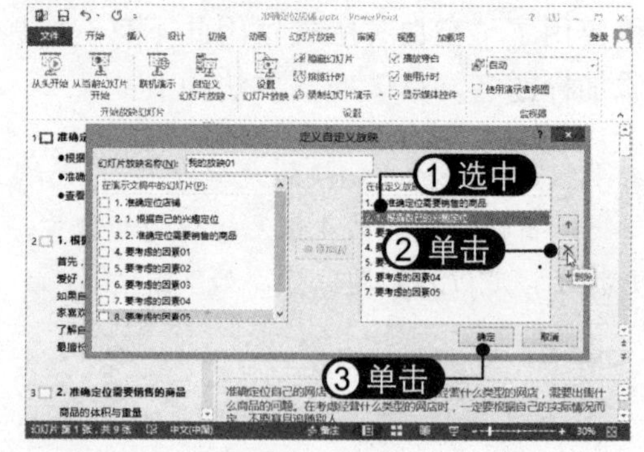

06 单击"关闭"按钮 返回"自定义放映"对话框，单击"关闭"按钮，如下图所示。在"自定义放映"对话框中可对创建的自定义放映进行编辑、删除与复制等操作。

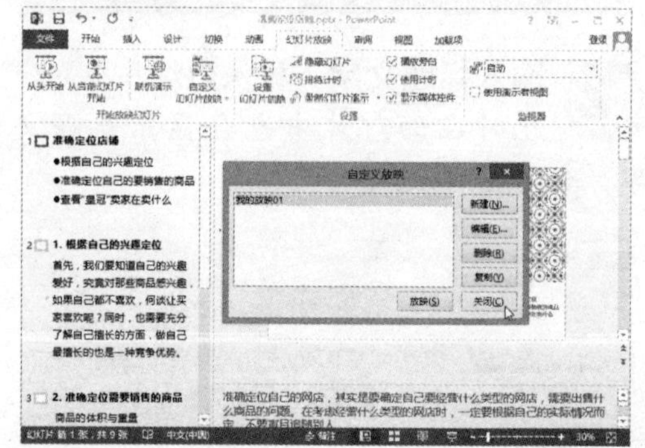

07 运行自定义放映 若要运行自定义幻灯片放映，可单击"自定义幻灯片放映"下拉按钮，选择放映名称，即可依次放映幻灯片，如下图所示。

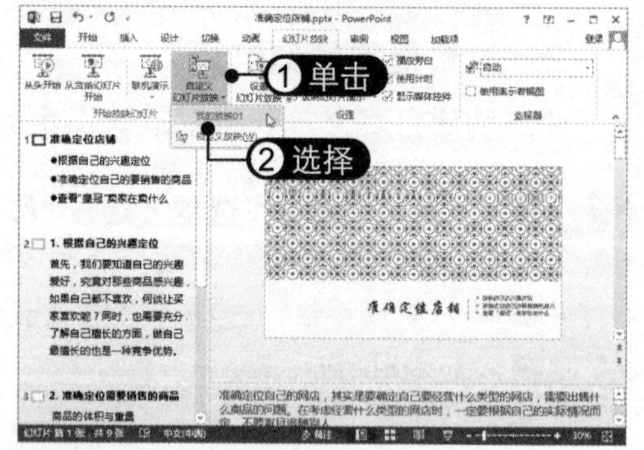

08 选择自定义放映 在放映幻灯片视图下右击幻灯片，在弹出的快捷菜

单中选择“自定义放映”命令，也可运行自定义放映，如右图所示。

13.6.4 排练计时

对于非交互式的演示文稿而言，在放映时可以为其设置自动演示功能，即幻灯片根据预先设置的显示时间逐张自动演示，即排练计时，具体操作方法如下：

01 单击“排练计时”按钮 选择“幻灯片放映”选项卡，在“设置”组中单击“排练计时”按钮，如下图所示。

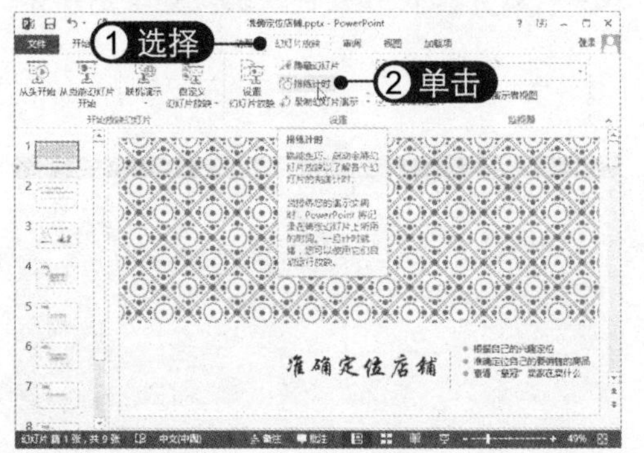

02 进行放映计时 进入幻灯片放映状态，在左上角出现“录制”工具栏，其中显示了放映时间，如下图所示。

03 结束排练计时 单击鼠标左键或按空格键放映下一张幻灯片，直到排练计时结束。弹出提示信息框，单击“是”按钮，结束排练计时，如下图所示。

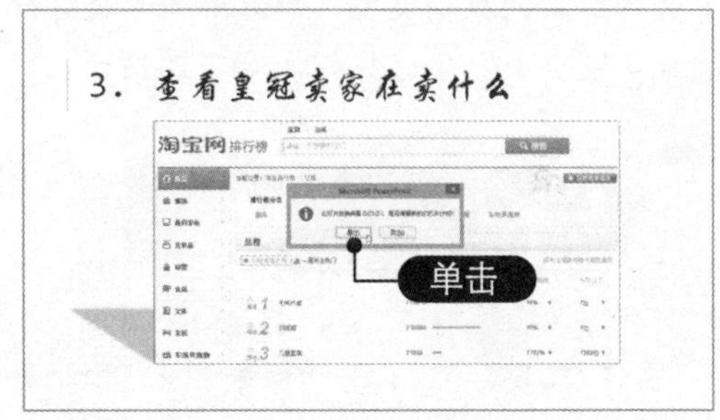

04 查看排练计时 切换到“幻灯片浏览”视图，其中显示出每张幻灯片的放映时间，如下图所示。

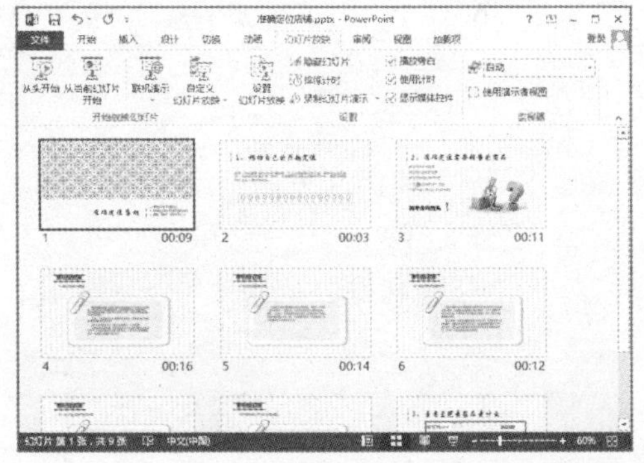

13.6.5 设置放映类型

在实际幻灯片放映中，演讲者可能会对放映方式有不同的需求（如循环放映、按照排练计时自动放映），这时就需要对幻灯片的放映类型进行设置，具体操作方法如下：

01 单击"设置幻灯片放映"按钮 选择"幻灯片放映"选项卡，在"设置"组中单击"设置幻灯片放映"按钮，如下图所示。

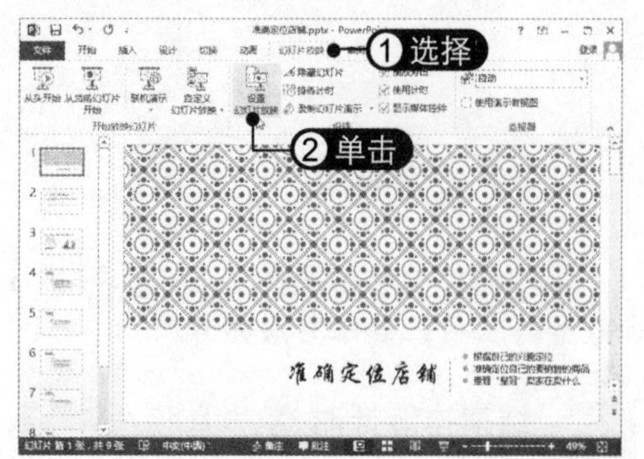

02 选择放映类型 弹出"设置放映方式"对话框，在"放映类型"选项区中选择所需的放映类型，如选中"观众自行浏览（窗口）"单选按钮，如下图所示。

03 设置其他放映选项 在"放映选项"选项区中设置参数，在右侧还可以设置自定义放映及换片方式，单击"确定"按钮，如下图所示。

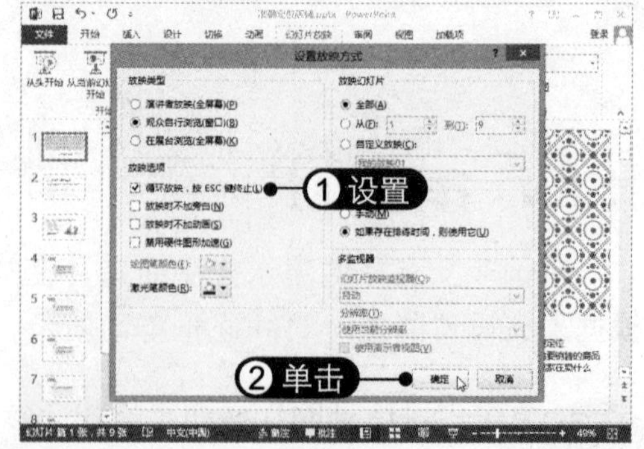

04 查看放映效果 按【F5】键放映幻灯片，查看放映效果，如下图所示。

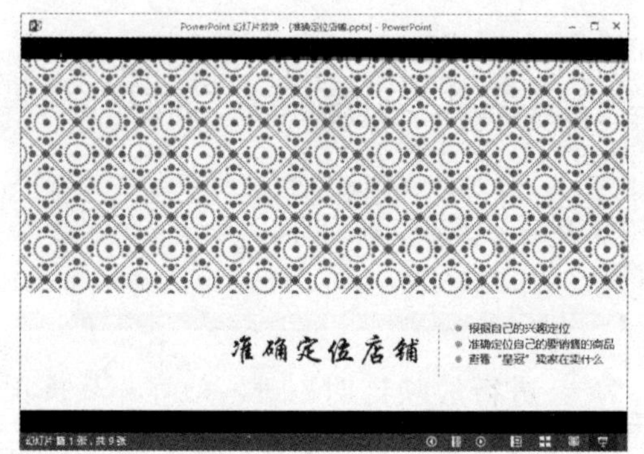

Chapter 14 巧妙设置幻灯片格式

通过对幻灯片进行格式设置可以起到美化幻灯片的效果，使幻灯片显得更加专业。本章将介绍如何对幻灯片进行格式设置，如设置幻灯片中的文本格式，设置幻灯片背景格式，以及使用幻灯片母版统一更改格式等。

本章要点

- 设置幻灯片文本格式
- 设置幻灯片背景
- 使用幻灯片母版统一格式

知识等级

PowerPoint 2013 初级读者

建议学时

建议学习时间为 50 分钟

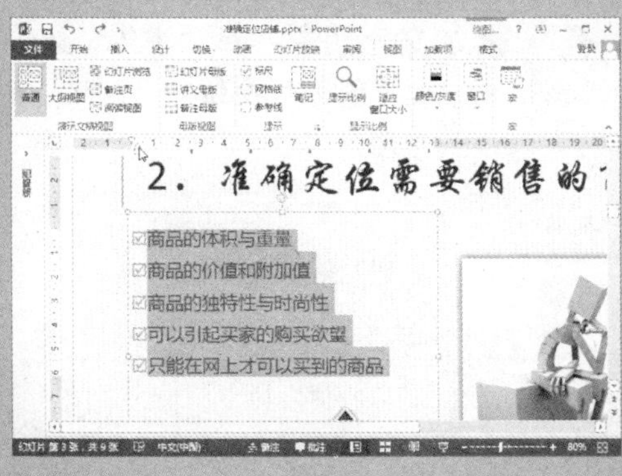

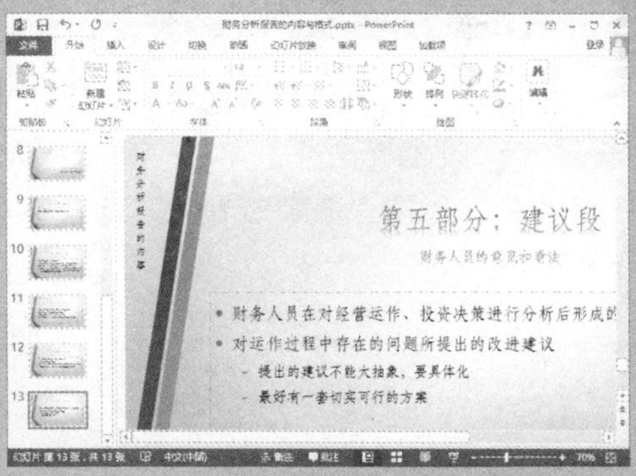

14.1 设置幻灯片文本格式

下面将介绍如何设置幻灯片中的文本格式，如设置文本的字体格式、对齐方式、段落格式、文本框格式，添加项目符号和编号，设置段落级别等，使其看起来更加专业、规范。

14.1.1 设置字体格式

在 PowerPoint 中设置文本字体格式的方法与 Word 中设置字体格式的方法类似，除此之外，在 PowerPoint 2013 还可以为文字添加效果，快速设置字符间距，清除文字格式等，具体操作方法如下：

01 选择艺术字样式 打开素材文件，选择标题文本框，选择"格式"选项卡，单击"快速样式"下拉按钮，选择所需的艺术字样式，如下图所示。

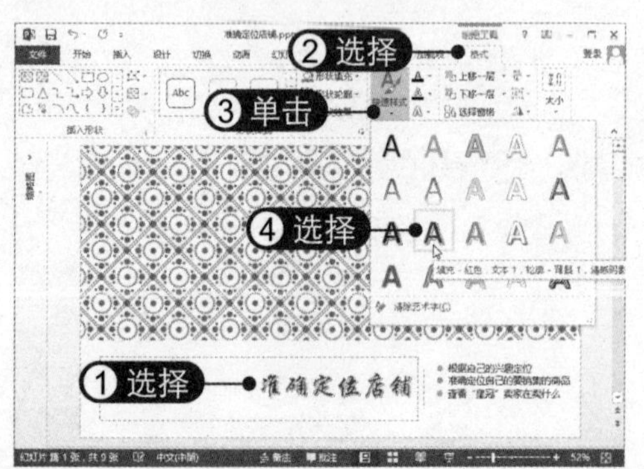

02 清除艺术字样式 选中标题文本中的"定位"文字，单击"快速样式"下拉按钮，选择"清除艺术字"选项，如下图所示。

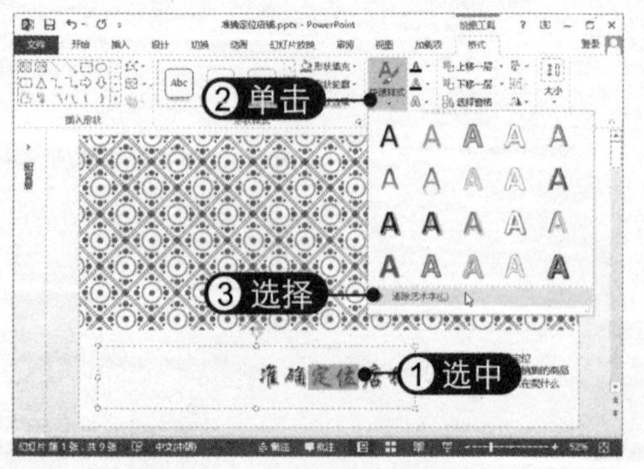

03 增大字号 选择"开始"选项卡，单击"增大"字号按钮，加大所选文字的字号，如下图所示。

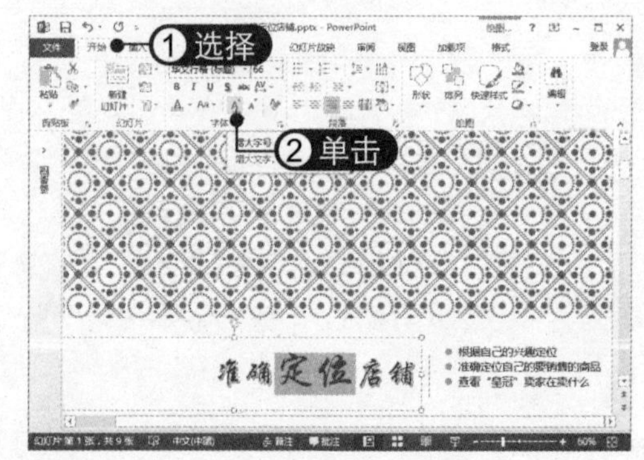

04 添加文字阴影 在"字体"组中单击"文字阴影"按钮，添加文字阴影效果，如下图所示。

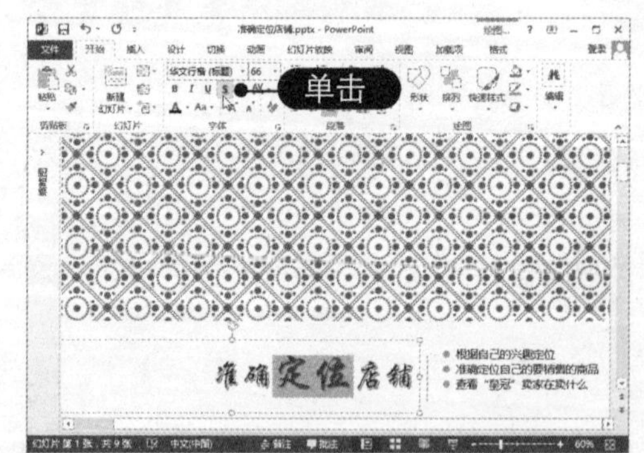

05 设置字符间距 选择标题文本框，单击"字符间距"下拉按钮，选择"很紧"选项，如下图所示。

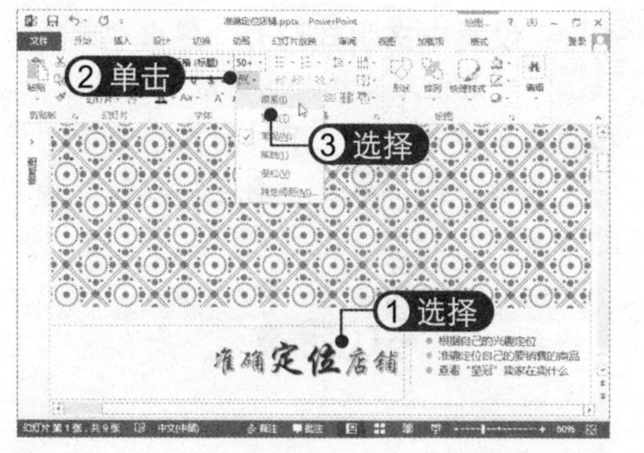

06 **清除字体格式** 设置好字体格式后，若要恢复到原来的格式，可单击“清除所有格式”按钮，如下图所示。

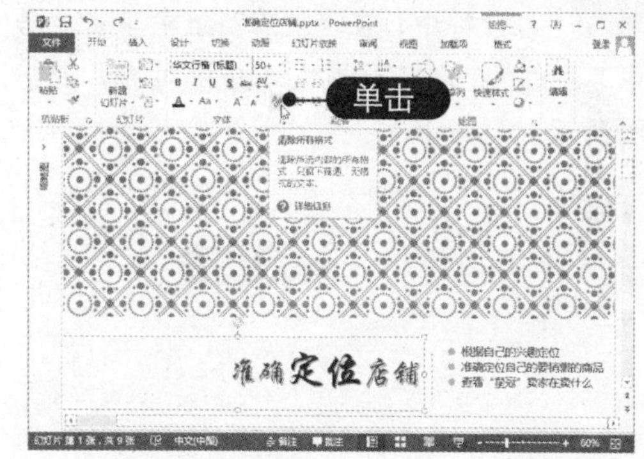

14.1.2 替换字体样式

在制作幻灯片的过程中，可能经常需要更换文本的字体。在文本较多的情况下，如果逐一进行修改既耽误时间又不够精确，此时可以使用文字替换功能来实现字体的快速修改。替换字体样式的具体操作方法如下：

01 **选择“替换字体”选项** 在“开始”选项卡下“编辑”组中单击“替换”下拉按钮，选择“替换字体”选项，如下图所示。

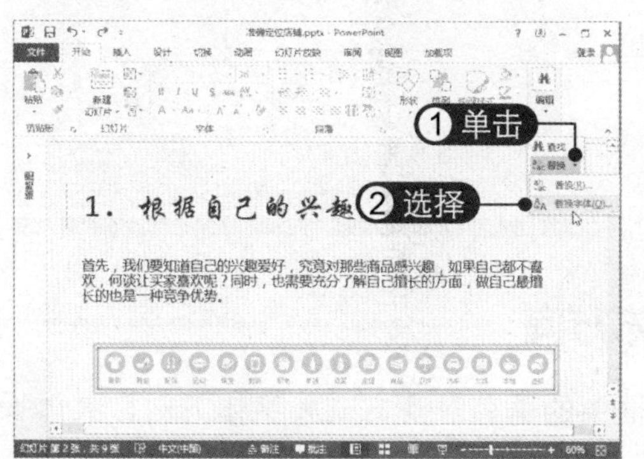

02 **设置替换字体** 弹出“替换字体”对话框，设置将“微软雅黑”替换为“新宋体”，单击“替换”按钮，如下图所示。

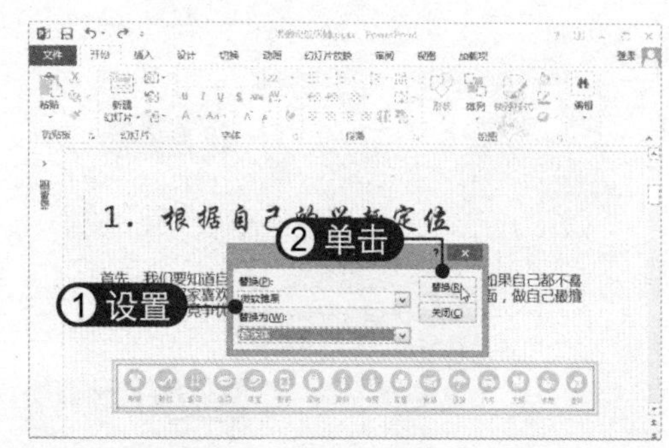

03 **查看替换效果** 此时即可将所有幻灯片中的“微软雅黑”字体样式替换为“新宋体”样式，效果如下图所示。

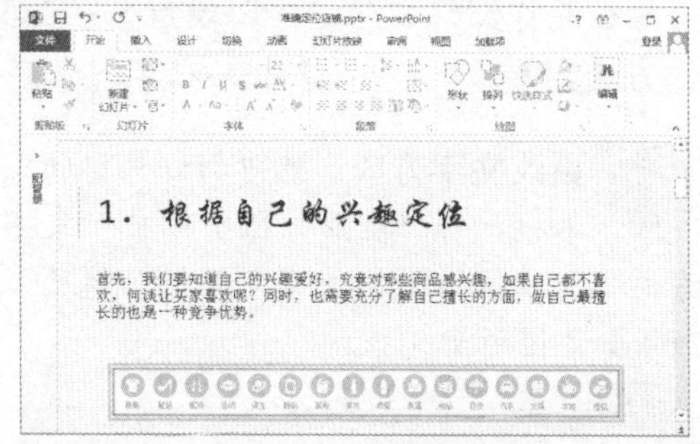

14.1.3 设置文本段落对齐方式

段落的对齐方式是指文本在占位符中的对齐方式。设置文本段落对齐方式的具体操作方式如下：

01 居中对齐文本 将光标定位在标题占位符中，在“段落”组中单击“居中”按钮，即可设置文本居中对齐，如下图所示。

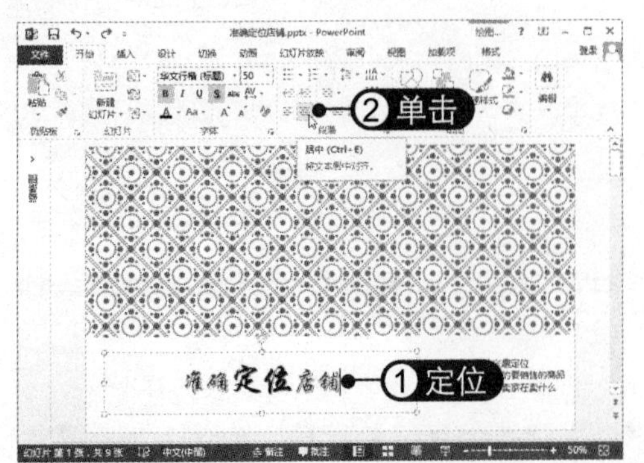

02 单击“段落”扩展按钮 选中文本框或将光标定位在段落中，单击“段落”组右下角的扩展按钮，如下图所示。

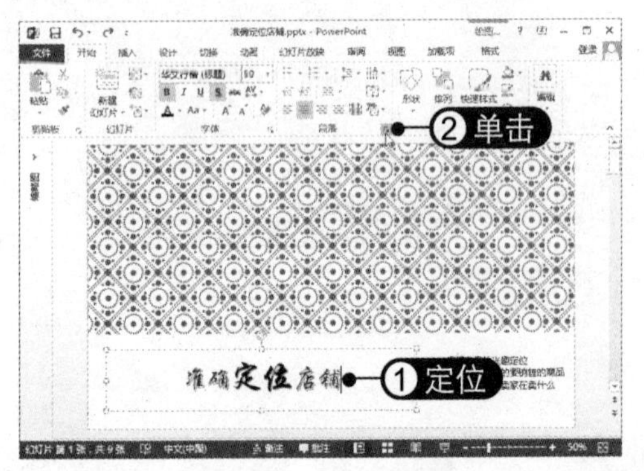

03 设置中文版式对齐 弹出“段落”对话框，选择“中文版式”选项卡，在“文本对齐方式”下拉列表中选择“居中”选项，然后单击“确定”按钮，如下图所示。

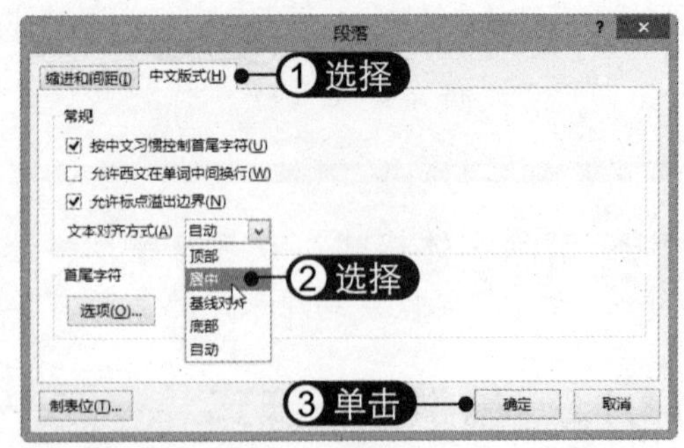

04 查看文本对齐效果 此时即可看到加大字号的文本在段落中居中对齐，效果如下图所示。

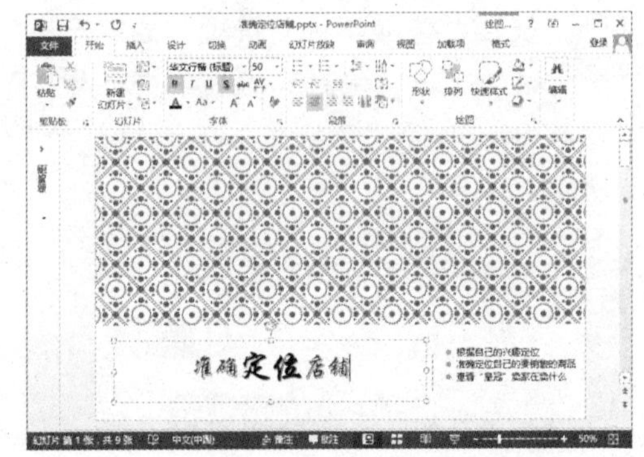

14.1.4 设置文本框对齐方式和字体方向

在制作幻灯片时，可以设置文字在文本框中的垂直对齐方式和字体方向，具体操作方法如下：

01 更改文字方向 选中幻灯片中的文本框，在“段落”组中单击“文字方向”下拉按钮，选择“竖排”选项，效果如右图所示。

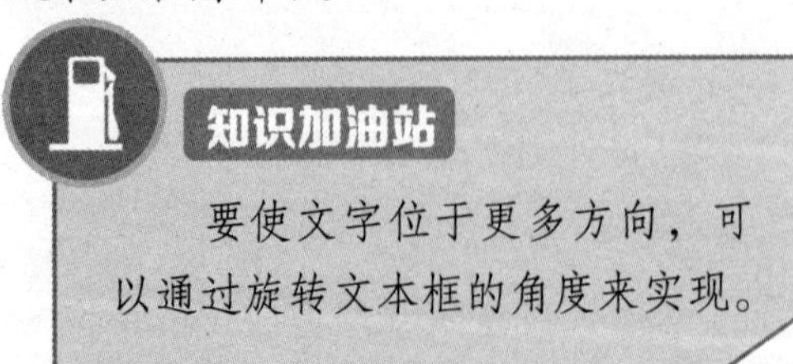

知识加油站

要使文字位于更多方向，可以通过旋转文本框的角度来实现。

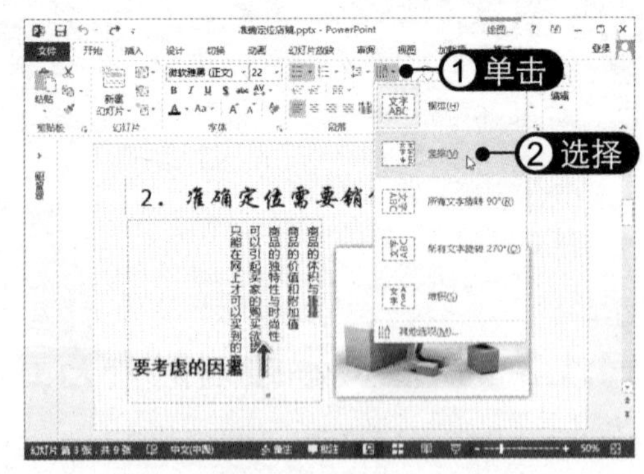

02 选择“其他选项”选项 在“段落”组中单击“对齐文本”下拉按钮，在弹出的下拉列表中选择“其他选项”选项，如下图所示。

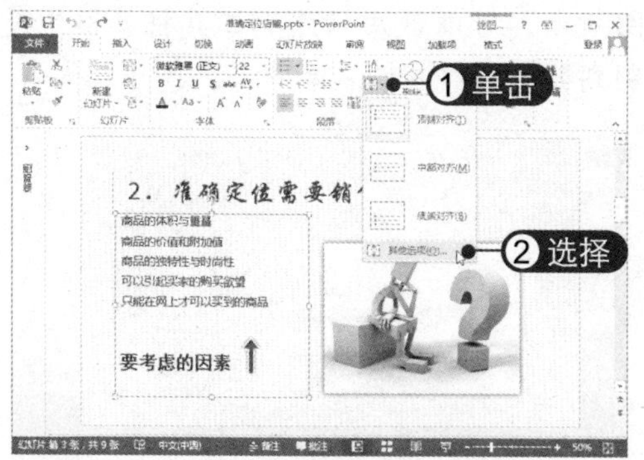

03 设置文本框垂直对齐方式 打开“设置形状格式”窗格，设置“垂直对齐方式”为“顶部居中”，在幻灯片中查看效果，如下图所示。

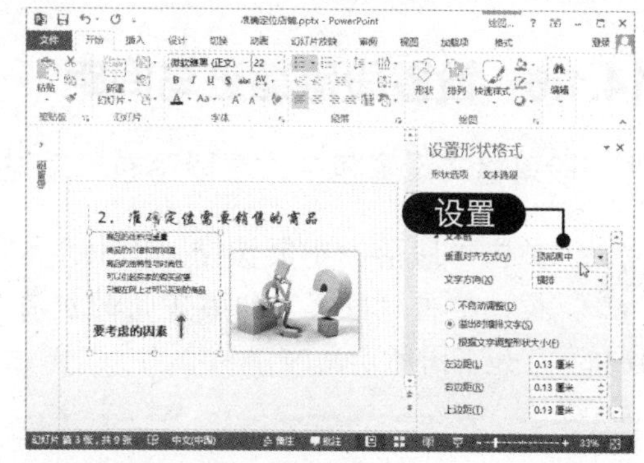

04 设置文本框边距 在“设置形状格式”窗格中设置文本框的“上边距”大小，效果如下图所示。

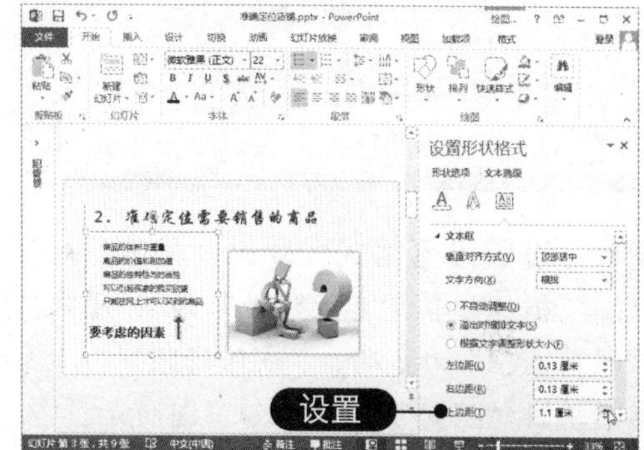

14.1.5 文本框溢出设置

默认情况下，当占位符中的文字超过文本框大小时将自动进行缩排，如减小字号或减小段落间距，可以根据需要关闭自动调整文本功能，具体操作方法如下：

01 设置停用自动调整 选择第1张幻灯片，在副标题文本段落中插入几个空行，此时文本框中的文本字号自动变小，且段落间距也表现不正常。在文本左下方显示“自动调整选项”按钮，单击该按钮，在弹出的列表中选择“停止根据次点占位符调整文本”选项，如下图所示。

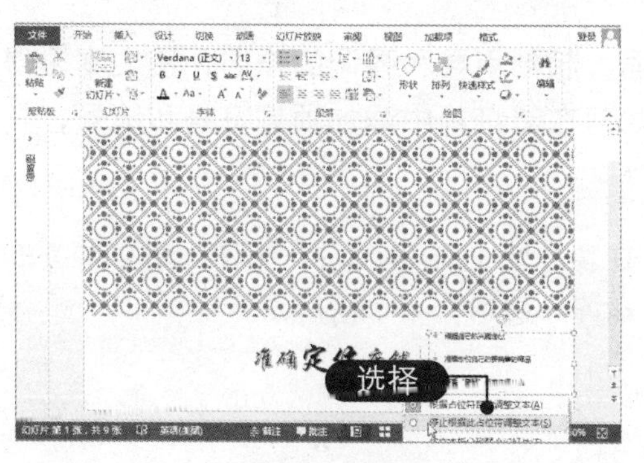

02 查看设置效果 此时即可停止自动调整文本功能，文本大小和段落间距恢复为正常，效果如下图所示。

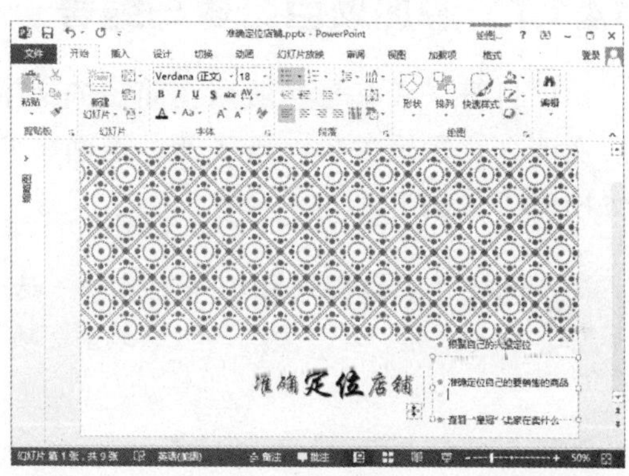

14.1.6 设置段落缩进与间距

段落格式设置包括设置段落首行缩进、段落间距和行距等，具体操作方法如下：

01 单击“段落”扩展按钮 选中文本框，单击“段落”组右下角的扩展按钮，如下图所示。

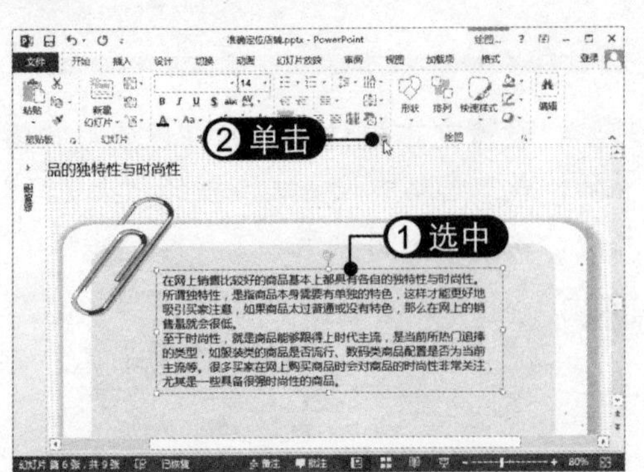

02 设置段落格式 弹出“段落”对话框，设置“首行缩进”为1厘米，“段前间距”为6磅，“多倍行距”为1.2，然后单击“确定”按钮，如下图所示。

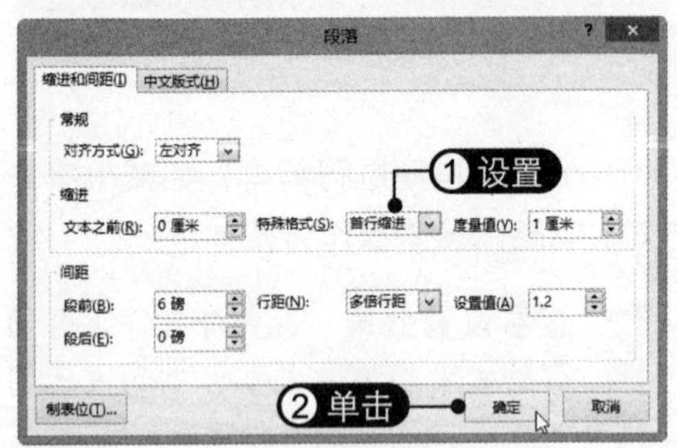

03 查看段落格式效果 此时即可查看设置段落格式后的文本效果，如下图所示。可以使用格式刷工具将其格式复制到其他幻灯片的文本中。

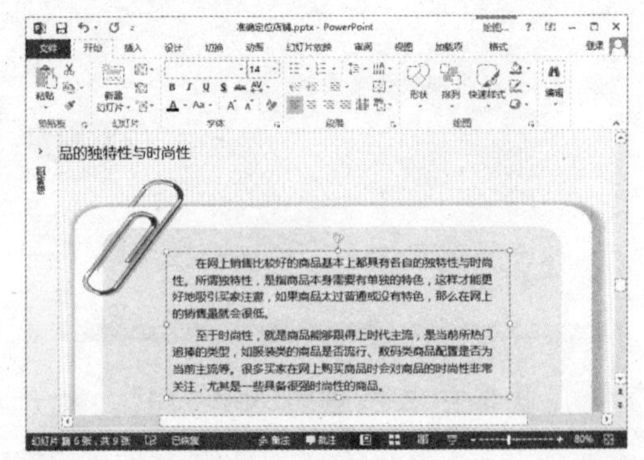

04 设置行距 要恢复原行距，可在选中文本框后，在“段落”组中单击“行距”下拉按钮，选择1.0选项，如下图所示。

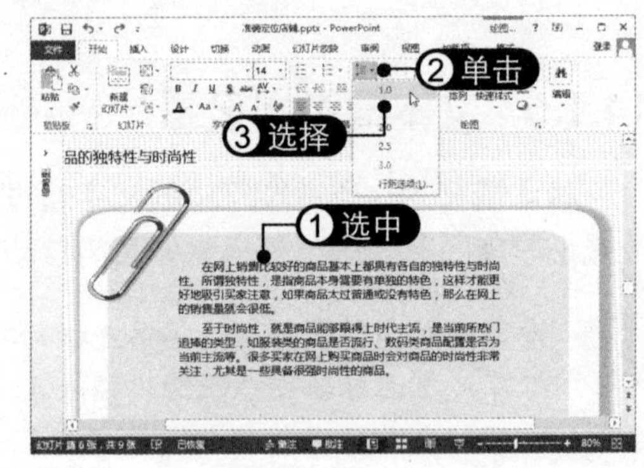

14.1.7 添加项目符号与编号

项目符号和编号一般用在简短的文字前面，起到引导和强调的作用，使文本显得层次清晰，逻辑关系一目了然。下面将介绍如何在幻灯片中添加项目符号和编号，具体操作方法如下：

01 选择“项目符号和编号”选项 选中文本框，在“段落”组中单击“项目符号”下拉按钮，选择“项目符号和编号”选项，如下图所示。

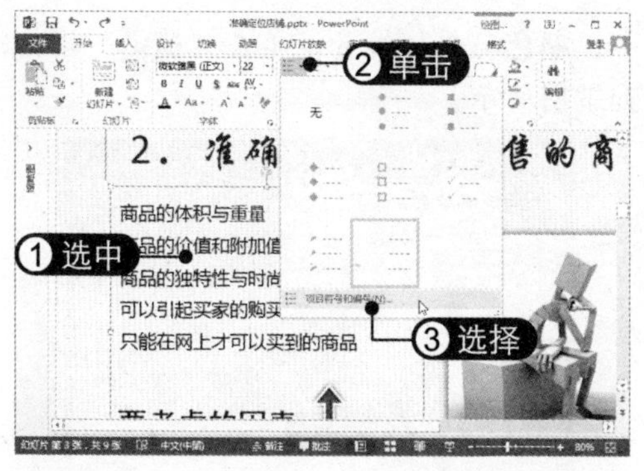

02 单击“自定义”按钮 弹出“项目符号和编号”对话框，单击“自定义”按钮，如下图所示。

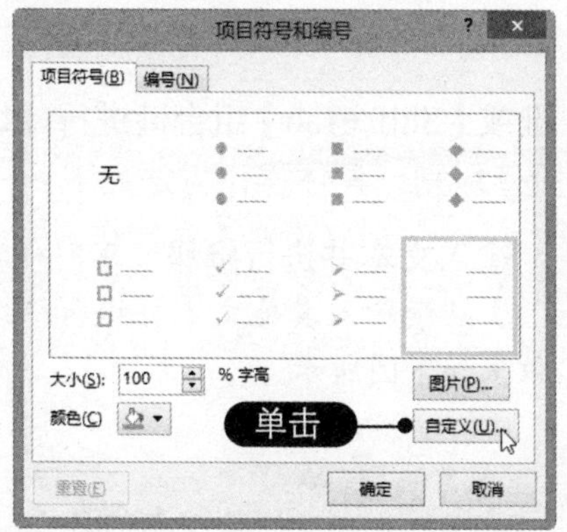

03 选择符号 弹出“符号”对话框，选择字体为Wingdings，在符号列表中选择所需的符号，然后单击“确定”按钮，如下图所示。

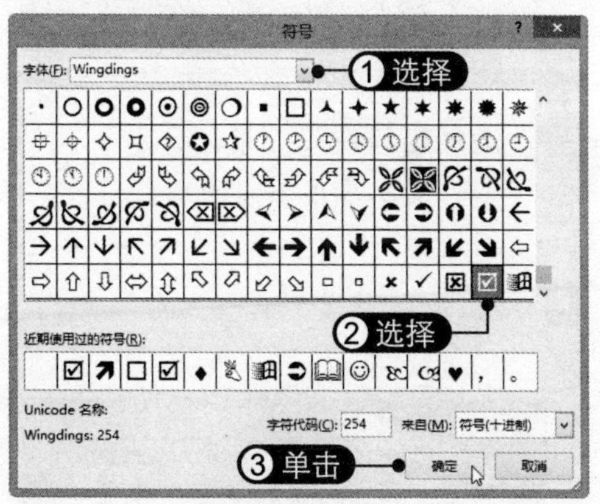

04 设置项目符号大小与颜色 返回“项目符号和编号”对话框，设置项目符号的大小和颜色，然后单击“确定”按钮，如下图所示。

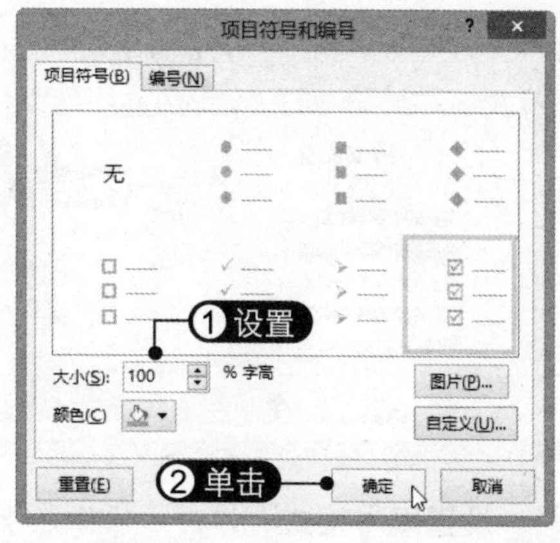

05 显示标尺 查看应用自定义项目符号后的效果。选择“视图”选项卡，选中“标尺”复选框，在幻灯片中显示标尺。选中文本，将鼠标指针置于标尺下方的上三角滑块上，如下图所示。

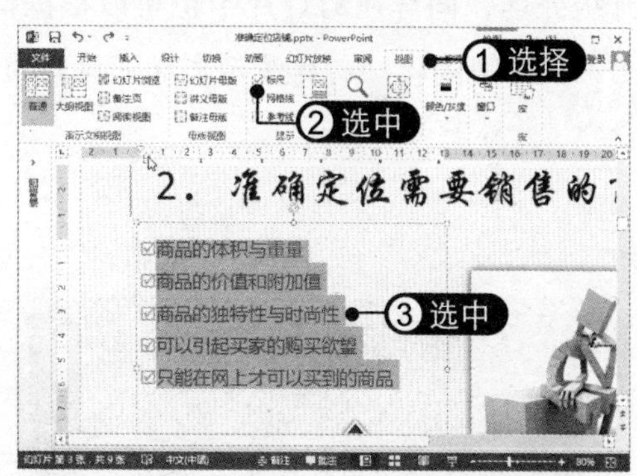

06 调整项目符号与文本间距 按住鼠标左键并向右拖动，调整项目符号与文本间的距离，如下图所示。

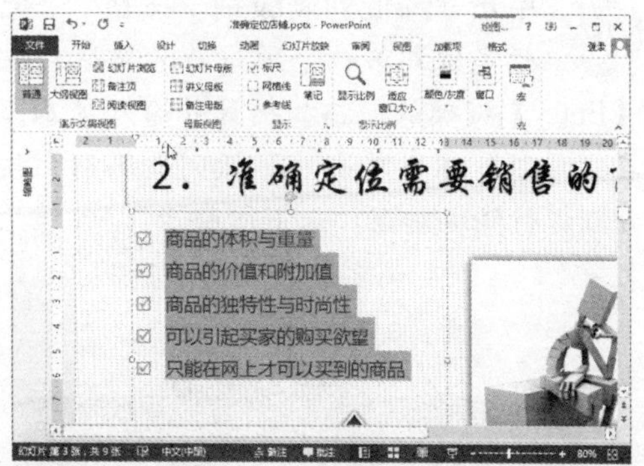

07 添加编号 在“段落”组中单击“编号”下拉按钮，选择所需的编号样式，如下图所示。

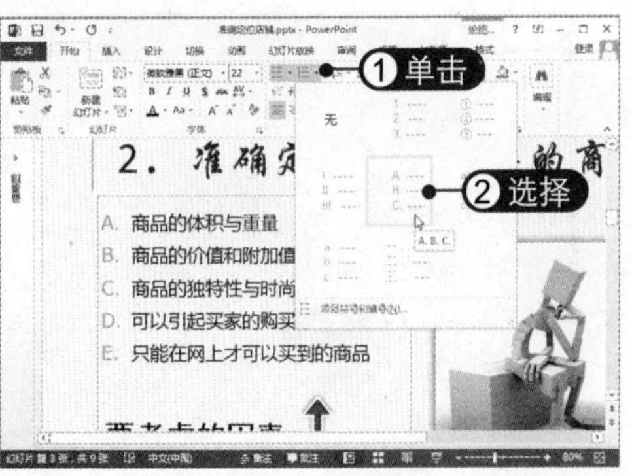

08 设置编号格式 弹出“项目符号和编号”对话框，还可以设置编号大小、颜色与起始编号，单击“确定”按钮，如下图所示。

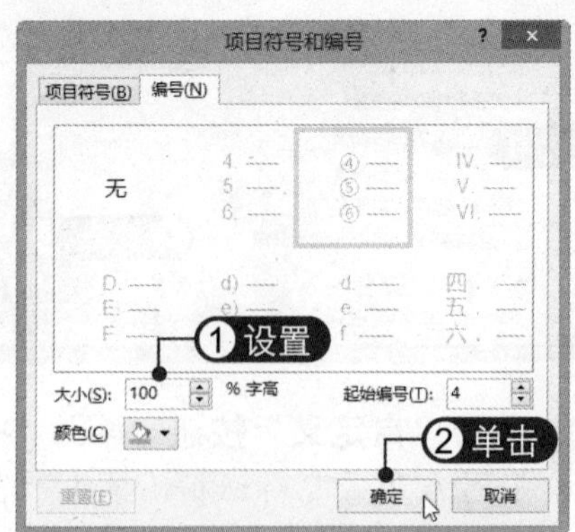

14.1.8 设置段落级别

在大纲视图下输入文本时可以通过按【Tab】键或【Shift+Tab】组合键进行降级或升级处理，同样在幻灯片中也可以根据需要调整段落级别，具体操作方法如下：

01 编辑内容 新建演示文稿并编辑内容，如下图所示。

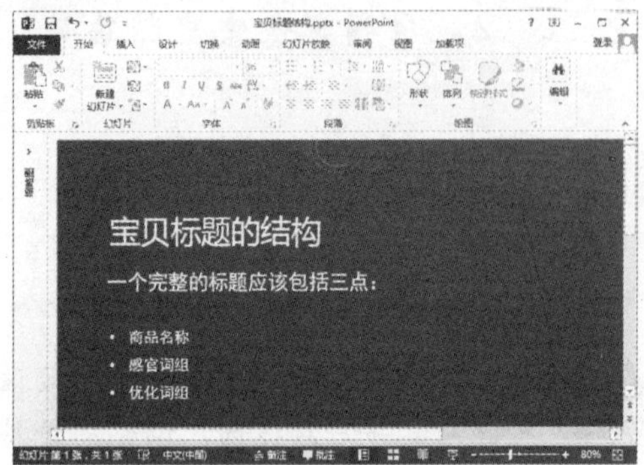

02 单击“降低列表级别”按钮 将光标定位到第一个项目符号段落后按【Enter】键确认，添加项目并输入文本。在“段落”组中单击“降低列表级别”按钮进行降级处理，如下图所示。

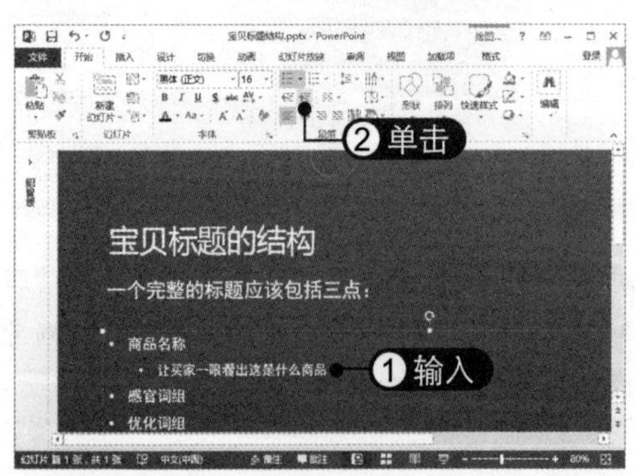

03 输入文本并进行降级 用同样的方法继续输入其他文本并进行降级处理，效果如下图所示。

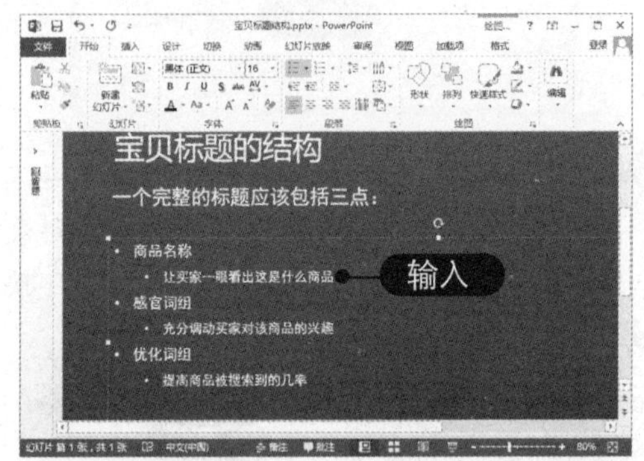

04 添加项目符号 根据需要对不同级别的文本应用不同的项目符号，效果如下图所示。

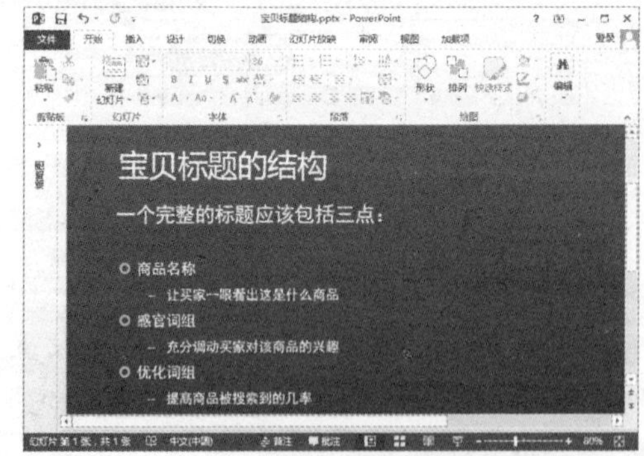

14.2 设置幻灯片背景

默认情况下幻灯片以白色作为背景色，可以根据需要更改背景色，还可以将图片、图案或纹理用作幻灯片背景。下面将介绍如何更改幻灯片背景。

14.2.1 设置渐变背景

要让幻灯片上的背景和文本之间的对比更强烈，可以将背景色更改为其他的渐变色或纯色。为幻灯片设置渐变背景的具体操作方法如下：

01 单击"设置背景格式"按钮 打开素材文件，选择"设计"选项卡，在"自定义"组中单击"设置背景格式"按钮，如下图所示。

02 选择渐变样式 打开"设置背景格式"窗格，选中"渐变填充"单选按钮，单击"预设渐变"下拉按钮，选择所需的渐变样式，如下图所示。

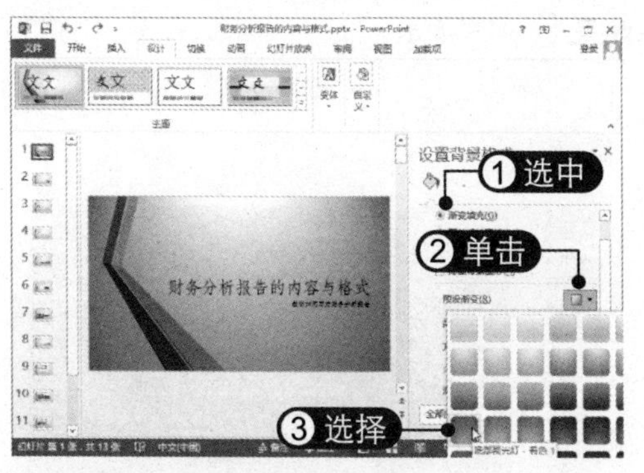

03 设置渐变参数 在"设置背景格式"窗格下方设置渐变类型、方向、光圈等，然后单击"全部应用"按钮，如下图所示。

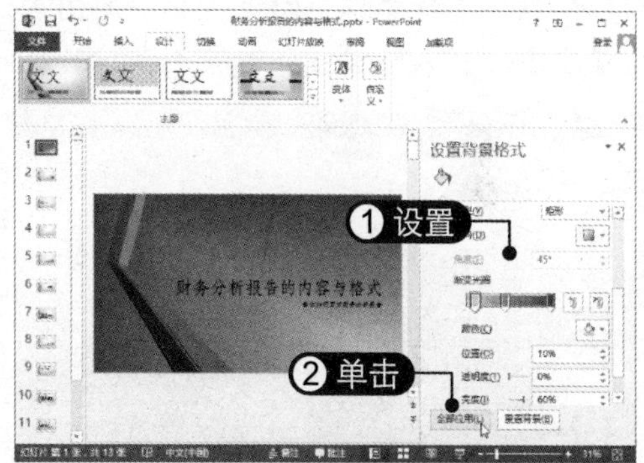

04 查看渐变背景效果 此时即可将渐变背景效果应用到所有的幻灯片中，效果如下图所示。

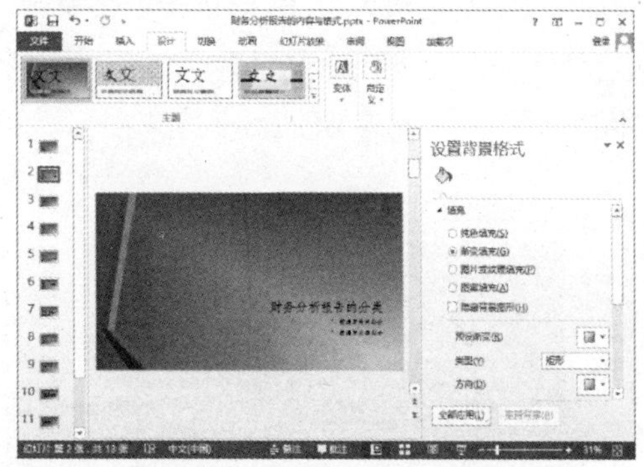

14.2.2 设置图片背景

在制作幻灯片时，可以将电脑中的图片用作幻灯片的背景，具体操作方法如下：

01 单击“文件”按钮 在“设置背景格式”窗格中选中“图片或纹理填充”单选按钮，然后单击“文件”按钮，如下图所示。

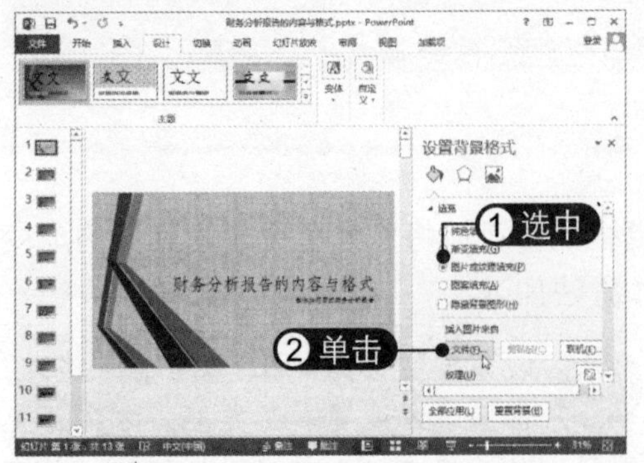

02 选择图片 弹出“插入图片”对话框，选择要作为幻灯片背景的图片，然后单击“插入”按钮，如下图所示。

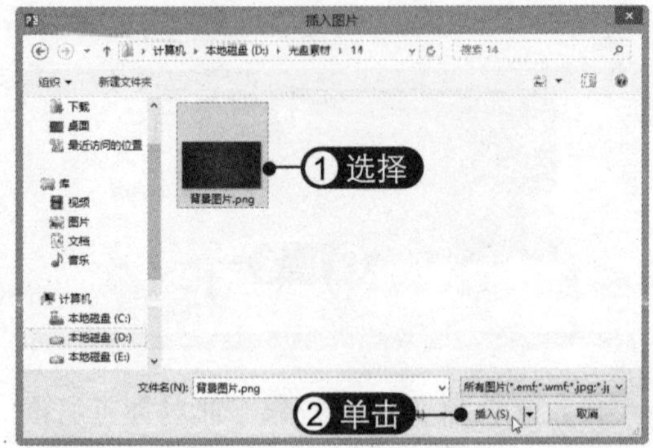

03 应用图片背景 此时即可将所选图片用作幻灯片背景，效果如下图所示。

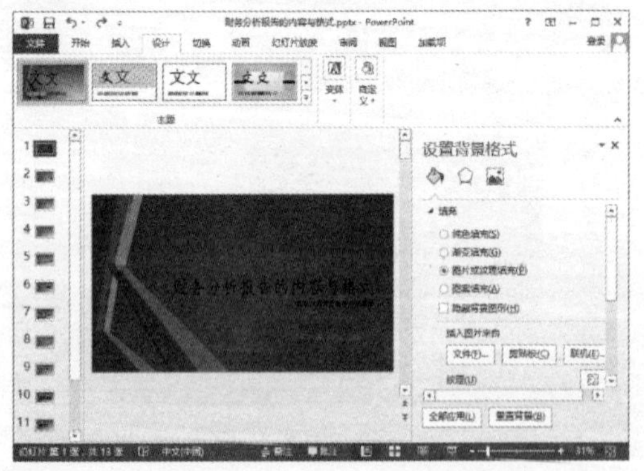

04 选择色调 在“设置背景格式”窗格中选择“图片”选项卡，在“图片颜色”组中单击“色调”下拉按钮，选择所需的色调，如下图所示。

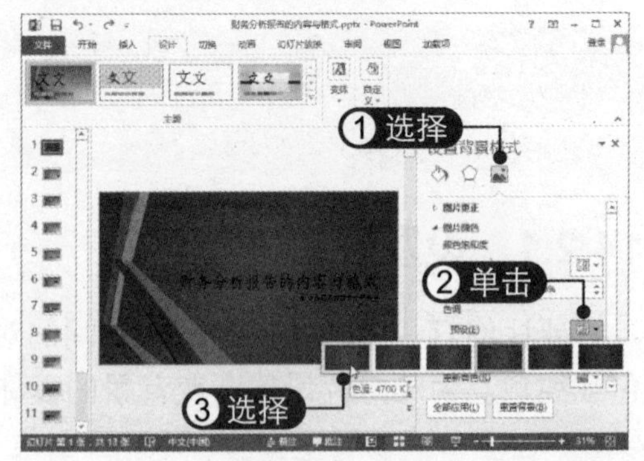

05 设置背景图片格式 在“图片更正”组中设置图片清晰度、亮度/对比度。若要还原图片效果，可单击下方的“重置”按钮，再单击“全部应用”按钮，如下图所示。

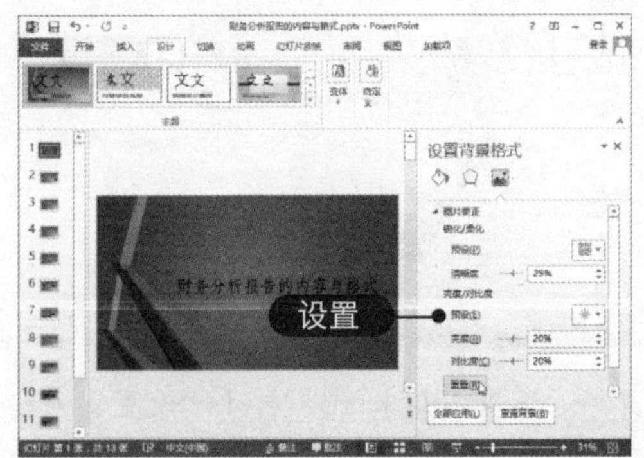

06 查看图片背景效果 此时即可将图片背景效果应用到所有幻灯片中，效果如下图所示。

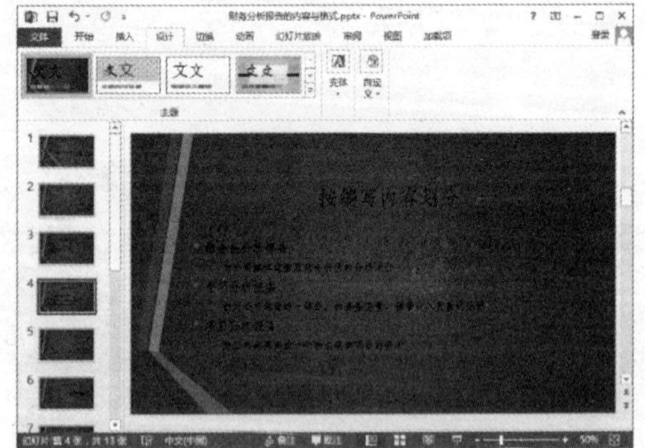

14.3 使用幻灯片母版统一格式

每个演示文稿至少包含一个幻灯片母版，它是幻灯片层次结构中的顶层幻灯片，用于存储有关演示文稿主题和幻灯片版式信息，包括背景、颜色、字体、效果、占位符大小和位置等。下面将介绍如何使用幻灯片母版统一格式。

14.3.1 更改母版版式

修改幻灯片母版可以对演示文稿中的每张幻灯片进行统一的样式更改，由于无须在多张幻灯片上输入相同的信息，因此可以节省很多时间。更改母版版式的具体操作方法如下：

01 单击"幻灯片母版"按钮 选择"视图"选项卡，单击"幻灯片母版"按钮，如下图所示。

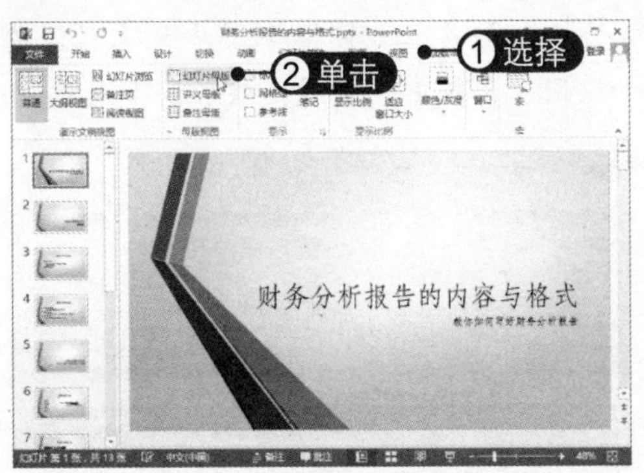

02 设置标题占位符格式 切换到幻灯片母版视图，在左窗格中选择第1张幻灯片，即幻灯片母版，在右侧选择标题占位符，选择"格式"选项卡，为标题占位符应用艺术字样式，如下图所示。

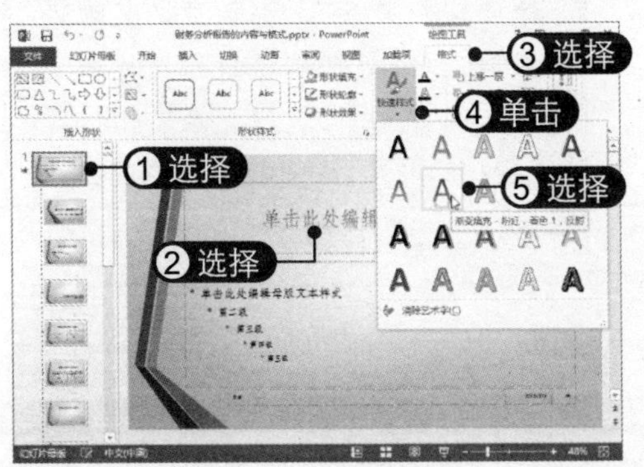

03 单击"段落"扩展按钮 在幻灯片母版中选中内容占位符，选择"开始"选项卡，单击"段落"组右下角的扩展按钮，如下图所示。

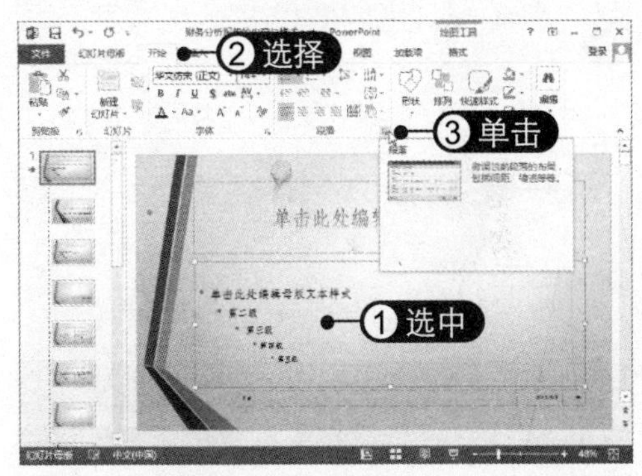

04 设置段落格式 弹出"段落"对话框，选择"中文版式"选项卡，在"文本对齐方式"下拉列表中选择"居中"选项，单击"确定"按钮，如下图所示。

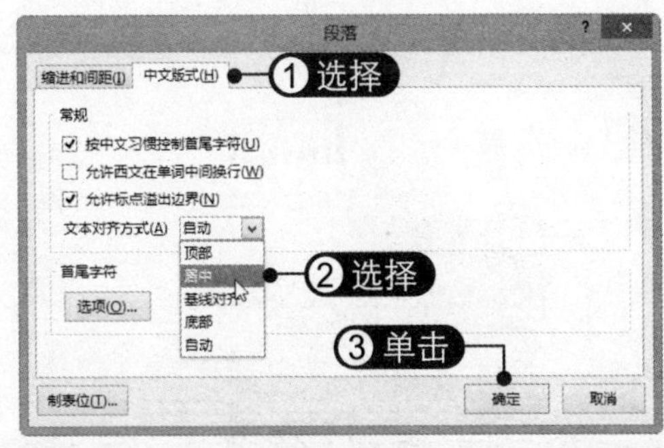

05 设置文本框上边距 打开"设置形状格式"窗格，在"文本选项"选项卡下选择"文本框"选项卡，从中设置"上边距"为0.5厘米，如下图所示。

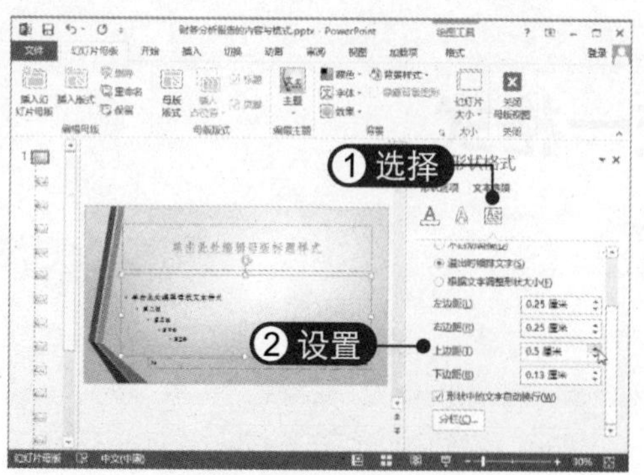

06 查看标题幻灯片版式效果 设置幻灯片母版样式后，其中各版式所对应的样式将一同得到更改，如在左窗格选择"标题幻灯片版式"，可以看到其中的标题占位符样式得到了更改，如下图所示。

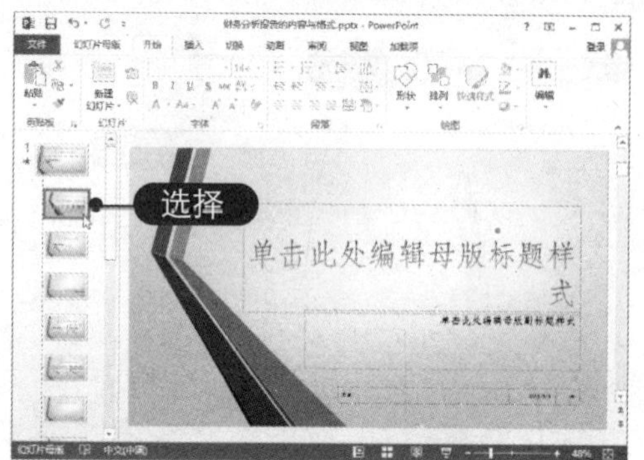

07 设置形状轮廓样式 在左窗格中选择"标题和内容版式"，选择内容占位符，在"格式"选项卡下设置其形状轮廓样式，如下图所示。

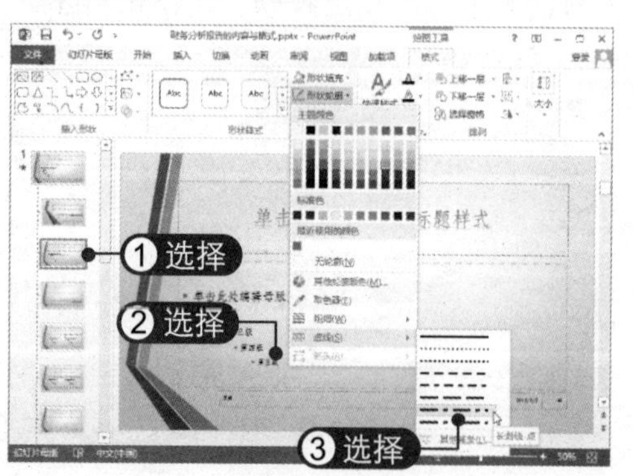

08 退出幻灯片母版视图 更改母版版式后，可在"幻灯片母版"选项卡下单击"关闭母版视图"按钮，或在任务栏中单击"普通视图"按钮，退出幻灯片母版视图，如下图所示。

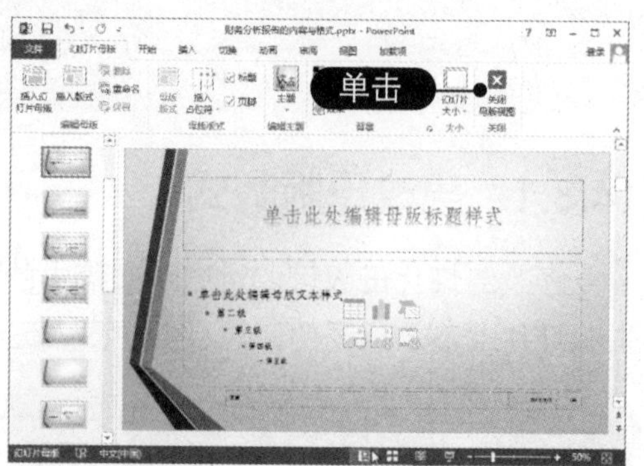

09 查看幻灯片效果 在左窗格中选择幻灯片，可以看到其中的占位符自动应用了母版中的样式，效果如下图所示。

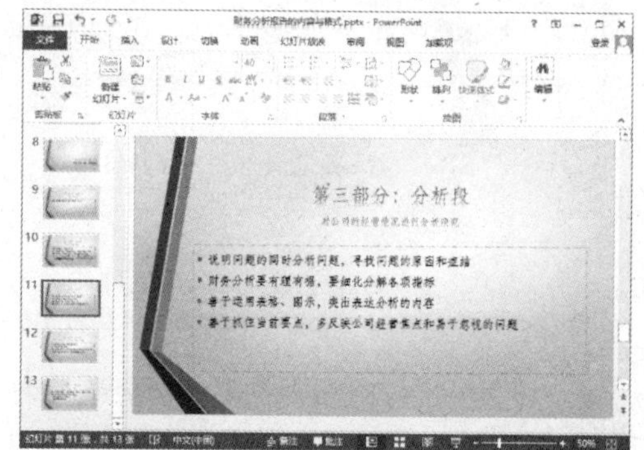

知识加油站

幻灯片中应用了母版中的样式后，还可根据需要对幻灯片格式进行调整。若母版样式没有作用在幻灯片上，可在"幻灯片"组中单击"重置"按钮。

14.3.2 新建幻灯片版式

若 PowerPoint 2013 中预设的幻灯片版式无法满足需求，可以根据需要创建自己的版式，还可以根据需要创建新的母版版式。新建幻灯片版式的具体操作方法如下：

01 选择“复制版式”命令 切换到幻灯片母版视图，在左窗格中右击“标题和内容版式”，选择“复制版式”命令，如下图所示。

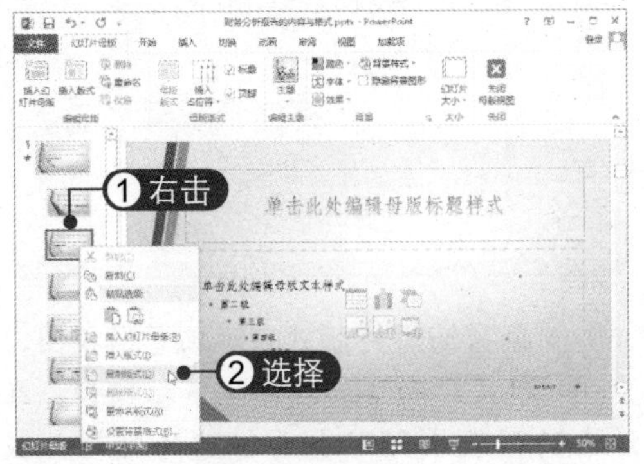

02 选择要插入的占位符 此时即可复制一个新的“标题和内容版式”，在“幻灯片母版”选项卡下单击“插入占位符”下拉按钮，选择“文字（竖排）”选项，如下图所示。

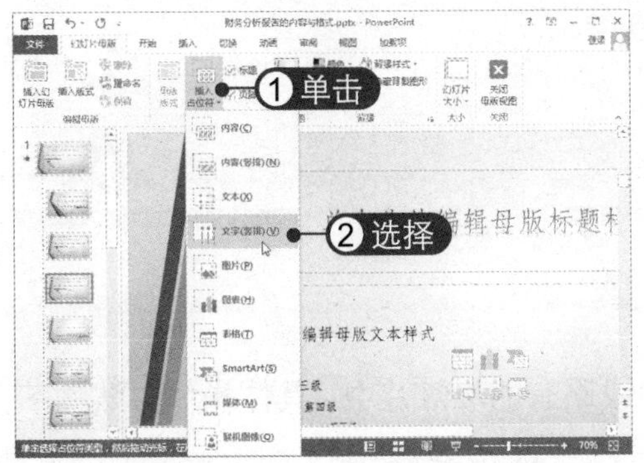

03 绘制文字占位符 在幻灯片中拖动鼠标即可绘制文字占位符，如下图所示。

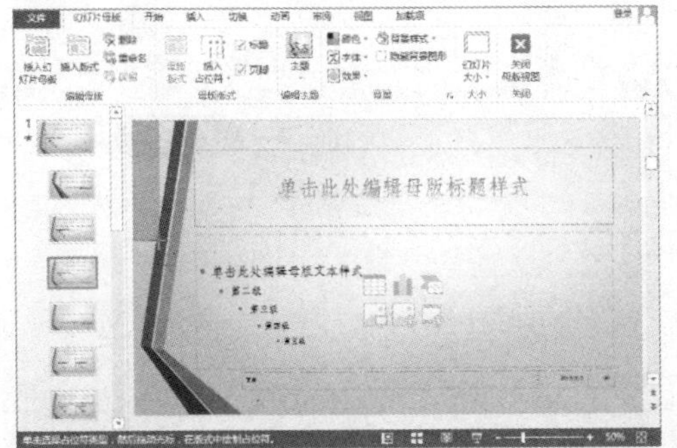

04 删除占位符文本 松开鼠标后即可创建文字占位符，选中占位符中的文本并删除，如下图所示。

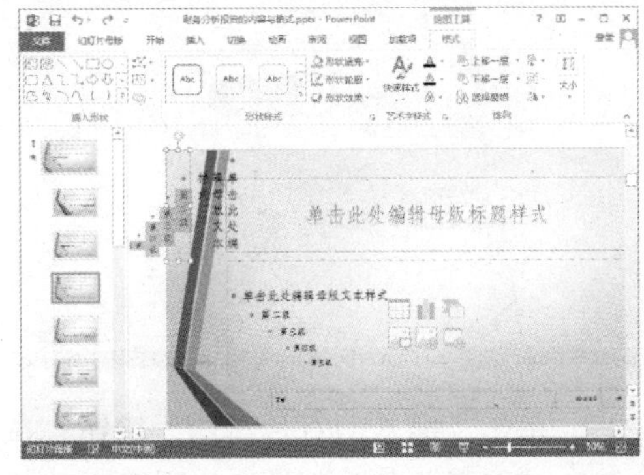

05 修改占位符文本 在占位符中输入新的文本“请键入标题”，并调整占位符大小，在“开始”选项卡下“字体”组中设置字号大小，如下图所示。

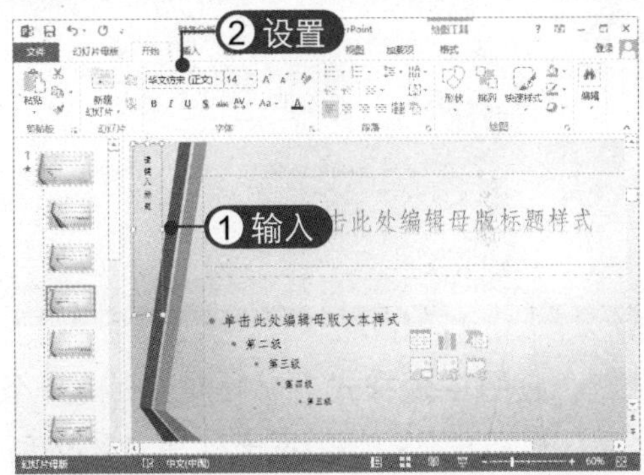

06 选择“重命名版式”命令 在左窗格中右击版式，在弹出的快捷菜单中选择“重命名版式”命令，如下图所示。

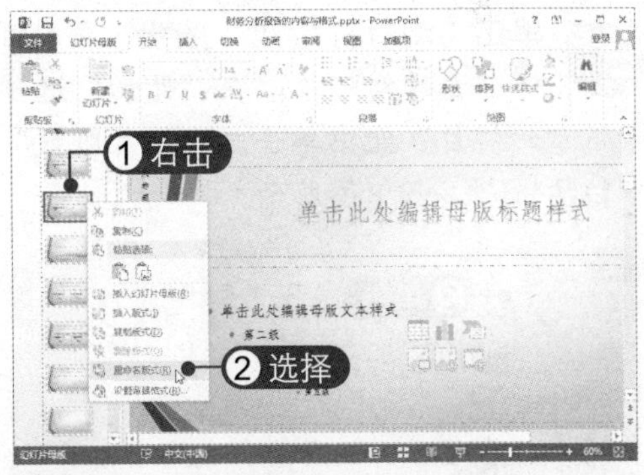

07 输入版式名称 弹出“重命名版式”对话框，输入版式名称，然后单击“重命名”按钮，如下图所示。

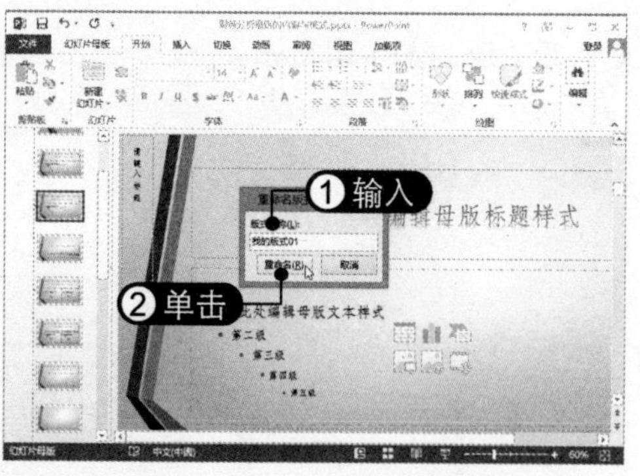

08 单击“插入幻灯片母版”按钮 在“幻灯片母版”选项卡下单击“插入幻灯片母版”按钮，如下图所示。

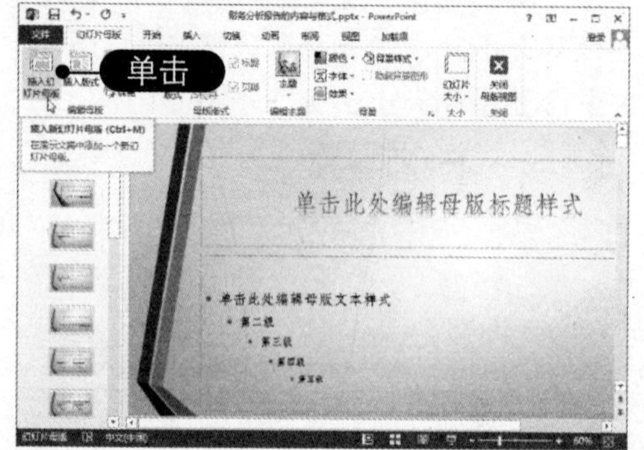

09 应用主题样式 此时即可创建一个新的母版，根据需要对母版应用主题样式，如下图所示。

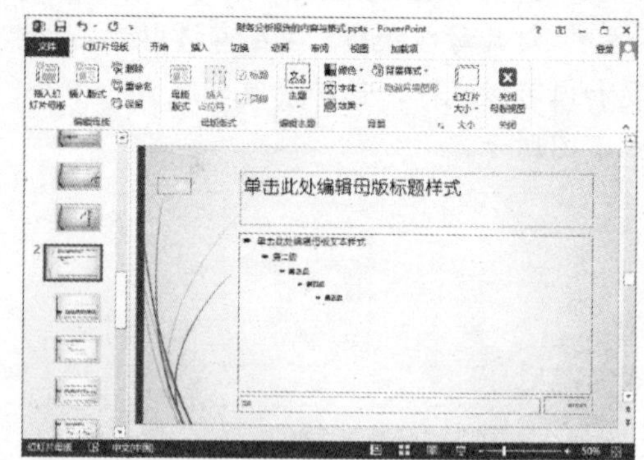

10 查看幻灯片版式 返回普通视图，单击“新建幻灯片”下拉按钮，在弹出的列表中即可查看新建的幻灯片版式，如下图所示。

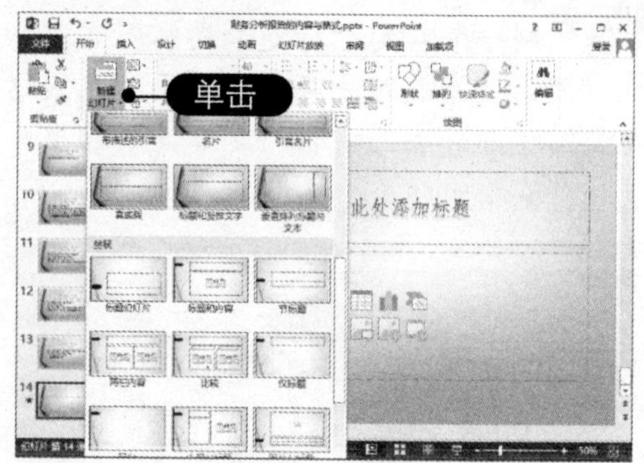

14.3.3 应用新版式

新建幻灯片版式后，即可将其应用到新的或原有的幻灯片中，具体操作方法如下：

01 单击“幻灯片版式”按钮 在左窗格中选择幻灯片，在“开始”选项卡下“幻灯片”组中单击“幻灯片版式”下拉按钮，如下图所示。

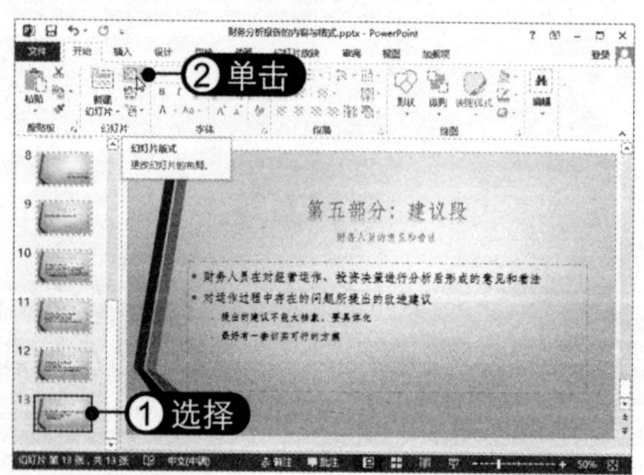

02 选择新版式 在弹出的幻灯片版式列表中选择新建的版式，如下图所示。

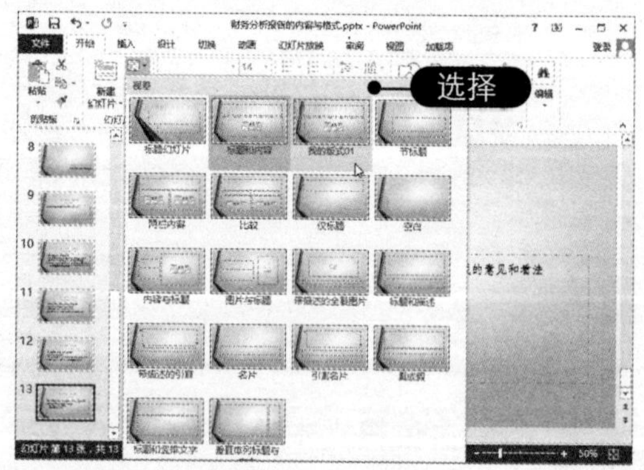

03 **应用新版式** 此时即可应用新建的版式，在幻灯片中可以看到其中出现了文字占位符，如下图所示。

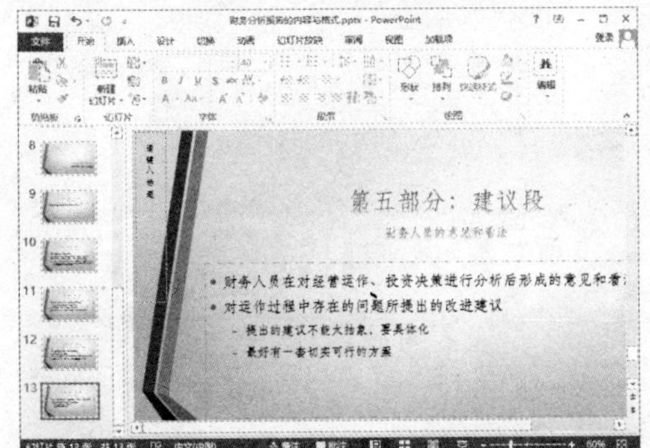

04 **输入文本** 单击文字占位符并输入所需的文本，然后用同样的方法更改其他幻灯片的版式，如右图所示。

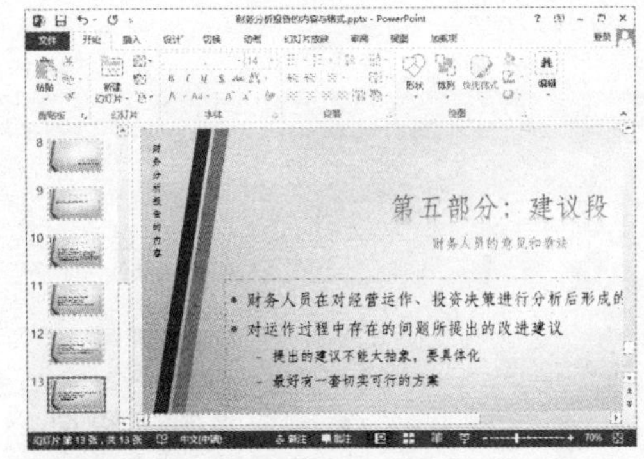

知识加油站

在“设置背景格式”窗格中包含一个“隐藏背景图形”复选框，此功能只对幻灯片母版中的图形起作用。

Chapter 15

在幻灯片中添加图表与多媒体元素

在幻灯片中除了添加文字和图片外，还可以插入形状、SmartArt图形、表格、图表、音频及视频等元素，使幻灯片更加生动、形象、富有吸引力。本章将详细介绍这些元素在幻灯片中的应用方法。

本章要点

- 在幻灯片中应用形状
- 在幻灯片中应用 SmartArt 图形
- 在幻灯片中应用表格与图表
- 在幻灯片中应用多媒体元素

知识等级

PowerPoint 2013 中级读者

建议学时

建议学习时间为 80 分钟

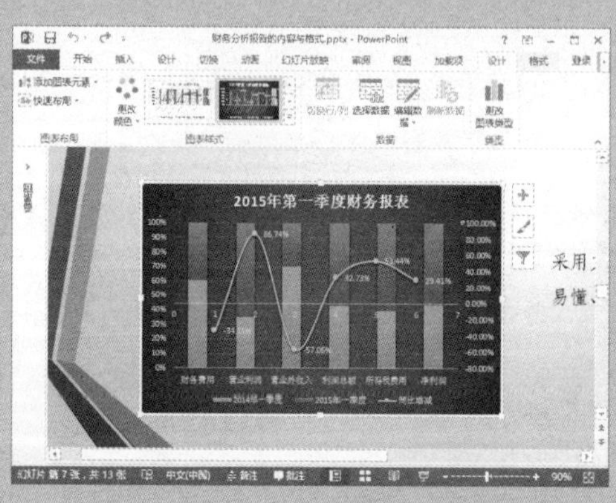

15.1 在幻灯片中应用形状

在 PowerPoint 2013 中可用的形状包括：线条、基本几何形状、箭头、公式形状、流程图形状、星、旗帜和标注等。对于形状的编辑操作在 Word 的相关章节中已介绍过，在此不再赘述。下面将介绍在幻灯片制作中形状的应用方法。

15.1.1 合并形状

合并形状是 PowerPoint 2013 的新增功能，通过该功能可以将两个或更多的形状进行联合、组合、拆分、相交与剪除，从而得到一个新的形状。合并形状的具体操作方法如下：

01 绘制两个圆形 打开素材文件，在幻灯片中绘制两个无轮廓的圆形，并使它们相交，然后选中这两个圆形，如下图所示。

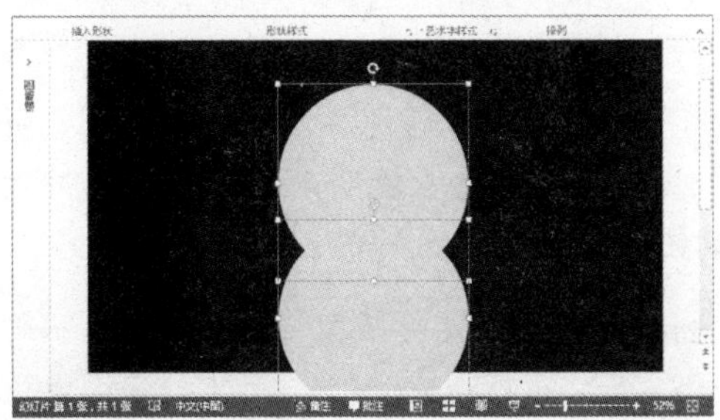

02 选择“拆分”选项 选择“格式”选项卡，在“插入形状”组中单击“合并形状”下拉按钮，选择“拆分”选项，如下图所示。

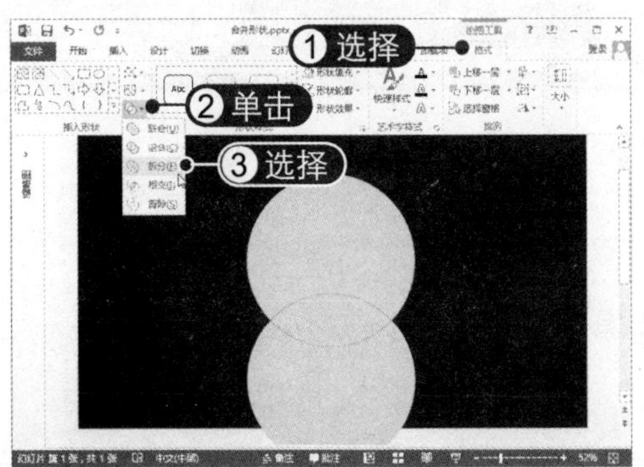

03 删除形状 此时即可将所选的形状拆分为多个。选中最下方的形状，然后按【Delete】键将其删除，如下图所示。

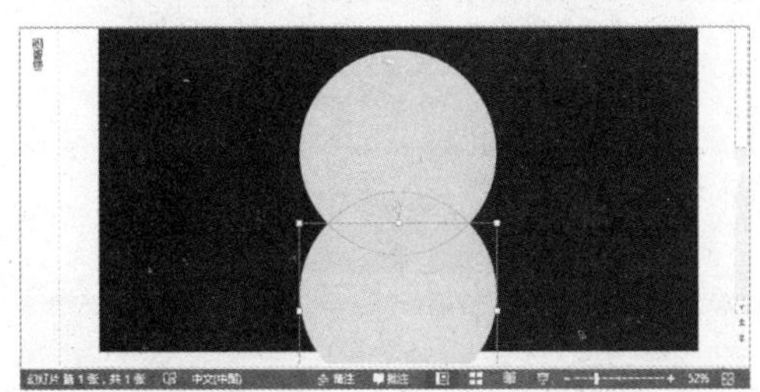

04 设置图形填充 选中下方的图形，选择“格式”选项卡，从中设置形状填充颜色，如下图所示。

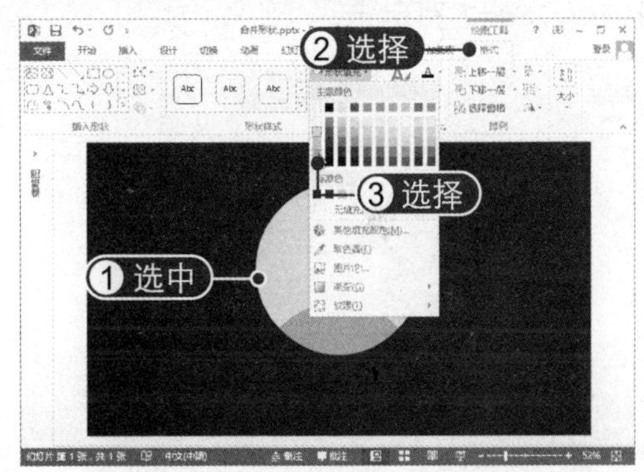

05 绘制图形 再绘制一个圆形并设置形状填充，并将其移到指定位置，如下图所示。

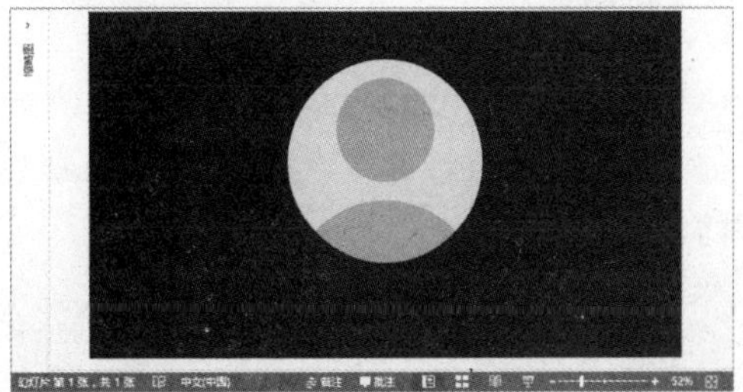

15.1.2 使用形状更改图片色调

利用形状的渐变填充和透明度属性可以使图片的色彩发生渐变变化，具体操作方法如下：

01 打开素材文件 打开素材文件，可以看到幻灯片中包含了一张灰色的图片，如下图所示。

02 单击“形状样式”扩展按钮 使用矩形工具绘制矩形，使其正好盖住下方的图片。选中形状，选择“格式”选项卡，单击“形状样式”组右下角的扩展按钮，如下图所示。

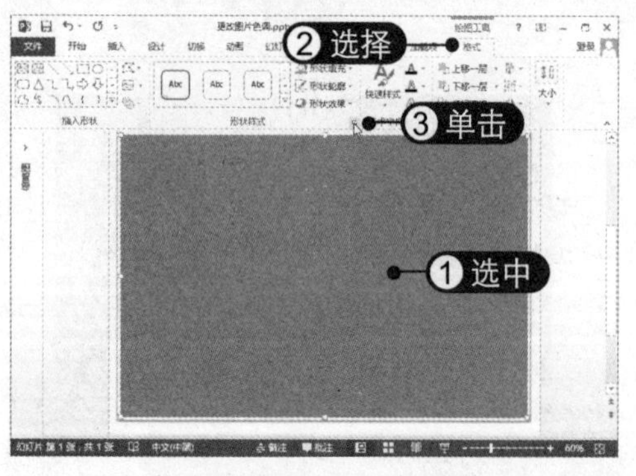

03 选中“渐变填充”单选按钮 打开“设置形状格式”窗格，选择“填充线条”选项卡，选中“渐变填充”单选按钮，如下图所示。

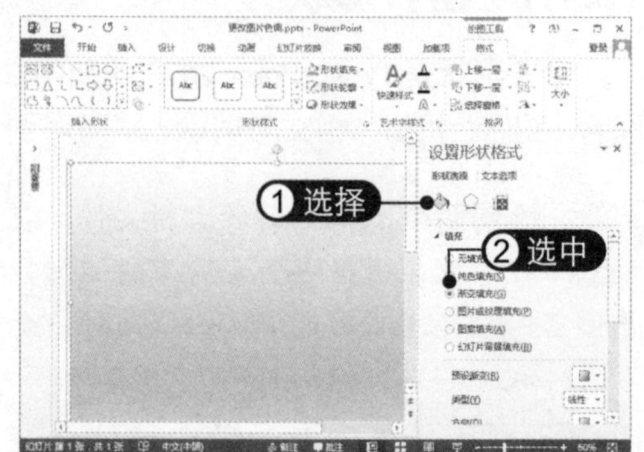

04 设置渐变颜色 添加渐变光圈，并设置颜色及透明度、亮度等，此时的图片效果如下图所示。

15.1.3 使用形状虚化图片背景

利用形状的透明到不透明的渐变效果可以虚化图片背景，具体操作方法如下：

01 打开素材文件 打开素材文件，可以看到幻灯片中包含了一张帆船图片，如右图所示。

02 绘制矩形 在幻灯片中绘制一个白色填充的无轮廓矩形，并将其移到指定位置，如下图所示。

03 设置白色透明渐变填充 打开“设置形状格式”窗格，设置矩形白色渐变填充，在此将第 3 个渐变色块的透明度设置为 100%，如下图所示。

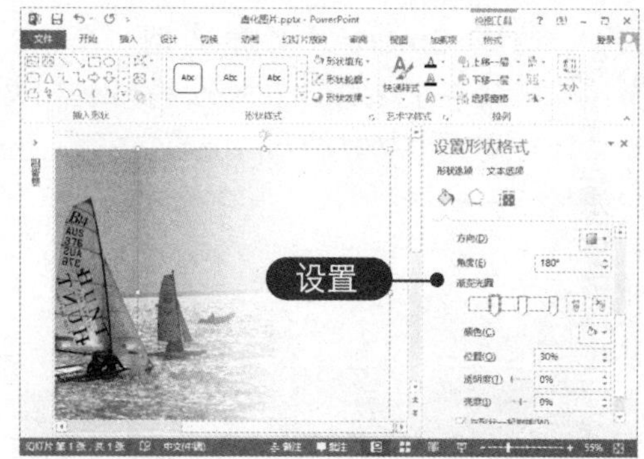

04 查看背景效果 用同样的方法再绘制一个矩形并设置射线渐变，此时背景效果如下图所示。

15.2 在幻灯片中应用 SmartArt 图形

SmartArt 图形是信息和观点的视觉表现形式，具有丰富多样的布局，从对象形状到颜色，用户可以随心所欲地更改与调整，从而轻松地制作出精美、高效的幻灯片。下面将详细介绍 SmartArt 图形在幻灯片中的应用。

15.2.1 将文本转换为 SmartArt 图形

在制作幻灯片时可以将文本转换为 SmartArt 图形，使观众可以更直观地理解信息。将文本转换为 SmartArt 图形的具体操作方法如下：

01 单击转换按钮 打开素材文件，将光标定位到内容占位符中，在“段落”组中单击“转换为 SmartArt 图形”下拉按钮，如右图所示。

知识加油站

在转换时，转换的是文本框中的文本，不是手动选中的文本。

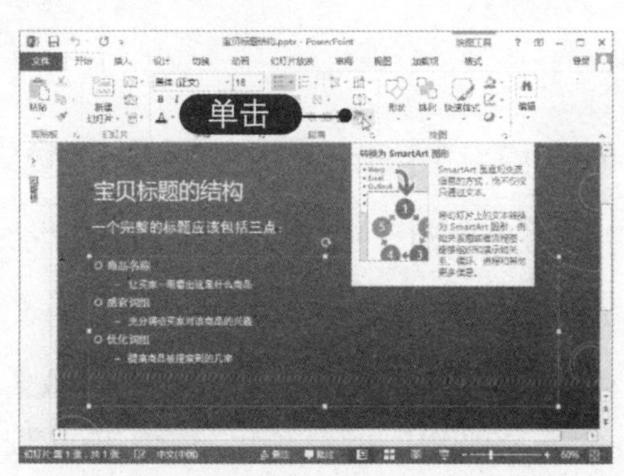

02 选择 SmartArt 图形类型 在弹出的列表中选择"层次结构列表"类型，即可将文本转换为 SmartArt 图形，如下图所示。

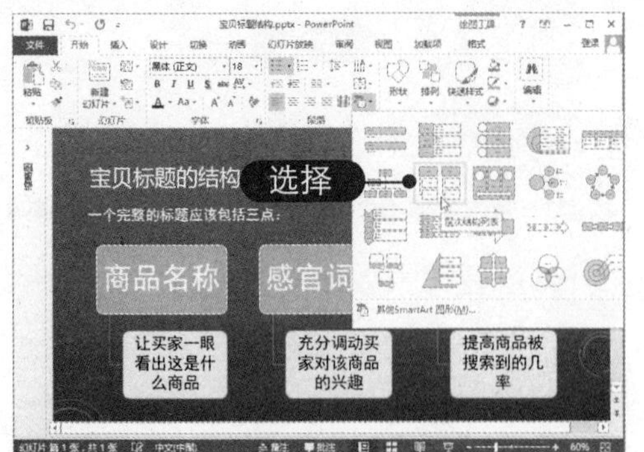

03 调整形状大小 根据需要调整图形下方三个圆角矩形的大小，如下图所示。

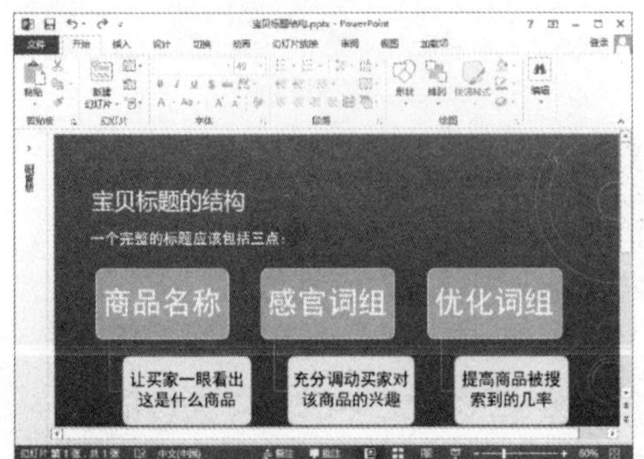

04 应用颜色样式 选中 SmartArt 图形，选择"设计"选项卡，单击"更改颜色"下拉按钮，选择所需的颜色样式，如下图所示。

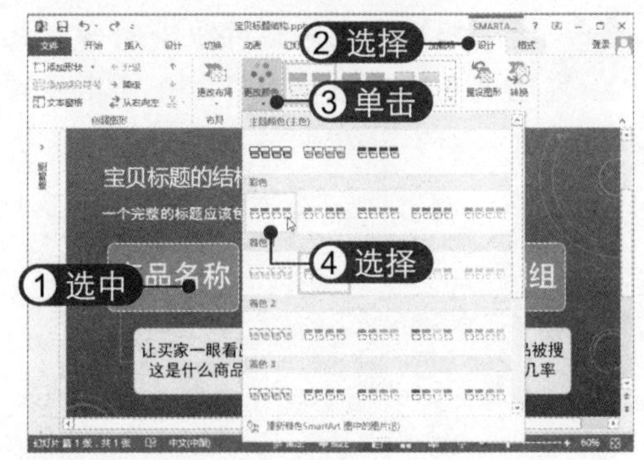

05 应用 SmartArt 样式 在"SmartArt 样式"组中单击所需的样式，即可应用该样式，如下图所示。

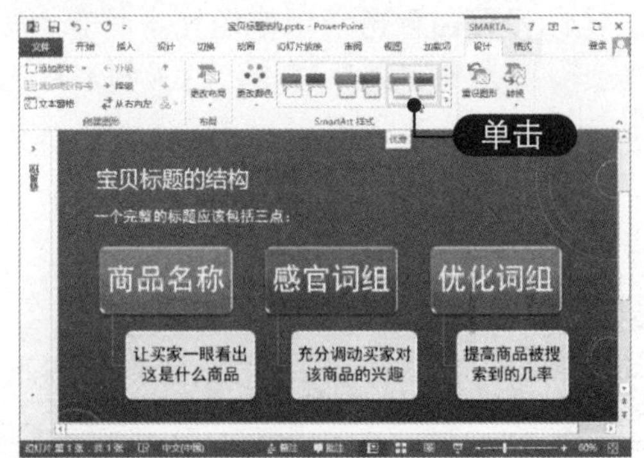

06 设置字体格式 调整 SmartArt 图形的大小，在"字体"组中设置字体格式，如下图所示。

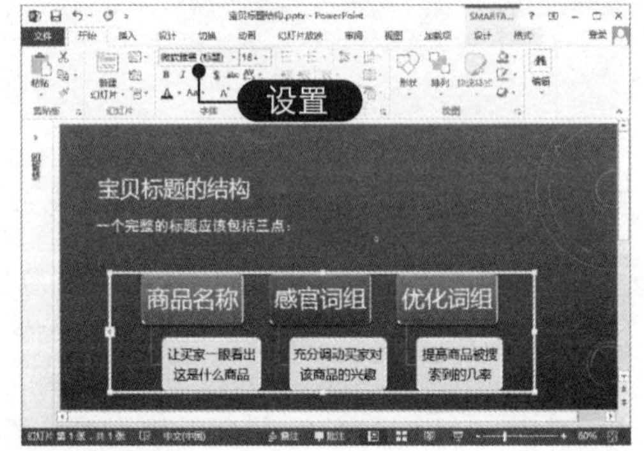

15.2.2 将 SmartArt 图形转换为文本或形状

在制作幻灯片时，可以根据需要将 SmartArt 图形转换为文本或形状，具体操作方法如下：

01 选择"转换为文本"选项 选中 SmartArt 图形，选择"设计"选项卡，在"重置"组中单击"转换"下拉按钮，选择"转换为文本"选项，如下图所示。

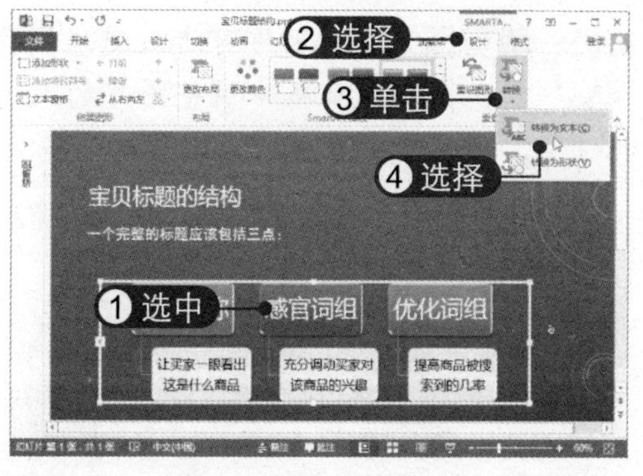

02 查看转换效果 此时即可将SmartArt图形转换为文本格式，效果如下图所示。

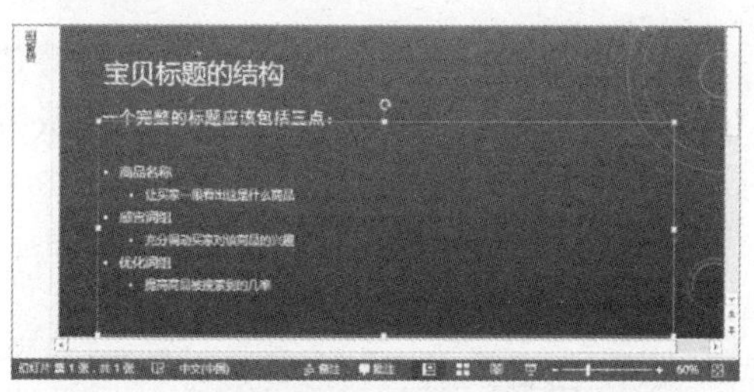

03 转换SmartArt图形为形状 若在“转换”下拉列表中选择“转换为形状”选项，即可将SmartArt图形转换为一个组合形状，如下图所示。

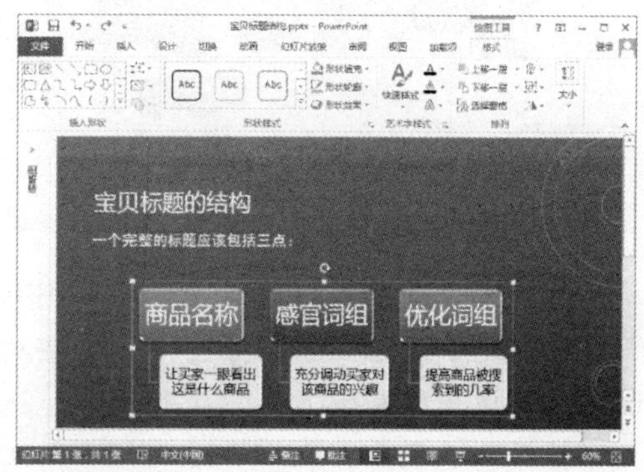

15.2.3 使用SmartArt图形对图片进行排版

使用SmartArt图形可以对幻灯片中的图片进行排版，具体操作方法如下：

01 单击“图片版式”下拉按钮 打开素材文件，按住【Shift】键的同时选中幻灯片中的5张图片，选择“格式”选项卡，在“图片样式”组中单击“图片版式”下拉按钮，如下图所示。

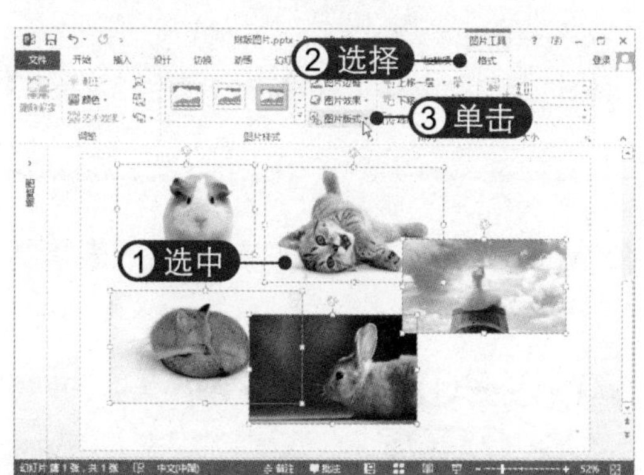

02 选择图片版式 在弹出的列表中选择“蛇形图片块”版式，如下图所示。

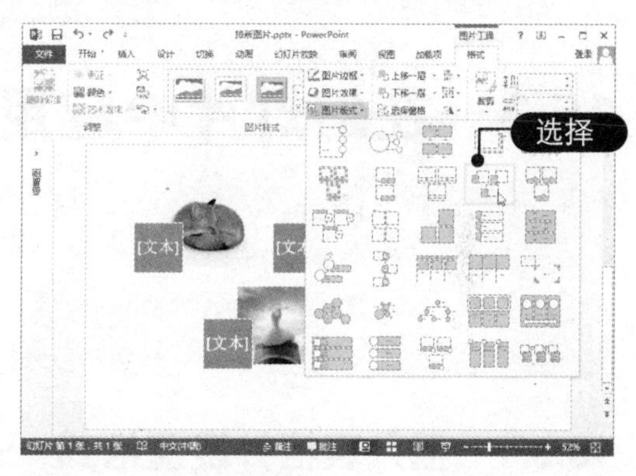

03 设置文本框大小 此时即可将所需的图片转换为SmartArt图形。按住【Shift】键选中其中的文本框，选择“格式”选项卡，在“大小”组中设置文本框大小，如下图所示。

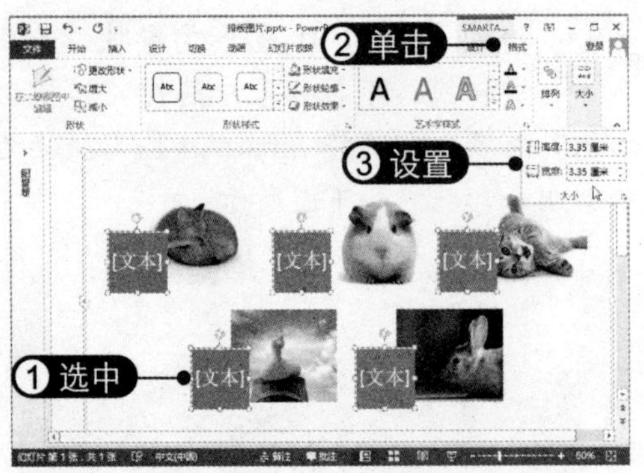

04 单击“裁剪”按钮 由于小猫图片被文本框挡住了部分图像，需要对图片进行适当的裁剪。选中小猫图片，选择“格式”选项卡，在“大小”组中单击“裁剪”按钮，如下图所示。

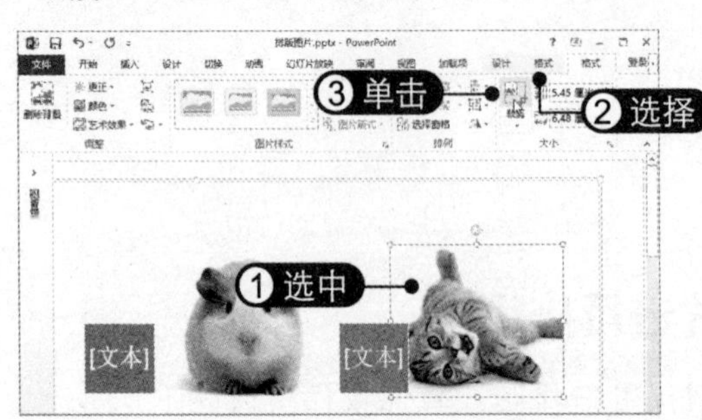

05 裁剪图片 此时即可进入图片裁剪状态，在裁剪框中调整图片的大小和位置，如下图所示。

06 完成图片裁剪 单击幻灯片的其他位置即可完成裁剪操作，查看裁剪效果，如下图所示。

15.3 在幻灯片中应用表格与图表

在幻灯片中插入表格可以使数据表达得更加清楚和准确，还可以使用表格对文本进行排版，从而达到更好的演示效果。使用图表可以使数据具有更好的视觉效果，更便于观众理解幻灯片的内容。下面将介绍表格与图表在幻灯片中的应用方法。

15.3.1 插入表格并设置格式

在 PowerPoint 中表格的基本编辑操作与在 Word 中类似，在幻灯片中插入表格并设置格式的具体操作方法如下：

01 选择“插入表格”选项 选择“插入”选项卡，单击“表格”下拉按钮，选择“插入表格”选项，如右图所示。

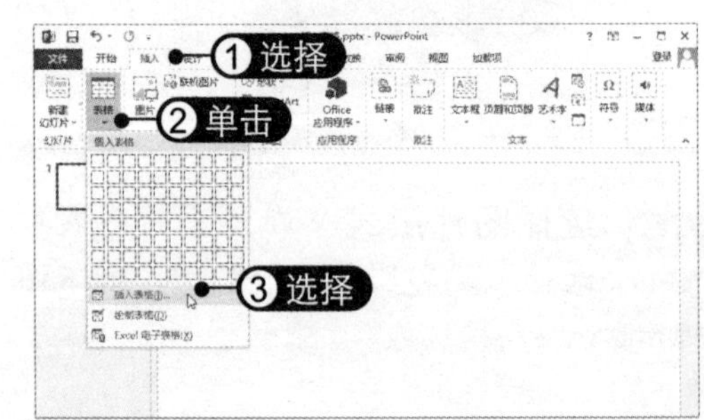

02 设置行数和列数 弹出“插入表格”对话框，设置行数和列数，然后单击“确定”按钮，如下图所示。

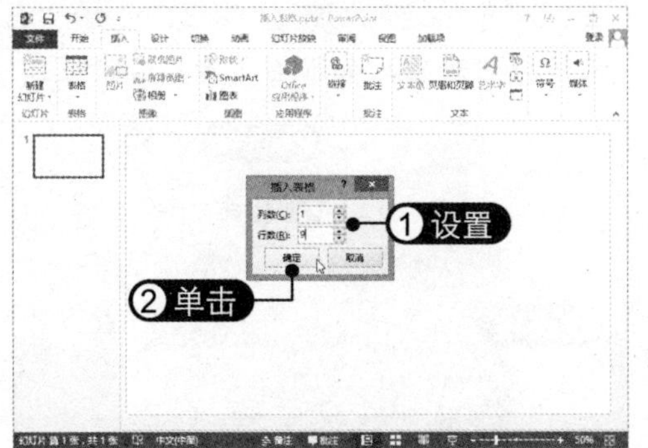

03 插入表格 此时即可在幻灯片中插入相应行数和列数的表格，并应用默认的表格样式，如下图所示。

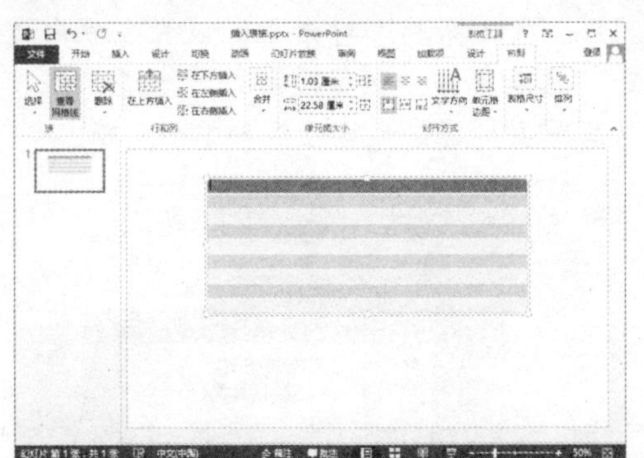

04 输入表格内容 在表格的单元格中分别输入所需的文本内容，如下图所示。

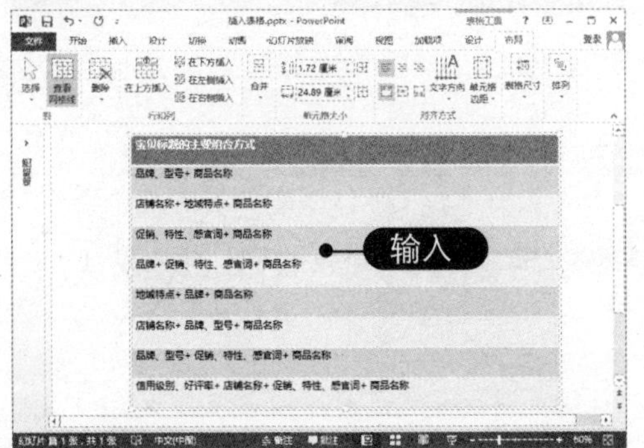

05 设置单元格对齐方式 将光标定位到最上方的单元格中，选择“布局”选项卡，在“对齐方式”组中单击“居中”和“垂直居中”按钮，设置单元格对齐方式，效果如下图所示。

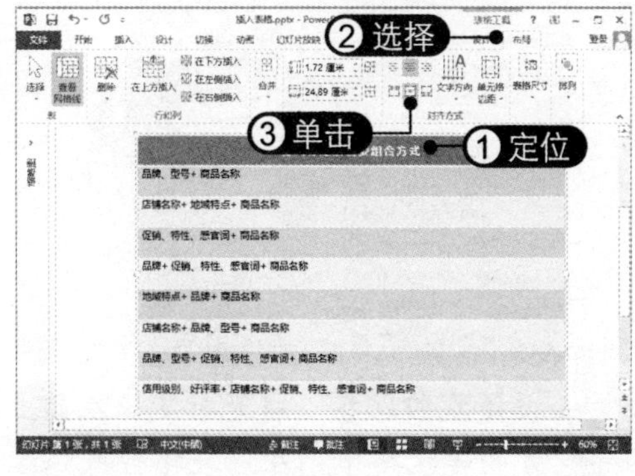

06 添加项目符号 用同样的方法设置其他单元格的对齐方式，并为文本添加项目符号，如下图所示。

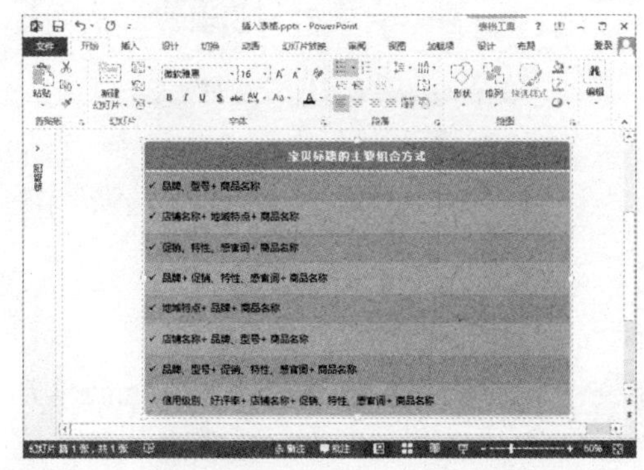

07 设置笔颜色 选中表格，选择“设计”选项卡，在“绘图边框”组中单击“笔颜色”下拉按钮，选择所需的颜色，如下图所示。

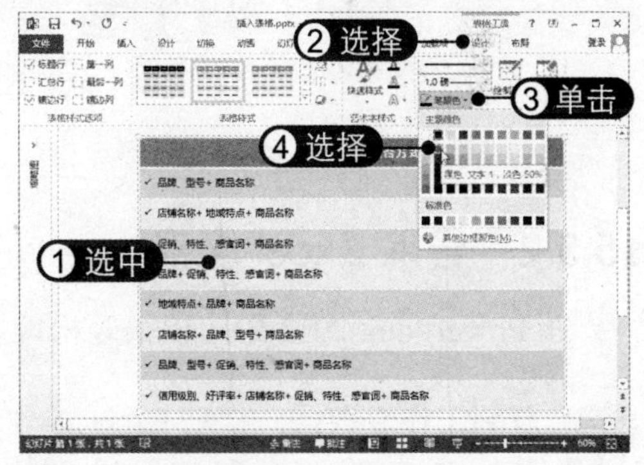

08 添加所有框线 在“表格样式”组中单击“框线”下拉按钮，选择“所有框线”选项，即可为表格添加指定颜色的框线，如下图所示。

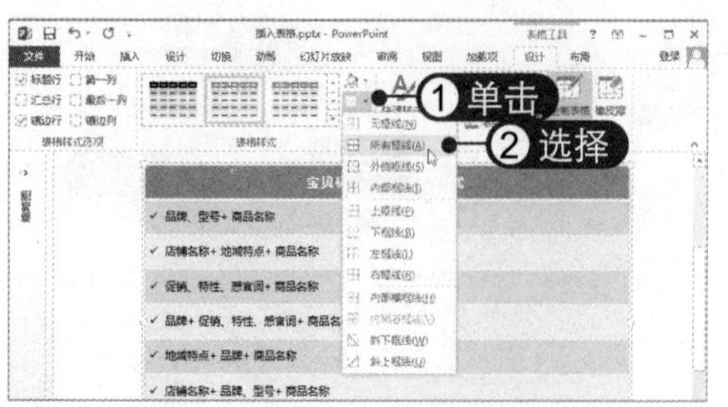

09 设置底纹颜色 将光标定位在最上方的单元格中，在“表格样式”组中单击“底纹”下拉按钮，在弹出的列表中选择所需的颜色，如下图所示。

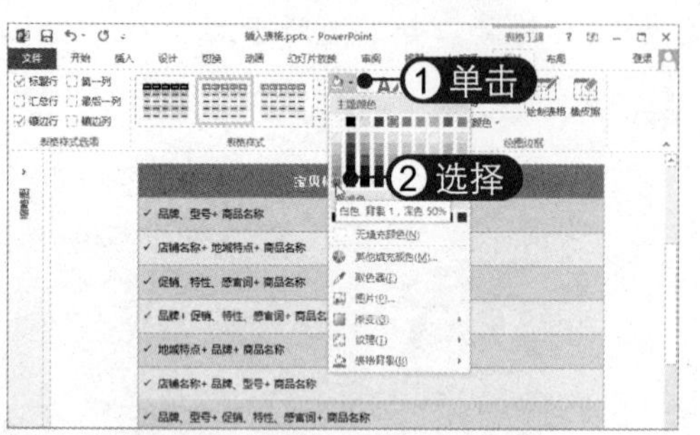

10 设置无填充颜色 选中其他的单元格，单击“底纹”下拉按钮，选择“无填充颜色”选项，如下图所示。

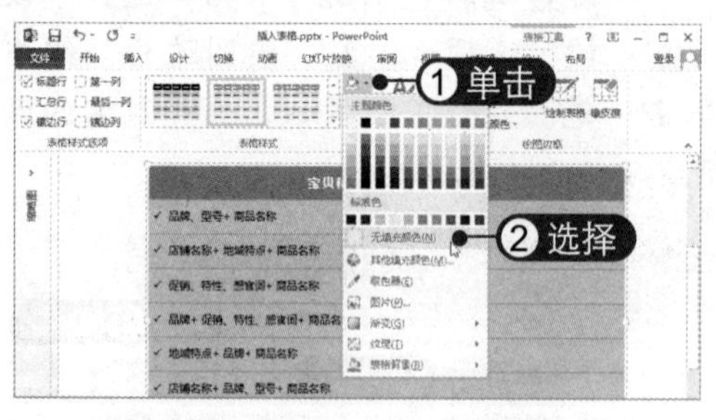

11 选择“自定义边距”选项 选中除最上方单元格外的其他单元格，选择“布局”选项卡，在“对齐方式”组中单击“单元格边距”下拉按钮，选择“自定义边距”选项，如下图所示。

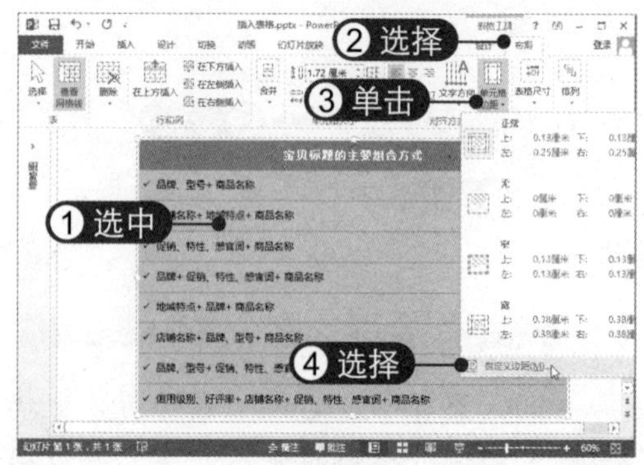

12 设置单元格内边距 弹出“单元格文本布局”对话框，设置左侧内边距，然后单击“预览”按钮，查看效果，然后单击“确定”按钮，如下图所示。

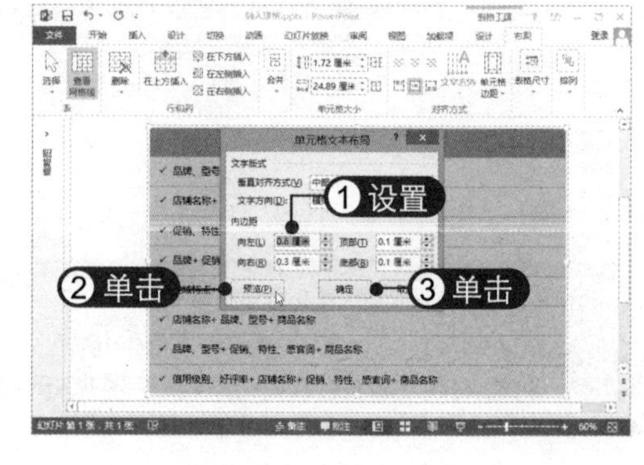

15.3.2 导入 Excel 表格

在 PowerPoint 2013 中可以很轻松地导入 Excel 电子表格，具体操作方法如下：

01 复制工作表数据 打开 Excel 工作簿，选中数据单元格区域，按【Ctrl+C】组合键复制数据，如右图所示。

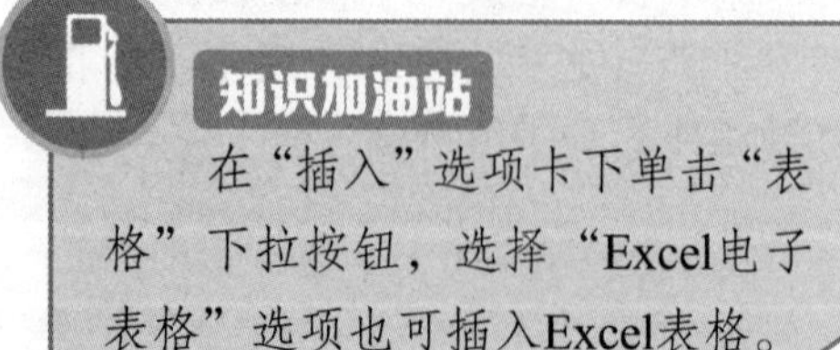

知识加油站

在“插入”选项卡下单击“表格”下拉按钮，选择“Excel电子表格”选项也可插入Excel表格。

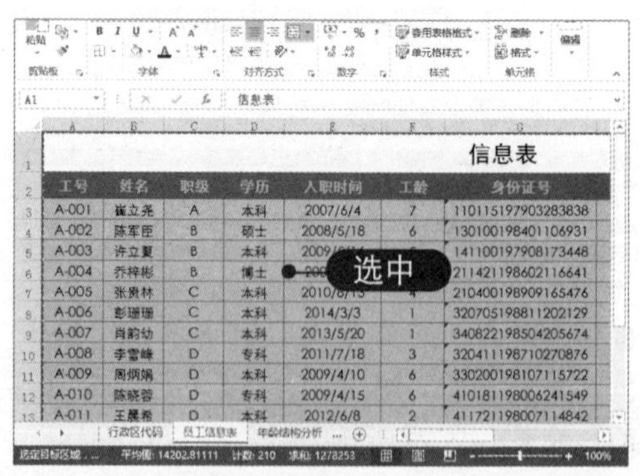

02 单击"保留源格式"按钮 切换到演示文稿中，单击"粘贴"下拉按钮，在弹出的下拉列表中单击"保留源格式"按钮，如下图所示。

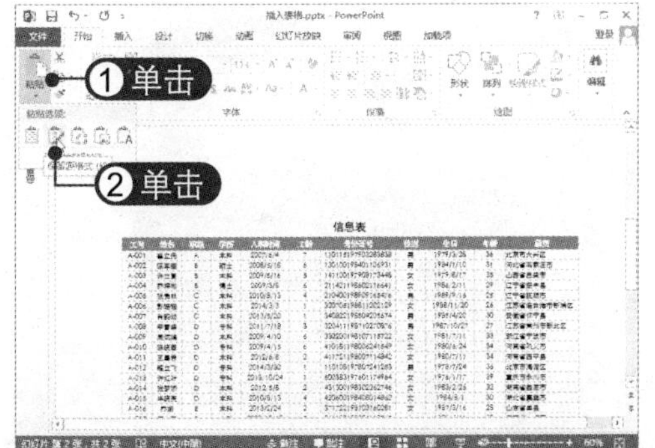

03 粘贴表格数据 此时即可粘贴数据表格，并可根据需要在 PowerPoint 中编辑该表格，如下图所示。

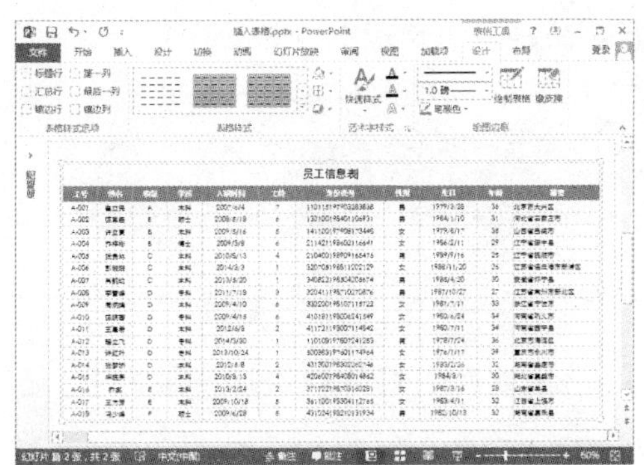

04 单击"嵌入"按钮 在粘贴 Excel 电子表格时单击"嵌入"按钮，如下图所示。

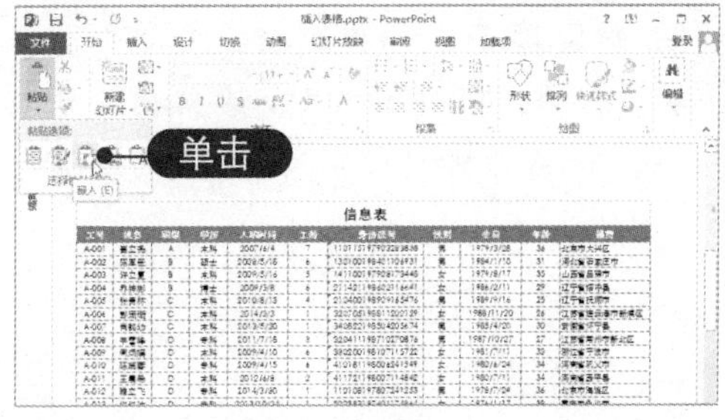

05 双击电子表格对象 此时即可在幻灯片中粘贴 Excel 电子表格对象，该对象不能直接在 PowerPoint 中进行编辑。双击该对象，如下图所示。

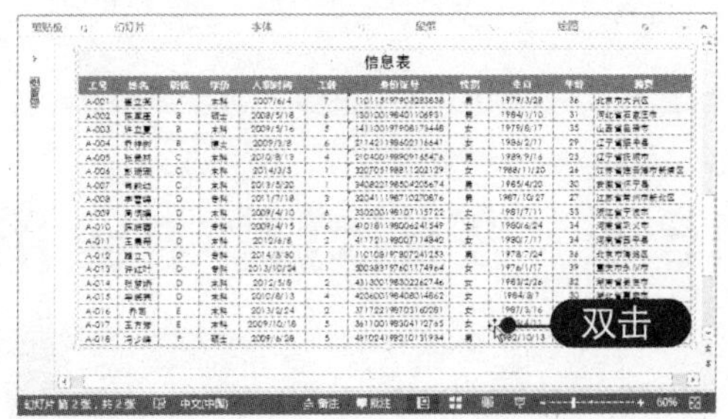

06 编辑表格数据 此时即可在幻灯片中激活 Excel 程序，对数据进行编辑即可，如下图所示。编辑完成后，单击幻灯片中表格以外的区域，即可完成编辑。

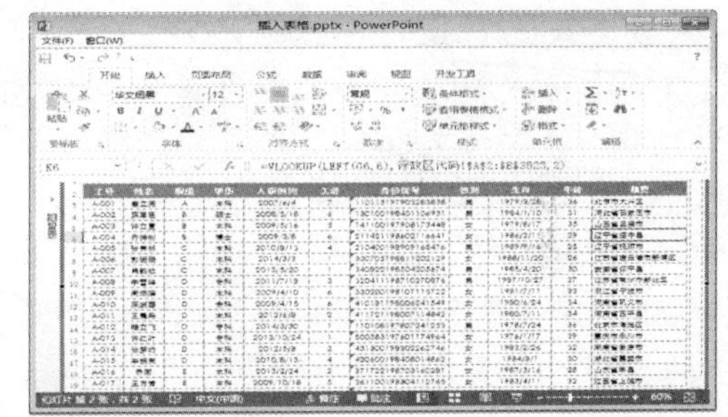

15.3.3 插入图表

在幻灯片中插入图表时，建议先在 Excel 程序中创建好图表，然后将其复制到幻灯片中，具体操作方法如下：

01 复制图表 打开 Excel 工作簿，选中工作表中的图表，按【Ctrl+C】组合键进行复制，如右图所示。

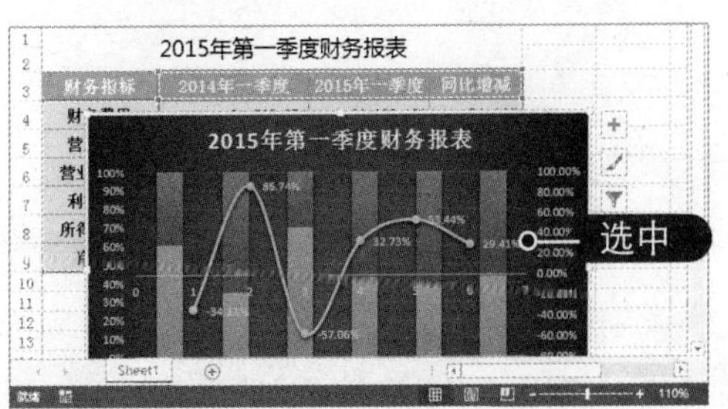

02 粘贴图表 切换到演示文稿中，单击“粘贴”下拉按钮，在弹出的列表中单击“保留源格式和嵌入工作簿”按钮，如下图所示。

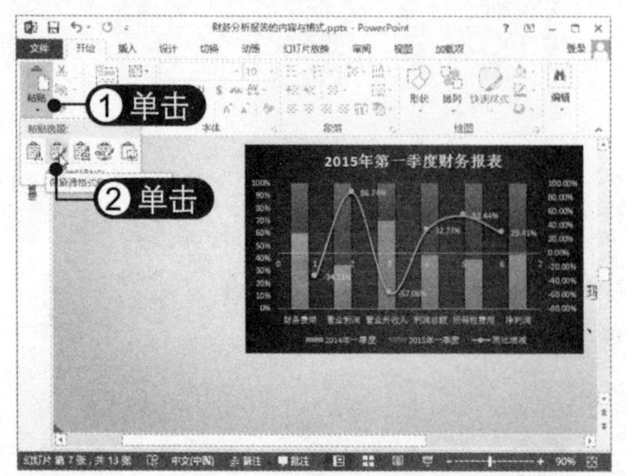

03 编辑图表 此时即可将图表粘贴到幻灯片中。选择“设计”选项卡，可对图表进行所需的编辑操作，如下图所示。

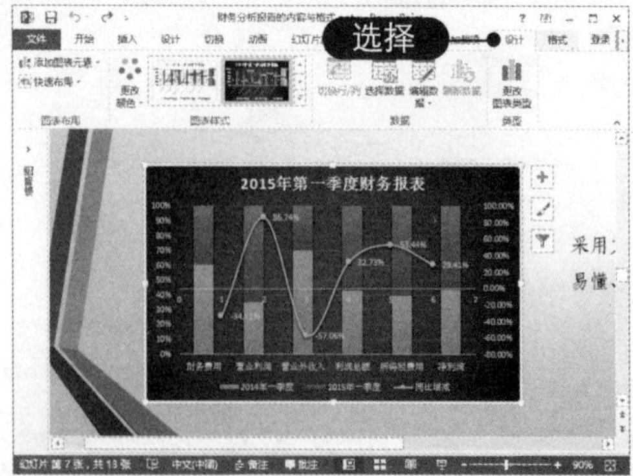

15.4 在幻灯片中应用多媒体元素

在PPT中添加诸如背景音乐、动作声音、音频、视频和Flash动画等多媒体元素，可以使制作的演示文稿有声有色，更富感染力。下面将介绍多媒体元素在幻灯片中的应用方法与技巧。

15.4.1 插入背景音乐

在对幻灯片进行放映时，为了渲染气氛，经常需要在幻灯片中添加背景音乐。在幻灯片中插入背景音乐的具体操作方法如下：

01 选择“PC上的音频”选项 打开素材文件，在“插入”选项卡下“媒体”组中单击“音频”下拉按钮，选择“PC上的音频”选项，如下图所示。

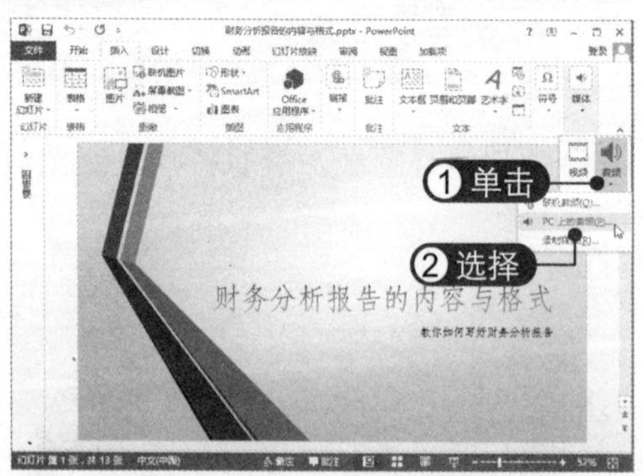

02 选择音频文件 弹出“插入音频”对话框，选择要插入的音频文件，然后单击“插入”按钮，如下图所示。

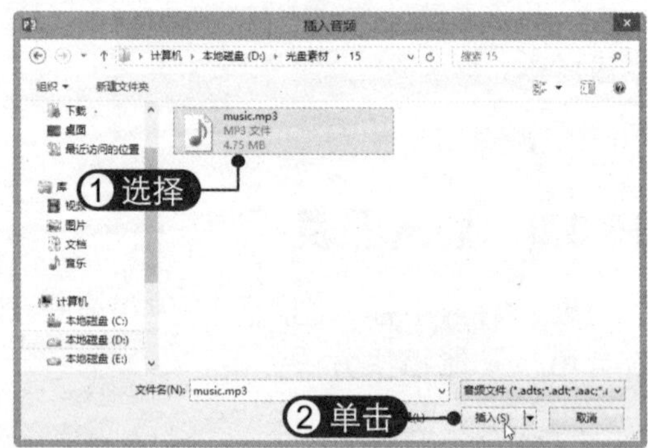

03 调节音量 此时在幻灯片中插入一个音频图标，将该图标拖至合适的位置。单击“播放”按钮可试听音乐，拖动滑块的调节音量，如下图所示。

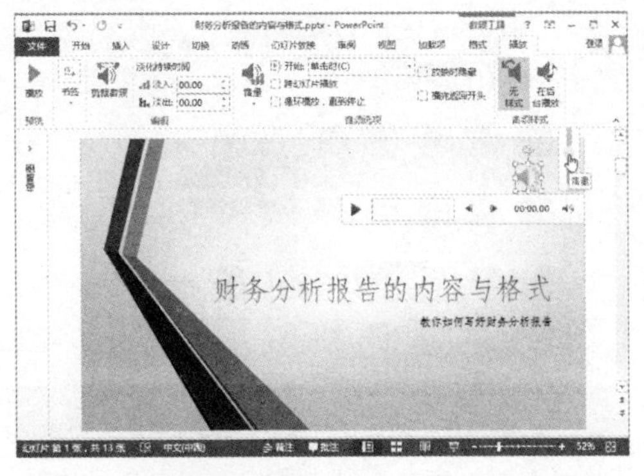

04 设置自动播放 选择“播放”选项卡，单击“开始”下拉按钮，选择“自动”选项，设置背景音乐自动播放，如下图所示。

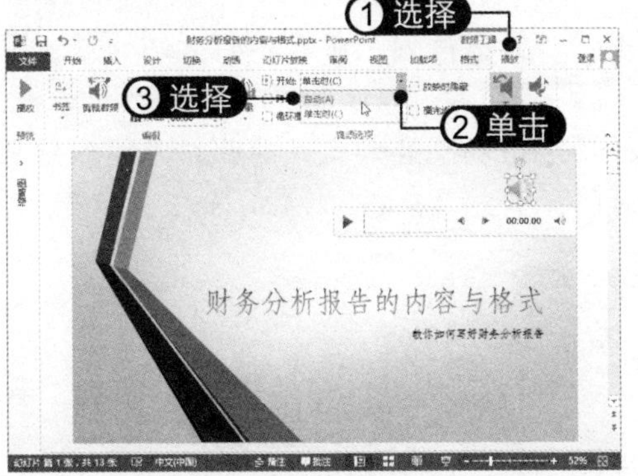

05 设置其他音频选项 设置其他音频选项，如“放映时隐藏”、“跨幻灯片播放”、“循环播放，直到停止”等，如下图所示。

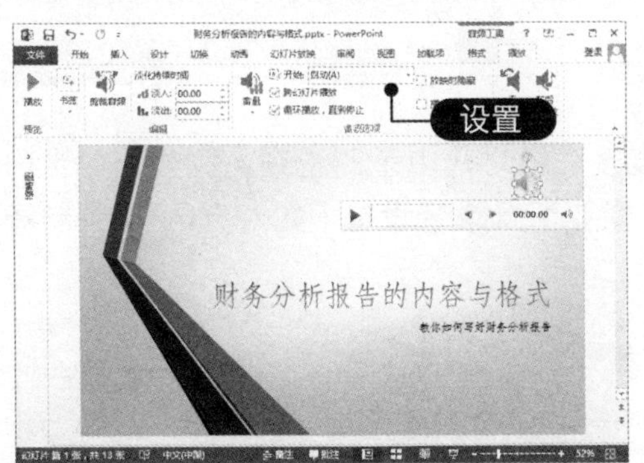

06 选择“更改图片”命令 在幻灯片中右击音频图标，在弹出的快捷菜单中选择“更改图片”命令，如下图所示。

07 选择“来自文件”选项 弹出“插入图片”对话框，选择“来自文件”选项，如下图所示。

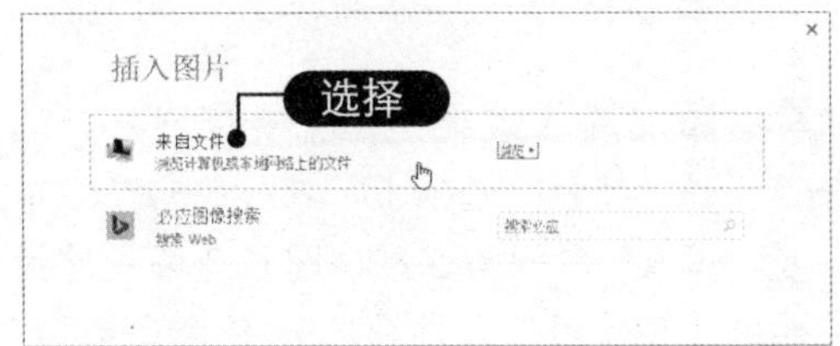

08 选择图片 弹出“插入图片”对话框，选择要更换的图片，然后单击“插入”按钮，如下图所示。

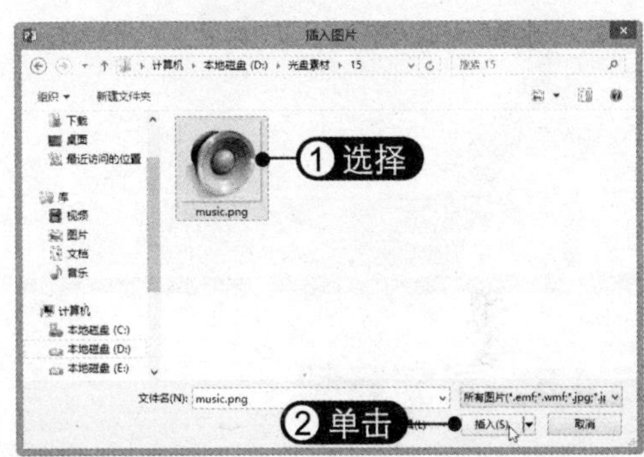

09 更换图片 此时即可将音频图标更换为所选图片，根据需要调整图片的大小，如下图所示。

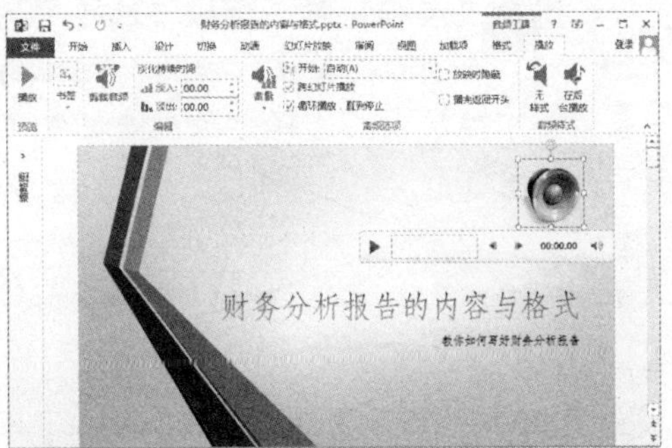

10 调整图片颜色 选中图片，选择"格式"选项卡，在"调整"组中单击"颜色"下拉按钮，选择所需的颜色，如右图所示。

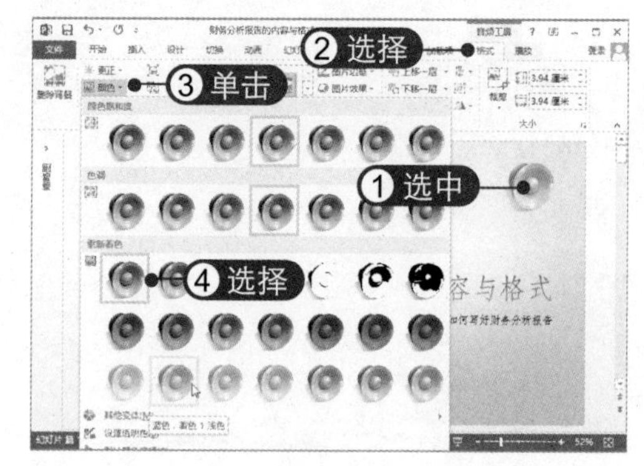

15.4.2 编辑音频文件

在 PowerPoint 2013 中可以对音频文件进行简单的编辑操作，如添加淡入淡出效果，剪裁音频等，具体操作方法如下：

01 添加淡入效果 选中音频图标，选择"播放"选项卡，在"编辑"组中设置"淡入"时间为5秒，即在音频文件播放的前几秒使用淡入效果，如下图所示。

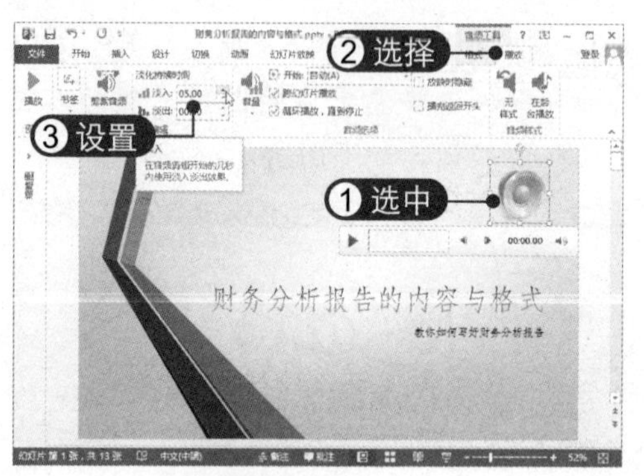

02 剪裁音频 在"编辑"组中单击"剪裁"按钮，弹出"剪裁音频"对话框，拖动滑块调整音频文件的开始时间和结束时间，单击"确定"按钮，如下图所示。

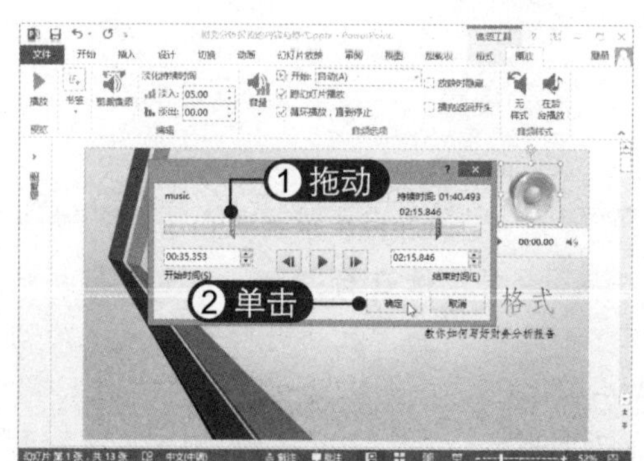

15.4.3 录制音频

除了向演示文稿中插入音频外，还可以直接在幻灯片中录制音频。例如，为当前幻灯片录制合适的旁白。要录制音频，电脑上需要配置录音设备（如麦克风）。录制音频的具体操作方法如下：

01 选择"录制音频"选项 选择"插入"选项卡，单击"媒体"组中的"音频"下拉按钮，选择"录制音频"选项，如右图所示。

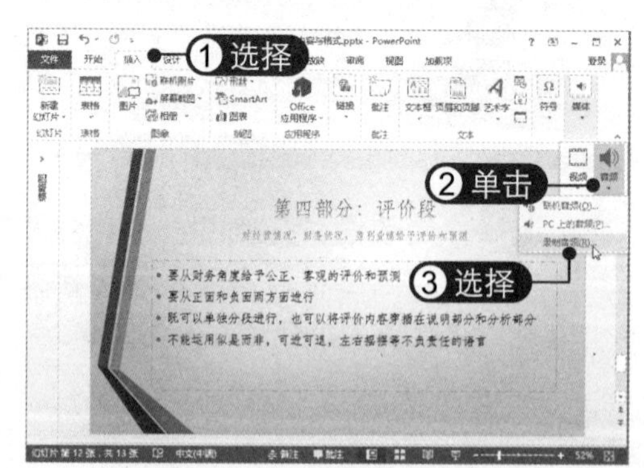

02 开始录音 弹出“录制声音”对话框，在“名称”文本框中输入名称，然后单击“录音”按钮●，使用麦克风进行录音，如下图所示。

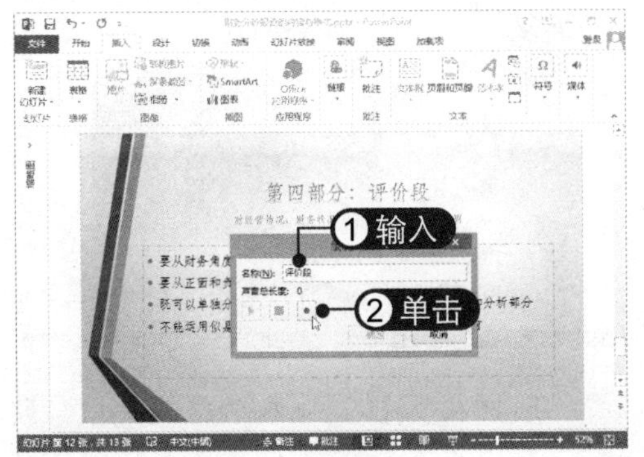

03 停止录音 录音完成后，单击“停止录制”按钮■，然后单击“确定”按钮，如下图所示。

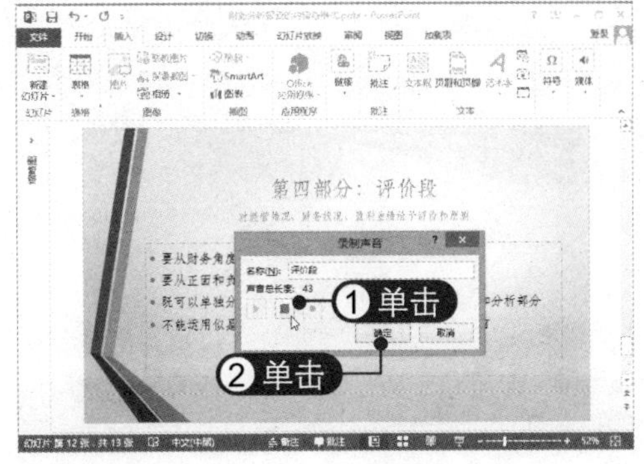

04 插入音频 此时即可将录制的音频插入到幻灯片中，如下图所示。

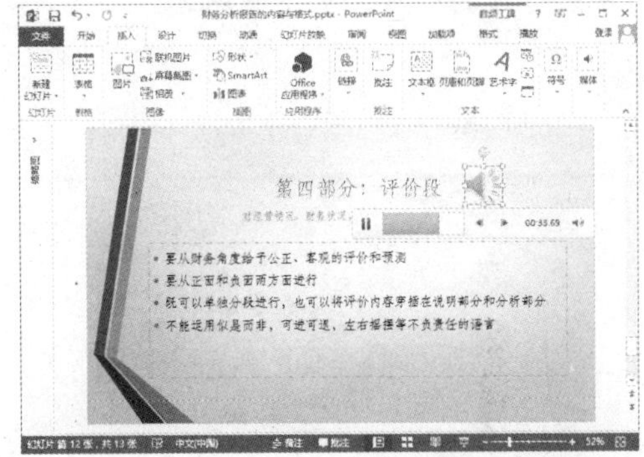

15.4.4 插入视频

在幻灯片中可用的视频格式包括 AVI、MPEG、RMVB/RM、GIF 和 SWF 等。若要插入其他格式的视频文件，应先使用格式转换软件将其转换为可用的格式。下面将介绍如何在幻灯片中插入视频文件并进行格式设置，具体操作方法如下：

01 选择“PC 上的视频”选项 选择第 7 张幻灯片，在“插入”选项卡下“媒体”组中单击“视频”下拉按钮，选择“PC 上的视频”选项，如下图所示。

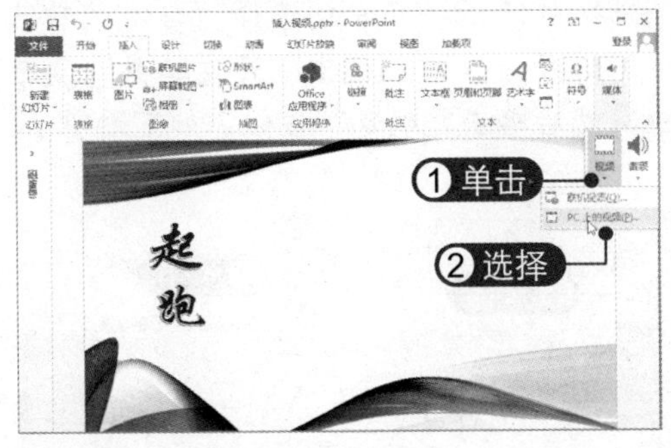

02 选择视频文件 弹出“插入视频文件”对话框，选择要插入的视频文件，然后单击“插入”按钮，如下图所示。

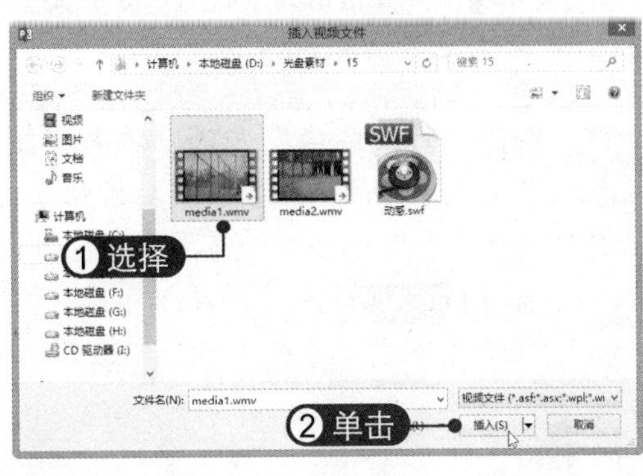

03 插入视频文件 此时即可将视频文件插入到幻灯片中，根据需要调整视频文件的大小，如下图所示。

04 定位视频标牌 在视频文件的进度条上单击鼠标左键，直到找到要作为视频标牌的图片，如下图所示。

05 选择“当前框架”选项 在“格式”选项卡下“调整”组中单击“标牌框架”下拉按钮，选择“当前框架”选项，如下图所示。

06 应用视频样式 在“视频样式”列表中单击所需的视频样式，即可应用该样式，如下图所示。

15.4.5 插入 Flash 动画

Flash 动画可以将声音、声效、动画融合在一起，展示高品质的动态效果。在幻灯片中也可以使用 Flash 动画，使演示文稿变得更加丰富、生动。在幻灯片中插入 Flash 动画的具体操作方法如下：

01 选择“其他命令”选项 单击“自定义快速访问工具栏”下拉按钮，选择“其他命令”选项，如下图所示。

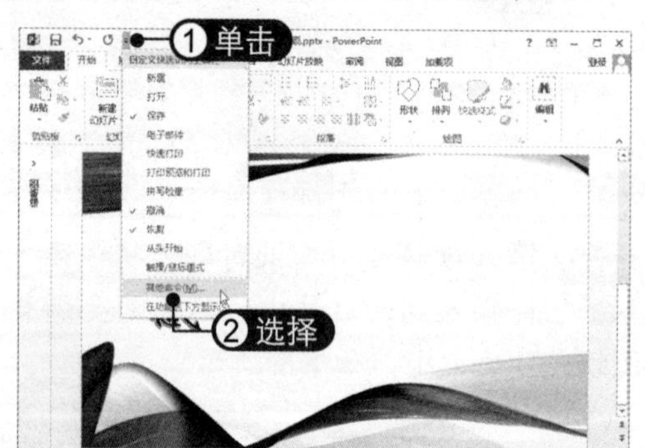

02 设置显示“开发工具”选项 弹出对话框，在左侧选择“自定义功能区”选项，在右侧选中“开发工具”复选框，然后单击“确定”按钮，如下图所示。

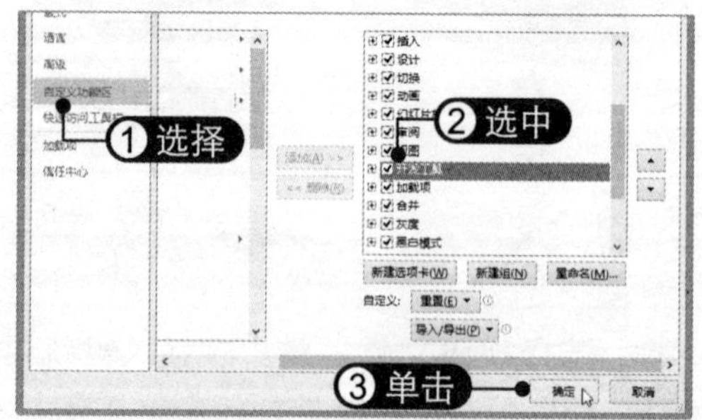

03 **单击“其他控件”按钮** 此时即可在功能区中显示“开发工具”选项卡，在“控件”组中单击“其他控件”按钮，如下图所示。

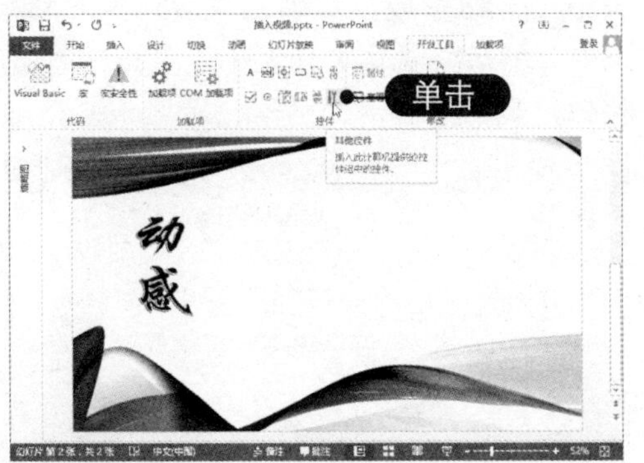

04 **选择控件** 弹出“其他控件”对话框，选择 Shockwave Flash Object 控件，然后单击“确定”按钮，如下图所示。

05 **创建控件** 此时鼠标指针变为十字形状，拖动鼠标在幻灯片中绘制控件。选中控件，在“开发工具”选项卡下单击“属性”按钮，如下图所示。

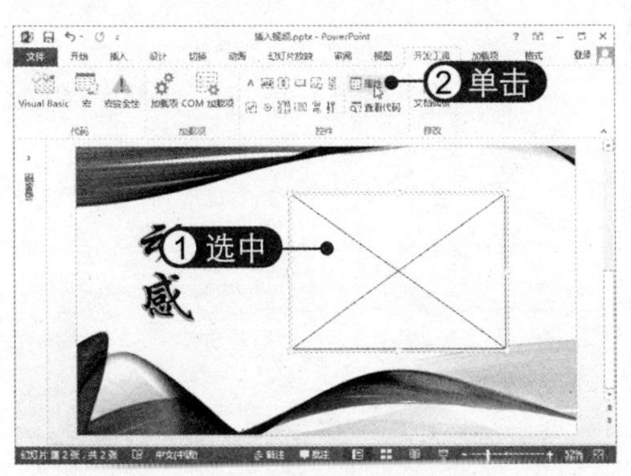

06 **设置控件属性** 弹出“属性”对话框，设置 Movie 属性为“动感.swf”（“动感.swf”为 Flash 动画，需要与演示文稿位于同一目录下），如下图所示。

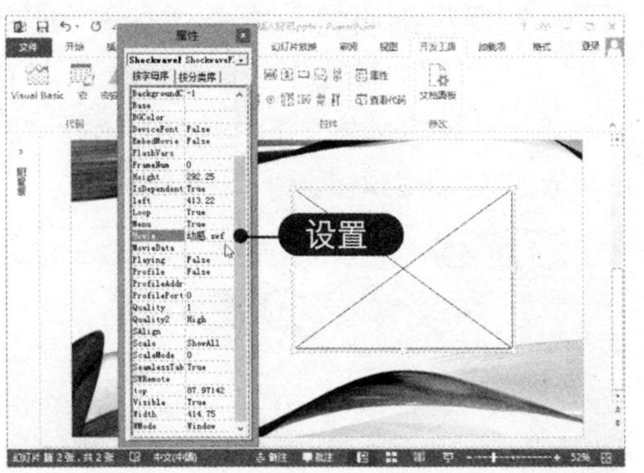

07 **保存演示文稿** 保存并关闭演示文稿，然后重新打开演示文稿，即可在幻灯片中看到 Flash 视频的图片，如下图所示。

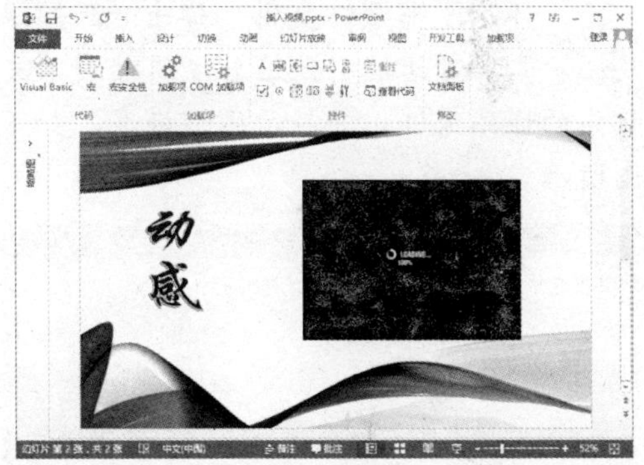

08 **查看 Flash 动画效果** 按【Shift+F5】组合键放映当前幻灯片，查看 Flash 动画效果，如下图所示。

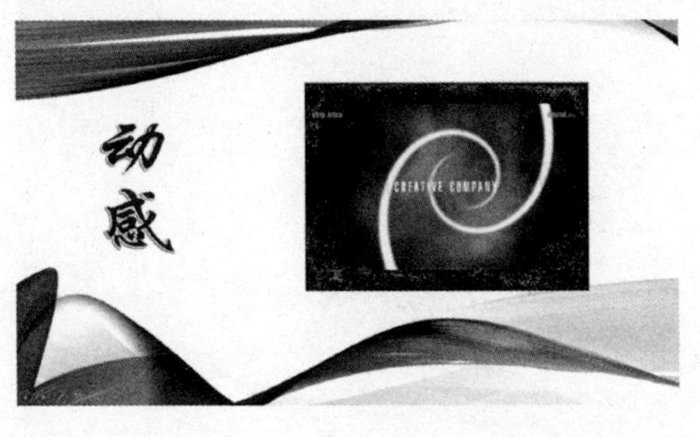

15.4.6 压缩媒体文件

通过压缩媒体文件可以提高播放性能，并节省磁盘空间，具体操作方法如下：

01 **选择压缩质量** 选择“文件”选项卡，在左侧选择“信息”选项，在右侧单击“压缩媒体”下拉按钮，选择“演示文稿质量”选项，如下图所示。

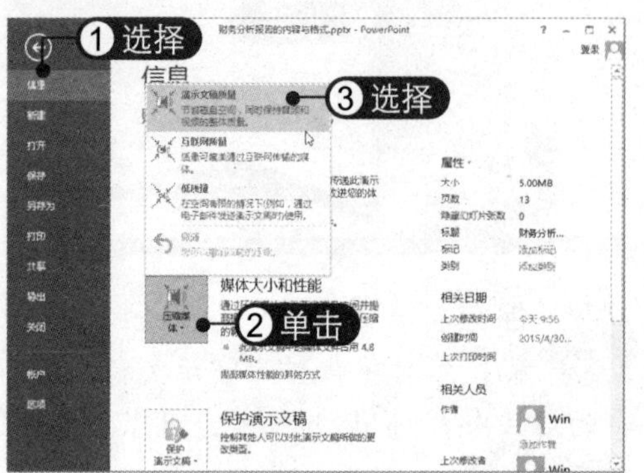

02 **开始压缩媒体文件** 弹出“压缩媒体”对话框，开始自动压缩演示文稿中的媒体文件，并显示压缩进度，如下图所示。

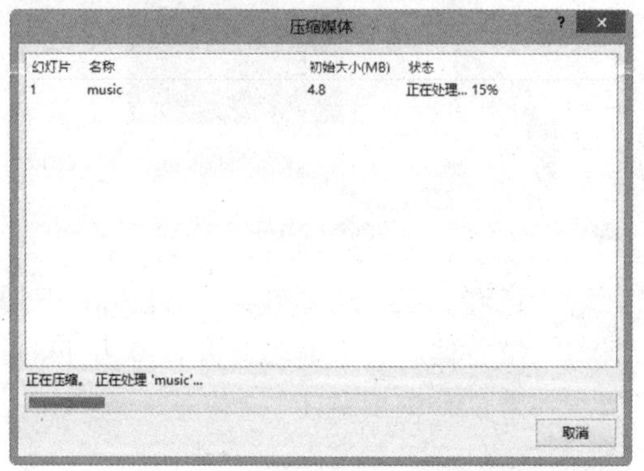

03 **压缩完成** 压缩完成后可以看到压缩后的媒体文件大小，单击“关闭”按钮，如下图所示。

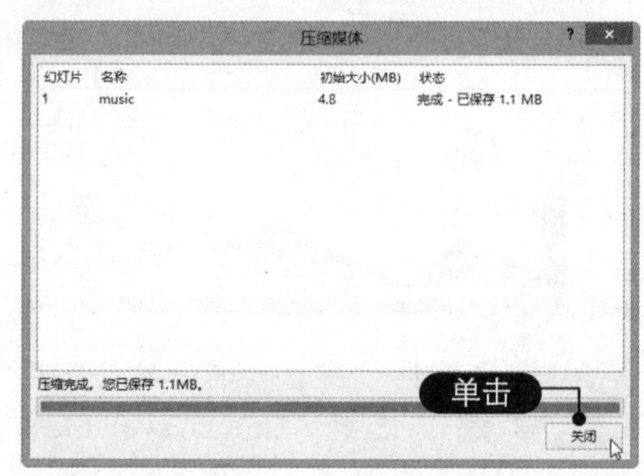

04 **撤销压缩** 若要撤销媒体文件的压缩，可在“压缩媒体”下拉列表中选择“撤销”选项，如下图所示。需要注意的是，当保存演示文稿并关闭后，将无法撤销压缩。

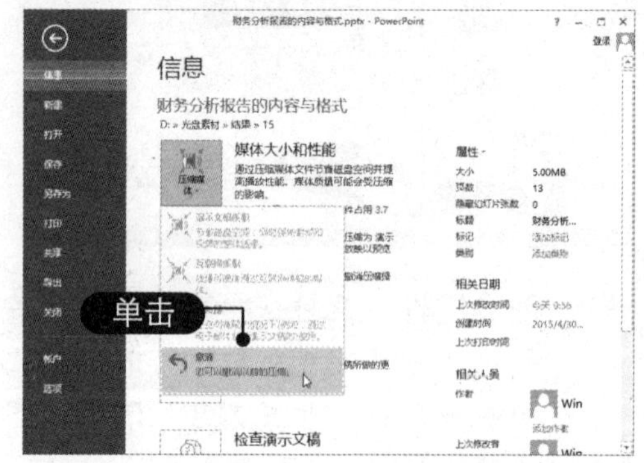

Chapter 16

为幻灯片添加动画与交互

动画是演示文稿的重要表现手段，在制作演示文稿时可以为幻灯片添加动画，使原本静态的幻灯片动起来。通过在幻灯片中添加超链接，可以使原本各张独立的幻灯片链接起来，使演示文稿成为一个整体。本章将详细介绍如何在幻灯片中添加动画与交互。

本章要点 

- 添加幻灯片切换动画
- 使幻灯片动起来
- 制作交互式演示文稿

知识等级 

PowerPoint 2013 高级读者

建议学时 

建议学习时间为 80 分钟

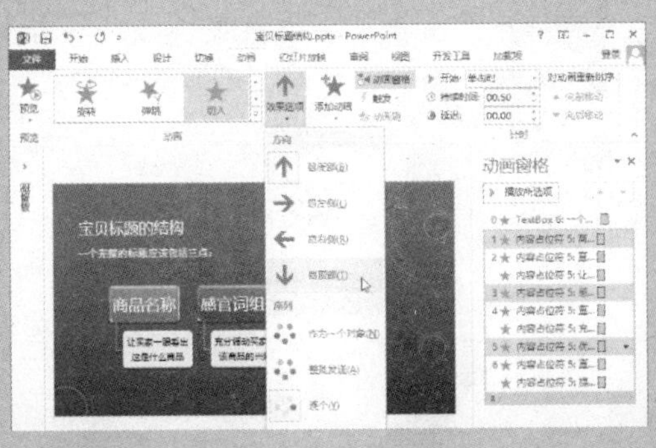

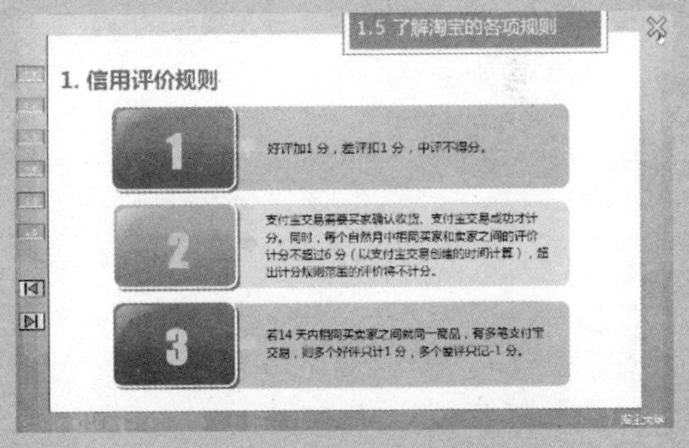

16.1 添加幻灯片切换动画

从一张幻灯片突然跳转至另一张幻灯片会使观众觉得很唐突，此时可以为幻灯片添加切换效果，使其播放起来变得很流畅。下面将介绍如何为幻灯片添加切换动画。

16.1.1 应用切换动画

幻灯片切换动画是在幻灯片放映时从一张幻灯片移到下一张幻灯片时出现的类似动画的效果。应用幻灯片切换动画的具体操作方法如下：

01 选择切换效果 打开素材文件，选择“切换”选项卡，在“切换至此幻灯片”组中选择“库”效果，如下图所示。

02 设置全部应用 在“计时”组中单击“全部应用”按钮，即可将当前幻灯片的切换效果应用到所有的幻灯片中，如下图所示。

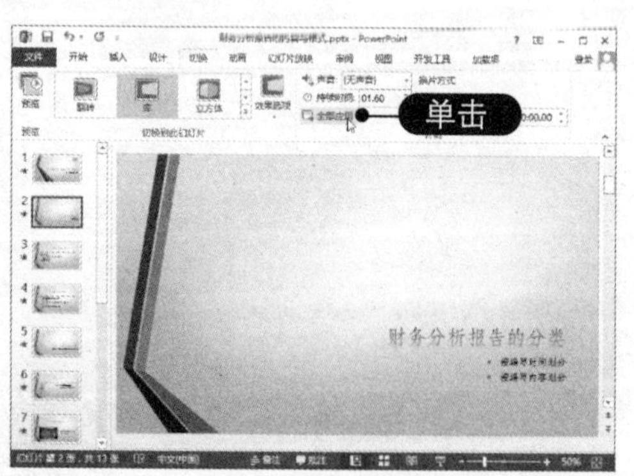

03 选择切换效果 在幻灯片窗格中选择第1张幻灯片，在“切换至此幻灯片”组中单击“其他”按钮，选择“悬挂”效果，如下图所示。

04 设置效果选项 在“切换至此幻灯片”组中单击“效果选项”下拉按钮，选择“向右”选项，如下图所示。

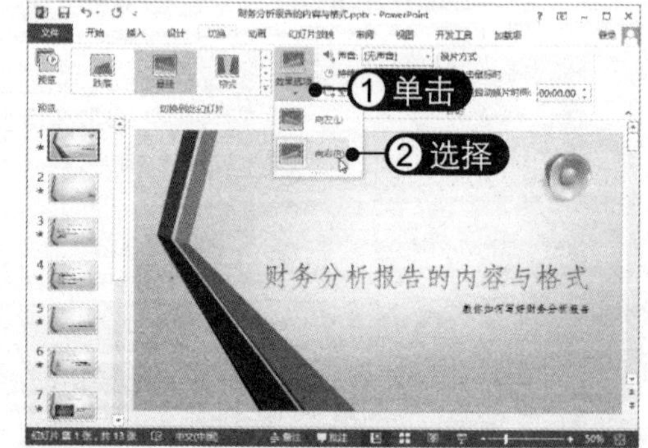

16.1.2 设置切换速度和换片方式

在“切换”选项卡下“计时”组中更改“持续时间”数值，可以设置切换幻灯片的速度。持续时间越短，表示切换速度越快，反之越慢，如下图（左）所示。在“换片方式”选项区中可以更改切换幻灯片的方法。若要使幻灯片进行自动切换，可选中“设置自动换片时间”复选框，并对时间进行设置即可，如下图（右）所示。

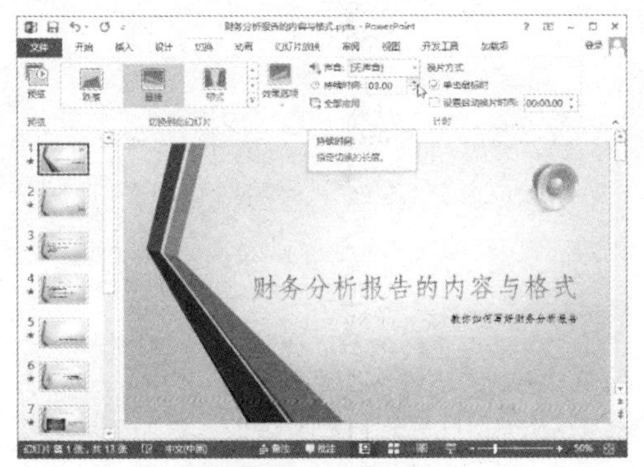

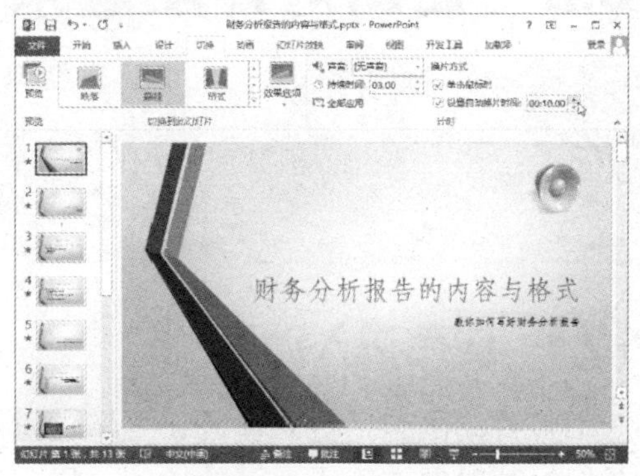

16.1.3 添加切换声音

在放映幻灯片时，可以设置切换到下一张幻灯片时发出切换声音。既可以使用 PowerPoint 程序内置的声音，也可以使用电脑中的声音文件。为幻灯片添加切换声音的具体操作方法如下：

01 选择切换声音 在幻灯片窗格中选择要添加切换声音的幻灯片，在“切换”选项卡下单击“声音”下拉按钮，选择所需的声音效果，如下图所示。将鼠标指针置于声音选项上，即可听到声音效果。

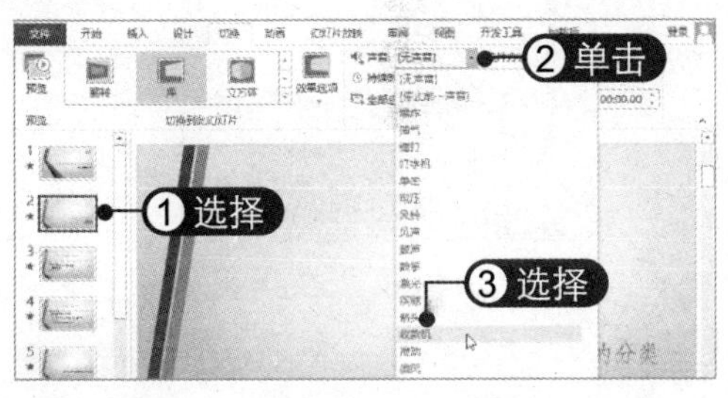

02 选择“其他声音”选项 选择第 1 张幻灯片，单击“声音”下拉按钮，在弹出的下拉列表中选择“其他声音”选项，如下图所示。

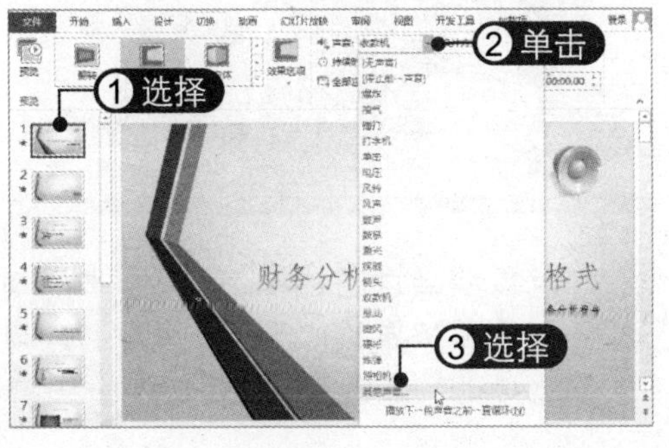

03 选择声音文件 弹出“添加音频”对话框，选择声音文件，然后单击“确定”按钮，如下图所示。

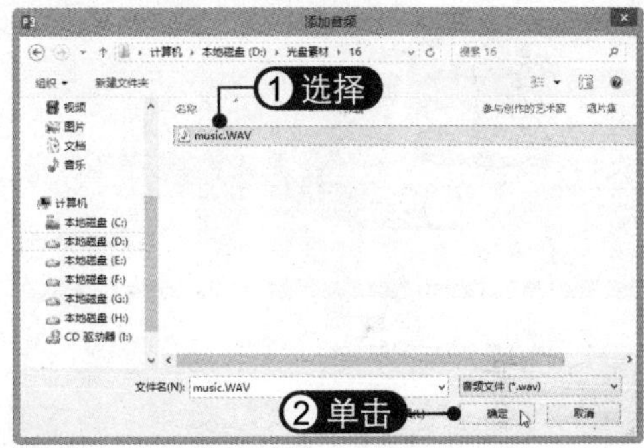

04 设置循环播放 此时即可将所选声音文件设置为第 1 张幻灯片的切换声音。在“声音”下拉列表中选择“播放下一段声音之前一直循环”选项，即可设置循环播放，如下图所示。

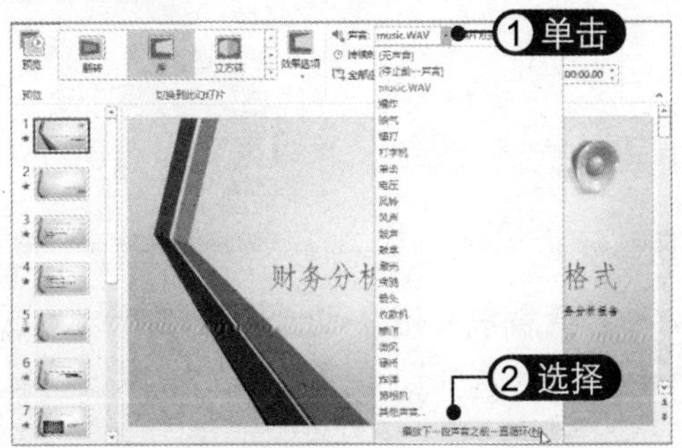

16.2 使幻灯片动起来

在制作幻灯片时，不仅可以将动画效果应用到切换幻灯片上，还可以将其应用到幻灯片中的文本、图片、图形和图表等对象上。通过在幻灯片中添加动画，可以使观众的注意力集中在要点上，控制信息流，并提高观众对演示文稿的兴趣。

16.2.1 应用进入动画

幻灯片动画包括进入动画、强调动画、退出动画和路径动画四种。进入动画用于设置幻灯片对象进入场景时的播放效果，应用进入动画的具体操作方法如下：

01 单击“其他”下拉按钮 打开素材文件，选择左侧的图片，在“动画”选项卡下“动画”组中单击“其他”按钮，如下图所示。

02 选择动画效果 弹出动画效果下拉列表，选择“浮入”动画，如下图所示。

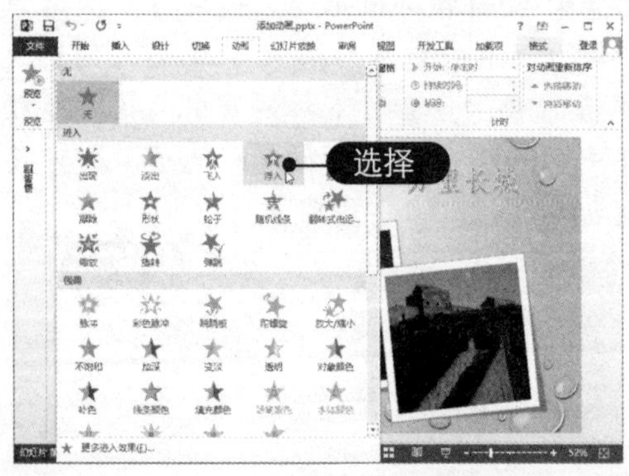

03 查看更多进入动画 若选择“更多进入效果”选项，将弹出“更改进入效果”对话框，其中列出了所有的进入动画效果，如下图所示。

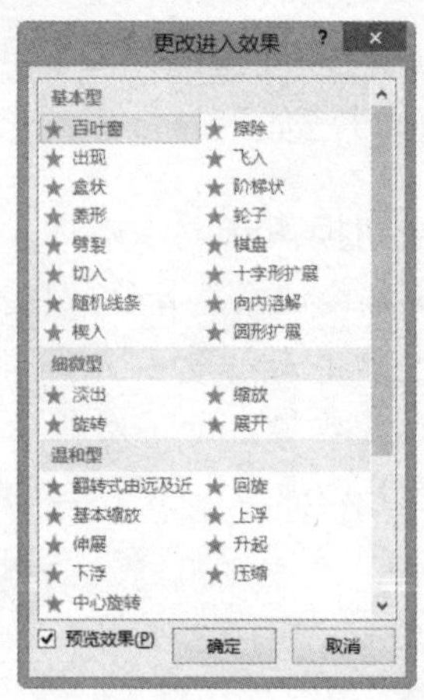

04 设置动画效果选项 单击“效果选项”下拉按钮，在弹出的下拉列表中选择“下浮”选项，如下图所示。

05 设置动画计时选项 在“计时”组中设置动画的“开始”、“持续时间”及“延迟”选项，如下图所示。

06 单击“动画刷”按钮 选中添加了动画的图片，在“高级动画”组中单击“动画刷”按钮，如下图所示。

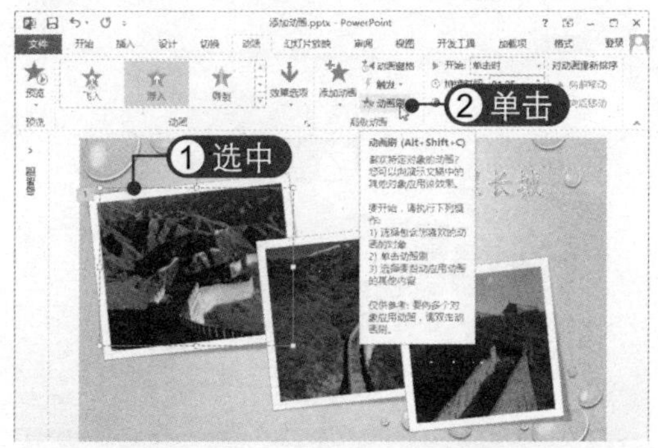

07 单击图片 此时鼠标指针变为刷子形状，在要应用动画的图片上单击鼠标左键，如下图所示。

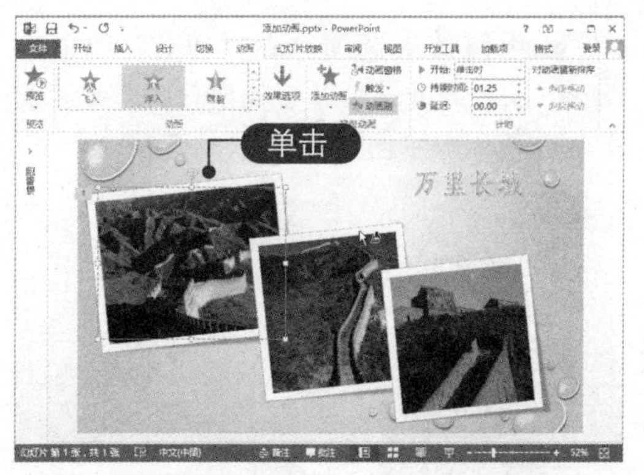

08 复制动画效果 此时即可将左侧图片上的动画效果应用到所选图片上，使用动画刷继续为右侧的图片添加进入动画，如下图所示。

16.2.2 添加强调动画

强调动画用于在幻灯片对象进入场景后吸引观众注意力而制作的一些演示效果。为幻灯片对象应用动画不是只能添加一个动画，可以根据需要对其添加多个动画。下面以添加一个强调动画为例进行介绍，具体操作方法如下：

01 选择“放大/缩小”动画 选择幻灯片中的三张图片，在“高级动画”组中单击“添加动画”下拉按钮，选择“放大/缩小”动画，如右图所示。

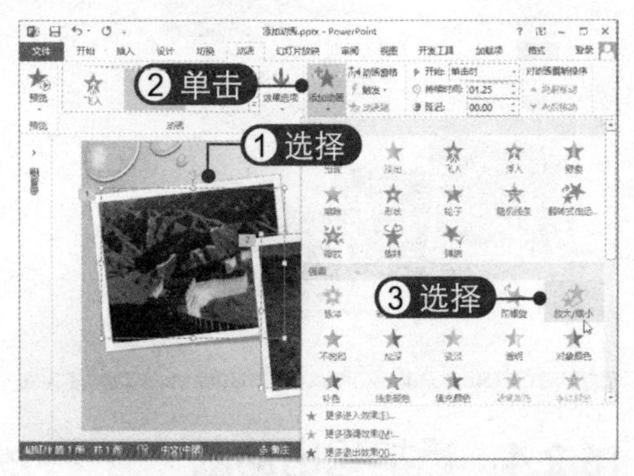

知识加油站

在应用动画时可将鼠标指针置于动画选项上，此时在幻灯片中可预览动画，确认后再进行选择。

02 设置效果选项 在"动画"组中单击"效果选项"下拉按钮，选择"较大"选项，如下图所示。

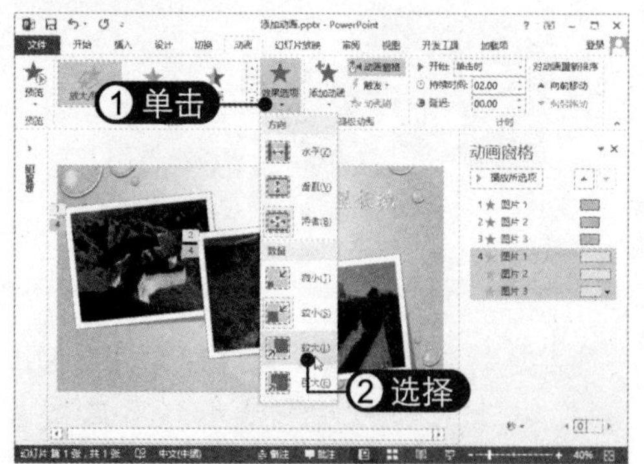

03 设置"计时"选项 单击"动画窗格"按钮，打开"动画窗格"，可以看到幻灯片中所包含的动画。选择"放大/缩小"动画，在"计时"组中设置动画"开始"为"单击时"，如下图所示。

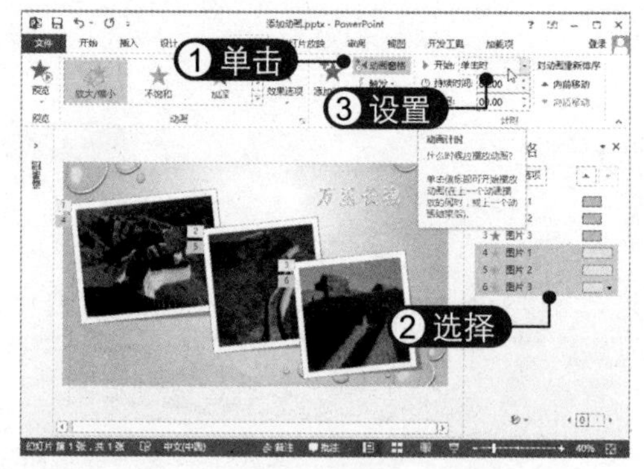

04 播放动画 要播放某个动画，可在"动画窗格"中选择该动画，然后单击"播放自"按钮即可，如下图所示。

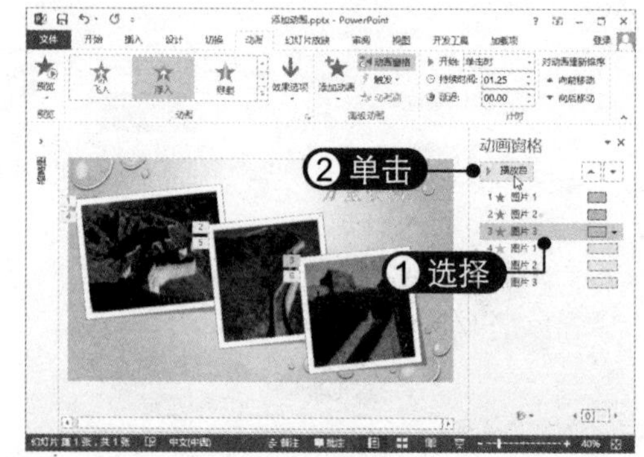

16.2.3 重新排列动画顺序

在播放动画时将按照添加动画的先后顺序进行播放，可以根据需要为幻灯片中的动画重新排序，具体操作方法如下：

01 单击按钮排序 打开"动画窗格"，选择要更改顺序的动画，然后单击"向前移动"按钮，如下图所示。

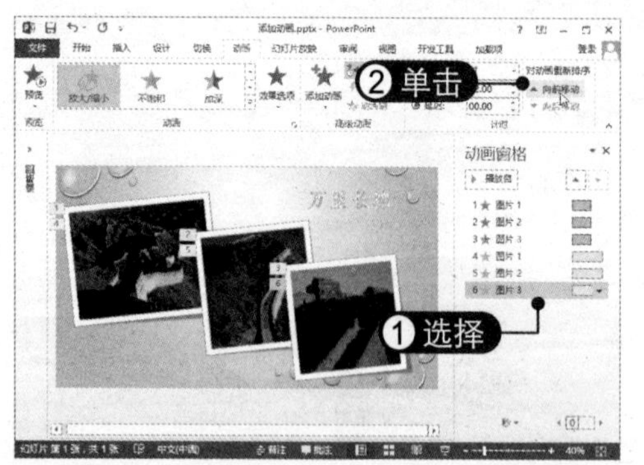

02 拖动排序 在"动画窗格"中选择要更改顺序的动画并拖动鼠标，即可调整其顺序，如下图所示。

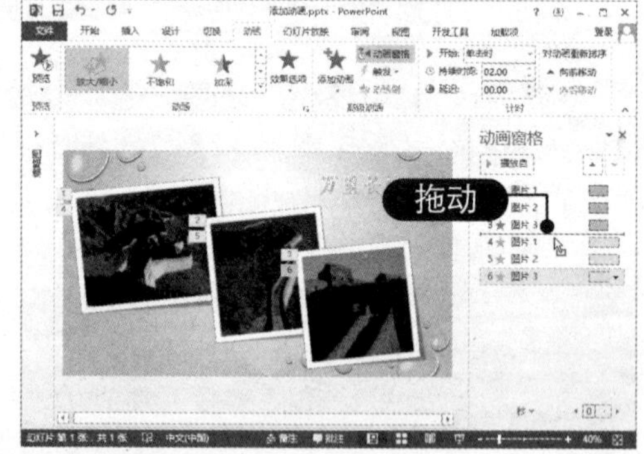

16.2.4 添加退出动画

与"进入"动画相对应的是"退出"动画，它用于设置在幻灯片对象离开场景时的播放效果。添加退出动画的具体操作方法如下：

01 选择退出动画效果 选中右侧的图片，在“高级动画”组中单击“添加动画”下拉按钮，选择“淡出”动画，如下图所示。

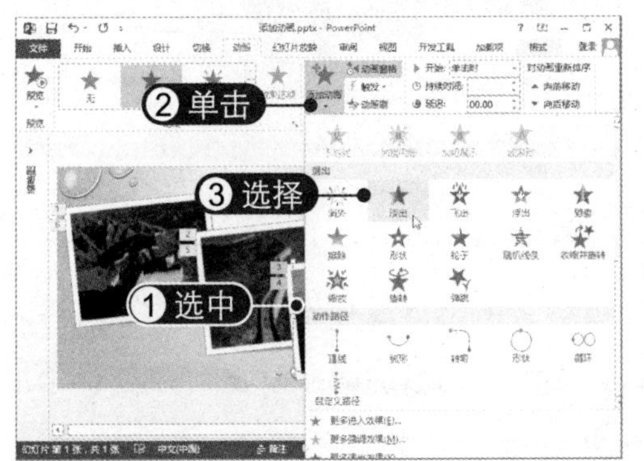

02 查看退出动画 此时即可为所选图片添加退出动画，在“动画窗格”中可以看到退出动画位于动画列表的最后位置，如下图所示。

03 调整动画顺序 将退出动画向上拖动，使其排列改为第5个，如下图所示。

04 继续添加退出动画 用同样的方法为其他两张图片添加退出动画，然后在“动画窗格”中调整其播放顺序，如下图所示。

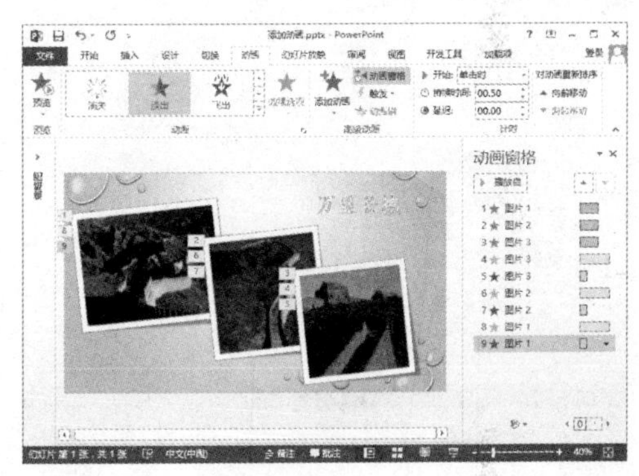

16.2.5 更换与删除动画

若对幻灯片中添加的动画不是很满意，可以对该动画效果进行更换。可以根据需要将动画删除后重新进行添加，或者直接更换动画类型，具体操作方法如下：

01 更换动画 在“动画窗格”中选择第1个动画，然后在动画列表中选择要更换为的动画，即可更换该动画效果，如右图所示。更换完成后，需重新设置动画效果和“计时”选项。

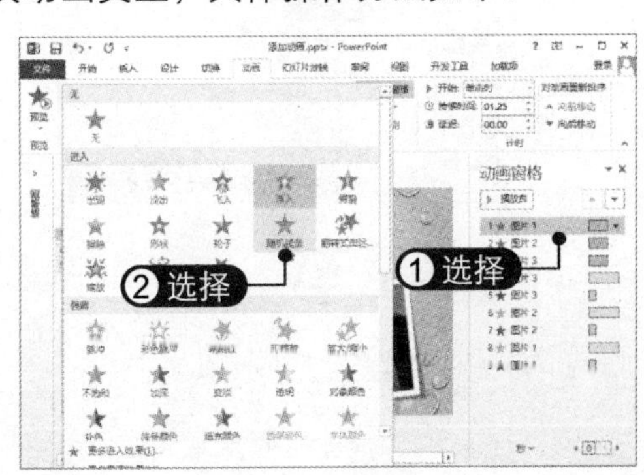

02 删除动画 若要删除动画，可在“动画窗格”中选择动画，然后在“动画”组中选择“无”选项；或单击该动画右侧的下拉按钮，选择“删除”选项即可，如右图所示。

16.2.6 自定义动画效果

虽然可以在“计时”组中对动画效果进行设置，但可设置的项目并不多。通过动画效果选项对话框可以对动画进一步进行设置，如设置播放后隐藏、重复播放、添加动画声音等。自定义动画选项的具体操作方法如下：

01 双击动画 打开“动画窗格”，双击“放大/缩小”动画，如下图所示。

02 设置尺寸 弹出对话框，在“效果”选项卡下单击“尺寸”下拉按钮，自定义缩放比例并按【Enter】键确认，如下图所示。

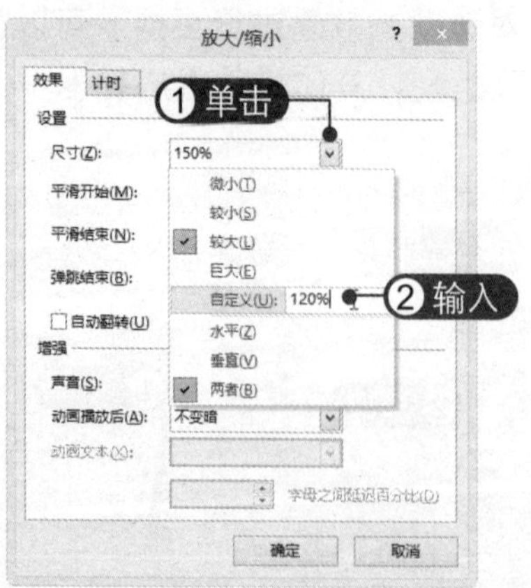

03 设置自动翻转 选中“自动翻转”复选框，可设置动画放大后再缩小为原比例，如下图所示。

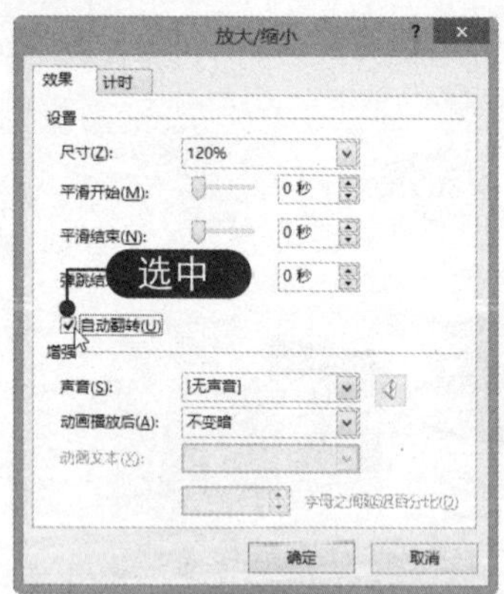

04 设置动画计时选项 选择“计时”选项卡，设置“期间”为1.5秒，“重复”为2次，单击“确定”按钮，如下图所示。

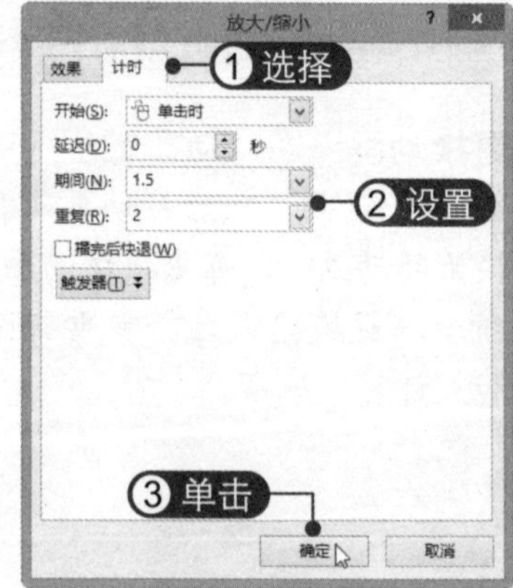

16.2.7 为 SmartArt 图形添加动画

为 SmartArt 图形添加动画可以进一步强调或分阶段显示信息。在制作演示文稿时，可以整个 SmartArt 图形添加动画，或只为 SmartArt 图形中的个别形状添加动画。为 SmartArt 图形添加动画的具体操作方法如下：

01 为 SmartArt 图形添加动画 打开素材文件，为幻灯片中的 SmartArt 图形添加"擦除"进入动画，单击"效果选项"下拉按钮，设置"方向"为"自顶部"，"序列"为"逐个"，如下图所示。

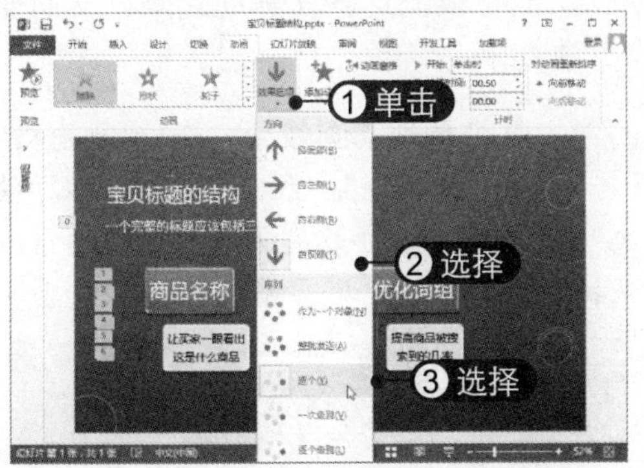

02 单击展开内容 打开"动画窗格"，单击"单击展开内容"按钮，如下图所示。

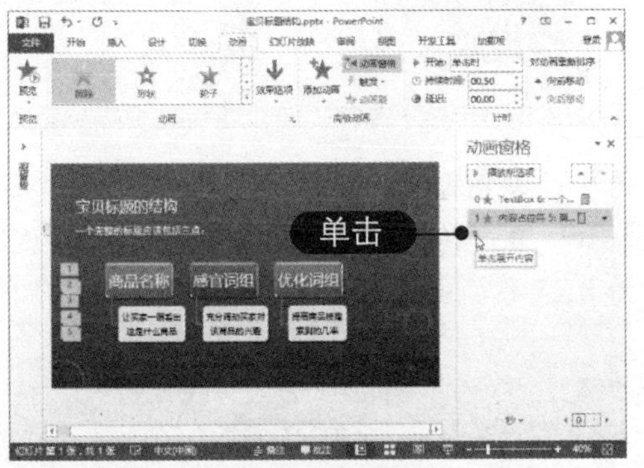

03 选择"更多进入效果"选项 展开 SmartArt 图形中的所有动画，按住【Ctrl】键的同时选中三个标题占位符所对应的动画，然后在动画列表中选择"更多进入效果"选项，如下图所示。

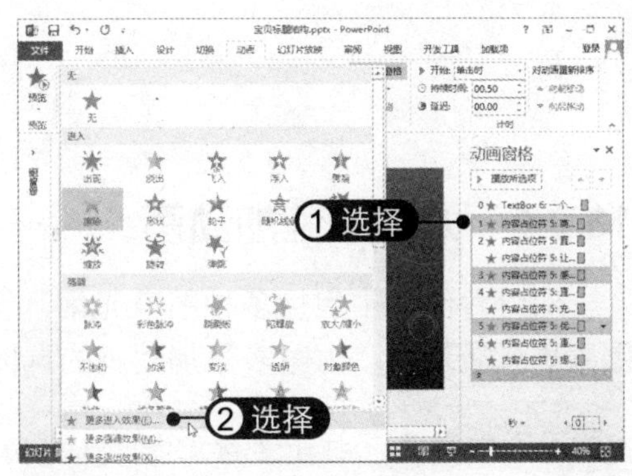

04 更换动画 弹出"更改进入效果"对话框，选择"切入"动画，然后单击"确定"按钮，如下图所示。

05 设置效果选项 单击"效果选项"下拉按钮，选择"自顶部"选项，如下图所示。

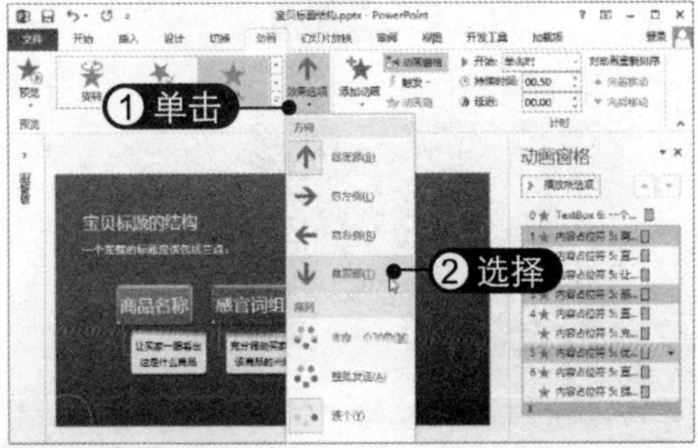

06 **更换动画** 在“动画窗格”中选中三个内容占位符所对应的动画，将其更换为“淡出”动画，并设置“计时”选项，如右图所示。

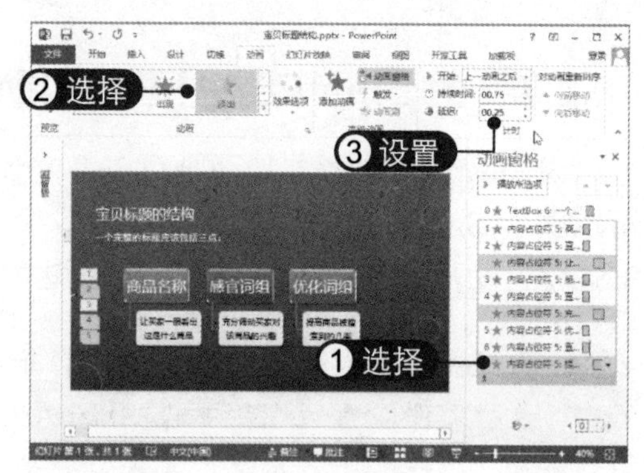

16.2.8 为图表添加动画

幻灯片图表中包括多种图表元素，使用动画功能可以使这些元素动起来，从而使图表更具表现力。为图表添加动画的具体操作方法如下：

01 **添加动画** 打开素材文件，选中幻灯片中的图表，在“动画”组中为其添加“擦除”动画，单击“效果选项”下拉按钮，选择“按系列”选项，如下图所示。

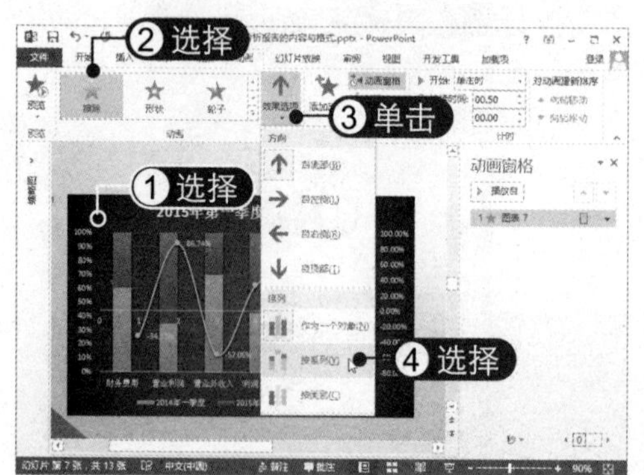

02 **更换背景动画** 打开“动画窗格”，选择“图表：背景”动画，在“动画”列表中选择“淡出”动画，即可更换所选动画，如下图所示。

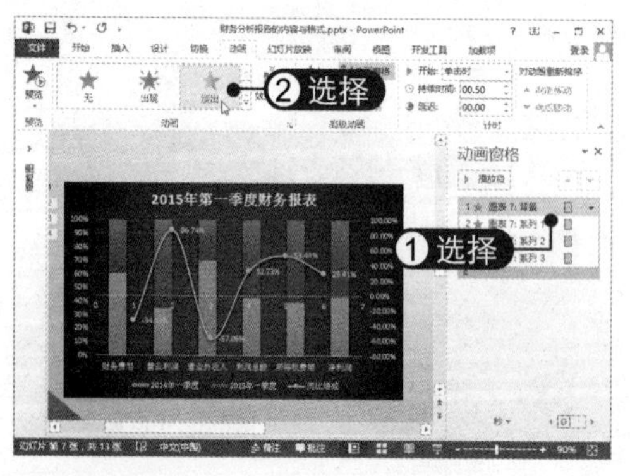

03 **更改系列动画效果** 在“动画窗格”中选择“图表：系列 3”动画，在“动画”列表中单击“效果选项”下拉按钮，选择“自左侧”选项，如下图所示。

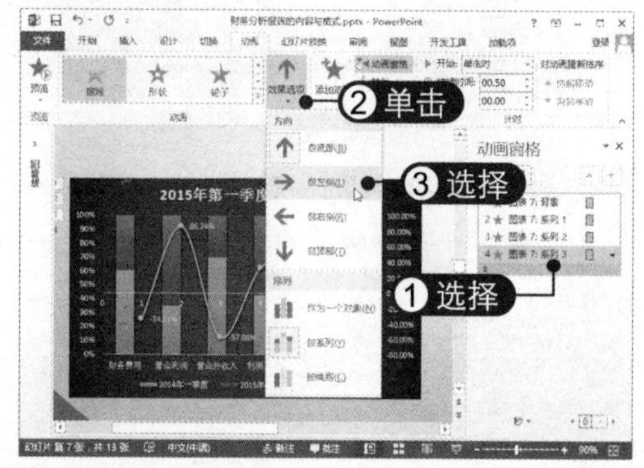

04 **设置动画计时** 在“计时”组中设置“持续时间”为 1.75 秒，“延迟”为 0.25 秒，如下图所示。

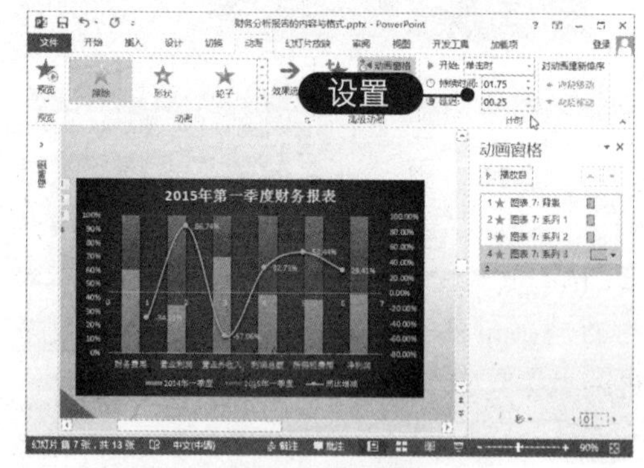

16.2.9 为幻灯片母版添加动画

在制作演示文稿时，可以为幻灯片母版添加动画，这样在演示文稿中应用该版式的幻灯片都会具有统一的动画效果。为幻灯片母版添加动画的具体操作方法如下：

01 为标题占位符添加动画 切换到幻灯片母版视图，在版式窗格中选择自定义的版式，然后选中标题占位符，在“动画”选项卡下为其添加“随机线条”动画，如下图所示。

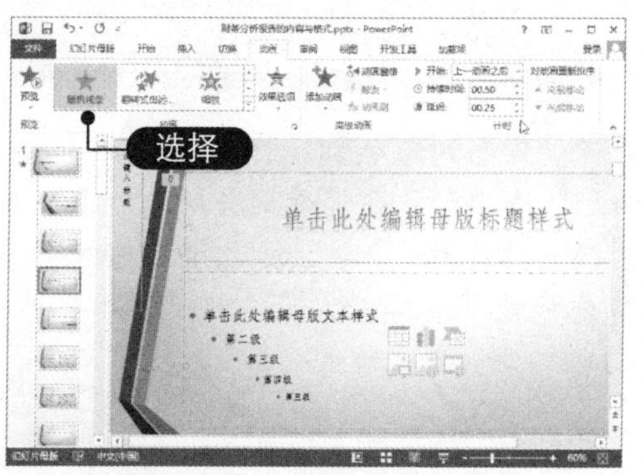

02 设置动画效果选项 单击“效果选项”下拉按钮，在弹出的下拉列表中选择“水平”选项，如下图所示。

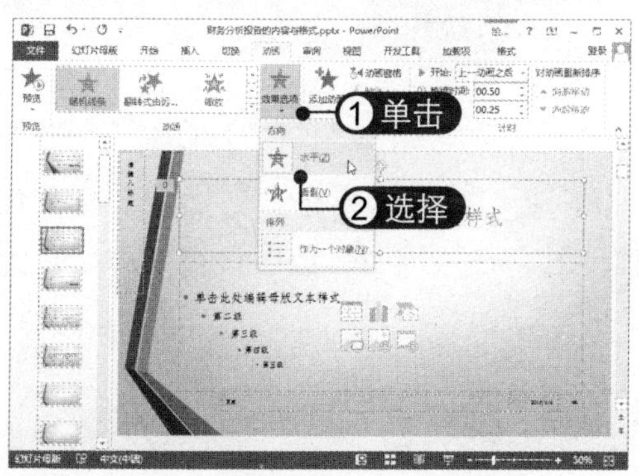

03 为内容占位符添加动画 选中内容占位符，在“动画”选项卡下为其添加“淡出”动画，打开“动画窗格”进行查看，如下图所示。

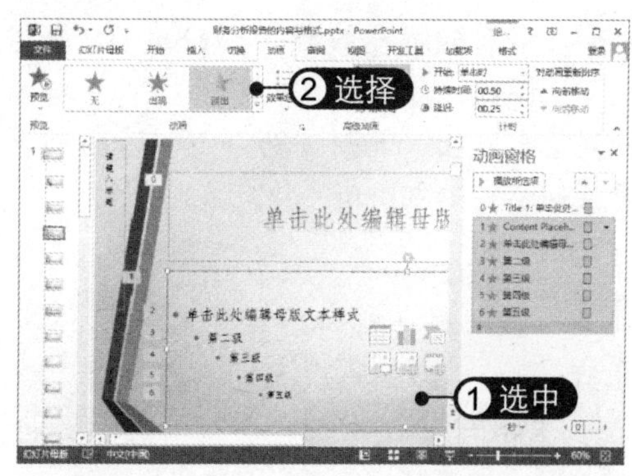

04 设置计时选项 选择内容占位符动画中除第 1 个动画外的其他动画，在“计时”组中单击“开始”下拉按钮，选择“上一动画之后”选项，如下图所示。

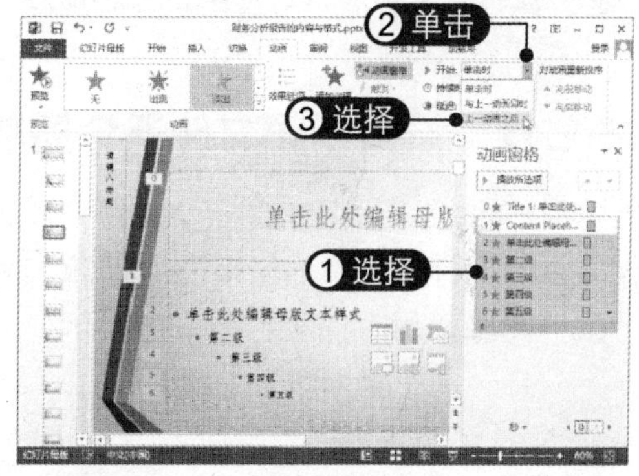

16.2.10 添加动画触发器

触发器是幻灯片上的某个元素，如图片、形状、按钮、一段文字或文本框等，单击它即可引发一项操作。使用触发器可以指定动画的播放顺序，从而实现动画的交互功能。为动画添加触发器的具体操作方法如下：

01 选择触发器 在幻灯片中创建圆角矩形形状并设置格式，在“动画窗格”中选择图表动画，在“高级动画”组中单击“触发”下拉按钮，选择“单击”|“圆角矩形 3”对象，如下图所示。

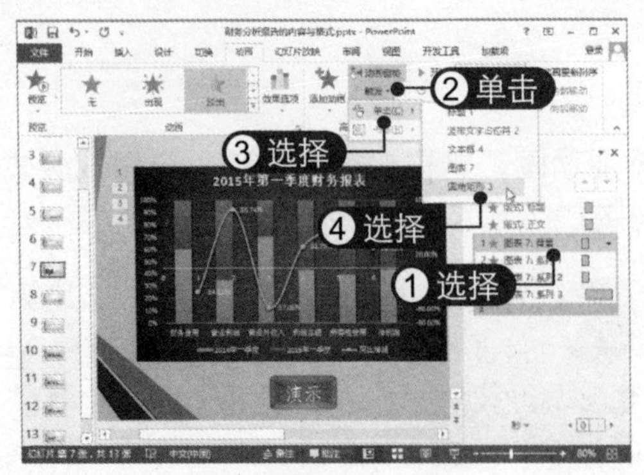

02 查看触发器效果 按【Shift+F5】组合键，放映当前幻灯片。将鼠标指针置于形状上，指针变为手形，单击即可播放动画，如下图所示。

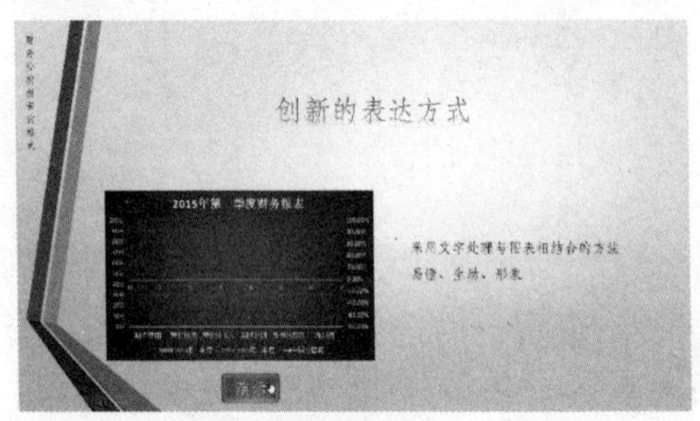

03 单击"选择窗格"按钮 若在触发器列表中无法识别对象，可在幻灯片中选择任意形状或文本框，然后选择"格式"选项卡，在"排列"组中单击"选择窗格"按钮，如下图所示。

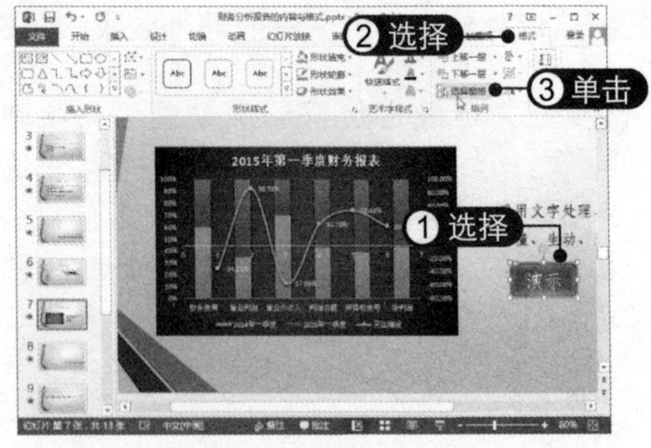

04 查看对象名称 打开"选择"窗格，选中形状即可看到与所选对象所对应的具体名称，单击对象名称还可对其进行重命名，如下图所示。

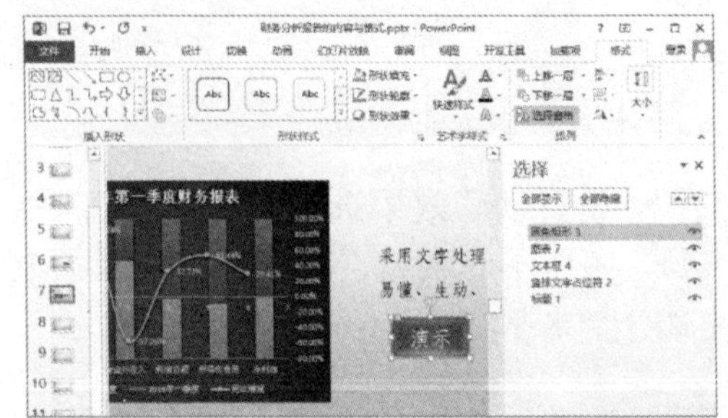

16.2.11 设置视频文件逐个播放

当一个幻灯片中包含多个视频文件时，可以设置视频文件逐个连续播放，具体操作方法为：打开"动画窗格"，选择第 2 个视频动画，在"计时"组中设置"开始"为"上一动画之后"即可，如下图所示。

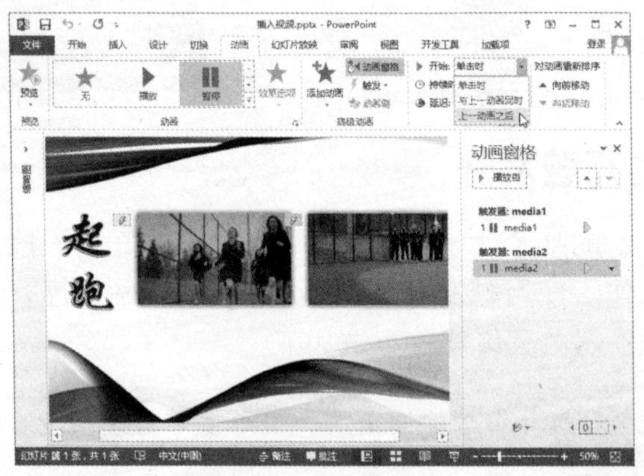

16.3 制作交互式演示文稿

为幻灯片对象插入超链接可以使幻灯片轻松地跳转到演示文稿中的另一张幻灯片，也可以跳转到其他演示文稿中的幻灯片、电子邮件地址、网页或文件等。下面将详细介绍如何为演示文稿添加交互链接。

16.3.1 为对象创建超链接

在制作幻灯片时，可以为幻灯片中的对象创建超链接，如占位符、文本框、图片、形状等。为对象创建超链接的具体操作方法如下：

01 打开素材文件 打开素材文件，该演示文稿包含59张幻灯片，并按内容导读所指示的顺序依次排列，如下图所示。

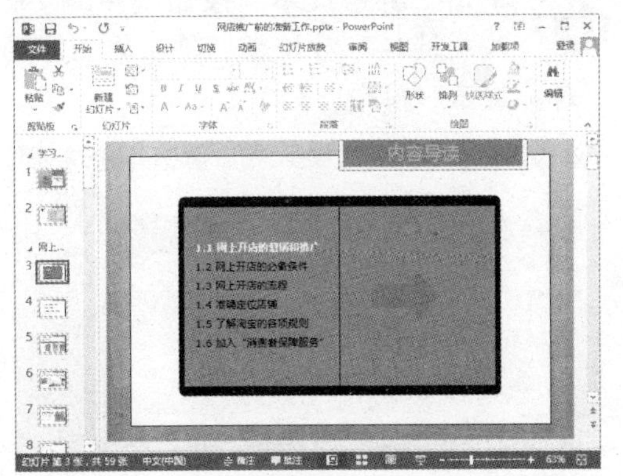

02 选择“超链接”选项 切换到幻灯片母版视图，并选择幻灯片母版，在其中插入多个形状并设置格式。右击形状，选择“超链接”命令，如下图所示。

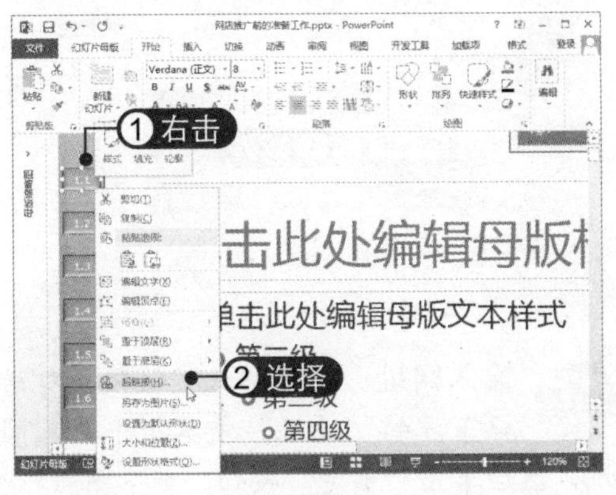

03 选择链接幻灯片 弹出对话框，在左侧单击“本文档中的位置”按钮，在右侧选择要链接到的幻灯片，单击“确定”按钮，即可创建超链接，如下图所示。

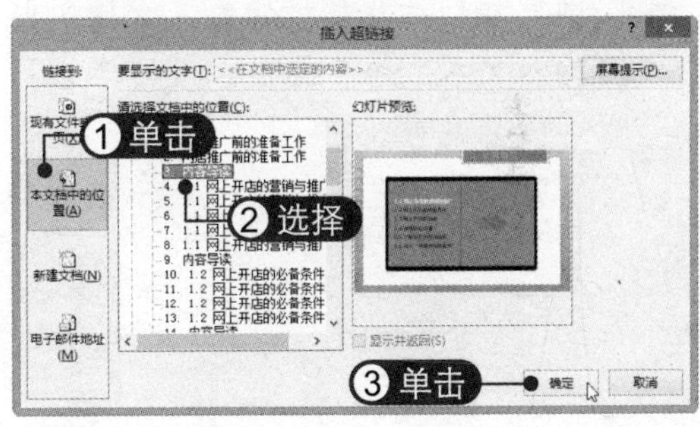

04 创建超链接 用同样的方法为其他形状创建超链接，然后放映幻灯片。将鼠标指针置于超链接形状上，此时指针变为手形，如下图所示。

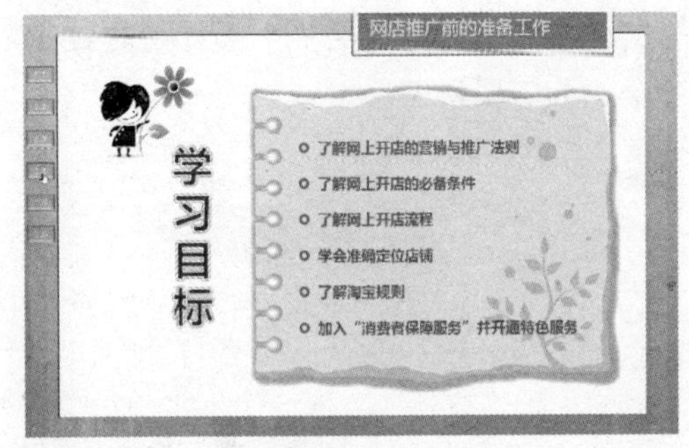

05 查看超链接效果 单击即可切换到相应的幻灯片中，效果如下图所示。

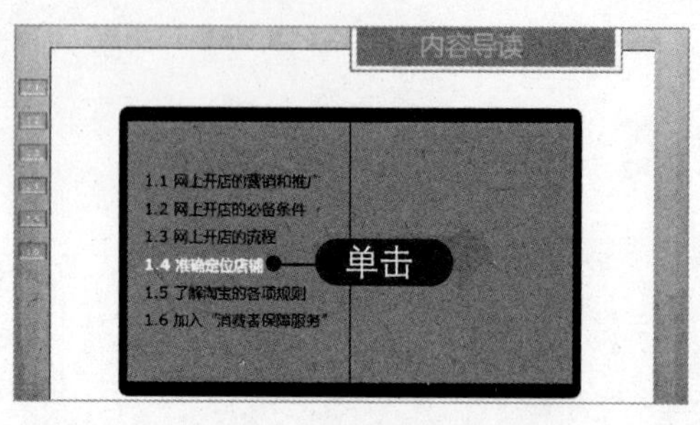

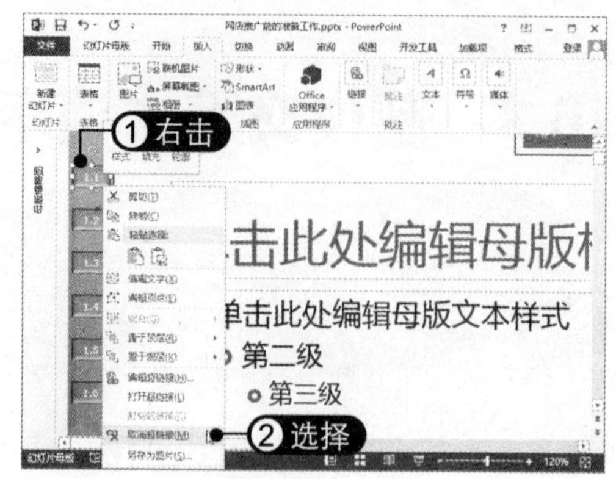

06 编辑或删除超链接 若要对形状的超链接进行重新编辑或删除，可右击形状，选择相应的命令，如"取消超链接"，即可删除超链接，如右图所示。

16.3.2 链接到网页

在幻灯片中可以将超链接链接到指定的网页，具体操作方法如下：

01 输入文本 切换到幻灯片母版视图，在幻灯片母版的右下方插入文本框并输入文本，如下图所示。

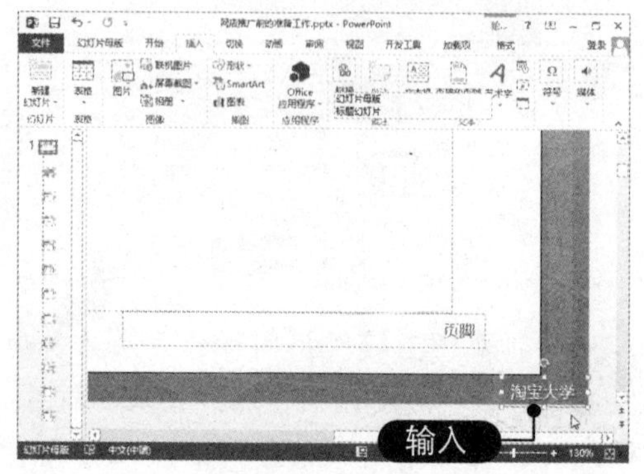

02 选择"超链接"命令 右击文本框，在弹出的快捷菜单中选择"超链接"命令，如下图所示。

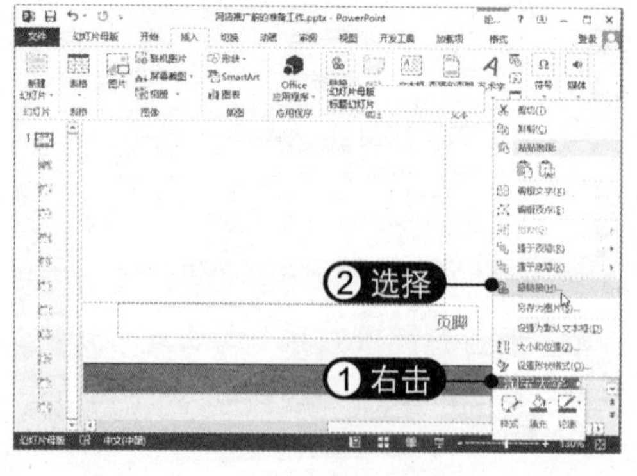

03 单击"屏幕提示"按钮 弹出"插入超链接"对话框，单击右上方的"屏幕提示"按钮，如下图所示。

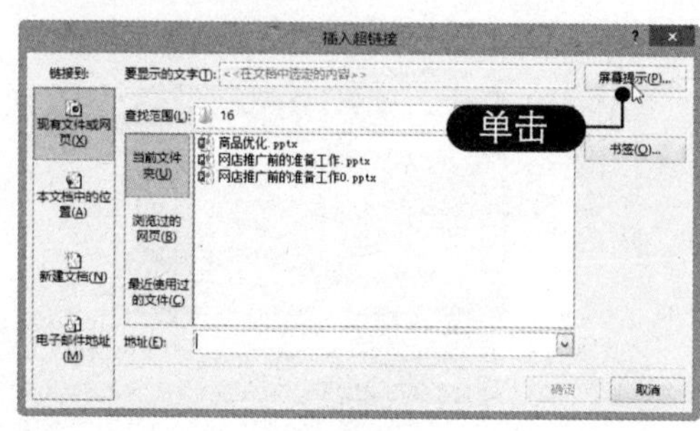

04 输入屏幕提示文字 在弹出的对话框中输入屏幕提示文字，然后单击"确定"按钮，如下图所示。

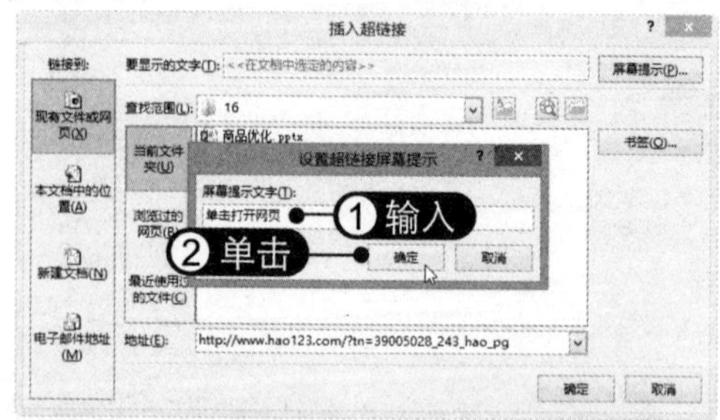

05 输入网址 在"插入超链接"对话框下方的"地址"文本框中输入网址，然后单击"确定"按钮，如下图所示。

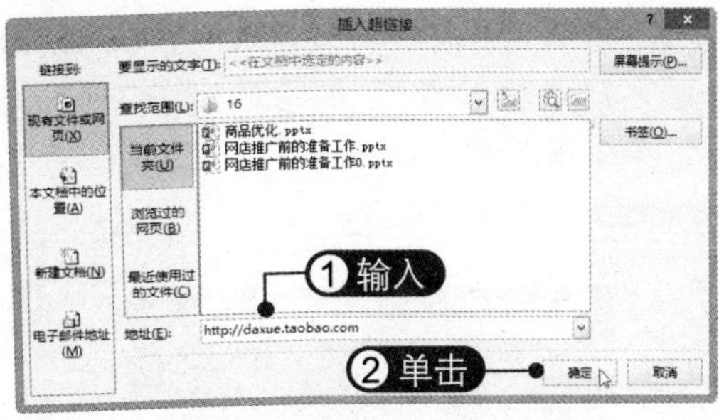

06 **查看链接效果** 放映幻灯片，将鼠标指针置于文本框上，指针变为手形并显示屏幕指示文字，单击即可使用浏览器打开指定的网页，如下图所示。

16.3.3 链接到外部文件

使用超链接除了可以链接演示文稿中的幻灯片外，还可以链接到外部文件，具体操作方法如下：

01 **单击"超链接"按钮** 在演示文稿最后新建一张幻灯片，插入形状并设置格式，选中形状，在"插入"选项卡下"链接"组中单击"超链接"按钮，如下图所示。

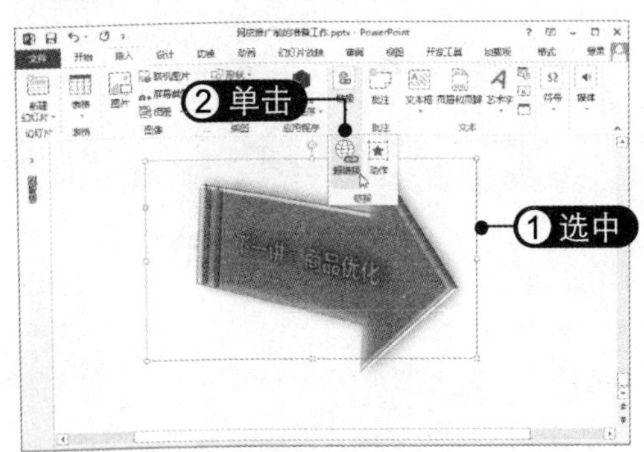

02 **单击"书签"按钮** 弹出"插入超链接"对话框，在左侧"链接到"选项区中单击"现有文件或网页"按钮，在右侧选择要链接到的演示文稿，然后单击"书签"按钮，如下图所示。

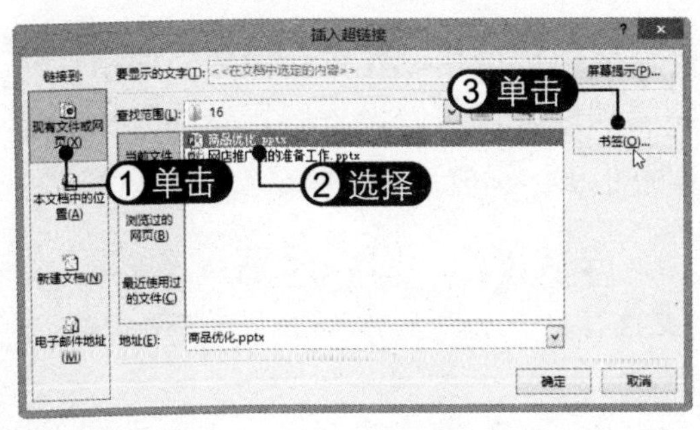

03 **选择位置** 弹出"在文档中选择位置"对话框，选择要链接到的幻灯片，然后单击"确定"按钮，如下图所示。

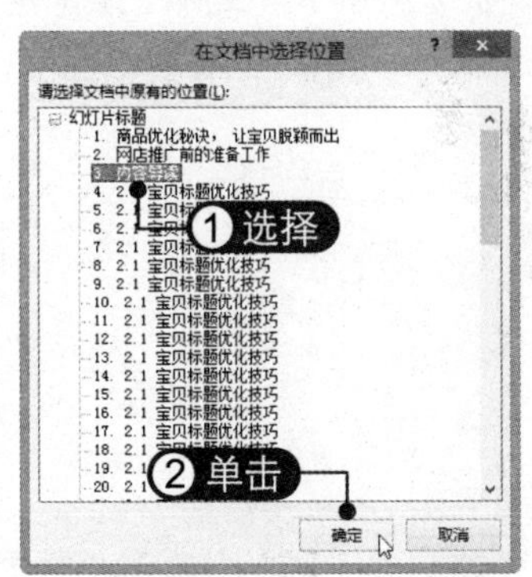

04 **查看链接地址** 返回"插入超链接"对话框，在"地址"文本框中可以查看当前的链接地址，单击"确定"按钮，如下图所示。

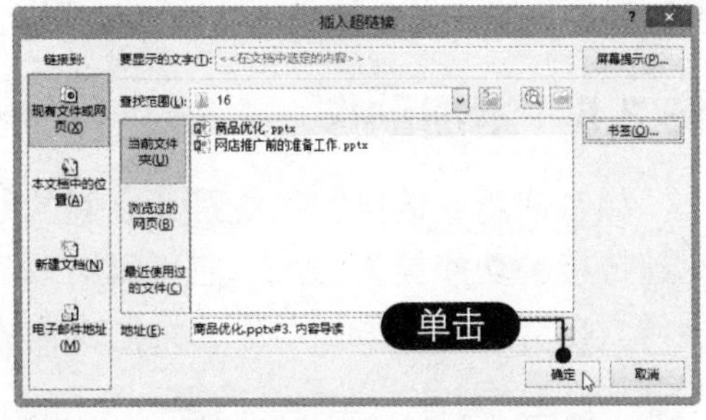

05 **单击链接对象** 按【Shift+F5】组合键放映当前幻灯片，将鼠标指针置

于超链接对象上，当其变为手形时单击鼠标左键，如下图所示。

06 **查看链接效果** 此时即可自动跳转到所链接演示文稿的指定幻灯片中，如下图所示。

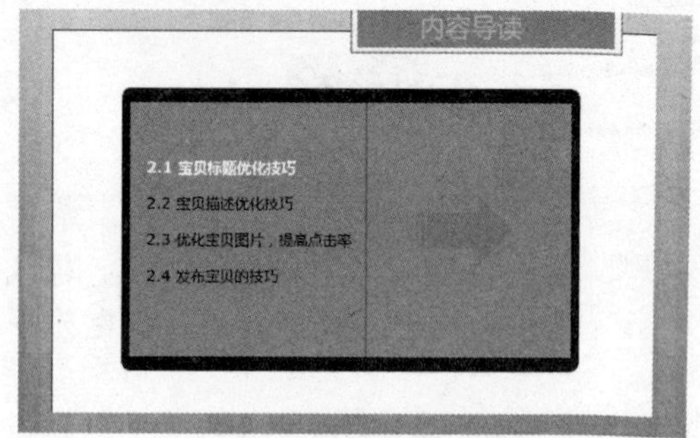

16.3.4 设置超链接文本颜色

使用前面介绍的方法也可以对文本创建超链接，但其颜色会发生改变，且无法在“字体”组中修改超链接文本颜色。若要更改超链接文本颜色，可以执行以下操作：

01 **选择“自定义颜色”选项** 在“设计”选项卡下“变体”组中单击“颜色”下拉按钮，选择“自定义颜色”选项，如下图所示。

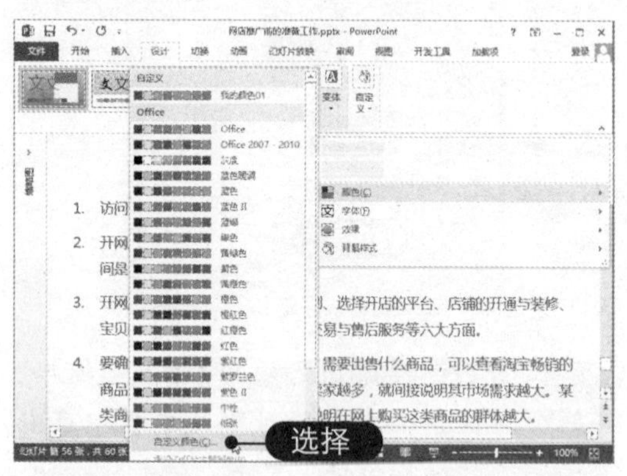

02 **设置链接颜色** 弹出“新建主题颜色”对话框，对“超链接”和“已访问的超链接”颜色进行设置，然后单击“保存”按钮，如下图所示。

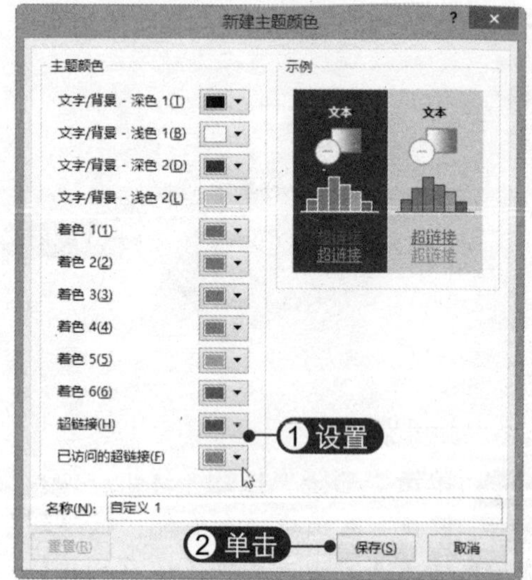

16.3.5 添加动作

除了使用超链接实现幻灯片之间的跳转外，还可以使用动作进行设置。使用动作比超链接的功能更为强大，它不仅可以实现跳转功能，还可以设置鼠标悬停时执行的操作。在幻灯片中添加动作的具体操作方法如下：

01 **选择动作按钮** 切换到幻灯片母版视图，在“插入”选项卡下单击“形状”下拉按钮，选择所需的动作按钮，在此选择“开始”动作按钮，如下图所示。

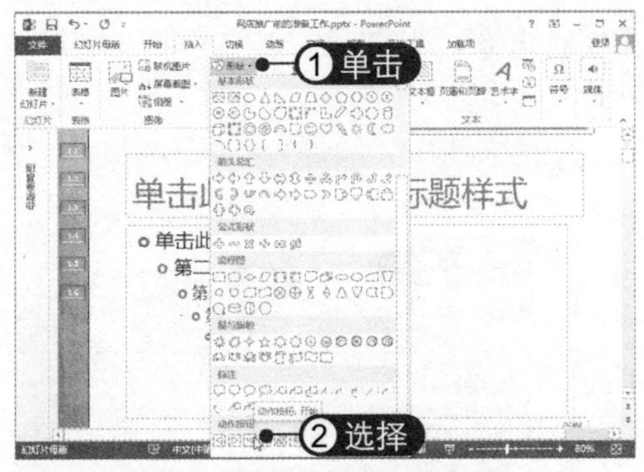

02 绘制动作按钮

在幻灯片中拖动鼠标绘制动作按钮，完成绘制后松开鼠标，将弹出“操作设置”对话框，此动作按钮将自动链接到第一张幻灯片，如下图所示。

03 设置鼠标悬停效果

选择“鼠标悬停”选项卡，选中“播放声音”复选框，并选择所需的声音效果，然后单击“确定”按钮，如下图所示。

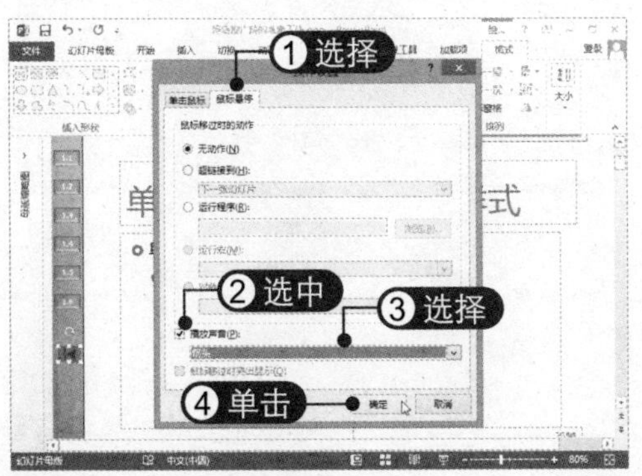

04 设置动作按钮格式

选中动作按钮，选择“格式”选项卡，单击“形状填充”下拉按钮，在弹出的下拉列表中设置渐变填充效果，如下图所示。

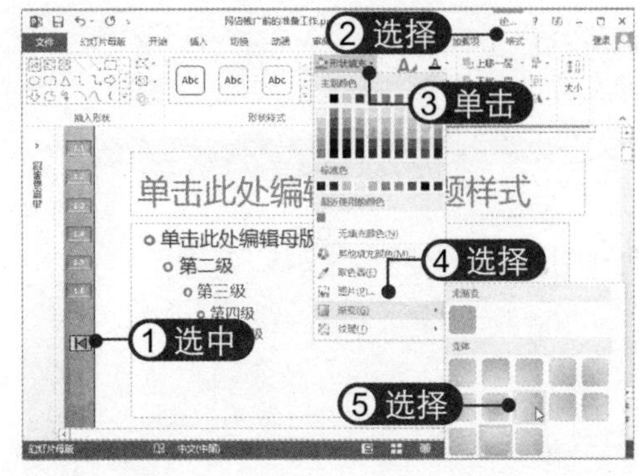

05 选择“幻灯片”选项

用同样的方法在幻灯片母版中插入“结束”动作按钮，在“操作设置”对话框中选中“超链接到”单选按钮，并在“超链接到”下拉列表中选择“幻灯片”选项，如下图所示。

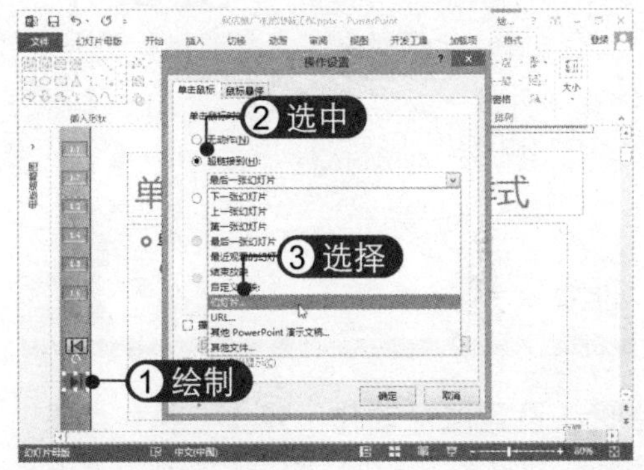

06 选择目标幻灯片

弹出“超链接到幻灯片”对话框，选择目标幻灯片，然后依次单击“确定”按钮，如下图所示。

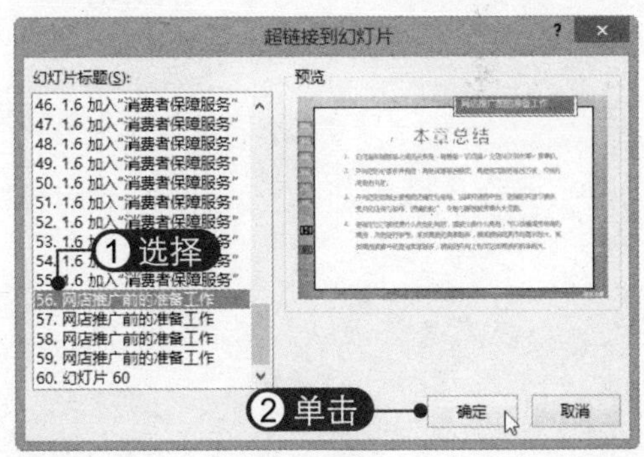

07 插入并调整形状

在幻灯片母版中插入“加号”形状，并以45度角旋转形状，将其移至母版的右上方，如下图所示。

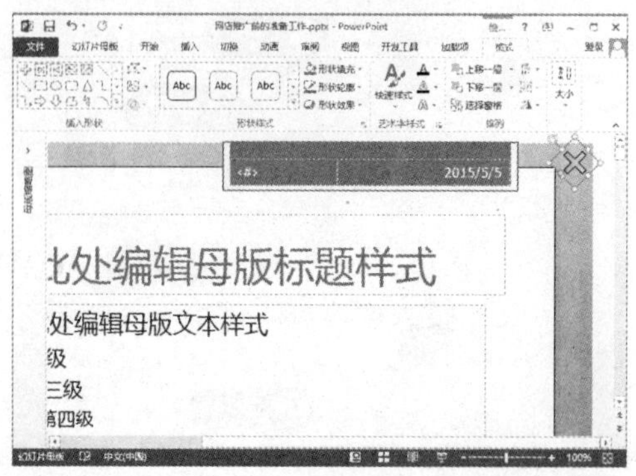

08 单击“动作”按钮 选中形状，在“插入”选项卡下“链接”组中单击“动作”按钮，如下图所示。

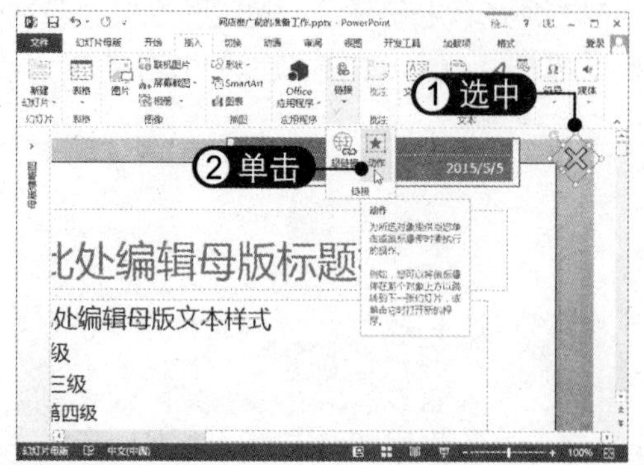

09 设置鼠标动作 弹出“操作设置”对话框，选中“超链接到”单选按钮，然后在“超链接到”下拉列表中选择“结束放映”选项，单击“确定”按钮，如下图所示。

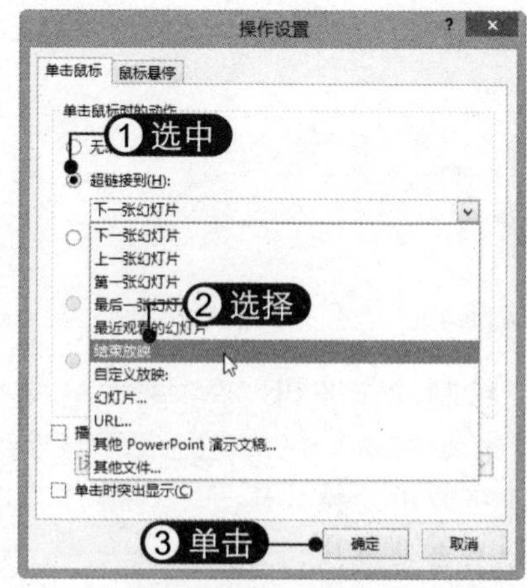

10 查看动作效果 按【F5】键放映幻灯片，将鼠标指针移到动作按钮上单击查看效果，如下图所示。

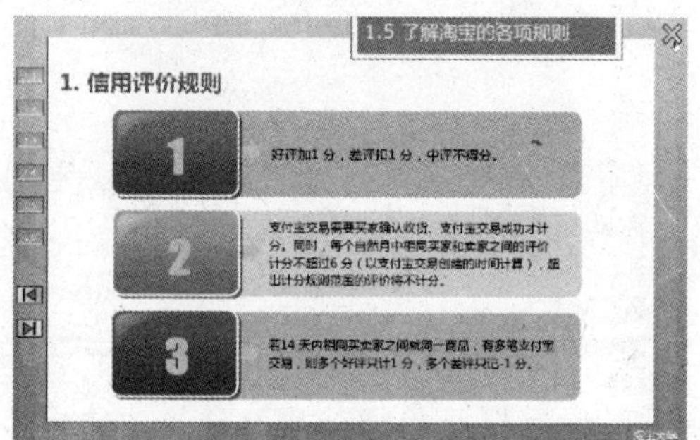